U0812128

现代苹果苗木繁育技术与栽培模式

李高潮　曹珊　朱新华　编著

西北农林科技大学出版社

图书在版编目(CIP)数据

现代苹果苗木繁育技术与栽培模式 / 李高潮, 曹珊, 朱新华编著. -- 杨凌 : 西北农林科技大学出版社, 2021.11

ISBN 978-7-5683-1045-1

Ⅰ. ①现… Ⅱ. ①李… ②曹… ③朱… Ⅲ. ①苹果 - 育苗②苹果 - 矮化砧木 - 栽培技术 Ⅳ. ①S661.1

中国版本图书馆 CIP 数据核字(2021)第 234137 号

现代苹果苗木繁育技术与栽培模式

李高潮　曹珊　朱新华　编著

出版发行	西北农林科技大学出版社
地　　址	陕西杨凌杨武路 3 号　　邮　编:7121000
电　　话	总编室:029-87093105　　发行部:87093302
电子邮箱	press0809@163.com
印　　刷	陕西天地印刷有限公司
版　　次	2021 年 11 月第 1 版
印　　次	2021 年 11 月第 1 次
开　　本	880 mm × 1230 mm　1/16
印　　张	21.5
字　　数	698 千字

ISBN 978-7-5683-1045-1

定价:128.00 元

前　言

中国是世界最大的苹果生产国。2019 年,全国苹果栽培面积 2 967.15 万亩(1 亩 =667 米 ^{2}),年产量 4 242.54 万吨,分别占世界苹果栽培总面积和总产量的 41.93% 和 48.63%,面积和产量均居世界第一。主要栽培品种分为引进品种和自育品种两大类,引进品种包括红富士类、嘎拉类、元帅系、国光、金冠、蜜脆、乔纳金、粉红女士、澳洲青苹及新品种维纳斯黄金、红斯尼克等;自育品种包括秦冠、寒富、礼富 1 号、烟富系列、中秋王、华硕、秦阳及新品种瑞阳、瑞雪、瑞香红、秦蜜、秦脆等。世界苹果贸易以鲜果、果汁为主,中国是苹果浓缩果汁加工出口量最大的国家,2017 年生产浓缩苹果汁 539 984 吨,出口浓缩苹果汁 654 053 吨,出口鲜苹果 1 330 882 吨,达历史最高点。

矮砧(化)集约、适度规模栽培是世界苹果发展的方向和趋势,也是我国现代苹果发展的核心。西北农林科技大学把苹果矮化栽培归结为乔化(砧)短枝型品种、矮化中间砧和矮化自根砧栽培三大类,研究矮化苹果全产业链,形成"基于分枝大苗繁育的苹果省力化栽培技术创新与应用"成果,专家评议鉴定认为,达到国内领先水平。主要体现在三个方面:一是系统评价了不同苹果生态区砧穗组合,制订了现代矮化苹果栽植区划方案,提出了"235"(即"两类三种五个")矮化苹果栽培模式;建立了无糖组培、水平压条快繁矮化自根砧技术体系,创制了两年出圃培育矮化自根砧、矮化中间砧和乔砧 + 短枝型品种等三种不同矮化类型的多分枝大苗高效繁育技术。培育出 Y-1、Y-2 和 Y-3 等多个优良苹果砧木新品种,具有矮化或半矮化、抗旱性强、固地性好的特点,可实现苹果无立架矮密栽培。二是创立了"肥水膜"一体化、根域肥水富集带构建、肥水协同调控、灌溉追肥等技术,建立了旱地矮化苹果提质增效肥水高效利用综合技术体系,自建了根域肥水富集带构建的"调、保、补、转"肥水管理"四字法"理论。创建的"四省一早一优"栽培技术体系,包括矮化砧木、分枝大苗、合理负载、简化修剪、免套袋栽培、小分子碳施用、秸秆机械化覆盖、肥水高效利用、病虫害绿色防控等关键技术,实现了省工、节水、节肥、节药,提升了果实品质和经济效益。三是研发了 V 形分土铲、条沟对沟施肥机、果园秸秆覆盖机等系列设备,显著提高了果园地面管理效率。自动解捆式果园秸秆覆盖机和有机肥条铺机实现了果园机械化秸秆—薄土分层覆盖,其技术和装备填补了国内外空白。

近十年,全国苹果生产模式发生了历史性的变革,苹果栽培实现了由乔化(砧)、矮化中间砧到矮化自根砧栽培的根本性跨越,栽培技术实现了国产化、标准化,形成了西北农林科技大学高校推广模式下的矮砧苹果集约栽培的"千阳模式",并在全国 10 余个省 100 多个县市得到复制,取得成功。学校苹果品种选育、配套栽培系列技术支撑黄土高原成为全球公认、世界最大的优质苹果产区,陕西、甘肃、河南、山西等黄土高原 4 省苹果面积占全世界 23.76%,产量占 26.44%。1967 年选育的"秦冠"是新中国成立以来唯一获国家发明二等奖且推广面积最大的苹果品种;2016 年"瑞阳""瑞雪"通过国审,2021 年"瑞香红"通过国审,"三瑞"苹果成为继"秦冠"之后拥有自主知识产权的我国竞争力超强的主推新品种。

《现代苹果苗木繁育技术与栽培模式》是 2012—2021 年苹果苗木繁育与栽培模式理论与实践的结晶。作者系西北农林科技大学园艺学院教授(推广研究员)、硕士研究生导师,学校"一带一路"(吉尔吉斯斯坦)农业科技示范园首席专家、宝鸡千阳苹果试验示范站站长,陕西省苹果产业技术体系砧木与苗木繁育岗位专家、国家苹果产业技术体系苗木繁育与栽培方式岗位团队成员;具有国家职业技能鉴定高级考评员任职资格、陕西省林木种苗质量检验员任职资格;西安、咸阳、宝鸡、渭南、铜川、延安、榆林科技特派员。

本书介绍现代苹果苗木繁育技术和现代苹果栽培模式,包括国内外苹果产业发展、术语和定义、苗圃地选择与规划、砧木分类及其特点与利用、乔化砧与矮化砧繁殖及各类苹果苗木繁育;乔化及矮化苹果栽培模式、品种选择、主要病虫害综合防治;后面附录介绍相关的办法、法规、法律及病虫害防治经典药剂的传统加工方法,包括非主要农作物品种登记办法、苹果苗圃与果园禁止使用的农药、周年管理历、苹果育苗与栽培国家(行业、地方、企业)标准目录、石硫合剂熬制、波尔多液配制、苹果病虫害防治常用的化学药剂、全国农业植物检疫性有害生物名单、应施检疫的植物及植物产品名单、陕西省农业植物检疫性有害生物补充名单、陕西省二类农作物病虫害名录、中华人民共和国种子法等。

本书着力推动苹果矮砧(化)集约栽培模式,可作为园艺学工作者、学生、果农了解、学习现代苹果育苗与栽培方式的重要参考资料。

该书在陕西省苹果产业技术体系、西北农林科技大学海外示范园"吉尔吉斯斯坦农业科技示范园建设"、"一带一路"合作与丝绸之路访问学者、科技推广基金"千阳矮砧苹果新型经营主体培育与提升"、国家技术标准创新基地(旱区农业)"旱区苹果产业技术标准创新团队"、公益性行业(农业)科研专项"西北旱原矮化苹果园秸秆基质化利用与产业化示范"、陕西省重点实验室"吉尔吉斯斯坦苹果示范园建设"、重点研发计划苹果特色产业创新链"延安苹果矮化自根砧无病毒大苗繁育技术创新与示范推广"、科技重大专项"渭北南部苹果产业带矮化集约高效栽培科技示范基地建设"、科技计划"苹果矮化砧木选育与利用"、农业科技创新驱动"苹果无病毒优质苗木扩繁技术创新与示范推广"、农业协同创新与推广联盟重大科技"山地苹果园机械化土壤增碳节水关键技术装备开发与示范"、天水市果树研究所"苹果矮砧集约栽培技术服务"以及杨凌农业科技示范推广能力提升"千阳模式矮砧苹果肥水高效利用技术示范与推广"等项目资助下编著而成。撰写过程中,中国农业大学韩振海教授,西北农林科技大学赵政阳、李丙智、李会科、孙广宇、王雷存、梁俊、高华教授及邓丰产、刘振中、王俊峰副教授,山西农业大学果树所杨廷桢,杨凌职业技术学院马文哲教授,咸阳职业技术学院刘建海、阮班录教授,陕西省植保总站王亚红、咸阳市园艺站查养良、宝鸡市园艺站李广文研究员,旬邑县园艺站站长辛选民,铜川市印台区园艺站站长陈善美,千阳县果业发展中心主任谢宏伟,淳化县果业中心主任赵小弟,陕西金华盛世农业发展有限公司魏宏辉、铜川珠峰现代农牧业发展有限公司马俊峰、宝鸡德农现代农业有限公司杨宏强、杨凌扶特斯苗木有限公司马武贤总经理,延安市果业研究发展中心特聘专家王耀存,西北农林科技大学"一带一路"农业科技示范园吉尔吉斯田园牧业有限公司董事长何国栋,千阳、淳化高级职业果农李文军、吴忍耐、魏小杰、寇俊民,千阳苹果试验站赵振发、李晓斌、李维星、李运良、张新社、董联联、李春光高级农技师做了大量的协助工作,在此一并表示感谢。时间短暂,作者水平有限,不妥之处,敬请批评斧正!

2021 年 11 月 30 日

目　　录

第一章　国内外苹果产业发展概况

第一节　世界苹果产业发展概况

一、世界苹果生产与贸易

（一）苹果种植面积与产量

苹果是世界产量第二大水果。根据联合国粮农组织统计，2019 年，全世界共有 6 大洲 94 个国家和地区生产苹果，种植面积 7 076.08 万亩，总产量 8 723.62 万吨，其中年产量超过百万吨的国家有 13 个，包括中国、美国、土耳其、波兰、印度、意大利、伊朗、俄罗斯、法国、智利、巴西、乌克兰和乌兹别克斯坦；超过 80 万吨的国家有 3 个，包括德国、南非和摩洛哥，这 16 个国家苹果总产量占世界总产量的 83.11%。中国是全世界最大的苹果生产国、贸易国，2019 年种植面积 2 967.15 万亩，总产量 4 242.54 万吨，分别占世界总面积和总产量的 41.93% 和 48.63%（表 1-1）。

表 1-1　2019 年全世界苹果种植面积与产量

序号	国家或地区	国家或地区（英文）	面积（公顷）	产量（吨）	单位面积产量（吨 / 公顷）
1	中国大陆	China,mainland	1 978 100	42 425 400	21.448
2	印度	India	308 000	2 316 000	7.519
3	俄罗斯	RussianFederation	210 822	1 950 800	9.253
4	土耳其	Turkey	177 439	3 618 752	20.394
5	波兰	Poland	166 440	3 080 600	13.915
6	美国	UnitedStatesofAmerica	118 860	4 997 680	42.047
7	伊朗	Iran(IslamicRepublicof)	100 759	2 241 124	22.242
8	乌兹别克斯坦	Uzbekistan	98 525	1 124 017	11.408
9	乌克兰	Ukraine	87 700	1 153 970	13.158
10	巴基斯坦	Pakistan	73 995	499 490	6.750
11	朝鲜	DemocraticPeople'sRepublicofKorea	70 916	805 965	11.365
12	意大利	Italy	55 000	2 303 690	41.885
13	墨西哥	Mexico	52 981	761 483	14.373
14	罗马尼亚	Romania	52 740	492 700	9.342
15	叙利亚	SyrianArabRepublic	51 933	286 564	5.518
16	白俄罗斯	Belarus	51 537	336 697	6.533
17	摩尔多瓦	RepublicofMoldova	51 130	610 921	11.948
18	法国	France	50 370	1 753 500	34.812
19	摩洛哥	Morocco	49 731	809 762	16.283
20	塔吉克斯坦	Tajikistan	43 208	242 918	5.622
21	日本	Japan	36 000	701 600	19.489

续表

22	哈萨克斯坦	Kazakhstan	35 171	216 540	6.157
23	德国	Germany	33 913	991 450	29.235
24	阿尔及利亚	Algeria	32 989	558 830	16.940
25	韩国	RepublicofKorea	32 954	535 324	16.245
26	巴西	Brazil	32 405	1 222 979	37.740
27	智利	Chile	32 371	1 621 321	50.086
28	匈牙利	Hungary	30 970	498 330	16.091
29	波斯尼亚和黑塞哥维那	BosniaandHerzegovina	30 934	98 265	3.177
30	西班牙	Spain	29 640	638 840	21.553
31	阿塞拜疆	Azerbaijan	29 004	292 736	10.093
32	埃及	Egypt	28 631	726 794	25.385
33	阿富汗	Afghanistan	27 559	250 324	9.083
34	吉尔吉斯斯坦	Kyrgyzstan	27 437	151 207	5.511
35	塞尔维亚	Serbia	26 089	499 578	19.149
36	伊拉克	Iraq	24 000	75 831	3.160
37	南非	SouthAfrica	22 373	891 979	39.869
28	阿根廷	Argentina	22 335	538 722	24.120
39	突尼斯	Tunisia	21 535	119 845	5.565
40	英国	UnitedKingdomofGreatBritainandNorthernIreland	16 940	456 400	26.942
41	澳大利亚	Australia	16 612	265 150	15.961
42	加拿大	Canada	15 234	377 929	24.808
43	葡萄牙	Portugal	14 580	355 700	24.396
44	格鲁吉亚	Georgia	13 897	44 300	3.188
45	黎巴嫩	Lebanon	13 506	216 861	16.057
46	立陶宛	Lithuania	10 180	32 070	3.150
47	亚美尼亚	Armenia	10 069	116 051	11.526
48	希腊	Greece	9 820	277 110	28.219
49	新西兰	NewZealand	9 760	553 606	56.722
50	萨尔瓦多	ElSalvador	9 749	64 997	6.667
51	北马其顿	NorthMacedonia	9 744	88 701	9.103
52	秘鲁	Peru	7 821	142 284	18.193
53	捷克	Czechia	7 320	99 500	13.593
54	危地马拉	Guatemala	7 109	25 226	3.548
55	奥地利	Austria	6 590	239 210	36.299
56	荷兰	Netherlands	6 420	273 000	42.523

续表

57	土库曼斯坦	Turkmenistan	5 889	66 525	11.296
58	比利时	Belgium	5 810	259 840	44.723
59	克罗地亚	Croatia	4 950	68 350	13.808
60	马达加斯加	Madagascar	4 635	7 137	1.540
61	阿尔巴尼亚	Albania	4 407	105 933	24.037
62	尼泊尔	Nepal	4 349	31 398	7.220
63	保加利亚	Bulgaria	4 140	43 620	10.536
64	瑞士	Switzerland	3 736	189 726	50.783
65	拉脱维亚	Latvia	3 440	10 390	3.020
66	以色列	Israel	2 775	104 000	37.477
67	乌拉圭	Uruguay	2 275	42 322	18.603
68	斯洛文尼亚	Slovenia	2 270	35 190	15.502
69	也门	Yemen	2 204	21 946	9.957
70	斯洛伐克	Slovakia	2 060	32 478	15.766
71	瑞典	Sweden	1 520	22 210	14.612
72	挪威	Norway	1 489	15 593	10.472
73	丹麦	Denmark	1 390	25 210	18.137
74	厄瓜多尔	Ecuador	869	4 658	5.360
75	约旦	Jordan	788	21 051	26.714
76	玻利维亚	Bolivia(PlurinationalStateof)	753	2 931	3.892
77	马拉维	Malawi	743	2 978	4.008
78	津巴布韦	Zimbabwe	730	6 441	8.823
79	不丹	Bhutan	725	4 321	5.960
80	爱尔兰	Ireland	710	19 880	28.000
81	芬兰	Finland	650	8 090	12.446
82	哥伦比亚	Colombia	613	5 053	8.243
83	爱沙尼亚	Estonia	570	1 850	3.246
84	塞浦路斯	Cyprus	370	1 840	4.973
85	卢森堡	Luxembourg	270	1 930	7.148
86	圣文森特和格林纳丁斯	SaintVincentandtheGrenadines	266	1 482	5.571
87	黑山	Montenegro	220	1 490	6.773
88	利比亚	Libya	201	8 428	41.930
89	中国台湾	China, TaiwanProvinceof	195	1 178	6.041
90	巴勒斯坦	Palestine	164	937	5.713
91	洪都拉斯	Honduras	124	187	1.508

续表

92	格林纳达	Grenada	109	475	4.358
93	肯尼亚	Kenya	108	702	6.500
94	巴拉圭	Paraguay	51	415	8.137
全世界		World	4 717 384	87 236 221	18.492

注:表中以苹果面积由大到小排序。数据来自 FAOSTAT(2021 年 4 月 30 日)

(二)苹果贸易

全世界苹果贸易以鲜果、果汁为主。2017 年全世界加工苹果浓缩果汁约 77 万吨,出口约 109 万吨,出口额 77 亿元(1 美元兑换人民币约为 6.7452 元);出口鲜苹果约 904 万吨,出口额约 489 亿元。

2017 年,中国苹果浓缩果汁加工出口量、鲜苹果出口量均达历史最高点。作为苹果浓缩果汁加工出口量最大的国家,生产浓缩苹果汁 539 984 吨,约占全世界浓缩苹果汁生产总量的 70%;出口浓缩苹果汁 654 053 吨,约占全世界浓缩苹果汁出口总量的 60%;浓缩苹果汁出口额 42.19 亿元,约占全世界浓缩苹果汁出口总额的 55%。受欧洲苹果减产的影响,中国苹果浓缩汁出口量同比增长了 14.7%,这是苹果浓缩汁出口在 2014 年以来连续 4 年回升;出口单价平均为每吨 909.2 美元,比 2016 年下降了 5.1%,单价下降也是促进苹果浓缩汁出口增长的重要原因。

2017 年,中国鲜苹果出口约 1 335 000 吨,占全世界鲜苹果出口总量的 14.77%;鲜苹果出口额 98.48 亿元(约 14.6 亿美元),与上年基本持平,占全世界鲜苹果出口总额的 20.14%;鲜苹果出口量前五大市场分别为孟加拉国、菲律宾、印度、泰国和印度尼西亚。

2017 年,中国鲜苹果进口量为 6.8 万吨,同比增长 2%;进口额 1.1 亿美元,同比减少 7%。

按照《中国农村统计年鉴 2020》统计,2016—2019 年,中国每年出口鲜苹果分别为 132.2 万吨、133.5 万吨、111.8 万吨和 97.1 万吨。其中 2018 年、2019 年创汇分别为 129 891 万美元、124 634 万美元,即每吨苹果出口创汇分别约为 1 162 美元(1 美元兑换人民币约为 6.5 元)、1 284 美元(1 美元兑换人民币约为 7.0 元)。2018 年,俄罗斯进口中国苹果 12.63 万吨,贸易额超 1.24 亿美元(数据来自中国苹果产业协会)。

受新冠疫情的影响,2019—2021 年中国及全世界鲜苹果、果汁贸易均大幅度下滑。

二、世界发达国家苹果产业的特点

(一)苹果产业的规模化、集约化水平较高

发达国家苹果种植多集中在少数优势区域内,苹果产业的规模化、集约化水平较高。如美国华盛顿州苹果产量占全国总产量的 50%;日本青森和长野县苹果面积占全国的 66%;意大利 80%以上的苹果产于南提诺尔、埃米尼拉和威尼托地区。平均每户经营苹果园面积以加拿大最大,为 300 公顷以上;美国次之,200 公顷以上;其他欧盟国家 20 公顷以上,波兰 4 ~ 5 公顷,日本 2 ~ 3 公顷。

(二)苹果品种选育技术进步加快,优新品种更加普及

新西兰、美国和日本等果业发达国家针对不同的市场目标,通过选育不同的新品种以提高市场竞争力,近 10 年时间就陆续推出了一系列苹果新品种,如新西兰的爵士(Jazz)(图 1-1、图 1-2)、爱妃(Envy)(图 1-3、图 1-4)和火箭(Rocket),美国的宇宙脆(Cosmic Crisp)和甜探戈(Sweetango),意大利的堪滋(Kanzi)(图 1-5),加拿大的思肯(SiKenh)、丝可(Sikeb)、丝绸(Silken)、奇努克(Chinook)和美味(Ambrosia),日本的土岐(Tokey)、金星(Jinsing)和维纳斯黄金(Harlikar),中国的瑞香红(Ruixinaghou)(图 1- 6)、瑞雪(Ruixue)(图 1-7)、瑞阳(Ruiyang)(图 1-8)、秦脆(Qincui)、秦蜜(Qinmi)、福丽(Fuli)和鲁丽(Luli)等 10 余个有竞争力的苹果品种。矮化砧木选育也是苹果技术竞争的关键环节,近十年苹果砧木由 M26 很快发展到 M9 优系(如 M9-T337),美国抗病抗重茬矮化砧木 G 系(G41、G935、G214、G969)、日本通过圆叶海棠与 M9 杂交培育 JM 系矮化砧木(JM1、JM2、JM5、JM7、JM8)、波兰的 P22、中国通过杂交育种培育的青砧系列等也在快速发展。

(三)生产技术标准化程度不断提高

果业发达国家标准化生产技术应用已基本普及,尤其是在果园管理环节全面推行病虫害综合防治、果

图 1-1 爵士

图 1-2 爵士丰产照

图 1-3 爱妃

图 1-4 爱妃丰产照

图 1-5 堪滋

图 1-6 瑞香红

图 1-7 瑞雪

图 1-8 瑞阳果园

园精准施肥技术和水果品质保证体系等技术及数字化管理模式，以确保生产安全、果品优质。

(四)产后处理加工和仓储物流水平不断提升

在苹果产业发达国家，产后贮藏能力一般都达到总产量的 80%，而且主要以气调贮藏和恒温冷藏为主，并实行采后冷链流通。苹果产值的 70% 以上是通过产后的贮藏、加工环节实现的。世界发达国家苹果采后产值与采收时产值之比非常高，美国为 3.7 : 1，日本为 2.2 : 1。

第二节　我国苹果产业发展概况

一、苹果生态适宜指标

苹果作为温带多年生经济树种，对环境条件有严格的要求，其中气候、地势和土壤起着关键作用。环境条件适宜，就能充分发挥自身的特性，获得最大的经济收益。中国工程院院士、山东农业大学教授束怀瑞在其主编的《苹果学》一书中提出，黄土高原苹果产区自然条件完全符合苹果生产划定的最适宜区或适宜区指标里的 7 项要求(表 1-2)。除气候条件外，这里还具有土层深厚，土壤疏松、透气性强，昼夜温差大，光照充分、光质好等特点。

表 1-2　苹果生态适宜指标

产区名称		主要指标				辅助指标			符合指标项数(项)
		①年均温(℃)	②年降雨(毫米)	③1 月中旬均温(℃)	④年极端最低温(℃)	⑤夏季均温(6—8 月)(℃)	⑥ > 35℃天数(天)	⑦夏季平均最低气温(℃)	
最适宜区		9 ~ 12	560 ~ 750	> −14	> −27	19 ~ 23	< 6	15 ~ 18	7
黄土高原区	平均值	9 ~ 12	490 ~ 660	−8 ~ −1	−26 ~ −16	19 ~ 23	< 6	15 ~ 18	7
	千阳县	10.9	653.0	−1.6	−17	24.5	3.7	14	7
	白水县	11.4	577.8	−6.0	−16	25.0	3.6	14	7
	洛川县	9.9	592.6	−8.0	−18	22.8	3.0	12	7
渤海湾区	近海亚区	9 ~ 12	580 ~ 840	−10 ~ −2	−24 ~ −13	22 ~ 24	0 ~ 3	19 ~ 21	6
	内陆亚区	12 ~ 13	580 ~ 740	−15 ~ −3	−27 ~ −18	25 ~ 26	10 ~ 18	20 ~ 21	4
黄河故道区		14 ~ 15	640 ~ 940	−2 ~ 2	−23 ~ −15	26 ~ 27	10 ~ 25	21 ~ 23	3
西南高原区		11 ~ 15	750 ~ 1100	0 ~ 7	−13 ~ −5	19 ~ 21	0	15 ~ 17	6
北部寒冷区		4 ~ 7	410 ~ 650	< −15	−40 ~ −30	21 ~ 24	0 ~ 2	16 ~ 18	4
美国华盛顿产区		15.6	470	8	−8	22.6	0	15	5

另外，还要求昼夜温差大于 7.1℃、海拔 800 米以上、年日照时数 2 200 ~ 2 400 小时、土层深度 2 米以上、夏季空气相对湿度 60% ~ 70%、pH 5.0 ~ 7.0。

二、全国苹果栽培面积和总产量年度变化情况

我国苹果产业与国民经济增长速度同步。改革开放以来，我国苹果生产得到快速发展，栽培面积和产量以每年 8% 以上(3% ~ 44%)的速度呈几何数量级增长，增长速度与国民经济增长速度同步。苹果总产量由 1978 年的 227.5 万吨增长到 2019 年的 4 242.5 万吨，增长了 17 倍(表 1-3)。

表 1-3　全国苹果栽培面积和总产量年度变化表

序号	年份	水果总产量(万吨)	果园总面积(万公顷)	苹果园面积(万公顷)	苹果总产量(万吨)
1	1978	657.0	165.7	60.0	227.5
2	1979	701.5	175.6	74.0	286.9
3	1980	679.3	178.3	73.8	236.3
4	1981	780.1	179.7	72.7	300.6
5	1982	771.3	195.2	72.1	243.0

续表

序号	年份	水果总产量(万吨)	果园总面积(万公顷)	苹果园面积(万公顷)	苹果总产量(万吨)
6	1983	948.7	201.5	72.6	354.1
7	1984	984.5	221.9	75.7	294.1
8	1985	1 163.9	273.6	86.5	361.4
9	1986	1 347.7	367.2	117.4	333.7
10	1987	1 667.9	450.8	144.3	426.5
11	1988	1 666.1	506.6	166.0	434.4
12	1989	1 831.9	537.2	169.0	449.9
13	1990	1 874.4	517.9	163.3	431.9
14	1991	2 176.1	531.8	166.1	454.0
15	1992	2 440.1	581.8	191.5	655.6
16	1993	3 011.2	643.5	222.8	907.0
17	1994	3 499.8	726.4	269.0	1 112.9
18	1995	4 214.6	809.8	295.3	1 400.8
19	1996	4 652.8	855.3	298.7	1 705.2
20	1997	5 089.3	864.8	283.8	1 721.9
21	1998	5 452.9	853.5	262.2	1 948.1
22	1999	6 237.6	866.7	243.9	2 080.2
23	2000	6 225.1	893.2	225.4	2 043.1
24	2001	6 658.0	904.3	206.6	2 001.5
25	2002	6 952.0	909.8	193.8	1 924.1
26	2003	14 517.4	943.7	190.1	2 110.2
27	2004	15 340.9	976.8	187.7	2 367.5
28	2005	16 120.1	1 003.5	189.0	2 401.1
29	2006	17 102.0	1 012.3	189.9	2 605.9
30	2007	18 136.3	1 047.1	196.2	2 786.0
31	2008	19 220.2	1 073.4	199.2	2 984.7
32	2009	20 395.5	1 114.0	204.9	3 168.1
33	2010	21 401.4	1 154.4	214.0	3 326.3
34	2011	22 768.2	1 183.1	217.7	3 598.5
35	2012	24 056.8	1 214.0	223.1	3 849.1
36	2013	25 093.0	1 237.1	227.2	3 968.3
37	2014	16 588.2(26 142.0)	1 275.0	227.2	4 092.3
38	2015	17 479.6(27 375.0)	1 281.7	232.8	4 261.3
39	2016	24 405.2	1 090.3(1 547.0)	238.0	4 039.3
40	2017	25 241.9	1 113.6(1 701.7)	222.0	4 139.0
41	2018	26 100.1	1 187.5	193.9	3 923.3
42	2019	27 400.8	1 227.7	197.8	4 242.5
43	2020	—	—	208.9	3 845.0
44	2021	—	—	210.5	4 346.5

注:数据来自《中国农业年鉴 1978》至《中国农业年鉴 2019》以及《中国农村统计年鉴 2020》。2003—2013、2016—2017 年水果产量包括瓜果类产量,2014—2015 年水果总产量不包括瓜果类产量(括号内数据包括瓜果类产量),2016—2017 年果园总面积括号内数据包括瓜果类面积。2020 年苹果园面积、苹果园总产量来自 FAOSTAT。2021 年为编著者的预测值

三、我国苹果产业的发展趋势

我国是苹果生产大国，产量和面积均居世界第一。经过多年的快速发展，全国已形成两大优势苹果产区七大苹果主产省区，包括渤海湾苹果产区的山东省、河北省、辽宁省和黄土高原苹果产区的陕西省、甘肃省、河南省、山西省。两大优势产区苹果栽培面积和产量分别占全国苹果栽培总面积和总产量的比例从2015年的86.73%和89.65%稳定到2019年的87.86%和82.37%。2020—2021年陕西和山东是我国最主要的苹果大省，甘肃和新疆正在加速苹果基地建设，新增果园面积处于前列。我国苹果产业的发展主要呈现以下五大趋势。

(一)产业布局进一步优化

我国苹果生产向中西部地区和北部高海拔地区转移，向劳动力密集及劳动力成本低的区域和病虫害较少及南方高海拔苹果成熟早的新兴苹果区转移(如四川盐源县、云南昭通市昭阳区、贵州威宁县)。2019年，环渤海湾优势产区的53个苹果基地县市苹果面积稳定在800万亩以上，产量达1 600万吨，约占全国总面积和总产量的27%和38%；黄土高原优势产区的69个苹果基地县，种植面积稳定在1 600万亩，产量达2 300万吨，约占全国总面积和总产量的54%和54%。

(二)传统栽培方式面临巨大挑战

我国当前80%的果园是按照乔化栽培模式建立的，存在果园管理劳动力需求大、果园树体密闭、光照不良、产量低、质量差异大等问题，并且不利于实行机械操作。面对劳动力日趋短缺以及激烈的市场竞争，乔砧栽培模式面临巨大挑战，矮砧集约栽培模式将是未来苹果栽培的主要发展方向。为了实现苹果生产从传统栽培向现代栽培的过渡，实现苹果产业高质量发展，农业部、财政部于2007年启动了国家现代农业(苹果)产业技术体系建设，随后各苹果主产省陆续启动了省级现代农业(苹果)产业技术体系建设。国家和省级协同创新，以苹果为单元，产业链为主线，从产地到餐桌、从生产到消费、从研发到市场各个环节紧密衔接，服务现代苹果产业。

(三)粮食安全迫切要求必须提高果园产出率

2017年10月18日，习近平总书记在中国共产党十九次全国代表大会上的报告强调，“确保国家粮食安全，把中国人的饭碗牢牢端在自己手中”。因此，必须在全国推广苹果矮砧集约栽培模式，实现密植栽培，节约耕地，提高苹果产量300%～400%，节约水60%、肥70%、土地80%。

(四)提高果园综合管理水平是破解产业瓶颈的关键

劳动力和土地成本上升推动种植大户、涉农公司更加重视果园机械化、集约化发展，并加快实行统一管理、统一生产、统一销售进程。果园建设标准化、管理规范化、生产规模化、经营产业化趋势明显，全程化、多角度的果园管理模式优势明显。

(五)苹果加工业发展压力增大

我国以浓缩苹果汁为主的苹果加工业面临着生产成本和出口成本大幅度上升、国际市场竞争日趋激烈的双重压力，出口增长减缓。由于加工苹果供应短缺，企业间无序竞争等问题，作为主要苹果加工品的浓缩苹果汁，年产能利用率仅为45%，产能严重过剩。

四、近几年我国苹果生产情况

(一)2015年全国各省市自治区苹果生产总体概况

据《中国农业年鉴》统计，2015年全国有23个省市自治区有苹果生产，苹果总面积约3 492.0万亩，总产量约4 261.3万吨，达到历史最高点，其中红富士30 872 186吨(图1-9至图1-11)，约占72.45%，主要分布于除黑龙江、湖北以外的其他21个省市自治区；国光1 699 396吨(图1-12)，约占3.99%，主要分布于除黑龙江、湖北、重庆、西藏、新疆以外的其他18个省市自治区；其他品种总产量仅占23.56%(图1-13至图1-22)。在优势苹果生产区域，除形成了七大苹果主产省区外，又形成了新疆无雨或少雨的灌溉农业(每年灌10余次)苹果产区以及西南冷凉高原的云、贵、川高海拔(1 950～2 200米以上)苹果产区。另外，甘肃庄浪、静宁的高海拔苹果产区(主要分布在1 600～1 900米)，果实硬度大、糖度高，适应于周年贮藏供应。

图 1-9　礼富 1 号

图 1-10　长富 2 号

图 1-11　烟富 3 号

图 1-12　国光

图 1 13　小国光

图 1-14　丽嘎拉

图 1-15　元帅系

图 1-16　金冠

图 1-17　寒富

图 1-18　粉红女士

图 1-19　红乔纳金

图 1-20　澳洲青苹

图 1-21　东北小苹果(香妃果)

图 1-22　陕西丹凤棣花镇小苹果

(二)2016 至 2019 年全国各省市自治区苹果生产变化情况

2016—2019 年,受果业结构调整、老果园更新改造、新建果园推广苹果矮砧集约栽培模式、市场销售价格持续低迷、劳动力成本上升以及霜冻、冰雹自然灾害等多重因素的影响,苹果效益总体下降,种植面积虽有升有降,但整体处于降低水平;收获产量相对稳定,整体维持在 4 000 万吨左右。

2016 年,全国苹果总面积约 3 570.0 万亩,较 2015 年全国苹果产量最高点时的面积上升了约 2.23%;全国苹果总产量约 4 039.3 万吨,较 2015 年全国苹果产量最高点下降了约 5.21%。

2017 年,全国苹果总面积约 3330.0 万亩,较 2015 年全国苹果产量最高点时的面积下降了约 4.64%;全国苹果总产量约 4 139.0 万吨,较 2015 年全国苹果产量最高点下降了约 2.87%。

2018 年,全国苹果因春季低温霜冻减产。苹果总面积、总产量分别约为 2 908.5 万亩、3 923.3 万吨,比 2015 年约下降了 16.71%、7.93%。苹果面积前 10 位的省份依次是陕西、山东、甘肃、山西、辽宁、河南、河北、新疆、云南和四川，约占全国苹果总面积的 92.79%，其苹果产量约占全国苹果总产量的 96.26%。

2019 年，全国苹果大丰收，各地表现为量价齐升。但从陕西的苹果产地果园收购价格来看，依然没有达到 2014 年的最高水平。全国苹果总面积、总产量分别约为 2 967.2 万亩、4 242.5 万吨，比 2018 年上升 2.02%、8.14%，但比 2015 年仍下降了 15.03%、0.44%。苹果面积前 10 位的省份依次是陕西、山东、甘肃、山西、辽宁、河北、河南、新疆、云南和四川，占全国苹果总面积的 91.67%，其苹果产量占全国苹果总产量的 94.98%。与 2018 年相比，2019 年前 10 位省份苹果总面积、总产量所占比重均有所下降，苹果面积占全国苹果总面积的比例由 92.79% 下降为 91.67%，苹果产量占全国苹果总产量的比例由 96.26% 下降为 94.98%，这是因为老果区连续几年的效益下降而减少面积和产量。

根据《中国农村统计年鉴 2020》，2019 年全国仍有 23 个省市自治区有苹果生产的数据（表 1–4、表 1–5）。与 2015 年相比，苹果面积增加的省级行政区有新疆、云南、四川、贵州、内蒙古和西藏等 6 个，面积没

表 1–4　2019 年全国各省市自治区苹果生产情况（面积）

序号	地区	水果总面积（千公顷）	苹果面积（千公顷）	占本地区水果总面积的比重（%）	占全国苹果总面积的比重（%）
1	陕西	1134.2	614.6	54.19	31.07
2	山东	585.3	246.6	42.13	12.47
3	甘肃	319.0	241.1	75.58	12.19
4	山西	374.9	145.9	38.92	7.38
5	辽宁	352.7	136.5	38.70	6.90
6	河北	506.0	125.3	24.76	6.33
7	河南	432.3	119.3	27.60	6.03
8	新疆	935.4	83.8	8.96	4.24
9	云南	628.4	54.8	8.72	2.77
10	四川	776.5	45.5	5.86	2.30
11	贵州	684.5	35.5	5.19	1.79
12	内蒙古	97.5	31.5	32.31	1.59
13	江苏	199.5	28.6	14.34	1.45
14	宁夏	103.0	28.0	27.18	1.42
15	安徽	160.3	11.8	7.36	0.60
16	黑龙江	29.7	9.1	30.64	0.46
17	北京	43.8	6.4	14.61	0.32
18	吉林	26.5	5.9	22.26	0.30
19	天津	26.6	2.9	10.90	0.15
20	西藏	5.4	2.7	50.00	0.14
21	湖北	380.9	1.0	0.26	0.05
22	青海	7.6	0.8	10.53	0.04
23	重庆	321.4	0.6	0.19	0.03
全国总计		12276.7	1978.1	16.11	100

注：表中以苹果面积由大到小排序。数据来自《中国农村统计年鉴 2020》

表 1-5 2019 年全国各省市自治区苹果生产情况(产量)

序号	地区	水果总产量(万吨)	苹果产量(万吨)	占本地区水果总产量的比重(%)	占全国苹果总产量的比重(%)
1	陕西	2012.8	1135.6	56.42	26.77
2	山东	2840.2	950.2	33.46	22.40
3	山西	862.7	421.9	48.90	9.94
4	河南	2589.7	408.8	15.79	9.64
5	甘肃	710.1	340.5	47.95	8.03
6	辽宁	820.7	248.8	30.32	5.86
7	河北	1391.5	221.6	15.93	5.22
8	新疆	1604.8	170.7	10.64	4.02
9	四川	1136.7	76.5	6.73	1.80
10	云南	860.3	55.0	6.39	1.30
11	江苏	983.6	54.0	5.49	1.27
12	宁夏	258.6	50.2	19.41	1.18
13	安徽	706.3	37.4	5.30	0.88
14	内蒙古	280.4	21.1	7.52	0.50
15	贵州	442.0	20.3	4.59	0.48
16	黑龙江	165.0	13.8	8.36	0.33
17	吉林	153.9	5.3	3.44	0.12
18	北京	59.9	4.7	7.85	0.11
19	天津	57.4	3.4	5.92	0.08
20	西藏	2.4	1.0	41.67	0.02
21	湖北	1010.2	0.8	0.08	0.02
22	重庆	476.4	0.6	0.13	0.01
23	青海	3.7	0.4	10.81	0.01
全国总计		27400.8	4242.5	15.48	100

注:表中地区以苹果产量由高到低顺序进行排序。数据来自《中国农村统计年鉴 2020》

有变化的只有湖北,其他的均呈减少状态。面积增加前三位的为贵州、新疆和四川,分别达 35.25 万亩、29.70 万亩和 12.75 万亩;增加幅度前三位的为贵州、西藏和新疆,分别增加 35.25 万亩、1.05 万亩和 29.70 万亩,增幅比例高达 195.83%、35.00% 和 30.94%。面积数量减少前五位的为河北、陕西、甘肃、山东和河南,分别达 176.55 万亩、120.60 万亩、80.85 万亩、80.10 万亩和 76.05 万亩;减少幅度前五位为吉林、河北、河南、宁夏和黑龙江,减少面积分别为 9.15 万亩、176.55 万亩、76.05 万亩、15.00 万亩和 4.35 万亩,减少幅度达 50.83%、48.44%、29.82%、26.32% 和 24.17%。

与 2015 年相比,2019 年苹果产量增加的省级行政区有陕西、甘肃、辽宁、新疆、四川、云南、江苏、内蒙古、贵州、天津、西藏和重庆等 11 个,其他的均呈减少状态。产量增加前五位的为陕西、新疆、四川、贵州和江苏,分别达 98.3 万吨、55.6 万吨、15.2 万吨、15.0 万吨和 14.0 万吨;增加幅度的前三位为贵州、西藏和新疆,分别增加 15.0 万吨、0.4 万吨和 55.6 万吨,增幅比例高达 285.37%、58.30% 和 48.27%。产量数量减少前五位的为河北、河南、山西、吉林和山东,减少数量分别为 145.0 万吨、40.8 万吨、9.3 万吨、9.0 万吨和 8.2 万吨;减少幅度前五位的为吉林、北京、河北、湖北和青海,减少数量分别为 9.0 万吨、3.3 万吨、145.0 万吨、0.5 万吨和 0.2 万吨,减少幅度达 62.94%、41.25%、39.54%、38.46% 和 33.33%。

2015—2019 年,全国范围内苹果生产单产水平有所提高,亩产量从 1.220 吨、1.131 吨、1.243 吨、1.349

吨增加到 1.430 吨。

(三)2020 至 2021 年全国各省市自治区苹果生产变化情况

2020 年，整体水果量大质优，苹果效益低迷，需要淘汰落后产能，产业转型升级，全国苹果面积与总产量均有所降低，面积 2867.77 万亩，总产量 4050.10 万吨，比 2019 年分别降低 3.35%、4.54%。与此形成鲜明对比，甘肃苹果面积和产量均增幅最大。2021 年，耕地禁止"非粮化"政策的严格实施，全国新栽苹果面积大幅度减少。

(四)中国名特优经济林苹果(苗木)之乡及示范县(优势区)创建

农业部、财政部、科技部、国家标准委、林业局等单位根据各地苹果栽培技术水平高、规模大、效益好，在全国范围内，于 2001—2020 年先后建成并授予 29 个县(市、区)"中国名特优经济林苹果(苗木)之乡"、9 个示范县(基地)、5 个国家现代农业产业园(苹果)、9 个中国特色农产品优势区(苹果)、一批全国名特优新农产品及公用品牌等(图 1-23、图 1-24、表 1-6)，涉及红富士、嘎拉、国光、秦阳、寒富、金冠等苹果品种。

2020 年，农业农村部、财政部在全国启动了 50 个优势特色产业集群建设工作，与苹果有关的只有 2 个，分别是"山东烟台苹果产业集群"和"陕西黄土高原苹果产业集群"，将推动产业形态由"小特产"升级为"大产业"，空间布局由"平面分布"转型为"集群发展"，主体关系由"同质竞争"转变为"合作共赢"，成为乡村振兴的新支撑、农业转型发展的新亮点和产业融合发展的新载体；农业农村部在全国遴选了 110 个国家现代农业科技示范展示基地，专门展示苹果的只有 1 个，是由西北农林科技大学建设的"国家现代农业科技示范展示基地(白水)"，即"西北农林科技大学白水苹果试验示范站"，该站在实施创新驱动发展战略和乡村振兴战略，加快推进农业农村现代化，推动苹果产业转型升级、提质增效和绿色发展，促进苹果产业科技成果转化落地和先进技术进村入户到企，充分展示先进农业技术生产模式和发展经验，在体现现代苹果产业技术的先进性、集成性、综合性，引领苹果产业高质量发展等方面，发挥着示范带动作用。

图 1-23 千阳苹果现代化种植技术示范基地

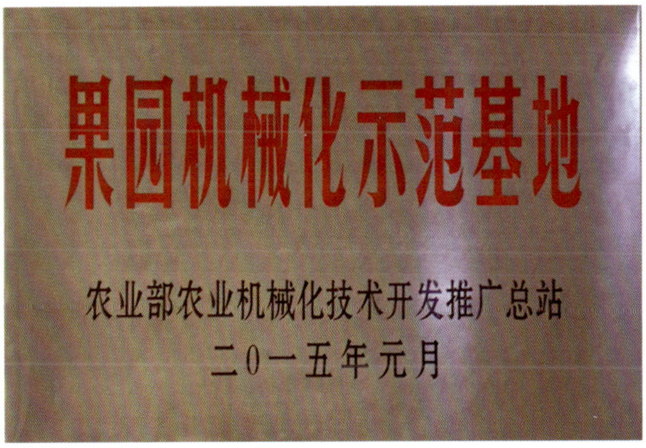

图 1-24 千阳苹果果园机械化示范基地

表 1-6 中国名特优经济林苹果(苗木)之乡及进入《全国名特优新农产品名录》的示范县(优势区)分布表

序号	县(市、区)	苹果之乡(产品)名称	认定机构	授予年份
1	河北省顺平县	中国苹果之乡	中国经济林协会	2001
2	河北省青龙满族自治县	中国苹果之乡	中国经济林协会	2001
3	河北省承德县	中国国光苹果之乡	中国经济林协会	2012
4	河北省怀来县	中国海棠之乡	中国果品流通协会	2012
5	河北省内丘县	富岗苹果中国特色农产品优势区	农业农村部等 9 部门	2018
6	山西省吉县	中国苹果之乡	中国果蔬产业品牌论坛组委会	2009
7	山西省吉县	吉县苹果中国特色农产品优势区	农业农村部等 9 部门	2018

续表

序号	县(市、区)	苹果之乡(产品)名称	认定机构	授予年份
8	山西省吉县	吉县苹果	农业农村部《全国名特优新农产品名录》	2019
9	山西省万荣县	国家现代农业产业园(苹果)	农业农村部、财政部	2018
10	山西省临猗县	中国苹果之乡	中国经济林协会	2000
11	山西省临猗县	临猗苹果中国特色农产品优势区	农业农村部等9部门	2019
12	内蒙古自治区扎兰屯市	扎兰屯沙果	农业农村部《全国名特优新农产品名录》	2019
13	内蒙古自治区通辽市科尔沁区	科尔沁区塞外红苹果	农业农村部《全国名特优新农产品名录》	2019
14	内蒙古自治区科尔沁左翼中旗	科左中旗塞外红苹果	农业农村部《全国名特优新农产品名录》	2021
15	内蒙古自治区开鲁县	开鲁塞外红苹果	农业农村部《全国名特优新农产品名录》	2021
16	辽宁省庄河市	中国苹果之乡	中国果品流通协会	2008
17	辽宁省新民市	中国寒富苹果之乡	中国特产之乡组委会	2017
18	辽宁省葫芦岛市	葫芦岛苹果	农业农村部《中国农产品区域公用品牌目录》	2019
19	辽宁省大连市	大连苹果	农业农村部《中国农产品区域公用品牌目录》	2019
20	江苏省丰县	中国苹果之乡	中国经济林协会	2000
21	山东省招远市	中国红富士苹果之乡	中国特产之乡组委会	1995
22	山东省文登市	中国苹果之乡	中国特产之乡组委会	1995
23	山东省栖霞市	中国苹果之乡	中国经济林协会	2000
24	山东省栖霞市	中国苹果文化之乡	中国民间文艺家协会	2014
25	山东省栖霞市	国家现代农业产业园(苹果)	农业农村部、财政部	2018
26	山东省蓬莱市	中国苹果之乡	中国经济林协会	2001
27	山东省莒南县	中国苹果之乡	中国经济林协会	2013
28	山东省沂源县	沂源苹果中国特色农产品优势区	农业农村部等9部门	2018
29	山东省烟台市	烟台苹果	农业农村部《中国农产品区域公用品牌目录》	2019
30	山东省烟台市	烟台苹果中国特色农产品优势区	农业农村部等9部门	2019
31	山东省莱州市	莱州由家苹果	农业农村部《全国名特优新农产品名录》	2021
32	河南省灵宝市	中国苹果之乡	中国经济林协会	2000
33	河南省灵宝市	灵宝苹果中国特色农产品优势区	农业部等9部门	2017
34	河南省灵宝市	灵宝苹果	农业农村部《全国名特优新农产品名录》及《区域公用品牌目录》	2019
35	河南省灵宝市	国家现代农业产业园(苹果)	农业农村部、财政部	2020
36	河南省虞城县	虞城苹果	农业农村部《全国名特优新农产品名录》	2019
37	河南省洛宁县	洛宁上戈苹果	农业农村部《全国名特优新农产品名录》	2019
38	河南省杞县	沙沃苹果	农业农村部《全国名特优新农产品名录》	2020
39	四川省盐源县	中国金冠苹果之乡	中国经济林协会	2012
40	贵州省威宁县	威宁苹果(地理标志保护产品)	国家质量监督检验检疫总局	2017
41	云南省昭通市	昭通苹果	农业农村部《中国农产品区域公用品牌目录》	2019
42	云南省昭通市昭阳区	昭通苹果	农业农村部《全国名特优新农产品名录》	2021
43	陕西省白水县	中国苹果之乡	中国特产之乡组委会	1995
44	陕西省白水县	国家级出口苹果质量安全示范县	国家检验检疫总局	2013
45	陕西省白水县	中国有机苹果第一县	中国食品工业协会	2014
46	陕西省白水县	全国绿色食品原料苹果标准化生产基地	农业部	2016

续表

序号	县(市、区)	苹果之乡(产品)名称	认定机构	授予年份
47	陕西省白水县	国家级出口食品农产品质量安全示范区	国家质量监督检验检疫总局	2018
48	陕西省白水县	白水苹果	农业农村部《中国农产品区域公用品牌目录》	2019
49	陕西省洛川县	全国优势农产品(苹果)产业化建设示范县	农业部	2003
50	陕西省洛川县	国家食品安全(苹果)项目示范县	科技部	2003
51	陕西省洛川县	全国优质苹果出口生产基地	农业部	2005
52	陕西省洛川县	中国苹果文化之乡	中国民间文艺家协会	2017
53	陕西省洛川县	洛川苹果中国特色农产品优势区	农业部等9部门《中国特色农产品优势区名录》	2017
54	陕西省洛川县	国家现代农业产业园(苹果)	农业农村部、财政部	2018
55	陕西省洛川县	洛川苹果	农业农村部《中国农产品区域公用品牌目录》《国家农产品地理志登记保护》	2019
56	陕西省洛川县	洛川苹果	农业农村部《全国名特优新农产品名录》	2020
57	陕西省长武县	中国苹果之乡	中国果品流通协会	2008
58	陕西省淳化县	中国苹果之乡	中国果品流通协会	2008
59	陕西省淳化县	全国农业标准化示范县(红富士苹果)	农业部	2011
60	陕西省礼泉县	中国苹果之乡	中国经济林协会	2000
61	陕西省旬邑县	中国苹果之乡	中国经济林协会	2001
62	陕西省富平县	中国早中熟苹果之乡	中国果蔬产业品牌论坛	2010
63	陕西省千阳县	国家矮砧苹果综合标准化示范区	国家标准化管理委员会	2013
64	陕西省千阳县	中国苹果现代化种植技术示范基地	中国苹果产业协会	2014
65	陕西省千阳县	中国果园机械化示范基地	农业部农业机械化技术开发推广总站	2015
66	陕西省千阳县	中国苹果名县(中国农业品牌“金麒麟奖”)	中国现代农业发展促进会、第八届中国农业品牌发展高峰论坛会	2016
67	陕西省千阳县	中国苹果强县(中国农业品牌“金麒麟奖”)	中国现代农业发展促进会、第十届中国农业品牌发展高峰论坛	2017
68	陕西省千阳县	中国苹果苗木之乡(中国农业品牌“金麒麟奖”)	中国现代农业发展促进会、第十届中国农业品牌发展高峰论坛	2017
69	陕西省千阳县	全国新型职业农民培育示范基地(苹果)	农业部	2017
70	陕西省千阳县	千阳苹果	农业农村部《全国名特优新农产品名录》	2019
71	陕西省千阳县	国家矮砧苹果机械化生产综合标准化示范区	国家标准化管理委员会	2020
72	陕西省延安市安塞区	国家山地苹果生产标准化示范区	国家标准化管理委员会	2020
73	陕西省黄龙县	黄龙苹果	农业农村部《全国名特优新农产品名录》	2020
74	陕西省凤翔县	凤翔苹果	农业农村部《全国名特优新农产品名录》及《中国农产品区域公用品牌目录》	2019
75	陕西省铜川市	铜川苹果	农业农村部《中国农产品区域公用品牌目录》	2019
76	陕西省米脂县	米脂苹果	农业农村部《全国名特优新农产品名录》	2020
77	陕西省府谷县	府谷海红果	农业农村部《全国乡村特色产品和能工巧匠目录》	2020
78	陕西省府谷县	府谷海红果	农业农村部《全国名特优新农产品名录》	2020
79	甘肃省天水市秦州区	中国苹果之乡	中国经济林协会	2000
80	甘肃省静宁县	中国苹果之乡	中国经济林协会	2001
81	甘肃省静宁县	静宁苹果中国特色农产品优势区	农业农村部等9部门	2019
82	甘肃省庆阳市西峰区	中国优质苹果之乡	中国特产之乡组委会	2013
83	甘肃省庆阳市	庆阳苹果	农业农村部《中国农产品区域公用品牌目录》	2019
84	甘肃省宁县	国家现代农业产业园(苹果)	农业农村部、财政部	2018
85	甘肃省宁县	宁县苹果	农业农村部《全国名特优新农产品名录》	2020

续表

序号	县(市、区)	苹果之乡(产品)名称	认定机构	授予年份
86	甘肃省天水市麦积区	天水花牛苹果中国特色农产品优势区	农业农村部等 7 部委	2020
87	甘肃省灵台县	国家矮砧苹果种植标准化示范区	国家标准化管理委员会	2020
88	宁夏回族自治区 中卫市沙坡头区	沙坡头苹果	农业农村部《全国名特优新农产品名录》及《中国农产品区域公用品牌目录》	2019
89	新疆维吾尔自治区 阿克苏市	中国红富士苹果之乡	农业部	2013
90	新疆维吾尔自治区伊宁县	伊犁苹果	农业农村部 《全国名特优新农产品名录》	2019
91	新疆维吾尔自治区玛纳斯县	玛纳斯锦绣海棠果	农业农村部 《全国名特优新农产品名录》	2020

注:部分认定区域为地级市

(五)全国现代苹果产业十强县建设情况

2016 年 9 月 26 日，由中国果品流通协会主办的中国苹果年会暨第六届山东沂源苹果节在沂源县举行,会上评选出全国现代苹果产业十强县(表 1-7),这些县都是全国苹果产业转型升级的典范,在推动现代苹果发展尤其是苹果矮砧集约栽培模式应用方面起到了积极作用。

表 1-7　全国现代苹果产业十强县名单

序号	省份	地级市	县(市)	2021 年苹果栽培面积(万亩)	2021 年苹果总产量(万吨)	备注(数据来源)
1	陕西省	延安市	洛川县	53	98.5	洛川县统计局数据
2	山东省	烟台市	栖霞市	100	220	
3	甘肃省	平凉市	静宁县	100	60	
4	河南省	三门峡市	灵宝市	90	140	
5	陕西省	渭南市	白水县	55	50	《渭南日报》2021 年 11 月 21 日,全产业链 115 亿元
6	山东省	淄博市	沂源县	32	70	
7	山东省	威海市	荣成市	28	52	
8	山西省	运城市	万荣县	45	64	
9	陕西省	宝鸡市	千阳县	6.3	5.6	千阳县统计局数据
10	江苏省	徐州市	丰县	32	42	

(六)全国“一村一品”苹果示范村镇建设情况

1. 建设意义

全国“一村一品”示范村镇创建对实施乡村振兴战略具有重要意义。“一村一品”政策是指在一定区域范围内,挑选全国“一村一品”示范镇,以村为基本单位,按照国内外市场需求,充分发挥本地资源优势,通过大力推进规模化、标准化、品牌化和市场化建设,使一个村(或几个村)拥有一个(或多个)市场潜力大、区域特色明显、附加值高的主导产品和产业。开展全国“一村一品”示范村镇创建活动是农业部深入实施“一村一品”强村富民工程、引导专业村镇提档升级、推进现代农业发展的重要举措,对于挖掘地域资源优势,打造区域特色品牌农业,活跃农村经济,丰实“米袋子”“菜篮子”“果盘子”“茶罐子”,推进食品安全工作,发挥农民自主创新积极性,促进农民就业增收,培育新农村建设优势特色产业,构建集约化、专业化、组织化,社会化相结合的新型农业经营体系以及推动城乡发展一体化、农业转型升级和农业供给侧结构性改革、促进农村一二三产业融合发展,推进脱贫攻坚,实现乡村振兴具有重要意义。

各地农业主管部门[(农牧、农村经济)厅(委、办、局)]通过不断采取有效措施加强对全国“一村一品”示范村镇的业务指导和服务,加大扶持力度,支持其开展品牌建设,进一步培育壮大主导产业,激发区域经济发展活力,推进农业专业化、规模化、标准化生产,提高产品竞争能力,培养新型农民,提高农业组织化水平，开发、拓展农业多种功能，拓宽农民就业增收渠道；广泛宣传推介示范村镇的名优特色产品，大力推广示范村镇的好经验好做法，充分发挥其示范作用，鼓励其发展新兴业态、拓展农业多种功能，延长产业链、价值链，实现一二三产业深度融合，为示范村镇营造更好的发展环境，将示范村镇打造成“一村一品”提档升级的样板，共同推动全国“一村一品”持续健康发展。

2. 建设成效

从 2011 年起，为贯彻落实《中共中央国务院关于加大统筹城乡发展力度进一步夯实农业农村发展基础的若干意见》（中发〔2010〕1 号）关于“推进‘一村一品’专业示范村镇建设”、《中共中央国务院关于加大改革创新力度加快农业现代化建设的若干意见》（中发〔2015〕1 号）、《国务院关于支持农业产业化龙头企业发展的意见》（国发〔2012〕10 号）、《中共中央国务院关于打赢脱贫攻坚战的决定》（中发〔2015〕34 号）以及《国务院办公厅关于推进农村一二三产业融合发展的指导意见》（国办发〔2015〕93 号）关于“支持‘一村一品’专业示范村镇建设”、《中共中央国务院关于深入推进农业供给侧结构性改革加快培育农业农村发展新动能的若干意见》（中发〔2017〕1 号）关于“打造一村一品升级版”的精神，按照《农业部关于推进“一村一品”强村富民工程的意见》（农经发〔2010〕10 号）和《农业农村部办公厅关于开展“一村一品”专业示范村镇认定工作的通知》的要求，农业农村部先后在全国各省、自治区、直辖市及计划单列市、新疆生产建设兵团推荐的基础上，经审核，共认定 11 批次 3 786 个（包括种植类、养殖类、食用菌类、农产品加工类、手工艺品类、休闲农业类、乡村旅游类、生态旅游类、农家乐等）全国“一村一品”示范村镇，其中 127 个村镇为全国“一村一品”苹果示范村镇（表 1-8）。

表 1-8 农业农村部认定的“全国‘一村一品’苹果示范村镇”名单

序号	认定日期	示范村镇	示范品种或品牌
1	2011-8-22	北京市门头沟区雁翅镇太子墓村	红富士苹果
2	2011-8-22	北京市延庆县八达岭镇里炮村	苹果
3	2011-8-22	河北省承德县新杖子乡	国光苹果
4	2011-8-22	山西省平陆县圣人涧镇槐下村	优质苹果
5	2011-8-22	辽宁省葫芦岛市连山区塔山乡西堡村	国光苹果
6	2011-8-22	辽宁省大连市瓦房店市许屯镇东马屯村	苹果
7	2011-8-22	山东省烟台市牟平区观水镇	苹果
8	2011-8-22	山东省乳山县崖子镇	苹果
9	2011-8-22	河南省通许县长智镇岳寨村	早熟无公害苹果
10	2011-8-22	陕西省宜川县丹洲镇圪崂村	苹果
11	2011-8-22	陕西省礼泉县西张堡镇白村	苹果
12	2012-11-21	北京市密云县新城子镇蔡家甸村	云岫苹果
13	2012-11-21	河北省内丘县侯家庄乡岗底村	富岗苹果
14	2012-11-21	山西省吉县中垛乡南坪村	壶口苹果
15	2012-11-21	辽宁省瓦房店市驼山乡大魏村	驼山苹果
16	2012-11-21	辽宁省普兰店市同益乡张家村	高诚山苹果
17	2012-11-21	山东省栖霞市观里镇	栖霞苹果
18	2012-11-21	山东省沂源县中庄镇	中庄苹果
19	2012-11-21	山东省冠县东古城镇田马元村	田马元苹果
20	2012-11-21	河南省虞城县张集镇林堂村	史学锋苹果

续表

序号	认定日期	示范村镇	示范品种或品牌
21	2012-11-21	甘肃省合水县何家畔乡	庆阳苹果
22	2012-11-21	新疆维吾尔自治区泽普县园艺场恰卡尔村	祖娜尔苹果
23	2012-11-21	新疆生产建设兵团农四师 78 团	伊帅苹果
24	2013-7-31	山西省盂县孙家庄镇西盂北村	盂北苹果
25	2013-7-31	山西省翼城县唐兴镇南官庄村	古房陵苹果
26	2013-7-31	辽宁省大连瓦房店市赵屯乡前进村	九道河苹果
27	2013-7-31	山东省蓬莱市村里集镇	艾崮红苹果
28	2013-7-31	云南省昭通市昭阳区洒渔镇	昭福苹果
29	2013-7-31	陕西省洛川县旧县镇	洛川苹果
30	2013-7-31	陕西省扶风县天度镇永平村	乔山红苹果
31	2013-7-31	甘肃省静宁县李店镇常坪村	静宁苹果
32	2014-7-31	北京市昌平区崔村镇真顺村	真顺苹果
33	2014-7-31	河北省石家庄市矿区贾庄镇天户峪村	昊源苹果
34	2014-7-31	山西省永济县张营乡常里村	常里红苹果
35	2014-7-31	山西省翼城县隆化镇北捍村	舜都苹果
36	2014-7-31	内蒙古自治区林西县新城子镇七合堂村	九佛山内蒙野果(金红或吉红、“123”小苹果)
37	2014-7-31	辽宁省大连瓦房店市赵屯乡高速村	锦宝苹果
38	2014-7-31	辽宁省大连市旅顺口区双岛湾街道张家村	美鹳苹果
39	2014-7-31	山东省青岛平度市旧店镇	旧店苹果
40	2014-7-31	河南省灵宝市寺河乡	灵宝苹果
41	2014-7-31	陕西省旬邑县张洪镇	旬宝苹果
42	2014-7-31	陕西省千阳县南寨镇三合村	西秦竞秀苹果
43	2014-7-31	陕西省延川县文安驿镇梁家河村	苹果
44	2014-7-31	甘肃省庆城县赤城镇	庆阳苹果
45	2014-7-31	新疆生产建设兵团第一师五团	天山玉苹果
46	2015-8-3	山西省阳泉市郊区西南舁乡北大西庄村	三舁苹果
47	2014-7-31	山西省万荣县贾村乡贾村	晋魁苹果
48	2014-7-31	辽宁省绥中县西甸子镇杨家村	瑞州苹果
49	2014-7-31	山东省东营市河口区义和镇	金河口苹果
50	2014-7-31	西藏自治区林芝县布久乡甲日卡村	苹果
51	2014-7-31	陕西省凤翔县范家寨镇	雍州苹果
52	2014-7-31	陕西省铜川市印台区广阳镇	铜川苹果
53	2014-7-31	陕西省延安市宝塔区临镇镇任家塬村	宝塔山地苹果
54	2014-7-31	陕西省澄城县王庄镇水洼村	秦平苹果
55	2014-7-31	甘肃省天水市麦积区伯阳镇曹石村	曹石苹果
56	2014-7-31	甘肃省天水市麦积区伯阳镇	花牛苹果

续表

序号	认定日期	示范村镇	示范品种或品牌
57	2014-7-31	甘肃省西峰县温泉镇	陇宝苹果
58	2016-7-22	河北省宽城满族自治县化皮溜子乡西岔沟村	西富苹果
59	2016-7-22	河北省隆尧县牛家桥乡梅庄村	“隆红蜜”牌苹果
60	2016-7-22	河北省平山县孟家庄镇元坊村	“元坊”牌苹果
61	2016-7-22	山西省吉县东城乡柏东村	吉县苹果
62	2016-7-22	辽宁省盖州市二台乡石棚山村	御佳苹果
63	2016-7-22	吉林省东丰县小四平镇古年村	鹿乡金红苹果
64	2016-7-22	山东省烟台市回里镇善疃村	“回里”牌苹果
65	2016-7-22	山东省荣成市城西镇河西村	荣成苹果
66	2016-7-22	山东省沂源县张家坡镇	沂源苹果
67	2016-7-22	山东省蓬莱市大辛店镇	苹果
68	2016-7-22	河南省南乐县谷金楼镇东邵郭村	苹果
69	2016-7-22	云南省昭通市昭阳区苏家院镇	昭通苹果
70	2016-7-22	陕西省洛川县永乡镇	甘甜心苹果
71	2016-7-22	甘肃省礼县永兴镇捷地村	礼县苹果
72	2016-7-22	甘肃省会宁县头寨子镇牛河村	甘富苹果
73	2016-7-22	新疆维吾尔自治区特克斯县乔拉克铁热克镇阿克铁热克村	特克斯苹果
74	2017-7-18	吉林省珲春市板石镇孟岭村	孟宝苹果
75	2017-7-18	吉林省长春市九台区上河湾镇双顶村	金红苹果
76	2017-7-18	山东省栖霞市蛇窝泊镇东院头村	日月爱霞苹果
77	2017-7-18	山东省沂水县诸葛镇	沂水苹果
78	2017-7-18	四川省康定市姑咱镇达杠村	达杠苹果
79	2017-7-18	陕西省宝鸡市陈仓区凤阁岭镇通关河村	苹果
80	2017-7-18	陕西省铜川市耀州区锦阳湖街办水峪村	苹果
81	2017-7-18	陕西省扶风县天度镇	苹果
82	2017-7-18	甘肃省天水市秦州区四十铺村	花牛苹果
83	2017-7-18	甘肃省庄浪县万泉镇邵坪村	苹果
84	2017-7-18	甘肃省庆城县白马铺镇	苹果
85	2017-7-18	新疆维吾尔自治区巩留县阿尕尔森镇沙尔乌泽克村	三香红苹果
86	2017-7-18	新疆维吾尔自治区玛纳斯县包家店镇马家庄村	苹果
87	2018-7-3	北京市顺义区龙湾屯镇焦庄户村	苹果
88	2018-7-3	河北省平泉市小寺沟镇河沟子村	苹果
89	2018-7-3	山西省襄汾县景毛乡申村	晋乡红苹果
90	2018-7-3	黑龙江省宁安市江南乡东安村	寒地苹果（“123”、龙丰小苹果）
91	2018-7-3	江苏省丰县宋楼镇	大沙河苹果
92	2018-7-3	陕西省乾县梁山镇官地村	梁山双矮苹果

续表

序号	认定日期	示范村镇	示范品种或品牌
93	2018-7-3	陕西省子洲县淮宁湾镇前清水沟村	黄土rr苹果
94	2018-7-3	陕西省千阳县南寨镇	苹果
95	2018-7-3	陕西省洛川县老庙镇	延美苹果
96	2018-7-3	甘肃省灵台县独店镇冯家堡村	苹果
97	2019-9-24	北京市昌平区崔村镇八家村	崔村红苹果
98	2019-9-24	河北省秦皇岛市青龙满族自治县土门子镇丰果村	苹果
99	2019-9-24	四川省甘孜藏族自治州康定市姑咱镇达杠村	苹果
100	2019-9-24	贵州省毕节市威宁县猴场镇格寨村	苹果
101	2019-9-24	陕西省延安市洛川县槐柏镇	苹果
102	2019-9-24	陕西省渭南市白水县雷牙镇	苹果
103	2019-9-24	陕西省铜川市印台区红土镇	苹果
104	2019-9-24	陕西省榆林市绥德县义合镇墕头村	苹果
105	2019-9-24	陕西省宝鸡市岐山县青化镇孙家村	苹果
106	2019-9-24	陕西省咸阳市三原县马额发展服务中心新邵村	苹果
107	2019-9-24	甘肃省陇南市礼县永兴镇捷地村	苹果
108	2019-9-24	甘肃省天水市秦安县安伏镇	苹果
109	2019-9-24	甘肃省平凉市庄浪县万泉镇	苹果
110	2019-9-24	宁夏回族自治区中卫市沙坡头区永康镇彩达村	苹果
111	2019-9-24	新疆维吾尔自治区阿克苏地区阿克苏市依干其乡尤喀克巴里当村	林果(苹果)
112	2020-11-20	河北省邢台市信都区浆水镇	苹果
113	2020-11-20	辽宁省葫芦岛市兴城市三道沟满族乡三道沟里村	苹果
114	2020-11-20	贵州省黔南布依族苗族自治州长顺县广顺镇	苹果
115	2020-11-20	云南省昭通市昭阳区苏家院镇迤那村	苹果
116	2020-11-20	陕西省铜川市耀州区石柱镇西古村	苹果
117	2020-11-20	陕西省咸阳市彬州市北极镇	苹果
118	2020-11-20	陕西省渭南市合阳县甘井镇	苹果
119	2020-11-20	甘肃省天水市清水县郭川镇宋川村	苹果
120	2020-11-20	甘肃省平凉市庄浪县阳川镇孙王村	苹果
121	2021-11-10	河北省保定市曲阳县孝墓镇	苹果
122	2021-11-10	内蒙古自治区赤峰市宁城县小城子镇	苹果
123	2021-11-10	安徽省淮北市烈山区宋疃镇和村社区	苹果
124	2021-11-10	山东省烟台市栖霞市唐家泊镇肖家夼村	苹果
125	2021-11-10	甘肃省庆阳市宁县焦村镇	苹果
126	2021-11-10	甘肃省天水市张家川回族自治县龙山镇马河村	苹果
127	2021-11-10	新疆生产建设兵团第一师阿拉尔市6团双城镇	苹果

第三节 陕西省苹果产业发展概况

一、陕西省苹果生产概况

(一)陕西苹果生产与布局

1. 果品

陕西是我国苹果生产第一大省。2020 年,全省苹果栽培面积达 930.27 万亩,产量 1 185.21 万吨,面积和产量均居各类园林水果之首(表 1-9),也稳居全国首位,总面积和产量约占全国的 1/4,全世界的 1/7。虽然陕西苹果总面积较 2017 年有所减少,但提质增效后总产量达到历年来最高。全省 107 个县(区)中,苹果基地县达 46 个(其中包括渭北北部苹果基地县 18 个、渭北南部苹果基地县 12 个、陕北山地苹果基地县 16 个),数量居全国第一。

表 1-9 2020 年陕西省果业结构状况

序号	种类	面积(万亩)	占全省比重(%)	产量(万吨)	占全省园林水果比重(%)
1	苹果	930.27	53.72	1 185.21	65.55
2	梨	66.74	3.85	104.30	5.77
3	柑橘	35.36	2.04	51.88	2.87
4	桃	54.06	3.12	75.55	4.18
5	猕猴桃	91.82	5.30	115.83	6.41
6	葡萄	73.15	4.22	80.70	4.46
7	枣	318.98	18.42	109.91	6.08
8	柿子	35.10	2.03	31.28	1.73
9	杏	52.10	3.01	13.31	0.74
10	石榴	6.73	0.39	7.06	0.39
11	樱桃	28.36	1.64	14.30	0.79
12	其他水果	39.05	2.26	18.7	1.03
园林水果总计		1 731.72	100	1 808.03	100

2. 从业人员与企业

2020 年,全省苹果全产业链产值首次突破 1 000 亿元。苹果已成为陕西农业的主导产业和陕西优势特色产业。

从事果业种植的农民 200 万户,涉及农村人口 800 万人,近 1 000 万从业人员镶嵌在苹果产业链上,重点县果农家庭人均年收入仅苹果一项就超 1.2 万元;其中从事苹果种植的农民 170 万户,涉及农村人口 600 多万(全产业链从业人员 750 万),户均苹果园约 5.5 亩(约 3 个苹果园)。

以苹果经营为主的果业企业 3 500 多家,其中国家级 12 家,省级 114 家,市级 176 家,初步形成一批具有发展潜力的龙头企业群,其中海升、华圣等一些有实力的果业龙头企业向产业链两头延伸,成为全国苹果产业升级样板。

浓缩苹果汁生产企业 13 家(海升、恒通果汁企业果汁出口量占全省总出口量的 70%),39 个加工厂,其中省内建设加工厂 21 个,省内企业在外省建设加工厂 18 个,果汁加工能力约为 2 145 吨/小时,建成了全国乃至全世界最大的浓缩苹果汁出口基地,每年消化鲜果 200 多万吨。

在工商部门登记备案的果业合作社 3 714 家,果业家庭农场 4 778 个,种植大户 18 149 户;全省拥有各类大中型果品专业批发市场 33 个,其中国家级 2 个,省级 3 个,承担着全省 90%以上的果品流通;果品配送中心 61 个,果品销售公司 900 多个,果品经纪人近 4 万名。

3. 贮藏与销售

全省果品冷藏能力422.04万吨(气调库贮藏能力83.57万吨),初步保障了季产年销。

苹果销售网络覆盖全国各大中城市,批量出口21个国家和地区。全省注册果品类国家地理标志商标11个,创建各类品牌350多个,形成40多个区域公用品牌,其中13个进入中国农产品区域公用品牌50强。全国主销区城市建设陕西果品品牌店近400家,配套建设销区周转库近100个,成为陕西融入"一带一路"建设的亮点。

陕西鲜苹果出口总量、出口额都很小,这与苹果生产大省位置不相称,与全国鲜苹果出口量2016年、2017年连续两年突破130万吨达到133万吨、继续保持世界苹果第一大出口国的位置不相称。陕西还需加大鲜苹果出口力度,瞄准2017年我国鲜苹果出口量前五大的孟加拉国、菲律宾、印度、泰国及印度尼西亚等市场。

4. 苹果汁

陕西浓缩苹果汁生产量、出口量、出口额均居全国第一,成为全球名副其实的"苹果汁之都"。

2017年,生产浓缩苹果汁341 000吨,占全国浓缩苹果汁生产总量的63.15%;出口浓缩苹果汁316 300吨,占全国浓缩苹果汁出口总量的48.36%;出口鲜苹果90 500吨,占全国鲜苹果出口总量的6.80%;浓缩苹果汁出口额20.68亿元,占全国浓缩苹果汁出口额的50.21%;鲜苹果出口额5.83亿元,占全国鲜苹果出口额的5.92%。

浓缩苹果汁生产总量、出口总量分别比2016年增长16.38%、67.09%,出口鲜苹果总量比2016年下降20.61%;浓缩苹果汁出口额比2016年增长53.41%;鲜苹果出口额比2016年下降14.39%。

2018年至2020年,浓缩苹果汁总产量、出货量以及产值均有不同程度的下降。

5. 苹果产业转型升级

创新苹果矮砧集约栽培模式。陕西省发展以高水肥、M9-T337为主要矮化自根砧立架栽培的"千阳模式",以旱地肥水高效利用、M26为主要矮化自根砧立架栽培的"白水模式",以"M26矮化中间砧+短枝型富士"立架或无架栽培的"乾县模式"或"凤翔模式",以矮化种植、滴灌技术为主的"延安(安塞)山地模式";建立陕西果业专家库,建设水果试验站40个,其中苹果试验站(基地)16个。累计建成并认证绿色果品基地300万亩、有机苹果基地20万亩,发展出口注册果园86万亩,苹果优果率高出全国平均水平30个百分点。

2016年,陕西省确定千阳、白水、洛川、乾县、耀州为全省5个苹果产业"转型升级"示范县区。

2018年,全省发展矮化苹果260余万亩,约占苹果总面积的29%,居全国第一;同年12月,陕西省出台《关于实施"3+X"工程加快推进产业脱贫夯实乡村振兴基础的意见》,要求进一步优化产业结构,精准布局产业,大力发展以苹果为代表的果业,以奶山羊为代表的畜牧业,以棚室栽培为代表的设施农业三个"千亿级产业",因地制宜做优做强茶叶、魔芋、核桃、红枣和有机、富硒、林特系列农产品等区域特色产业,为打赢脱贫攻坚战、实现乡村振兴产业兴旺奠定坚实基础。

2019年,陕北山地苹果基地县面积达400万亩,覆盖包括延安市的宝塔、延川、延长、安塞、志丹、子长、甘泉、吴起及榆林市的米脂、绥德、子洲、清涧、横山、靖边、佳县、吴堡等16个县市(区)。

2020年,建成并认证绿色果品基地300万亩、有机苹果基地20万亩,发展出口注册果园86万亩,苹果优果率高出全国平均水平30个百分点。

2020年,陕西省现代苹果整体实力领先全国,果品质量、果农收入和果业组织化、信息化、规模化等指标基本达到现代化水平,实现了果业强、果农富、果乡美的目标。

全省果园总面积达到1 731.72万亩(表1-10),总产量达到1 808.03万吨,果品品质和质量安全水平明显提高。果业成为全省农业产业中市场竞争力最强、效益最好的产业之一,配套关联产业产值达到560亿元。物质装备和科技支撑能力显著提高,果园有效灌溉面积比重达到28%,提高11个百分点;标准化果园面积比重达到55%,提高50个百分点;机械化作业水平达到50%,提高20个百分点;冷(气)调贮藏率达到30%以上。果业科技进步贡献率达到65%以上。果业现代化经营体系基本建立,培育超140万人职业果农队伍。

果农人均收入达到2.8万元,提前实现翻两番,果农成为全省最富裕的农民群体,果业在城乡一体化中的比重与贡献领先全国，果农幸福指数大大提高。果区集约高效，种养生态平衡，果园有机质含量达到1.2%。果业生态休闲和观光旅游蓬勃发展，果游相得益彰。通过果业发展，全省森林覆盖率不断提高，果园面积占同期森林面积的14%。果园制造碳水化合物达到1 000万吨，果乡天蓝、山绿、水清、气洁，成为美丽陕西建设的特色和典范。

表1–10 2020年陕西省各市园林水果及苹果发展情况

指标	园林水果		其中：苹果		苹果占全省水果的比重	
	总面积（万亩）	总产量（万吨）	面积（万亩）	产量（万吨）	面积（%）	产量（%）
全省	1731.72	1808.03	930.27	1185.21	53.72	65.55
西安市	95.03	101.01	—	—	—	—
铜川市	62.56	61.83	57.48	59.06	91.88	95.52
宝鸡市	96.15	139.21	61.87	73.98	64.35	53.14
咸阳市	307.51	465.44	250.85	386.19	81.57	82.97
渭南市	314.60	358.10	223.98	248.55	71.20	69.41
延安市	420.16	402.19	327.76	370.39	78.01	92.09
汉中市	52.44	62.88	—	—	—	—
榆林市	397.43	206.14	108.24	106.94	27.23	51.88
安康市	20.36	22.52	—	—	—	—
商洛市	6.99	3.26	—	—	—	—
杨凌示范区	3.52	4.01	—	—	—	—
韩城市	10.23	8.10	5.96	7.32	58.26	90.37

注：数据来自陕西省农业农村厅网站《2020年各地市国民经济和社会发展统计公报》

6. 苹果产业展望

到2025年，陕西省果业转型升级全面完成，果业实现全面现代化。果业品种技术先进、设施装备精良、产业布局合理、经营机制有效、经济效益优良、生态环境友好。苹果产业成为陕西苹果优生区群众脱贫致富与乡村振兴的主导产业。

（二）苹果基地县苹果生产销售情况

1. 生产板块与三大生态区带

全省形成了渭北高原苹果、陕北山地苹果等重要水果生产板块，即渭北南部、渭北北部和陕北南部“三大生态区带”，形成了一批苹果生产专业县和专业乡镇，其中苹果基地县有30个，2019年基地县苹果种植面积700.86万亩，占全省苹果总面积的76.03%；产量952.86万吨，占全省苹果总产量的83.91%。

从2007年开始，陕西省提出了苹果产业“西进北扩”的战略布局调整，涉及榆林、延安、铜川、咸阳、宝鸡、渭南等6个地市，推进陕西苹果总面积扩大300万亩以上，30个基地县苹果种植面积和总产量连续多年保持在75%和80%以上（表1–11）。

2. 品种与品牌

在栽培品种结构上，富士系、嘎拉系、秦冠等约占总面积的85%以上，其中富士系品种占到70%以上。第一主栽品种为红富士，发展面积占全省苹果总面积的75.4%；其次分别为嘎拉、秦冠，三个品种占全省苹果面积的89.05%。苹果早熟品种以藤牧1号、秦阳、美国8号为主，中熟品种以玉华早富、红王将、新红星为主，晚熟品种以红富士、秦冠、王林、寒富、国光、粉红女士为主；自2008年以来，陕西省自育并推广的苹果新品种有瑞阳、瑞雪、瑞香红、秦月、秦韵、秦红、秦蜜、秦脆、延长红、金世纪、秋红嘎拉等11个，2020年苹果早、中、晚熟品种栽培比例为7∶18∶75。

在推动品牌建设方面，洛川苹果、白水苹果等区域公共品牌有了较大的知名度，华圣、海升、宏达等企业品牌的影响力不断拓展。

表 1-11 2019 年陕西省苹果基地县苹果生产情况

序号	地区	苹果园面积(万亩)	产量(万吨)	平均产量(吨/亩)
1	印台区	13.12	12.14	0.925
2	耀州区	29.64	30.69	1.035
3	宜君县	11.42	11.21	0.982
4	陈仓区	5.66	3.39	0.599
5	凤翔县	14.05	14.03	0.999
6	岐山县	5.14	9.88	1.922
7	扶风县	12.06	31.44	2.607
8	陇 县	4.65	3.20	0.688
9	千阳县	6.32	4.13	0.653
10	乾县	33.41	42.23	1.264
11	礼泉县	43.10	87.40	2.028
12	永寿县	29.46	38.88	1.320
13	彬 县	28.07	36.45	1.299
14	长武县	24.08	33.50	1.391
15	旬邑县	32.96	47.85	1.452
16	淳化县	38.00	60.00	1.579
17	合阳县	22.58	31.47	1.394
18	澄城县	24.06	32.38	1.346
19	蒲城县	17.99	25.30	1.406
20	白水县	40.06	50.08	1.250
21	富平县	11.36	12.59	1.108
22	韩城市	5.28	6.54	1.239
23	宝塔区	31.95	36.50	1.142
24	安塞区	21.22	17.13	0.807
25	延长县	31.36	29.65	0.945
26	延川县	22.16	13.13	0.593
27	富 县	37.29	57.40	1.539
28	洛川县	53.27	90.06	1.691
29	宜川县	30.53	50.00	1.638
30	黄陵县	20.62	34.20	1.659
全省		921.86	1 135.58	1.232
基地县合计		700.86	952.86	1.360
基地县占全省(%)		76.03	83.91	1.104

3. 苹果园生产、销售与投入、产出

据测算,苹果园年生产投入的比例大致为:肥料 33.1%、农药 14.9%、套袋 25.7%、雇工 18.8%、其他 7.5%。生产投入逐年增加,再加上近几年苹果销售趋缓、效益下滑等因素的影响,必须降低成本,通过新的苹果矮砧集约栽培模式的推广,达到结果早、品质优、产量高的效果,实现省力、省工、效益高的目的。

2005—2021 年的 17 年间,陕西省苹果产业快速发展,果园面积在 2017 年达到最大,苹果总产量在 2020 年超过 2017 年达到最高,套袋红富士苹果价格在 2014 年达到最高点且经济收益最高;苹果园挂果面积在 2021 年达到最高,每亩生产投入较 2019 年有所下降;2018 年苹果因花期严重霜冻减产,销售价格

比上年大幅上涨(表 1-12、表 1-13)。2020 年苹果全产业链产值首次突破 1 000 亿元,为全省产业扶贫工作做出了重大贡献。

表 1-12 2005—2020 年陕西省苹果生产与销售状况

年份	果园面积(万亩)	比上年增长(%)	产量(万吨)	比上年增长(%)	价格(元/千克)	比上年增长(%)
2005	639.4	3.5	560.1	0.9	1.97	41.7
2006	693.2	8.4	650.0	16.0	2.03	3.0
2007	727.3	4.9	701.6	7.9	2.62	29.1
2008	796.3	9.5	745.5	6.3	2.13	-18.7
2009	847.4	6.4	805.2	8.0	2.29	7.5
2010	902.3	6.5	856.0	6.3	3.64	59.0
2011	934.8	3.6	902.9	5.5	4.51	23.9
2012	968.5	3.6	965.1	6.9	4.32	-21.2
2013	997.8	3.0	942.8	-2.3	4.87	12.7
2014	1 022.7	2.5	988.0	4.8	6.06	24.4
2015	1 042.7	2.0	1 037.3	5.1	5.07	-16.3
2016	1 056.9	1.4	1 100.8	6.1	3.93	-22.5
2017	1 087.9	2.9	1 153.9	4.8	4.12	4.8
2018	896.4	-17.6	1 008.7	-12.6	5.22	26.7
2019	921.9	2.8	1 135.6	12.6	4.21	-19.3
2020	930.3	0.9	1 185.2	4.4	4.76	13.1
2021	931.7	0.2	1 242.6	4.8	4.52	-5.0

注:价格为套袋红富士在果园收购价的加权平均值

表 1-13 2005—2020 年陕西省苹果投入与收益状况

年份	挂果面积(万亩)	比上年增长(%)	生产投入(元/亩)	比上年增长(%)	经营收益(元/亩)	比上年增长(%)
2005	403.5	3.9	519.2	2.2	1 410.5	56.5
2006	464.8	15.2	627.8	20.9	1 452.7	3.0
2007	476.2	2.5	737.4	17.5	2 028.1	39.6
2008	502.4	5.5	789.0	7.4	1 654.6	-18.4
2009	543.5	8.2	1 034.2	31.1	1 944.4	17.5
2010	575.5	5.9	1 124.1	8.7	2 867.2	47.5
2011	590.0	2.5	1 431.8	27.4	3 463.4	20.8
2012	612.4	3.8	1 503.4	5.0	3 366.4	-2.8
2013	639.6	4.5	1 691.3	12.5	3 453.0	2.6
2014	658.2	2.9	1 928.9	14.0	4 465.4	29.3
2015	693.4	5.3	2 075.6	7.6	3 474.6	-22.2
2016	697.6	0.6	2 183.1	5.2	2 961.2	-14.8
2017	726.2	4.1	2 268.8	3.9	3 070.2	3.7
2018	707.7	-2.5	2 134.9	-5.9	3 593.6	17.0
2019	727.7	2.8	2 623.4	22.9	3 117.4	-13.3
2020	744.7	2.3	2 386.9	-9.0	4 186.2	34.2
2021	756.2	1.5	2 408.1	0.9	4131.0	-1.3

(三)矮砧苹果高质量发展方向

2020年8月27日,陕西省矮砧苹果高质量发展现场会在千阳县召开。会议指出,陕西苹果产业总体已进入高质量发展阶段。苹果生产成本快速增加,尤其劳动力成本上升较快,果区青壮年劳动力严重短缺,现有的以乔化为主的生产模式面临挑战,国内水果销售市场竞争日趋激烈,推广矮化等省力化的栽培模式势在必行。

会议认为,今后陕西要从四个方面着手,推动矮砧苹果高质量发展:一是要重视矮化栽培与农机、土壤、气象等领域深度融合,加强技术集成应用;二是要加强企业、家庭农场等新型经营主体培育,提高应对市场风险能力;三是要充分利用苹果产业技术体系专家、在线培训等平台,多途径加强技术指导;四是要针对性开拓目标市场,注重线上线下渠道融合,多渠道促进销售。

2021年,千阳县作为"中国矮化自根砧苹果之乡",县委县政府提出千阳县果业发展的"品种引领、模式支撑、稳存提质、融合发展"十六字方针,助推乡村振兴,为苹果产业二次腾飞提供方向指引。

二、陕西省苹果苗木生产概况

(一)苹果育苗情况与发展趋势

1. 育苗核心

据不完全统计,全国每年苹果育苗面积约11万亩,其中陕西苹果育苗总面积约2.93万亩,约占全国育苗总面积的26.64%。陕西的矮化自根砧苹果育苗面积约15 900亩,占全国矮化自根砧苹果育苗总面积的60%以上。

苹果育苗与栽培以"千阳模式"为核心,在全国处于领先位置,引领全国苹果矮砧集约栽培模式的发展。一批商业化苗圃开始涌现,海升、华圣、陕西省苗木繁育中心、白水兴华、延安森宇、千阳大地丰泰、千阳天地、陕西海棠等企业以繁育优质矮化自根砧大苗为主导方向,引导陕西苹果苗木生产方式发生重大变化,苗木质量迈上了新台阶。

2. 育苗种类与趋势

2020年,陕西省苹果育苗,乔化苹果苗、矮化中间砧苹果苗、矮化自根砧苹果苗都有,育苗面积约29 300亩,其中扶风约10 000亩(34%)、千阳约13 000亩(44%)、其他县市约6 300亩(22%),主要生产品种有长富2号、烟富3号、烟富8号、响富、礼富1号、玉华早富、秦阳、丽嘎拉、米奇嘎拉、瑞香红、瑞雪、瑞阳、蜜脆等。可生产各类苗木约2.25亿株,较上年减少约20%,包括矮化自根砧苗、矮化自根砧苹果苗、实生苗、乔化苹果苗、矮化中间砧苗、矮化中间砧苹果苗等6大类,可出圃乔化苹果苗、矮化中间砧苹果苗、矮化自根砧苹果苗分别约为3 000万株、2 400万株、1 775万株,分别占出圃苗木总量7 175万株的42%、33%、25%。

2018—2020年,陕西省乔化苹果苗和矮化中间砧苹果苗培育量和出圃量均呈逐年下降趋势,而矮化自根砧苹果苗培育量和出圃量均呈上升趋势。

3. 千阳县育苗

千阳县是全省矮化自根砧苹果育苗面积最大的县。2020年,全县拥有矮化自根砧压条圃面积(包括通过组织培养繁育矮化自根砧苗床折合压条圃面积)约3 000亩、矮化自根砧大苗繁育圃面积约10 000亩、苹果品种和苹果专用授粉树采穗圃面积约800亩,可生产矮化自根砧砧木苗约3 000万株、矮化自根砧多分枝苹果大苗约1 500万株、苹果接穗(含专用授粉树)450万根。2021年,全县苹果育苗面积约6 000亩,出圃矮化自根砧多分枝苹果大苗约500万株。减少的主要原因为全国苹果效益普遍下降,尤其是陕西渭北南部产区近四年亏损,再加上全国鼓励粮食生产。

通过水平压条、组织培养繁殖方法可大批量出圃的无病毒矮化自根砧砧木品种有M9-T337、B9、M26、MM106、MM111、NIC29、PAJAM 1等。铜川市耀州区,渭南市白水县、蒲城县、韩城市,咸阳市兴平市、武功县、三原县、淳化县、旬邑县、乾县、彬州市,宝鸡市凤翔县、扶风县、陇县,杨凌示范区,延安市洛川县等通过水平压条、组织培养繁殖方法可批量出圃无病毒矮化自根砧砧木M9-T337、M26、CH系列、青砧系列等。

(二)陕西省矮化自根砧苹果苗木生产能力

2020年,陕西省拥有矮化自根砧生产能力8 000万株,占全国矮化自根砧生产总量的60%以上;可出圃矮化自根砧苹果苗 2 000 万株，占全国矮化自根砧苹果苗总量的 50% 以上，其中瑞香红苹果新品种由陕西木美土里有限公司获得授权繁育矮化自根砧苹果苗木达 100 万株。2020 年，陕西省苹果苗木生产情况见表 1–14。

表 1–14　2020 年陕西省苹果苗木生产情况

<table>
<tr><th>序号</th><th colspan="2">项目</th><th>面积(亩)</th><th>数量(万株)</th><th>备注</th></tr>
<tr><td>1</td><td colspan="2">矮化自根砧压条圃(新建或建成的)</td><td>6 000</td><td>6 000</td><td>指年产砧木数量，包括各类矮化自根砧压条圃砧木及组培砧木</td></tr>
<tr><td>2</td><td colspan="2">矮化自根砧或苹果芽苗</td><td>4 000</td><td>2 000</td><td>主要为组培砧木</td></tr>
<tr><td>3</td><td rowspan="3">矮化自根砧苹果苗木</td><td>一年生苹果苗木</td><td>4 000</td><td>1 400</td><td>多为当年嫁接当年出圃的苗木</td></tr>
<tr><td>4</td><td>二年生苹果苗木</td><td>1 000</td><td>200</td><td>多为 KNIP 苗木</td></tr>
<tr><td>5</td><td>传统苗木</td><td>900</td><td>225</td><td>多为二年根一年接穗出圃的苗木</td></tr>
<tr><td>6</td><td colspan="2">实生苗
(含圆叶海棠或其他扦插乔化砧)</td><td>3 000</td><td>3 000</td><td>多为实生砧(有性繁殖砧)，少部分为无性繁殖砧</td></tr>
<tr><td>7</td><td colspan="2">乔化苹果苗木</td><td>2 000</td><td>2 000</td><td>包括一年生、多年生苹果苗木</td></tr>
<tr><td>8</td><td colspan="2">矮化中间砧</td><td>4 400</td><td>5 280</td><td>定义见第二章</td></tr>
<tr><td>9</td><td colspan="2">矮化中间砧苹果苗木</td><td>4 000</td><td>2 400</td><td>定义见第二章</td></tr>
<tr><td>10</td><td rowspan="2">采穗圃</td><td>苹果品种</td><td>700</td><td>14</td><td>不计入育苗面积和苗木总数</td></tr>
<tr><td>11</td><td>专用授粉树</td><td>200</td><td>4</td><td>不计入育苗面积和苗木总数</td></tr>
<tr><td colspan="3">合计</td><td>29 300</td><td>22 505</td><td></td></tr>
</table>

第二章　术语和定义

第一节　苹果苗木生产方面

一、苹果砧木与苗木

（一）苹果砧木

1. 砧木（Rootstock or stock）　苹果生产中主要采用嫁接法繁殖苗木，用于承载苹果品种（接穗）的部分称为砧木。按照苗木的繁殖方式，苹果砧木可分为有性生殖实生砧木、无性繁殖营养系砧木（无性系砧木）和无融合生殖实生砧木。这些砧木根据长势可分为乔化砧和矮化砧。

2. 实生砧木（Seedling rootstock）　利用种子播种繁殖的砧木，多为有性系砧木，少部分为无性系砧木。无融合生殖实生砧木是实生无性系砧木，如平邑甜茶、小金海棠、青砧 1 号、青砧 2 号等。

3. 无性系砧木（Clonal rootstock）　又称营养系砧木。指利用植物的某部分营养器官（枝、根、茎尖等），经过培养（压条繁殖、扦插繁殖、组织培养繁殖）发生不定根或不定芽而形成完整植株的砧木（图 2–1 至图 2–4），是矮化自根砧砧木繁殖的主要方法。

图 2–1　圆叶海棠扦插砧木圃（生长期）

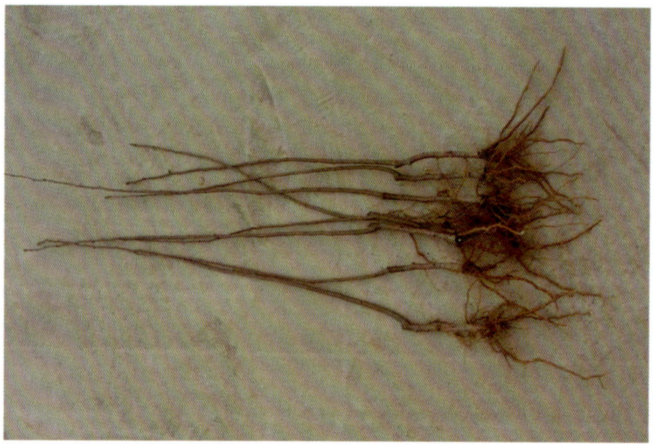

图 2–2　圆叶海棠扦插砧木苗（休眠期）

图 2–3　矮化自根砧 M9–T337 压条圃（生长期）

图 2–4　矮化自根砧 M9–T337 压条圃（休眠期）

4. 乔化砧木（Vigorous stock）　简称“乔化砧”或“乔砧”，生产上主要以根砧或基砧的方式应用，某些具有特殊作用的乔化砧木也可以中间砧的方式应用（如烟砧 1 号作为中间砧预防轮纹病）。嫁接苹果品种（品系等）后树体生长较快而高大的砧木。既包括实生乔化砧木，又包括无性系乔化砧木（如圆叶海棠）。

5. 矮化砧木(Dwarfstock) 简称“矮化砧”或“矮砧”,生产上以矮化中间砧、矮化自根砧的方式应用。嫁接苹果品种(品系等)后树体生长缓慢而矮小,控制树体生长,促进提早开花结果的砧木。如 M26、M9、M9 的优系 M9-T337 等。

6. 中间砧(Interstock) 在苹果苗木中指位于接穗和基砧之间的一段砧木。常以矮化中间砧苹果苗的形式利用,也有以乔化中间砧利用的(如解决某些品种与基砧嫁接不亲和问题,或解决栽培品种的抗病性问题)。

7. 自根砧(Self-rooting stock) 采用砧木植物的某一器官或自身体细胞,经过人工培养(扦插、压条、分株、组织培养等方法)生根并能繁殖和具有自身根系的砧木。

8. 根砧(Rootstock) 又称“基砧”。矮化中间砧苹果苗最靠近地面的砧木以及乔化砧苹果苗、矮化自根砧苹果苗所用的砧木,这个砧木起支撑整个苗木的作用。

9. 共砧(Free stock) 又称本砧,是指与接穗同属一个种的砧木。可以是实生苗,也可以是自根苗。

10. 实生(砧)苗(Seedling from seed) 用种子播种培育的苗(砧)木,用做乔化、矮化砧木或在苹果育种中对杂交后代种子播种选育新品种。如新疆野苹果实生苗、八棱海棠实生苗(图 2-5 至图 2-8)、楸子实生苗、平邑甜茶实生苗、青砧 1 号实生苗等。

图 2-5 八棱海棠实生幼苗

图 2-6 八棱海棠实生苗(生长期)

图 2-7 八棱海棠实生苗苗圃(休眠期)

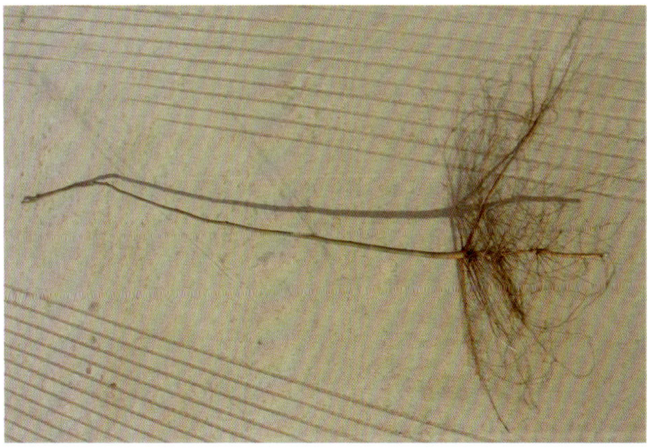

图 2-8 八棱海棠实生苗

11. 乔化砧(苗)(Nursery plant with vigorous stock) 乔化砧木种子播种培育而成的实生苗,或乔化砧木通过无性繁殖培育而成的砧木苗。

12. 矮化中间砧(苗)(Nursery plant with dwarf interstock) 一般指实生砧或营养系乔化砧嫁接矮化砧木后经过一个生长季培养而成的植株(图 2-9、图 2-10),陕西省扶风地方的育苗户又称之为“独条”。

13. 矮化自根砧(苗)(Nursery plant with self-rooting dwarfstock) 指通过营养繁殖方法繁育或组织培养繁育而成的具有矮化性状、具有矮化砧木根系的砧木苗。如 M26 矮化自根砧苗、M9-T337 矮化自根砧苗以及 MM106、MM116 半矮化自根砧苗等(图 2-11、图 2-12)。

14. 无融合生殖(Apomixes) 植物不经过受精等有性过程,能产生具有发芽力的种子的现象,是一种

图 2-9 M9-T337 中间砧苗(生长期)

图 2-10 M9-T337 中间砧苗(休眠期)

图 2-11 矮化自根砧 M9-T337

图 2-12 矮化自根砧 MM106 压条圃

不发生雌雄配子融合的无性生殖方式。具有无融合生殖特性的植物形成种子不需要外源花粉的杂交受精,仅由母本自身即可产生种子,由这种种子繁殖的后代基因型相同,而且与母本基因型一致,因此,实生后代整齐一致,不发生分离。无融合生殖植物繁殖后代的过程,是一种通过种子进行的无性繁殖,是一种"克隆"母本的过程。

15. 实生砧粗度(Diameter of seedling) 指实生苗未嫁接苹果品种或中间砧时的茎干直径,从地面以上 5 厘米处测定。

16. 矮化中间砧粗度(Diameter of dwarf interstock) 矮化中间砧苗未嫁接苹果品种时的茎干直径,从中间砧嫁接口以上 25 厘米处测定;矮化中间砧嫁接苹果品种后的茎干直径,从矮化中间砧长度 1/2 高度部位处测定。

17. 矮化自根砧粗度(Diameter of self-rooting dwarfstock) 指矮化自根砧苗未嫁接苹果品种时的茎干直径,压条繁殖获得的自根砧苗,在未田间栽植时从子株剪口以上 40 厘米处(即育苗时的嫁接位置)测定,大致为根系上部 20 厘米处茎干的直径;在田间栽植后,苹果品种嫁接前从地面以上 20 厘米处测定。组培繁殖的自根砧苗,在未田间栽植时从容器基质表面以上 2 厘米处测定,在田间栽植后嫁接苹果品种前从地面以上 20 厘米处测定。

(二)苹果苗木

1. 苹果苗(木)(Apple seedlings) 具有根系和苗干的苹果树幼苗。狭义概念指各种砧木嫁接的苹果品种苗木,广义概念还包括各种苹果砧木苗、苹果品种芽苗、苹果优系、苹果专用授粉树苗以及通过组织培养繁育而成的苹果品种自根苗、苹果育种杂交后代种子播种后培育而成苗木。

2. 根砧(Rootstock) 又称"基砧"。矮化中间砧苹果苗木靠近地面的砧木以及乔化砧苹果苗木、矮化自根砧苹果苗木所用的砧木,这个砧木起支撑整个苗木的作用。

3.乔化砧苹果苗木(Apple nursery plant with vigorous stock) 简称"乔化苹果苗"或"乔化苗"。乔化砧苗

嫁接苹果品种后培育而成的苹果苗。乔化砧苹果苗由两部分组成，表示方法为“品种接穗 / 乔化砧（基砧）”或“乔化砧（基砧）+ 品种接穗”。

4. 矮化中间砧苹果苗木（Apple nursery plant with dwarf interstock） 简称“矮化苹果苗”“矮化中间砧苗木”或“矮化苗”。矮化中间砧苗嫁接苹果品种后培育而成的苹果苗（图 2–13、图 2–14）。矮化中间砧苹果苗由三部分组成，表示方法为“品种接穗 / 矮化中间砧 / 基砧”或“基砧 + 矮化中间砧 + 品种接穗”。

图 2–13 矮化中间砧苹果苗（生长期）

图 2–14 矮化中间砧苹果苗（休眠期）

5. 矮化自根砧苹果苗木（Apple nursery plant with self–rooting dwarfstock） 简称“矮化苹果苗”“矮化苗”或“自根苗”。矮化自根砧苗嫁接苹果品种后培育而成的苹果苗（图 2–15、图 2–16）。矮化自根砧苹果苗由两部分组成，表示方法为“品种接穗 / 矮化自根砧（基砧）”或“矮化自根砧（基砧）+ 品种接穗”。

图 2–15 矮化自根砧苹果苗（生长期）

图 2–16 矮化自根砧苹果苗（休眠期）

6. 苹果芽苗（Apple budling） 又称半成品苗（图 2–17）。指各种苹果砧木（乔化砧、矮化中间砧、矮化自根砧）苗嫁接苹果品种接穗（单芽、多芽或枝段）后，接穗尚未萌发而有待萌发的苹果苗木，陕西省扶风地方的育苗户又称之为“萌芽”。

7. 一年生苹果苗木（An annual apple seedling） 砧木苗嫁接品种后，经过一个生长季的生长发育，然后出圃的苹果苗（图 2–18）。品种生长 1 年、3 年出圃的矮化中间砧苹果苗，群众俗称“三年生苹果苗”，其实质也属于此类苗木。

8. 二年生苹果苗木（Biennial apple seedling） 砧木苗嫁接品种后，经过两个生长季的生长发育，然后出圃的苹果苗（图 2–19）。

9. 传统苗木（Traditional seedling） 欧美国家对矮化自根砧苹果苗木定义的一个术语，是相对于

图 2–17 组培 M26 矮化自根砧烟富 6 号芽苗

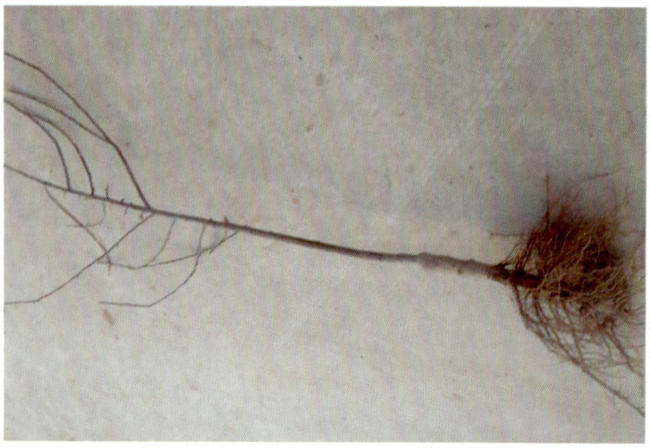

图 2-18　一年生矮化自根砧米奇嘎拉苹果苗

图 2-19　二年生矮化自根砧 K8 富士苹果苗

图 2-20　矮化自根砧 M9-T337 粉红女士苹果苗结果状

"KNIP(重短截)"苗木而言的。矮化自根砧苗，春季栽于苗圃，8–9 月用芽接的方法嫁接苹果品种，当年接芽不萌发，第 2 年春季苹果品种开始萌芽，经过一个生长季的生长发育，然后出圃的苹果苗。该类苹果苗木，在苗圃中培育两年，形成两年根、一年接穗的优质大苗，这类苗木当年也能形成花芽，来年结果（图 2–20）。

10. KNIP 苹果苗木（Apple seedlings or nursery with KNIP）　该类苗木是世界苹果先进国家繁育高质量矮化自根砧苹果苗木的方法，包括欧洲、美国、中国等国家都在应用，采用大型起苗机或挖掘机起苗。第 1 年休眠期，矮化自根砧在室内离体嫁接苹果品种，春季栽植，普通田间管理，苗木生长；第 2 年早春于距地面 0.7 ~ 0.8 米处短截(KNIP)，保留剪口芽生长，经圃内整形(促分枝技术应用)，年末或下年春季出圃。一般情况下，KNIP 苗要求在矮化自根砧苹果生产苗圃中培育两年。

11. 接合部(Conjunction part)　苹果苗木的各个嫁接口。

12. 砧桩(Rootstock pile)　嫁接剪砧的剪口至接穗抽生点之间的余留砧段。

13. 砧桩剪口(Cutting wound of stock)　苹果苗木各嫁接口上部的砧段剪除后留下的伤口。

14. 侧根(Lateral root)　苹果苗木从实生砧主根、矮化自根砧地下茎段上直接长出的根。

15. 侧根粗度(Diameter of lateral root)　苹果苗木侧根基部 2 厘米处的直径。

16. 侧根长度(Length of lateral root)　苹果苗木侧根基部至先端的长度。

17. 侧根数量(Quantity of lateral root)　对乔化砧苹果苗木和矮化中间砧苹果苗木而言，指侧根粗度≥0.3 厘米、长度≥20 厘米的侧根条数；对矮化自根砧苹果苗木而言，指侧根粗度≥0.2 厘米、长度≥20 厘米的侧根条数。

18. 须根（Fibrous root）　苹果苗木从砧木地下茎段上直接长出或从侧根上长出的较细（一般直径＜0.2 厘米）的根。

19. 根砧长度(Length of rootstock)　苹果苗木根砧的根茎部位至基部嫁接口的距离。

20. 中间砧长度(Length of interstock)　矮化中间砧苹果苗木从中间砧嫁接口至品种嫁接口的距离。

21. 根砧粗度(Diameter of rootstock)　乔化砧、矮化自根砧根砧长度 1/2 高度部位处的直径。它是针对乔化苹果苗木、矮化中间砧苹果苗木、矮化自根砧苹果苗木繁育的一个概念。

22. 苗木高度(Height of apple nursery plant)　又称苗木的茎高度。根茎部位至嫁接品种茎先端芽基部的距离。

23. 苗木粗度(Diameter of apple nursery plant)　也称苗木的茎粗度。指品种嫁接口以上 10 厘米处的直径。

24. 实生砧粗度(Diameter of seedling) 指实生苗未嫁接苹果品种或中间砧时的茎干直径，从地面以上5厘米处测定。

25. 矮化中间砧粗度（Diameter of dwarf interstock） 矮化中间砧苗未嫁接苹果品种时的茎干直径，从中间砧嫁接口以上25厘米处测定；矮化中间砧嫁接苹果品种后的茎干直径，从矮化中间砧长度1/2高度部位处测定。

26. 矮化自根砧粗度（Diameter of self-rooting dwarfstock） 指矮化自根砧苗未嫁接苹果品种时的茎干直径，压条繁殖获得的自根砧苗，在未田间栽植时从子株剪口以上40厘米处(即育苗时的嫁接位置)测定，大致为根系上部20厘米处茎干的直径；在田间栽植后，苹果品种嫁接前从地面以上20厘米处测定。组培繁殖的自根砧苗，在未田间栽植时从容器基质表面以上2厘米处测定，在田间栽植后嫁接苹果品种前从地面以上20厘米处测定。

27. 倾斜度(Gradient) 苹果苗木嫁接口上下茎段之间的倾斜角度。对乔化砧苹果苗木和矮化自根砧苹果苗木而言，指品种与基砧的夹角；对矮化中间砧苹果苗木而言，应同时考虑基砧与中间砧的夹角和中间砧与品种的夹角。

28. 整形带(Shaping strip) 根茎部位以上70～100厘米的范围。主要是针对单干乔化砧苹果苗木或单干矮化中间砧苹果苗木或单干矮化自根砧苹果苗木在建立苹果园时，苗木栽植后需要采取定干措施的苗木而言的。而对于具有多分枝的这三类苗木，在苗圃已初步进行整形，整形带内分枝数也计算为饱满芽。

29. 饱满芽(Plump bud) 苹果苗木发育良好的健康芽。若整形带内发生副梢，则每个木质化副梢也计一个饱满芽。副梢也就是多分枝苹果苗木的分枝。

30. 分枝数(Quantity of branch) 现代苹果育苗中，多分枝苹果大苗的整形带内发生的副梢的数量，对副梢的长度达到20～50厘米计数，也有以10厘米以上计数的，或者40～60厘米计数的。优质多分枝苹果大苗，要求分枝数达到5个以上(6～9个及以上，长度不超过30厘米)，枝干比1∶2～3。

31. 树干粗度(Diameter of apple tree trunk) 幼树期，苹果园树体品种嫁接口以上30厘米处的树干直径，它是确定成龄树留果量的主要指标之一。

32. 母本树(Maternal plants) 用于提供接穗的苹果母树。

二、苹果无病毒苗木

1. 苹果无病毒砧木（Virus-free rootstock of apple） 用无病毒营养系砧木母本树材料繁育的营养系砧木或未经嫁接的没有感染病毒的实生砧木。分无病毒乔化和矮化砧木。

2. 苹果无病毒苗木(Virus-free nursery plant of apple) 又称无病毒苹果苗木。用无病毒接穗和无病毒砧木繁育的苹果嫁接苗，或用无病毒材料通过组织培养方法繁殖的苹果自根苗。苹果无病毒苗木是不带规定的检疫对象(病毒病、有害生物)的苹果苗木。苹果无病毒苗木不得带有苹果绿皱果病毒(Apple green crinkle disease，AGCD)、苹果锈果类病毒(Apple scar skin virus)、苹果花叶病毒(Apple mosaic virus，ApMV)、苹果褪绿叶斑病毒(Apple chlorotic leaf spot virus，ACLSV)、苹果茎痘病毒(Apple stem pitting virus，ASPV)和苹果茎沟病毒(Apple stem grooving virus，ASGV)等6种病毒检疫性有害生物；另外规定，不得带有苹果蠹蛾、美国白蛾等，陕西省还规定不得带有苹果小吉丁虫、苹果黑星病菌等检疫性有害生物(详见附录九)。除此之外的苹果苗木为普通苹果苗木。

3. 苹果无病毒苗木繁育体系(Propagation system for virus-free nursery plant of apple) 经国家或省(市、区)主管部门核准，由不同单位组成的完成苹果无病毒苗木生产的各层次、各环节任务的组织整体。包括无病毒原种保存圃、无病毒母本园和无病毒苗木繁育圃。

4. 苹果无病毒原种保存圃（Apple virus-free seed nursery） 无病毒原种保存圃承担无病毒原种的培育、保存的任务，负责进行主要苹果品种、砧木的脱毒、培育和从国内外引进无病毒原种，向无病毒母本园提供无病毒苹果品种、无性系砧木原种，协助母本园单位建立无病毒品种采穗圃、砧木采种园和无性系砧木压条圃。

5. 苹果无病毒原种(Virus-free elite of apple) 苹果品种和砧木,经过脱毒处理、田间选拔、直接引进经检测后,确认不带已知病毒或指定病毒的原始植株。

6. 苹果无病毒母本园 (Apple virus-free mother garden) 包括无病毒苹果品种采穗圃(又叫采穗母本园)、无病毒砧木采种园(采种母本园)、无病毒无性系砧木压条圃及试管苗驯化移栽圃。

7. 苹果无病毒母本树 (Virus-free mother tree of apple) 用苹果无病毒原种材料繁育的不带规定的检疫对象、用于提供苹果品种或营养系砧木繁殖材料的无病毒母株。

8. 苹果无病毒苗木繁殖圃(Apple virus-free nursery) 包括无病毒乔化砧苹果苗木繁育圃、无病毒矮化中间砧苹果苗木繁育圃、无病毒矮化自根砧苹果苗木繁育圃。

第二节 苹果苗木检验检疫及栽培方面

一、苹果苗木检验检疫

1. 检疫对象(Quarantine target) 以前包括苹果绵蚜、苹果蠹蛾和美国白蛾;现在国家层面只包括苹果蠹蛾和美国白蛾,陕西省层面还包括苹果小吉丁虫和苹果黑星病菌。对于无病毒苹果苗木、砧木、母本树等,还包括前面提到的 6 种病毒检疫性有害生物。

2. 产地检疫(Quarantine in producing areas) 农业植物检疫机构对植物及其产品(含种苗和其他繁殖材料)在原产地生产过程中的全部检疫工作,包括田间调查、室内检测、证书签发及监督生产单位做好选地、选种和疫情处理工作等。

3. 调运检疫(Quarantine for movement of plants and plant products) 植物检疫人员依据植物检疫法规对调运(包括托运、邮寄、自运、携带、销售等)的应施检疫的植物及植物产品实施的检疫。

4. 植物(Plants) 活的植物及其器官,包括种子和种质。这是一个有关农业植物调运检疫方面的术语。

5. 植物产品(Plant products) 未经加工的植物性材料(包括谷物)和那些虽经加工,但由于其性质或加工的性质而仍有可能造成有害生物传入和扩散危险的产品。这也是一个有关农业植物调运检疫方面的术语或定义。

6. 批(lot) 同一时间、同一发运地点、同一收货地点、同一品名(种类)、同一运输工具的全部应检物品。

7. 容许度(Tolerances) 人为规定的一个低于本等级质量要求的允许限度。

8. 包装(Packaging) 用于支撑、保护或装载某种商品的材料。

9. 直观检查(Visual examination) 对植物、植物产品或其他限定物,在没有处理的情况下,用肉眼、放大镜、体视显微镜或显微镜来检查有害生物或污染物。

二、苹果栽培

1. 覆盖率(Rate of coverage) 果园群体树冠投影面积之和与其所占土地面积之比。

2. 叶面积指数(Leaf area index) 又叫叶面积系数。单位面积内果树成熟叶片面积与树冠正射投影土地面积的比值。成龄苹果园叶面积系数为 2.5 ~ 4。叶面积系数是衡量群体结构的一个重要指标。系数过高影响作物通风透光,过低则不能充分利用日光。

3. 整形(Training) 又称整枝,是通过拉枝、长放、短截等一系列技术措施,把果树树体建造成某种立体形状。整形的目的在于选择适宜的树形使植株骨架牢固,枝叶分布适当,能充分利用光能,有利于树势健壮,结果早而高产、优质,且便于管理。

4.修剪(Pruning) 为了控制果树枝梢的长势、方位、数量而采取的剪除果树营养器官的一部分,以调整树冠结构和更新枝类组成的技术措施。切断部分根系称为根系修剪;以控制树体枝条发生数量和生长为目的而施用植物生长调节剂也属修剪范畴,称为化学修剪。

5. 优良种质资源(Elite germplasm resources) 主要经济性状表现好且具有重要价值的种质资源。

6. 特异种质资源(Rare germplasm resources) 性状表现特殊、稀有的种质资源。

7. 优异种质资源(Elite and rare germplasm resources) 优良种质资源和特异种质资源的总称。

8. 砧木致矮性(Dwarfism of rootstock) 以乔化砧(如山定子、八棱海棠)为对照,选用生长势强的资源(如国光)直接嫁接在对照砧木和待鉴定砧木上,3~5株为小区,3次重复。植株正常管理,达到稳定结果树龄后,调查鉴定植株高度和对照植株高度。计算二者的比值,根据比值确定砧木致矮性。砧木致矮性分为极矮化(比值≤20%)、矮化(20%<比值≤40%)、半矮化(40%<比值≤60%)、半乔化(60%<比值≤80%)、乔化(比值>80%)。

9. 新梢(Young shoots) 凡是当年抽生,带有叶片,并能明显分出节和节间的枝条,秋季落叶前称为新梢。这是果树按年龄进行划分的枝条种类之一,枝条还包括一年生枝、二年生枝、多年生枝。

10. 新梢生长量(Shoot growth) 树冠外围当年发育枝的平均长度。

11. 一年生枝(One-year-old shoot) 新梢秋季落叶后称为一年生枝。

12. 二年生枝(Two-year-old branch) 着生一年生枝的枝条称为二年生枝。依此类推,三年生枝、四年生枝等,称为多年生枝。

13. 发育枝(Developmental branch) 指芽体饱满、生长健壮、构成树冠和发生结果枝的主要枝条。一棵树上修剪后要保留完整的三套枝组,即营养枝、育花枝和结果枝,三套枝组不匹配,就会破坏树势,促使红富士苹果出现大小年结果现象。对于发生大小年的树,靠疏花疏果来解决效果不理想的,要靠修剪来解决,去掉(疏除)主干上的部分大枝,小枝不动,并适当落头(如乔化砧、矮化中间砧苹果树中央领导干超过3米的,降到3米及以下;矮化自根砧苹果树保持中央领导干高度3.5米及以下);修剪时留桩修剪比不留桩修剪效果好,留桩后发出枝条(2~3个及以上)不用疏除,全部保留,易成花,以果控树。

14. 育花枝 (Flowering branch) 指二年或二年以上枝条发出的叶丛枝或叶丛短枝以及果苔副梢形成花芽的枝。发育枝形成健壮的结果枝的枝条即变成育花枝。

15. 营养枝(Foliage branch) 按枝条性质把苹果枝条分为营养枝(生长枝)和结果枝两大类,营养枝就是当年生长的枝条,包括只有叶芽而没有花芽的一年生枝以及果苔副梢。营养枝根据生长状况可分为发育枝(长枝、中枝、短枝)、徒长枝、叶丛枝。营养枝在5月下旬到6月上旬能正常停止生长的,才可能形成花芽。

16. 结果枝(Fruiting branch) 当年开花结果的枝条,并且大多数开花后能形成果苔副梢,包括二年生和三年生枝条。

17. 枝量(Number of branches) 单位面积范围内栽植果树树冠内一年生枝条的数量,苹果园通常用冬季修剪后的留枝量[万个(条)/亩]来表示。总枝量包括长枝、中枝、短枝。

18. 长枝(Long branch) 指生长量大,枝上具有芽内叶、芽外叶和秋梢叶(春秋两季生长)的两季枝。在调查果园亩留枝量时,包括长果枝和长发育枝,枝条长度大于15厘米。

19. 中枝(Medium branch) 又称封顶枝。只有春梢(包括芽内叶和芽外叶)无秋梢,有明显顶芽的枝条称为封顶枝。枝条长度5~15厘米。

20. 短枝(Short branch) 只有芽内叶原始体,一次性展开形成的枝条,它建造时间短而积累时间长,但后期光合强度小于长枝,而且光合产物基本自留而不外运,无养根、养干的作用。短枝是成花的基本枝类,凡具有4片以上大叶的短枝即易成花,无大叶的短枝顶芽瘦弱,多不能成花。枝条长度小于5厘米且大于或等于2厘米。

21. 徒长枝(Spindling branch) 当劣质芽潜伏后,遇到刺激萌发而形成,这类枝生长量大,皮薄叶小,以消耗为主,枝条不充实,芽瘦瘪,不易形成骨干枝和花芽。多由休眠芽或不定芽萌发而成,生长直立,长而粗,芽体瘦小。

22. 叶丛枝(Leaf arbuscular branch) 节间极短,叶序排列呈丛状,腋芽不明显。苹果叶丛枝易转变为结果枝。短枝型苹果品种极易形成叶丛枝,树形紧凑,大小年结果现象不明显。

23. 结果枝(Branch with flower bud) 着生花芽并能开花结果的枝条叫结果枝,不同品种花芽的着生位置不同(有些品种具有腋花芽),一般多为 4 片以上大叶壮短枝的顶芽,发育充实的优质芽易转化成花芽。根据其长度可分为长果枝、中果枝、短果枝及健壮长枝的腋花芽枝。

24. 短果枝(Short branch with flower bud) 长度小于 5 厘米且大于或等于 2 厘米的结果枝。

25. 中果枝(Medium branch with flower bud) 长度 5 ~ 15 厘米的结果枝。

26. 长果枝(Long branch with flower bud) 长度大于 15 厘米的结果枝。

27. 腋花芽枝(Branch with axillary flower bud) 健壮长梢具有腋花芽的结果枝。

28. 果台枝(Branch from fruiting table) 又叫果台副梢,苹果花芽开花结果后在果台处发出的 1 ~ 2 个用于给苹果输送营养的枝条。在疏花疏果时,通常疏除直立旺长的果台枝,保留斜生的果台枝。花期没有疏除的,也可在其后随时进行,在套袋苹果解袋后疏除,有助于促进苹果着色,生产全红果。

29. 主干(Trunk) 乔木类果树的地上部的一部分,指地面至第 1 层主枝(或侧枝)之间的树干部分。主干高度简称干高。

30. 树冠(Canopy) 乔木类果树的地上部的另一部分,由中心干、主枝、侧枝和枝组构成。中心干、主枝、侧枝构成树冠的骨架,统称为骨干枝。

31. 细纺锤形(Fine spindle shape) 树高与冠幅的比要求近于 2 : 1。树体上部和下部较细,树体的立体形状类似纺锤形状。

32. 高纺锤形(High spindle shape) 树高与冠幅的比要求近于 3 : 1。相对于细纺锤形树体更高更细。全树无固定大枝,只有侧枝或枝组,结果早,通过更新侧枝或枝组控制树冠,枝条与中心干的夹角天大于 90 度,有时达到 130 度或更大。

33. 中心干(Central leader) 也称中央领导干(简称"中央干")或农民称为"树头",是树冠中心向上直立生长的骨干枝条。苹果高纺锤形树体骨干枝主要是中心干。也有育苗者把苹果苗木的中心干称为主干的,要注意实际所指。

34. 光秃带(Bare part) 在中心干或大主枝上的多年生部位,出现超过 20 厘米没有发育枝的一段。

35. 主枝(Main branch) 在果树上直接从中心干上分生出来的大枝条叫主枝。它是构成树冠的永久性骨干枝之一。苹果高纺锤形树体无主枝。

36. 侧枝(副主枝)(Lateral branch 或 Secondary branch) 从主枝或副主枝上生长出的小枝。侧枝由植物的芽原基发育而来。苹果高纺锤形树体中心干上着生若干个非永久性的侧枝。

37. 枝干比(Ratio of branch to trunk diameter) 苹果苗木或树体中央领导干上抽生的主枝(或分枝、侧枝)的直径与其着生处中央领导干直径的比值,即抽生分枝与母枝之间的粗度比值。高纺锤形树形的培养需要树体中央领导干优势明显,枝干比一般要达到 1/3、1/4、1/5 等,枝干比为 1/2、1 时要考虑疏除该主枝(或分枝、侧枝)。抽生枝(主枝、分枝或侧枝)的粗度测量以其距基部 2 厘米处的直径为准,母枝的粗度以抽生枝着生位置上方 2 厘米处(避开膨大处测量即可)的直径为准。

38. 枝组(Bearing unit) 也称单位枝、枝群或结果枝组,是生长结果的基本单位。是指着生在各级骨干枝上、有两次以上分枝的小枝群,它是构成树冠、叶幕和结果的基本单位。在树体结构中,骨干枝构成树体骨架,枝组则是着生在骨干枝上的独立单位,是果树叶片着生和开花结果的主要部位。苹果高纺锤形树体枝组直接着生在中心干上或侧枝上。

39. 辅养枝(Auxiliary branch) 又称控制枝。是整形修剪过程中留下的临时性枝。主要作用是辅养树体,均衡树势,提早结果。

40. 透光率(Transmittance) 树冠下光强与自然光强之比。

41. 短枝型苹果(Spur-type apple) 即苹果短枝型品种,是一类树体的生长、结果习性等多项指标明显有别于普通型或标准型的苹果种质资源。这类资源表现为短枝率高、以短枝结果为主、枝条节间较短、树体也较矮化等,多数由芽变而来,少数是经诱变、杂交选育等手段获得。这类资源可称为矮化品种,与乔砧结合,也可实现苹果的矮化栽培;与矮化中间砧或矮化自根砧结合,实行"双矮栽培",克服大小年结果现象,实现早果、丰产。富士系的短枝型品种礼富 1 号,枝条节间长约 1.9 厘米,而母本长富 2 号节间长 2.8 厘米,乔化苗木、矮化苗木均以礼富1号易成花，结果早，树体矮化，陕西、甘肃、山西等省都在应用。

42. 杂交育种(Cross breeding) 将父母本杂交，形成不同的遗传多样性，再通过对杂交后代的筛选，获得具有父母本优良性状，且不带有父母本中不良性状的新品种的育种方法。

43. 单倍体育种(Haploid breeding) 利用植物组织培养技术(如花药离体培养等)诱导产生单倍体植株，再通过某种手段使染色体组加倍(如用秋水仙素处理)，而使植物恢复正常染色体数，从而获得所需要的纯系植株的育种方法。单倍体是具有体细胞染色体数为本物种配子染色体数的生物个体。

44. 芽变选种 (Bud selection breeding) 芽变是植物体芽的分生组织体细胞发生突变的一种形式，一般表现为枝、叶、花、果及物候期、成熟期等特征特性的变异。选择突变芽及其成长的枝，经过无性繁殖可以创造出新品种，称为芽变选种。这种变异的枝芽，有时在发现前已被无意识地用于无性繁殖，当长成新的植株时被首次发现的这种变异植株称之为株变。从富士系苹果中通过芽变选种选育而成的短枝型、早熟型、全红着色型富士新品种有礼富1号、烟富6号、玉华早富、九月奇迹、烟富3号、烟富10号等。

45. 老果园(Old orchard) 树龄20年以上，因肥水和树体管理不当致使果园郁闭、营养失调、果实品质严重下降，从而导致效益低下的果园。

46. 虫果率(Rate of insect fruit) 指受虫害损伤的鲜果占总产量的百分比。

47. 果园面积含株量计算(Calculation of plant content in Orchard area) 按乔、矮化果园分类要求计算果园面积内的果树株数。乔化园每亩平均最低按20株计算；矮化园每亩平均最低按110株计算。

48. 花芽萌动期(Budding stage) 观察全树花芽萌动情况，记录约有25%的顶花芽开始膨大、芽鳞松动绽开或露白的时间，表示方法为“年月日”。

49. 叶芽萌动期(Leaf bud stage) 观察全树叶芽萌动情况，记录约有5%的叶芽开始膨大、芽鳞松动绽开或露白的时间，表示方法为“年月日”。

50. 初花期(Initial florescence) 观察全树开花情况，记录约有5%的花朵开放的时间，表示方法为“年月日”。

51. 盛花期(Blooming period) 观察全树开花情况，记录约有50%的花朵开放的时间，表示方法为“年月日”。

52. 终花期(Terminal florescence) 观察全树开花情况，记录约有95%的花已开放、75%的花开始落瓣的时间，表示方法为“年月日”。

53. 果实成熟期(Fruit maturity) 记录全树约有75%的果实成熟的时间，表示方法为“年月日”。

54. 落叶期(Defoliation stage) 记录全树约有75%的叶片正常脱落或叶柄离层已形成的时间，表示方法为“年月日”。

55. 果实发育期(Fruit development period) 盛花期至果实成熟期的天数。

56. 苹果生育期(Growth period of apple) 从花芽或叶芽萌动期至落叶期的天数。

57. 果形指数(Fruit index or Fruit shape index) 果实纵径与横径的比值。以苹果为例，通常果形指数是0.6～0.8为扁圆形，0.8～0.9为圆形或近圆形，0.9～1.0为椭圆形或圆锥形，1.0以上为长圆形。品种特性和环境条件都影响其果形指数，应用不同生长调节剂可使之改变，以适应市场、机械加工与分级包装的需要。

58. 预冷(Precooling) 苹果采收后，用空气或水或设备对苹果降温，使其田间热尽早释放，尽量少或不带入冷库。适合苹果预冷的方法有空气预冷和水预冷。

59. 冷库(Cold storage) 用于在低温条件下保藏货物的建筑群。包括库房、氮压缩机房、变配电室及其附属建(构)筑物。

60. 气调冷藏库(Controlled atmosphere cold storage，CACD) 简称“气调库”。采用人工调控气体成分和温、湿度的保鲜货物的建(构)筑群。

61. 土窑洞(Loess cave dwelling) 苹果贮藏时，指周围具有深厚土层的果品贮藏场所。

62. 通风库(Ventilation library) 利用良好的隔热保温材料和有较好通风设备建设的永久性贮藏库。

第三节　现代苹果产业经营方式理念及主推技术与栽培技术

一、苹果产业经营方式理念

1. 新型农业经营主体(New-type main body of agricultural management)　指具有相对较大的经营规模、较好的物质装备条件和经营管理能力，劳动生产、资源利用和土地产出率较高，以商品化生产为主要目标的农业经营组织。新型农业经营主体既包括农业产中环节的生产经营组织，也包括为在产中环节提供各种服务的经营组织。新型农业经营主体类型包括专业大户、家庭农场、农民专业合作社、农业产业化龙头企业和其他各类农业社会化服务组织等。

2. 农村“三变”改革(Reform of “three changes”in rural areas)　发端于贵州省六盘水市，即资源变资产、资金变股金、农民变股东。资源变资产是指村集体将集体土地、林地、水域等自然资源要素，通过入股等方式加以盘活；资金变股金是指在不改变资金使用性质及用途的前提下，将各级财政投入到农村的农业生产发展资金(补贴、救济、应急类资金除外)、农业资源及生态保护补助资金(直接兑现给农户的除外)、扶贫开发资金、农村基础设施建设资金、支持村集体发展资金等，量化为村集体股金投入各类经营主体，村集体和农民(贫困户优先)参与分红；农民变股东是指农民将个人的资源、资产、资金、技术、技艺等，入股到经营主体，成为股东、参与分红。在陕西苹果优生区，新型农业经营主体从事现代矮砧苹果产业建设，“三变”改革的应用事例较多。

3. 苹果产业转型升级提质增效(Apple industry transformation and upgrading to improve quality and efficiency)　通过改变传统的乔化密植栽培模式，调整苹果品种种植结构，研发简化新技术，提高产业化程度等一系列措施，实现苹果产业由数量型向效益型、由普通栽培向省力轻简化栽培、由一般生产向精品生产的转变，引导苹果生产向生态、安全、绿色、有机方向转变，达到去产能、调结构、降成本、提质量、增效益的目标。针对现代矮砧苹果栽培模式，亩产量控制在 2 500 ~ 4 500 千克，苹果产业转型升级提质增效主要通过以下途径实现：苹果优良品种和砧木选用、良种良砧配套与种苗产业化、优质大苗建园、宽行密植、立架栽培、高纺锤形树形、节本增效(如乔砧短枝型栽培等)、苹果专用授粉树配置、化学疏花疏果、无袋化(免套袋)栽培、水肥一体化、果园行间生草、树盘行内覆盖、果园全程机械化、减少化学肥料农药用量、增施有机肥、提升地力(果园土壤微生物菌剂或菌肥、土壤调理修复剂应用及改良技术，修复果园土壤)、连作障碍防控技术应用、病虫害绿色防控、采后减耗增值与高效冷链物流新技术、苹果大数据建设与智慧果园、示范基地建设、苹果质量安全监管和溯源系统应用与示范、一二三产业融合发展等。

4. 苹果产业高质量发展(High quality development of apple industry)　以创新贯穿苹果产业发展全过程，加快体制改革，建设以及科技、品牌、营销渠道和经营模式创新机制，构建现代苹果产业发展政策体系，支持国家、省苹果产业体系建设，在基础设施改善、标准化生产管理、产业化链条延伸、品牌培育与推广等方面，促进苹果产业转型升级，全面提升苹果产业质量效益，促进乡村产业振兴。在苹果栽培模式及运营方面包括老果园更新改造与新建高标准矮砧集约栽培模式果园，同时加强科技引领，提高产业化水平，强化品牌运营管理，健全完善保障体系。优化调整苹果产业结构，促进苹果产业组织适度规模化，发挥龙头企业火车头作用，加强基层技术推广力量建设、完善技术推广网络体系。苹果产业高质量发展与苹果产业转型升级提质增效相辅相成、协同发展。

5. 苹果“四品一线、七位一体”体系(Apple“four products on one line，seven-in-one”system)　山东农业大学园艺科学与工程学院陈学森教授团队以“果实品质”为核心，坚持理论创新与技术创新并重的研究思路，提出并实施的“品质形成、品质育种、优质品种和品质维持”四品一线系统创新成果及其“自主推广、多家许可、独家转让、集成示范、网络媒体、技术培训和科普文章”七位一体的苹果科技成果推广转化体系。

6. 水肥一体化(Integration of water and fertilizer)　又称“肥水一体化”。狭义来讲，就是通过灌溉系统施肥，作物在吸收水分的同时吸收养分。通常与灌溉同时进行的施肥，是在压力作用下，将肥料溶液注入灌溉输水管道而实现的。溶有肥料的灌溉水，通过灌水器(喷头、微喷头和滴头等)，将肥液喷洒到作物上或滴入根区。广义来讲，就是把肥料溶解后施用，包含淋施、浇施、喷施、管道施用等。水肥一体化的前提条件就是把肥料先溶解，然后通过多种方式施用，如拖管淋施、喷灌施用、微喷灌施用、滴灌施用等，其中滴灌施用由于延长了施肥时间，效果最好，最节省肥料。滴灌施肥是一种精确施肥法，只施在根部，显著提高肥料利用率，与常规施肥相比，可节省肥料用量 30% 甚至 50% 以上；大量节省施肥劳力，比传统施肥方法节省 90% 以上；施肥速度快，千亩面积果园的施肥可以在 1 天内完成；灵活、方便、准确地控制施肥时间和数量；增强果树抵御不良天气的能力；有利于防止肥料淋溶至地下水而污染水体；有利于实现标准化栽培；由于水肥的协调作用，可以显著减少水的用量，加上设施灌溉本身的节水效果，节水达 50% 以上；滴灌施肥可以减少病害的传播，特别是随水传播的病害；滴灌施肥只湿润根层，行间没有水肥供应，杂草生长也会显著减少；滴灌可以滴入农药，对土壤害虫、线虫、根部病害有较好的防治作用；对于较黏重土壤，将滴灌管埋于一定土层深度，通过空气压缩机向土壤灌气，解决根部缺氧问题；由于滴灌容易做到精确的水肥调控，在土层深厚的情况下，可以将根系引入土壤底层，避免夏季土壤表面的高温对根系的伤害；滴灌施肥可以根据果树的需肥规律施肥；滴灌施肥由于精确的水肥供应，果树生长速度快，可以提前进入结果期并显著地增加产量和改善品质。

7. 苹果全程机械化（Whole mechanization in orchard management） 用机械替代人力，实现规模种植、规模生产，促进苹果生产方式发生根本性转变，更好地提升我国苹果产业的国际竞争力。从苹果产业的产前、产中、产后力争实现机械化，按照工业化的角度完成苹果生产，减少劳动力，减少投入成本，获得比较好的效益。包括各种机械或车辆的使用，如大马力拖拉机、犁地机械、立架设施安装机械、地钻、打坑机、苗木栽植机；水肥一体化设施；苹果苗圃砧木压条繁殖锯末覆盖机械、砧木收获机、砧木育苗栽植机、嫁接机(或嫁接剪，图 2-21)、起苗机、除草机、大型苗圃专用喷药机械；苹果园喷药弥雾机、除草机、割草机、疏花机械、采果平台、升降作业平台、半自动采果机、电动修枝剪、开沟机、施肥机、填埋覆土机、果园运输车；苹果运输贮藏用果筐运输车，叉车；苹果分拣线、包装设备；苹果冷藏库和气调库建设；苹果质量安全监管和溯源系统等。

图 2-21 嫁接剪

8. 苹果免套袋优质高效生产技术（High quality and efficient production technology of free bagging apple）该技术是农业农村部遴选的 2020 年 10 项农业引领性技术之一。为深入实施创新驱动发展战略和“藏粮于地、藏粮于技”战略，农业农村部组织开展了引领性技术集成示范工作，以支撑引领农业高质量发展为目标，每年发布 10 项关于绿色增产、节本增效、生态环保、质量安全等方面的引领性技术，着力打造集成示范样板，发挥引领作用，加快成果转化，推动农业提质增效。研究示范内容和果实品质指标包括：苹果免套袋栽培主要病虫害防控及果实外观品质提升技术研究，以主要病虫害预测预报为先导，农业、生物、生理防控为核心，进行精准药剂防控，配套着色品种选择、高光效树形与整形修剪及提高土壤有机质含量，改善土壤理化性状等技术，建立了苹果免套袋栽培高效防控技术体系，使虫果率维持在 0.9% 以下，病果率 1.4% 以下，单果质量增加 18.0 ~ 34.4 克，果实外观品质(果面浓红、光洁度高)等同于套袋果，内在品质(可溶性固形物含量提高 1.6 ~ 2.5 个百分点、风味浓郁)优于套袋果，在山东栖霞市、莱州市节约成本 3 500 ~ 5 500 元 / 亩。2005 年开始，农业部设立“苹果套袋关键技术示范补贴”财政专项，在苹果主产区山东(栖霞市、蓬莱市、蒙阴县、平度市)，陕西(洛川县、富平县、铜川市印台区)，山西(临猗县、万荣县)，辽宁(盖州市、瓦房店市)；河北(兴隆县)，河南(灵宝市)等 6 个省的 13 个县市区实施，加速了苹果优质高效生产的常规技术的推广。由于苹果套袋生产存在用工量大、生产成本高、内在品质下降、生理病害(苦痘病、痘斑病、斑点病、日灼、裂纹)重等问题，因此必须向免套袋方向过渡，解决病虫害防控、优化着色、果品安全等关键问题。免套袋优质生产的关键技术包括:①选择优良品种。选择品质优、上色快、着色度和光洁度高,抗病(轮纹、炭疽病)、抗逆性强的中、晚熟优良品种,如瑞香红、秦脆、礼富 1 号、烟富 3 号、元富红、烟富 10 号、烟富 7 号、信浓红、首红、美味等。②优化果园生态条件。矮砧密植果园行间作业带保持在 1.5 ~ 2.0 米及以上,冬剪后亩留枝量 2.5 万 ~ 4.0 万条,果园覆盖率 60% 以下,树冠透光率 40% 以上。乔砧成龄果园行间作业带 1.0 ~ 2.0 米及以上,株间交接率小于 15%,冬剪后亩留枝量 5.0 万 ~ 6.0 万条,果园覆盖率 65% ~ 75%,树冠透光率 30% 以上,叶面积系数 3 ~ 4,产量指标 3 000 ~ 4 000 千克 / 亩及以上,年亩产量变幅 25% 以内,优质果 85% 以上,一级果 75% 以上,全红果 70% 以上,果园整齐性高,树高、冠径变异系数小于 20%;针对单株树,要求主干高度 80 厘米,主枝角度 70° ~85° ,主枝层间距 80 厘米左右,长、中、短枝比为 5 : 20 : 75,长枝长度 30 ~ 40 厘米,果枝率占总枝量的 1/4 ~ 1/3,枝果比 3 : 1,叶果比 30 ~ 40 : 1,平均果间距 20 厘米。土壤管理模式采用起垄覆盖与果园生草相结合。③主要防控桃小食心虫、梨小食心虫等两种食果害虫及轮纹病、炭疽病等两种果实病害。④提高着色技术。增施有基肥和硅钙镁肥作为基肥,以高钙多元素叶面肥作为叶面追肥,继续采用人工摘叶、转果、铺反光膜,同时根据成熟度与着色程度适期分批采收。

9. 苹果矮砧集约栽培模式(Intensive cultivation mode of apple dwarf rootstock) 通过应用矮化砧木或短枝型品种,运用现代苹果栽培技术,充分发挥劳动力、土地、资本和企业家的作用,实现苹果生产早果优质高效,达到标准化、规模化、机械化、省力化的苹果种植模式要求。

10. 苹果产业(Apple industry) 2021 年 4 月,中国工程院农业学部的 8 位院士在陕西洛川调研,指出苹果产业是陕西农业最重要的支柱产业,是陕西省农民脱贫致富、乡村振兴和生态文明建设最好的产业之一。一是苹果产业要打造品牌战略,提升产业竞争力,助力“中国苹果产业带”;二是加强苹果品质研究,注意控产增效;三是延长苹果全产业链,增加苹果高附加值;四是着眼市场需求,探索高科技、大规模、企业化经营模式;五是做足绿色文章,突出旱区苹果产业优势与特色;六是放大格局,立足长远,挖掘苹果文化,做优做强旱区苹果产业。

11. 叶相学闭环式修剪技术(Closed-loop pruning technique based on foliology) 这是近几年陕西省洛川县在乔化富士苹果上实践的一项成花技术。有效解决枝条或枝组无效部位的养分消耗,达到枝组老中青结合、大中小结合、长中短结合,促使养分二次分配和均匀内流到有效部位枝、叶、芽、花、果上,促进枝条萌芽、成花、果实膨大,致使树体紧凑生长、养分均衡供应、碳氮比合理、地上与地下生长协调、无机有机养分上下顺畅供应,最终实现优质、高产、高效。主要内容包括:①改冬剪为春剪。甩放 40 ~ 70 厘米育花枝,短截回缩过长过旺过粗枝,采取带花回缩、戴帽修剪、留桩修剪、台剪、抑顶促萌、环切难成花枝或枝组、疏除过近过密过大枝或枝组,达到枝组构成合理。通过采取甩、截、疏相结合的修剪手法,形成高中低错落有序大小相间搭配的立体结果枝组。②重视夏末秋初旺长枝新梢摘心、捋叶、疏枝、短截夏剪控旺促花技术。对长度超过 70 厘米的新梢轻摘心后,捋去新梢顶部部分叶片,将成花部位控制在 40 ~ 70 厘米以内;果台副梢留 8 ~ 10 片叶摘心捋叶;过密枝实行重摘心和捋叶相结合;多头枝留单头,对背下竞争枝留 6 ~ 7 片叶短截,对水平竞争枝留 5 ~ 6 片叶短截,对背上竞争枝留 3 ~ 4 片叶重短截;疏除距主干、主枝轴过近枝。③采果后带叶进行粗老枝组更新技术。为了解决群体个体通风透光问题,采果后按照“去老不去新、去粗不去细、去大不去小、去密不去稀、去高不去低”的原则对过大、过粗、过密、重叠、交叉、对生、轮生枝组进行疏除更新改造。

叶相学闭环式修剪技术由延安市果业研究发展中心、西北农林科技大学绥德苹果试验示范站特聘专家王耀存高级农艺师发明推广,主要理念为:“叶相修剪就是用最小的剪枝量换取最大的功能叶”。主要体现在以下几个方面:①“一念之差,差之成倍(一眼看出问题的本质)”“叶相栽培乃幼树之剪枝技巧,用最小的剪枝量换取最大的功能叶”。②剪前要认知“果树习性,外面延长枝主生长,内膛枝组叶主花果,果实结在中下部,竞争徒长都无害”,要明白“幼树修剪三步曲:扶干、培主、分工”。③要会用“修剪很简单,剪枝先选主,枝枝皆有头,留小不留大”。④要注意“整修三弃:一弃露骨,二弃脱裤,三弃过渡;剪枝三弃:一弃对生,二弃逢扇,三弃长放”。⑤要达到“叶相栽培乃幼树之剪枝技巧,有骨架,有主次,利用辅养先结果;多留辅,少留副,大量结果不用撑;有立体,有光强,减肥减药果不绝”。

二、农业农村部及陕西省农业主推技术

(一)苹果矮砧集约栽培关键技术(Key techniques of intensive cultivation on apple dwarf rootstock)

这是农业农村部推介的2018年70项农业主推技术之一,由西北农林科技大学提出。

1. 技术概述

矮砧栽培可以控制树冠大小,减少树体消耗,提早树体结果,增加产量,改善品质;机械化、设施化、标准化的集约栽培可以使果园管理省时省工,降低劳动生产成本,提高单位面积产量,因而,苹果矮砧集约栽培制度是世界苹果发展的趋势和方向,世界苹果生产先进国家矮砧集约果园已占苹果总面积的90%以上。

我国现有苹果园85%以上为乔砧栽培,树冠大,成花难,结果偏晚,果园容易郁闭,通风透光不良,管理费时费工。乔化与矮化栽培相比,需要的肥水多、栽培空间大、管理成本高,是一个高消耗、低产出的栽培方式。随着农村劳动力向城市的转移,农村劳动力已显不足,乔化栽培方式已不适应现代果业的发展。

因此,应在我国大力推广矮化集约栽培制度,推动我国苹果栽培制度的变革。苹果矮砧集约栽培关键技术在多年研究积累和系统总结各地经验的基础上,通过国家苹果产业技术体系在全国的布点试验,业已证明其技术成熟度高、适应性强、应用面广,管理省时省工,极显著节省劳动力,农民容易接受,有良好的推广应用前景。

2. 增产增效情况

矮砧苹果栽后第3年开花结果,从第6年起,亩产稳定在3 000~4 000千克,比乔砧果园早结果2~3年,亩增产1 000千克左右,并节省劳动力,便于果园种草、喷药等机械化作业。新型栽培模式需要较高的建园成本和适度经营规模。

3. 技术要点

(1)应用矮化砧木

不同地区因气候条件和土壤类型的差异,可选择不同类型的矮化砧木及砧穗组合。各地在选择矮化砧木时,要结合当地气候条件、土壤类型及以往矮砧适应性表现,合理选择适宜当地条件的矮化砧木及砧穗组合。应该对砧木的耐旱性、耐寒性、易成花性等进行全面评价。冬季极端最低气温、早春风寒情况、年均降水及灌溉条件等是必须考虑的因素。砧穗组合在充分考虑适应性的基础上,树体容易成花、较早结果是重点指标。

一般考虑:选择M系砧木,极端气温应不低于-25℃;延安、太原、邢台以北地区,可以选用SH系容易成花的砧木;东北寒冷地区可以选用GM256与“寒富”苹果的砧穗组合。

(2)采用宽行密植

栽植密度由品种长势、砧木长势、土壤肥力及树形和架式诸多因素综合考量来决定。长势强的品种(富士、乔纳金等)或土质条件较好及平地,采用较大的株行距栽植;长势弱的品种(如嘎拉、华夏、蜜脆及部分短枝型品种等)或土质条件差及坡地,采用较小的株行距栽植。同时,不同的地区、架式和整形方式,也应采取不同的栽植密度。建议采用大行距、小株距栽植方式,株行距为1.0~1.5米×3.0~4.0米,每亩栽植111~222株。

(3)选用大苗建园

建园宜选用三年生健壮大苗,且品种、砧木纯正,无检疫性病虫害。健壮大苗标准是:苗木基部品种接口上10厘米处干径在1.2厘米以上,苗木高度1.5米以上;整形带内最好有6~9个有效分枝,长度在40~50厘米,分布均匀;苗木根系健壮,超过20厘米侧根5条以上,毛细根密集;矮化中间砧苗木的矮化砧长度20~30厘米,矮化自根砧苗木根砧长度20厘米左右。栽前修剪根系的受伤部分,不带土的苗木应蘸泥浆或蘸生根粉后再栽为宜。

矮砧苹果树主要靠矮化砧起矮化作用,矮化砧的长度对矮化效果影响极大。生产中发现,M和MM系矮化砧(中间砧或自根砧)的入土深度与树冠大小关系密切,矮化砧全部埋入地下,品种段容易生根,树体

生长旺盛，矮化变成乔化。矮化砧全部露出地面，矮化作用强，幼树生长缓慢，中干易歪斜。因此，栽植时要特别注意矮化砧的入土深度，特别注意不能让品种生根，这与建园的成败关系极大。一般要求旱地建园栽植时，矮化砧（中间砧、自根砧）露出地面 3 ~ 5 厘米，即不让品种段生根为宜；水地栽植时露出地面 5 ~ 8 厘米。生长势旺的品种在此基础上可再多露 2 ~ 3 厘米，生长势弱的品种可再少露 1 ~ 2 厘米。

（4）设置立架栽培

利用矮化砧苗木建立的果园，树体易出现偏斜和吹劈现象，须进行立架栽培。一般 10 ~ 15 米间距设立一个镀锌钢管（直径 6 ~ 8 厘米）或水泥桩（10 厘米 × 12 厘米），地下埋 70 厘米，架高 3.5 ~ 4.0 米，均匀设 4 ~ 5 道直径 2.2 毫米钢丝，最低一道钢丝距地面 40 厘米。每行立架两端都安装地锚固定和拉直钢丝（向外斜 15° 左右）。

临时措施也可在每株树旁插一竹竿做立柱，扶直中干。中干延长头固定在竹竿上，要求竹竿直径 1.0 厘米左右（太粗会影响侧芽萌发），高度 3 米。

（5）培养高纺锤形树形和下垂枝修剪

树形选择与栽植密度、架式、砧穗组合类型、土肥水条件等有关。土壤比较肥沃、降水较多或有灌溉条件的地区，宽行密植栽培的可选择应用高纺锤形；在干旱或土壤条件较差地区，砧木矮化性较弱，栽植密度较低，树形可选择自由纺锤形或细长纺锤形等。高纺锤形整形要点：

控制树冠冠幅，提高中心干干性。树高 3.5 ~ 4.0 米，主干高 0.8 米左右，中干上着生 30 个左右螺旋排列的小枝，结果枝直接着生在小主枝上，小主枝平均长度为 1 米，与中干的平均夹角为 110°，同侧小主枝上下间距为 0.25 米。中干与同部位的小主枝基部粗度之比 3 ~ 5 ∶ 1。成形后的高纺锤形在春季每亩留枝量为 6 万 ~ 8 万条，长、中、短枝比例为 1 ∶ 1 ∶ 8。

第 1 年冬剪：秋季将中干上的新梢拉至 95° ~ 120° ，冬剪时侧枝枝条全部保留，不打头，对中干延长头轻短截。

第 2 ~ 3 年：秋季将中干上的新梢拉至 95° ~ 120° ，冬剪时选留生长势中庸、角度大的一年生枝条做小主枝，不打头。每年需要对所有长度 25 厘米以上侧枝拉到水平以下，防止其发展为强壮的骨干枝，直到树体生长势缓和，并开始大量结果。

第 4 ~ 5 年：树高在 3 米左右时，可以大量结果，如果树势较弱，春季疏除部分花芽，减少挂果量。秋季将中干上的新梢拉至 95° ~ 120° ，一年生枝上的新梢采用拧梢、拉枝等方法，缓和树势，提高产量。

更新修剪：维持圆柱形的树体对于高纺锤形树保证充分受光、结果和下部树冠获得优质果非常重要。随着树龄增长，保持树形的方法是及时去除树体上部过长的大枝，即每年去除顶部 1 ~ 2 条竞争枝。随着小主枝结果长粗，应及时更新。更新小主枝时应留斜桩，斜桩位置发出的平生小枝不短截，拉枝下垂或结果后自然下垂。

（6）加强土肥水管理

矮砧苹果园，由于结果早、产量高，一定要重视土肥水管理，增强树势。在有灌溉条件地区，最好安装滴灌设施；无灌溉条件地区，要采用抗旱保墒栽培技术措施。

4. 适宜区域

在黄土高原产区（陕西、甘肃、山西、河南）和渤海湾产区（山东、河北、辽宁、北京），土壤比较肥沃、降水较多或有灌溉条件的地区应用较好，宁夏、新疆、云南和川西高原等其他产区可参照应用。

5. 注意事项

严格按照技术规范执行。

（二）黄土高原苹果高效轻简化栽培技术（Efficient,light and simplified cultivation techniques of apple in loess plateau）

这是陕西省农业农村厅推介的 2020 年 10 项农业主推技术之一。“苹果高效轻简化栽培模式及技术体系研究与示范”项目获 2020 年陕西省科学技术奖一等奖。“黄土高原苹果高效轻简化栽培技术”由陕西省苹果产业技术体系、西北农林科技大学提出。

1. 技术概述

(1)技术基本情况

我国苹果产业发展已进入“转型升级”的新阶段,转变经营方式、变革栽培制度(模式)以推动“提质增效”逐步成为发展现代苹果产业的大方向和新趋势。以陕西为代表的黄土高原是我国苹果的优势产区,着眼现代苹果产业发展,针对生产中存在的生产成本上涨、果品质量下降、生产效益下滑等突出问题,陕西省现代苹果产业技术体系组织专家团队经过大量的试验研究,提出了黄土高原苹果高效轻简化栽培技术,并通过示范推广,取得了明显成效。

苹果高效轻简化栽培技术,围绕“提高生产效率、提高生产效益”两大目标,对现有关键技术进行熟化集成,形成轻简化栽培技术体系,以实现优质高效、省力化栽培。其技术关键点包括:选用良种、良砧,培育优质健壮大苗,提高建园质量;因地制宜,推广省力化栽培模式,降低用工成本;变革土壤管理制度,提升土壤肥力,实施覆盖保墒和肥水一体化,减少化肥使用量;优化树体结构,简化修剪手法,推广省力化花果管理技术,减少劳动用工;病虫害综合防控,实施“统防统治”,提高施药效率,减少农药使用量。该技术体系着眼世界先进水平,符合陕西苹果产业发展实际,具有较强的针对性和实用性,推广应用前景广阔。

苹果产业是陕西乃至黄土高原区域的优势特色产业,在推动扶贫攻坚、乡村振兴战略实施中发挥着越来越重要的作用。立足产业现状和产区立地条件,加快“苹果高效轻简化栽培技术”的示范推广,对推动我国西部产区苹果产业高质量发展具有十分重要的现实意义。

(2)技术示范推广情况

通过多年的试验示范,苹果高效轻简化栽培相关技术在陕西苹果主产区已得到较大范围应用,预计推广面积在 200 万亩以上。同时,在甘肃、山西等黄土高原苹果产区辐射推广面积逐年扩大。

(3)提质增效情况

该技术涵盖现代矮化栽培和新型乔化栽培两种栽培模式,与传统栽培模式相比,具有丰产稳产、易管理、提高品质、降本增效等作用,综合效益提高 2~3 倍。

(4)技术获奖情况

苹果高效轻简化栽培技术涉及多项关键技术,目前已获得多项阶段性技术成果。主要包括:

①选育了一批新优品种:瑞阳、瑞雪、瑞香红、秦脆、秦蜜、秦月等 10 余个自育新品种通过了品种审定或登记,其中瑞雪、瑞阳和瑞香红分别于 2019 年 3 月、2021 年 8 月通过了国家林业与草原局良种审定委员会的正式审定。

②制定了一批技术标准:制定的《矮砧苹果技术标准综合体》(DB61/T 1047.1-1047.6—2016)6 个陕西省地方技术标准已发布实施;与全国农业技术推广服务中心合作完成的《矮砧苹果栽培技术规程》(NY/T 3684—2020)作为行业标准也已发布;受国家苹果产业技术体系委托制定的《黄土高原乔化成龄果园改造技术规范》已推广应用;制定的《陕西省山地苹果技术规范》已完成修改稿,待正式审定。

③取得了一批阶段性成果:苹果花粉制作及人工辅助授粉技术、一种轻便型疏花疏果剪、苹果园肥水一体化技术等已通过验收鉴定。

2. 技术要点

(1)选用良种、良砧,培育优质健壮大苗,提高建园质量

立足黄土高原生态条件,根据市场需求变化,选用推广优质、易栽培的新优品种,如富士优系、嘎拉优系、瑞雪、瑞阳、秦阳、秦脆、秦月、秦韵等。选用适宜的矮化砧(如 M26、B9、M9-T337、SH38、JM7、青砧 1 号等)或基砧(如楸子、新疆野苹果、怀来海棠等)。

强化企业化苗木繁育基地建设,规范优质苗木繁育技术,培育脱毒健壮苗或带分枝大苗,提高建园质量。

(2)因地制宜,推广省力化栽培模式,降低用工成本

对新建果园,推广矮化密植栽培模式。针对不同生态条件,可采用不同矮化栽培类型。在有灌溉条件、配备节水灌溉设施的规模化果园,推广矮化自根砧为主的矮化集约栽培模式;在有一定灌溉条件的地区,推广矮化中间砧(含“双矮”栽培)为主的矮化旱作高效栽培模式;在没有灌溉条件的干旱坡地或梯田地,推

广“乔砧＋短枝型品种”的旱地矮化栽培模式。

对现有乔化成龄果园，进行“挖、改、换”的技术改造，实现新型乔化栽培高效模式更新。即通过隔行或隔株间伐，降低栽植密度，使亩栽植株数保持在33株以下；通过改形修剪，培养高光效开心形树形；通过隔行高接换头技术，实现“更换品种、改善光照”的目的。通过综合技术改造，使乔化低效果园实施减密度、改树形、换品种等措施，实现优质、高效、省力化管理的目标。

(3)变革土壤管理制度，提升土壤肥力，实施覆盖保墒和肥水一体化，减少化肥使用量

黄土高原苹果产区，干旱缺水、土壤瘠薄，是制约苹果优质高效生产的关键因子。围绕“高效、轻简化管理”的技术要求，可针对性采取相关技术措施。

①变革土壤管理制度。变清耕制为生草制，实施行间生草（以自然生草为主）或种植绿肥，树盘覆盖保墒的土壤管理模式。

②重视施用有机肥。矮化栽培果园，根际区域施入足量有机肥是优质高产的重要保证。乔化栽培果园，增施有机肥是改良土壤、减少化肥用量的关键措施。果园追肥，提倡采用肥水一体化技术，以提高肥料利用效率。

③推广覆盖保墒技术。树盘覆膜（地布）或覆草（秸秆），可有效减少土壤水分蒸发量，是提高旱地苹果产量、质量的有效措施。

(4)优化树体结构，简化修剪手法，推广省力化花果管理技术，减少劳动用工

苹果树体管理和花果管理，是减少劳动用工、实施省力化栽培的关键环节，也是栽培技术变革的重要内容。

①针对不同栽培模式，采用适宜的树形结构，简化修剪技术。对于矮化密植果园，采用纺锤形树形，重视幼树期树形培养；对乔化成龄果园，要逐步改造成开心形树形，以利于通风透光和便于人工和机械操作。

②采用省力化花果管理技术。推广专用授粉品种，提高授粉效率，减少偏斜果比例；示范推广化学疏花、疏果技术，推广应用高效疏花、疏果剪，提高劳动效率；有条件的果园（新发展区、新品种、规模化种植），逐步推广免套袋栽培技术。

(5)病虫害综合防控，实施“统防统治”，提高施药效率，减少农药使用量

病虫害防治遵循“预防为主，综合防治”的原则。从整个生态系统出发，按照病虫害的发生规律和经济阈值，综合运用农业防治、物理防治、生物防治等措施，科学使用化学农药，将病虫害造成的损失控制在经济允许水平之下。

组建专业服务队，实行“统防统治”，改进喷药机械装备，提高施药效率，是减少苹果园农药使用量的重要机制保障。

3. 适宜区域

在陕西及甘肃、山西等黄土高原苹果产区及类似生态区均可推广应用。

4. 注意事项

第一，按照“适地适栽”原则，选择好适宜品种、砧木和栽培模式。

第二，因立地条件、栽培模式、种植规模大小的差异，采用的关键技术措施应有所不同。

第三，针对技术要求，配套农资供应的水平会对实施效果造成影响。

（三）苹果病虫害全程绿色防控技术（Green control technology of apple diseases and insect pests in whole process）

这也是陕西省农业农村厅推介的2020年10项农业主推技术之一，该技术由陕西省植物保护工作总站提出。

1. 技术概述

(1)技术基本情况

西北黄土高原日照充足，昼夜温差大，雨热同季，具有发展苹果产业的得天独厚优势，是我国苹果最佳

优生区和优势核心产区。但病虫害一直是制约果品产量和品质的主要因素，针对生产中过分依赖、过度使用化学农药等实际情况，陕西省植物保护工作总站在系统研究明确苹果主要病虫种类、发生动态及演替规律的基础上，确定防控关键时期，开展免疫诱抗、理化诱控、天敌控害、药剂组合、高效药械等绿色防控技术研究，探明绿色防控技术路径，集成创新了苹果病虫绿色防控技术体系。

(2)技术示范推广情况

通过陕西省农业科技创新转化项目“苹果主要病虫害绿色防控技术集成与示范推广”的实施，在国家重点研发计划“苹果农药减施增效技术大面积示范推广”项目支持下，2016—2018 年在陕西苹果基地县建立示范基地 100 多个，累计应用面积 600 多万亩。

(3)提质增效情况

示范区苹果病虫总体防效 92% 以上，减少化学农药使用量 25%，平均亩挽回苹果产量 180 千克，商品果率提高 3% 以上，为巩固发展脱贫主导产业、果业提质增效、果区农民增收和果园生态环境改善做出了积极贡献。

(4)技术获奖情况

“苹果主要病虫绿色防控关键技术研究与应用”项目获 2018 年陕西省科学技术奖一等奖。“苹果主要病虫害绿色防控技术集成与示范推广”项目获 2016—2018 年度全国农牧渔业丰收奖一等奖。

2. 技术要点

苹果全程绿色防控技术模式：果树健身栽培 + 病虫基数控制 + 生态调控生物防治 + 害虫理化诱杀 + 优化农药品种组合 + 高效药械应用。

(1)健身栽培免疫诱抗

通过科学施肥，合理修剪，合理负载，应用免疫诱导技术，增强树势，提高果树自身抗逆能力。

①科学施肥：测土配肥，按需施肥，增施有机肥和生物菌肥，果树生长中后期增施钾肥、钙肥和微量元素。秋季全园施足基肥，条沟施或穴施充分腐熟的有机肥 2 000 ~ 3 000 千克 / 亩。

②合理修剪：12 月份至元月份，按照平衡树势、主从分明、充分利用辅养枝；遵照以轻为主，轻重结合的原则，培育结果枝组，规范树形，调整平衡树势。中等水平果园一般按花芽与叶芽比 1 : 3 ~ 4 的比例修剪。盛果期乔砧果园亩产量控制在 2 000 ~ 2 500 千克，矮砧果园控制在 3 000 千克左右。

③)合理负载：根据树龄大小、树势强弱、品种特性、栽培管理条件等，因树定产，按枝定量，看台留果，合理负载，中等水平果园一般按叶果比 40 ~ 60 : 1 留果。

④应用免疫诱抗产品。全程使用 3 次，苹果树开花前(4 月上旬)、幼果期(6 月下旬至 7 月上旬)、果实膨大期(8 月上中旬)，选用氨基寡糖素、植物激活蛋白等叶面喷雾各 1 次，激发果树自身抗病抗逆性。田间施用时可在药剂组合最后加入混合喷施。

(2)病虫基数控制

苹果采收后，及时落实“剪、刮、涂、清、翻”技术，减少腐烂病、褐斑病、叶螨、金纹细蛾等病虫越冬基数。

①剪除病虫枝梢、虫果以及尚未脱落的僵果。

②刮除枝干粗老翘皮和病斑、病瘤，剪锯口、伤口等及时涂药保护。

③彻底清除果园内刮剪下的病虫枝、枯枝落叶、病僵落果、杂草等，集中烧毁。

④果树主干、大枝涂刷涂白剂，配方为生石灰 10 份、20° Bé (波美度)的石硫合剂 2 份、清水 20 份等充分搅拌均匀。

⑤冬前、早春结合施肥，深翻树盘 20 ~ 30 厘米，将土壤中越冬的病虫暴露于地面冻死或被鸟禽啄食。

(3)生态调控生物防治

主要落实行间生草和释放捕食螨技术，创造果园良好生态小环境，充分利用天敌控害。

①果树行间种植油菜和三叶草、毛苕子等豆科植物，单播或两种混种。于春季 4 月中旬至 5 月中旬或秋季 8 月中旬至 9 月中旬，条播或撒播。白三叶草单播亩用种量 0.5 ~ 0.75 千克；毛苕子单播每亩 2 ~ 2.5

千克。保留果园自然杂草，如杂草高度超过 30 厘米时及时刈割，留茬 10 厘米后平铺在地面，改善果园生态小环境，增加自然天敌数量。

②有机果园人工释放天敌捕食螨或赤眼蜂。捕食螨主要有胡瓜钝绥螨、巴氏钝绥螨等，果实套袋前后（一般 6 月初）越冬代叶螨雌成螨还处于内膛危害时，平均单叶害螨（包括卵）量小于 2 只时释放。选择傍晚或阴天，将装有捕食螨的包装袋斜剪开口，用图钉钉在每棵果树的第一枝干交叉处背阴面，每株 1 袋，袋口和下沿应紧贴枝干。挂螨后 1 月内果园禁止使用杀螨剂，杀虫剂、杀菌剂使用对捕食螨影响最小的药剂。

(4)理化诱杀害虫

应用性诱剂、灯光、诱虫带等理化措施诱杀害虫成虫。

①悬挂性诱捕器。果树开花前（4 月中旬），针对金纹细蛾、苹小卷叶蛾等选择相应性诱捕器，悬挂于树冠外中部，高度距地面 1 米，相邻间距 20 米，每亩 5 ~ 8 个。根据性诱芯有效期及时更换，粘板一旦粘满虫体也应及时更换，水盆式诱捕器诱盆中及时加注清水并清理死虫。

②灯光诱杀，主要诱杀金龟甲等趋光性害虫。果树开花前，按照 30 ~ 50 亩 1 台，间距 160 米，果园外围安装杀虫灯，杀虫灯悬挂高度应高出果树顶部 20 厘米。于食叶食花高峰期傍晚开灯诱杀。诱到的害虫及时清理并深埋。

③悬挂糖醋液诱盆。苹果开花期，按红糖：醋：水：酒 =1：3：10：1 的比例，自制糖醋液，并加少许敌百虫，每亩 5 个，对角线五点布局，悬挂于距离地面 1.5 ~ 2.0 米高度的树杈上，诱杀金龟甲等趋化性害虫。及时添加糖醋液，捞取诱盆中的虫体集中深埋。

④捆绑诱虫带。害虫越冬前（9 月上旬），将诱虫带对接后，绑扎在每棵果树主干第一分枝下 5 ~ 10 厘米处，或其他大枝基部 5 ~ 10 厘米处，接口对接严密，诱集越冬害虫，第二年 2 月底害虫出蛰前解下诱虫带，带出果园集中烧毁，降低越冬害虫出蛰基数。

(5)优化农药品种组合

抓住果树花芽露红期、落花后、套袋前、幼果期、果实膨大期、采果后休眠期等关键生育期，根据病虫害发生规律和危害特点，综合考虑药剂作用特性、气候条件、天敌数量、防治指标、蜜蜂安全性等因素，在准确做好病虫情监测预报的基础上，优先选用生物农药，对症选择高效、绿色化学药剂品种或剂型，科学药剂组合，确定具体施药适期，最大限度减少化学农药使用。

①萌芽期，冬前未药剂清园的喷施一次石硫合剂。

②花芽露红期针对越冬出蛰病虫，保护蜜蜂，优先选用生物药剂组合"苦参碱 + 多抗霉素 + 氨基寡糖素"，或对症选用对蜜蜂低毒、残效期较短的治疗性杀菌剂和触杀性、渗透性强的杀虫剂各一种，最后加入免疫诱抗剂，混合后叶面喷雾。禁止选用对蜜蜂剧毒或高毒的氟硅唑、阿维菌素、甲氨基阿维菌素苯甲酸盐、氯氟氢菊酯、甲氰菊酯、新烟碱类如吡虫啉、噻虫嗪等药剂。

③落花后一周，白粉病随春梢生长进入发病盛期，斑点落叶病、褐斑病、锈病病菌等开始侵染新叶，蚜虫、叶螨、金纹细蛾等为害嫩叶，可采用"代森锰锌 + 甲维盐 + 哒螨灵"药剂组合，按推荐用量叶面喷雾。

④套袋前，斑点落叶病、褐斑病等病害开始发生，叶螨繁殖加快，黄蚜、金纹细蛾等进入为害盛期，可选用"新烟碱类 + 吡唑醚菌酯等甲氧丙烯酸类杀菌剂 + 噻螨酮"等喷雾，尽量选用水分散粒剂、悬浮剂等水性化剂型。

⑤套袋后幼果期与果实膨大期，重点防治早期落叶病、叶螨等。根据病虫发生和天气变化情况，对症选用"丙森锌等 + 戊唑醇等唑类杀菌剂 + 唑螨酯"，或"代森锰锌 + 多抗霉素 + 高效氯氰菊酯 + 螺螨酯等季酮酸类杀螨剂"组合，最后加入氨基寡糖素，混配后叶面喷雾。降雨多时单独喷施一次倍量式或等量式波尔多液，防治早期落叶病。注意不同作用机理的药剂交替或轮换使用。

⑥果实采收后一周，选用长持效杀虫剂与广谱性杀菌剂农药品种组合全树喷雾，压低越冬病虫源基数。

(6)高效施药器械应用

以减施增效为目标，精准施药。矮化密植、间伐果园应用自走式风送喷雾机等新型高效施药器械，传统种植模式的果园选用节药、雾化好的高效喷枪提高农药利用率，避免造成药液浪费和环境污染。

施药时遵守 NY/T 1276 农药安全使用规范总则。认真阅读药剂标签，按使用浓度要求，二次稀释配制好药液。科学把握施药液量，亩施药液量 100～150 千克；注重雾化效果，以叶面湿润欲滴为宜。禁止淋洗式施药。田间施药时要细致、均匀、周到，不漏喷，不重喷。施药后 6 小时内遇雨要补喷。

药剂涂干预防腐烂病。果树春梢停长期(6 月下旬)，刮除主干和主枝粗老翘皮后，用戊唑醇等杀菌剂按喷雾倍数提高 10 倍，或 1.8%辛菌胺醋酸盐水剂 50 倍液，间隔半月涂抹或淋刷果树主干和大枝 1～2 次，预防病菌侵染。果树落叶前后，对新发病斑刮除表面溃疡后，用 3%甲基硫菌灵糊剂原膏或 1.6%噻霉酮涂抹剂 50 倍液涂抹病斑，防止病害进一步扩展。

3. 适宜区域

西北黄土高原苹果产区。其他苹果产区可根据当地病虫发生情况参考调整。

4. 注意事项

本模式适宜土地平整连片栽植区，面积 100 亩以上，树龄 10 年以上，果园管理水平较高，果农对新技术接受较快的地区。

(四)果园绿肥豆菜轮茬增肥技术(Fertilization Techniques of Green Manure, bean and vegetable stubble in orchards)

这也是陕西省农业农村厅推介的 2020 年 10 项农业主推技术之一，由陕西省绿肥产业技术体系、延安市农业科学研究所提出。

1. 技术概述

(1)技术基本情况

由延安市果业局与延安市农业科学研究所共同研发。绿肥是我国传统有机肥，也是当前主要清洁有机肥源。利用苹果园生产特点及油菜与豆科作物的生育习性，一年套种十字花科与豆科作物两茬绿肥，有效提高土壤有机质，增加肥力，减少化肥施用量，改善和提升果品品质，实现水果产业绿色生态可持续发展。

(2)技术示范推广情况

2017—2018 年在延安果区果园推广种植豆菜轮茬面积 131.87 万亩。

(3)提质增效情况

2017—2018 年国家绿肥产业技术体系延安综合试验站沿用陕西北部果区常用果园绿肥栽培技术，与延安市果业管理局联合实施推广豆菜轮茬模式累计 131.87 万亩。采用果园绿肥轮茬种植模式，苹果平均增产 171 千克 / 亩，有效增产 136.8 千克 / 亩，果价按 4.0 元 / 千克(2017 年)计算，增产增收 547.2 元 / 亩，累计增收 7.22 亿元；示范推广绿肥轮茬成本每亩种子费 30 元、肥料费 20 元、人工费 200 元、机械费 100 元，累计种植成本 4.62 亿元。新增纯收益 2.60 亿元，果农增收 160 元 / 亩，经济效益可观。

(4)技术获奖情况

2015 年该项技术获得陕西科技成果奖三等奖。

2. 技术要点

(1)品种选择

选择抗旱抗寒能力较强的白菜型油菜品种，如延油 2 号。黄豆应选择有限结荚的中、早熟品种，不宜选用无限生长和亚有限结荚的晚熟品种，如中黄 13、郑长交 14、郑 9007、福豆 234 等。

(2)园地整理

黄豆、油菜宜种植在果园行间或果园反坡梯田梯面上。播种前全园浅耕翻 1 次，耕翻深度 20～50 厘米，打细土块，耱平整匀。

(3)适时播种

油菜的播种时间，延安北部地区应在 8 月上中旬，南部地区应在 8 月中下旬。播种过早，上冻前容易抽薹，不利于越冬；播种过晚，根茎达不到一定粗度，不能安全越冬。次年春季土壤解冻后镇压。黄豆播期以4月下旬到5月上旬为宜。

采用条播和撒播。亩播种量黄豆810千克，油菜0.25～0.5千克。油菜播种前用过筛沙子与种子以5∶1的比例混合均匀，以保证播种密度相对一致。①撒播。将黄豆或混沙的油菜种子均匀撒于行间播种带内，然后用扫帚扫，用铁锨镇压。②条播。行距20～30厘米，开5厘米深的沟，在沟内撒上黄豆或混沙的油菜种子后，覆0.5厘米厚的细土压实，使土壤与种子紧密接触。

(4)播后管理

黄豆分枝期亩施尿素7～8千克，油菜在第2年返青期遇雨及时亩施尿素7～8千克，促进产草，减少因种草对果树的营养竞争。

(5)适时翻压

黄豆以8月上旬翻压较好，一般在黄豆花夹期采用秸秆还田机翻压入土壤，待2～3天将油菜条播于果树行间。翌年4月下旬将油菜用秸秆还田机翻压入土壤，5月上旬播种黄豆，利用当地物候条件一年种植两茬绿肥。

3. 适宜区域

陕西渭北旱塬及延安、榆林，甘肃、宁夏、山西等同纬度条件种植。

4. 注意事项

(1)果园绿肥豆菜轮茬栽培模式适应于果园幼园种植。

(2)油菜翻压在盛花期，采用玉米秸秆还田机粉碎后进行旋耕。

(3)豆菜轮茬利用旋耕机翻压，出现秸秆打不碎，影响下茬播种。

三、苹果高接换种技术

该技术由陕西省苹果产业技术体系提出。春季是苹果高接换头更新品种(高接换种)的重要时期。计划高接换种的果园，应提早做好接穗准备、确定高接树数量，适期嫁接并做好接后管护工作。

(一)品种选择与接穗准备

拟嫁接的品种，应慎重选择适宜当地气候条件、市场前景好的新优品种，常见品种如富士优系、嘎拉优系等，新品种如早中熟的秦阳、鲁丽等，中晚熟的秦脆、秦月、秦韵等，晚熟的瑞阳、瑞雪、瑞香红等。也可根据市场需要选择国内、国际苹果新品种。接穗应从正规渠道采购，保证品种纯正和枝条质量，并减少携带病毒病的风险。接穗要在低温、保湿条件下妥善保存，保证不萌芽、不失水。

(二)高接树骨架整理及接前准备

对拟高接的树，在冬季或发芽前留好保护桩，去掉多余部分，以减少高接时树体营养回流所造成的养分浪费，有利于高接树健壮生长。同时，要准备好高接所需的剪锯、嫁接刀、专用接树膜等辅助物资。

(三)嫁接时期与方法

树体发芽后即可开始高接，但最佳时期为开花前后。嫁接前，要将接穗基部剪成新剪口，浸在水中吸水24小时，然后再用来嫁接。对2年生以上树提倡主干高位皮下枝接，可采用“一主一辅”或“一主多辅”的“靠接”方法，嫁接高度和枝接数量依树龄、主干粗度而定。2～6年生树，嫁接高度距地面50～60厘米，嫁接部位要光滑、无病疤、无伤口，采用“双枝靠接”或“多枝靠接”(图2-22、图2-23)技术，嫁接枝数2～3个。6年生以上大树，嫁接高度为距地面10～20厘米处，采用“多枝靠接”，嫁接枝数量为3～6个，接后用土将嫁接口埋住。

图2-22　白水“多枝靠接”之“三枝靠接”

(四)接后管理

春季嫁接的枝条，1～2周即开始萌芽生长，应

图 2-23 凤翔三枝靠接

及时用竹竿和绑绳进行绑护,防止因大风吹折枝条。当嫁接枝上的新梢长至 30 ~ 40 厘米时,要及时松开接膜,再轻轻缠绑,避免将接口基部缢勒成“细脖”。接后 2 个月左右,去掉接膜,并用愈合剂涂抹伤口。嫁接后,还要及时对接口下的主干涂白,以防止主干“日灼”。

(五)注意高接病的预防

高接容易传播高接病,感染病毒病,尤其是花叶病和花脸病(锈果类病毒病的一种)。西北农林科技大学千阳苹果试验站,于 2021 年春季在无病毒矮化自根砧乔纳金 9 年生树上多头高接各种类型的短枝红富士优系,由于没有仔细选择无病毒接穗,所以 2022 年秋季调查发现,100%都感染显性花叶病,个别还显示花脸病。

四、瑞雪苹果套袋栽培技术

2021 年 5 月 5 日杨凌西农瑞雪瑞阳苹果发展联合会发布了《瑞雪苹果套袋栽培技术》(关键词:瑞雪苹果、套袋、套袋果、表皮褐变、果皮褐变)。

瑞雪苹果,作为国育的晚熟黄色苹果新品种,示范推广已有 6 年,其独特的内在风味品质赢得了广大消费者的青睐,市场前景广阔。但生产中发现,瑞雪苹果套袋技术不到位果实表皮有褐变现象,果实采收后在贮运时技术操作不规范,果皮褐变会加重,严重影响果实外观质量和商品率。

为有效解决瑞雪苹果套袋出现的褐变问题,做到“良种”“良法”配套,实现优质、高效生产,根据近年试验研究和生产实践观察,结合该品种果实特性,现总结提出瑞雪苹果套袋栽培技术要点,以供各种植基地及贮藏销售企业参考。

(一)果实特性及套袋果表皮褐变原因分析

1. 果实的几个明显特征

瑞雪苹果新品种果实特性与生产常见的富士品种有很大不同,若将传统的富士套袋栽培技术沿用在瑞雪苹果品种上,瑞雪苹果套袋果表皮褐变问题将不可避免。在此,应特别注意瑞雪苹果果实的几个明显特征:

①瑞雪苹果果实发育期长(185 ~ 190 天),较富士品种成熟晚,属极晚熟品种。

②瑞雪苹果非红色品种,果面黄绿色,果肉致密,果实发育中后期果皮细胞(尤其梗洼处)较晚熟红色品种对果袋内的微环境更为敏感。

③瑞雪果实香气物质种类多、含量高,其中烯烃类和醛类含量较高,属清香型,果实成熟前后和贮藏期对外界环境条件敏感度高。

2. 套袋诱发果皮褐变原因分析

试验研究和生产实践发现,瑞雪苹果免套袋果,果皮无褐变现象。

试验研究证明,瑞雪苹果果皮褐变由套袋引起,为果袋内“微环境胁迫”造成的生理性伤害,不属真菌或细菌性病害,不具侵染性。套袋诱发的果实表皮褐变,多从果实梗洼或果肩部位开始,严重时扩展到果实表面多部位。

造成瑞雪苹果套袋果果皮褐变的因素主要有:

①果袋选择不当。若选用在富士等红色品种常用的双层三色袋,并带袋采收,极易诱发果皮褐变,褐变发生程度也重。

②套袋操作不规范。套袋时,袋口扎得不严或袋底透气孔没有打开,导致袋内进水或通气性变差,造成梗洼积水或果面形成水珠。

③套(除)袋时间、采收时间不适当。套袋过早,幼果见光锻炼时间短,使果实发育中后期果面抗性降低;除袋过晚或采收过晚,使果实成熟期表皮受伤害的风险加大(在高海拔冷凉区尤为突出)。

④栽培措施不到位。幼果期,叶面补钙喷肥措施不到位;肥水管理不到位,如树体长期干旱缺水、氮肥施用过多、有机肥不足等;树冠郁闭,果园通风透光条件差,留枝量过大或留果量过大。上述这些,都会导致套袋果实的自身抗性降低,增加果皮褐变风险。

3. 贮藏期果皮褐变原因分析

瑞雪苹果套袋果贮藏过程中果皮褐变有加重现象。原因主要有:

①果实在采收时果皮实际已有伤害发生,只是尚未完全表现出来或表现较轻,贮藏期随着果实后熟衰老,表皮抗性物质含量降低,褐变逐渐表现出来或更为明显。

②果实贮藏中,冷库不及时通风换气、温度过低、湿度达不到要求、或与其他品种混存(与富士、瑞阳等红色品种相比,瑞雪苹果品种对贮藏库的气体、温度变化较为敏感),导致褐变加重。

(二)套袋栽培技术要点

避免瑞雪苹果果皮褐变最有效的办法是实行免套袋栽培。有条件产销对接的规模化种植果园,瑞雪品种提倡应用免套袋技术,生产内在品质更优的阳光果,既可节省套袋用工成本,又可避免褐变问题。

套袋栽培的果园,首先要考虑避免和减少果实表皮"褐变"的发生,提高商品果比率;其次,要考虑果实外观质量,提升颜值,提高精品果比率。为此,在做好套袋常规技术措施的同时,要注意以下关键环节:

1. 套袋前,加强幼果管理

①严格疏果、定果,保证合理负载。一般情况下,疏果、定果可按"间距法"一次性完成,留果间距为20厘米左右。疏果时,不留或少留腋花芽果,以选留中、短枝果为主。尽量不留背上果、外围梢头果,多选留两侧平斜枝上的果。

按照"因树定产、以产定果"的原则,严格控制负载量。建议:3年生矮化幼树,单株留果量控制在10个左右;4年生矮化树,单株留果量控制在30~40个;5年生矮化树单株留果量控制在60~80个;6年生以上矮化树,逐渐进入盛果期,单株留果量控制在80~100个,最多不超过120个,小主枝平均单枝留果量在5~6个为好。初结果幼树,以中下部结果为主,上部应少留果。弱树要少留果,旺树可适当增加留果量。在肥水条件保证的前提下,盛果期树留果量控制在12 000~13 000个/亩、产量保持在3 000千克/亩为宜。

②重视全程补钙和病虫害防治。落花后到套袋前,应每隔10~15天喷布一次药剂(以高效、低毒的水剂和分散程度好的可湿性粉剂为主)防治病虫害。结合病虫防治喷药,同时加喷含有效钙在10%以上的不含激素的高效钙肥液(推荐糖醇钙、果蔬钙、钙宝等)6次以上。

幼果期宜选用保护性杀菌剂,如80%代森锌可湿性粉剂500~700倍液,或70%代森联水分散粒剂800~1 000倍液,或络合态80%代森锰锌可湿性粉剂600~800倍液;若遇降雨,可搭配内吸性杀菌剂,如10%苯醚甲环唑水分散粒剂2 500倍液,或5%己唑醇悬浮剂1 000~1 500倍液,或40%腈菌唑悬浮剂6 000~8 000倍液,或25%吡唑醚菌酯水分散粒剂1 000~1 500倍液等。防治黄蚜可选用的杀虫剂有20%呋虫胺水分散粒剂1 000~1 500倍液,或21%噻虫嗪悬浮剂4 000倍液;防治卷叶蛾宜选用2.5%高效氯氟氰菊酯水乳剂2 000倍液,或1.8%阿维菌素乳油3 000~5 000倍液,或25%灭幼脲悬浮剂2 000~3 000倍液等。

幼果期用药,严禁随意加大农药使用浓度,喷药的雾化效果要好,严禁使用冲力大的喷枪。否则,容易引起幼果伤害而导致果实后期果点大、果面不洁净问题的出现。套袋前喷药,一定要周到、细致,亩喷药用水量应在150千克左右。喷药后1~2天,须完成套袋。套不完或中途遇雨,应重新喷药。

2. 选用专用育果纸袋

黄绿色的果实,是瑞雪苹果区别于其他品种的明显外观特征,近年已逐渐被消费者认可,也是今后市场大批量销售的主导外观颜色。为生产果面光洁、黄绿色的瑞雪果实,推荐使用瑞雪苹果专用果袋V3.0版(2021年最新版)。该果袋由联合会与相关企业合作共同为瑞雪苹果专业研制,为单层白色专用育果纸袋,透气性好,在改善果实外观质量的同时,可避免或最大限度减少瑞雪苹果果皮褐变的发生。瑞雪苹果专用果袋生产企业为蒲城群丰果业有限责任公司和杨凌同瑞果业有限公司。

瑞雪标准颜色为黄绿色,若在高海拔地区想要以生产瑞雪红色果(果面为粉红色或鲜红色),可选用双层三色优质纸袋，但必须严格按照生产红色果的套袋技术要求进行操作，适时套袋，适时除袋。特别提醒，生产黄绿色的瑞雪苹果，不能使用普通双层三色纸袋，若带袋采收果皮会褐变。不推荐生产红色果。

3. 适期套袋，严格规范操作

生产黄绿色果实，选用专用单层纸袋时，套袋时间应较‘富士’品种晚 3 ~ 4 周。套袋时间从花后 55 天左右（6 月 15—20 日）开始、10 天左右结束（7 月初）为宜。黄土高原南部产区可适当早些，北部产区可适当晚些。

套袋时，要严格按技术要求操作，尤其要注意以下几点：

①套袋应在晴天的 8—12 时、15—19 时进行，避免在中午高温或早晚有露水时套袋。

②套袋前要撑开纸袋，保证袋底通气孔完全张开。

③套袋时要袋口朝下、袋底朝上，便于热空气由通气孔排出。

④套袋时要使幼果悬空于袋内中央，防止果面与纸袋接触摩擦。

⑤要扎严袋口，避免雨水、药水和害虫进入袋内，尤其要保证袋内不进水、果实梗洼和果面不结水珠。

瑞雪标准颜色为黄绿色，不推荐生产红色瑞雪果。若想生产红色瑞雪果，套双层三色纸袋的，套袋时间应较晚熟富士迟 1 ~ 2 周，必须在采收前 2 ~ 3 周（花后 165 ~ 172 天）及时除袋。

4. 适期除袋，适时采收

套专用单层纸袋的，为节省劳动用工，可带袋采收，但同时增加了贮藏期果皮褐变的风险。特别提醒，为降低贮藏期果皮褐变风险，建议在采收前 2 ~ 3 天除袋或在采收前 3 ~ 5 天撕开袋底透气锻炼，以增强果实抗性。

采收期早晚，对瑞雪苹果果实品质、贮藏性以及果皮褐变发生均有重要影响。瑞雪苹果适宜的采收期为花后 185 ~ 190 天，较晚熟富士迟 1 周左右。进行中长期贮藏的，一定要适期、及时采收，采收过晚会增加果实表面发生褐变风险。为了生产可立即销售或短期贮存的瑞雪苹果，也可在除袋后适当延期采收，能显著提高果实内在品质和口感。

5. 加强水肥管理，保持树势健旺

加强肥水管理，保持树体稳定良好的水分和养分供应，可减少瑞雪套袋果表皮褐变发生，是实现瑞雪苹果套袋果“好看、好吃”的重要保证。需注意以下几点：

①加强果园水分管理。有滴灌条件的果园，结合土壤墒情和降雨情况，在 5—10 月份，每 10 ~ 15 天灌溉一次，每次灌水量 3 ~ 5 米^3/亩；结合灌溉，可追施富含有效微量元素的高效水溶肥（5 月前高氮、6 月后中氮或低氮）。没有灌溉设施的果园，应采取树盘覆盖保墒措施，并在果实生长发育关键时期（7—8 月）干旱时及时适量补水。

②增施有机肥，适时、适量追肥。每年 9 月在根际区域应施入足量的优质农家肥（如亩施 3 ~ 5 米^{3}羊粪）或优质商品有机肥。有灌溉条件的果园，结合灌水，果实生长期可追施高效水溶肥 8 ~ 10 次；没有灌溉设施的果园，每 20 天左右可用施肥枪追肥 1 次，或结合降雨及时追肥。

（三）套袋果贮藏和销售的几点建议

瑞雪苹果作为高品质黄绿色品种，不但要生产出优质果，还要结合品种特点，做好贮藏和销售工作。要以“消费者满意”为目标，实现品种品质品牌相互衔接，不断拓展市场。为此，提出以下几点建议：

1. 严把采收、入库质量关

贮藏前，要严把采收质量，严格挑选、分级，确保高质量果品及时入库，这是实现采后增值的前提条件。尤其要注意两点：

①注意“日烧”果问题。瑞雪苹果品种易成花、结果早，初结果幼树的背上果、外围果、腋花芽果易出现“日烧”问题。采收时不注意，很容易将这些“日烧”果与正常商品果混在一块，影响整体质量。采收时，要仔细挑选，加以剔除。

②及时挑除“褐变”果。瑞雪苹果套袋栽培技术前面已做了介绍，只要抓好有关措施落实，就可大大减少果皮褐变发生概率。但若技术操作不当，发生了果皮“褐变”问题，就应在贮藏前采取相应对策。首先，入

库前，要及时挑出褐变果，不能将其与正常果一起混装入库。其次，对果皮有褐变的果实，应及早销售处理，不宜长期贮藏，以减少损失。最后，贮藏期间要加强抽检，发现褐变果及时挑出、及时处理，不可与健康果继续混藏。

2. 规范贮藏库管理

瑞雪苹果极耐贮藏，但对贮藏环境（温度、湿度、气体成分）要求与富士、瑞阳等红色晚熟品种有较大差别。尤其要注意：

①单品贮藏，严禁与其他品种混贮。瑞雪苹果适宜的冷库贮藏温度为 -0.5～0.5℃（较富士高 0.5℃）。若与其他品种混贮或贮温过低，易发生低温冷害，增加果皮褐变的风险。

②注意贮藏库的环境控制。除保持适宜低温外，还要注意通风条件和贮库湿度。瑞雪苹果贮藏时，包装容器透气性要好（不能用塑料膜封闭包装，纸箱要留有透气孔），库内货垛堆码的排列、走向和间隙要利于库内空气环流，并要定期对果库通风换气。同时，贮藏库要配置专门的湿度自动控制设施，使相对湿度保持在 90%～95%。

3. 适时、分期销售

不同产区、不同采收期的瑞雪苹果，果实外观质量、内在品质以及贮藏性差异较大。应根据实际情况，适时、分期销售，以保证货架期的瑞雪苹果风味口感优良。

①分产区适期销售。低海拔产区，果品贮藏期宜短，应以供应前期市场（11 月至翌年 3—4 月）为主；高海拔产区，果品可长期贮藏，后期市场供应（翌年 3—8 月）竞争优势更为明显。

②结合采收期和贮藏条件，分期销售。采收较晚或延迟采收的果实，贮藏期宜短，应提早销售；正常采收期的果实，可根据贮藏条件（如普通冷库、冷藏结合 1-MCP 处理、气调库贮藏）分期销售。

第三章　苹果苗圃地选择与规划

第一节　普通苹果苗圃地选择与规划

一、苹果苗圃地选择

苹果苗圃地要求圃地无检疫性病虫害和环境污染；交通便利，背风向阳，地势高燥，排水良好；地下水位在 1.5 米以下；有灌溉条件；土层深厚，土壤肥沃，沙壤土、壤土或轻黏壤土，pH 5.0 ~ 7.8；不选重茬地育苗，应选用生茬地育苗，苗木繁育（实生砧种子播种、乔化砧木扦插育苗、矮化中间砧苗栽植、矮化自根砧苗栽植或新建矮化自根砧压条圃、乔化自根砧压条圃以及各种砧木苹果品种芽苗栽植）前 3 年内，未繁育果树苗木或建苹果园。

陕西省关中地区及陕北地区常选用玉米、小麦粮田作为苗圃用地，苗木繁育前 3 个月内，苗圃地未使用过除草剂，以防止除草剂残留对苗木生长的影响。

二、苹果苗圃地规划

苗木繁育前 1 年的 10 月开始，整平地面，苗圃地施足底肥，磷酸二铵 100 千克 / 亩，腐熟鸡粪、羊粪、牛粪、猪粪等有机肥 2 吨 / 亩，撒杀虫剂 15% 的毒死蜱颗粒剂 1 千克 / 亩，深翻 40 ~ 50 厘米，耙平，苗圃地分区，每区面积不超过 15 亩，预留 4 米宽道路 1 条，便于运送田间生产资料，按宽 220 ~ 240 厘米划线、起垄、作平畦（采用滴灌与喷灌系统灌溉的，不需起垄作畦），畦面长不超过 100 米，安装灌溉系统；平地苗圃地下水位宜在 1.0 ~ 1.5 米以下，地下水位过高的低地，要做好排水工作，或者做成高畦以便排水；苗圃地休闲并于土壤结冻前灌溉。苗圃地周围 15 米尽量不栽植杨树、槐树、松柏树。

第二节　无病毒苹果苗圃地选择与规划

一、无病毒苹果苗圃地选择

选择地势平坦，有灌溉条件，土壤肥沃，有机质含量丰富，酸度适中，距一般苹果、梨园或一般生产性苗圃 50 米以上，或 5 年没有栽植过苹果、梨或育苹果、梨苗，交通方便的地方。

二、无病毒苹果苗圃地规划与建设

自 2012 年 4 月 11 日西北农林科技大学宝鸡千阳苹果试验示范站成立以来，推广苹果矮砧集约栽培模式，引进了一批无病毒的苹果矮化自根砧苗、矮化自根砧苹果芽苗，通过消化吸收国内外先进育苗技术，无病毒多分枝矮化自根砧苹果优质大苗培育技术实现了与国际水平接轨。规模化、标准化繁育矮化自根砧苗和矮化自根砧苹果苗取得成功，采用滴灌、喷灌等节水与水肥一体化技术，机械化喷药、除草、运输锯末、覆盖锯末等技术广泛应用于苹果苗木生产。

一批专业化的育苗大公司、合作社、职业农民相继出现，在无病毒苹果苗圃圃地整理、规划建设方面除参照普通苹果苗圃外，更加注重苹果无病毒苗木繁育体系的建立，培育符合现代苹果产业发展所需要的优质苹果苗木。陕西省宝鸡市千阳县、渭南市白水县、铜川市耀州区等无病毒矮化自根砧苹果苗的繁育在全国规模大、档次高，山东省烟台市莱州市、福山区，日照市五莲县等无病毒矮化中间砧苹果苗、乔化苹果苗的繁育在全国规模大、档次高。

（一）苗圃规划

苗圃规划应从便于管理的角度出发，划分为若干小区。规划出实生苗播种区、无性系砧木繁殖区、苹果成品苗培养区以及休闲区等，并按规划设计出各级道路、排灌系统，并统筹安排，平整土地，改良土壤以及增施有机肥。

苗圃内道路可结合区划要求设置。干路为苗圃与外部联系的主要道路，大型苗圃干路宽度约6米。支路可结合大区划分进行设置，一般路宽3米。大区内可根据需要分成若干小区，小区间可根据需要设小路。应充分考虑苗圃使用喷药机械、起苗机械、运输机械等规格的不同，来设计苗圃内道路的多少与宽窄。

排灌系统可结合地形及道路统一规划设置，以节约用地。提倡使用滴灌、喷灌或管道输水等节水设施。灌溉设施是苗圃地建立的必要条件。砧木种子萌芽、扦插及压条生根和苗木生长，都需要充足的水分供应。必须根据苗圃地面积准备水源，如建蓄水池、开设专用供水管道。此外，还应注意灌溉水质，忌用污水灌溉。防护林可根据实际需要考虑设置与否。

苗圃地也要设置一些办公室、宿舍、种子贮藏室、化肥农药室、包装工棚、苗木贮藏冷库、农具机械车库等，应选位置适宜、交通方便的地点设置。

（二）苗圃建设

苹果无病毒苗木的繁育，必须根据《中华人民共和国种子法》实施。在全国和各省（市、区）建立各级无病毒苗木繁育体系，确保无病毒苗木的质量合格。苹果无病毒苗木繁育体系包括无病毒原种保存圃、无病毒母本园及无病毒苗木繁殖圃等三部分（图3–1）。

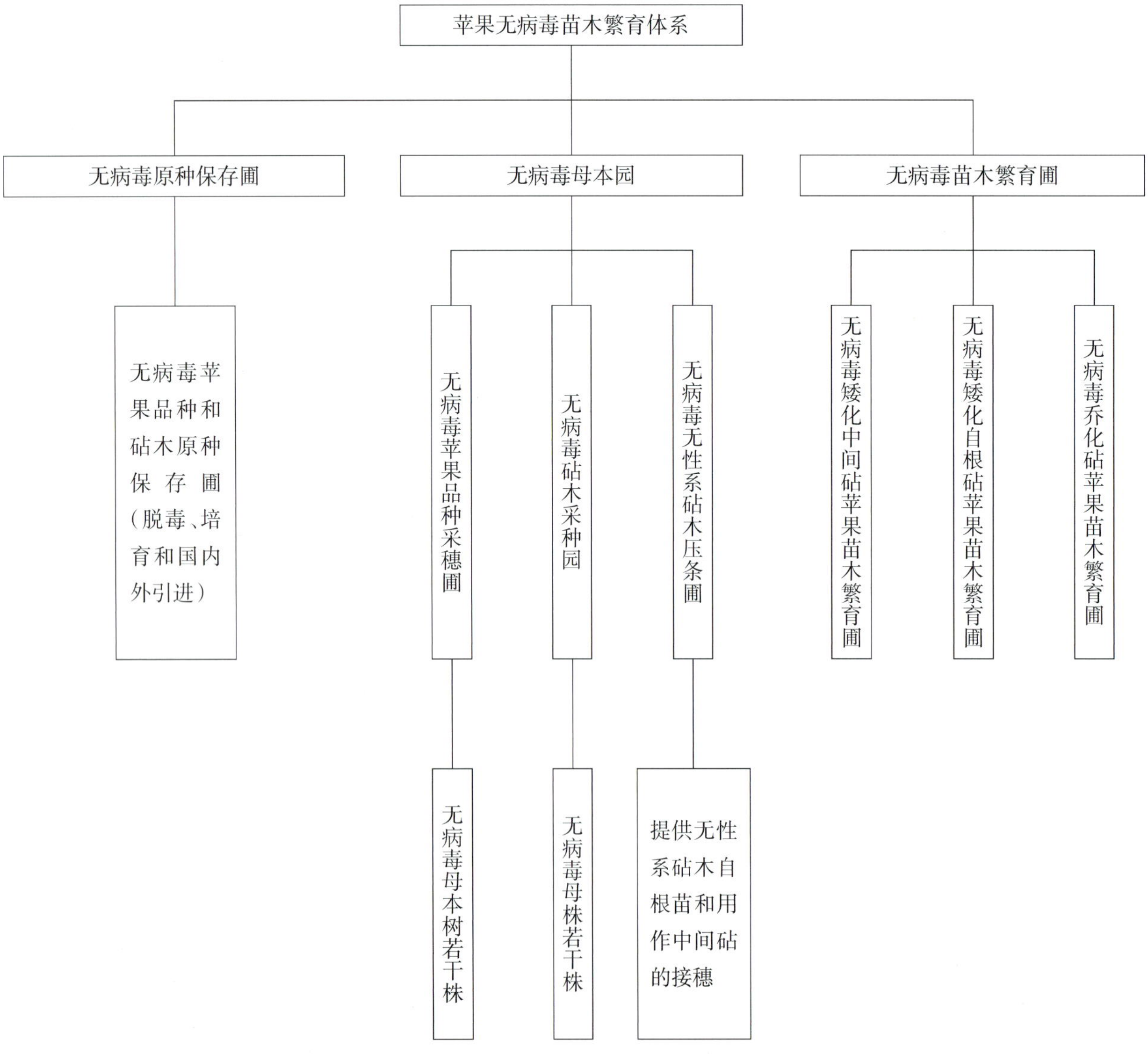

图3–1 苹果无病毒苗木繁育体系图

1. 苹果无病毒原种保存圃

无病毒原种保存圃承担无病毒原种的培育、保存的任务，负责进行主要苹果品种、砧木的脱毒、培育（图 3–2）和从国内外引进无病毒原种，向无病毒母本园提供无病毒苹果品种、无性系砧木原种，协助母本园单位建立无病毒品种采穗圃、砧木采种园和无性系砧木压条圃。国家和省无病毒原种保存圃由农业农村部确认。

图 3–2　无病毒长富 2 号原种

2. 苹果无病毒母本园

无病毒母本园包括无病毒苹果品种采穗圃（又叫采穗母本园，图 3–3 至图 3–5）、无病毒砧木采种园（采种母本园）、无病毒无性系砧木压条圃及试管苗驯化移栽圃。母本园承担单位由农业农村部和各省（市、区）主管部门核准认定。母本园的繁殖材料由原种保存单位提供，并接受病毒检测机构的定期病毒检测，一旦发现问题立即更换。母本园承担单位负责向育苗单位供应各种无病毒品种接穗、砧木种子和苗木。

当前国内苗圃开始重视母本园的建设，但一般苗圃都是从无病毒苹果品种园采集接穗，从野生植株采集砧木种子；无病毒无性系砧木要求要么采用压条繁殖（如无病毒 M9–T337、MM106），要么采用组织培养方法繁殖（如无病毒 M26、M9–T337），要么采用插条繁殖（如无病毒圆叶海棠）。

无病毒苹果采穗圃多采用在乔化无病毒砧上嫁接无病毒苹果品种，建立采穗圃，采穗圃可持续采集接穗 7～8 年，然后易地更新重建，以免病毒感染（图 3–6 至图 3–15）。无病毒母本园面积的大小决定无病毒苹果苗木繁育面积的大小。

图 3–3　无病毒苹果品种采穗圃

图 3–4　多年生无病毒苹果品种采穗圃

图 3–5　苹果无病毒专用授粉树采穗圃

图 3–6　礼富 1 号母本树休眠状

图 3-7　礼富 1 号母本树采穗后

图 3-8　礼富 1 号母本树重短截方法采穗

图 3-9　烟富 3 号无病毒采穗圃采穗后

图 3-10　烟富 3 号无病毒接穗

图 3-11　苹果专用授粉树红玛瑙采穗前

图 3-12　苹果专用授粉树红玛瑙采穗后

图 3-13　采集接穗修剪

图 3-14　二年生采穗圃修剪

图 3-15　密植采穗树修剪效果

3. 苹果无病毒苗木繁殖圃

苗木繁殖圃包括无病毒乔化砧苹果苗木繁育圃、无病毒矮化中间砧苹果苗木繁育圃、无病毒矮化自根砧苹果苗木繁育圃。繁殖圃种子、无性系砧木繁殖材料和接穗，都必须来自无病毒母本园，不允许从苗木上采接穗进行以苗繁苗。

苹果无病毒苗木繁育单位负责无病毒实生砧、无性系砧木的繁殖和嫁接栽培品种，向生产单位供应苹果无病毒苗木。苹果无病毒苗木繁育单位由省主管部门核准认定，并颁发苹果无病毒苗木生产许可证，同时还应有上级主管部门根据母本园提供接穗量确定的无病毒苗木准产数量证明。为了耕作和管理方便，实行机械化，最好结合地形采用长方形小区，长度不短于 100 米，宽度可为长度的 1/3 ~ 1/2。

4. 无病毒苹果苗圃建设注意事项

对于大型苗圃，无病毒原种保存圃、无病毒母本园可在固定地点维持 20 年以上，而无病毒苗木繁殖圃则需要实行轮作。由于连作（重茬）会引起土壤中某些营养元素缺乏、病虫害严重以及有毒物质的积累，从而使苗木生长不良，所以在制订苹果育苗轮作计划时，应考虑在苗木繁殖圃的同一地块上，轮作年限为 2 ~ 5 年。轮作也是防治病虫害的重要措施，应避免在同一地块中连续种植苹果或近缘种苗木。现在为了防止重茬障碍，经常使用营养钵育苗（图 3-16 至图 3-20）。

图 3-16 营养钵培育八棱海棠实生苗

图 3-17 营养钵培育 M9-T337 中间砧苗

图 3-18 盆栽无病毒 M9-T337 矮化自根砧苹果芽苗定植

图 3-19 盆栽无病毒 M9-T337 矮化自根砧苹果芽苗浇水

图 3-20 盆栽培育矮化自根砧苹果苗

（三）苹果病毒检测机构

苹果病毒检测机构由国家主管部门组织技术监督部门进行计量认证，并由农业农村部确认。苹果病毒检测机构负责对苹果无病毒原种保存圃的病毒检测。目前全国共有 4 家质检中心具有苹果病毒检测资质，分别是：北京市的农业农村部果品及苗木质量监督检验测试中心（北京）、辽宁省的农业农村部果品及苗木质量监督检验测试中心（兴城）、河南省的农业农村部果品及苗木质量监督检验测试中心（郑州）、山东省的农业农村部果品及苗木质量监督检验测试中心（烟台）。

第四章　砧木分类及其特点与利用

依据苹果砧木嫁接苹果品种后树体的长势（矮化程度）将其分为乔化砧和矮化砧两大类。乔化砧又可分为乔砧和半乔砧，多采用实生繁殖法，也有采用扦插繁殖法，如圆叶海棠、八棱海棠等；矮化砧又可分为半矮砧、矮砧和极矮砧，通常采用无性繁殖法，如作为矮化中间砧利用的 M26、MM106 等采用嫁接繁殖法；作为繁化自根砧利用的 M9-T337、G935、B9、MM111，采用压条繁殖法。个别无融合生殖矮化砧木采用有性繁殖法（如青砧 1 号，图 4-1）。

图 4-1　青砧 1 号实生苗

第一节　乔化砧

在苹果育苗中，用于嫁接苹果品种、优系、苹果专用授粉树品种等的苗木统称为砧木苗，包括实生砧木（苗）和无性系砧木。目前我国乔化砧和矮化中间砧苹果苗培育所使用的基砧绝大多部分为实生砧木，极少部分为无性系砧木（如圆叶海棠扦插苗，图 4-2）。用种子播种培育的苗木称为实生苗（砧），实生苗（砧）大多表现为乔化，即为乔化砧。下面以实生砧介绍乔化砧。

图 4-2　圆叶海棠

一、乔化砧的特点和利用

（一）特点

乔化砧，大多为实生苗，用于苹果苗木嫁接的实生砧木，其具有种子来源多、繁殖方法简便、便于大量繁殖、根系发达、适应性强等优点，2010 年以前一直是主要繁殖方法。实生苗的主要特点：

①主根强大，根系发达，入土较深，对外界环境条件适应能力强。

②实生苗的阶段发育是从种胚开始的，具有明显的童期和童性，进入结果期较迟，有较强变异性和适应能力。

③苹果为异花授粉果树，其后代有明显的分离现象，不易保持母树的优良性状和个体间的相对一致性。

④苹果属中的湖北海棠、锡金海棠、变叶海棠、三叶海棠等，具有无融合生殖（无配子生殖）特性，可产生无配子生殖体，其后代生长性状整齐一致。

⑤在隔离的条件下，育成的实生苗是不带病毒的。利用实生苗繁殖脱毒苗木，或利用无配子生殖体的营养胚繁殖脱毒苗木，是防止感染病毒病的途径之一。但梁成林等（2014 年）研究发现，苹果锈果类病毒可以通过种子传毒，而苹果褪绿叶斑病毒和苹果茎痘病毒不通过种子进行传播；不同苹果实生砧木种子传毒

潜力有差异，八棱海棠、沙果、平邑甜茶、楸子和山定子 5 种苹果砧木母株携带苹果茎沟病毒和苹果锈果类病毒，侵染率可达 40%～100%，其实生苗病毒侵染率可达 3.3%～100%。

关于最常见的显性病毒（花叶和锈果类），国内研究较多。在千阳，对 8 年生矮化自根砧无病毒乔纳金高接短枝富士后的第 3 年，花叶病株率达 100%，个别还有锈果类病毒症状（锈果、花脸和锈果—花脸）。夏炎等（2020 年），通过对 53 份河南不同产区苹果叶片样品进行苹果花叶病毒和苹果坏死花叶病毒的检测，结果显示花叶病症样品中均检测出苹果坏死花叶病毒，未检测到苹果花叶病毒，表明苹果坏死花叶病毒可能是引起河南地区苹果花叶病的主要病原。

（二）利用

苹果属于异花授粉植物，在系统发育过程中形成了亲缘关系比较复杂的群体，后代杂合性很强，遗传变异较大，采用种子繁殖很难保持母本树固有的优良特性。在苹果苗木繁殖中，实生繁殖主要利用近缘野生种或半栽培种较强的抗逆性和适应性，作为砧木来源，嫁接苹果优良品种繁育苗木。在苹果的杂交育种中，常利用杂交后代种子播种，培育实生苗，然后采集接穗，嫁接在乔砧或矮砧上，提早结果，选育优良品种。

二、主要乔化砧种类及品种

（一）主要乔化砧种类

苹果属蔷薇科（Rosaceae）仁果亚科（Pomideae）苹果属（*Malus* Mill.）。苹果属植物全世界约有 35 种，原产我国的共有种 22 个、亚种 1 个、变种 11 个、变型 6 个。苹果属植物的染色体基数 x=17。大多数苹果属植物（包括栽培品种）为二倍体（$2n=2x=34$），也有多种倍性的多倍体（$3x$、$4x$、$5x$）。其中有的是重要栽培种，有的可供砧木用，有的则为观赏植物。作为乔化砧（实生砧）应用比较广泛的有山定子、湖北海棠、新疆野苹果、楸子、西府海棠、河南海棠，以及新选育的砧木新品种等。

1. 山定子（*M.baccata* Borkh.）

图 4-3　山定子花序

山定子又名山荆子（图 4-3），为苹果属的野生种质资源($2n=2x=34$)。山定子在东北地区主产在兴安岭、长白山山区，有阔叶山定子（*M.baccata* var.*latifolia* Skv.）和椭圆叶山定子（*M.baccata* var.silvatica Skv.）两个变种，圆锥果山定子、梨形山定子、扁圆果山定子三个变型。西北地区主产在沁源、汾阳、宁武以及秦岭山脉各林缘沟谷地区。当地的小石枣、水楸子、野海棠等都属于本种。

山定子营养生长开始较早，抗寒性极强，宜沙质壤土，根系浅，不抗旱，耐瘠薄，不耐盐碱，与苹果嫁接亲和力强，嫁接的苹果结果早，产量高。

山定子原产于东北的山定子抗寒性极强，在黑龙江、内蒙古、新疆寒地能抗 -50℃以下的低温。对土壤的适应性以疏松的沙质土表现良好，黏重的红土表现较差，能耐瘠薄山地，喜湿但不耐盐碱。在 pH 7.8 以上的土壤中容易发生黄叶病。在黄河故道地下水位高的盐碱地段，山定子砧生长不良，死亡率高，不如海棠果好。

山定子是中国北方，尤其是华北北部和东北的主要苹果砧木，属铁敏感苹果砧木种，缺铁易黄化。作为砧木育苗，主要适宜地区为吉林、黑龙江、辽宁、内蒙古、北京、天津、河北、山东、山西、四川等地的非盐碱地、陕西北部的寒冷地区。种子千粒重 6.7 克，沙藏层积天数为 30～50 天。

2. 湖北海棠[*M.hupehensis*（Pamp.）Rehd.]

本种与华北产的山定子很近似。但本种嫩叶片、花萼和花梗都带紫红色，叶片锯齿比山定子尖锐，花柱 3～4。萼片与萼筒等长或稍短，易于区别。湖北海棠为苹果属的三倍体或四倍体野生种质资源($2n=3x=51$ 或 $2n=4x=68$)。喜温耐湿，适应性强，具有无融合生殖特性，实生苗生长比较一致，湖北海棠与苹果的嫁接亲和力因类型不同而有差异。如山东的平邑甜茶（湖北海棠）与苹果亲和力强；而泰山海棠亲和力差，芽接后当年成活，但来年很少发芽。对白粉病抵抗力强，耐涝，抗旱性一般。

海棠果砧与苹果亲和力强，对苹果绵蚜和根头癌肿病也有抵抗力。烟台沙果、莱芜茶果嫁接的苹果树都有一定的矮化作用。所以山东沿海一带的苹果园的栽植密度从历史上看就是比较密的。

作为砧木育苗，主要适宜地区为湖北西部地区、长江中游、湖南和云南中、南部。种子千粒重 11.0 克，沙藏层积天数为 30 天。

3. 新疆野苹果（塞威士苹果）[*M.sieversii*（Ldb.）Roem.]

新疆地区的主要砧木，耐旱和耐寒力较强，喜光，根系发达，与苹果嫁接亲和力强，抗盐力强，苗期抗立枯病和白粉病能力差。新疆的巩留、新源、伊宁等县都在采用。但其品系较多，性状很不一致，必须进一步研究选用。野生于新疆，作为砧木育苗，主要适宜地区为新疆、甘肃、陕西、河南等（图 4–4）。种子千粒重 24.0 克，沙藏层积天数为 80 ~ 90 天。

图 4–4 新疆野苹果花序

新疆野苹果为苹果属的二倍体野生种质资源（$2n=2x=34$）。新疆伊犁野苹果是世界栽培苹果的“老祖宗”，是现代栽培苹果（*Malus pumila* Mill.）的祖先种，目前尚存近 10 万亩，遗传多样性极为丰富。2017 年 08 月 18 日《都市消费晨报》报道，8 月 15 日，国际著名学术期刊《自然·通讯》发表了山东农业大学陈学森教授研究团队与美国康奈尔大学费章君研究团队的合作研究成果，基因测序证明世界栽培苹果起源于我国新疆。

《科技日报》此前报道，两个科研团队研究表示，我国新疆境内的塞威士苹果保持较高的同源性、最原始，而同属中亚地区的哈萨克斯坦境内的塞威士苹果基因杂合度相对较高。这充分说明，世界栽培苹果起源于我国新疆。

伊犁地区塞威士苹果（野生苹果种）应该是世界栽培苹果的起源中心，也就是说伊犁野苹果是世界栽培苹果的“老祖宗”。历史资料显示，野生苹果已有 2 000 多万年的历史。伊犁河谷的野果林，是在独特的自然条件下，在天山艰难存活下来的“幸存者”。没有确切资料显示，伊犁河谷从何时开始栽培苹果，不过，有人考证，栽培苹果在伊犁出现至少已有 2 000 多年的历史。

据伊犁州林科院高级园艺师尚振江介绍，伊犁是世界罕见的野苹果林天然分布区；陈学森的研究恰巧印证了伊犁野苹果是世界栽培苹果的起源地。伊犁河谷有数万亩野苹果林，据伊犁地方志编纂委员会出版的《伊犁风物》一书中记载，伊犁野苹果可划分为塞威士、吉尔吉斯两个种类。一般情况下，这些野苹果树很难被分类出来，大都被统称为塞威士苹果。伊犁野苹果多生长在海拔 1 000 ~ 1 600 米的前山山坡上，伊犁不少风景区内都有野苹果树。

2013 年 8 月 15 日，一株生长于伊犁州新源县喀拉布拉镇的野苹果树，被上海大世界基尼斯总部认定为“世界树龄最长的野生苹果树”，年龄已有 600 岁。

新疆野苹果正遭受虫害。新疆野果林有野苹果林、野杏林、野核桃林、野扁桃林、野李群系、野樱桃群系，目前已设立了新源野苹果保护区、巩留野核桃保护区、裕民野巴旦杏（或野扁桃）保护区。而近十几年来，新疆伊犁河谷的野生苹果林一直在遭受小吉丁虫的不断蚌食。

小吉丁虫属于果树毁灭性害虫。资料显示，伊犁州野生苹果林受虫害面积从 1996 年的 500 亩扩大到 2003 年底的 7.3 万亩。经过防治，新源县野果林的小吉丁虫的虫口密度已降低，野果林的保护初见成效，但仍不能掉以轻心。中科院新疆生态与地理研究所一份报告指出，与 50 年前相比，新疆野果林的面积减少了一半。

4. 楸子[*M.prunifolia* (Willd) Borkh.]

楸子又名海棠果（图 4–5 至图 4–7），是一种半栽培种或栽培种，为苹果属的三倍体或四倍体种质资源

图 4-5 富平楸子花序

图 4-6 富平楸子果实

图 4-7 富平楸子实生砧

($2n=3x=51$ 或 $2n=4x=68$)。楸子根系深，须根发达，是一种土壤适应性很强、抗旱、耐涝、耐盐碱又比较抗寒的优良砧木。如在黑龙江，其抗寒力仅次于山定子。在西北能分布在以干旱著称的定西安家坡和武山麻山坡一带，在渤海湾地区海滩盐碱地较耐盐碱，且耐夏季水位上升暂时的浸泡。在盐渍地楸子砧优于山定子砧。经鉴定，陕西省分布的富平楸子和吴起楸子为同物异名。

作为砧木育苗，主要适宜地区为吉林、黑龙江、内蒙古、新疆、山西、陕西、青海、甘肃、河南、河北、山东、四川等。种子千粒重 18.0 克，沙藏层积天数为 60～100 天。

5. 西府海棠(*M.micromalus* Makino)

别名为 M.robusta(Carr.)Rehd.。据 Rehder 推断为山定子与海棠花或海棠果的杂种(图 4-8)。西府海棠为苹果属的三倍体或四倍体野生种质资源($2n=3x=51$ 或 $2n=4x=68$)。河北怀来的八棱海棠、冷海棠，昌黎的平顶热花红、平顶冷花红；山东莱芜难咽，益都的晚林檎；山西太谷的林檎等都属于此种。

河北的八棱(楞)海棠(图 4-9 至图 4-13)在本种中占主要地位，各地引种，分布面广，河北、天津、河南、甘肃、宁夏等省(区、市)都认为八棱海棠根系深，须根也发达，较为抗寒、抗旱、耐涝、耐盐碱、耐瘠薄，生长快，且抗白粉病。不耐涝，与苹果嫁接亲和力强。

作为砧木育苗，主要适宜地区为内蒙古、河北、天津、山西、陕西、青海、宁夏、江苏、安徽、河南、山东等。种子千粒重 21.8 克，沙藏层积天数为 40～80 天。

图 4-8 西府海棠果实

图 4-9 八棱海棠开花状

图 4-10　八棱海棠果实

图 4-11　鲜红八棱海棠

图 4-12　八棱海棠种子

图 4-13　八棱海棠实生砧

6. 河南海棠(*M.honanensis* Rehd.)

河南海棠(图 4-14)为苹果属的二倍体野生种质资源 (2*n*=2*x*=34)，为灌木或小乔木，高达 5 ~ 7 米。河南武乡海棠嫁接苹果具有矮化表现，并有早结果、果实色泽和质量好的特点。根系深，有一定抗寒、抗旱能力，抗盐碱能力较差，抗白粉病、立枯病和叶斑病。苗木分离现象比较明显，不整齐，具有矮化特点。

作为砧木育苗，主要适宜地区为河南、山西等。

图 4-14　河南海棠

7. 其他

包括个别地区采用的砧木，初步试用的砧木和一些有特殊用途的砧木。

(1)三叶海棠[*M.sieboldii* (Reg.)Rehd.]

三叶海棠为苹果属的二倍体、三倍体或四倍体野生种质资源(2*n*=2*x*=34、2*n*=3*x*=51 或 2*n*=4*x*=68)，日本过去广泛用作苹果砧木，在辽宁、山东过去从日本引入苗木栽植的老苹果园多是三叶海棠砧木。

三叶海棠分红果、黄果两个类型。二者生长特性显著不同，红果三叶海棠生长势强，须根发达，叶大，多三裂，抗涝、抗盐碱能力强，与苹果嫁接苗木生长势强。黄果三叶海棠根深，须根少，生长势弱，叶小，多五裂，抗涝、抗盐碱能力弱，与苹果嫁接苗木生长势弱。三叶海棠与苹果嫁接亲和力一般较好，有“小脚”现象。在辽宁只有低洼盐碱地有试用红果三叶海棠作苹果砧木的。

(2)沙果(花红)(*M.asiatica* Nakai)

沙果为苹果属的二倍体或四倍体野生种质资源(2*n*=2*x*=34 或 2*n*=4*x*=68)。与苹果亲和力强，比一般砧木提前 2～3 年结果，有一定的矮化作用，早丰产，适应性强，可作为南方潮湿多雨地区的苹果砧木。华北、西北地区栽培。果可食。

(3)小金海棠(M.xiaojinensis Cheng et. Jiang sp.)

小金海棠又名铁楸子，原产我国四川小金、马尔康、理县等地，为苹果属的四倍体野生种质资源($2n=4x=68$)。根系发达，须根多，具有抗旱、耐瘠薄土壤、耐涝、抗病、耐盐碱等多种抗逆性，是抗缺铁失绿有希望的苹果砧木，是苹果属耐低铁胁迫类型砧木。本种有无融合生殖特性，与苹果嫁接亲和性好，具矮化作用，结果早。种子千粒重 23.1 克，沙藏层积天数为 30～50 天。

另外平邑甜茶(图 4–15 至图 4–17)、花叶海棠(图 4–18 至图 4–22)、垂丝海棠(图 4–23)、欧洲海棠等种子，也用于苹果实生砧木的繁育，各种苹果砧木的果实在大小、形状、色泽方面也表现出多样性（图 4–24）。

图 4–15　平邑甜茶种子

图 4–16　平邑甜茶实生砧

图 4–17　平邑甜茶果实

图 4–18　花叶海棠花序 12 个果

图 4–19　花叶海棠花序 13 个果

图 4–20　花叶海棠花序 16 个果

图 4-21 花叶海棠花序 18 个果

图 4-22 花叶海棠花序 20 个果

图 4-23 垂丝海棠果实

图 4-24 砧木果实多样性

(二)各地选育的乔化砧木及观赏海棠品种

1. 烟砧 1 号

‘烟砧 1 号’是从鸡冠自然杂交实生苗中选育出的苹果抗轮纹病乔化砧木新品种。由山东省烟台市农业科学研究院选育而成,2009 年通过山东省农作物品种审定委员会审定并定名,截至 2010 年 6 月,‘烟砧 1 号’作为中间砧应用已在山东省苹果产区推广 5 万亩。2018 年 4 月通过农业农村部非主要农作物品种登记。

果实圆形,平均单果质量为 174.8 克;果皮底色黄白色,全面着鲜艳的红色,果面光滑无棱;果肉淡黄色。在烟台地区 4 月初叶芽萌动,4 月 20 日左右开花,花期 7 天左右,6 月中旬新梢停止生长,9 月中旬果实成熟,11 月中旬落叶。

经过 14 年田间调查和区试鉴定,以其作中间砧的富士枝干和果实的苹果轮纹病的发病率比没有嫁接中间砧的富士降低 59.3% 和 12.77%,而且可显著提高富士苹果的可溶性固形物含量。与基砧八棱海棠、平邑甜茶和生产上主栽的富士系亲和性良好,无大小脚现象。以‘烟砧一号’作中间砧应用,要求中间砧段长度 60 厘米左右,嫁接苹果品种育苗,仍属乔化中间砧苹果苗木,建园时,主干不宜进行环剥处理。适宜在富士产区推广。

2. 红满堂

‘红满堂’是从‘舞美’× 山定子杂交后代中选育而成的苹果属观赏新品种。由山西省农业科学院果树研究所选育而成,2014 年 12 月通过山西省林木品种审定委员会审定并定名。

该品种不仅具有亲本的野生抗性性状,而且树形美观,一般定植第 2 年便可开花结果,花为紫红色,花期较‘舞美’、山定子长 10 ~ 15 天,果实从幼果至成熟均为紫红色,果肉为血红色,该品种春天可以观花,夏秋可以赏叶、观果,观赏期长达 7 个月,是花、果兼赏的优良品种。

果实扁圆形,宿萼,平均单果质量 8.37 克,可溶性固形物含量 13.0%,可滴定酸含量 2.09%,总酚含量 497.4 毫克 / 千克。在山西省太谷地区 3 月中旬萌动,4 月 9 日左右进入花蕾观赏期,4 月 15 日为初花期,4 月 20 日进入盛花期,9 月下旬果实成熟,10 月中旬有少量落果,11 月中下旬落叶。

‘红满堂’主要用于观赏，适合于广场、街道、小区、庭院等的园林绿化，同时，亦可作为食品加工天然色素提取的原料，适宜于山西省年均温 6.5～12.5℃，海拔 800～2 300 米的忻州以南及气候类似的地区栽植。

3. 硕果海棠

‘硕果海棠’是从晋西北野生山定子实生苗中选育的观赏海棠新品种。由山西省农业科学院果树研究所选育而成，2014 年 12 月通过山西省林木品种审定委员会审定并定名。

该品种树冠紧凑，树形优美；花量大，花朵艳丽；果实鲜艳，果实挂树期长，至第 2 年春幼果长出时仍可留在枝头，观赏效果极佳；且管理简单，抗寒、抗旱性强。

果实长圆锥形，宿萼、脱萼均有，宿萼与脱萼果实比约为 3：1，幼果绿色，成熟后全部着色呈艳红色，果面光滑，果点中大，平均果长 2.65 厘米，平均果径 2.2 厘米，果柄平均长 2.4 厘米，果肉浅黄色。在山西省太谷地区 3 月中旬萌动，4 月 10 日左右进入花蕾观赏期，4 月 16 日初花期，4 月 20 日进入盛花期，花期较山定子、八棱海棠长 3～5 天，10 月中下旬果实成熟，11 月中下旬落叶。

主要用于园林绿化，适合在广场、公园、庭院、小区、道路等场所栽植，亦可作为紧凑型品种选育的原始材料，还可作为苹果园专用授粉树使用，是一个花果兼赏、观食兼用，具有综合观赏效果的观赏海棠新品种。适合年均温 6.5～12.5℃的地区栽植。

4. 红缨

‘红缨’是从 Malus‘Radiant’自由授粉种子实生后代中选育的海棠新品种。由南京林业大学森林资源与环境学院选育而成，2011 年 12 月通过江苏省林木品种审定委员会认定并定名。

‘红缨’海棠的亲本引种于北美。嫩枝、叶片、花瓣和成熟果实均为紫红色，单瓣花，花基数为 5，春季观花期达 20 天，结实量大。幼果绿色，成熟后变为紫红色；7 月中旬幼果开始变色，落果期为 11 月底，观果期长达 120 天；果实扁球形，表面光滑，果实直径 1.1～1.4 厘米，果实长度 1.0～1.3 厘米，花萼半数宿存，果柄长 2.6～3.3 厘米。稳定的紫红色嫩枝叶特征使得其观赏价值明显提高，全年整株观赏期超过 200 天。

5. 凤凰

‘凤凰’是从与‘御紫（Royalty）’‘加紫（Jiazi）’‘雪球（Snow Drift）’‘雪花（Xuehua）’和‘雪红（Xuehong）’等品种混栽、开放授粉的‘绚丽’（Radiant）植株上采种，并从其实生繁殖后代中选育出的观赏海棠新品种。由沈阳农业大学园艺学院选育而成，2014 年 3 月通过辽宁省种子管理局非主要农作物品种备案委员会农作物品种备案并定名。

树姿直立，生长势强；成枝力强；幼叶褐红色，被茸毛，成熟叶片浓绿色；花冠粉红色，花单瓣，花瓣椭圆形、重叠；果实近圆形，橙红色，经霜后转为浓红色，平均单果质量 3.4 克。在沈阳地区 4 月中旬萌芽，5 月初开花，10 月底落叶。生理落果极轻，连续结果能力强，果实经冬季不落，春季遇雨吸水恢复饱满，果皮光亮新鲜，可呈现花果同树的奇特景象，具有极佳的观赏价值和超长的观赏时间。果实冬季不落，观赏期长。

6. 缱绻

‘缱绻’是从‘红巴伦’（Malus‘Red Bar’）实生后代中选育出的观赏海棠新品种。由北京农学院植物科学与技术学院、农业应用新技术北京市重点实验室合作选育而成，2011 年 12 月通过北京市林木品种审定委员会审定并定名。

树势中等，树姿较直立。一年生枝红褐色；幼叶红褐色，成熟叶浓绿色；每花序 5～6 朵花，花冠平均直径 3.02 厘米，花蕾深红色，开放后花瓣粉红色，花心处浅粉色，单瓣，花瓣 5～7 片，长 1.20 厘米，花瓣呈卵圆形；花梗长 3.45 厘米，粗 0.11 厘米；雄蕊 16～22；花柱 5。果实圆柱形，整齐度好，平均单果质量 2.87 克，果实底色绿黄色，果面盖色淡红色，部分着色。花期较早，成花容易。北京地区初花期 4 月 1 日，盛花期 4 月 11 日，落花期 4 月 18 日。树体和花芽均抗寒性较强，多年内未见严重冻花芽和抽条现象适应性良好，抗逆性强。适宜在苹果适栽区栽植。

7. 缨络

‘缨络’系从‘亚当’（Malus‘Adams’）种子实生后代中选育出的观赏海棠新品种。由北京农学院植物科学与技术学院、农业应用新技术北京市重点实验室合作选育而成，2011 年 12 月通过北京市林木品种审定委员会审定并定名。

树势较强，树姿较直立。一年生枝和幼叶红褐色，成熟叶浓绿色；伞房花序，花蕾深红色，开放后花瓣红色，单瓣，花瓣基数为5，花期4月中旬左右，花期偏晚；果实长圆锥形，平均单果质量2.56克，整齐度好，果实底色浅绿色，果面盖色深红色，部分着色，色泽艳丽。花、果、叶颜色鲜艳，观赏价值高。抗寒和抗病性强，树体与花芽抗寒性较强，在北京地区多年未见严重冻花芽和抽条现象，2006年和2009年遇冬季低温，开花结果正常。无特殊敏感性病虫害和逆境伤害。

8. 芭蕾玉棠

'芭蕾玉棠'（Malus hybrid 'Balei Yutang'）是以'舞美'（Malus × domestica Borkh.'Maypole'）为母本，以西府海棠（Malus spectabilis）'Reversii'为父本杂交选育出的观赏型芭蕾苹果（Ballerina apple）新品种。由中国农业大学、北京中农富通园艺有限公司合作选育而成，2017年10月获国家林业局植物新品种权证书并定名。

树体柱型、生长势中等。春季叶亮绿色，夏季浓绿，秋季金黄色。花蕾粉红色，花开放时花瓣粉白色，单瓣；花量大，满枝成串开放，美观悦目；花期较长，北京地区4月10—25日开花，花期10～15天。幼果绿色，成熟时果皮黄绿色，果实小、数量多，单果质量10～15克，无食用价值，9月中下旬成熟，果实累累，观赏效果好，也可作为苹果园的授粉品种。

9. 昌辉

'昌辉'是采用自然杂交方法培育的观赏海棠新品种。由山东省林业科学研究院、昌邑海棠苗木专业合作社、昌邑市林木种苗站合作选育而成，2016年4月通过专家现场审查并定名，同年8月获得国家林业局植物新品种权证书。

花为重瓣大花，浅杯形，红紫色，有雄蕊瓣化现象，量少，花期4月上旬至5月上旬，果实为椭圆形，橙黄色。适应性和观赏性强，可在园林中推广应用。

10. 红粉海棠

'红粉海棠'是由引进的北美观赏海棠中选育出的观棠海棠新品种。由山西大学生命科学学院、山西省农业科学院、山西省农业科学院农业环境与资源研究所、山西省农业科学院农业资源与经济研究所合作选育而成，2017年4月通过山西省林木品种审定委员会审定并命名。

节间短，枝与主干夹角大，自然树形为圆宝塔形。花期叶片小而稀疏，幼叶被短茸毛，成熟叶亮绿色。花蕾硕大饱满呈品红色，花朵艳红粉色。花期早，花量大，果实深红色，萼片宿存。抗逆性强。

11. 玫珍海棠

'玫珍海棠'是由引进的美洲观赏海棠中选育出的观棠海棠新品种。由山西大学生命科学学院、山西省农业科学院、山西省农业科学院农业环境与资源研究所、山西省农业科学院农业资源与经济研究所合作选育而成，2017年4月通过山西省林木品种审定委员会审定并命名。

树姿直立呈柱状。幼叶紫红色，成熟叶亮绿色。花期晚，花蕾尖褶皱状，花玫瑰色，有香味。挂果量大，夏果为深红色，秋冬季为橘红色，可保留至来年春季，观赏价值高。

12. 昌红

'昌红'是从美国引进的17个海棠无性系经自然杂交培育出的晚花期观赏海棠新品种。由山东省林业科学研究院、昌邑海棠苗木专业合作社、昌邑市林木种苗站合作选育而成，2016年4月通过专家现场审定并定名，同年8月获得国家林业局植物新品种权证书。

该品种花期晚（4月下旬至5月下旬），花大，量多，且颜色红艳，果实扁球形，橙黄色，花萼不宿存，可挂果至12月。适应性强，具有重要的园林绿化应用价值。

（三）选育的苹果专用授粉树品种

1. 高粉1号

'高粉1号'（图4-25、图4-26）是西北农林科技大学园艺学院从河北怀来实生八棱海棠优良单株中选育出的早熟鲜食观赏兼用海棠新品种。

树势中庸，树姿直立。果实卵圆形，平均单果质量16.7克，横径3.0厘米，纵径3.4厘米，最大单果质量

图 4-25 高粉 1 号

图 4-26 高粉 1 号结果状

25.5 克，横径 3.6 厘米，纵径 3.9 厘米。果实底色黄绿色，果面盖色鲜红色，鲜艳美观。果肉脆，甜酸，风味浓郁。可溶性固形物含量 16.2% ~ 22.4%，单宁含量 0.20%，VC 含量 21.12 毫克 /100 克，总酸含量 1.68%，果肉硬度 9.60 千克 / 厘米 ^{2}。

花序坐果数 3 ~ 5 个，平均 4 个。果实平均种子数 4.0 粒，鲜果出干种子率 2.16%，种子百粒重 2.30 ~ 2.45 克。花期较早，成花容易。在陕西千阳地区初花期 4 月 14 日，盛花期 4 月 16 日，落花期 4 月 24 日，7 月下旬至 8 月上旬果实成熟。在陕西杨凌 7 月中、下旬果实成熟。4 年生乔化树，单株产量 6.7 千克；6 年生乔化树株产可达 26.5 千克。6 年生乔化树亩产可达 3 139.6 千克。

树体抗寒性较强，多年内未见抽条现象，适应性良好，抗逆性强。在乔砧、矮砧苹果园主栽品种株间及道路两侧栽植，用作苹果专用授粉树。种子可繁育乔化砧。二年生乔化苹果专用授粉树平均高度 210 厘米。该品种适宜加工原果汁、浓缩果汁。

2. 高粉 2 号

‘高粉 2 号’（图 4-27、图 4-28）是西北农林科技大学园艺学院从河北怀来实生八棱海棠优良单株中选育出的中熟鲜食观赏兼用海棠新品种。

树势中等偏强，树姿较直立。果实圆锥形，平均单果质量 19.9 克，横径 3.4 厘米，纵径 3.1 厘米，最大单果质量 44.2 克，横径 4.6 厘米，纵径 4.2 厘米。果实底色绿黄色，果面盖色紫红色。果肉脆、酸甜可口，可溶性固形物含量 12.6% ~ 16.3%，单宁含量 0.18%，VC 含量 19.32 毫克 /100 克，总酸含量 0.36%，果肉硬度 6.70 千克 / 厘米 ^{2}。

花序坐果数 3 ~ 6 个，以 5 ~ 6 个居多，平均 5 个。果实种子 5 ~ 10 粒，平均 7 粒。鲜果出干种子率 2.06%，种子百粒重 2.13 ~ 2.30 克。成花极容易，当年乔化苗即形成腋花芽。陕西千阳地区初花期 4 月 11 日，盛花期 4 月 16 日，落花期 4 月 22 日，8 月下旬至 9 月上旬果实成熟。在陕西杨凌 8 月下旬果实成熟，果实成熟后不落果。4 年生乔化树，单株产量 9.8 千克。6 年生乔化树亩产可达 3 473.6 千克。

图 4-27 高粉 2 号

图 4-28 高粉 2 号结果状

极易形成腋花芽、顶花芽。枝条粗壮，腋花芽、顶花芽均能结果。树势越强，枝条越粗壮，越易成花结果。在苹果园栽植，用作专用授粉树。种子可繁育乔化砧。二年生乔化苹果专用授粉树平均高度 267 厘米。该品种适宜加工原果汁、浓缩果汁。

3. 高粉 3 号

‘高粉 3 号’（图 4–29、图 4–30）是西北农林科技大学园艺学院从河北怀来实生八棱海棠优良单株中选育出的中晚熟鲜食观赏兼用海棠新品种。

图 4–29　高粉 3 号果实

图 4–30　高粉 3 号结果状

树势强，树姿开张。果实扁圆形，平均单果质量 9.5 克，横径 2.6 厘米，纵径 2.0 厘米，最大单果质量 12.8 克，横径 3.1 厘米，纵径 2.4 厘米，果柄长 3.6 厘米，粗 0.1 厘米，果实底色黄色，果面盖色棕红色，部分着色，条纹红，萼片宿存。果肉脆，甜酸，稍有涩味。总糖含量 14.54%，可溶性固形物含量 16.5%，单宁含量 0.33%，VC 含量 9.31 毫克 /100 克，总酸含量 1.25%，果肉硬度 6.50 千克 / 厘米 ^{2}。

花序坐果数 3 ~ 8 个，个别 9 个，平均 6 个。果实种子 4 ~ 9 粒，平均 6 粒。鲜果出干种子率 1.13%，种子百粒重 1.79 克，种子可繁育乔化砧。成花极容易，乔化苗当年成花，无大小年结果现象。陕西千阳地区初花期 4 月 9 日，盛花期 4 月 12 日，落花期 4 月 20 日，9 月下旬至 10 月上旬果实成熟。在陕西杨凌 9 月中下旬果实成熟。6 年生乔化树，单株产量 30.1 千克。6 年生乔化树亩产可达 3 356.7 千克。

果实成熟后不落，可在树上保持至元旦后。适宜在苹果园栽植，用作专用授粉树。二年生乔化苹果专用授粉树平均高度 284 厘米。

4. 高粉 4 号

‘高粉 4 号’（图 4–31、图 4–32）是西北农林科技大学园艺学院从河北怀来实生八棱海棠优良单株中选育出的晚熟鲜食观赏兼用海棠新品种。

树势强，树姿开张。果实扁圆形，平均单果质量 11.8 克，横径 3.0 厘米，纵径 2.2 厘米，最大单果质量 21.2 克，横径 3.4 厘米，纵径 3.0 厘米。果实底色绿黄色，果面盖色鲜红色，全面着色。果肉脆，酸甜。可溶性固形物含量 21.2%，单宁含量 0.29%，VC 含量 19.85 毫克 /100 克，总酸含量 0.78%，果肉硬度

图 4–31　高粉 4 号

图 4–32　高粉 4 号结果状

6.80 千克 / 厘米 ^{2}。陕西千阳地区初花期 4 月 19 日，盛花期 4 月 22 日，落花期 4 月 30 日，10 月上中旬果实成熟。在陕西杨凌 10 月上旬果实成熟。4 年生乔化树，单株产量 8.3 千克；6 年生乔化树株产可达 56.0 千克。6 年生乔化树亩产可达 3 674.0 千克。

花序坐果数 3 ~ 8 个，以 5 ~ 6 个居多，平均 6 个。二年生枝条结果以 3 ~ 4 个居多，平均 4 个。果实平均种子数 7.4 粒，鲜果出干种子率 2.25%，种子百粒重 2.15 克，种子可繁育乔化砧。成花容易，极易形成腋花芽。树体和花芽均抗寒性较强，多年未见严重花芽冻害和抽条现象。2018 年晚霜冻危害后，仍正常结果。

果实成熟后不落，可在树上保持至元旦后。适应性良好，抗逆性强。适宜在苹果园栽植，用作专用授粉树。乔化苹果苗高度可达 233 厘米，苗粗 1.7 厘米。二年生乔化苹果专用授粉树平均高度 310 厘米。该品种适宜加工原果汁、浓缩果汁。

5. 高粉 5 号

‘高粉 5 号’（图 4–33、图 4–34）是西北农林科技大学园艺学院从河北怀来实生八棱海棠优良单株中选育出的中晚熟观赏海棠新品种。

树势强，树姿直立。枝条软，干性差。果实圆形，大小整齐，平均单果质量 2.3 克，横径 1.4 厘米，纵径 1.1 厘米，最大单果质量 3.5 克，横径 1.8 厘米，纵径 1.5 厘米，果实底色绿黄色，果面盖色棕红色。果肉熟透后成浆果，酸涩，不可食用，可溶性固形物含量 16.8%，单宁含量 0.34%，VC 含量 3.12 毫克 /100 克，总酸含量 1.60%，果肉硬度 5.20 千克 / 厘米 ^{2}。

花序坐果数 3 ~ 6 个，以 3 ~ 4 个居多，平均 4 个。果实平均种子数 6.0 粒，鲜果出干种子率 2.27%，种子百粒重 0.87 克。花期较早，成花容易，乔化苗即形成腋花芽。陕西千阳地区初花期 4 月 14 日，盛花期 4 月 16 日，落花期 4 月 24 日，10 月上旬果实成熟。在陕西杨凌 9 月下旬果实成熟。6 年生乔化树亩产可达1 586.5 千克。

枝、新叶、果、花均为红色。适宜在苹果园栽植，用作专用授粉树。二年生乔化树平均高度 243 厘米。

图 4–33　高粉 5 号

图 4–34　高粉 5 号结果状

6. 秋实

‘秋实’（图 4–35、图 4–36）是从‘富平楸子’实生后代选育出的苹果专用授粉树新品种。由西北农林科技大学园艺学院选育而成，2018 年 12 月通过农业农村部非主要农作物品种登记并命名。

树势中庸，树姿直立，在自然条件下为圆头形。果实椭圆形，平均单果质量 29.3 克；底色浅绿色，盖色深红色；果柄较长，3.2 ~ 3.5 厘米，梗洼浅、窄，萼洼较平或无，萼孔窄或无，萼片较短。可溶性固形物含量 14.9%，可滴定酸含量 0.51%，果肉硬度 6.30 千克 / 厘米 ^{2}。抗早期落叶病及白粉病能力强于秦冠、红富士。可乔化、矮化中间砧或矮化自根砧栽培。可作为授粉树配置在以富士为主栽品种的果园中。

图 4-35　秋实结果状

图 4-36　秋实初花期

第二节　矮化砧

矮化砧简称“矮砧”，从利用的角度分，包括矮化中间砧、矮化自根砧。1912 年英国东茂林实验站开始收集乐园苹果和道生苹果，并进行分类，随后于 1917 年发起世界上最早的苹果砧木计划，1922 年英国的 John Innes 和 1924 年的东茂林实验站，选育了影响至今的 M 系和 MM 系砧木。随后，德国、瑞典、加拿大、苏联、波兰、捷克、罗马尼亚、美国和日本相继开展了苹果砧木育种计划，但是截至 2005 年前后，仍然致力于苹果砧木选育的仅有美国、英国、俄罗斯、韩国、日本、中国和新西兰等国家。

美国作为苹果砧木选育开始较早的国家之一，自 1968 年开始，几内瓦（Geneva）农业试验站发起以抗火疫病、耐颈腐病和抗苹果绵蚜的苹果砧木育种计划。至今为止，已经有 14 个 G（CG）系苹果砧木品种（CG 系矮化砧木是美国纽约州康奈尔大学 C 与几内瓦农业试验站 G 合作从 M8 自然实生苗中选出的系列砧木，表现有很强的抗火疫病能力）申请专利和商业化应用，且不少砧木品种被别的国家应用于新砧木品种选育的亲本，对世界上苹果现代砧木的发展产生了深远影响。

日本的农业研究机构育成了 JM 系（盛冈系）苹果矮化砧木。JM 系是由圆叶海棠与 M9 杂交育成。1999 年 JM1、JM7 和 JM8 进行了品种登记。2000 年 JM2 和 JM5 又进行了登记。

1974 年，加拿大以抗寒性为目标育成 Ottawa（渥太华）砧木系列。波兰用 M9 与安东诺夫卡苹果杂交育成了耐寒性很强的 P 系砧木。

我国的矮砧有山西选育的 SH 系、山东的崂山柰子、河南的武乡海棠、甘肃的陇东海棠、浙江的樱桃叶海棠和各省选育的矮化砧木新品种等。

一、矮砧苹果栽培的主要优点

（一）树冠矮小，适于密植，管理方便，节省劳动力

乔砧苹果树冠高大，适于稀植，管理不便，劳动强度大，需劳动力多（表 4-1）。矮砧苹果一般树高是乔砧的 50%～70%，冠径是乔砧的 40%～60%，宜密植，有利于机械化操作。在修剪、疏花疏果、果实套袋、采收等方面比乔化苹果提高工效 1～2 倍，病虫的防治费用仅为乔化苹果树的二分之一左右，而且省工省力，操作方便，防治效果也好。美国、欧洲、日本等国家推广了矮砧栽培，实现了果园机械化（图 4-37、图 4-38），显著提高了果园管理的工作效率，其中美国一个劳动力可管理 270 亩苹果园，欧洲管理 60 亩，日本管理 20 亩。但我们国家主要推广乔砧苹果，果园密闭，机械化应用很少，一个劳动力仅管理 5 亩苹果园。

随着我国城镇化进程的加快，农村劳动力明显减少，劳动者工价不断提高，已从 2006 年之前的每个工日20～30 元 / 人，提高到 2020 年的 60～80 元 / 人，其中延安市洛川县、延川县在套袋关键时期，日工价上升到 100～150 元 / 人。可见，今后发展矮砧果园，节省劳动力非常重要。

图 4-37 欧洲半自动化苹果采收机

图 4-38 欧洲密植果园

表 4-1 乔砧和矮砧密植苹果主要特点比较

乔砧密植	矮砧密植
树冠高大，适于稀植，管理不便，劳动强度大，需劳动力多	树冠矮小，适于密植，管理方便，节省劳动力
结果晚，早期产量低，见效慢	结果早，产量高，见效快
果园密闭，通风透光不良，光合能力低，消耗多，营养积累少，不易着色，品质较差	通风透光，光合能力强，消耗少，营养积累多，果个大，易着色，品质好
管理技术复杂，难于标准化生产	管理技术简单，易于标准化生产
不便于机械化作业，生产效率低	便于机械化作业，生产效率高

（二）结果早，产量高，见效快

乔砧苹果树结果晚，早期产量低，见效慢。特别是乔砧红富士苹果树栽后 5～6 年才开始结果，而矮砧红富士栽后 3～4 年即可结果。陕西省凤翔县范家寨镇的矮砧（M26）短枝红富士，采用拉枝方法，第 4 年亩产量 610 千克，第 5 年 1 100 千克，第 6 年 2 300 千克，第 7 年 3 500 千克。

（三）通风透光，光合能力强，消耗少，营养积累多

乔化果园进入结果期常常会出现果园密闭，通风透光不良，长枝多，短枝少，叶片光合能力低，消耗多，营养积累少，花芽形成困难，常出现大小年结果现象，并且果个不匀，不易着色，果品质量较差。矮砧果园（图 4-39、图 4-40），通风透光，长枝少，短枝多，叶片光合能力强，消耗少，营养积累多，花芽形成较多，不易出现大小年结果现象，并且果实大，大小均匀，易着色，品质好，果实商品率高。

（四）管理技术简单，易于标准化生产，便于机械化作业

乔砧果园，由于整形与修剪技术复杂和成花困难，果农为了早结果和促进花芽形成，常常采用环剥、环切、摘心、扭梢等多种促花技术，管理技术复杂，难于标准化生产，并且树冠大，行间小，不便于机械化作业，生产效率低。矮砧苹果由于整形与修剪技术简单，易成花，管理技术简单，易于标准化生产，并且树冠小，行间宽，便于机械化作业，生产效率高。

（五）经济利用土地

矮砧密植为集约化栽植，结果早，产量高，优质高效，可以节省大量土地。1994—2019 年，意大利通过淘汰乔化，发展矮化，从 1994 年苹果面积 7.12 万公顷，产量 223.3 万吨，一直发展到 2019 年面积稳定在 5.50 万公顷，产量 230.4 吨，其间以 2014 年苹果面积 5.47 万公顷，产量最高，达 247.4 万吨。2003 年为意大利苹果面积下降、产量升高的拐点，苹果面积 5.69 万公顷，产量 195.4 万吨。

我国人多地少，栽植矮砧苹果，可大幅度提高单产，节约土地。1994—2019 年，我国通过淘汰乔化，发展矮化，从 1994 年苹果面积 269.0 万公顷，产量 1 112.9 万吨，一直发展到 2019 年面积稳定在 197.8 万公顷，产量 4 242.5 万吨，其间以 2015 年产量最高，达 4 261.3 万吨。2000 年为我国苹果面积下降、产量升高的拐点，苹果面积 225.4 万公顷，产量 2 043.1 万吨。

图 4-39 荷兰 4 年生红王子果园

图 4-40 陕西凤翔 6 年生蜜脆果园

二、矮砧苹果栽培早果丰产的作用机理

（一）短枝多，易成花

据调查，四年生矮砧苹果短枝占 76%，而乔化稀植果园，四年生幼树仅 30%左右。矮砧苹果树由于幼树生长缓和，萌芽率高，短枝多，有利于营养物质的积累，容易形成花芽。

矮化自根砧苹果苗木比中间砧、乔化砧均易成花（如表 4–2）。

表 4–2 不同砧穗组合苹果苗木成花难易比较

<table>
<tr><th>序号</th><th>砧穗组合</th><th>有花株率（%）</th><th>调查样本数（株）</th><th>备 注</th></tr>
<tr><td>1</td><td>M9–T337+ 短枝富士</td><td>59</td><td>200</td><td rowspan="8">苹果品种：短枝富士（礼富 1 号或烟富 6 号）、长枝富士（烟富 3 号或长富 2 号）、早熟富士（九月奇迹或玉华早富）、蜜脆。
砧木：矮化自根砧采用压条繁殖的砧木，乔化砧、矮化中间砧基砧用实生八棱海棠砧（断根处理）。嫁接时自根砧基砧 20 厘米，中间砧 25 厘米，乔化砧 5 厘米。
育苗密度：株行距 30 厘米 × 80 厘米。
育苗时间与应用技术：矮化自根砧苹果苗木系国内企业 2014 至 2015 年培育，苹果品种生长两年；乔化砧苹果苗木苹果品种生长两年，矮化中间砧苹果苗木品种生长 1 年，乔化砧、矮化中间砧苹果苗木系 2013 至 2015 年培育；三种苗木均应用 KNIP 促分枝技术。
苗木规格：苗高 180 厘米以上，粗度 1.3 厘米以上，分枝数 6 ~ 9 个。
定植时间、地点：2016 年 3 月 13 日，宝鸡市千阳县南寨镇南寨村。
调查时间：2016 年 4 月 28 日。</td></tr>
<tr><td>2</td><td>M9–T337+ 长枝富士</td><td>48</td><td>500</td></tr>
<tr><td>3</td><td>M9–T337+ 蜜脆</td><td>42</td><td>500</td></tr>
<tr><td>4</td><td>M9–T337+ 早熟富士</td><td>31</td><td>500</td></tr>
<tr><td>5</td><td>八棱海棠 +M9–T337 + 短枝富士</td><td>38</td><td>200</td></tr>
<tr><td>6</td><td>八棱海棠 +M9–T337 + 长枝富士</td><td>16</td><td>200</td></tr>
<tr><td>7</td><td>八棱海棠 + 短枝富士</td><td>7</td><td>200</td></tr>
<tr><td>8</td><td>八棱海棠 + 长枝富士</td><td>3</td><td>200</td></tr>
</table>

（二）光能利用率高

大冠稀植果园叶面积覆盖率增长慢，有些稀植果园，20 ~ 30 年生树，覆盖率仅 25% ~ 30%，矮砧密植苹果园，前期叶面积覆盖率增长快，光能利用率高，因而能早期丰产。

（三）有利于干物质积累

矮砧苹果树叶片光合强度高，呼吸强度低，积累多，消耗少。据研究，乔砧每千克叶片年生产干物质量为 7.5 千克，而矮砧 M7 为 11.5 千克。每亩乔化果园理想的叶片数为 42 万 ~ 100 万，按叶果比 40 : 1 计算，每亩可生产 5 000 ~ 12 500 千克。如果用矮砧苹果树，每亩叶片数仍按乔化果园的 40 万 ~ 100 万个计算，而叶果比为 20 : 1，那么，每亩就可生产 10 000 ~ 25 000 千克。但这一理论产量目前尚难达到，近几年来矮砧苹果亩产量已突破 5 000 千克。

（四）营养物质分配有利于生殖生长

由于矮砧树体结构及枝类组成合理，体内竞争较小，能高度积累营养物质；乔砧果树，大量营养用于骨干枝的生长，建造骨架，即无效枝、无效叶多；矮砧苹果光合产物用于果实和枝干生长的比例为五比一，而乔砧为一比一，可见矮砧用于果实的营养为乔砧的五倍。矮化自根砧苹果的叶片肥厚，光合效率高，这是早果丰产的基础。2015 年 6 月 28 日笔者调查了西北农林科技大学千阳苹果试验站同一品种不同砧木类型 4 年生树 100 个叶片鲜叶质量差异，发现矮化自根砧长枝富士的叶片比矮化中间砧长枝富士重 10% 以上（如表 4-3）。

表 4-3 矮化自根砧与矮化中间砧苹果叶片质量比较

序号	单位及水肥条件	砧穗组合	100 个叶片质量（克）
1	大型苹果栽培公司，肥水一体化技术设备先进	矮化自根砧 M9-T337+ 富士优系	112
2	苹果试验站，肥水一体化设备一般	矮化自根砧 M9-T337+ 富士优系	99
3	苹果试验站，肥水一体化设备一般	矮化中间砧 M9-T337+ 富士优系	81

（五）砧木结构和脱落酸含量高使树体变矮

矮化砧的砧木韧皮部发达、木质部导管较少而且小。虽然矮砧从地下吸收水分及营养物质的能力没有乔化砧强，被嫁接的苹果品种接穗在矮砧上得到的水分、无机盐类少，在一定程度上抑制了树体生长。但矮砧地上却蒸腾和光合能力强，矮砧是低消耗，高产出果树。矮化自根砧栽培，矮砧中的脱落酸 ABA 含量高，抑制生长的作用较强，有利于花芽形成。极矮化砧、矮化砧、半矮化砧中的 ABA 的含量分别为乔砧的 5 倍、3 倍、2 倍。地表根系多（表 4-4），结果早，成花多，产量高。此外还有矮砧基因的作用。

表 4-4 不同土壤深度中长枝富士根系鲜重差异
（20 厘米 × 20 厘米 × 100 厘米土壤）

土壤深度（厘米）	矮化中间砧鲜根重量（克）	矮化自根砧鲜根重量（克）
0 ~ 20	0.42	9.94
20 ~ 40	3.93	2.24
40 ~ 60	3.37	3.23
60 ~ 80	0	0.91
80 ~ 100	0	0
合计	7.72	16.32

备注：在长枝富士 4 年生树龄休眠期取样调查，取样地点为西北农林科技大学千阳苹果试验示范站，取样位置以树冠投影边缘中心，向行间株间各伸展 50 厘米范围内，在取样位置范围的中心向纵伸方向以 20 厘米见方为一层取样，共取样 5 层，即 5 个样，筛去泥土，鲜根称重，按 3 株树重复取平均值。

三、矮砧的矮化程度分级与利用长度

（一）矮化砧的矮化程度分级

国内外有关矮化砧的矮化程度分级标准很多，没有统一的标准。本书从利于苹果生产和科研需要出发，根据矮砧上嫁接苹果树的高度，可将其分为以下 5 级，见表 4-5、图 4-41。

表 4-5 苹果矮化砧矮化程度分级

级次	树高	砧木型号
极矮砧	2.5 米以下	M27
矮砧	2.5 ~ 3.5 米	M8、M9、M26、辽砧 2 号、青矮 1 号、ZM-2000、冀砧 1 号、Y-1、Y-2、俄砧 1 号、俄砧 2 号、MARK、MM101、PAJAM 1、PAJAM 2、EMLA、NAKB、P22
半矮砧	3.5 ~ 4.5 米	M4、M7、MM106、MM116、B9、中砧 1 号、青矮 2 号、青矮 3 号、GM256、青砧 1 号、青砧 2 号、Y-3、俄砧 3 号、俄砧 4 号、俄砧 5 号、SH1、SH6、SH9、SH18、SH38、SH40
半乔砧	4.5 ~ 5.5 米	M2、MM111
乔砧（乔化）	5.5 米以上	实生砧、共砧等，烟砧 1 号

图 4-41　矮砧和乔砧对树冠大小影响示意图

（二）矮砧的利用长度

矮砧的利用分为矮化自根砧、矮化中间砧。在国外，尤其是在欧洲，多在矮化砧上直接嫁接品种，繁殖矮化自根砧苹果苗木。在苹果生产中，矮化砧木应有一定长度才能确保矮砧效果，过长致矮作用太强，树体太小；过短致矮性能减弱，树体太大。

按照国家苹果苗木标准，矮化自根砧苹果苗木矮砧长度应为 15～20 厘米，矮化中间砧苹果苗木矮砧长度应为 20～30 厘米。据理论研究和生产证明，矮砧中间砧长度以 15～30 厘米为宜，在生产中，由于品种、砧木的不同，砧穗组合特性的差异，应根据具体情况确定不同砧穗的最佳长度。生产中反映，在肥水条件较好地区栽培，中间砧长 25～30 厘米；在干旱地区栽培，中间砧长 15～20 厘米。

在栽培中，矮化中间砧短枝型品种组合，要求矮化中间砧露出地面 3～5 厘米，以确保树体生长健壮，扩大树冠，提高产量。利用矮化自根砧苹果苗木建园，常根据苹果品种、矮砧类型、土壤肥力等因素调节矮砧离地面的高度。在水源缺乏的地区，栽培矮化自根砧苹果，可保持自根砧露出地面 3～5 厘米，生长季节只要苹果品种不生根就能满足生长与结果的需要。

四、主要矮砧类型与品种

（一）主要矮砧类型

1. M7

M7 为半矮化砧（图 4-42）。枝条细长而软，很少形成副梢，节间较长，木质化新梢褐色，茸毛较少；皮孔小，圆形，多年生枝基部有时产生气生根；芽小而扁；叶片较小而薄，稍有光泽，浓绿色，春梢上的叶近圆形，叶尖稍翻转；嫁接品种亲和力强，抗寒、抗旱力较强，适应性强，耐瘠薄，是半矮化砧类型中最矮化的砧木。该砧木可在我国干旱和半干旱地区推广“M7+ 短枝型苹果品种”的矮化自根砧“双矮栽培”模式，栽培时可以不设立支架。

图 4-42　M7 生长状

2. M9

原名黄梅兹乐园或黄梅兹，为矮化砧，变异优系有 M9-T337、Pajam 1、Pajam 2 等（图 4-43 至图 4-49）。新梢粗壮，绿褐色，有短茸毛，节间短，木质较脆，木质化新梢黄褐色，带有银色晕；皮孔小而稀，白色，长椭圆形；芽中等大，不太饱满；叶片较大，叶面皱褶，叶脉下陷，长卵圆形；压条生根困难，繁殖率较低；与一般品种嫁接亲和力尚好；固地性较差，不抗旱、涝；木质脆，有折干倒伏和出现“大脚”现象，M9 上的树体生长不太整齐，果实大小也不太均匀。

近年来，意大利大力推广 M9 中的优系矮化砧木 M9-T337，表现干性强，易成花，结果大小均匀，丰产性好等特点，特别适宜发展高密度的高纺锤形树形。2012 年起，以 M9 及其优系 M9-T337 为主的矮化自根砧苹果苗木在全国大面积试栽、示范和推广，在陕西宝鸡、甘肃庆阳等地栽培较多，早期丰产性强。到 2021

图 4-43 M9 生长状

图 4-44 M9-T337 生长状

图 4-45 M9-T337 着花状

图 4-46 M9-T337 压条用砧木

图 4-47 M9-T337 离体嫁接用砧木

图 4-48 Pajam 1 生长状

图 4-49 Pajam 2 生长状

图 4-50 M26 生长状(幼叶)

年 10 月，矮化自根砧苹果在全国栽培面积已达 150 万亩。

3. M26

由 M16×M9 育成，1959 年作为抗寒砧木推广，为矮化砧（图 4-50 至图 4-52）。枝梢硬而直立，粗壮，节间短（1.1～1.7 厘米）；嫩梢红褐色，并有白色茸毛；老枝灰褐色，长有红色小瘤，节较粗；芽灰色或紫红色，基部两侧隆起；皮孔圆形或椭圆形；叶片较厚，长 6.2～8.7 厘米，宽 4.2～5.7 厘米，呈卵圆形或长卵圆形，根蘖少，根系较脆，但固地性较好，与品种嫁接亲和性好。嫁接树的矮化程度介于 M9 与 M7 之间，但优于 M9，能忍受短期 -17.8℃的低温。不抗绵蚜和颈腐病。

目前陕西、河南、甘肃等省在生产中应用 M26 较多，尤其是在有灌溉条件的地区，“矮化中间砧或矮化自根砧 M26+ 短枝富士”的“双矮栽培”技术模式成熟，无大小年结果现象，效益好。

图 4-51　M26 生长状（成叶）

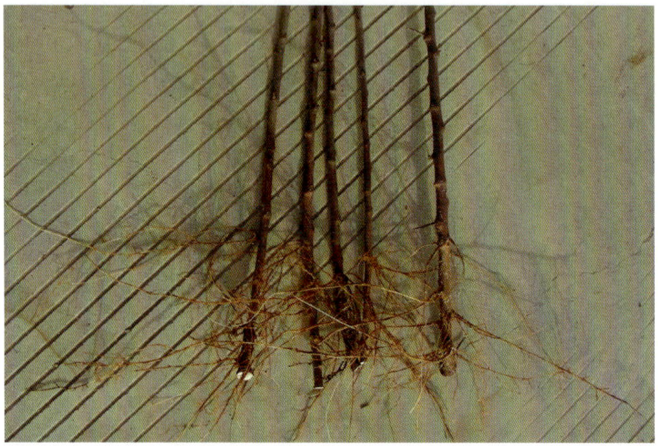

图 4-52　M26 自根砧

4. M27

由 M9 与 M13 杂交育成，为极矮化砧；嫁接品种树高 1.5 米左右，相当于 M9 品种树高的 1/2；由于树冠极矮，适于高度密植；抗病毒能力强，结果早，也适合盆栽。生产上应用较少。

5. MM106

由君袖×M1 杂交育成，为半矮化砧（图 4-53、图 4-54）。木质化新梢红褐色，白色茸毛多，芽灰色，节位略膨大；皮孔不明显；叶片卵圆形，较大，平展，有光泽；与一般品种嫁接亲和力尚好，适宜栽培在较瘠薄的土壤中，根系较发达，固地性较好，不生根蘖；抗寒力较强，能忍受短期 -17.8℃低温，但易感白粉病，较抗苹果绵蚜。“矮化自根砧 MM106+ 短枝富士”的“双矮栽培”结果早，园貌整齐，建园速度快，在缺水地区可推广，不用设立支架进行栽培。在陕西千阳这种模式第 4 年株产可达 18 千克，亩产可达 3 420 千克。

国内生产上应用的矮化砧还有 GM256（图 4-55、图 4-56）、B9（图 4-57、图 4-58）、MARK（图 4-59、图 4-60）、MM101（图 4-61）、MM111（图 4-62）、MM116（图 4-63、图 4-64）、P22（图 4-65）、SH1（图 4-66）、SH6（图 4-67）、SH9（图 4-68）、SH18（图 4-69）、SH38（图 4-70）、SH40（图 4-71）等。

图 4-53　MM106 生长状

图 4-54　MM106 自根砧

图 4-55　GM256 生长状

图 4-56　GM256 着花状

图 4-57　B9 生长状

图 4-58　B9 着花状

图 4-59　MARK 生长状

图 4-60　MARK 着花状

图 4-61　MM101 生长状

图 4-62　MM111 生长状

图 4-63　MM116 生长状

图 4-64　M116 压条圃

图 4-65　P22 生长状

图 4-66　SH1 生长状

图 4-67　SH6 生长状

图 4-68　SH9 生长状

图 4-69　SH18 生长状

图 4-70　SH38 生长状

图 4-71　SH40 生长状

(二)近年来国内选育的矮砧新品种

1. 辽砧 106

‘辽砧 106’是由‘平邑甜茶’×‘M27’杂交选育的无融合生殖半矮化苹果砧木。由辽宁省果树科学研究所、中国农业大学合作选育而成。2015 年 8 月通过辽宁省种子管理局品种备案并定名。

该砧木树势中庸,树姿半开张;果实扁圆形,果皮红色,果肉淡黄色,肉质紧密,风味甜酸;平均单果质量 5.6 克,果形指数 0.91。可溶性固形物含量 22.6%,可溶性糖含量 13.3%,可滴定酸含量 2.12%。在辽宁熊岳地区 5 月初开花,10 月下旬果实成熟;每花序 5～6 朵花,每果实含种子 6～8 粒,种子千粒重 14.6 克,层积时间 45～55 天,播种发芽率 90.3%,无融合生殖率 93.5%,苗木整齐度 93.2%,种子砧与‘富士’系、‘嘎拉’‘金冠’‘寒富’等苹果品种嫁接成活率 93.4%。栽植株行距 2.0 米×4.0 米,4～6 年生平均亩产量 1 730～3 050 千克,早果性、丰产性与 M26 相当,成龄嫁接树株高、干径、冠径等矮化性与 M7 相当。可耐 -32℃低温,抗轮纹病能力较强,根系发达、固地性强。适宜实生繁殖矮化自根砧培育多分枝苹果大苗建园,在沈阳以南和相似区域栽植。

2. 辽砧 2 号

‘辽砧 2 号’是从‘助列涅特’×‘M9’杂交实生苗中选育出的苹果优良矮化砧木新品种。由辽宁省果树科学研究所选育而成,2003 年 12 月通过辽宁省农作物品种审定委员会品种登记并定名。

在辽宁熊岳地区 4 月初萌芽,4 月下旬开花,9 月中下旬果实成熟,11 月初落叶。与富士等亲和性好,苗木嫁接成活率为 84.0%～97.6%,与 M26、M7 相近,一级苗率 67.1%～91.5%,高于 M7;嫁接富士 8 年生树中间砧、品种干粗分别为 32～36 厘米、24～27 厘米,主干高 54～55 厘米,树高 260 厘米,冠径 247～251 厘米,冠积 4.15～4.26 米 3,与以 M26、M9 为中间砧的差异不明显,但明显小于以 M7 为中间砧的。室内抗寒力(枝条细胞电解质渗出量)试验测定表明,发生冻害的临界温度为 -40℃,半致死温度为 -45℃,分别较 M26 和 M9 低 6℃和 4℃。适宜在 1 月份平均气温 -12 ℃以南大苹果产区以中间砧方式栽培利用。

中间砧富士 3 年生树开花株率达 53.3%,5 年生全部开花结果,6 年生进入盛果期,比乔砧富士提早 4 年进入盛果期。辽砧 2 号的矮化性、早果性、丰产性、生根性与 M26 相近,抗寒性强于 M26,与基砧山定子和生产上主栽的富士、国光、岳帅等苹果品种亲合性良好,3 年结果,5 年生产量 22 500 千克 / 公顷。

3. 青砧 1 号

‘青砧 1 号’是 1999 年以平邑甜茶(Malus hupehensis Rehd.)为母本,柱型苹果株系 CO(Malus × domestica Borkh.)为父本通过杂交育种获得的苹果无融合生殖砧木新品种。由青岛市农业科学研究院、山东农业大学园艺科学工程学院合作选育而成,2007 年 7 月通过山东省科学技术厅科学技术成果鉴定并定名,2012 年获得山东省科技进步二等奖,2018 年 1 月通过农业部非主要农作物品种登记。

‘青砧 1 号’(图 4-72、图 4-73)为半矮化砧,树体柱形,株高相当于母本平邑甜茶的 75%,无融合生殖坐果率 97.0%～98.1%(母本为 90.5%～93.6%);平均单果质量 9.2 克(母本为 0.7 克);每果种子数 4.1 个(母本为 1.8 个),饱满种子 100%(母本为 57.5%),种子千粒质量 41.4 克(母本为 16.0 克)。种子层积时间

图 4-72 青砧 1 号

图 4-73 青砧 1 号实生苗生长状

为45天（母本为43天），发芽率80%。种子繁殖，实生苗整齐，可以直接作为基砧嫁接‘嘎拉’‘乔纳金’‘烟富3’和‘烟富6’等主栽品种，表现亲和性好，成苗率高；嫁接树抗重茬病能力强，并且成花早，产量高，果实品质优。适宜密植栽培，嫁接短枝型富士品种株行距1.5～2.0米×4.0米，适于在环渤海湾、黄土高原等中国苹果主产区应用。2019年1月，中国工程院院士束怀瑞教授这样评价青砧：“青砧是中国苹果矮化栽培的中国根。”用作‘瑞雪’苹果的基砧，不用立架，丰产性、稳产性较好。

4. 青砧2号

‘青砧2号’是通过γ射线诱变平邑甜茶获得的苹果无融合生殖砧木新品种。由青岛市农业科学研究院选育而成，2018年1月通过农业部非主要农作物品种登记。

‘青砧2号’为半矮化砧，无融合生殖坐果力88.9%～95.0%；果实圆形，平均单果质量0.6克；种子千粒重8.0克；树冠圆形，树姿开张，树势中等，树形分枝形；青岛地区4月初萌芽，4月下旬开花，6月上旬新梢停止生长，10月下旬果实成熟，11月底落叶。8年生树株高2.8米。种子层积时间为49天，发芽率80%。一年生苗的株高为30.7厘米，干径0.46厘米，节间长度1.16厘米，尖削度0.95。对轮纹病、白粉病等均有较强抗性。作为砧木使用时，可利用该砧木的抗性适当提高嫁接部位，可有效抑制树体病害的发生与蔓延。耐酸性土壤，抗寒性强，不抗盐碱。适宜密植栽培，嫁接短枝型富士品种株行距1.5～2.0米×4.0米。适宜在山东五莲县、宁夏中宁县、云南昭阳区等地春季种植。

5. 青矮1号

‘青矮1号’是以‘M2’为母本，‘M9’为父本杂交选育而成的苹果矮化砧木新品种。由青岛市农业科学研究院选育而成，2010年12月通过山东省林木品种审定委员会审定并定名。

杂交育种工作开始于1975年。‘青矮1号’树冠较小，节间长1.6厘米。嫁接基砧的成活率84.0%，嫁接品种的成活率87.8%，3年生矮化中间砧果苗出圃率73.8%。嫁接的‘红富士’盛果期树高2.93米，冠径3.10米；14年生树嫁接口无肿大，不发生气根，品种/中间砧的干周比值0.95；2年生结果株率61.5%，3年生树的叶丛枝和短枝比率高于‘M26’7.5%和2.0%，早果性好。盛果期树体大小[(树高+冠径)/2]是M26的105.6%，矮化效果较好，7～14年生树平均产量43 380千克/公顷，果形指数0.86，可溶性固形物含量14.9%，果肉硬度8.3千克/厘米^2。

‘青矮1号’中间砧红富士的果形指数、可溶性固形物含量、果肉硬度均稍高于M26中间砧红富士果实。适宜在山东、河北、山西、陕西等矮化苹果主产区应用。

6. 青矮2号

‘青矮2号’是由M 9自然实生后代中选育而成的苹果半矮化砧木新品种。由青岛市农业科学研究院选育而成，2010年12月通过山东省林木品种审定委员会审定并定名。

树冠中等，长势中庸，节间长2.3厘米。嫁接基砧（平邑甜茶）成活率88.2%，嫁接品种成活率100%。3年生矮化中间砧幼苗生长量278厘米，出圃率88.2%。作中间砧嫁接红富士，基砧/中间砧干周比为1.18，品种/中间砧干周比为0.81，接口无肿瘤，无气生根，亲和力强；嫁接红富士盛果期树，树高3.80米，冠径3.63米，矮化性与砧木M7相近，属半矮化砧木；嫁接红富士树，2年生树结果株率为26.7%，7～14年生树平均产量43 140千克/公顷；果实可溶性固形物含量14.3%，硬度为8.1千克/厘米^2，果形指数为0.85。适宜在山东、陕西、山西、河南、河北等苹果主产区应用。

7. 青矮3号

‘青矮3号’是从苹果矮化砧木M9的自然实生苗中选育而成的半矮化砧木新品种。该砧木杂交育种工作开始于1978年，由青岛市农业科学研究院选育而成，2010年12月通过山东省林木品种审定委员会审定并定名。

树冠中等，长势中庸；作中间砧嫁接红富士树，3年生树全部结果，7～14年生树平均产量42 270千克/公顷（M26嫁接树为34 785千克/公顷），丰产性强；嫁接树的果实着色好，品质优。果形指数0.87，可溶性固形物含量14.3%，果肉硬度7.8千克/厘米^2，与M26嫁接树相当。嫁接红富士的盛果期树，树高3.83米，冠径3.57米，为M26嫁接树的130%，属半矮化砧木；干性强，可不设立柱栽培；适宜在山东、河北、山西、陕西等苹果主产区应用。

8. GM256

‘GM256’是吉林省农业科学院果树研究所 1973 年利用西伯利亚酸苹果、美国酸苹果,与 M 系进行杂交播种培育而成的半矮化砧木新品种(图 4-72、图 4-73)。1993 年获吉林省科技进步二等奖。

该砧木抗寒力强,在 1976—1977 年、1980—1981 年,尤其是 2000—2001 年特殊、极特殊寒冷的冬季,枝干没有发生冻害。露在地表外的须根,也无冻害发生。可耐 -42 ~ -38℃低温。新梢结束生长早,充实。10 月上、中旬叶片自然变黄脱落。春季无抽条现象。GM256 抗寒适应性较广,在吉林省长春、四平、吉林、延边、白城等地,辽宁北部的铁岭、黑龙江西北的齐齐哈尔及内蒙古的乌兰浩特等地都适用。用 GM256 作中间砧,山丁子、海棠等作基砧,秋红、金红、冬红、寒富等苹果品种作接穗,嫁接亲和力强,结果早,产量高,抗黑星病及早期落叶病。其中“冷凉地区寒富苹果双矮高接栽培模式”在过去大苹果禁栽区取得了大面积优质高效利用的历史性突破。截至 2020 年,这种“双矮模式”的寒富苹果估计在辽宁沈阳地区栽培面积已超过 2 万公顷。

9. GM310

‘GM310’是以苹果品种‘红太平’作母本、‘M9’作父本杂交育成的苹果抗寒矮化砧木新品种。由吉林省农业科学院果树研究所选育而成。2010 年 1 月通过吉林省农作物品种审定委员会审定。

‘GM310’具有矮生性、矮化性;作苹果矮化砧木,所嫁接的 10 年生树高约 1.92 米,与基砧和嫁接品种亲和性强,嫁接口牢固,嫁接金红苹果,树高是乔化砧树的(矮化程度)60% ~ 70%。与基砧和品种嫁接亲和性强,抗寒力强,‘GM310’抗寒性与‘GM256’相当,属于极抗寒。高抗苹果树腐烂病,枝干韧性好。‘GM310’可在吉林省无霜期 110 天及以上、≥10℃活动积温 2 600℃以上地区引种试栽。

10. ZM-2000

‘ZM-2000’是从苹果抗寒砧木‘GM256’自然实生后代中选育而成的苹果抗寒矮化砧木新品种。由吉林省农业科学院果树研究所选育而成,2015 年 10 月通过吉林省农作物品种审定委员会审定并定名。

该矮化砧抗寒性与‘GM256’相当,抗苹果树腐烂病,与嫁接品种亲和性好;作为中间砧矮化性优于‘GM256’,以山定子作基砧,‘ZM-2000’作中间砧嫁接‘金红’,树高为‘GM256’作中间砧的 67%;苗木定植后第 2 年开始结果,第 4 年进入盛果期。

11. 中砧 1 号

‘中砧 1 号’是从小金海棠自然实生后代中选育的耐缺铁、无融合生殖的苹果半矮化砧木新品种。由中国农业大学园艺学院选育而成,2009 年 11 月通过北京市农作物品种审定委员会审定并定名,2012 年 12 月 19 日获国家科技进步二等奖。

从 1984 年开始,历经 25 年时间,从我国丰富的、大量的苹果属植物中筛选出铁高效种质资源,采用自然实生选种的育种途径,选育出铁高效利用、半矮化、无融合生殖的苹果砧木新品种‘中砧 1 号’。

‘中砧 1 号’当年生组培苗可生长至 80 厘米,基径粗可达 0.8 ~ 1.2 厘米;节间长度 2.1 厘米。组培苗根系发达,主根粗壮,须根密集。成龄树为高大乔木,树姿半开张,树势强,15 年生树高 8 ~ 10 米,冠径 8.4 米,主干直径 26 厘米。花白色,5 朵 / 序,花冠中等大小,雌蕊五数联合,雄蕊 10 ~ 20 枚。果实长圆形或卵圆形,平均单果质量 1.2 克,果面底色黄绿,大部分着鲜红色,多有锈斑;果柄细长,5 ~ 8 厘米;大部分果实脱萼,鲜有残存。果实出种率低,每个果实平均饱满种子数约 1.3 粒,种子小,长椭圆形,紫褐色,有纵条纹。在北京地区‘中砧 1 号’无性系树体 4 月上旬花芽萌动,4 月中旬花芽开绽,4 月下旬至 5 月初开花,花期持续 7 天,4 月底至 5 月上旬展叶, 果实 10 月上旬成熟,11 月下旬落叶。‘中砧 1 号’ 染色体数为四倍体($2n=4x=68$),具有无融合生殖能力,去雄套袋坐果率 85% 以上。与小金海棠一样,‘中砧 1 号’花粉囊中无花粉粒,或仅剩下退化残余物。

‘中砧 1 号’组培苗根系发达,移栽成活率高,砧木苗生长一致性好,整齐度高,当年生组培苗 8 月份砧木苗高可达 50 ~ 80 厘米,地面上 10 厘米处径粗可达 0.8 ~ 1.0 厘米,非常适合芽接。‘中砧 1 号’与苹果栽培品种嫁接亲和性好,无大小脚现象,无气生根和气生疣瘤,嫁接口愈合平滑、坚固,无膨大增生现象。

以‘中砧 1 号’组培苗作自根砧的苹果苗木生长健壮，苗干直立性好，整形带芽发育饱满。成龄树体表现固地性好，半矮化，矮化程度、提早结果作用及丰产能力均与 M7 相近。以‘中砧 1 号’作砧木嫁接红富士，表现树体紧凑，树势中庸，半开张，短枝性状明显，枝条粗短，3 年生成花株率 100%，4 年进入结果期，极丰产。花芽饱满，花朵坐果率 33%。平均单果质量 262.0 克，果形正、果形指数 0.99、着色易、色浓红，70% ~ 90% 着红色，全红果比例 80% ~ 86%，有或无条纹，果点小，不明显，果面蜡质明显。果肉淡黄、肉质细脆，汁多，可溶性固形物 16.0%，风味甜，适口性好，品质极佳。

‘中砧 1 号’对苹果早期落叶病和枝干轮纹病的抗病性较强，对苹果褪绿叶斑病毒(CRSV)、茎痘病毒(SPV)及茎沟槽病毒(SGV)等潜隐病毒的抗性强，但组培苗幼苗期不抗白粉病。‘中砧 1 号’根系发达，主根分布较深，耐旱性强。其抗寒力与毛山定子[*M.manshurica* (Maxim.) Kom]一样，可耐 −45℃的低温而不发生冻害。小金海棠属于耐盐最强的种类之一，可在含盐量 0.35% 的盐碱地上栽培。小金海棠耐涝性也较强。‘中砧 1 号’由小金海棠中选育而来，亦具有上述性状。

‘中砧 1 号’组培苗在仅含有 4 微摩尔 / 升铁的培养基上能正常生长，田间砧木苗及在该砧木上嫁接的苹果树在北京、内蒙古、陕西、宁夏等现有苹果砧木常出现缺铁黄化现象的土壤中能正常生长，不表现缺铁黄化现象。因此，‘中砧 1 号’是铁高效利用型苹果无性系砧木新品种，在石灰母质土壤地区用作苹果自根砧木，可有效避免缺铁黄化现象的发生。在这方面，‘中砧 1 号’优于山定子，主要原因在于小金海棠是苹果属耐低铁胁迫类型。

继‘中砧 1 号’后，中国农业大学园艺学院从‘八棱海棠’×‘M9’杂交后代中选育出具有半矮化、抗寒、耐盐碱的‘中砧 2 号’，以及致矮性突出的‘中砧 3 号’。

12. 冀砧 1 号

‘冀砧 1 号’是由‘SH40’的实生后代中选育出的苹果矮化砧木新品种。由河北农业大学园艺学院选育而成，2015 年 12 月通过河北省林木品种审定委员会审定并定名。

嫁接基砧及品种接穗亲和性良好，成活率 90% 以上。作中间砧嫁接‘天红 2 号’，定植翌年始花，开花株率可达 70%，4 年生树高 2.56 米，产量可达 27 000 千克 / 公顷。成龄树树高是对照 SH40 的 75% 左右，枝展是 SH40 的 75% ~ 85%，中短枝占总枝量的 80% 以上；平均单果质量 221.9 克，可溶性固形物含量 15.5%，硬度 8.67 千克 / 厘米 ^{2}，产量可保持在 45 000 ~ 52 500 千克 / 公顷。

适宜在河北省中南部或气候类似的区域应用。可采用压条或组织培养的方法培育矮化自根砧。矮化中间砧双矮栽培在河北表现突出，采用株行距 1 ~ 2 米 × 4 米，要求土层深厚、土壤肥沃、有灌溉条件，树形选用细长纺锤形或高纺锤形。

13. 冀砧 2 号

‘冀砧 2 号’是从‘SH40’实生后代中选出的苹果矮化砧木新品种，嫁接亲和性好。由河北农业大学园艺学院选育而成。2016 年 12 月通过河北省林木品种审定委员会审定并定名。

红富士系苹果品种‘天红 2 号’嫁接到‘冀砧 2 号’中间砧上，定植翌年始花，3 年生开花结果株率达 90%，4 年生树产量可达 15 000 千克 / 公顷，成龄树株高是 SH40 的 85% 左右，枝展是 SH40 的 75% ~ 85%，中短枝占总枝量的 75% 以上，产量可保持在 45 000 ~ 52 500 千克 / 公顷。果实整齐度好，平均单果质量 256.0 克，可溶性固形物含量 15.5%，果肉硬度 8.70 千克 / 厘米 ^{2}，着色 90% 以上。适宜在河北省中南部或气候类似的区域应用。

14. Y-1

‘Y-1’是从苹果属野生砧木资源晋西北山定子中实生选育的苹果矮化砧木新品种。由山西省农业科学院果树研究所、山西省农业科学院畜牧研究所、新疆维吾尔自治区伊犁州林科院和河北省玉田县林业局合作选育而成，2013 年 3 月通过山西省农作物品种审定委员会审定并定名。

‘Y-1’属矮化砧，在山西省中部地区，以矮化中间砧嫁接品种在生产上应用，中间砧长度 20 ~ 25 厘米。建园适宜密植，株行距 1.0 ~ 1.5 米 × 3.5 ~ 4.0 米。嫁接‘长富 2 号’，定植第 3 年树高 1.93 米，分别是对照‘M9’、晋西北山定子的 69.42%、64.77%；嫁接‘丹霞’，定植第 3 年树高 1.75 米，分别是对照‘M9’、晋西北山定子的60.76%、58.33%，矮化效应明显。

‘Y-1’作中间砧嫁接‘长富 2 号’‘丹霞’，定植当年即可开花，‘长富 2 号’开花株率为 65%、‘丹霞’达 100%，明显早于‘M9’等对照；用 1.5 米 × 4 米株行距，‘Y-1’定植第 3 年产量比‘M9’‘SH1’均高，‘Y-1’嫁接‘长富 2 号’产量为 11 250 千克 / 公顷、‘丹霞’为 15 000 千克 / 公顷，而晋西北山定子嫁接‘长富 2 号’第 3 年无产量，嫁接‘丹霞’仅为 1 500 千克 / 公顷。‘Y-1’早花早果特性极为突出。

15. Y-2

‘Y-2’是采用大群体实生选育方法，从 15 万株晋西北野生山定子自然实生苗中选育的早果苹果矮化砧木新品种。由山西省农业科学院果树研究所和山西省农业科学院农产品加工研究所合作选育而成，2016 年 1 月通过山西省林木品种审定委员会审定并定名。

‘Y-2’属矮化砧，主要以矮化中间砧的形式应用，基砧可选择山定子和八棱海棠，中间砧长度 20 ~ 25 厘米。适宜密植，每亩可栽植 110 ~ 190 株。6 年生矮化中间砧‘长富 2 号’树高为 253 厘米，分别为对照‘SH1’、晋西北山定子的 72.29%、48.46%；‘丹霞’树高为 179 厘米，分别为对照‘SH1’、晋西北山定子的 52.19%、37.68%；‘嘎拉’树高为 308 厘米，分别为对照‘SH1’、晋西北山定子的 83.24%、61.23%。嫁接‘长富 2 号’和‘丹霞’，‘Y-2’表现为极矮化特性，嫁接‘嘎拉’表现为矮化，综合考虑，‘Y-2’属矮化砧。

‘Y-2’能促使嫁接品种提早结果，嫁接品种苗圃内当年即可形成花芽，2 年生树即可开花，‘长富 2 号’开花株率为 75%，‘丹霞’达 100%，‘嘎拉’为 50%，比对照早开花 3 ~ 4 年。

16. Y-3

‘Y-3’是从晋西北野生山定子中，利用大群体实生选育方法筛选的苹果半矮化砧木新品种。由山西省农业科学院果树研究所果树种质创制与利用山西省重点实验室、山西省农业科学院农产品加工研究所和河南省三门峡市农业科学研究院合作选育而成，2016 年 1 月通过山西省林木品种审定委员会审定并定名。

‘Y-3’属半矮化砧，生根困难，采用中间砧嫁接品种形式应用，中间砧长度 20 厘米左右。抗逆性较强，可用于旱作苹果园栽植，按株行距 2.5 ~ 3 米 × 4 米栽植建园。嫁接品种虽略有小脚现象，但嫁接口紧密牢固，无风折、劈裂等现象；一般第 4 年可形成产量，7 年生‘长富 2 号’株产可达 35 千克；在山西省晋中地区，当年栽植苗木不用任何防护措施即可安全越冬，且翌年不发生抽条，抗寒、抗旱能力强于‘M9’；做中间砧嫁接‘长富 2 号’平均单果质量 252 克、可溶性固形物含量 15.2%、果实硬度 8.3 千克 / 厘米 ^{2}、可滴定酸含量 0.39%，果实综合品质优于普通乔砧。

在新疆、陕西北部、山西、河南、山东等地的区域试验表明，该砧木适宜黄土高原山地、丘陵地区栽植。

17. 俄砧 1 号

‘俄砧 1 号’是从俄罗斯国立米丘林农业大学引进后筛选改良而成的苹果矮化砧木新品种。由青岛农业大学选育而成，2018 年 11 月通过农业农村部非主要农作物品种登记并定名。

‘俄砧 1 号’采用压条繁殖，砧木果实平均单果质量 49.3 克；压条易生根，繁殖系数高，根系一致性好；属于矮化砧木，嫁接苹果亲和力中等，早果性和早期丰产性好。嫁接在‘俄砧 1 号’上的红富士苹果果实可溶性固形物含量 14.2%，可滴定酸含量 0.19%，果肉硬度 6.1 千克 / 厘米 ^{2}，果形指数 0.83，果色红色。耐寒性好，耐旱，抗颈腐病。嫁接红富士亩产可达 5 730.1 千克，比对照富士 /M26/ 八棱海棠增产 49.0%。适宜在山东、河北、辽宁、甘肃、新疆秋季或者春季种植。

18. 俄砧 2 号

‘俄砧 2 号’是从俄罗斯国立米丘林农业大学引进后筛选改良而成的苹果矮化砧木新品种。由青岛农业大学选育而成，2018 年 11 月通过农业农村部非主要农作物品种登记并定名。

‘俄砧 2 号’采用压条繁殖，砧木果实平均单果质量 126.8 克；压条易生根，繁殖系数高，根系一致性好；属于矮化砧木，嫁接苹果亲和力好，早果性和早期丰产性好。嫁接在‘俄砧 2 号’上的红富士苹果果实可溶性固形物含量 13.3%，可滴定酸含量 0.19%，果肉硬度 6.3 千克 / 厘米 ^{2}，果形指数 0.81，果色红色。高度耐寒，较抗旱，较抗颈腐病。嫁接红富士亩产可达 4 163.3 千克，比对照富士 /M26/ 八棱海棠增产 8.28%。适宜在山东、河北、辽宁、甘肃、新疆秋季或者春季种植。

19. 俄砧 3 号

‘俄砧 3 号’是从俄罗斯国立米丘林农业大学引进后筛选改良而成的苹果半矮化砧木新品种。由青岛农业大学选育而成，2018 年 11 月通过农业农村部非主要农作物品种登记并定名。

‘俄砧 3 号’采用压条繁殖，砧木果实平均单果质量 38.3 克；压条易生根，繁殖系数高，根系一致性好；属于半矮化砧木，嫁接苹果亲和力好，早果性和早期丰产性好。嫁接在‘俄砧 3 号’上的红富士苹果果实可溶性固形物含量 13.7%，可滴定酸含量 0.19%，果肉硬度 7.40 千克 / 厘米 ^{2}，果形指数 0.85，果色黄绿色。高度耐寒，较抗旱。嫁接红富士亩产可达 4 651.3 千克，比对照富士 /M26/ 八棱海棠增产 21.0%。适宜在山东、河北、辽宁、甘肃、新疆秋季或者春季种植。

20. 俄砧 4 号

‘俄砧 4 号’是从俄罗斯国立米丘林农业大学引进后筛选改良而成的苹果半矮化砧木新品种。由青岛农业大学选育而成，2018 年 11 月通过农业农村部非主要农作物品种登记并定名。

‘俄砧 4 号’采用压条繁殖，砧木果实平均单果质量 57.2 克；压条易生根，繁殖系数高，根系发达、一致性好；属于半矮化砧木，嫁接苹果亲和力好，早果性和早期丰产性好。嫁接在‘俄砧 4 号’上的红富士苹果果实可溶性固形物含量 13.4%，可滴定酸含量 0.20%，果肉硬度 6.30 千克 / 厘米 ^{2}，果形指数 0.85，果色红色。高度耐寒，较抗旱。嫁接红富士亩产可达 4 274.2 千克，比对照富士 /M26/ 八棱海棠增产 11.2%。适宜在山东、河北、辽宁、甘肃、新疆秋季或者春季种植。

21. 俄砧 5 号

‘俄砧 5 号’是从俄罗斯国立米丘林农业大学引进后筛选改良而成的苹果半矮化砧木新品种。由青岛农业大学选育而成，2018 年 11 月通过农业农村部非主要农作物品种登记并定名。

‘俄砧 5 号’采用压条繁殖，砧木果实平均单果质量 67.4 克；压条易生根，繁殖系数高，根系发达、一致性好；属于半矮化砧木，嫁接苹果亲和力好，早果性和早期丰产性好。嫁接在‘俄砧 5 号’上的红富士苹果果实可溶性固形物含量 13.1%，可滴定酸含量 0.20%，果肉硬度 7.30 千克 / 厘米 ^{2}，果形指数 0.83，果色红色。高度耐寒，较抗旱。嫁接红富士亩产可达 4 129.3 千克，比对照富士 /M26/ 八棱海棠增产 7.4%。适宜在山东、河北、辽宁、甘肃、新疆秋季或者春季种植。

（三）美国选育的矮化砧木品种

1. G65

1974 年开始杂交育种，1991 年公开发表，亲本为 M.27 × Beauty crab apple，属于极矮化砧，矮化程度相当于 20% 自根树，树高约 1.5 米，1 年生枝长约 20 厘米，节间短，节间长 12 ~ 15 毫米；高抗火疫病，抗颈腐病，感苹果绵蚜，重茬抗性未知，抗寒性未知，病毒病抗性为中，生根能力为易。嫁接苹果品种红色间谍（Red Spy）和北方间谍（Northern Spy）时，早实丰产性同 M9。书写时，省去“.”后 G.65 简写为 G65，M.27 简写为 M27，M.9 简写为 M9，以此类推。

2. G30

1974 年开始杂交育种，1994 年公开发表，亲本为 Robusta 5 × M.9，属于半矮化砧，矮化程度同 M7；高抗火疫病，耐颈腐病，感苹果绵蚜，耐重茬，抗寒性为抗寒，病毒病抗性为抗，生根能力为易。早实性和丰产性同M9。

3. G11

1978 年开始杂交育种，1997 年公开发表，亲本为 M.26 × Robusta 5，属于半矮化砧，树高约 2.5 米，1 年生枝长 50 ~ 70 厘米；中抗火疫病，中感颈腐病，中感苹果绵蚜，耐重茬，抗寒性为中抗，病毒病抗性未知，生根能力为中。嫁接苹果品种野马（Mustsu）时，早实性同 M9，丰产性同 M26。

4. G16

1981 年开始杂交育种，1998 年公开发表，亲本为 Ottawa 3 × Malus Floribunda，属于矮化砧，10 年生树高 1.0 米，1 年生枝长 50 ~ 70 厘米，节间长 23 ~ 28 毫米；抗火疫病，耐颈腐病，感苹果绵蚜，感重茬，抗寒性为中抗，病毒病抗性为感，生根能力为易。嫁接品种野马（Mustsu）时，早实性和丰产性同 M9。

5. G202

1975 年开始杂交育种，2002 年公开发表，亲本为 M.27 × Robusta 5，属于半矮化砧，5 年生树高约 2.0 米，1 年生枝长 50 ~ 80 厘米；高抗火疫病，耐颈腐病，抗苹果绵蚜，耐重茬，抗寒性为中抗，病毒病抗性为抗，生根能力为易。嫁接苹果品种帝国（Empire）时，早实性同 M9，丰产性同 M9、M26 和 M7。由于在命名时，具有多个 202，分发时发生混淆，所以目前国外仅在新西兰有少量推广。

6. G41

1975 年开始杂交育种，2004 年公开发表，亲本为 M.27 × Robusta 5，属于矮化砧，6 年生树高 2.0 米，1 年生枝长 30 ~ 60 厘米；高抗火疫病，耐颈腐病，抗苹果绵蚜，耐重茬，抗寒性为抗寒，病毒病抗性为抗，生根能力为易。嫁接品种帝国（Empire）时，早实性同 M9，丰产性同 M9、M26 和 M7。

7. G935

1976 年开始杂交育种，2004 年公开发表，亲本为 Ottawa 3 × Robusta 5，属于半矮化砧，7 年生树高 1.5 ~ 2.0 米，矮化程度相当于 45% ~ 55% 自根树，1 年生枝长 30 ~ 60 厘米；高抗火疫病，耐颈腐病，感苹果绵蚜，耐重茬，抗寒性为抗寒，病毒病抗性为感，生根能力为易。嫁接品种帝国（Empire）时，早实性同 M9，丰产性强于 M9、M26 和 M7。

8. G214

1975 年开始杂交育种，2010 年公开发表，亲本为 Ottawa 3 × Robusta 5，属于矮化砧，7 年生树高 1.5 ~ 2.0 米，1 年生枝长 30 ~ 60 厘米；高抗火疫病，耐颈腐病，抗苹果绵蚜，耐重茬，抗寒性为抗寒，病毒病抗性为抗，生根能力为易。嫁接品种帝国（Empire）时，早实性同 M9，丰产性强于 M9、M26 和 M7。

9. G969

1976 年开始杂交育种，2010 年公开发表，亲本为 Ottawa 3 × Robusta 5，属于半矮化砧，7 年生树高 1.5 ~ 2.0 米，1 年生枝长 30 ~ 60 厘米；高抗火疫病，耐颈腐病，抗苹果绵蚜，耐重茬，抗寒性为抗寒，病毒病抗性为抗，生根能力为易。嫁接品种帝国（Empire）时，早实性同 M9，丰产性强于 M9、M26 和 M7。

10. G210

1975 年开始杂交育种，2010 年公开发表，亲本为 Ottawa 3 × Robusta 5，属于半矮化砧，矮化程度相当于 50% ~ 60% 自根树，7 年生树高 1.5 ~ 2.0 米，1 年生枝长 30 ~ 60 厘米；高抗火疫病，耐颈腐病，抗苹果绵蚜，耐重茬，抗寒性为抗寒，病毒病抗性为抗，生根能力为易。嫁接品种帝国（Empire）时，早实性同 M26，丰产性强于 M9、M26 和 M7。

11. G890

1976 年开始杂交育种，2010 年公开发表，亲本为 Robusta 5 × Ottawa 3，属于半矮化砧，7 年生树高 1.5 ~ 2.0 米，1 年生枝长 30 ~ 60 厘米；高抗火疫病，耐颈腐病，抗苹果绵蚜，耐重茬，抗寒性为抗寒，病毒病抗性为抗，生根能力为易。嫁接品种帝国（Empire）时，早实性同 M9，丰产性强于 M9、M26 和 M7。

12. G222

1975 年开始杂交育种，2011 年公开发表，亲本为 M.27 × Robusta 5，属于半矮化砧，矮化程度相当于 45% ~ 55% 自根树，7 年生树高 1.5 ~ 2.0 米，1 年生枝长 30 ~ 60 厘米；高抗火疫病，耐颈腐病，抗苹果绵蚜，感重茬，抗寒性为抗寒，病毒病抗性为抗，生根能力为易。嫁接品种帝国（Empire）时，早实性同 M9，丰产性强于 M9、M26 和 M7。

13. G814

1976 年开始杂交育种，2013 年公开发表，亲本为 Ottawa 3 × Robusta 5，属于矮化砧，矮化程度相当于 30% ~ 35% 自根树，9 年生树高 1.2 ~ 1.5 米，1 年生枝长 30 ~ 60 厘米；高抗火疫病，耐颈腐病，感苹果绵蚜，耐重茬，抗寒性为抗寒，病毒病抗性为感，生根能力为易。嫁接品种帝国（Empire）时，早实性同 M9，丰产性强于 M9 和 M26。

14. G213

1976 年开始杂交育种，2015 年公开发表，亲本为 Ottawa 3 × Robusta 5，属于矮化砧，矮化程度相当于

25%～35%自根树，7 年生树高 1.5～2.0 米，1 年生枝长 30～60 厘米；高抗火疫病，耐颈腐病，抗苹果绵蚜，耐重茬，抗寒性未知，病毒病抗性为抗，生根能力为易。嫁接品种帝国(Empire)时，早实性同 M9，丰产性强于 M9、M26 和 M7。

(四)日本选育的矮化砧木品种

1. JM1

JM1、JM7 和 JM8 的矮化程度介于 M9 和 M26 之间。其中，JM1 矮化程度大，与 M9 相近，早果性强，但与珊夏和津轻等树势较弱的品种组合时，树势易衰弱。

2. JM2

JM2 为树势稍强的半矮化砧木，扦插生根良好，无须使用永久支柱，比圆叶海棠为砧木的树体小，适合采用改良主干形或开心形进行半密植栽培。

3. JM5

JM5 与 M27 相当，表现为极矮化，适合高密度栽培，但树势容易衰弱且嫁接树生产力较低，所以应当与长势强的品种组合，并要求土地肥沃。

4. JM7

JM7 的矮化程度介于 JM1 和 JM8 之间，结果稳定而丰产，2006 年当时认为可望成为今后的常规砧木。一般矮化砧木比普通砧木上的苹果着色好、可溶性固形物高、成熟早，矮化程度越强越明显。但 M27 等极矮化砧木易导致果实变小。用 JM7 嫁接的富士果实比 M26 可溶性固形物高，淀粉转化早，约提早成熟 5 天左右。

5. JM8

JM8 在“JM1、JM7 和 JM8”3 个砧木中长势最强，与 M26 接近，结果能力强而丰产。

(五)加拿大选育的矮化砧木品种

1974 年，加拿大以抗寒性为目标育成 O 系 Ottawa（渥太华）砧木系列，其中 O3 的抗寒性明显强于 M26。近年来，加拿大农业及食品研究会以 Malus baccta ‘Nertchinsk’与 M26 或 M9 杂交育成了一系列抗寒无性系砧木，即 SJM(St-Jean Morden)系，从 O3 中芽变中选出了优良株系 O3A。

1. O3A

即 Ottawa 3 improved，系 O3 的芽变。矮化程度与 O3 相近，而早果性、丰产性则优于 O3，根蘖较少。另一突出的特点是，它的分枝角度 O3 较大，因此利于栽后的整形管理。该砧木抗寒，抗火疫病及疫霉病，嫁接处有“大脚”现象。适宜在沙质土上生长。

2. SJM15

由 Nertchinsk 和 M9 杂交选育而成。与 O3 和 M26 相比，树体较小，丰产，早产。该砧木抗苹果绵蚜，抗火疫病，但易感疫霉病。繁殖力跟 M26 相近，略低于 M9，根蘖较多，有“大脚”现象。

3. SJM44

由 Nertchinsk 和 M9 杂交选育而成。树体大小介于 M9 和 M26 之间。跟 M9 相比，根蘖少或无，“大脚”现象不明显，易繁殖，较 M9 丰产。

4. SJM127

由 Nertchinsk 和 M26 杂交选育而成。树体大小介于 M9 和 M26 之间，较 M26 丰产。根蘖较 M9 少或无。嫁接处出现“大脚”的程度较 M9 轻。丰产性与 M9、M26 相近。

5. SJM150

由 Nertchinsk 和 M26 杂交选育而成。树体大小介于 M9 和 M26 之间。树势较 M26、M9 稍强，结果比两者早，根蘖较 M9 少。抗苹果绵蚜，火疫病的抗性和 M26 相似，较抗疫腐病。

(六)波兰选育的矮化砧木品种

波兰波兹南农业科学院研究表明，波兰选育的砧木 P2 和 P22，还有英国选育 M26（半致死温度为 -27℃），具有很强的抗寒性。-10℃比 -11.5℃地温引起的根系冻害轻得多。M9 砧木易感火疫病，P 系砧木抗火疫病。

1. P1

P1 为半矮化砧，不抗寒。两年生砧木能耐受 -11.5℃的地温 1 个月以上，26.7% 的植株生长健壮。

2. P2

P2 为矮化砧，抗寒。两年生砧木能耐受 -11.5℃的地温 1 个月以上，88.3% 的植株生长健壮。1 月下旬（1980 年 1 月 24 至 29 日），耐受 -27℃（半致死温度）12 小时后，在 1 ~ 10℃环境中 5 天，仍能成活。

3. P16

P16 为矮化砧，不抗寒。两年生砧木能耐受 -11.5℃的地温 1 个月以上，8.3% 的植株生长健壮。

4. P22

P22 为矮化砧，抗寒性中等偏上。两年生砧木能耐受 -11.5℃的地温 1 个月以上，78.3% 的植株生长健壮。1 月下旬至 2 月中旬（1980 年 1 月 24 至 2 月 14 日），耐受 -25℃（半致死温度）12 小时后，在 0 ~ 10℃环境中 5 ~ 10 天，仍能成活。

五、矮化中间砧应用技术

苹果矮化中间砧栽培是矮化砧利用方式之一，为中国特色，尤其以“双矮栽培”最优，规模栽培已超过 30 年。

（一）幼树期和初果期中间砧培土

苹果矮化中间砧的广泛应用，减少了树体管理用工。但如果应用欠妥，易形成“小老树”和徒长树，影响果品产量和质量。生产中，部分果农在幼树期将矮化中间砧长度的 2/3 或全部露出地面，没有培土生根，急于求成，多留花果，在初果期就发展为“小老树”。为了发挥矮化中间砧能自生根的潜力，尽早扩冠成形，栽树时将矮化中间砧长度的 2/5 露出地面；干旱地区还可少露一部分，并用湿土将矮化中间砧全部覆盖。尤其是“双矮栽培”，更要注意防止“小老树”的发生，做到“扩大树冠与优质结果”的有机统一。

（二）避免不结果及徒长树发生

将矮化中间砧全部埋入地下，几年后，虽然达到了扩冠成形的目的，但是对矮化中间砧发生的根系没有采取断根措施，导致矮化中间砧树发展为旺长树、徒长树，不结果，或苹果品种生根，成为“自根树”，抗病性降低。断根时，要离主干 50 厘米左右，不要切断主根，否则容易造成树基不稳。在栽培方面，根据不同类型品种、果园机械化应用程度、灌溉条件等确定株行距、树形、矮化中间砧露出地面高度、不同时期（幼树期、初果期、盛果期）留果量等。

六、矮化自根砧及其苹果苗木的特点

矮化自根砧是矮化砧的另一种利用方式，近十年已在国内大面积推广。

（一）矮化自根砧

欧洲以及美国、韩国、日本等国在苹果生产中大量采用矮化自根砧苗木，我国从 2012 年开始在全国大面积推广，对自根砧苗木的重要性已得到认可，自根砧苗木的繁育技术也取得较大突破，矮化自根砧及多分枝苹果大苗繁育可实现自给自足，并于 2018 年春季出口吉尔吉斯斯坦，建成西北农林科技大学唯一的海外苹果示范园。

矮化自根砧是由自身器官、组织的体细胞形成根系的砧木。用矮化砧自身的根系嫁接苹果品种育成的苗木，成为苹果矮化自根砧苗木或矮化自根砧苹果苗木。苹果矮化自根砧栽培是现代苹果生产的重要方向之一，M26、M9 及其优系 M9-T337、MM106、中砧 1 号、青砧 1 号等都可以用来繁育苹果矮化自根砧苗木，建立矮化自根砧苹果园。

（二）矮化自根砧苹果苗木的特点

1. 矮化自根砧保持着母株所具有的优良遗传矮化特性

苹果矮化自根砧苗木的矮化砧大多数是从母株上分离下来的一部分营养器官，在这个过程中没有发生性细胞的结合和减数分裂，染色体也未进行重新组合，只是进行简单的有丝分裂，新形成的个体的特性与其来源的植物特性完全一样，仍然保持着母株固有的遗传特性，可以长期保持品种的优良性状，具有矮化砧木所具有的特性。

2. 矮化自根砧苹果苗木矮化效果显著

适合密植栽培的苹果矮化自根砧苗木是品种直接嫁接在矮化砧的根系上，其矮化效果不受砧段长度的限制(但与栽树时露出地面长短有关)，矮化砧木的特性表现突出，苗木的矮化效应好，矮化效果显著。而苹果矮化中间砧苗木的矮化效果参差不齐，生产中表现为：中间砧砧段越长，树体越矮小；但过长会妨碍树体生长，太短则没有矮化效果。苹果矮化中间砧苗木由于矮化砧的嫁接延长了苗木繁殖的周期，还在一定程度上存在着养分运输不畅、基砧萌生过多根蘖等问题，其矮化效果只有通过调节基砧、中间砧和接穗间的组合及栽植深度才能解决。

苹果矮化自根砧苗木优点明显，矮化效果突出，特别适合于矮化密植栽培，每亩可栽植83～148株，最高可达267株。矮化自根砧栽培"千阳模式"，10年生果园中不论是K8富士、阿珍富士、福布拉斯富士、礼富1号，还是米奇拉嘎拉、巴克艾嘎拉，都可建成亩栽191株的宽行密植果园，实现全程机械化作业。

3. 矮化自根砧苹果苗木的整齐度高

苹果矮化自根砧苗木的砧木利用无性繁殖，因而表现为株间的遗传差异小，苗木的一致性高，建园整齐度高，果个均匀一致。而矮化中间砧苗木在基砧为实生砧时，果园的整齐度较差，且同一型号矮化砧的矮化效应和一致性的表现比其作为自根砧时，要差一些。

在乾县果友协会试验站"双矮栽培"或乔砧短枝果园，4年生烟富6号/新疆野苹果、烟富6号/M9-T337、烟富6号/M9-T337/新疆野苹果组合的树高分别为3.22米、2.85米、2.50米，亩产量约72千克、421千克、327千克，说明自根砧双矮苹果树比中间砧长势强且产量高，乔砧短枝苹果树长势最强产量最低；4年生烟富3号/M9-T337组合的树高为2.87米，亩产量约289千克，说明树势与烟富6号/M9-T337差异不大，但亩产量较低。

4. 矮化自根砧苹果苗木易获得早果丰产

苹果矮化自根砧苗木与矮化中间砧和短枝型苗木在早果丰产上有相似之处外，突出的表现是主干生长势强和产量高，着色好，糖度高，果个均匀。生产实践中调查，苹果矮化自根砧苗木主干生长势强，特别适合于高纺锤形整形，果园容易管理，可获得较高的经济效益。在陕西省千阳县的水肥一体化果园，矮化自根砧长枝富士栽植后第2、3、4、5年亩产分别可达1 000千克、2 000千克、3 000千克、4 000千克。与高纺锤形树形相比，矮化自根砧长枝富士幼树采用双主干并棒树形，可以显著削弱树体高度，减小行间冠幅，树体生长及枝量增长速度快，长枝比例低，易成花，果实产量上升潜力大，是解决长枝富士苹果品种早果丰产的另一条技术措施。

5. 固地性及抗寒冷、抗大风等抗逆性差

矮化自根砧具有固地性、抗逆性差等缺点，需要立架和一定的灌水；多数半矮化自根砧如MM106、中砧1号、青砧1号、M7的适应性很好，即使在旱地也可以应用，尤其是MM106嫁接短枝富士，在砧木只露土3厘米时，第3年树高可达3米以上，亩产量可达1 500千克，可不立架栽培。与M26中间砧苗相比，M26自根苗表现为树势强健，果实病害少，优果率较高，且具有较强的抗逆性和适应性，但其固地性明显较差，自根树盛果期若遇透雨伴大风且靠近风口的，易在嫁接口处出现劈折。2018年7月22日晚，一场八级大风伴随大雨，吹倒立架、压断树枝，致使千阳300余亩矮化自根砧M9-T337苹果园损坏，造成损失600余万元。近十年内推广栽培的矮化自根砧M9-T337果园，早果性、丰产性均比M26好，全部采用立架栽培，而且立架不断经过加固改进，有些还同时搭建防雹网。

6. 须根多，根系发达

用作矮化自根砧苗的种质，其茎段或根系属茎源根或分蘖根，再生能力较强，没有明显的主根，须根发达。1年生圆叶海棠扦插苗，每株平均20厘米以上的须根达12个，M26、M7压条分株苗分别为11个、9个，M9-T337压条繁殖砧木须根容易达到10个以上，根系是同龄实生砧苗的2倍以上。2年出圃的矮化自根砧苹果苗木根系构型表现为无主根、侧根集中分布于砧木中部、水平根分布多而广泛等特点。对于矮化自根砧苹果树，根系在6、9月出现2个生长高峰，7、8月根系死亡量较大；在水平方向，幼树的吸收根、输导根主要分布在距树干 0 ~ 30 厘米处，成龄树多分布在距树干 70 ~ 100 厘米处，即树冠投影处（宽行密植园与行距有很大关系，行距越大，根系越远，矮化自根砧苹果园为了实现机械化，始终要通过地上、地下修剪保持较小的树冠）；在垂直方向，吸收根集中分布于 0 ~ 40 厘米土层，输导根全部分布于 0 ~ 30 厘米土层；根系根长密度在水平方向、垂直方向均呈指数衰减规律。

矮化自根砧苹果树地下根系数量多，增粗也快。矮化自根砧苹果树根系发达，其总根数比中间砧树多 10.3% ~ 40%。在根系分布上，31 ~ 60 厘米的土层根系占总根数的比例随年龄的增加呈上升趋势，说明根系逐渐向深处扩展，幅度大于中间砧树。4 年生矮化自根砧苹果树在 16 ~ 30 厘米土层中有横径大于 3.5 厘米的壮根，而对照矮化中间砧苹果树的最粗根横径仅有 1.5 厘米。

第五章　乔化砧与乔化苹果苗木繁育

第一节　乔化砧繁育

乔化、矮化中间砧苹果苗繁育需要以乔化砧（苗）作为基砧或根砧，嫁接苹果品种，或嫁接矮化中间砧及苹果品种。乔化砧嫁接短枝型苹果品种以及矮化中间砧嫁接苹果品种形成的两类苗木，都是现代矮砧苹果利用的重要方式。本部分先介绍苗木繁育的嫁接方法，然后再叙述乔化砧（苗）的繁育技术。

一、嫁接方法

嫁接，植物的人工营养繁殖方法之一。即把一种植物的枝或芽，接到另一种植物的茎或根上，使接在一起的两个部分长成一个完整的植株。接上去的枝或芽，叫作接穗，被接的植物体，叫作砧木或台木。嫁接后形成的植株称为嫁接体或砧穗体。接穗和砧木相结合的部位为嫁接面或嫁接结合部。砧木嫁接后成为植物体的根系部分即地下部分，接穗嫁接后成为植物体的上部或顶部，形成树冠即地上部分。接穗成活后，由砧木从土壤中吸取水分和养分，供给接穗部分，接穗制造的有机物供给砧木根系的生长发育，两者形成一个统一的有机体，彼此互相依存。

嫁接有两种表示方法。①用“/”表示，接穗放在“/”之前，砧木放在“/”之后。如“长富 2 号 / 八棱海棠”，表示在乔化砧八棱海棠上嫁接长富 2 号苹果品种；“长富 2 号 /M26/ 八棱海棠”，表示矮化中间砧长富 2 号苹果苗繁育时要嫁接 2 次；“蜜脆 /M9–T337”，表示在矮化自根砧 M9–T337 上嫁接蜜脆苹果品种。②用“+”表示，砧木放在“+”之前，接穗放在“+”之后，如“八棱海棠 + 长富 2 号”“八棱海棠 +M26+ 长富 2 号”和“M9–T337+ 蜜脆”。

苹果的嫁接方法主要分为芽接、枝接两类，对于乔化砧、矮化砧苹果苗木繁育，嫁接方法是相通的，差别不大，下面进行简要介绍。

（一）芽接

用 1 个芽片作接穗的嫁接方法。其优点是利用接穗经济，容易操作，工效和嫁接成活率高。

1. 嵌芽接

在陕西关中一带不论砧穗离皮与否都可采用此法，春季采取露芽接法，嫁接后剪砧，接芽很快萌发；夏季或秋季采取不露芽接法，嫁接后接芽不萌发，第 2 年春季剪砧除膜后接芽萌发。削接穗时，先在芽上方约 1 厘米处倾斜约 20° 向下削一刀，再在芽下方约 0.8 厘米处，呈 30° 角向下斜切一刀，直到第 1 刀的底部，取下带木质部的芽片，将其嵌入砧木上相同于芽片形状和大小的切口上，对准两侧形成层（至少有一侧对准），用接树膜由下至上绑缚包紧（图 5–1 至图 5–3）。此法在现代苹果育苗中普遍应用。

图 5–1　嵌芽接（削接穗与削砧木）

2.“T”字形芽接

又称“热沾皮”。芽接时期在砧木和接穗易离皮时进行。东北、西北和华北地区一般在 7 月中旬至 9 月初，可嫁接时间较长。嫁接时用刀在接穗芽上方 0.5 厘米处横切半圈，深至木质部，然后用刀由芽下方 1.5 厘米处倾斜 20° 方向削入木质部长约 2.5 厘米，取下芽片；在砧木一定位置光滑处切成“T”字形，深达木质部（切得过深会引起接芽当年萌发，冬季受冻），剥开皮层插入接芽，要求芽片上端与砧木

图 5-2　嵌芽接(包扎)

图 5-3　嵌芽接后接芽愈合状

横切对齐顶紧。接树膜由下至上绑缚,露出叶柄,包紧包严。此法在现代苹果育苗中应用较少。

(二)枝接

用 1 个或几个芽的一段枝条作接穗的嫁接方法。其优点是接苗生长快,应用范围广,但用接穗多,操作技术较芽接难掌握。枝接时间主要在春季树液开始流动树体尚未萌发期间进行。

1. 切接

所用接穗长 6 ~ 8 厘米,带 2 ~ 4 个芽,接穗下部削成相对的两个斜面,长削面约 3 厘米,短削面约 1 厘米,削面平滑,接穗顶端剪成小斜面。砧木从基部欲嫁接部位平滑处剪断,削平截面,并在截面一侧削一短斜面,由此处稍带木质部向下纵切,切口长度与接穗长削面相同;然后将接穗长削面朝里插入切口,对准两侧或一侧形成层,长削面上端略露白,用塑料条绑紧包严。接穗少时也可用单芽接穗切接。

2. 劈接

砧木较粗时常用此法。将接穗基部削成相对的两个 3 厘米长斜面,长斜面上方带 2 ~ 4 个芽。在砧木距地面一定高度平滑处锯去上端,削平锯面,用刀在砧木中间劈一垂直切口,深度 3 厘米以上,撬开切口插入接穗,对准一侧形成层,接穗稍露白,绑紧包严。砧木较粗时,可同时接 2 个接穗。此法在现代苹果育苗中应用较少,主要用于高接换头。

3. 舌接

砧木和接穗粗细一致时常用此法(图 5-4 至图 5-6)。在接穗基部芽下面的节间部位削一个长 3.0 ~ 4.0 厘米左右的长削面。削面要求光滑平整,再在削面距顶端 1/3 处,与接穗横断面垂直切一纵切口,深约 1 厘米,这样做成一个舌形口向下的接穗。然后插入按同样方法已削好的砧木舌形口中,对齐接口枝条的一个侧面,用接树膜包扎缠紧,保湿防风干。此法在现代矮化自根砧苹果育苗中应用较多,尤其广泛用于 KNIP 苗的繁育。

另外,还有腹接(图 5-7、图 5-8)、靠接(图 5-9 至图 5-11)、皮下接(图 5-12 至图 5-16)等枝接方法以及二重接(图 5-17、图 5-18)培育苹果苗与高接换头的方法。

图 5-4　舌接接穗与砧木的削法

图 5-5　舌接接穗与砧木对接

图 5-6　舌接(包扎)

图 5-7　腹接（削接穗与削砧木）

图 5-8　腹接（包扎）

图 5-9　靠接接穗的削法

图 5-10　靠接砧木的削法

图 5-11　靠接（包扎）

图 5-12　皮下接接穗的削法

图 5-13　皮下接砧木处理与插接穗

图 5-14　皮下接（包扎）

图 5-15　皮下接的两枝靠接高接换头法

图 5-16　皮下接的两枝靠接整园高接换头效果

图 5-17　二重接法培育矮化中间砧苹果苗

图 5-18　春季多次枝接培育苹果苗

二、乔化砧繁育

乔化砧苗繁育指从选择育苗地、整地、播种到基砧苗（八棱海棠、新疆野苹果苗）达到嫁接中间砧或苹果品种的实生苗培育，或者用营养系扦插乔化砧培育乔化砧苗，是繁育2年出圃的乔化砧苹果苗和3年出圃的矮化中间砧苹果优质稀植大苗的基础。主要任务是培育基砧壮苗，嫁接苹果品种或矮化中间砧接芽。

乔化砧苹果稀植大苗培育，需2年时间完成。要求出圃时的苗木质量：粗度≥1.2厘米，高度≥180厘米，每亩育苗密度10 000株左右（育苗株行距13厘米×50厘米，乔化砧定苗密度15株/米^2），符合现代苹果产业发展对高质量乔化苹果苗木的要求。第1年培育乔化砧木，生产上大多采用实生法（有性繁殖法），也有采取扦插法（无性繁殖法）。第2年培育出圃优质乔化砧苹果苗，详见“乔化砧苹果苗繁育”部分。

（一）实生繁殖

1. 实生砧种子准备

图5–19 八棱海棠种子采集

实生砧种子播种前一年的10月开始，每亩苗圃地准备八棱海棠（图5–19）、新疆野苹果或楸子种子2～2.5千克。种子必须在母树上充分成熟时采集。种子成熟过程分为生理成熟和形态成熟两个时期。生理成熟是指种子内部营养物质呈易溶解状态，含水量高，种胚已经发育成熟并具备发芽能力，这类种子采后播种即可发芽，而且出苗整齐。但因其种皮容易失水和渗透出内部有机物而遭受微生物侵染导致霉烂，不宜长期贮存。形态成熟是指种胚已完成了生长发育阶段，内部营养物质大多转化为不溶解的淀粉、脂肪、蛋白质状态，生理活动明显减弱或进入休眠状态，种皮老化致密，不易霉烂，适于较长期贮藏。生产苗木所用的种子多采用形态成熟的种子。

采集种子必须适时，鉴别种子是否形态成熟，多根据果实颜色转变为成熟色泽、果肉变软、种皮颜色变深而具光泽、种子含水量减少、干物质增加而充实等确定。苹果砧木种子是在生理成熟以后进入形态成熟的。

种子经过精选后妥善贮藏。贮藏中要注意影响种子生理活动一些因素，包括种子的含水量、温度、湿度和通气状况。种子的安全含水量和充分风干的含水量大致相同，如八棱海棠、新疆野苹果种子含水量10%～13%。种子短期贮藏的空气相对湿度宜保持在45%～65%以下，气温0～8℃为宜。大量贮藏种子时，应注意种子堆内的通气状况，通气不良时加剧种子的无氧呼吸，积累大量的二氧化碳，使种子中毒。特别是在温度、湿度较高的情况下更要注意通气。

2. 种子的沙藏处理

种子的层积处理（Stratification）是指落叶果树种子在适宜的外界条件下，完成种胚的后熟过程和解除休眠、促进萌发的一项措施。因处理时常以河沙为基质与种子分层放置，故又称沙藏处理。层积处理多在秋、冬季节进行，多数落叶果树种子需要在2～7℃的低温、基质湿润和氧气充足条件下，经过一定时间完成其后熟阶段（图5–20至图5–27）。12月下旬即可开始沙藏实生砧八棱海棠种子，沙藏以前先进行种子消毒，然后将种子与湿沙混合，种子和沙体积比为1∶3～1∶5，沙子湿度以手握成团，不出水，松手触之即散（约为最大持水量的50%）为宜。混合好后，装袋，放置在深1米、宽1～1.5米、长约2米的沙藏坑内，坑底提前铺一层10～20厘米厚的粗沙。种子袋离地面20厘米左右时，上覆河沙，河沙厚度以超过当地冻土层20～30厘米为宜，做好排水。

贮藏1个月后检查河沙湿度，及时增加或减少河沙含水量，在播种以前半个月检查种子的催芽情况，如未达到所要求的程度，通过提高坑内温度使种子发芽，或将种子移到温暖处，经常翻动，当“发芽”（其实是生根，也叫“露白”“裂嘴”）的种子数达30%以上时即可播种。在陕西省关中地区也可冬季（12月下旬）用充分风干贮藏的种子直接播种，时间选在晴天下午，地表解冻，下层冻结，运用划行器，划行、开浅沟，再用条播机播种（称为“顶凌”播种），可有效调节播种深度，确保出苗，然后覆膜即可。省去了沙藏种子的工序，而且第2年的2月底至3月上旬即可出苗，幼苗整齐、生长快。

图 5-20　种子清水浸泡

图 5-21　种子浸泡后淋水

图 5-22　种子与湿沙混匀

图 5-23　拌湿沙完成

图 5-24　拌湿沙完成后装袋准备沙藏

图 5-25　沙藏种子坑

图 5-26　装袋后的种子袋入坑

图 5-27　覆土沙藏

3. 播种

苗圃可用前一年预留的休闲地，也可于先一年秋季对麦田压青，作为育苗地使用。经过深翻、整地、做畦、冬灌，于 2 月下旬至 3 月上旬，土壤解冻后，及时耙平苗圃畦面，保墒待种。在宽 220 厘米，长度 75 ~ 100 米的畦面上，按照 50 厘米行距等距离播种 4 行。先用开沟器开 10 厘米左右深的浅沟，然后沟内撒杀虫剂，剂量为 15% 的毒死蜱颗粒剂 1 千克 / 亩，再在沟内灌水，以湿透沟深 6 ~ 8 厘米为宜，等水下渗后点播种子。以标准线绳的穴距按穴点播，穴距约 18 厘米，每穴播 5 ~ 6 粒经过沙藏后已露白的种子，然后覆 6 ~ 8 毫米厚细土（覆土厚度以种子最大直径的 1 ~ 3 倍为宜），随后用宽度 2 米、厚度 0.008 ~ 0.012 毫米（8 ~ 12 丝）的白色透明地膜覆盖，增温保湿。如图 5-28 至图 5-49 所示。

在陕西岐山一带，采用八棱海棠种子培育实生苗，可于种子采集后的 12 月中下旬，在土壤墒情良好的条件下，利用土壤早晚结冻、白天部分解冻，种子未经人工沙藏，进行直接播种（这种土壤状态的播种叫“顶

图 5-28　麦田压青用作育苗

图 5-29　麦田深翻旋耙后

图 5-30　育苗地平整后规划畦宽

图 5-31　休闲地整理用作育苗

图 5-32　根据育苗行距设计起垄做畦

图 5-33　空地冬灌

图 5-34　冬灌后越冬

图 5-35　开春解冻后整地

图 5-36　碾压整平地面保墒

图 5-37　规划播种行

图 5-38　规划行距

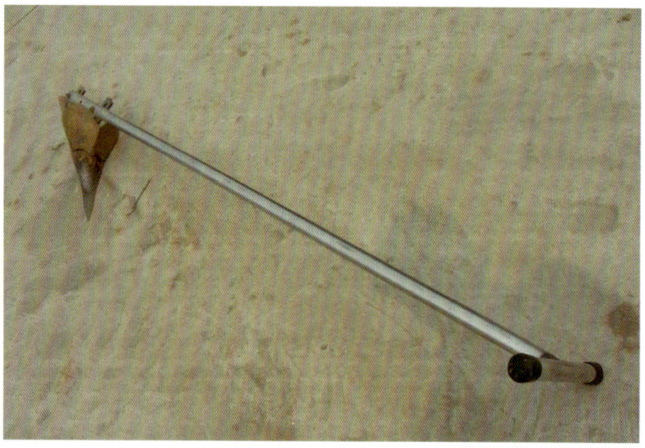

图 5-39　开沟器

图 5-40　地面压平后开沟

图 5-41　开沟

图 5-42　沟灌

图 5-43　洒杀虫剂

图 5-44　株距标准线球

图 5-45　等距离点播

图 5-46　覆土

图 5-47　覆土后状

图 5 48　播种后及时覆膜

图 5-49　播种完成

图 5-50　育苗地浇后保墒待种

图 5-51　划行开沟

图 5-52　播种

图 5-53　播种与踩压

图 5-54　覆膜

凌”播种)，种子在土壤中过冬后熟(类似于人工沙藏效果)，第 2 年 3 月上中旬出苗整齐。其操作流程包括育苗地浇水后保墒待种、划行开沟、机器单行条播、覆膜等步骤(图 5-50 至图 5-54)。

4. 砧木种子出苗及幼苗管理

砧木种子播种两周后陆续出苗，等苗出全后，气温变化幅度不大时(20℃左右)，于晴天 10 时—16 时撤除地膜。幼苗长出 3～4 片真叶时，按株距 18 厘米左右间苗。每亩地留苗 6 000～7 000 株。4 月底以前，砧木苗高度未超过 20 厘米时，宜用喷壶洒水，不要大水漫灌。5 月下旬至 6 月上旬，在砧木苗高 40 厘米左右时摘心，促使增粗生长。6 月中旬开始，及时抹除砧木苗地面上 20 厘米内所有副梢(分枝)，7 月下旬至 8 月上旬，抹除地面上 15 厘米内地上茎老叶，有利于嫁接矮化中间砧接芽。

幼苗前期，增施叶面肥，用 0.1%～0.3% 的尿素每 10 天追肥一次，连续进行 3～4 次；5—7 月，适时浇水、中耕保墒 3～6 次；实生砧木整个生长季节，清除杂草、禁用除草剂。嫁接前追肥 2 次，每次每株砧木苗施复合肥 2 克(N、P、K 有效成分含量各 15%)，亩追肥 10～15 千克，施肥后及时灌水，嫁接前砧木苗灌水，以提高嫁接成活率。8 月上旬，实生砧苗干高 5～10 厘米处粗度达 8～12 毫米，适合嫁接苹果品种接芽，如图 5-55 至图 5-68 所示。

春季砧木种子出苗后至 7 月底，重点防治猝倒病、白粉病、锈病和蚜虫、苹梢卷叶蛾；8 月以后重点防治黄刺蛾和早期落叶病。

图 5-55　种子出苗

图 5-56　第一次拔草前

图 5-57　第一次拔草后喷杀菌剂防猝倒病

图 5-58　第一次拔草喷药后

图 5-59　第二次全园拔草后

图 5-60　第二次喷杀菌剂和生长剂

图 5-61　间苗前

图 5-62　间苗后

图 5-63　移苗移栽

图 5-64　6 月初田间砧木生长状

图 5-65　6 月上旬生长状

图 5-66　6 月中旬生长状

图 5-67　7 月中旬生长状

图 5-68　8 月下旬生长状

5. 苹果品种接芽嫁接及管理

（1）品种选择：长富 2 号、米奇嘎拉、巴克艾、烟富 3 号、礼富 1 号、玉华早富、粉红女士、蜜脆、秦阳、瑞阳、瑞雪、瑞香红、秦蜜、秦脆、苹果专用授粉树等。也可根据市场需要选择国内、国际苹果新品种。

（2）接穗采集：嫁接前，从品种采穗圃母株上，采集无检疫性病虫害的芽体饱满的一年生新梢作为接穗，去除叶片，可不留叶柄，置阴凉处保湿贮藏备用。接穗随采随接，放置时间不得超过 2 周。嫁接前一天，将接穗剪口向下置于清水中，吸水 12 小时以上，可提高嫁接成活率。苹果品种接穗粗度应与实生砧粗度一致（图 5-69、图 5-70）。

（3）嫁接

①嫁接时间：8 月中、下旬（图 5-71）。

②嫁接方法和方式：采用带木质芽接法（嵌芽接法），不露芽嫁接，苹果品种接芽当年不萌发。要求接树

图 5-69　夏季采集较成熟接穗

图 5-70　接穗吸水

图 5-71　夏季人工单芽嫁接

膜为白色透明或粉红色透明膜，宽度 2.5～3.5 厘米，长度 11.5～15.5 厘米。

③嫁接位置：在砧木苗干高 5～10 厘米处嫁接苹果品种接芽一个，用接树膜包严。接芽嫁接在迎风方向，陕西关中地区一般嫁接在西北方向。

④嫁接后管理：嫁接两周后检查成活情况，对未成活的及时补接（图 5–72、图 5–73）。注意除草、松土、追肥和灌水，入冬前结合施基肥，苗圃必须浇封冻水。

图 5–72　嵌芽接成活特征

图 5–73　嵌芽接未成活特征

（二）扦插繁殖

以圆叶海棠硬枝扦插的方法为例，说明乔化砧苗的扦插繁育过程。

1. 砧木圃建设用地准备

交通便利，背风向阳，有灌溉条件，土层深厚，土壤肥沃，沙壤土、壤土，pH 5.0～7.8；圆叶海棠扦插繁育前 5 年内，未繁育果树苗木或建苹果园，以种玉米、小麦粮田最好；圆叶海棠硬枝扦插繁殖前一年的 10 月开始，整平地面，苗圃地施足底肥，磷酸二铵 100 千克 / 亩，腐熟羊圈粪 2 吨 / 亩，撒杀虫剂 15% 的毒死蜱颗粒剂 1 千克 / 亩，深翻 30～40 厘米，休闲并于土壤结冻前灌溉。

2. 圆叶海棠插条准备

休眠期采集的插条于 3 月下旬至 4 月上旬剪成长 12～14 厘米插穗，下端斜剪，上端平剪，粗度 0.6～1.0 厘米，50 根 1 捆，用封剪油封闭上剪口。每亩硬枝扦插圃准备圆叶海棠插穗 12 000～15 000 根，保湿贮藏备用。

3. 扦插前插穗处理

使用 10% 可溶性粉剂强力生根粉 400 倍液，浸泡插穗 10 小时。

4. 砧木苗圃地规划

2 月底至 3 月上旬，耙平苗圃地，按行距 0.75 米放线规划圆叶海棠扦插畦，每 0.75 米为一畦，平畦整地，每隔一畦，选用 1.0 米宽黑色地膜覆盖一畦，用于扦插圆叶海棠插穗，未覆黑色地膜的一畦为通风作业道。

5. 圆叶海棠硬枝插穗扦插

扦插时间：3 月下旬至 4 月上旬。

扦插密度：0.75 米宽畦内扦插 3 行，行距 25 厘米，株距 10 厘米。

扦插方式：用比插穗稍粗一点的硬竹竿在地膜上插深 10～12 厘米的孔，放入插穗。要求插穗露出地面 2 厘米，保证有 1～2 芽外露。每亩扦插插穗 12 000～15 000 根。扦插完后撒细土封闭插孔缝隙。扦插完后微喷灌溉 10～20 分钟。

6. 日常管理及圆叶海棠扦插苗生长情况

清除杂草、加强水分供应，及时灌水，防止扦插当年 5 月苗木基部日烧，增施叶面肥；禁用除草剂。6 月上旬调查，圆叶海棠硬枝扦插成活率达 92.52%，6 月下旬，扦插苗高度已达 40～60 厘米，在苗高 40 厘米时摘心，促进扦插苗增粗；8 月下旬，圆叶海棠苗高可达 80～120 厘米，插穗以上 5 厘米处的直径达 8～11 毫米。9 月，撤除地膜；12 月，土壤封冻前浇封冻水。至此，圆叶海棠扦插砧木已培育成功，可用于嫁接乔化或矮化中间砧苹果苗，如图 5–74 至图 5–79 所示。

图 5-74　圆叶海棠插条

图 5-75　生根剂浸蘸圆叶海棠插条

图 5-76　圆叶海棠扦插

图 5-77　圆叶海棠插后浇水

图 5-78　圆叶海棠浇后覆土

图 5-79　圆叶海棠扦插砧木苗生长状

第二节　乔化苹果苗木繁育

现代矮砧苹果苗木繁育，体现在乔化砧苹果苗木繁育方面就是培育乔化砧短枝型苹果品种苗木，乔砧短枝栽培也是苹果矮砧集约栽培的重要组成部分。乔化砧可采用新疆野苹果、八棱海棠、山定子等，接穗可采用具有短枝型特征的元帅系苹果品种（瓦里短枝、俄矮 2 号等）、短枝红富士系（礼富 1 号、烟富 6 号、惠民短富、龙富、烟富 7 号、神富 6 号、成纪 1 号、沂源红等）、苹果新品种（瑞阳、瑞雪、瑞香红）以及易结果品种（米奇嘎拉、小苹果乙女等）。生产上正在大量结果的普通乔化苹果，是在乔化砧上嫁接非短枝型的苹果品种。为了出圃顶芽饱满的优质苹果壮苗，培育苗木时，可在出圃当年的 9 月中旬至 10 月上旬根据苗木要求高度，对未停长的苗木进行高度控制（如人工掐尖、使用植物生长调节剂烯效唑、多效唑等操作），控制其继续长高(图 5-80)。

乔化砧苹果稀植大苗培育,需 2 年时间完成。要求出圃时的苗木质量：粗度≥1.2 厘米，高度≥180 厘米,其余参照 GB 9847 苹果苗木等级中 1 级的要求。每亩育苗密度 10 000 株左右(育苗株行距 13 厘米 × 50 厘米,乔化砧定苗密度 15 株 / 米 ^{2}),符合现代苹果产业发展对高质量乔化苹果苗木的要求。

乔化砧苹果苗繁育大多分两年进行，第 1 年培育砧木,每 2 年培育苹果苗木。培育乔化砧苹果苗木第 2 年操作规范大体为:

一、剪砧与除膜

2 月下旬至 3 月上旬,苹果品种发芽前,及时剪去乔化砧并除膜,促进苹果品种接芽萌发。在苹果品种接芽上方 5 毫米左右处将实生砧苗上的所有枝条剪除,剪口要平滑并应向接芽对面稍倾斜,同时除去接芽所包扎的接树膜(图 5-81、图 5-82)。

因砧木粗度在第 1 年 8 月末达到 8 毫米或未及时嫁接苹果品种的砧木时,可于第 2 年春季砧木萌芽前开始嫁接,采用嵌芽接,接芽露在接树膜外,嫁接后从接芽上方 2 厘米处剪砧,注意不要伤及接树膜。

图 5-80　乔化瑞雪苹果苗定高度

图 5-81　剪砧砧面倾斜方向正确

图 5-82　剪砧砧面倾斜方向错误

二、除萌

剪砧与除膜后，及时抹除实生砧上的萌芽、萌梢和萌蘖，确保苹果品种接芽生长（图 5-83、图 5-84)。除萌要反复多次进行,一般 3 ~ 4 次。5 月下旬以前,对于苹果品种基部 70 厘米以内所有副梢也应及时尽早除去。6 月中、下旬,在苗木生长旺盛时期,剪除品种嫁接口以上 5 毫米左右的实生砧残桩,便于砧桩剪口完全愈合或环状愈合。5 月下旬开始每隔 2 周新梢掐叶并喷普洛马林促进分枝，共进行 2 ~ 3 次。

根据育苗密度的不同(图 5-85、图 5-86),可培育出传统的乔化苹果苗木(粗度≤1.2 厘米)或稀植大苗的乔化苹果苗木(粗度 1.2 厘米以上)。苹果专用授粉树具有腋花芽特性,可培育易成花的乔化专用授粉树苗木,用于现代苹果园建设,如图 5-87 至图 5-100 所示。

图 5-83　砧木上萌蘖开始除去

图 5-84　接芽萌发继续除萌

图 5-85　传统乔化砧繁育

图 5-86　传统的乔化富士苹果苗木

图 5-87　苹果专用授粉树高粉 1 号花芽嫁接苗

图 5-88　苹果专用授粉树高粉 1 号乔化苗

图 5-89　苹果专用授粉树高粉 4 号花芽嫁接苗

图 5-90　苹果专用授粉树高粉 4 号花芽嫁接苗结果状

图 5-91 苹果专用授粉树高粉 4 号乔化苗

图 5-92 苹果专用授粉树高粉 4 号落叶前色泽变化情况

图 5-93 苹果专用授粉树高粉 5 号花芽嫁接苗

图 5-94 苹果专用授粉树高粉 5 号乔化苗(紫红叶)

图 5-95 苹果专用授粉树高粉 6 号花芽嫁接苗

图 5-96 高粉 6 号果实

图 5-97 高粉 6 号单个侧枝腋花芽结果状

图 5-98 高粉 6 号树上结果状

图 5-99 苹果专用授粉树锦绣花芽嫁接苗

图 5-100 苹果专用授粉树锦绣乔化苗

三、土肥水管理

春季苹果品种接芽萌发前开沟施肥，每亩施复合肥 100 千克（N、P_2O_5、K_2O 含量分别为 15%、15%、15%）;生长季节于雨前或灌溉时每次每亩追施复合肥 15～20 千克,共追施 3 次(5 月、6 月、7 月),施肥后及时灌水。新梢促分枝处理前要浇水。注意中耕除草,土壤保墒。

四、病虫害防治

第 2 年,实生砧剪砧、除膜后,于 3 月中旬品种接芽萌发前,喷 5°Bé 石硫合剂苗圃清园;春季萌芽至 7 月底,重点防治蚜虫、苹梢卷叶蛾和白粉病、锈病;8 月以后重点防治黄刺蛾、舟形毛虫、金龟子和早期落叶病。

五、起苗和分级

秋季土壤结冻前或来年春季土壤解冻后、苗木萌芽前,采用人工或机械起苗,应尽量减少对根系的损伤,按照 GB 9847—2003《苹果苗木》质量要求,结合科研成果"乔化砧苹果稀植大苗出圃标准"(表 5-1),进行苗木分级、销售。不同乔化砧苹果苗木出圃时所能达到的规格如表 5-2 所示。

表 5-1　乔化砧苹果稀植大苗出圃标准

项目		1 级	2 级	3 级
基本要求		品种与砧木类型纯正,根皮与茎皮无干缩皱皮,无新损伤处,老损伤处总面积不超过 1 厘米 2,接合部愈合程度良好,剪除砧桩,剪口环状愈合或完全愈合。		
根	侧根数量	≥5 条	≥4 条	≥4 条
	侧根粗度	≥0.3 厘米	≥0.3 厘米	≥0.2 厘米
	侧根长度	≥20 厘米		
	基砧长度	≤10 厘米		
	侧根分布	均匀、舒展而不卷曲		
茎	苗木高度	≥180 厘米	≥150 厘米	≥130 厘米
	苗木粗度	≥1.2 厘米	≥1.0 厘米	≥0.8 厘米
整形带	饱满芽数	≥10 个	≥8 个	≥6 个

表 5-2　不同乔化砧苹果苗木出圃时所能达到的规格
(育苗行株距 50 厘米 × 20 厘米)

序号	砧穗组合	苹果苗木高度(厘米)	品种粗度(厘米)	基砧粗度(厘米)
1	八棱海棠 + 礼富 1 号	185	1.40	1.95
2	八棱海棠 + 长富 2 号	195	1.55	2.48
3	圆叶海棠 + 烟富 6 号	182	1.03	1.60
4	圆叶海棠 + 烟富 3 号	189	1.39	2.18
5	圆叶海棠 + 乙女	168	1.52	2.20
6	新疆野苹果 + 金冠	189	1.86	2.50
7	富士苹果种子 + 金冠	185	1.74	2.36
8	楸子 + 丽嘎拉	201	1.88	2.58
9	山定子 + 粉红女士	175	1.62	2.10

注:苹果苗木高度指根颈部位至嫁接品种茎先端芽基部的距离,即从地面至苗木顶芽基部的距离;品种粗度指嫁接口以上 10 厘米处苗木茎干的直径,即苗木粗度;基砧粗度指苗木茎干与土壤地面接触处至苹果品种嫁接口之间距离的 1/2 位置处的茎干直径

第六章　矮化砧与矮化苹果苗木繁育

第一节　矮化中间砧繁育

矮化中间砧繁育指从基砧苗（八棱海棠、新疆野苹果苗）剪砧，中间砧（M26、M9-T337、SH 系）生长达到嫁接苹果品种粗度的培育过程，是 3 年出圃的矮化中间砧苹果优质稀植大苗繁育的关键。主要任务是培育中间砧壮苗、嫁接苹果优良品种接芽，为培育矮化中间砧苹果优质稀植大苗打下良好基础。

第 1 年的乔化砧繁育（种子播种、幼苗管理等）方法，与前面所述的方法相同，不再赘述。矮化中间砧苗繁育，从乔化砧繁育当年的 8 月嫁接矮化中间砧接芽及管理开始至第 2 年冬季苗木进入休眠期结束。下面介绍它的繁育过程。

一、矮化中间砧接芽嫁接及管理

（一）乔化砧（基砧）处理

嫁接前抹除乔化砧基部 5 ~ 10 厘米处老叶（图 6-1），方便嫁接。

（二）矮化中间砧品种选择

选择 M26、M9 优系 M9-T337、MM106 等。

（三）接穗采集

嫁接前，从矮化自根砧压条繁殖圃采集无检疫性病虫害的芽体饱满的一年生新梢作为接穗，去除叶片，置阴凉处保湿贮藏备用。接穗随采随接，放置时间不得超过 2 周。嫁接前一天，将接穗剪口向下置于清水中，吸水 12 小时以上，以提高嫁接成活率。矮化中间砧接穗粗度应与实生砧粗度一致。

图 6-1　抹除实生砧（基砧）基部老叶

（四）嫁接

1. 嫁接时间：8 月中、下旬。

2. 嫁接方法和方式：采用带木质芽接法（图 6-2），不露芽嫁接，矮化中间砧接芽当年不萌发。要求接树膜为白色透明或粉红色透明膜，宽度 2.5 ~ 3.5 厘米，长度 11.5 ~ 15.5 厘米。

3. 嫁接位置：在砧木苗干高 5 ~ 10 厘米处嫁接矮化中间砧接芽一个。接芽嫁接在迎风方向，陕西关中地区一般嫁接在西北方向。

图 6-2　矮化中间砧接芽嫁接愈合状

（五）嫁接后管理

嫁接两周后检查成活情况，对未成活的及时补接。注意除草、松土、追肥和灌水。入冬前结合施基肥（每亩施腐熟羊粪有机肥 1 吨，N、P、K 有效成分含量各 15% 的复合肥 50 千克），用长窄铲进行实生砧断根，同时苗圃必须浇封冻水。

（六）病虫害防治

同乔化砧苗培育。

二、剪砧与除膜

第2年2月下旬至3月上旬，实生砧苗萌动前一周进行剪砧与除膜，促进接芽萌发。在矮化中间砧接芽上方5毫米左右处将实生砧苗上的所有枝条剪去，剪口要平滑并应向接芽对面稍倾斜，同时除去接芽所包扎的接树膜。

三、除萌与矮化中间砧培育

剪砧与除膜后，除接芽外，及时抹除实生砧上的其他所有萌芽、萌梢和萌蘖，确保矮化中间砧接芽生长。除萌要反复多次进行，一般3～4次。

作为矮化中间砧接芽的M9-T337比M26发芽要早一周以上，但都比八棱海棠发芽晚。所以嫁接在八棱海棠上的M9-T337比M26接芽萌发、生长的时间要早、要长一些，能提早嫁接苹果品种接穗，有利于培养多分枝苹果大苗。在M26接芽萌发前，一定要多次除基砧八棱海棠上的萌蘖，而M9-T337上的萌蘖至少比M26上的少除萌1次，表现为可以减少除萌的工作量，即培育矮化中间砧时M9-T337比M26省工（表6-1）。

表6-1　两种砧穗组合矮化中间砧苗培育前期用工比较

砧穗组合	矮化中间砧接芽萌发时间	至4月9日除实生砧萌蘖次数（次）	至4月29日除实生砧萌蘖次数（次）	至4月29日中间砧苗高度（厘米）	备注
八棱海棠+T337	2014-3-15	1	2	39	八棱海棠萌芽时间为3月6日
八棱海棠+M26	2014-3-31	3	4	19	

地点：陕西省岐山县蒲村镇公子庄村

5月中旬开始，抹除矮化中间砧（M9-T337、M26、MM106等）基部40厘米以内所有副梢，中间砧高度达50～60厘米时摘心（图6-3、图6-4），控制矮化中间砧高度，增加粗度，方便嫁接。6月中、下旬，在矮化中间砧苗生长旺盛时期，剪除矮化中间砧嫁接口以上5毫米左右的实生砧残桩，便于砧桩剪口完全愈合或环状愈合。矮化中间砧苗生长前期，增施叶面肥，用0.1%～0.3%的尿素每10天追肥一次，连续进行3～4次；5—7月，适时浇水、中耕保墒3～6次；矮化中间砧苗整个生长季节，清除杂草、禁用除草剂。

图6-3　M9-T337中间砧未摘心（未掐尖）状态

苹果品种嫁接前追肥2次，每次每株砧木苗施复合肥2克（N、P、K有效成分含量各15%），亩追肥10～15千克，施肥后及时灌水，嫁接前砧木苗灌水，以提高嫁接成活率。

7月下旬至8月上旬，矮化中间砧基部25～30厘米位置粗度0.8～1.3厘米，适合嫁接苹果品种接芽。

图6-4　M9-T337中间砧抹除基部副梢且摘心（掐尖）后效果

四、苹果品种接芽嫁接及管理

（一）品种选择

长富2号、巴克艾、丽嘎拉、米奇嘎拉、烟富3号、礼富1号、玉华早富、粉红女士、蜜脆、秦阳、瑞阳、瑞雪、瑞香红、秦蜜、秦脆、苹果专用授粉树等。也可根据市场需要选择国内、国际苹果新品种。

（二）接穗采集

嫁接前，从品种采穗圃母株上，采集无检疫性病虫害的芽体饱满的一年生新梢作为接穗，去除叶片，仅留一小段叶柄，置阴凉处保湿贮藏备用。接穗随采随接，放置时间不得超过 2 周。嫁接前一天，将接穗剪口向下置于清水中，吸水 12 小时以上，可提高嫁接成活率。苹果品种接穗粗度应与矮化中间砧粗度一致。

（三）接穗嫁接

1. 嫁接时间

嫁接时间一般在 8 月份。

2. 嫁接方法和方式

采用带木质芽接法（图 6–5），不露芽嫁接，苹果品种接芽当年不萌发。要求接树膜为白色透明或粉红色透明膜，宽度 2.5 ~ 3.5 厘米，长度 11.5 ~ 15.5 厘米。

图 6–5　M9–T337 中间砧用嵌芽接法嫁接礼富 1 号接芽

3. 嫁接位置

在矮化中间砧基部 20 ~ 30 厘米（短枝型品种按 20 厘米、普通型品种按 25 厘米进行嫁接）位置粗度 0.8 ~ 1.3 厘米时嫁接苹果品种接芽一个，苹果品种接芽嫁接在矮化中间砧接芽的对面方向，要求同一砧穗组合的矮化中间砧长度保持一致，变幅不超过 5 厘米。

（四）嫁接后管理

嫁接两周后检查成活情况，对未成活的及时补接。注意除草、松土、追肥和灌水，入冬前结合施基肥，苗圃必须浇封冻水。

五、矮化中间砧病虫害防治

实生砧剪砧、除膜后，于 3 月中旬品种接芽萌发前，喷 5°Bé 石硫合剂苗圃清园；春季萌芽至 7 月底，重点防治蚜虫、苹梢卷叶蛾和白粉病、锈病；8 月以后重点防治黄刺蛾、舟形毛虫、金龟子和早期落叶病。

第二节　矮化中间砧苹果苗木繁育

矮化中间砧苹果苗木在现代矮砧苹果苗木繁育中占有重要地位。包括矮化中间砧普通型苹果苗和矮化中间砧短枝型苹果苗，这两类苗长势有差异，但繁育方法大致相同。为了出圃顶芽饱满的优质苹果壮苗，可在出圃当年的 9 月中旬至 10 月上旬根据苗木要求高度，对未停长的苗木进行高度控制（如人工掐尖、使用植物生长调节剂烯效唑、多效唑等操作），控制其继续长高（图 6–6）。矮化中间砧苹果优质稀植大苗繁育，要求出圃时的苗木质量：粗度≥1.2 厘米，高度≥180 厘米，分枝数≥6 个（分枝处理与否，可根据市场需要确定），每亩育苗密度 6 000 株左右（育苗株行距 20 厘米 × 50 厘米，乔化砧、矮化中间砧定苗密度 10 株 / 米 ^{2}），符合现代苹果产业发展对高质量矮化中间砧苹果苗木的要求。

图 6–6　矮化中间砧苹果苗定高度

一、矮化中间砧苹果苗木繁育分类

按照苹果苗木达到出圃标准的生长季长短，分为 3 年出圃的矮化中间砧苹果苗、2 年出圃的矮化中间砧苹果苗及1年出圃的移栽矮化中间砧苹果苗。

(一)3年出圃的矮化中间砧苹果苗木繁育

1.乔砧培育与矮化中间砧接芽嫁接

第1年,春季进行实生砧播种(或乔化砧圆叶海棠扦插),或上一年冬季进行实生砧播种,秋季在乔砧基部嫁接矮化中间砧接芽。

2.矮化中间砧培育与苹果品种接芽嫁接

第2年,春季在矮化中间砧接芽上方0.5~1.0厘米处剪砧,或在乔砧基部露芽嫁接矮化中间砧接芽后剪砧;秋季在矮化中间砧25~30厘米处嫁接苹果品种接芽,或翌年春季在矮化中间砧25~30厘米处露芽嫁接苹果品种接芽后剪砧。

3.矮化中间砧苹果苗培育

第3年,春季在苹果品种接芽上方0.5~1.0厘米处剪砧,或露芽嫁接苹果品种并剪砧,秋季即可培育成矮化中间砧苹果苗。

(二)2年出圃的矮化中间砧苹果苗木繁育

1.分段嫁接法

(1)培育乔砧苗;在矮砧新梢上等距离嫁接苹果品种接芽

第1年,培育实生砧苗(或乔化砧圆叶海棠扦插苗);秋季在矮砧新梢上每隔30~35厘米嫁接一个苹果品种接芽。

(2)分段剪取矮砧,用舌接法嫁接在乔砧上培养矮化中间砧苹果苗

第2年,春季将嫁接有苹果品种接芽的矮砧分段剪下(使每个中间砧段顶部带有一个苹果接芽),再分别舌接到上年培育好的实生砧苗(或乔化砧圆叶海棠扦插苗)上,秋季即可培育成矮化中间砧苹果苗。

2.二重枝接法

(1)培育乔砧苗

第1年,培育实生砧苗(或乔化砧圆叶海棠扦插苗)。

(2)两次舌接培育矮化中间砧苹果苗

第2年,早春将苹果品种接穗舌接在长20~30厘米的矮化中间砧段顶部,并缠以塑料薄膜保湿,再将嫁接好苹果接穗的中间砧茎段舌接在基砧上,秋季即可出圃。也可用舌接的方法在室内进行"乔化砧+矮化中间砧+苹果品种"的二重枝接法培育矮化中间砧苹果苗(图6-7)。

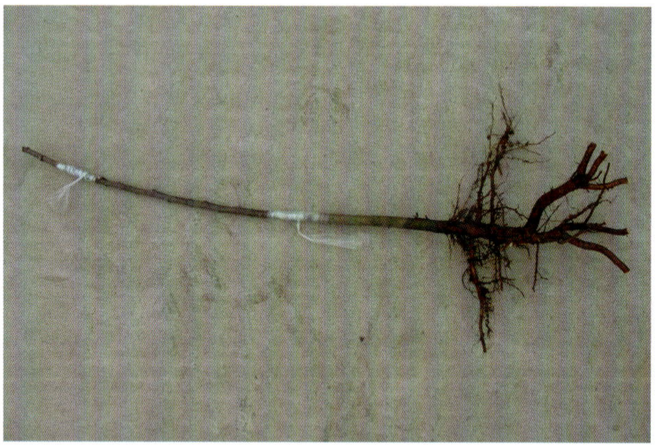

图6-7 室内二重接

(三)1年出圃的移栽矮化中间砧苹果苗木繁育

陕西省乾县、旬邑、彬县等地利用独条(M26、M9-T337等矮化中间砧)移栽的办法培育一年生苹果大苗取得成功(图6-8),经验如下:

图6-8 乾县当年定植培育双矮苗

1.选择矮化中间砧

选择矮化中间砧,必须嫁接品种处粗度达到6~10毫米。

2.矮化中间砧早春起苗

春季2月下旬至3月上旬,矮化中间砧起苗,注意保湿,准备运输。

3.矮化中间砧移栽

运回矮化中间砧,在育苗圃中移栽,栽植密度株

距 15～25 厘米，行距 50～70 厘米，每亩栽植矮化中间砧苗约 6 000 株。

4.浇水

栽后浇足水，沉实苗木。有滴灌、肥水一体化设施最好。

5.嫁接苹果品种

和墒后嫁接苹果品种：长枝富士、短枝富士及各种苹果新品种（如瑞雪、瑞香红等）。

6.嫁接后管理

品种嫁接后常规管理，确保肥水供应。

7.起苗与分级

当年冬季或翌年春季，起苗销售。可按苗木高度 1.5 米以上、粗度 1.0 厘米以上或者苗木高度 1.2～1.5 米、粗度 1.0 厘米以上分级，前者可达到 60%，后者可达到 30%，苗木根系发达。

二、矮化中间砧优质苹果大苗繁育规范

第 1 年的乔化砧苗繁育（种子播种、幼苗管理等）、第 2 年的矮化中间砧苗繁育的方法，与前面所述的方法相同，不再赘述。矮化中间砧优质苹果大苗繁育的第 3 年，是指从矮化中间砧繁育当年的 8 月嫁接苹果品种到翌年培育成矮化中间砧苹果苗的过程，是优质大苗繁育的中心。

在苹果品种嫁接前追肥 2 次并及时灌水，以提高嫁接成活率。8 月上旬开始，苹果品种接芽嫁接及管理参照第一节“矮化中间砧苗繁育”中的详细叙述。

（一）剪砧与除膜

第 3 年 2 月下旬至 3 月上旬，苹果品种发芽前，及时剪去矮化中间砧与除膜，促进苹果品种接芽萌发。在苹果品种接芽上方 5 毫米左右处将矮化中间砧苗上的所有枝条剪除，剪口要平滑并应向接芽对面稍倾斜，同时除去接芽所包扎的接树膜。

（二）除萌

剪砧与除膜后，及时抹除矮化中间砧、实生砧上的萌芽、萌梢和萌蘖，确保苹果品种接芽生长（图 6–9、图 6–10）。除萌要反复多次进行，一般 3～4 次。5 月下旬以前，对于苹果品种嫁接口以上 60 厘米范围内的所有副梢也应及时尽早除去（图 6–11）。6 月中、下旬，在苗木生长旺盛时期，剪除品种嫁接口以上 5 毫米左右的矮化中间砧残桩，便于砧桩剪口完全愈合或环状愈合（图 6–12）。5 月下旬开始每隔 2 周新梢掐叶并喷普洛马林促进分枝，共进行 2～3 次。

（三）土肥水管理

春季苹果品种接芽萌发前开沟施肥，每亩施复合肥 100 千克（N、P_2O_5、K_2O 含量分别为 15%、15%、15%）；生长季节于雨前或灌溉时每次每亩追施复合肥 15～20 千克，共追施 3 次（5 月、6 月、7 月），施肥后及时灌水。新梢促分枝处理前要浇水。注意中耕除草，土壤保墒。

（四）病虫害防治

剪砧、除膜后，于 3 月中旬品种接芽萌发前，喷 5° Bé 石硫合剂进行苗圃清园；春季萌芽至 7 月底，重

图 6–9　中间砧苗除萌前

图 6–10　中间砧苗除萌后

图 6–11　矮化中间砧苹果苗木的分枝位置太低应尽早除去

图 6–12　中间砧有残桩

重点防治蚜虫、苹梢卷叶蛾和白粉病、锈病；8 月以后重点防治黄刺蛾、舟形毛虫、金龟子和早期落叶病。

（五）起苗和分级

秋季土壤结冻前或来年春季土壤解冻后、苗木萌芽前，采用人工或机械起苗（图 6–13、图 6–14），应尽量减少对根系的损伤。按照 GB 9847—2003《苹果苗木》质量要求，结合科研成果“矮化中间砧苹果稀植大苗出圃标准”，进行苗木分级、销售。

图 6–13　专用起苗机

图 6–14　人工挖苗

（六）矮化中间砧苹果稀植大苗出圃标准

矮化中间砧苹果稀植大苗出圃标准见表 6–2。

（七）矮化中间砧苹果稀植大苗繁育成功的关键

1.合理的苹果育苗密度

采用行距 50 厘米，株距 20 厘米，育苗密度 10 株 / 米 ^{2}。

2.充足的水分保证

陕西省关中地区育苗，第 3 年品种生长期的 5 月、6 月、7 月、8 月必须浇水 5 次以上，除去下雨天外，每次间隔 2 ~ 4 周浇一次水，7—8 月浇水间隔一般不超过 20 天；培育“双矮栽培”用富士苗木，关键要抓住 5、6、7 三个月的水肥管理，确保 80% 以上的苗木生长量，其次要探索抑制秋梢生长，培育出顶芽形成饱满芽、具有多分枝类似欧洲优质大苗的双矮苹果苗，保证苗木定植当年开花，第 2 年结果的效果。

8 月上旬至 9 月上旬，对因为病虫为害、风吹撞折及其他顶芽受损的苗木，再次生长时会出现多个竞争梢（即多头）现象，此时应保留较强旺的单头，剪除其余较弱的枝梢。

通过对一年生矮化中间砧 M26 短枝富士苹果苗生长动态进行研究，以品种生长量或高度为测量依据，自品种接芽萌发开始，每 3 天测量一次。结果表明，礼富 1 号短枝富士苹果苗木，品种生长量在 5 月最大，其次为 6 月、7 月（表 6–3）。5—7 月品种生长量占全年品种总生长量的 81.27%。在陕西关中地区的杨凌、岐山，5—8 月矮化中间砧苹果苗圃需灌溉 5 次，每次间隔 2 ~ 4 周，加强水肥供应是提高苗木质量的最

表 6–2 矮化中间砧苹果稀植大苗出圃标准

项目		1 级	2 级	3 级
品种与砧木类型		纯正		
根	侧根数量	≥5 条	≥4 条	≥4 条
	侧根粗度	≥0.3 厘米	≥0.3 厘米	≥0.2 厘米
	侧根长度	≥15 厘米		
	实生砧长度	≤10 厘米		
	侧根分布	均匀、舒展而不卷曲		
茎	中间砧长度	20～30 厘米，但同一批苹果苗木变幅不得超过 5 厘米		
	高度	≥180 厘米	≥150 厘米	≥130 厘米
	粗度	≥1.2 厘米	≥1.0 厘米	≥0.8 厘米
	倾斜度	≤15°		
根皮与茎皮		无干缩皱皮，无新损伤处，老损伤处总面积不超过 1 厘米 2		
分枝	整形带内饱满芽数	≥10 个	≥8 个	≥6 个
	分枝数(长度≥20 厘米分枝的数量)	≥6 个	≥5 个	≥4 个
接合部愈合程度		良好		
砧桩处理与愈合程度		剪除砧桩，剪口环状愈合或完全愈合		

注："双矮栽培"用苹果苗木矮化中间砧长度按 20 厘米预留进行嫁接，出圃时应控制在 18～22 厘米

表 6–3 礼富 1 号双矮苹果苗木年生长动态

月份	礼富 1 号品种净生长量(厘米)	礼富 1 号品种总高度(厘米)
4	15.0	15.0
5	65.0	80.0
6	40.0	120.0
7	33.0	153.0
8	15.2	168.2
9	1.6	169.8
10	0	169.8

注：双矮苹果苗木品种总高度指短枝富士品种接芽生长的长度。该接芽于 2014 年 8 月嫁接，当年未萌发。2015 年 3 月 28 日，短枝富士休眠芽开始萌发。调查地点为陕西省岐山县

好措施。9—10 月雨量充沛，苗木基本停止生长，无须浇水。只需 10 月上旬喷布一次杀虫剂和杀菌剂，减少苗木虫卵基数和病源基数。9 月 16 日苗木高度停止长高，但苗木增粗还在进行。

3.促进苗木分枝的技术措施

5 月中下旬普洛马林浓度以 1 000 毫克 / 千克为宜，每生长 10～15 厘米喷 1 次，连喷 2～3 次。

4.育苗时间保障

矮化中间砧苹果苗木 3 年出圃(图 6–15)，必须确保生长时间，才能培育符合标准的稀植大苗。①第 1 年培育实生砧木苗；②第 2 年培育矮化中间砧苗；

图 6–15 双矮苹果大苗

③第 3 年培育成品苗木(即矮化中间砧苹果苗木)。根据我们的经验,在陕西关中地区,水肥充足,大水漫灌,一年浇地 4 ~ 8 次,每次每亩灌溉用水 80 米 3,最多可出圃单干苗 1.2 万株,达到粗度 1.0 厘米、高度 1.5 ~ 1.8 米的优质苗木。苗木出圃时能达到的平均规格如表 6-4 所示。

表 6-4　不同矮化中间砧长富 2 号苹果苗木出圃时所能达到的规格
(育苗行株距 50 厘米 × 20 厘米)

序号	中间砧类型	苹果苗木高度(厘米)	品种粗度(厘米)	中间砧粗度(厘米)	基砧粗度(厘米)
1	M9-T337	218	1.32	1.91	1.63
2	M9	210	1.18	1.65	1.74
3	法 1(Pajam 1)	197	1.12	1.52	2.20
4	法 2(Pajam 2)	202	1.20	2.03	2.03
5	法 3(Emla)	198	1.05	1.60	1.72
6	法 4(Nakb)	213	1.40	2.06	1.82
7	M26	215	1.15	1.85	1.62
8	MM101	200	1.16	1.85	1.60
9	MM111	205	1.05	1.52	2.03
10	M7	205	1.10	1.54	1.83
11	SH1	220	1.35	1.55	2.14
12	SH6	213	1.30	1.60	2.10
13	SH9	226	1.50	1.82	2.23
14	SH18	213	1.20	1.53	2.40
15	SH38	210	1.20	1.51	1.62
16	SH40	210	1.32	1.71	2.41
17	B9	205	1.14	1.95	2.25
18	MM116	210	1.30	1.70	2.11
19	MM106	215	1.42	1.81	1.90
20	MARK	196	1.06	1.52	1.80
21	GM256	208	1.35	1.70	1.92
22	P22	195	1.10	1.85	1.52
对照	八棱海棠	250	1.61	2.12	2.23

注:矮化中间砧苹果苗木的基砧为八棱海棠。对照嫁接时取同一树上的八棱海棠接穗,既做中间砧又做品种进行比较。所有苗木都是 3 年出圃

第三节　矮化自根砧繁育

矮化自根砧(苗)繁育是矮化自根砧苹果苗木繁育的基础,是现代矮砧苹果苗木繁育与栽培模式中最先进、最重要的组成部分。现代化的矮化自根砧苹果苗圃把砧木繁育和成品苗木繁育安排在不同的育苗区域,本节简述矮化自根砧苗的繁育。

一、自根苗的特点和利用

(一)自根苗的特点

自根苗包括采用压条法、扦插法、分株法和组织培养培育的苗木,我国早在东汉时期就有压条繁殖自根苗的记载。自根苗是用优良母株的枝、根、芽等营养器官生根成株繁殖而来,它保持母体的遗传特性而变异较少,苗木生长一致,进入结果期较早,繁殖方法简便。但因自根苗无主根且根系分布较浅. 适应性和抗

逆性一般不如实生苗和实生砧嫁接苗。

(二)自根苗的利用

自根苗也可用作砧木,称为自根砧,常用于因实生变异大不能保持一致性的砧木树种,也可用于种子甚少且发芽率较低的树种。具有矮化作用的自根砧,称为矮化自根砧。矮化自根砧繁殖,欧洲以压条繁殖的居多,美国使用组培的居多。我国的果农利用砧木根蘖嫁接苹果的历史悠久,应用广泛。

苹果矮化砧木可用压条、扦插、组培繁殖,利用组织培养方法繁殖果树苗木,具有占地面积小、繁殖周期短、繁殖系数高和周年繁殖等特点。对于大量繁殖优良品种苗木、脱毒果树苗木和砧木、建立高标准和无病毒果园,发展现代果业意义重大。

苹果组培快繁体系已经完善,陕西、山东都能工厂化生产矮化自根砧 M26、M9-T337 等,年生产能力在 1 000 万盆营养钵小苗。陕西省千阳县的矮化自根砧 M9-T337 水平压条繁殖规模在全国最大,面积 3 000 余亩,年出圃 M9-T337 矮化自根砧苗 3 000 万株。

二、自根繁殖生根原理

自根繁殖方法主要是利用果树营养器官的再生能力,发生新根或新芽而长成一个独立的植株,其再生不定根和不定芽的能力与不同树种在系统发育过程中形成的遗传特性有关。

图 6-16 M9-T337 压条圃当年新梢覆锯末后形成不定根

(一)不定根的形成

不定根(Adventitious root)是由植物的茎、叶等器官发出,因发根位置不定,故称为不定根(图 6-16)。多年生木本植物的不定根通常在枝条的次生木质部产生,有的果树不定根是从形成层和髓射线交界处产生的。

大多数果树在扦插过程中,茎内某部分细胞恢复分裂能力,进行细胞反分化形成根原体,进一步产生不定根。有些果树是在枝条生长期间未离开母株时,在茎组织内就已形成根原体,并多从形成层与髓射线交界处发生。

插条形成愈伤组织和发生不定根,多数情况下是同时发生而又各自独立进行,但有时先长愈伤组织是扦插生根的主要条件,但有些树种插条基部在适宜的湿度和温度条件下能较快地发生许多愈伤组织而并不发根。

(二)不定芽的形成

定芽是指发生在茎的叶腋间的芽;不定芽是指不确定位置分化发生的芽,如根、茎段、叶片上分化发生的芽(图 6-17)。不定芽的形成在繁殖上有重要意义,许多植株的根在未脱离母体时,特别在根受伤的情况下都容易形成不定芽。在年幼的根上,不定芽是在中柱鞘靠近维管形成层的地方产生;在老年根上,不定芽是从木栓形成层或射线增生的类似愈伤组织中发生的;在受伤的根上,主要在伤口面或切断根的伤口处愈伤组织中形成不定芽。

图 6-17 矮化自根砧 B9 不定芽萌发

M9-T337 矮化自根砧水平压条繁殖中,为了让不定芽发生数量多,生产较多的矮化自根砧苗,春季萌芽前,常常把压条圃的矮化自根砧母株根尽可能多地暴露在空气中,促进不定芽萌发。

(三)极性

植物器官的生长发育均有一定的极性现象,即枝条总是在其形态学顶端抽生新梢,下端发生新根。用根段扦插时,在根段的形态学顶端(远离根颈部位）形成根，而在其形态基端（靠近根颈部位）发出新梢，因此扦插时要特别注意不能倒插。苹果属的某些种（如森林苹果、山定子、海棠果等）能够用根插成活培育自根苗（图 6–18）。

图 6–18　用 M9–T337 根段扦插培育自根苗

（四）影响扦插与压条生根成活的因素

1.内部因素

（1）种与品种　果树枝上发生不定根或根上发生不定芽的难易因树种不同而异，如山定子、八棱海棠等，其枝条再生不定根的能力很弱，而根再生不定芽的能力较强，因此枝插不易成活而根插则易成活。同一个属不同种的果树，枝插发根难易也不一样，如圆叶海棠发根容易；同一种果树不同品种枝插发根难易也有差别。

（2）树龄、枝龄和枝条着生部位　通常从实生幼树上剪取的枝条扦插较易发根，但随着树龄的增大，发根率降低。枝龄较小的插条扦插容易成活，因其皮层中幼嫩分生组织的生命力强。

M9–T337 采用喷雾嫩枝扦插时，用梢尖部分作插条的比用新梢基部作插条的成活率高。

（3）营养物质　枝条所贮藏的营养物质多少与扦插和压条生根成活有密切的关系。糖类对发根有良好的作用。氮素化合物也是发根必要的营养物质。在苹果插条中含有多种氨基酸，其中最多的是天门冬氨酸和脯氨酸，它们在形成根的过程中起促进作用。

生产中通过施用适量氮肥、使植株生长在充足的阳光下，对果树枝条进行环剥或环缢等措施，都可使枝条积累较多的营养物质和生长素，因而有利于插条或压条生根。

（4）植物激素　植物激素对不定根的形成具有一定的调节作用，且因激素种类的不同其作用有所差异。生长素对植物茎的生长、根的形成和形成层细胞的分裂有促进作用，吲哚乙酸、吲哚丁酸、萘乙酸可促进不定根的形成，细胞分裂素在无菌培养基上可促进根插中不定芽的形成，脱落酸在矮化砧 M26 扦插时有促进生根的作用。因此生产上常用生长调节剂（如吲哚丁酸或 ABT 生根粉等）处理来促进生根。

（5）维生素　维生素是植物营养物质之一，维生素在植物叶片中合成并输导至根部参与整个植株的生长过程，已知维生素 B1、维生素 B2、维生素 B6、维生素 C 和烟碱为生根所必需的物质。维生素和生长素混合使用，对促进发根有良好的效果。

无论硬枝扦插或绿枝扦插，凡是插条带芽或叶片的，其扦插生根成活率都比不带芽或叶片的插条生根成活率高，这与叶片和芽可制造生长素和维生素物质，并输送到插条下部促进根的分化和生长有关。

2.外部因素

（1）温度　白天气温 21～25℃、夜间约 15℃时有利于硬枝扦插或压条生根。北方春季气温升高快于土温，所以解决春季插条成活的关键在于采取措施提高土壤温度，使插条先发根后发芽或尽量缩短发芽与生根的时间差，以利于根系的水分吸收和地上部分的水分消耗趋于平衡。苹果砧木扦插中常使用加热的温床，并将温床放置在背阴处，控制空气温度，延迟发芽促进生根。插条生根适宜土温一般为 15～20℃。

（2）湿度　土壤湿度和空气湿度对扦插压条成活影响很大。插条发根前，芽萌发往往比根的形成早得多，而细胞的分裂、分化、根原体的生成，都需要一定的水分供应，所以扦插或压条后，土壤含水量最好稳定在田间最大持水量的 50%～60%，空气湿度越大越好，以减少蒸腾失水。

（3）光照　扦插发根前及发根初期，强烈的光照加剧了土壤及插条中水分消耗，易使插条干枯。因此应避免强光直射。夏季带叶嫩枝扦插，应搭棚遮阴和经常喷水。

（五）促进生根的方法

1.机械处理

对枝条进行剥皮、纵刻伤和环剥处理，可以促进生根，主要是由于生长素和糖类积累在伤口区或环剥口上方，提高了过氧化氢酶活性，从而促进细胞分裂和根原体的形成。

(1)剥皮 对枝条木栓组织比较发达的果树,扦插前先将表皮木栓层剥去,对发根有良好的促进作用。

(2)纵刻伤 在插条基部1~2节的节间刻划3~4道纵伤口,深达韧皮部。刻伤后扦插,可促进不发根的节间发出不定根。

(3)环状剥皮 在枝条的某部位剥去一圈皮层,宽3~5毫米。环剥时间为压条繁殖前,也可在采插条前15~20天对欲作插条的枝梢环剥,待环剥伤口长出愈伤组织而未完全愈合时,剪下扦插。

2.黄化处理

在新梢生长初期用黑布或纸条等包裹基部,使叶绿素分解消失,枝条黄化,皮层增厚,薄壁细胞增多,生长素积累,有利于根原体的分化和生根,黄化处理宜在扦插前3周进行。

3.温度控制处理

早春扦插因土温较低而生根困难,因此提高插条基部温度可促进插条生根,辅以降低插条顶部温度延迟萌芽措施可大大提高扦插成活率。可利用电热温床等热源增温,促进发根。

4.植物生长调节剂处理

对不易发根的树种、品种,采用药剂处理加强插条的呼吸作用,提高酶的活性,促进分生细胞的分裂而发根。常用于促进插条生根的植物生长调节剂中以吲哚丁酸(IBA)、吲哚乙酸(IAA)和萘乙酸(NAA)效果较好,中国林业科学院研制的ABT生根粉对促进插条和苗木生根均有良好效果。药剂使用方法可分为液剂浸渍和蘸粉剂两种。

(1)液剂浸渍 硬枝扦插时所用浓度为5~100毫克/千克,浸渍12~24小时,嫩枝扦插用5~25毫克/千克,浸12~24小时。也可采用短时间浸渍处理,所用浓度为300~1 000毫克/千克,浸渍时间为3~5秒。

(2)蘸粉剂 用滑石粉作稀释填充剂,配合量为500~2 000倍,混合2~3小时后即可使用。先将插条基部用清水浸湿,然后蘸粉即行扦插。

三、矮化自根砧的繁殖方法

矮化自根砧的繁殖方法主要有水平压条法、垂直压条法、扦插繁殖法、组培快繁法、植物无糖组培快繁法(技术)五种,另外还有分株繁殖法。

(一)水平压条法

压条(Layering)是在枝条不与母体分离的状态下压入土中,促使压入部位发根,然后剪离母体成为独立新植株的繁殖方法。苹果矮化自根砧苗的繁殖常采用地面压条的方法。地面压条分为水平压条和垂直压条两种。

图6-19 矮化自根砧水平压条

水平压条法(图6-19)是目前苹果矮化自根砧规模化繁殖最为简便的方法之一。过去的方法是春季萌芽前,将矮砧母株上充实的一年生长枝水平压弯,固定于浅沟中并覆土。各节萌芽后,抹除向下的芽、基部芽和过密的芽,使芽间距保持在3~5厘米,当留下的芽抽梢至30厘米左右时,摘除新梢基部10厘米范围内的叶片,在新梢基部培土(或锯末)10厘米厚,浇水,使枝土密接。1个月后再培土一次,土厚20厘米。秋天落叶后分株,扒开培土,从母株上分段剪下生根的小苗,按行距50厘米、株距15~20厘米移栽至苗圃。现在有所改进,是秋季(10月份)压条,而不是春季压条,是覆(培)锯末而不是培土,是在母株上留5毫米桩剪下子株(生根的小苗),而不是从母株上分段剪下生根的小苗;在第1次覆锯末前,新梢基部10厘米范围内的叶片也不用摘除,直接覆锯末即可,随着枝条的生长,锯末内的叶片会自动脱落腐烂。

用水平压条法建设砧木压条繁殖圃,即砧木苗床,繁殖矮化自根砧苗,这是生产矮化自根砧苹果苗的第一步。根据设计砧木压条繁殖圃的大小,需要在砧木苗床旁边预留安排苗床用地的5%~10%作为锯末堆积场，堆放大量锯末备用。灌溉系统要提前设计布设，砧木栽植完毕后，立即灌溉，确保每 1 株砧木都能成活并旺盛生长。砧木行内采用人工除草或拔草。

现以 M9-T337 为例详细介绍矮化自根砧砧木压条繁殖圃的建设过程。压条圃建成需 2 年时间，第 1 年矮化自根砧苗斜栽，10 月中旬以后水平压条形成母株，第 1 年不产出矮化自根砧苗；第 2 年春母株上芽体萌发成新梢，随着新梢生长，通过多次覆盖锯末，定期喷灌或滴灌，新梢基部生根，成为子株，12 月收获矮化自根砧苗，即带根的子株。操作要点及规范如下：

1.压条圃设计(第 1 年)

建圃第 1 年，设计压条圃株行距。行距 1.5 米，株距 25 厘米，平畦整地或浅沟整地，单行栽植。如果面积很小，锯末靠人工装袋转运，行距可缩小至 1.2 米；如果用人力车转运锯末，行距可放大至 1.8～2.0 米，也可采用宽窄行设计行距，宽行 1.8 米，窄行 1.5 米。如果建圃自根砧苗数量少，或苗木粗壮高大，株距可放宽到 40～50 厘米。

通过研究矮化自根砧 M9-T337 不同栽植密度对第 2 年产生子株数量的影响，结果表明，按株距 25～40 厘米、行距 120 厘米、150 厘米、180 厘米或 200 厘米建成的矮化自根砧压条圃，第 2 年年底每压条行 50 米长度压条圃可收获的子株(矮化自根砧)数量差别较大，以株距 25 厘米建圃的产出子株率最高。也就是说，建圃时栽植砧木越密，秋季压条后，第 2 年春季，单位压条圃行长度母株数越多，秋季收获的子株数将会越多(表 6-5)。所以建矮化自根砧压条圃时，若砧木充足，最好以株距 25 厘米为宜，砧木粗细需均匀。

2.自根砧选择

建圃时自根砧苗规格，优先选用粗度 6～8 毫米(生根部位以上 10 厘米处量)，高度 50～60 厘米(不含根颈段)的砧木苗；粗度 8 毫米以上至 12 毫米的自根砧苗建圃时，要按粗度 1 毫米的级差严格分成 4 个等级，不同等级栽植在不同行；尽量不用粗度超过 12 毫米的自根砧苗建圃，此类苗生长一年后太粗，压条时困难；也尽量不用粗度小于 6 毫米的自根砧苗建圃，此类苗太小，生长一年后，压条达不到理想的母株效果。

表 6-5　压条圃行内栽植密度对第 2 年产出子株数量的影响

序号	栽植密度(株距)(厘米)	50 米压条圃行内栽植株数(株)	50 米压条圃产出子株数(株)
1	25	200	2 059
2	26	192	2 014
3	27	185	1 983
4	28	179	1 973
5	29	172	1 960
6	30	167	1 952
7	31	161	1 946
8	32	156	1 878
9	33	152	1 792
10	34	147	1 768
11	35	143	1 670
12	36	139	1 610
13	37	135	1 585
14	38	132	1 554
15	39	128	1 515
16	40	125	1 480

3.自根砧栽植时间

M9–T337 自根砧苗栽植时间为 3 月下旬至 4 月下旬。

4.自根砧栽植方式

南北行向，向北倾斜，与地面成 30° 角（也可成 45° 角）栽植，便于秋季压条。栽植后于苗木一侧开沟灌水或喷灌，一周后采用自动喷灌系统或滴灌系统，每周喷灌或滴灌 1 次，地面湿透为止，或土壤相对含水量 60%～80%，定植当年可发枝 3～5 个或更多，长度 60～80 厘米或更高；斜栽苗木所发新枝生长在一个与地面垂直的平面上，比直栽苗木容易压条。

栽植时可预留 1% 的砧木苗，斜栽集中培养，用于栽植当年未成活砧木植株位置的补栽。补栽可在压条前的 7、8、9 三个月进行，带叶带土移栽，尽量选阴雨天进行，气温 30℃以上时，掐掉枝条顶端 10～15 厘米嫩梢，苗木适当摘叶。补栽时砧木苗生长姿态与栽植行砧木苗姿态保持一致。

通过研究不同栽植方式（直栽、倾斜 30° 栽植）对苹果矮化砧木 M9–T337 砧木生长量的影响，结果表明，矮化自根砧直立栽植时，树势强，新梢数量少，平均长度大，在压条繁殖砧木时，易折断，不易压倒；而倾斜 30° 栽植时，树势中庸，新梢易压倒，便于建矮化自根砧压条圃。所以建砧木压条圃时砧木宜斜栽，与地面成 30° 栽植（表 6–6）。

表 6–6　栽植方式对 M9–T337 砧木生长量的影响

栽植方式	新梢数量（个）	平均长度（厘米）	平均粗度（厘米）	最大长度（厘米）
直立	4.6	46	0.721	88
倾斜 30°	7.4	41	0.646	80

5.秋季压条

当年秋季进行压条。压条时间为 10 月中旬开始（枝条新梢停止生长后），11 月上旬结束。压条采用顺行辫枝、辅以竹签别枝的办法，防止上弹，所有枝条压入 5～10 厘米的浅沟内，平卧地面，操作时向北压倒成行或带，压条后的宽度 30～50 厘米，过窄产生子株少，过宽不方便覆锯末，同时注意粗的枝条容易折断，要转枝后再压平；压条时所用的材料为 0.8～1.5 厘米粗的竹竿，裁剪成 40 厘米长的竹签，竹签粗度以 1 厘米为宜，竹签一端剪成平口，另一端成斜剪口，压条时便于插入土中固定枝条，固定枝条时竹签与压条行成 90° 角、与地面成 45° 角分别沿枝条两侧夹住。竹签间距 50 厘米左右插 1 根，砧木枝条粗壮难以固定至地面时，可在枝条左右两侧同一位置固定两根竹签。大多情况下用竹签分散固定即可。

裁剪竹签时，要用锋利的修枝剪，并延长一个手把，借助杠杆的力量裁剪，省力高效；使用电锯裁剪，效率更高。插竹签固定压条时，竹签置于编织袋上，随用随取，两人一组，分别位于砧木两侧，独立操作，借助小榔头把竹签插牢固。

6. 沟施复合肥与锯末准备

秋季（9—10 月），顺压条两侧开沟施复合肥每亩 100 千克，施肥后所有枝条与地面贴实，枝条上部覆土不能超过 2 厘米，当年在压条上不覆锯末；冬季至春季准备锯末，每亩矮化自根砧压条繁殖圃需锯末 60～100 米^3；锯末中可加入牛场带水的流体牛粪，与干锯末混匀后起堆发酵，一是杀灭虫卵，二是让干锯末吸水便于保存的同时增加肥力。

对于小型压条繁殖圃，锯末堆集场较小不足以存放足够的锯末时，自根砧压条后可把锯末转运至矮化自根砧的行间保存，以存足所需覆盖的锯末量为宜。

矮化自根砧压条繁育圃建设过程第 1 年主要操作流程如图 6–20 至图 6–33 所示。

7.堆沤有机肥及检查压条行枝条（第 2 年）

建圃第 2 年 2—3 月，堆沤牛粪（加杀虫剂）；检查上一年所压平的枝条，对细弱枝条留 2 厘米桩平剪，对长度超过 60 厘米的特长枝条轻短截，剪下的枝条集中收集带离压条圃，进行处理；对压条后翘起的枝条重新压条，使之平卧地面。清除所有枝条上覆盖的杂质，让所有芽见到阳光，以便萌发。

图 6-20　优质矮化自根砧准备

图 6-21　矮化自根砧栽植(3—5 月)

图 6-22　矮化自根砧栽植(3—5 月)

图 6-23　矮化自根砧生长状(8 月)

图 6-24　矮化自根砧生长状(10 月)

图 6-25　矮化自根砧水平压条前(10—11 月)

图 6-26　水平压条用竹段

图 6-27　水平压条(10 月下旬至 12 月上旬)

图 6-28　水平压条后状态

图 6-29　水平压条竹段使用方法

图 6-30　水平压条后状施肥整地

图 6-31　准备第 2 年压条用锯末(当年 10 月开始)

图 6-32　已发酵牛粪与锯末混合备用

图 6-33　行间堆放锯末

8.压条行施入有机肥

4 月顺压条行两侧施入已腐熟牛粪，每亩施 10 米 3。随后等分枝(子株)高 15 ~ 20 厘米时，基部覆土，填实母株与子株基部，便于日后覆锯末，节省锯末。4 月底，压条行每米长度可产生分枝 50 个，高度 15 ~ 20 厘米。

9.第 1 次覆锯末

5 月上旬继续用土填实母株基部，下旬分枝(子株)高度已达 30 ~ 50 厘米，第 1 次覆锯末，高度 10 ~ 15 厘米，覆后每 3 天喷灌 1 次，以锯末保持湿润为宜(相对含水量 60% ~ 80%)；5 月下旬至 6 月上旬，抹除子株上所有的副梢，以便冬季砧木收获后嫁接苹果品种时茎干光滑。覆锯末时，要把子株周围的锯末压实，便于生根。子株周围所覆的锯末用于子株生根，最好用新鲜锯末，不用陈锯末。

10.第 2 次覆锯末

6 月中旬，分枝高度已达 45 ~ 65 厘米，第 2 次覆锯末，厚度 10 ~ 15 厘米，总厚度达到 30 ~ 40 厘米为宜。喷灌每天进行 1 次,以锯末保持湿润为宜。

11.第 3 次覆锯末

6 月下旬至 7 月上、中旬,分枝高度已达 60 ~ 80 厘米,第 3 次覆锯末,厚度 10 ~ 15 厘米,总厚度达到 40 ~ 45 厘米为宜。喷灌每天进行 1 次,以锯末保持湿润为宜。部分苗高(含锯末内)已达 80 ~ 100 厘米。砧木压条后已在枝条基部开始生根,有的多达 6 条以上。

12.日常喷灌,子株基部人为用锯末填压实,防止倒伏

7 月,砧木每 2 天喷灌一次,喷湿锯末为宜,促进生根茎段长度达到 10 ~ 20 厘米;7 月下旬,把子株基部人为用锯末填压实,使子株直立生长,不要倒伏。

13.锯末保墒,最后 1 次覆土

8 月,砧木已于基部生根 5 ~ 7 条,喷灌与 7 月相同;最后 1 次覆土,即再把通风道内(行间)的土覆在锯末上薄薄一层,起保墒作用。

14.继续喷灌,促进生根

9—10 月,加强水分供应是关键,保持锯末湿润,促进子株生根。

15.准备收获矮化自根砧

11 月即可开始收获矮化自根砧,总结生根的关键技术要点。覆锯末关键在于:第 1 次覆锯末在 5 月中、下旬,子株高 30 ~ 50 厘米,覆锯末 10 ~ 15 厘米;第 2 次覆锯末在 6 月中、下旬,子株高出锯末 30 ~ 50 厘米,覆锯末 10 ~ 15 厘米;6 月下旬至 7 月上、中旬第 3 次再覆 10 ~ 15 厘米,总厚度达 40 ~ 45 厘米,最后再把通风道内的土覆在锯末上薄薄一层,起保墒作用。

16.矮化自根砧收获

(1)收获时间、方法及注意事项

12 月上旬即可收获 M9-T337 矮化自根砧。先铲去锯末,露出子株根系(不能露出母株),然后用长把修枝剪剪断子株与母株相连的根茎,不能把子株的根茎全部剪下,要留 3 ~ 5 厘米作为母株的一部分,剪下的子株即自根砧苗,对收获的砧木进行整修并分级,根部对齐,每 50 株一捆,按照根茎 20 厘米、地上茎 20 厘米、嫁接品种时用去 M9-T337 茎干 10 厘米,保持自根砧苗总高度 50 厘米,裁去自根砧苗多余茎干,装箱,用湿锯末沙藏,保存在 0 ~ 3℃的冷库中,来年春季在嫁接车间进行离体嫁接(舌接)苹果品种愈合后苗圃栽植培育矮化自根砧苹果苗。

收获的 M9-T337 矮化自根砧苗规格:苗高 80 ~ 90 厘米,生根部位以上 10 厘米处粗度 8 ~ 12 毫米,个别 13 毫米,根系发达,侧根 20 条以上,多的达 50 根。如苗粗 10 毫米,高 84 厘米,侧根 50 条;苗粗 11 毫米,高 90cm,侧根 40 条;平均苗鲜重 90 克。

也有春季在嫁接车间采用露芽式嵌芽法接嫁接苹果品种后短暂冷库贮藏、栽于苗圃培育矮化自根砧苹果苗的做法,此时矮化自根砧在收获后贮藏时,砧木总长度可保留 60 ~ 80 厘米,或收获的砧木稍做短截即可贮藏,只要符合贮藏砧木的容器大小尺寸即可,芽接时按照栽植深度确定嫁接高度。收获的砧木栽植培育矮化自根砧苹果苗。

有砧木收获机械的,可用机械从地平处把子株从母株上剪断。建立好的压条繁殖圃(砧木苗床)可以连续使用 15 ~ 20 年,然后重新选择前茬作物不是果树的田块重新建立新的砧木苗床,以实现砧木苗床更新。

(2)矮化自根砧收获、分级、打捆及假植

①工具及材料准备:木棍、锄头、长把剪及塑料扎绳等(图 6-34 至图 6-37)。工具使用前清洗、酒精消毒,以免交叉感染。

②收获(起苗):按如下三步进行,简称"三步起苗法"(图 6-38 至图 6-40)。

A.从两侧用锄头刨开锯末,露出生根部位;

B.用木棍抖松砧木周围锯末;

C.剪下砧木。

图 6-34 砧木收获工具——木棍

图 6-35 砧木收获工具——普通长把剪

图 6-36 砧木收获工具——欧式长把剪

图 6-37 砧木收获工具——镢头

图 6-38 矮化自根砧起苗"三步曲"之一——刨锯末

图 6-39 矮化自根砧起苗"三步曲"之二——松砧木

图 6-40 矮化自根砧起苗"三步曲"之三——剪砧木

③分级：按嫁接苹果苗木用途，进行砧木分类分级（以下所述的根系发达，指生根点有 1～3 个长度 20 厘米左右的细根）。

A 类：高度、粗度适合嫁接苹果品种苗木的（苗高对收获的子株砧木而言指从母株剪口至子株顶芽基部的长度）。

一级：有 3 个以上生根点，根系发达，苗总高度 50～100 厘米，嫁接位置粗度（苗高 40 厘米处）6～10 毫米。

二级：有 3 个以上生根点，根系发达，苗总高度

100 厘米以上，嫁接位置粗度（苗高 40 厘米处）大于 10 毫米。

三级：有 1～2 个生根点，根系发达，苗总高度 50～100 厘米，嫁接位置粗度（苗高 40 厘米处）6～10 毫米。

四级：有 1～2 个生根点，根系发达，苗总高度 100 厘米以上，嫁接位置粗度（苗高 40 厘米处）大于 10 毫米。

B 类：高度适合，粗度稍细，不适合嫁接苹果品种苗木的。

五级：有 3 个以上生根点，根系发达，苗总高度 50～100 厘米，嫁接位置粗度（苗高 40 厘米处）小于 6 毫米。

六级：有 3 个以上生根点，根系发达，苗总高度 100 厘米以上，嫁接位置粗度（苗高 40 厘米处）小于 6 毫米。

七级：有 1～2 个生根点，根系发达，苗总高度 50～100 厘米，嫁接位置粗度（苗高 40 厘米处）小于 6 毫米。

八级：有 1～2 个生根点，根系发达，苗总高度 100 厘米以上，嫁接位置粗度（苗高 40 厘米处）小于 6 毫米。

C 类：高度、粗度都不适合嫁接苹果品种苗木的。

九级：有 1～2 个或 3 个以上生根点，根系发达，苗总高度 50 厘米以下。

D 类：栽植难成活的，无法使用的。

等外苗：无生根点。

通过压条繁殖的矮化自根砧苗，不同部位粗度不同。2021 年 10 月 14 日，我们在千阳县南寨镇测定了砧木苗生根部位以上 5 厘米、20 厘米的粗度，以及压条圃基质表面处砧木的粗度（表 6–7），供砧木选择使

表 6–7　压条繁殖出圃砧木不同位置的粗度

抽样序号	不同位置粗度（毫米）			
	砧木生根部位以上 5 厘米处	压条基质表面	砧木生根部位以上 20 厘米处	平均
1	2.85	3.27	2.98	3.03
2	3.70	3.62	3.57	3.63
3	4.47	5.19	5.11	4.92
4	5.56	6.84	6.31	6.24
5	6.50	7.11	6.94	6.85
6	7.04	7.24	6.71	7.00
7	7.70	9.52	8.78	8.67
8	7.99	8.92	9.65	8.85
9	8.27	9.33	8.65	8.75
10	8.65	8.57	7.76	8.33
11	9.75	9.34	8.99	9.36
12	10.97	10.69	9.54	10.40
13	11.19	13.17	12.97	12.44
14	12.43	11.53	10.60	11.52
15	12.46	12.42	12.15	12.34
16	12.80	12.64	13.09	12.84
17	12.94	12.74	12.55	12.74
18	13.74	13.06	11.89	12.90
19	14.55	14.16	13.68	14.13
20	15.64	15.09	14.23	14.99
21	16.05	15.05	13.84	14.98
22	20.26	17.28	16.7	18.08

用(育苗嫁接、建压条繁殖圃等)时参考。

陕西宝鸡海升现代农业有限公司矮化自根砧作为育苗用途时，将砧木分为合格砧木与不合格砧木两类，标准如表 6–8。

陕西宝鸡华圣果业有限责任公司矮化自根砧作为嫁接(舌接法)育苗用途时，将砧木分为一、二、三级，标准如表 6–9。

④打捆：按不同分类分级，50 根或 100 根把砧木打成捆。

⑤假植：按砧木等级分类，把砧木临时假植在潮湿的新鲜锯末中，遮阴。

分级、打捆、假植等操作如图 6–41 至图 6–47 所示。

表 6–8　苹果矮化自根砧砧木(苗)分级标准

项目	根系合格砧木 (侧根数≥5 条)				根系不合格砧木 (侧根数 <5 条)	
根系以上 5 厘米处砧木粗度(毫米)	2.1 ~ 4.0	4.1 ~ 6.0	6.1 ~ 8.0	≥8.1	2.1 ~ 7.0	≥7.1
砧木用途	过细， 重新栽植		春季栽植， 夏季芽接	室内离 体嫁接	重新栽植， 进行夏季芽接	

表 6–9　苹果矮化自根砧砧木(苗)分级标准

项目	一级	二级	三级
矮化自根砧生根点数(个)	≥3		
砧木粗度(毫米)	8.1 ~ 10.0	6.1 ~ 8.0， 10.1 ~ 12.0	4.1 ~ 6.0， 12.1 ~ 14.0

图 6–41　矮化自根砧起苗——分级

图 6–42　矮化自根砧起苗——打捆

图 6–43　矮化自根砧起苗后湿锯末临时保存

图 6–44　压条自根砧 3 个以上生根点

图 6-45　压条自根砧 4 个生根点

图 6-46　压条自根砧 9 个生根点

图 6-47　优质 M9-T337 自根砧

17.砧木贮藏

收获的砧木，用锯末保湿贮藏在 0～3℃的冷库中。可用于嫁接苹果品种或建压条圃。没有冷库贮藏条件的育苗户，12 月可不收获砧木，冬灌后在锯末上再覆一层细土，厚度不超过 2 厘米，可在翌年 3 月底前随时采收，以惊蛰（3 月 21 日）前采收完毕最好（图 6-48 至图 6-54）。

18.生长季节注意中耕除草

整个生长季节注意中耕除草，尤其是人工清除锯末内的杂草，如打碗花。做好病虫害的防治工作。

图 6-48　未收获的砧木压条圃大雪覆盖（1 月）

图 6-49　未收获的砧木压条圃叶未落完（1 月）

图 6-50　未收获的砧木压条圃（1 月）

图 6-51　未收获的砧木压条圃（2 月）

图 6-52　未收获的砧木压条圃（2 月）

图 6–53 未收获的砧木压条圃（3 月）

图 6–54 未收获的砧木压条圃（3 月）

19.矮化自根砧收获后的管理

12 月已收获自根砧的压条圃，顺着压条圃行用锯末盖严母株，锯末厚度 10 厘米左右为宜，然后冬灌（喷灌或滴灌）越冬。

矮化自根砧压条繁育圃建设过程第 2 年主要操作流程如图 6–55 至图 6–70。

20.开春裸露母株剪桩或根系，开始新一年的压条圃管理（第 3 年）

建圃第 3 年，2 月下旬至 3 月下旬，刨开锯末，用吹风机吹净母株上的锯末，检查母株剪桩或根系是否位于同一水平高度，最多不能相差 10 厘米，让母株不定芽尽可能多的萌发的同时，确保子株生根位置处于同一水平高度，秋冬季收获砧木时便于机械收获。灌溉按常规进行。重复第 2 年的操作，如此年复一年，此压条圃可维持 15 ~ 20 年收获矮化自根砧苗。

应该注意，每次覆锯末的时间与子株的高度相关，具体覆盖的时间可能会提前或推后，覆锯末时，第 3

图 6–55 春季露出所有枝条多发新枝

图 6–56 矮化自根砧压条圃（4 月）

图 6–57 矮化自根砧压条圃（5 月）

图 6–58 矮化自根砧压条圃（5 月）

图 6-59　矮化自根砧压条圃(6 月)第二次覆锯末

图 6-60　矮化自根砧压条圃(6 月)第三次覆锯末

图 6-61　矮化自根砧压条圃(7 月)

图 6-62　矮化自根砧压条圃抹副梢(7-8 月)

图 6-63　矮化自根砧压条圃抹副梢(9 月)

图 6-64　矮化自根砧压条圃清理锯末中杂草(10 月)

图 6-65　矮化自根砧压条圃(10 月)

图 6-66　矮化自根砧压条圃(11 月)

图 6-67　矮化自根砧压条圃(11 月)

图 6-68　矮化自根砧未收获压条圃

图 6-69　矮化自根砧未收获压条圃

图 6-70　矮化自根砧已收获压条圃覆盖母株根茎

年第 1 次、第 2 次尽量用新锯末,保持生根部位不用陈锯末,以防引来蛴螬危害子株将要生根的部位,造成根颈损伤,生根困难,第 3 次、第 4 次可用上年使用过的位于行间的陈锯末。

通过各种锯末、沙子、牛粪作压条基质实践,发现松木、杂木的新鲜锯末作为压条基质自根砧生根最好,用陈锯末影响子株生根,就相当于重茬栽培一样。第 3 年开始每年比上一年要新补充 70% ~ 100% 的新锯末。

另外,第 2 年压条圃所生产出的砧木高度、粗度相差较大,甚至有些子株还没有生根。到了第 3 年 12 月,压条圃所产出的自根砧基本趋于一致,根系也发达,亩产砧木可达 10 000 株。

矮化自根砧压条繁育圃建设过程第 3 年及以后各年主要操作流程如图 6-71 至图 6-88。

21.矮化自根砧压条繁育圃建设过程(第 4 年)

矮化自根砧压条繁育圃建设过程(第 4 年)及以后重复前一年工作。

图 6-71　砧木收获后覆盖苗床根系(2 月)

图 6-72　吹苗床锯末用吹风机

图 6-73　B9 砧木露出根系等待发芽

图 6-74　B9 母株根茎露出土壤或锯末

图 6-75　M9-T337 砧木生长状(4 月)

图 6-76　压条圃生长状(4 月下旬)

图 6-77　压条圃覆锯末(5 月上旬)

图 6-78　压条圃覆锯末(5 月中旬)

图 6-79　B9 压条圃生长状(6 月)

图 6-80　B9 覆锯末结束(6 月)

图 6–81　B9 压条圃易倒伏立杆保护（6 月）

图 6–82　B9 压条圃生长状（6 月）

图 6–83　M7 压条圃覆锯结束（6 月）

图 6–84　M7 压条圃生长状（6 月）

图 6–85　M9–T337 压条圃覆锯末后覆土保墒

图 6–86　压条圃生长状（7 月）

图 6–87　压条圃生长状（10 月）

图 6–88　待收获的砧木

（二）垂直压条法

垂直压条法又称直立压条法、壅土压条法（图6-89、图6-90）。多用于枝条粗壮直立、硬而较脆的矮化砧木，适用于小批量矮化砧木苗生产。生产中，常见的苹果品种覆土生根就是这个道理(图6-91)。

春季或上年秋季按1.5米行距开沟，沟深、宽均为30～40厘米，株距为30～50厘米，直立栽植矮化自根砧苗，栽植后砧木苗树盘稍低，常规土肥水与田间管理一年。第2年春季萌芽前，将矮砧母株从距地面5～10厘米处短截，促使发出萌蘖。待新梢长至15～20厘米时，进行第1次培土(或锯末)，用湿润细土培土10厘米厚，培土高度约为新梢长的1/2。1个月后，新梢长达40厘米时第2次培土，培土总厚度达20～30厘米。培土前应灌水，培土后注意保持土堆内湿润。培土后20天左右开始生根。

图6-89　垂直压条前新梢生长状

图6-90　垂直压条覆锯末

图6-91　苹果品种压条易生根(红乔纳金枝条埋土后生根)

秋天落叶后分株，扒开培土，从母株上剪下生根的小苗，即为矮化自根砧苗(子株)，未生根的萌蘖亦应同时短截。剪截子株或未生根的萌蘖时，靠近母株处应留2厘米短桩，促进翌年发枝。压条繁殖中，锯末是最佳的培覆材料，相对于土来说锯末操作简易、保湿透气性好、易于生根，起苗时伤根较少，且有利于直接采用机械起苗。

（三）扦插繁殖法

1.枝插法

（1）硬枝扦插

利用苹果矮化砧充分成熟的一年生枝条进行扦插，称为硬枝扦插。

扦插于早春休眠期进行，多用于容易生根的矮化砧木。初冬剪取成熟的矮砧枝条，0～5℃条件下沙培贮藏。翌年春天，将矮砧枝条剪成20～25厘米枝段(插条上端距最上芽2厘米左右平剪，以便扦插时识别插条方向，下端45°角斜剪)，枝段下端在1 500毫克/升IBA溶液中浸泡5秒，按行距50厘米、株距15～20厘米，插入育苗畦内，其顶端与地面平齐或略高于地面。插后浇水，待水渗下后，畦表面撒盖一层薄土，覆盖地膜保墒。此后经常保持土壤湿润。发芽后，撤去地膜，每个枝段留一个砧芽，其余抹除。

（2）绿枝扦插

利用半木质化的新梢进行扦插，称为绿枝(嫩枝)扦插。

绿枝比硬枝容易发根，但绿枝对空气和土壤湿度的要求严格，多用室内弥雾扦插繁殖，使插条周围保持100%湿度，叶片被有一层水膜，叶温比对照低5.5～8.5℃，室内气温平均21℃，降低蒸腾作用、增强光合作用、减少呼吸作用，从而使难发根的插条保持较长时间的生活力，以利发根。

2.根插法

苹果矮化自根砧 M9-T337、M26 等枝插不易成活或生根缓慢，需要少量的矮化自根砧苗时，可利用矮化自根砧苗或矮化自根砧苹果苗苗木出圃剪下的根段或留在地下的残根进行根插繁殖。

根段粗度以 0.3 ~ 1.5 厘米为宜，剪成 10 ~ 20 厘米长，上口平剪，下口斜剪。根段可直插或平插，以直插容易发芽，但切勿倒插。早春苗圃整地后，按行距 50 厘米、株距 20 厘米密度进行根插，根段扦插后露出地面约 2 厘米。加强肥水管理，当年即可培育成矮化自根砧苗，用于繁育多分枝矮化自根砧苹果苗木。

(四)组培快繁法

采用植物体的器官、组织和细胞，通过无菌操作接种于人工配制的培养基上，在一定的温度和光照条件下，使之生长发育为完整植株的方法称为组织培养(Tissue culture)，简称组培。因为上述器官、组织或细胞是从植株上取下离体在试管(或三角瓶)内培养，故又称为离体培养(Culture in vitro)。

苹果组织培养根据培养材料的不同可分为茎尖培养、茎段培养、叶片培养和胚培养等。

苹果组织培养主要包括培养基的制备、起始培养或初代培养(诱导分化)、继代培养(增殖培养)、生根培养以及组培苗的驯化和移栽(图 6-92、图 6-93)。下面简要介绍苹果矮化自根砧组培快繁方法。

图 6-92 组培 M9-T337 砧

图 6-93 组培矮砧育苗圃

1.外植体取材与消毒

(1)外植体

生长期，采取新梢先端 2 ~ 3 厘米为外植体。休眠期，采取一年生枝条上的饱满芽为外植体。

(2)外植体消毒

用流水冲净外植体表面的灰尘，在超净工作台上用 70%酒精浸泡 0.5 分钟，0.1% ~ 0.2%升汞+0.1%吐温消毒 10 ~ 15 分钟，无菌水冲洗数遍。

2.诱导分化

切取带 1 ~ 2 个芽的茎段或长 1 ~ 5 毫米的茎尖，接种到诱导分化培养基(MS+ BA0.5 ~ 1.5 毫克 / 升 +NAA0.02 ~ 0.05 毫克 / 升或 IBA0.2 ~ 0.5 毫克 / 升 + 蔗糖 30 克 / 升 + 琼脂 5 ~ 7.5 克 / 升，pH 5.8)上。在室温 23 ~ 27℃、光强 1 500 ~ 2 000 勒克斯下培养。分化期间，每 1 ~ 1.5 个月转换一次培养基。

3.增殖培养

分化培养数月，外植体形成丛芽后，将大的丛芽切分数个小块，同时将长的小植株切成带 1 ~ 3 个节的小段，插入新鲜培养基中，进行增殖。培养基同诱导分化培养基。

4.诱导生根

选择生长正常、高度 2 厘米以上的小植株，切除基部后，插入 1/2 MS 大量元素(其他元素为全量)+IAA 1.5 毫克 / 升或 IBA 0.2 毫克 / 升 + 蔗糖 20 克 / 升 + 琼脂 5 ~ 7.5 克 / 升、pH 5.8 的生根培养基上，培养 15 ~ 20 天即可生根。

5.移栽

将生根试管苗移入温室，闭瓶炼苗 5 ~ 10 天，开瓶炼苗 1 ~ 2 天，洗净根部培养基后移栽，覆盖塑料拱棚，并适当遮阴，注意保湿、控温。一周后，逐渐通风透光，移栽成活后，移入田间苗圃。

（五）植物无糖组培快繁法

该技术又称“植物无糖组培快繁技术”，已在陕西省千阳县陕西青美生物科技有限公司取得成功，规模化应用于苹果矮化自根砧 M9-T337 的繁殖上，每年可生产矮化自根砧容器苗 600 万株（图 6-94 至图 6-96）。下面简要介绍这一技术。

图 6-94　青美生物苗木脱毒组培体系

图 6-95　无糖组培快繁

图 6-96　M9-T337 试管砧

1.简介

植物无糖组培快繁技术（Sugar-free micropropagation）又称为光自养微繁殖技术，是指在植物组织培养中改变碳源的种类，以 CO_2 代替糖作为植物体的碳源，通过输入 CO_2 气体作为碳源，并控制影响试管苗生长发育的环境因子，促进植株光合作用，使试管苗由兼养型转变为自养型，进而生产优质种苗的一种新的植物微繁殖技术。

该技术概念是在 1980 年提出的，其技术发明人是日本千叶大学的古在丰树教授。20 世纪 90 年代以后，这一技术成为植物微繁殖研究的新领域，受到广泛的关注，无糖组织培养技术也在各国开始得到推广应用。特别是近几年来，从事这一技术领域研究的科技人员越来越多，技术也逐渐成熟，并开始应用于植物微繁殖工厂化生产。

2.技术特点

（1）CO_2 代替了糖作为植物体的碳源

在一般的有糖培养微繁殖中，小植物是以糖（如蔗糖、白砂糖、果糖等）作为主要碳源进行异养或兼养生长，糖被看作是植物组织培养中必不可少的物质添加到培养基中。而无糖培养微繁殖是以 CO_2 作为小植株的唯一碳源，通过自然或强制性换气系统供给小植株生长所需 CO_2，促进植物的光合作用进行自养生长。

（2）环境控制促进植株的光合速率

在传统的组织培养中，很少对植株生长的微环境进行研究，研究的重点是放在培养基的配方以及激素的用量和有机物质的添加上；而无糖组织培养技术是建立在对培养容器内环境控制的基础上，根据容器中植株生长所需的最佳环境条件（如光照强度、CO_2 浓度、环境湿度、温度、培养基质等）来对植株生长的微环境进行控制，最大限度地提高小植株的光合速率，促进植株的生长。

（3）使用多功能大型培养容器

在传统的组织培养中，由于培养基中糖的存在，为了防止污染，一般使用或者说只能使用小的培养容器。而无糖培养在培养过程中不使用糖及各类有机物质，极大地避免了污染的发生，可以使用各种类型的培养容器，小至试管，大至培养室。

（4）多孔的无机材料作为培养基质

在传统的组织培养中，通常使用琼脂作为培养基质，而无糖培养主要是采用多孔的无机物质，如蛭石、珍珠岩、纤维、Florialite（一种蛭石和纤维的混合物）作为培养基质，可以极大地提高小植株的生根率和生根质量。

(5)闭锁型培养室

传统组织培养中的培养室是半开放的,有许多的窗户以利于阳光直接进入培养室,但自然光在进入培养室的同时也增加了降温的成本,而且,一年四季、春夏秋冬,晴天、阴天、雨天,早晨、中午、下午,光的强度和分布是不均匀的。而无糖培养采用的是闭锁型的培养室,通过人工或自动调控整个培养室环境,能周年进行稳定的生产。

3.技术优势

植物无糖组织培养技术改革了传统的用糖和瓶子作为碳源营养和生存空间的技术方法，增加了植物生长和生化反应所需的物质流的交换和循环,促进植株的生长和发育,实现了优质苗低成本的生产。优势如下:

(1)通过人工控制、动态调整优化植物生长环境,为种苗繁殖生长提供最佳的 CO_2 浓度、光照、湿度、温度等环境条件,提高植株的光合速率,促进了植株的生长发育,苗齐、苗壮;

(2)继代与生根培养过程合二为一,培养周期缩短了 40%以上;

(3)大幅度减少了植物微繁殖生产过程中的微生物污染率;

(4)消除了小植株生理和形态方面的紊乱,种苗质量显著提高;

(5)提高了植株的生根率和生根质量,特别是对于木本植物来说,生根率和生根质量大幅改善,试管苗移栽成活率显著提高;

(6)节省投资,降低生产成本。与传统的微繁殖技术相比,种苗生产综合成本平均降低 30%;

(7)组培生产工艺的简单化,流程缩短,技术和设备的集成度提高,降低了操作技术难度和劳动作业强度,更易于在规模化生产上推广应用;

(8)培养不受培养容器的限制,可实现穴盘苗商业化生产,也可实现大规模容器自动工厂化生产。

4.限制因素

(1)需要相对复杂的微环境(容器内环境)控制的知识和技巧

植物无糖组织培养微繁殖的研究和试验已经非常成功,但实际应用还是受到一定的限制,其中的一个主要原因就是需要应用微环境控制方面专业的技术。没有充分理解容器中小植株的生理特性,容器内的环境,容器外的环境,培养容器的物理或构造特性之间的关系,将不可能成功地应用光自养微繁殖系统、使用最少的能源和原料生产高品质的植株。

光自养微繁殖控制系统的复杂性会导致设施设计的失败，必须在充分认识和理解了光自养微繁殖的原理后,才能取得成功。

(2)培养的植物材料受到限制

与一般的微繁殖相比,光自养微繁殖需要较高质量的芽和茎,外植体需具有一定的叶面积,带绿色子叶的体细胞胚也可进行光自养生长。外植体的质量越好培养效果越佳。

5.技术应用前景

无糖组织培养微繁殖技术作为一项高新技术,在基础科学研究和实践生产中均具有广阔的应用前景。主要表现在:

(1)在无糖组织培养过程中,主要是通过环境调节来促进试管苗生长。因此,可以从环境调节角度来开展试管苗形态建成、生长发育机理等方面的基础科学研究;

(2)无糖组织快繁技术可有效解决藤本、木本植物生根难的问题,可进行这方面的应用基础研究;

(3)可进行试管苗继代、生根、驯化同步研究,缩短培养周期;

(4)可进行濒危珍稀植物及高附加值植物的人工培育等方面研究;

(5)可进行种质资源保存方面的研究;

(6)随着材料科学、物理农业的发展,以及植物无糖组织培养技术理论体系的成熟,这一技术将以低成本生产高质量种苗的优势,应用于植物种苗工厂化生产。

(六)分株繁殖法

苹果矮化自根砧的分株繁殖法，也称根蘖分株法（图 6–97 至图 6–100），适用少量自根砧的繁殖。如

M9-T337、M26、MM106 等的自根砧或自根砧苹果苗在按果园栽植时,根系容易大量发生不定芽而长成根蘖苗。

为促使多发根蘖,可于休眠期或发芽前将母株树冠外围部分骨干根切断,并施以肥水,促使发生根蘖和旺盛生长,秋季或翌春挖出分离栽植。

也可于 5 月中旬、6 月中旬分两次在果园植株根部自根砧周围给发出自根砧萌蘖的子株堆锯末,以促进子株生根,秋季至翌年春季即可收获矮化自根砧。

图 6-97　M9-T337 根砧萌蘖苗

图 6-98　M9-T337 根蘖苗生根状

图 6-99　MM106 根砧萌蘖苗

图 6-100　矮化自根砧苹果苗起苗后产生的根蘖苗

第四节　矮化自根砧苹果苗木繁育

矮化自根砧苹果苗木繁育,分两步:矮化自根砧生产(包括砧木繁育圃的建设或组培工厂的建立)与矮化自根砧苹果苗木生产(包括砧木栽植、品种嫁接和苗木出圃等)。这两部分分属不同区域,在 A、B 两圃地进行。

本部分利用已繁育的砧木苗,从砧木苗栽植开始,培育矮化自根砧苹果苗木。现代矮化自根砧苹果苗木繁育中多采用无病毒的矮化自根砧和苹果品种接穗,形成现代矮砧苹果苗木繁育技术与栽培模式有关优质苗木方面的核心内容。为了出圃顶芽饱满的优质苹果壮苗,可在出圃当年的 9 月中旬至 10 月上旬根据苗木要求高度,对未停长的苗木进行高度控制(如人工掐尖、使用植物生长调节剂烯效唑、多效唑等操作),控制其继续长高(图 6-101)。

图 6-101　M26 组培矮化自根砧苹果苗定高度后掐尖状

选用苹果多分枝苗木建园,要求出圃时的苗木质量:粗度≥1.2 厘米,高度≥180 厘米,分枝数≥6 个,每亩育苗密度 2 500(2 000 ~ 3 000)株(育苗株行距 30 厘米 × 80 厘米，矮化自根砧定植密度 4 株 / 米 ^{2})，其余参照 GB 9847 苹果苗木等级中 1 级的要求，符合现代苹果产业发展对高质量矮化自根砧苹果苗木的要求。

一、一年生矮化自根砧苹果苗木繁育

(一)两年根、一年接穗的多分枝矮化自根砧苹果苗木繁育

本方法可使用压条矮化自根砧、组培营养钵矮化自根砧，第 1 年继续生长砧木，第 2 年生长接穗，出圃成品苗。即春季(3—5 月)栽一年生自根砧，秋季(8—9 月)用嵌芽接法嫁接苹果品种，第 2 年春季剪砧，培育二年出圃的一年生多分枝矮化自根砧苹果苗(图 6-102、图 6-103)。

要求出圃时的苗木质量：粗度 ≥1.2 厘米，高度 ≥180 厘米，分枝数 ≥6 个，每亩育苗密度约 2 500(2 000 ~ 3 000)株(育苗株行距 30 厘米 × 80 厘米，矮化自根砧定植密度 4 株 / 米 ^{2})，符合现代苹果产业发展对高质量矮化自根砧苹果苗木的要求。下面以压条繁殖方法获得的矮化自根砧为例介绍一年生矮化自根砧苹果苗繁育过程(图 6-104 至图 6-115)。

图 6-102　2 年根 1 年接穗矮化自根砧苹果苗木

图 6-103　苗圃用地——磷肥划线准备机器栽苗

图 6-104　砧木栽植机

图 6-105　砧木准备

图 6-106　砧木栽植

图 6-107　砧木栽植与检查补栽

图 6-108　砧木栽植完成

图 6-109　栽植后立即滴灌

图 6-110　砧木生长状(5 月)

图 6-111　嫁接苹果品种(7 月上旬至 8 月上旬)

图 6-112　第 2 年春季剪砧接芽萌发

图 6-113　矮化自根砧苹果苗圃(5 月)

图 6-114　苗木支撑杆距离苗木距离示意图

图 6-115　多分枝矮化自根砧苹果大苗

第1年(矮化自根砧苗定植、苹果品种嫁接及管理)

1.苗圃用地准备(第1年)

交通便利,背风向阳,有灌溉条件,土层深厚,土壤肥沃,沙壤土、壤土,pH 5.0～8.5;矮化自根砧苗定植前5年内,未繁育果树苗木或建苹果园,以种玉米、小麦粮田最好;矮化自根砧苗定植前一年的10月开始,整平地面,苗圃地施足底肥,磷酸二铵100千克/亩,腐熟鸡粪有机肥2吨/亩,撒杀虫剂15%的毒死蜱颗粒剂1千克/亩,深翻40～50厘米,休闲并于土壤结冻前灌溉;苗圃地分区,每区面积不超过15亩,安装微喷灌溉系统,预留4米宽道路1条,便于运送田间生产资料。

2.矮化自根砧苗准备

休眠期准备矮化自根砧苗,自根砧苗可选用M26、B9、M9及其优系M9–T337等,要求苗高60～90厘米,生根部位以上10厘米处粗度6～12毫米,根系发达,侧根10条以上。

每亩需准备矮化自根砧苗约3 000株,保湿贮藏备用。

3.矮化自根砧苗定植苗圃规划

2月底至3月上旬,耙平苗圃地,按行距0.8米或0.6米放线规划矮化自根砧苗定植行,注意错开微喷灌溉系统管道设施,平畦整地,田间不起垄;苗圃地周围15米以内无杨树、槐树、松柏树栽植。

4.矮化自根砧苗定植

①定植时间:3月下旬至4月上旬。

②定植密度:行株距0.8米×0.3米或0.6米×0.4米,每亩定植矮化自根砧苗不得超过3 000株。

③定植方式:采用长方形方式定植矮化自根砧苗,直立栽植,挖小穴定植,穴深20厘米左右,根系舒展后培土踩实土壤,平整地面,定植后在自根砧苗茎干高度40厘米处短截定干,短截后用封剪油或调和油漆封闭剪口,每亩定植矮化自根砧苗约2 775株。定植完后微喷或滴灌灌溉,浇透地面,微喷约需2小时,滴灌约需12小时。也可使用砧木栽植机进行大面积机器栽植砧木。

5.定植后日常管理及矮化自根砧苗生长情况

清除杂草、加强水分供应,及时灌水,中耕保墒,防止定植当年5月苗木基部日烧,增施叶面肥;禁用除草剂。6月下旬调查,自根砧苗可萌发新枝3～6个,新梢长度达30～60厘米,此时可去除自根砧苗干高25厘米处以下的所有分枝,使苗干光滑,便于8月嫁接苹果品种接芽。

嫁接前追肥2次,每次每株自根砧苗施复合肥5克(N、P、K有效成分含量各15%),亩追肥10～20千克,施肥后及时灌水。嫁接前苗木灌水,可提高嫁接成活率。提倡滴灌栽培,配置水肥一体化设施。

6.苹果品种嫁接及管理

(1)品种选择

长富2号、巴克艾、丽嘎拉、烟富3号、礼富1号、玉华早富、粉红女士、蜜脆、秦阳、瑞阳、瑞雪、瑞香红、秦蜜、秦脆等。也可根据市场需要选择国内、国际苹果新品种。

(2)接穗采集

嫁接前,从品种采穗圃母株上,采集无检疫性病虫害的芽体饱满的一年生新梢作为接穗,去除叶片,仅留一小段叶柄(或不留叶柄),置阴凉处保湿贮藏备用。接穗随采随接,放置时间不得超过2周。嫁接前一天,将接穗剪口向下置于清水中,吸水12小时以上,可提高嫁接成活率。

(3)接穗嫁接

①嫁接时间:8月中下旬。

②嫁接方法和方式:采用带木质芽接法,不露芽嫁接,苹果品种接芽当年不萌发。要求接树膜为白色透明或粉红色透明膜,宽度2.5～3.5厘米,长度11.5～15.5厘米。

③嫁接位置:在自根砧苗干高20厘米处嫁接苹果品种接芽一个。接芽嫁接在迎风方向,陕西关中地区一般嫁接在西北方向。

④嫁接后管理:嫁接一周后检查成活情况,对未成活的及时补接。注意除草、松土、追肥和灌水,入冬前结合施基肥(每亩施腐熟羊粪有机肥2吨),苗圃必须浇封冻水。

7.第 1 年病虫害防治

春季萌芽至 7 月底,重点防治蚜虫、苹梢卷叶蛾和白粉病、锈病;8 月以后重点防治黄刺蛾和早期落叶病。

第 2 年(一年生多分枝苹果苗木培育)

8.剪砧与除膜(第 2 年)

2 月下旬至 3 月上旬,苗木发芽前,及时剪砧与除膜,促进接芽萌发。在苹果品种接芽上方 5 ~ 10 毫米处将矮化自根砧苗上的所有枝条剪除,剪口要平滑并稍向接芽背面倾斜,同时除去接芽所包扎的接树膜。

9.除萌

剪砧与除膜后,及时抹除矮化自根砧上的萌芽、萌梢和萌蘖,确保苹果品种接芽生长。除萌要反复多次进行,一般 3 ~ 4 次。5 月下旬以前,对于苹果品种基部 50 厘米以内所有副梢(即因为位置低,成为无用分枝)也应及时尽早除去。6 月中、下旬,在苗木生长旺盛时期,剪除品种嫁接口以上 5 ~ 10 毫米的矮化自根砧残桩,便于砧桩剪口完全愈合或环状愈合。表 6–10 列出不同矮化自根砧长富 2 号苹果苗木出圃时所能达到的最大规格,供育苗者参考。

表 6–10 不同矮化自根砧长富 2 号苹果苗木出圃时所能达到的规格(育苗行株距 60 厘米 × 20 厘米)

序号	自根砧类型	苹果苗木高度(厘米)	品种粗度(厘米)	当年苗木自然成花株率%	穗砧粗度比	备注
1	M9–T337	208	1.9	13.04	0.691	
2	M9	215	1.6	28.00	0.670	
3	法 1(Pajam 1)	214	1.5	62.50	0.634	富士苗易成花与其自根砧易成花一致
4	法 2(Pajam 2)	229	1.7	35.00	0.642	
5	法 3(Emla)	212	2.0	25.00	0.615	
6	法 4(Nakb)	217	1.8	10.53	0.635	
7	M26	198	1.9	11.11	0.657	
8	MM101	223	1.7	57.14	0.709	
9	MM111	232	1.6	21.43	0.818	
10	M7	220	1.9	37.50	0.896	苗高、苗粗、亲和性好,趋于乔化
对照	八棱海棠	176	1.52	0	0.741	

注:2012 年由于没有采取促分枝措施,所以没有促分枝的数据。育苗密度也是按 2012 年的稀植大苗密度确立的。砧穗粗度比指苗木粗度与自根砧一半高度(即 10 厘米)处的粗度比值。

10.一年生苹果苗新梢促分枝技术的应用

(1)促分枝药剂

普洛马林,即植物生长调节剂苄氨·赤霉酸,总有效成分含量为 3.6%,其中苄氨基嘌呤含量为 1.8%,赤霉酸 A4、A7 含量为 1.8%,剂型为乳油。

(2)药剂使用浓度

植物生长调节剂苄氨·赤霉酸使用浓度为 750 ~ 1 000 毫克 / 千克,用清水配成溶液。

(3)促分枝配套操作及药剂处理方法

先掐掉或剪除新梢顶部 15 ~ 20 厘米内尚未完全展开或长大的幼叶的上半部分(一般为 6 ~ 7 片叶),不得伤及新梢生长点;再用手持喷雾器喷洒促分枝药剂于新梢顶部 15 ~ 20 厘米处,以新梢顶部幼嫩叶片、侧芽喷湿并有药液下滴为宜。苗木生长过程中此促分枝配套操作及药剂处理共进行两次,每次只处理新梢顶部,不重复处理同一位置新梢(或枝干),两次处理时间间隔为两周左右(图 6–116 至图 6–121)。

(4)新梢促分枝具体实施与效果

①5 月下旬至 6 月中旬开始,当苹果品种新梢长度达到 50 厘米以上时,新梢每生长 15 ~ 20 厘米,应用促分枝药剂处理 15 ~ 20 厘米新梢一次,即可解除新梢顶端对侧芽的抑制,使侧芽很快萌发成二次梢(即

图 6-116 M26 中间砧苗或自根砧生长势强的苹果苗木

图 6-117 T337 中间砧或自根砧生长势强的苹果苗木

图 6-118 促分枝前状态

图 6-119 促分枝前剪叶片喷生长调节剂

图 6-120 促分枝两周后效果

图 6-121 苗圃分枝整体效果

副梢或分枝)。

②第一次处理的，两周以后会在所处理的 15～20 厘米新梢位置及以上将要长出的 3～5 个侧芽中促生分枝 7～11 个，平均 8～9 个，每个分枝长度达 3～10 厘米，平均 6～7 厘米；每个处理过的侧芽都会长出分枝，分枝在新梢上所处区段达 20～30 厘米，平均 25 厘米。

③在第一次促分枝药剂处理两周后，当苹果品种新梢顶端无分枝段达 15～20 厘米时，进行第二次分枝处理，处理方法与第一次相同，在第二次处理两周后，会产生与第一次处理同样的效果。整个生长季节新梢促分枝技术处理共操作 2 次。喷施生长调节剂时，喷洒要对准每株苗木顶端进行点喷，喷洒部位在苗木顶部生长点 4～6 厘米处，单株用药液量 3～5 毫升，作业温度 25～29℃。促分枝期间一定要高水高肥，确保苗木每周的生长量达到 8～10 厘米。

9 月底，苹果品种新梢长度（即苗木品种高度）平均可达 172 厘米，最高达 201 厘米，苗木粗度平均

1.35 厘米，最粗达 1.90 厘米，苹果品种新梢基部 50 ~ 100 厘米处有 20 ~ 60 厘米的分枝 10 ~ 15 个。苹果苗木质量完全达到并超过 GB 9847—2003《苹果苗木》一级苗木的要求。至此，一年生多分枝矮化自根砧苹果苗就培育成功。

11.土肥水管理

春季苹果品种接芽萌发前开沟施肥，每亩施复合肥 50 千克（N、P_2O_5、K_2O 含量分别为 15%、15%、15%）；生长季节于雨前或灌溉时每次每亩追施尿素 15 ~ 20 千克，共追施 3 次（5 月、6 月、7 月），施肥后及时灌水。每次新梢促分枝处理前要浇水。提倡使用滴灌技术，做到水肥一体化，施肥少量多次。注意中耕除草，土壤保墒。

12.第 2 年病虫害防治

剪砧、除膜后，于 3 月中旬品种接芽萌发前，喷 5°Bé 石硫合剂苗圃清园；春季萌芽至 7 月底，重点防治蚜虫、苹梢卷叶蛾和白粉病、锈病；8 月以后重点防治黄刺蛾和早期落叶病。

13.起苗和分级

秋季土壤结冻前或来年春季土壤解冻后、苗木萌芽前，采用人工起苗，或大面积采用起苗机起苗（图 6-122 至图 6-124），小面积可采用改装后的挖掘机起苗（图 6-125），应尽量减少对根系的损伤，按照 GB 9847—2003《苹果苗木》等级规格或购销双方约定的质量要求，进行苗木分级、销售。苗木等级规格必须严格执行，否则购销时容易出现质量纠纷。

14.苗木检验

（1）GB 9847—2003《苹果苗木》对苗木质量的检验规则

①凡品种和砧木相同、一次出售的苹果苗作为一个检验批次。②等级规格检验以一个检验批次为一个抽样批次。采用随机抽样方法。苗木数量超过 100 株时，抽样率按表 6-11 执行，否则，11 ~ 100 株检验 10 株，1 ~ 10 株者全部检验。每一个检验批次中不合格苗木不得超过 5%，否则即认定该批苹果苗木不符合本

图 6-122　起苗机

图 6-123　机械起苗

图 6-124　优质大苗打捆

图 6-125　挖掘机起大苗

表 6-11　苹果苗木等级规格检验的抽样率

苹果苗木数量（株）	抽样率（%）
> 10 000	4
> 50 00 ~ 10 000	6
> 1 000 ~ 5 000	8
> 100 ~ 1 000	10

等级规格要求，为不合格苗木。

（2）苹果无病毒苗木的病毒检测，其抽样数按下列规则执行

①苹果病毒和类病毒的检测，采用随机取样方法抽取样品。以每亩抽检 10 株为基数（不足 1 亩的按 1 亩计），10 亩内（含 10 亩每增加 1 亩增检 5 株；超过10 亩，每增加 1 亩增检 2 株。②国外引进的无病毒苗木或砧木每批抽检 10%。凡符合 GB 9847 规定的等级规格，不带本标准规定的苹果病毒、类病毒及 GB 8370 规定的检疫对象者确定为苹果无病毒苗木。

图 6-126　林木种苗质量检验员章

（3）检验方法

根据植物学特性检验品种和砧木，用游标卡尺测定苗木粗度和侧根粗度，用尺子测定侧根长度、根砧长度、中间砧长度、苗木高度，用量角器测定苗木倾斜度。

检验合格者由具有种苗检验员资质人员签发苗木质量检验证书（图 6-126、图 6-127）。

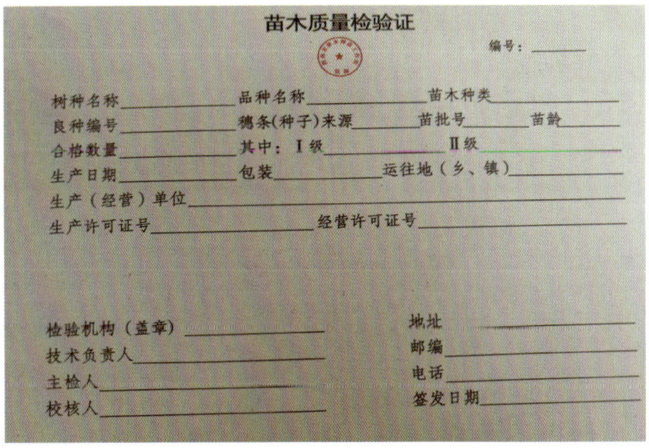
苗木质量检验证

编号：______

树种名称______ 品种名称______ 苗木种类______
良种编号______ 穗条（种子）来源______ 苗批号______ 苗龄______
合格数量______ 其中：Ⅰ级______ Ⅱ级______
生产日期______ 包装______ 运往地（乡、镇）______
生产（经营）单位______
生产许可证号______ 经营许可证号______

检验机构（盖章）______ 地址______
技术负责人______ 邮编______
主检人______ 电话______
校核人______ 签发日期______

图 6-127　苗木质量检验证

15.包装

分品种、种类（乔化砧苹果苗、矮化自根砧苹果苗、矮化中间砧苹果苗）和等级，定量包装。注意苗木的保湿。包装内外附有苗木标签。普通苹果苗和无病毒苹果苗不得混装。

16.标签

苹果苗木标签应包括品名（即“苹果苗木”或“苹果无病毒苗木”）、品种、砧木、等级、株数和生产单位及其地址等内容。对于矮化中间砧苹果苗，标签中“砧木”一栏应按中间砧、根砧的顺序填写。

苹果无病毒苗木标签，由国家指定的苹果病毒检测机构监制，当地果树管理机构签发。内容包括品名（即“苹果无病毒苗木”）、品种、砧木、等级、株数、生产单位及其地址、签发单位、签发日期。每捆挂一个标签（图6-128）。

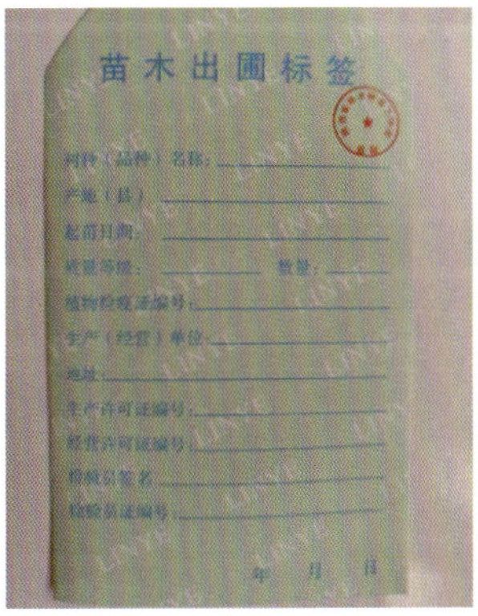
苗木出圃标签

图 6-128　苗木出圃标签

17.保管与贮藏

如起苗后不立即运送或苗木运到后不立即栽植，则应进行假植（图 6-129）。

近年来，随着苹果矮砧密植栽培模式在国内的迅速发展，矮化自根砧苹果大苗的培育也开始逐渐规模化和标准化。与传统乔砧和中间砧育苗相比，自根砧育苗更注重苗木的质量与规范性，相应的配套设施也较齐全。为了满足客商不同时间和不同地区的供货要求，出圃后的苗木必须采用冷库贮藏（图 6-130）。

图 6-129　假植矮化自根砧苹果大苗（每捆 5 株）

图 6-130　冷库贮藏苗木

(1)冷库贮藏苗木的作用

冬季 12 月开始，成品大苗已达到出圃标准，而苗木定植建园一般在春季的 3—4 月份，有的地区甚至在“五一”前后。由于自根砧大苗根系较浅，且分枝较多，冬季休眠后长时间在户外存在抽干风险，同时在春季气温开始回暖时，苗木容易打破休眠开始萌芽。这些都不利于苗木的定植成活。

与传统普通规格的苗木相比，矮化自根砧苹果大苗，适当晚栽，有利于成活。因此，冬季苗木出圃后将其存放在休眠的状态下是非常安全的措施。

(2)苗木贮藏的技术指标

苗木进入休眠状态后根系依然在进行呼吸作用，一方面要保证苗木一直处于休眠状态，另一方面要防止苗木失水抽干。这样就要求苗木贮藏在一个有氧、低温和高湿的环境当中。苗木在 0℃时可以保持处于休眠状态，为防止温度过低对苗木产生冻害，可将温度控制在 0～3℃；环境中的空气湿度越高越好，要求保持在 95%～99%，能达到 100% 最佳，且加湿系统以迷雾状为最佳，这样可以使苗木整体充分保湿。

(3)冷库贮藏苗木的注意事项

①贮藏苗木的冷库必须是专用冷库，不能与贮藏果品的冷库共用，因为果品在贮藏过程中会释放大量的乙烯，而乙烯对苗木具有催熟作用，使苗木打破休眠，影响苗木贮藏质量。

②首次使用冷库以及在每年苗木进入冷库以前要对冷库进行消毒处理。常规的消毒措施有熏蒸法、喷雾法和辐射法，熏蒸法包括硫黄熏蒸和“甲醛＋高锰酸钾”熏蒸，喷雾可用过氧乙酸等，还可以用臭氧消毒以及紫外线照射的方法。目前使用最广泛的是“甲醛＋高锰酸钾”熏蒸（每立方米空间用高锰酸钾 0.4 克，纯甲醛 2.1 克，将高锰酸钾用纱布包好投入盛有甲醛溶液的器皿中，封库 48 小时后通风至无味）。

③苗木贮藏的方式为货架式贮藏（图 6-131），打捆好的苗木平放在可以堆码的铁货架上，铁货架应根据冷库的尺寸和苗木的大小进行设计，长宽高分别为 1.4 米×1.0 米×2.0 米，货架最高堆码四层，每货架可存放苗木约 500 株（规格为：10 株/捆×5 捆/层×10 层）。靠近风机制冷处应适当空出距离，防止苗木冻伤。每排货架之间留有通风道，保证库内空气循环畅通。

④应在库内放置多个温湿度计，实时监控库内温湿度变化，预防库内温湿度指标异常影响苗木质量。

图 6-131　货架式贮藏苗木

矮化自根砧苹果苗木冷库贮藏在国内处于起步阶段，技术还不成熟。长时间贮藏可能会存在苗木失水、根系霉变等问题，必须注意。如果苗量较少，建议栽植前起苗，短期贮藏。

18.运输

运输过程中要防止重压、曝晒、风干、雨淋、冻害等(图 6–132、图 6–133)，并持有苗木质量合格证和苗木检疫合格证。

图 6–132　苗木包裹装车

图 6–133　整车大包装运输苗木

(二)一年根、一年接穗的多分枝矮化自根砧苹果苗木繁育

这类苹果苗木的繁育目标是培育具有 6 个以上长度≥20 厘米的分枝、粗度≥1.2 厘米、高度＞150 厘米、侧枝起始高度≥70 厘米以及粗度≥0.2 厘米、长度≥20 厘米侧根数≥10 条的一年生矮化自根砧苹果苗木(图 6–134、图 6–135)。

要求出圃时的苗木质量达到粗度≥1.0 厘米，高度≥130 厘米，分枝数≥3 个，每亩育苗密度约 2 500 株(育苗株行距 30 厘米 × 80 厘米，矮化自根砧定植密度 4 株 / 米 2)，符合现代苹果产业发展对高质量矮化自根砧苹果苗木的要求。简要操作步骤如下。

1.砧木及芽苗选择

选择室内采用舌接方法嫁接苹果品种的矮化自根砧苗(或叫“矮化自根砧苹果芽苗”)、上年夏秋季已芽接苹果品种且嫁接口已愈合的砧木苗(砧木包括组培的矮化自根砧、压条的矮化自根砧，也称矮化自根砧苹果芽苗)。

图 6–134　一年生多分枝矮化自根砧苹果大苗苗圃

图 6–135　一年生矮化自根砧多分枝苹果苗(下雪后)

2.定植时间

在 3 月下旬至 4 月上旬，地温 10℃以上定植砧木，此时正处于苹果花芽萌动期、开花期。

3.栽植株行距

株行距一般为 0.3 ~ 0.4 米 × 0.5 ~ 1.0 米，常采用 0.8 米 × 0.3 米、0.4 米 × 0.6 米或 0.35 米 × 0.90 米三种密度。

4.栽植深度

砧木栽植深度 20 ~ 25 厘米，确保嫁接口露出地面 15 ~ 20 厘米。栽植埋土后务必踩紧踏实，栽植后立即灌水，要求水分达到苗根颈部位周围 30 厘米以上，1 ~ 2 周内土壤保持湿润，确保成活。

5.苗木背干(插竹竿)

砧木苗定植后应立即插竹竿之类的支撑物,总长度 130 ~ 150 厘米,要求直立在苗木株间、紧靠植株约 1 ~ 2 厘米,竹竿插入土壤深度 20 ~ 30 厘米,用于生长季节绑缚苗干(图 6-136)。

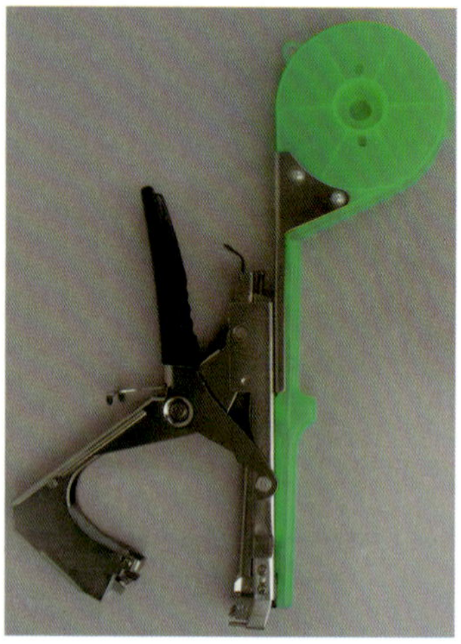

图 6-136　育苗用绑枝机

6.灌溉

水是培育优质大苗的关键,定植后必须浇足定植水。生长季节根据土壤墒情,并结合天气情况,及时灌水,保证土壤水分充足(用手感法进行判断:用手捏后,土壤成团状或手心粘有泥土为理想状态),确保砧木生根良好。整个生长季需水量为 80 ~ 100 米^3/ 亩。新型经营主体均有滴灌和水肥一体化系统。

7.施肥

氮、磷、钾和镁是培育苗木的基本元素,同时注意使用微量元素肥。根据土壤检测结果制定施肥方案,一般定植一个月后(萌芽期)开始施肥,一年生苗木整个生长季需肥量如下：纯 N 为 7 ~ 10 千克 / 亩,P_2O_5 为 5.5 ~ 7 千克 / 亩,K_2O 为 10 ~ 13 千克 / 亩,MgO 为 10 ~ 13 千克 / 亩。整个生长季使用水肥一体化技术,需施肥 6 ~ 8 次,同时补充叶面肥。可根据生长量随时调整施肥量。

8.病虫害防治

生长季节根据天气情况和田间实际监测、病虫害发生规律进行防治,每次用药间隔 20 ~ 30 天。每次喷药可加入镁肥进行叶面补充。

9.除草

苗圃地保持清耕,杂草高度不得超过 20 厘米,可采用机械或人工除草,也可根据杂草种类选用化学除草剂,如草铵膦、烟嘧磺隆、敌草快、利谷隆等。使用除草剂时,杂草高度不能高于苗木幼嫩叶片,喷药容易伤及苗木,化学除草一般在苗木生长后期进行,如 8—9 月。

10.除萌蘖

待品种新梢长至 10 ~ 15 厘米时除去自根砧萌蘖,减少与新梢竞争养分。

11.摘除花序

嫁接苗木时,有些接穗(枝段、接芽)的芽为腋花芽或顶花芽,所以接穗萌发时,会有花序长出,不要立即摘除,以免伤及芽体,尤其是位于顶部(接穗剪口下第 1 芽)时,等花快开时,会有果台副梢长出,当果苔副梢长至 10 ~ 15 厘米时,用剪刀剪除花序,不要伤害果台副梢,果台副梢随后发展成为苗干。对于苗干以外的其他芽萌发的枝条一律除去。

12.绑枝

待新梢长到 20 厘米时,进行第一次绑枝,绑枝位置位于新梢约 10 厘米的位置,操作务必谨慎,防止折断新梢, 以后每生长 30 ~ 40 厘米绑枝一次,整个生长季共绑枝 2 ~ 3 次。绑枝建议使用手持绑枝机, 绑枝带松紧适度, 留足苗干增粗空间 (图 6-137)。

图 6-137　矮化自根砧苹果苗立杆防倒伏

13.促分枝

待苗木长至 75 ~ 80 厘米时, 开始促分枝操作, 促分枝可参考两年根、一年接穗的多分枝矮化自根砧苹果苗繁育中的方法。

国内以 M9-T337 作为矮化自根砧培育的一年生多分枝矮化自根砧苹果苗木可达到表 6-12 所示的规格。

表 6-12　一年生多分枝矮化自根砧苹果苗木规格

序号	品种	根砧长度（厘米）	苗木高度（厘米）	苗木粗度（厘米）	最低分枝高度（厘米）	L≥2 厘米分枝数（个）	分枝长度变幅（厘米）	L≥20 厘米的分枝数（个）	分枝位置区间（距地面高度）（厘米）	D≥0.2 厘米、L≥20 厘米的侧根（条）	嫁接方法
1	烟富 3 号	19	165	1.3	71	11	2 ~ 40	7	71 ~ 114	11	枝接（舌接）
2	米奇嘎拉	19	160	1.2	70	10	2 ~ 36	6	70 ~ 118	12	枝接（舌接）
3	蜜脆	19	158	1.2	70	9	2 ~ 33	5	70 ~ 106	10	枝接（舌接）

注：D 指粗度；L 指长度。

（三）两年根、一年接穗的少分枝或无分枝矮化自根砧苹果苗木繁育

此类苹果苗木的繁育常见于应用组培的矮化自根砧，培育 1 年生的矮化自根砧苹果苗木（图 6-138、图 6-139）。提供的矮化自根砧苗为营养钵小苗，组培苗高度≥10 厘米、叶片≥5 个、无病虫害。

图 6-138　组培砧木苗田间移栽"4 密 1 稀法"育苗(黑膜防草保墒)

图 6-139　组培砧木苗田间生长状

1.砧木定植时间与嫁接时间

在大田栽植时间从 3 月下旬至 8 月下旬均可进行，这样砧木生长的第 1 年只能在 8 月嫁接苹果品种接芽，当年不能出圃成品苗木；或者只能在第 2 年春季芽接或枝接苹果品种，秋季出圃两年根、一年接穗的苹果苗木。

2.栽植密度

如果采用株行距 0.3 米 × 0.8 米、0.4 米 × 0.6 米或 0.35 米 × 0.90 米三种密度，第 2 年也可培育一年生多分枝矮化自根砧苹果苗。

不过，采用组培砧木繁育矮化自根砧苹果苗木，陕西武功、白水、千阳等地有一部分育苗户采用的不是宽行稀植，每亩地育苗没有控制在 3 000 株以内，而是采用传统的密植育苗方法，应用"4 密 1 稀法"（采用 3 个相等小行距 25 厘米、1 个大行距 1.25 米，株距 20 厘米的育苗模式，即"（25 厘米 +25 厘米 +25 厘米 +125 厘米）× 20 厘米，栽植 4 行"进行重复的密度模式），每亩地育苗 8338 株，没有繁育出多分枝大苗（图 6-140）。

如果以宽行 60 ~ 125 厘米、窄行 25 ~ 40 厘米或等行距 40 ~ 50 厘米、株距 15 ~ 25 厘米育苗，每亩地育苗量从 5 336 株（宽行 125 厘米、窄行 25 厘米，株距 25 厘米，4 密 1 稀育苗）到 11 117 株不等，只能繁育成两年根、一年接穗的少分枝或无分枝矮化自根砧苹果苗木（图 6-141）。

3.一年生矮化自根砧少分枝或无分枝苹果苗木实例

此类苗木繁育的砧木栽植、品种嫁接、接后管理、促分枝措施等，可参照两年根、一年接穗的多分枝矮化自根砧苹果苗木繁育的步骤进行。国内应用组培的 M26 砧木，通过起垄栽植，培育的一年生少分枝或无分枝矮化自根砧苹果苗木，缺陷是苗木高度不达标，低于 1.8 米，分枝数达不到 6 ~ 9 个，即使达到，分枝也太短。出圃苗木规格如表 6-13 所示。

图 6-140 “4 密 1 稀法”苗木即将出圃

图 6-141 一年生矮化自根砧无分枝或少分枝苹果苗

表 6-13 国内一年生矮化自根砧少分枝或无分枝苹果苗木实例(组培 M26 砧木,起垄栽植)

序号	品种	根砧长度(厘米)	苗木高度(厘米)	苗木粗度(厘米)	最低分枝高度(厘米)	L≥2 厘米分枝数(个)	分枝长度变幅(厘米)	L≥20 厘米的分枝数(个)	分枝位置区间(距地面高度)(厘米)	D≥0.2 厘米、L≥20 厘米的侧根(条)	嫁接方法
1	烟富 3 号	18	160	1.3	70	5	2～32	2	70～95	13	芽接(嵌芽接)
2	米奇嘎拉	20	156	1.2	65	6	2～28	2	65～92	13	芽接(嵌芽接)

注:D 指粗度;L 指长度。

(四)两年根、一年接穗的多分枝矮化自根砧双主干苹果苗木繁育(嵌芽接法)

双主干苹果苗木,又叫并棒(BIBAUM)苹果苗或乒乓苹果苗木,是一种双主干的“Y”字形苗木,该苗木及建园管理技术是意大利玛佐尼公司的专利。双主干苹果苗木是在 M9-T337 矮化自根砧上同一高度、水平相对的位置同时嫁接同一苹果品种的两个接芽,让这两个接芽平衡生长,通过一系列管理,最终培养成类似于“Y”字形的双主干形树苗。

采用双主干苗木建园时,一般株距为 1.2 米,行距为 3.5 米,“Y”字形的方向与果园行向一致,第 1 道钢丝距离地面 1 米左右,以后每 50 厘米架设一道钢丝,共架设 4 道。从第 1 道钢丝开始,树干基本处于垂直状态,由于每棵树有两个主干,而每棵树之间的距离为 1.2 米,这样就形成每 60 厘米一个主干。

1.双主干苹果苗木的优点

采用双主干树形,有很大的优势,主要表现在:

(1)从宏观角度讲,枝条空间分布比较均匀,光能利用率很高,表现在果实着色较其他树形好。两种树形对红富士苹果着色情况的影响对比见表 6-14。

(2)能快速形成大量的枝叶量,枝条的长度自然降低,前期产量快速提高。对于成龄双主干树来说,每个干大约有 27 个分枝,一棵树共有 54 个分枝。研究表明,对于富士苹果双主干树形与细纺锤形相比,枝条长度明显短,有利于削弱树势,提早结果;各类芽数量明显多,几乎是细纺锤形的两倍。

(3)在营养生长和生殖生长达到很好的平衡的同时,生殖生长得到了明显的加强,表现为和其他树形相比大果率高,总产水平高。当年栽植大量成花,第 2 年结果可达 1.2 吨 / 亩,第 3 年可达 2.5 吨 / 亩。

(4)能快速形成结果墙,减少整形措施,适应机械化修剪。

双主干苗木及树形不足之处在于:对于像长枝富士一样的爱跑条的品种来说,枝条难以控制在既定的

表 6-14 两种树形对红富士苹果着色情况的影响对比

树形	第 4 年全红果比例(%)(2006 年)	第 5 年全红果比例(%)(2007 年)	第 6 年全红果比例(%)(2008 年)
并棒(BIBAUM)	31	39	65
细纺锤形	24	20	48

范围内，反而影响树形及产量。尤其是成龄富士园，双主干形挂果量没有高纺锤形好。而对于摩迪（Modi）、粉红女士、嘎拉等品种，双主干苗木及树形的成龄园则表现出了很大的优势，亩产可达到6吨以上。

2.双主干苹果苗木的繁育步骤

双主干苹果苗多培育两年根、一年接穗的多分枝矮化自根砧苹果大苗，苗木出圃时具有两个中央领导干，建成果园后，即为双主干树形或并棒树形或乒乓树形，每个主干独立培养成高纺锤形树形。繁育步骤如下（图6–142至图6–146）：

图6–142　双主干苗培育（双芽嫁接）

图6–143　双主干苗培育（生长）

图6–144　双主干苗（基部）

图6–145　双主干树苗

图6–146　双主干苗定植后开花状

第1年

（1）砧木定植（第1年）

春季定植矮化自根砧苗，控制密度不超过2 000株/亩，建议行距1.0～1.5米，株距0.4～0.6米，插一根竹竿绑缚砧木，防止倒伏。

（2）品种嫁接

8月按照嵌芽接法，在苗圃定植的砧木上，依照嫁接芽距地面高度20厘米左右，顺着行向的方向在相同高度、相对位置同时嫁接同一苹果品种的两个饱满芽，用接树膜包严。

第2年

（3）剪砧与除膜（第2年）

春季剪砧、除去嫁接膜。

(4)插竹竿绑缚苗木

顺着苗木的长势方向，插两根竹竿绑缚苗木，两根竹竿成 30°～60°，交叉点在砧木高度 1/2 处。或者在苗木顺行方向苗木左右两侧 30 厘米处各插入 1 根直立的竹竿绑缚苗木。

(5)苗木促分枝

当接芽新梢长度 60 厘米时采用促分枝技术培育双主干多分枝苹果大苗，苗木质量可达到高度 1.6 米，每个主干粗度 1.2 厘米，每个主干带有 6～9 个角度开张的较短分枝，并部分形成花芽。

(五)两年根、一年接穗的多分枝矮化自根砧双主干苹果苗木繁育(劈接或短舌接)

要求出圃时的苗木质量：粗度≥1.2 厘米，高度≥180 厘米，每个主干上分枝数≥6 个，每亩育苗密度约 2 000 株(矮化自根砧定植密度 3～4 株/米^2)，符合现代苹果产业发展对高质量矮化自根砧苹果苗木的要求。

用劈接或舌接方法繁育双主干苹果苗的步骤如下(图 6–147)：

第 1 年

1.砧木定植(第 1 年)

春季定植矮化自根砧苗，控制密度不超过 2 000 株/亩，建议行距 1.0～1.5 米，株距 0.4～0.6 米，插一根竹竿绑缚砧木，防止倒伏。

2.除萌

生长季节除去砧木地面以上 25 厘米内的所有萌蘖，为来年春季枝接(劈接或舌接)做准备。

图 6–147　用舌接方法培育的双主干苗

第 2 年

3.剪砧与品种嫁接(第 2 年)

春季剪砧，采用枝接法嫁接苹果品种，要求接穗长度 3～4 个饱满芽，嫁接口距地面高度 20 厘米左右，嫁接后接穗露出或保留相邻的两芽生枝，包严嫁接口，接穗剪口封油漆或伤口涂抹保护剂；苹果的叶为互生叶，每节上只生 1 叶，交互而生，叶腋间有一个芽，相邻节的腋芽，萌发后形成竞争枝，但不是对生的。因此不能保证两个主干顺着行向的方向。

4.插竹竿绑缚苗木

插两根竹竿用于绑缚苗木。

5.苗木促分枝

当两个竞争枝新梢长度分别达到 60 厘米时采用促分枝技术培育双主干多分枝苹果大苗，秋冬季或春季萌芽前出圃。

二、二年生矮化自根砧苹果苗木繁育

(一)两年根、两年接穗的多分枝矮化自根砧苹果苗木繁育

两年根、两年接穗的多分枝矮化自根砧苹果苗木是指砧木苗离体嫁接苹果品种后、或砧木苗未嫁接品种直接定植于苹果成苗培育圃后再嫁接品种，一直到多分枝苹果苗出圃这个过程培育而成的苹果苗木，砧木、苹果接穗在苹果苗木繁育圃的生长年限均为两年。

要求出圃时的苗木质量：粗度≥1.3 厘米，高度≥180 厘米，分枝数≥6 个，每亩育苗密度 2 500(2 000～3 000)株(育苗株行距 30 厘米×80 厘米，矮化自根砧定植密度 4 株/米^2)，符合现代苹果产业发展对高质量矮化自根砧苹果苗木的要求。

1.KNIP 苗木繁育

KNIP 苗木繁育是欧美苹果先进国家繁育高质量矮化自根砧苹果苗木最先进的方法，采用大型起苗机起苗。要求出圃时的苗木质量：粗度≥1.3 厘米，高度≥180 厘米，分枝数≥10 个，每亩育苗密度 2 000～3 000 株(育苗株行距 35 厘米×90 厘米，矮化自根砧定植密度 3 株/米^2)，符合现代苹果产业发展对高质量矮化自根砧苹果苗木的要求。该技术已在陕西省千阳县大面积推广。

(1)KNIP 苗木的概念

KNIP 苗木是欧洲苹果生产中新建果园选用的多分枝矮化自根砧苹果优质大苗的一种,表现为栽植当年即能大量开花,次年结果即有可观的产量。规模经营的果园第 2、3、4、5、6 年的产量可达到或超过目标产量 1 吨、2 吨、3 吨、4 吨、5 吨。KNIP 苗木的繁育技术为荷兰首创,KNIP 苗木的荷兰语为 KNIP BOOM,其中 KNIP 为短截之意,BOOM 为树苗之意,KNIP BOOM 是指在苗圃内经过短截整形的树苗,音译为"可尼圃苗"。

KNIP 苗木的繁育方法是,在春季 3 月将嫁接苗定植在苗圃内,保留一个接穗品种芽萌发生长,当年生长至 1.5 米左右,但不出圃。第 2 年早春于距地面 0.7 ~ 0.8 米处短截(KNIP),保留剪口芽生长,经圃内整形,年末出圃。KNIP 苗木要求在矮化自根砧苹果苗生产圃中培育两年或三年。

(2)KNIP 苗木繁育方法分类

①芽接法:春季(3—5 月)栽植一年生自根砧,春、夏季(3—6 月)嵌芽接苹果品种,秋季长成一年生矮化自根砧苹果苗木。第 2 年春季在品种 50 ~ 60 厘米处短截,采用促分枝技术培育多分枝二年生矮化自根砧苹果苗。

②枝接法:春季(3—5 月)栽植已在室内舌接苹果品种的一年生自根砧,秋季长成一年生矮化自根砧苹果苗木。第 2 年春季在品种 50 ~ 60 厘米处短截,采用促分枝技术培育多分枝二年生矮化自根砧苹果苗木。

(3)苹果品种接穗嫁接

KNIP 苗木的嫁接方法分室内枝接(也叫离体嫁接)和非室内枝接(包括室内芽接、田间枝接、田间芽接等)两种,芽接多采用嵌芽接的方法,枝接多采用舌接的方法。室内枝接是目前国内外普遍采用的嫁接方法,也是较先进的嫁接方法,嫁接成活率高、苗木生长快。

离体嫁接其操作可采用流水线作业,标准化程度高。通常 3 ~ 5 人一组嫁接,嫁接车间若干组同时进行,采用舌接法嫁接,削砧木、削接穗、砧木与接穗接合并包扎各 1 人,准备砧木、嫁接后接穗断面封石蜡、芽苗贮藏等需 1 ~ 3 人。

室内枝接矮化自根砧苹果苗木,需要按下列的程序进行:

①工具、器具、材料等准备

修枝剪、嫁接刀;电热锅;接树膜、石蜡、扎绳、塑料布;塑料盆、包装箱等。

②砧木与接穗准备

M9-T337、M26、MM106 等矮化自根砧苗,烟富 3 号、礼富 1 号、九月奇迹、米奇嘎拉、蜜脆、粉红女士、澳洲青苹、华硕、瑞阳、瑞雪、瑞香红、秦蜜、秦脆等苹果品种接穗以及专用授粉树品种接穗。

③嫁接步骤

A.砧木苗定尺:含根 42 ~ 50 厘米,其中根约 12 厘米、茎 30 厘米,砧木嫁接品种、田间栽植后保持苗木地上砧段长度 20 厘米左右。

B.削砧木:削口斜面长度 3 厘米,其他按舌接办法进行。

C.剪接穗:接穗剪成含有 4 个饱满芽的枝段,总长度 10 ~ 12 厘米,基部剪新口,方便削接穗。

D.削接穗:削口斜面长度 3 厘米,削面以上保留 3 个饱满芽,将接穗剪短,接穗总长度约 10 厘米。

E.接穗与砧木对接:把接穗与砧木互相插在一起。

F.包扎:把整卷接树膜扯开,成 3 厘米 × 5 厘米小块,用接树膜把砧木与接穗包扎牢固、密封,包扎后接穗露出 2 个芽。

G.封蜡:把接穗上端在 70℃的石蜡中快速蘸一下,包裹接穗顶部 3 个芽。

H.打捆:50 株苗木打成一捆。

I.装箱:箱内衬农膜袋,袋内衬新鲜湿锯末,每 20 捆装一箱,保湿贮藏。

J.冷藏:5 ~ 10℃温度下变温贮藏促进愈合。

嫁接过程如图 6-148 至图 6-158 所示。

④嫁接注意事项

A.适用范围:舌接适合在接穗和砧木的直径都较细(嫁接位置直径 6 ~ 12 毫米),且粗度相当时采用,

图 6-148　砧木准备

图 6-149　削砧木

图 6-150　削接穗

图 6-151　分组嫁接

图 6-152　嫁接完后的芽苗

图 6-153　石蜡熔化容器

图 6-154　接穗封蜡保水分

图 6-155　嫁接包扎打捆

图 6-156　嫁接后保湿包装贮藏

图 6-157　变温贮藏愈合

图 6-158　嫁接好的矮化自根砧苹果芽苗（舌接法嫁接）短途运输简易包装

这种方法砧穗形成层接触面相当大，愈合快，有利于成活。

B.接穗削取：在接穗基部芽下面的节间部位削一个长 3.0 厘米左右的长削面。削面要求光滑平整，再在削面距顶端 1/3 处，与接穗横断面垂直切一纵切口，深约 1 厘米，这样做成一个舌形口向下的接穗。

C.砧木处理：方法同接穗削取。砧木、接穗削面背面尖端要削掉皮层，即露白，形成愈伤组织快。

D.接合：将接穗与砧木的舌形口对接，形成层对齐，不能两边对齐时也要对齐一边，最大限度使形成层接触。

E.绑缚：用嫁接膜将接口安全地扎牢。嫁接膜属于可降解膜，用于嫁接后包扎和保护，具有微黏性，可拉长至 20～30 厘米，无须打结，手指一捏就可以相互黏住，省时省力，提高嫁接的成活率和工作效率。苗木田间定植后，不需除膜，降低了人工成本。

（4）圃内定植

苗圃内定植砧木（图 6-159 至图 6-161）的时间为春季的 3—4 月。对于室内采用舌接方法嫁接苹果品种的矮化自根砧苗，经过贮藏、嫁接口愈合后定植，这种方法是欧洲多分枝苹果大苗木培育的最先进方法；或定植上年夏秋季已芽接苹果品种的砧木苗（包括组培的矮化自根砧、压条的矮化自根砧，也称矮化自根砧苹果芽苗，其嫁接口已愈合），定植后解膜，在接芽上方 0.5～1.0 厘米处剪砧，并对剪口进行保护；或定植在室内已芽接苹果品种的矮化自根砧苗（也称矮化自根砧苹果芽苗，嫁接手法为露芽嫁接，其嫁接口未愈合），定植后不解膜，生长两周后在

图 6-159　矮化自根砧苹果芽苗贮藏

图 6-160　贮藏后的矮化自根砧苹果芽苗田间定植后发芽

图 6-161　一年生无分枝矮化自根砧苹果苗

接芽上方 0.5 ~ 1.0 厘米处剪砧，并对剪口进行保护。

在苗圃定植砧木时，密度宜采用株行距 0.3 ~ 0.4 米 × 0.5 ~ 1.0 米。一般情况，欧洲（荷兰、意大利、法国）采用株行距 0.35 × 0.90 米，我们国内建议株行距不小于 0.3 米 × 0.8 米、0.4 米 × 0.6 米，即每亩定植砧木密度不超过 2 775 株。定植深度，以嫁接口露出地面 15 ~ 20 厘米为宜，通常为 18 厘米左右。

砧木定植后立即为每一株苗插一根立杆，立杆可用竹竿、塑料纤维杆，长度 130 ~ 150 厘米，以 140 厘米最适宜，粗度 0.8 ~ 1.2 厘米即可，插入土壤 25 厘米左右，将当年嫁接苗抽生的新梢分次绑缚于立杆上，以确保树苗直立生长。通常保持直立的树苗生长得会更好。在圃内生长的两年中，要进行正常的病虫害防治和肥水管理，确保苗木正常生长。

（5）圃内整形技术

①整形技术简介

KINP 苗木在圃内培育的第 1 年，新梢可长到 1.2 ~ 1.5 米，但还不能出圃。第 2 年春，将该苗于 70 ~ 80 厘米高度处定干，也就是在品种高度 50 ~ 60 厘米处短截，具体高度也可根据用户的要求而定，该短截处直径应达到 0.8 ~ 1.0 厘米。发芽后保持第 1 芽直立生长（若第 1 芽受损，生长不良，可在第 2、3 芽挑选一长势旺盛的芽），培养苗木中央领导干（中心干），在整个生长季随时除掉萌发芽以下的其他萌芽，使苗木 70 ~ 80 厘米短截处以下保持光滑（图 6-162 至图 6-164）。KINP 苗木所有分枝（侧枝）都出自当年的直立新梢上，第 1 个分枝距地面 70 ~ 80 厘米以上，即剪口芽新梢以上就可抽生二次副梢。

图 6-162 二年生 KNIP 苗

图 6-163 二年生多分枝苹果大苗

图 6-164 矮化自根砧苹果苗（休眠期）

一级苗要保证有 6 ~ 9 个长度不超过 30 厘米的分枝，多的分枝数在 10 个以上。这样的苗木在果园定植后的 2 ~ 3 年中基本不用修剪，几乎所有的侧枝都可用于结果。下面是欧洲培育的矮化自根砧多分枝苹果大苗的分枝情况实例（表 6-15）。

②促分发生枝方法

圃内整形的关键是如何在当年生新梢上促发二次梢，以形成足够的分枝。目前有三种方法促发二次梢：

A. 剪除幼叶法：这是荷兰最常用最可靠的方法。当剪口第 1 芽生长至 15 ~ 20 厘米时，掐掉或剪除新梢顶端尚未完全展开的幼叶的上半部分，具体做法是左手拇指和食指捏住新梢顶端，使母指甲盖略高于新梢生长点，露出顶端幼叶的上半部分，同时用右手拇指甲掐掉或用小剪刀剪除这部分幼叶，保证不伤及新

表 6-15　欧洲矮化自根砧多分枝苹果大苗实例（自根砧为 M9-T337）

序号	1	2	3	4	5
品种名称	KIKU 8 富士	米奇嘎拉	红王子（红乔纳金优系）	无锈金冠	澳洲青苹
根砧长度（厘米）	19	20	17	20	21
苗木高度（厘米）	192	188	201	184	182
苗木粗度（厘米）	1.7	1.5	1.7	1.7	1.6
KNIP 高度（厘米）	70	70	74	70	72
$L \geqslant 2$ 厘米分枝数（个）	17	16	17	17	15
分枝长度变幅（厘米）	2 ~ 48	2 ~ 38	2 ~ 52	2 ~ 41	2 ~ 60
$2 \leqslant L \leqslant 30$ 厘米的分枝数（个）	12	14	12	11	11
分枝位置区间（距地面高度）（厘米）	70 ~ 132	70 ~ 123	74 ~ 139	70 ~ 126	70 ~ 130
$D \geqslant 0.2$ 厘米、$L \geqslant 20$ 厘米的侧根（条）	16	15	18	16	15
嫁接方法	枝接（舌接）	枝接（舌接）	枝接（舌接）	枝接（舌接）	枝接（舌接）

注：*D* 指粗度；*L* 指长度

梢生长点。这样可以部分解除新梢顶端优势对侧芽萌发的抑制，使侧芽很快萌发成二次梢。照此方法，新梢每生长 15 ~ 20 厘米进行一次，连续进行 3 ~ 4 次。

B. 喷布普洛马林（Promalin）：普洛马林含 50% 的 GA4+7 和 50% 的 6-BA，可以促进新梢侧芽的萌发。一般新梢生长至 15 ~ 20 厘米时喷布第 1 次，喷前先剪除幼叶的上半部分。普洛马林使用浓度为 750 ~ 1 000 毫克 / 千克，加少许展着剂。用定量式机动喷雾器着重喷新梢顶部，顶部湿匀有液滴下滴为止，每次每株幼苗用药约 5 毫升。连续喷布 3 ~ 4 次。这个方法是最理想的促分枝措施。

C. 喷布 6-BA：只喷布 6-BA 也可促进侧芽萌发。与喷普洛马林的方法类似，浓度以 1 000 毫克 / 千克为宜，连续喷布 3 ~ 4 次。这个方法也要与剪除幼叶相结合使用，才会取得较好的效果。与喷普洛马林相比，苗木分枝数量多而短。

在生长季节对促发的二次新梢要随时注意开张角度（可采取拿枝的办法），以控制侧枝的生长粗度，促进分枝形成顶花芽和腋花芽。最终形成 3 年生根系（含 1 年在压条圃中生长成的矮化自根砧）、2 年生主干、1 年生中心干并着生 6 ~ 9 个分枝的矮化自根砧苹果苗木。

此种方法培育苹果苗木，要严格控制苹果砧木和品种接穗的来源，确保纯度高、无病毒。对每一株苗木都要挂牌，提供详细信息，确保可追溯。在荷兰的 Clootwijck 果树苗木基地，所有这些程序都在荷兰木本植物苗圃检测服务中心的控制和监督下进行。我国的苗木繁育也正在逐步进入规范化和标准化管理。

2. 非 KNIP 苗木繁育

此类苗木繁育过程中，品种生长的第 2 年春季，不采用短截的手法。其中的苹果品种接穗嫁接和圃内定植与 KNIP 苗木繁育过程类似，可参照进行。第 2 年春苗木的圃内整形技术可不采用促分枝，只要去除苗木顶芽下面的二、三、四芽三个竞争芽即可培育成多分枝苹果大苗。与 KNIP 苗木的区别在于，非 KNIP 苗木的分枝角度小，向上直立的多，成花少，建园时不利于高纺锤形树形的整形。目前欧洲采用的很少，我们在国内只是做了对比试验（表 6-16）。

（二）三年根、两年接穗的多分枝矮化自根砧苹果苗木繁育

要求出圃时的苗木质量：粗度≥1.3 厘米，高度≥180 厘米，分枝数≥6 个，每亩育苗密度 2 500 株（育苗株行距 30 厘米 × 80 厘米，矮化自根砧定植密度 4 株 / 米^2），符合现代苹果产业发展对高质量矮化自根砧苹果苗木的要求。

表 6-16　国内矮化自根砧多分枝苹果大苗实例(非 KNIP 苗繁育,自根砧为 M9-T337)

序号	1	2
品种	KIKU 8 富士	米奇嘎拉
根砧长度(厘米)	19	20
苗木高度(厘米	210	198
苗木粗度(厘米)	1.8	1.6
KNIP 高度(厘米)	未短截	未短截
L≥2 厘米分枝数(个)	15	13
分枝长度变幅(厘米)	2～82	2～55
2≤L≤30 厘米的分枝数(个)	9	10
分枝位置区间(距地面高度)(厘米)	70～115	70～112
D≥0.2 厘米、L≥20 厘米的侧根(条)	15	15
嫁接方法	枝接(舌接)	枝接(舌接)

注:D 指粗度;L 指长度。

1.KNIP 苗木繁育

对于两年根、一年接穗的少分枝或无分枝矮化自根砧苹果苗，若株行距能达到 0.3 米×0.8 米、0.4 米×0.6 米、0.35 米×0.90 米三种密度,采用 KNIP 技术,再培育一年,即可出圃三年根、两年接穗的多分枝矮化自根砧苹果苗木。

2.非 KNIP 苗木繁育

对于两年根、一年接穗的少分枝或无分枝矮化自根砧苹果苗木，若株行距能达到 0.8 米×0.3 米、0.4 米×0.6 米、0.35 米×0.90 米三种密度，不采用 KNIP 技术,而是在第 2 年春在圃内整形,可不采用促分枝,只要去除苗木顶芽下面的二、三、四芽三个竞争芽即可培育成三年根、两年接穗的多分枝矮化自根砧苹果苗木(图 6-165)。

图 6-165　非 KNIP 矮化自根砧多分枝苹果苗

不论繁育几年生的矮化自根砧多分枝苹果大苗，都必须给每个苗木立杆，防倒伏，尤其是 M9-T337 的干性弱,砧木本身就易倒伏(图 6-166)。

图 6-166　组培自根砧 M9-T337 烟富 6 号芽苗倒伏状

(三)苹果多分枝苗木促花技术

与国内目前繁育的多分枝矮化自根砧苹果大苗相比，从欧洲进口的多分枝矮化自根砧苹果大苗花芽多、结果早、产量高,这是国内苗木繁育与国外技术的差距。为了解决长富 2 号苹果幼苗由营养生长向生殖生长的转化，我们研究了不同植物生长调节剂对苹果幼苗成花的影响，提出普洛马林加乙烯利处理长富 2 号苹果幼苗的促花技术。

1.普洛马林结合乙烯利处理长富 2 号苹果苗木促花

(1)使用浓度与时间

普洛马林的总有效成分含量为 3.6%，其中含

1.8%的 GA4+7 和 1.8%的 6–BA。普洛马林的使用浓度为 750 ~ 1000 毫克 / 千克。乙烯利的使用浓度为 1000 毫克 / 千克。喷布时间以 6 月 30 日最好。两者同时喷的效果比单喷的效果好，而且所有处理的成花部位主要集中于苗木的分枝高度 130 ~ 170 厘米处。试验的结果如表 6–17、表 6–18 所示。

（2）使用效果

由表 6–17 可以看出，6 月 30 日进行的普洛马林结合乙烯利处理在单株成花数、成花株率、单株成花枝条率和平均成花枝长方面都要显著高于普洛马林结合烯效唑处理的效果，而且 6 月 30 日进行普洛马林结合烯效唑处理和普洛马林结合乙烯利处理在单株的成花量上明显高于 7 月 30 日进行的处理。在 7 月 30 日进行的处理中，普洛马林结合乙烯利的处理在成花数和成花率上都要高于普洛马林结合烯效唑的处理，6 月 30 日和 7 月 30 日的处理要明显好于对照中单独使用普洛马林的效果处理，还可以看出对照中的清水处理不能使苹果幼树成花。

2.成花部位

由表 6–18 可以看出，所有处理的成花部位主要集中于分枝高度 130 ~ 170 厘米，而且成花枝长是随着分枝高度的增加而减小。在 6 月 30 日进行的处理中，普洛马林结合乙烯利的处理在分枝高度 70 ~ 130 厘米处成花的分枝数量要多于普洛马林结合烯效唑处理，而且普洛马林结合乙烯利处理在不同分枝高度上的成花分枝长度都要高于普洛马林结合烯效唑处理。在 7 月 30 日进行的处理在分枝高度方面，普洛马林结合乙烯利处理在 90 ~ 150 厘米高度上的花数要超过普洛马林结合烯效唑处理的效果；而在 150 ~ 170 厘

表 6–17　不同植物生长调节剂对苹果苗木成花的影响

处理	6 月 30 日		7 月 30 日		对照	
	普洛马林 + 烯效唑	普洛马林 + 乙烯利	普洛马林 + 烯效唑	普洛马林 + 乙烯利	普洛马林	清水
花芽数（个 / 株）	4.83	12.43	3.83	5.57	2.75	0.00
每株成花枝条率（%）	28.41	66.83	17.73	25.43	12.71	0.00
平均成花枝长（厘米）	19.32	22.97	15.78	26.66	13.42	0.00
成花株（%）	66.67	93.33	60.11	87.50	30.80	0.00

表 6–18　不同处理在苹果苗木不同分枝高度上的成花效果

处理			6 月 30 日		7 月 30 日		对照	
			普洛马林 + 烯效唑	普洛马林 + 乙烯利	普洛马林 + 烯效唑	普洛马林 + 乙烯利	普洛马林	清水
分枝高度	70~90 厘米	花数	0	0.02	0	0	0	0
		平均成花枝长（厘米）	0	28.98	0	0	0	0
	90~110 厘米	花数（个）	0.12	1.73	0.04	0.43	0	0
		平均成花枝长（厘米）	26.9	41.09	38.17	57.5	0	0
	110~130 厘米	花数（个）	0.68	3.56	0.33	0.79	0.1	0
		平均成花枝长（厘米）	24.89	28.38	30.4	44.4	50.81	0
	130~150 厘米	花数（个）	1.22	3.47	1.17	2.64	0.22	0
		平均成花枝长（厘米）	15.32	22.88	28.43	22.64	14.11	0
	150~170 厘米	花数（个）	2.53	2.33	1.94	1.43	1.98	0
		平均成花枝长（厘米）	11.33	17.35	13.44	13.57	9.39	0
	170~190 厘米	花数（个）	0.27	1.31	0.36	0.29	0.47	0
		平均成花枝长（厘米）	8.89	11.46	10.7	14.76	13.11	0

米高度上的花数要稍低于普洛马林结合烯效唑处理的效果。在对照处理中，单独使用普洛马林处理在130厘米以下的枝条没有任何促花效果，在分枝高度130～190厘米的枝条有部分成花，但从促花效果上还是少于普洛马林结合烯效唑或乙烯利的促花效果。

（四）矮化自根砧苹果苗木分级标准

结合欧洲果树协会标准和国内大型苗木企业制定的标准，对国内矮化自根砧苹果苗木分级如下（其他项目参照GB 9847—2003苹果苗木标准执行）：

1. 5A级（特一级苗，国内企业标准）

①品种接穗为2年生；

②第2年截干（KNIP，即短截）；

③分枝数量≥12个，有效分枝长度25～35厘米或以下；

④分枝分布基本均匀，且大致水平生长在中心干上；

⑤最低分枝离地面高度介于70～120厘米之间；

⑥苗木高度≥220厘米；

⑦苗木粗度≥1.40厘米；

⑧顶花芽数≥10个，腋花芽数≥25个。

2. 4A级（特二级苗，国内企业标准）

①品种接穗为2年生，或品种接穗为1年生；

②第2年截干（KNIP，即短截），或品种接穗只在第2年生长；

③分枝数量≥10个，有效分枝长度≥25厘米；

④分枝分布基本均匀，且大致水平生长在中心干上；

⑤最低分枝离地面高度介于70～120厘米之间；

⑥苗木高度≥200厘米；

⑦苗木粗度≥1.30厘米；

⑧顶花芽数≥8个，腋花芽数≥20个。

3. 3A级（一级苗，国内企业标准）

①品种接穗为2年生，或品种接穗为1年生；

②第2年截干（KNIP，即短截），或品种接穗只在第2年生长；

③分枝数量≥8个，有效分枝长度≥25厘米；

④分枝分布基本均匀，且大致水平生长在中心干上；

⑤最低分枝离地面高度介于70～120厘米之间；

⑥苗木高度≥190厘米；

⑦苗木粗度≥1.30厘米；

⑧顶花芽数≥6个，腋花芽数≥16个。

4. 2A级（二级苗，国内企业标准和欧洲果树协会标准）

①品种接穗为2年生，或品种接穗为1年生；

②第2年截干（KNIP，即短截），或品种接穗只在第2年生长；

③分枝数量≥6个，有效分枝长度≥25厘米；

④分枝分布基本均匀，且大致水平生长在中心干上；

⑤最低分枝离地面高度介于70～120厘米之间；

⑥苗木高度≥180厘米；

⑦苗木粗度≥1.20厘米；

⑧顶花芽数≥5个，腋花芽数≥12个。

5. A+级（三级苗，国内企业标准和欧洲果树协会标准）

①品种接穗为 2 年生,或品种接穗为 1 年生;
②第 2 年截干(KNIP,即短截),或品种接穗只在第 2 年生长;
③分枝数量≥4 个,有效分枝长度≥25 厘米;
④分枝分布基本均匀,且大致水平生长在中心干上;
⑤最低分枝离地面高度介于 70 ~ 120 厘米之间或最低分枝离地面高度大于 70 厘米;
⑥苗木高度≥170 厘米;
⑦苗木粗度≥1.10 厘米;
⑧顶花芽数≥4 个,腋花芽数≥8 个。

6. A 级(四级苗,欧洲果树协会标准)

①品种接穗为 2 年生,或品种接穗为 1 年生;
②第 2 年截干(KNIP,即短截),或品种接穗只在第 2 年生长;
③分枝数量≥4 个,有效分枝长度≥15 厘米;
④分枝分布基本均匀,且大致水平生长在中心干上;
⑤最低分枝离地面高度大于 70 厘米;
⑥苗木高度≥150 厘米;
⑦苗木粗度≥1.00 厘米;
⑧顶花芽数≥3 个,腋花芽数≥4 个。

7. B 级(五级苗,国内企业标准)

①品种接穗为 2 年生,或品种接穗为 1 年生;
②第 2 年截干(KNIP,即短截),或品种接穗只在第 1 年生长;
③分枝数量≤4 个,有效分枝长度≥15 厘米;
④分枝分布基本均匀,且大致水平生长在中心干上;
⑤最低分枝离地面高度大于 70 厘米;
⑥苗木高度 120 ~ 150 厘米;
⑦苗木粗度≥1.00 厘米;
⑧顶花芽数≤3 个,腋花芽数≤4 个。

第七章　乔化砧苹果栽培模式

乔化砧苹果栽培仍是我国苹果生产的主要形式，占全国 80% 以上的份额；也是现代苹果栽培的主要组成部分，既包括乔化砧与普通长枝型苹果品种的组合，又包括乔化砧与短枝型苹果品种的组合。

现代苹果矮化集约栽培模式，也体现在“干旱区推广抗性乔化砧 + 优质短枝型品种”的苹果产业转型升级方面，即“乔化短枝栽培”或“单矮栽培”。利用原产我国的八棱海棠、新疆野苹果、楸子和山定子等抗性砧木及我国自主选育的‘礼富 1 号’‘龙富’‘沂源红’‘烟富 7 号’‘神富 6 号’及‘成纪 1 号’‘瑞雪’等苹果优质短枝型新品种，繁育优质壮苗，并在生长季采用“多枝养干、先结果、后整形、早果压冠”的策略进行整形修剪，培养高纺锤形树形，实现良种、良砧与良法配套，创建中国式的现代苹果乔砧短枝集约栽培模式。该模式在山东‘沂源红’、陕西陕北山地‘礼富 1 号’、甘肃静宁‘成纪 1 号’等苹果品种上表现出良好的发展前景，为我国苹果产业转型升级和农民持续增收提供了技术支撑。

在甘肃省静宁县，2018 年苹果种植面积 101 万亩。甘肃省农业科学院林果花卉研究所董铁等人，从 2015—2017 年以八棱海棠为基砧，嫁接片状浓红短枝型苹果新品种龙富、天红 2 号、晋 18(系 2001 红富士单株芽变，由山西省农业科学院果树研究所、晋城市果农合作协会和高平裕民果业专业合作社共同选育而成)、成纪 1 号，配置授粉品种为嘎拉、秦冠，按株行距为 2.5 米 × 4.0 米在静宁县威戎镇李沟村建立示范果园，第 4 年亩产量分别可达到 900 千克、560 千克、520 千克、854 千克。

第一节　园地选择与规划

一、气候条件

年平均气温 8.5 ~ 14℃、无霜期 170 天以上，绝对低温不低于 −25℃、1 月份平均气温不低于 −10℃。

二、土壤条件

以土层深厚的壤土和沙壤土为宜，地下水位 1 米以下，排灌水良好；土层厚度 80 厘米以上，有机质含量在 0.8% 以上，土壤 pH 6.5 ~ 8.5。

三、地势条件

选择背风向阳的平地、缓坡地(坡度 6° ~ 15°)建园。

四、园地规划

配备必要的灌溉系统、道路系统和附属建筑。有风害地区，应营造防风林。有冰雹地区，应架设防雹网。

五、品种和砧木选择

结合当地自然条件，选择优良主栽品种和适宜的砧穗组合。早、中、晚熟品种合理搭配，早期效益与长远利益统筹安排。按照现代苹果栽培模式，提倡单一品种栽植，配置苹果专用授粉树；按照苹果矮砧集约栽培模式，提倡选用乔化短枝品种组合。具体核心内容请参考苹果矮化自根砧栽培模式的 5 项核心内容和相关的配套措施。

第二节 苗木栽植

一、挖栽植沟/穴

按设计行株距定点标记，挖直径（宽度）、深度为0.6～0.8米的栽植穴（沟），把挖出的表土与底土分别堆放，以加速底土风化。把适量腐熟有机肥、磷肥混匀，回填至栽树位置；或冬季全部回填，灌水浇透，使土沉实，等待春季栽树。

二、栽植方式与密度

平地、滩地和6° 以下的缓坡地为长方形栽植，山地和6°～15° 的坡地为等高栽植。宜采用的栽植株行距：株距1～2米，行距3～4米。

按照现代苹果产业栽培制度的要求，实行宽行密植、集约栽培，满足果园全程机械化，以达到省力省工的目的，实现苹果栽培效益的最大化，最终达到果业强、果农富、果乡美的目标。推广矮砧集约栽培，在矮砧苹果栽培条件不具备的地方，栽培乔化砧苹果，可参照矮化中间砧苹果的方法进行，在栽培密度方面按表7–1进行。

表7–1 乔化砧苹果栽植密度

砧穗组合	山地、丘陵			平地		
	株距（米）	行距（米）	密度（株/亩）	株距（米）	行距（米）	密度（株/亩）
普通型品种/乔化砧	3～4	4～5	33～56	3～4	5～6	28～44
短枝型品种/乔化砧	2～3	3～4	56～111	2～2.5	3～4	67～111

三、授粉树配置

（一）配置授粉品种

授粉品种的选择要求：其品种与中间砧木嫁接亲和力强，果品经济价值高；花期长并与主栽品种花期相近；花粉多并与主栽品种亲和力强。主栽品种与授粉树的比例一般为3～4∶1，也可按6～8∶1配置。绝大多数苹果品种为二倍体，$2n=2x=34$；少数为三倍体，$2n=3x=51$；极少数为四倍体，$2n=4x=68$，天星为四倍体芽变红富士品种。

三倍体苹果品种无花粉或花粉败育，栽植时必须同时栽3个品种（其中两个为二倍体苹果品种），如长富2号、丽嘎拉、乔纳金三个品种混栽才能满足授粉需要。陆奥（金冠×印度）、王林（金冠×印度）、北斗、乔纳金为三倍体苹果品种。

（二）栽植苹果专用授粉树

按照栽培品种：苹果专用授粉树为1∶10～25比例配置苹果专用授粉树。专用授粉树可给三倍体苹果品种授粉（图7–1至图7–10）。

图7–1 高粉1号生长状

图7–2 高粉1号枝干色泽

图 7-3　高粉 2 号

图 7-4　高粉 2 号落叶后枝干色泽

图 7-5　高粉 3 号落叶前状态

图 7-6　高粉 3 号未着色

图 7-7　高粉 4 号生长状

图 7-8　高粉 4 号枝干色泽

图 7-9　高粉 5 号生长状

图 7-10　高粉 5 号枝条红

四、苗木选择与处理

按照GB9847选用合格苗木，对苗木按干粗、苗高、根系完好程度进行分类，修剪根系，用水浸根后，分级栽植。

五、栽植时间

春季土壤解冻后，树体萌芽前。有冷藏条件的，苗木可适当晚栽。也可在秋季栽植，但需注意苗木的防寒保湿工作。

六、栽植技术与栽后管理

（一）栽植技术

将苗木放入穴中央，舒展根系，扶正苗木，纵横成行，边填土边提苗、踏实。栽植时要特别注意乔化砧和矮化砧的入土深度。栽植时，乔化苗要求嫁接口露出地面5厘米以上；旱地矮化中间砧露出地面3～5厘米，即不让苹果品种生根为宜；水地矮化中间砧露出地面5～8厘米，生长势旺的品种在以上基础上可再多露2～3厘米，生长势弱的品种可再少露1～2厘米。起垄栽植时，栽植深度可根据起垄的高度（约10厘米）进行调整。

（二）栽后管理

栽后立即灌水，浇透后树盘覆盖黑色地膜或地布保墒，提高地温。春栽苗定植后立即定干，定干高度1～1.2米；秋栽苗，采取套塑料膜袋等措施予以保护，翌年春季萌芽前定干。定干后剪口涂抹保护剂，在苗干距地面70厘米以上处，每隔2～3个芽刻一个芽，连续刻芽3～4处，一直到80～100厘米处。

第三节　土肥水管理

一、土壤管理

（一）种植绿肥和生草

行间间作绿肥作物，如毛苕子、油菜等，通过翻压、覆盖、沤制等方法将其转变为果园有机肥。有灌溉条件的果园提倡行间生草，如白三叶、早熟禾等，刈割覆盖。秋施基肥时可结合深翻开沟埋草，改良土壤，提高土壤肥力和蓄水能力。

（二）行内覆盖

提倡行内微起垄覆盖，垄高10～15厘米，树两侧各1米，用黑色地膜、园艺防草地布或其他材料覆盖。

（三）陕西省苹果产业技术体系推荐的果园生草与覆盖保墒方案

1. 应结合土壤墒情和上年施肥情况，做好春季果园生草与覆盖保墒工作。

（1）渭北产区提倡果园行间生草，可自然生草或人工种草（三叶草、黑麦草等），当草高20厘米时，应及时刈割、覆盖在果园行间，以减少土壤水分消耗。

（2）陕北南部山地果园，提倡豆菜轮茬，当植株高度达30厘米以上时，要及时刈割覆盖或翻压。

（3）株间树盘区域，要进行地膜（地布）和秸秆覆盖，减少水分蒸发，调节地温，抑制杂草生长，可采用地膜（园艺地布）或作物秸秆（杂草、粉碎的果树枝条等）进行覆盖保墒。矮化果园必须保持株间清耕、无杂草，减少草与果树根系争肥争水。

（4）春季干旱少雨时，在秋季有一周阴雨时段种草。

2. 夏季果园行间，尽量减少中耕除草。在控制草体高度（30厘米以下）的情况下，果园行间免耕生草有利于减少土壤水分蒸发，减轻夏季高温对树体的伤害。

二、施肥

（一）原则

以有机肥为主、化肥为辅，根据营养诊断配方施肥。

（二）秋施基肥

苹果树一年当中根系有3次比较旺盛的生长高峰，每次生长高峰都是大量吸取土壤养分的高峰期。

1. 第1次根系生长高峰期：从年生长周期之始的3月上、中旬开始，到4月中旬结束。在果树生理中的表现为“先生根后发芽”，随着新梢的生长，根系生长逐渐缓和。

2. 第 2 次根系生长高峰期：从 5 月下旬至 6 月下旬。这时期随着果树新梢生长逐渐缓和，根系年生长周期中第 2 次高峰期开始，这一次根系生长高峰约 35 天时间，因温度高、湿度大，果树的吸收量也大。因此，对果树秋梢生长有较强的促进作用。

3. 第 3 次根系生长高峰期：从随秋梢逐渐停长开始，到 9 月中旬以后树上新梢部分生长进入缓和期为止。因树上生殖生长和营养生长消耗掉大量养分树体空虚，急需补充，这时果树一年当中第 3 次生长高峰便开始了。这次根系生长的特点是时间长、发根多、吸收量大、储存营养丰富，有利于树体的发芽、开花、坐果和新梢生长。

因此，根据苹果树年生长周期中的根系 3 次发育高峰来分析，施肥应抓住秋冬这一重点季节，以增加储备养分为目的，早施肥、巧施肥、施能量肥。即使当年冬季果树不能吸收也要把肥料施入土中，因为施肥就要开沟，开沟必须伤根，即使须根伤口愈合也需 15～20 天时间。春天施肥，因伤根等因素的影响，3 月上旬施肥也需到 3 月下旬才能发挥肥效，但 4 月上、中旬新梢的快速生长制约了根系的吸收，大量营养物质只能待到 6 月份，根系第 2 次生长才能被吸收。6 月追肥是指对少量缺乏营养的果树而言，只要秋季基肥施足，一般不需追肥。

幼树时期 8 月底至 9 月初，在根系第 3 次生长高峰期进行秋施基肥，成年期可在果实采收后进行。施肥方法可采用条沟法、环状沟或放射沟法，幼树施肥时距树干 50～90 厘米外挖沟，宽 40 厘米，深 40 厘米，成年树随着树冠扩大，加大施肥沟距树干的距离。以有机肥为主，化肥为辅。有机肥、化肥与土壤混匀后回填，施肥后充分灌水。施肥量根据果树生长和结果需要，结合当地的栽培方式确定。

（三）陕西省苹果产业技术体系秋施基肥建议

建议早施、重施基肥。已采收的早、中熟品种以及未结果幼园、高接果园在 9 月上、中旬施肥；中、晚熟品种在 9 月中、下旬施肥；晚熟品种在 10 月份施肥。基肥以农家肥为主，一次性施入全年所需的有机肥，按照 3 000 千克 / 亩的产量，每年亩施腐熟羊粪、牛粪等有机肥 2 000～3 000 千克，配施全年所需化肥的 55%～65%，配施 2%～3%生物菌肥、100 千克平衡型复合肥。

提倡 9 月中旬至 10 月中旬，深施 30～40 厘米。红富士等晚熟品种，采收后施肥越早越好。生物有机肥以植物源（豆粕、豆饼等）优于动物源（羊、牛、兔、猪、鸡粪等），同时增加硅钙镁钾土壤改良剂。

（四）合理追肥

每年根据营养诊断确定施肥量，结果树一般每生产 100 千克苹果追施氮（N）1.0 千克、磷（P_2O_5）0.5 千克、钾（K_2O）1.0 千克。追施结合灌水进行。除土壤施肥外，还可采用叶面喷肥、树干涂肥等根外追肥措施补充营养需求。

（五）陕西省苹果产业技术体系春季追肥建议

（1）在 3 月上、中旬至 4 月上、中旬，结合灌水，可适量土壤追肥，以高质量水溶肥或氮肥为主。

（2）无灌溉条件的，可采用简易肥水一体化设备或用施肥枪追施。

（3）在萌芽前后至开花前后，可用氨基酸类螯合肥涂干，也可树体喷布磷酸二氢钾等叶面肥。

（4）上年秋季未施基肥或施肥不足的果园，尤其要重视春季追肥工作。

（六）陕西省苹果产业技术体系夏季追肥建议

夏季追肥可采用土壤追肥和叶面喷肥两种方式。

1. 土壤追肥，以氮、磷、钾等营养为主，并配合多种中微量元素，可根据降雨和土壤墒情进行 2～3 次，最好选用高效液体肥，用施肥枪追施或结合节水灌溉一起进行。树势旺（新梢平均长度在 30～40 厘米）的果园，应控制氮肥施用量；树势弱的果园，可适当增加氮肥和腐殖酸类有机肥施用量。

2. 叶面喷肥经济、简便，可结合果园喷药一起进行。可选用磷酸二氢钾、黄腐酸、钙肥等高效叶面肥，要避免使用含有植物激素的叶面肥。

陕西省苹果产业技术体系建议，采收前一周叶面施肥，叶面喷施 300～500 倍有效钙含量在 10%以上的中量元素水溶肥或氯化钙 1～2 次。落叶前 2 周，叶面喷施 5%的尿素水溶液 2 次，或用 3～5 倍氨基酸涂干 60～70 厘米，增加树体营养积累。

三、灌水

施肥后及时灌水，根据土壤墒情及时灌溉萌芽水、花前和花后水、果实膨大期水和秋季越冬水，宜采用滴灌、微喷灌等节水灌溉措施。

（一）陕西省苹果产业技术体系春季果园灌溉建议

1. 有灌溉条件的果园，可在早春树盘补灌一次透水（有节水灌溉设施的矮化园，可小量灌水 2～3 次，每次 3～5 米^3/亩）。

2. 无灌溉条件的，也要设法拉水给树盘少量补水或采取覆盖保墒措施。早春适量灌溉或采取保墒措施，可增强树体水分供应，适当延迟开花，有利于提高树体抵御低温霜冻能力。

（二）陕西省苹果产业技术体系夏季苹果园水分管理建议

1. 苹果树夏季生长对土壤水分变化敏感，该季节又常出现高温、干旱天气，保持果园（尤其是矮化园）稳定的土壤水分供应水分，尤为重要。

2. 无灌溉条件的果园，应积极采用树盘覆盖保墒措施，并保持树下无杂草生长；同时结合追肥，适量补水。

3. 有灌溉条件的果园，应根据墒情，保证夏季灌水 2～3 次，有节水灌溉设施的可少量、多次灌水，一般避免全园大水漫灌。

4. 夏季遇暴雨天气，雨后要及时排涝。

5. 墒情好的果园，6 月可适当控水，此阶段适度干旱有利于控长、促花。

第四节 整形修剪

一、适宜树形

定植后根据栽植密度和砧穗组合选定适宜树形，以小冠疏层形（图 7–11）、改良纺锤形（图 7–12）为主，乔砧短枝型品种组合宜选用细长纺锤形树形。树形结构参见表 7–2。

表 7–2 生产上的常用树形

树形	密度（株 / 亩）	主要结构特点
小冠疏层形	33～56	树高 3.0～3.5 米，干高 0.7～0.8 米，5 个主枝（第一层 3 个，第二层 2 个），第一层的 3 个主枝上各 1 个～2 个侧枝
改良纺锤形	40 左右	树高 3 米左右，干高 0.5～0.6 米，基层有主枝 3 个～4 个，分枝角 80°～90°，往上中心干不再分层，侧生分枝 10 个～15 个，呈螺旋式上升
细长纺锤形	67～83	树高 3.0～4.0 米，干高 0.6～0.8 米，冠径 1.5～2.0 米，在中心干上不分层次，均匀分生势力相近的水平、侧生分枝 15～20 个，分枝角 80°～90°

图 7–11 小冠疏层形

图 7–12 改良纺锤形树形结果状

二、整形修剪

现代苹果栽培，整形修剪时提倡使用电动工具，包括修枝剪（图 7–13）、锯等，既节省劳力、提高功效，又不误农时，提高果实品质。

图 7–13　电动修枝剪

（一）幼树期（1～3 年生）

除竞争枝和近地枝梢外，保留定干后发出的所有枝条，第 3 年冬剪时疏除整形修剪带以下的全部多余枝条。春季对枝条中后部、背后和两侧不易萌发的芽进行刻伤。冬剪时，一二年生树骨干延长枝以中短截为主，促发长枝；缓放二年生树的个别长枝和三年生树的大部分长枝，促发中短枝。二、三年生树于生长季进行拉枝。

（二）初果期（4～6 年生）

以疏除徒长枝和密生枝为主，培养以中小结果枝组为主的健壮结果枝组，调节结果量，合理负载。除冬剪外，还应通过刻芽、拉枝、环切（割）等措施，加强生长季促花修剪。环切时只能给主枝或 1 年生枝环切，切忌在主干上进行，可用双道环切剪操作（图 7–14）。

图 7–14　双道环切剪

（三）盛果期（7 年生以后）

强旺树、弱树和中庸健壮树分别采取以“控”“促”“保”为主的修剪措施，使树体稳定、健壮。枝长分布上稀下密、外稀内密。行间冠距保持在 1 米以上，行内略有交叉。结果枝、营养枝和预备枝配套，并轮流转换。调整好结果部位，控制结果量，防止“大小年”结果现象。

（四）陕西省苹果产业技术体系春季修剪主要内容

陕西省苹果产业技术体系认为，冬剪工作未完成的园区，要抓紧时间在萌芽前完成。春季修剪主要包括刻芽、抹芽、拉枝、花前复剪等内容。

1. 刻芽

对需要促发新梢的部位，在萌芽前 2～3 周进行刻芽。可用小钢锯在芽前方 0.5 厘米左右处横拉一锯，锯透皮层，促芽萌发。若需抽发长枝补空位的地方，刻芽时间、远近、伤口长度要“早、近、深”；若需抽发短枝条时，刻芽要“晚、远、浅”。

2. 抹芽

抹芽可减少直立旺枝、竞争枝、过密枝的数量。当芽萌发到 2～5 厘米时，抹除多余无效芽，且宜早不宜晚。抹芽时，主要抹除主干上位置不当的芽、枝条背上芽、剪口下竞争梢的芽以及并生芽、过密芽等。

3. 拉枝

拉枝的主要目的是缓和枝势、提高萌芽率，对幼树尤为重要。春季拉枝，时间不宜过早，一般在开花前后为好。否则，容易造成背上形成大量直立枝。拉枝时，应先揉后拉，以提高萌芽率和短枝比率。拉枝角度可根据品种和树形确定，一般为 90°～120°。

4. 花前复剪

对结果期树尤其是花量大的矮化树，花前复剪可减少树体营养消耗，也是最简便省工的疏花措施。一般在显蕾期进行，可根据树势和花量大小，适当“回缩串花枝、疏除弱花枝”，使优质结果枝合理、均匀摆布。

（五）陕西省苹果产业技术体系夏季树体管理主要内容

陕西省苹果产业技术体系认为，夏季树体管理主要包括夏剪、除萌蘖、涂干等内容。

1. 夏季修剪

夏季修剪是指通过开张角度、摘心、疏枝等技术措施，调节树体光照和新梢生长，以优化树体结构和促进花芽形成。

(1)开张枝条角度。对1～3年生矮化幼树，为培养纺锤形树形和促进成花，在6—8月，除主干延长头外，当其余新梢长至40厘米时及时轻摘心，并采用揉枝或拉枝方法，使新梢角度开张到90°～100°。对乔化幼树，拉枝开角一般在8月中、下旬进行。

(2)疏枝。对于结果期大树，疏枝工作在套袋前进行，主要是疏除内膛的虚旺枝、过密的重叠枝、背上直立的强旺枝和多头梢，但不宜一次疏枝过多。对乔化开心形果园，主枝上的背上枝，不宜疏除过多，应适度保留，以备秋季拉枝后培养预备结果枝，并减少枝干“日烧”的发生。对幼树和初结果期旺树，夏季疏枝工作可随时进行。夏季疏枝后，剪口要及时涂药保护，减少病菌侵染。结合疏枝，应及时剪除白粉病梢和黑星病严重的病梢。

(3)摘心、扭梢。一般多用于幼树和初结果期树，若拉枝不当，造成背上大量冒条的，可采取摘心、扭梢措施，控制背上枝旺长。

2. 除根茎部萌蘖

不少管理较粗放的果园，尤其是近年规模化栽植的矮化密植园，树干根茎部常发生大量萌蘖，既影响树体正常生长，也是病虫害的集散区。在夏季，对这些根茎部萌蘖要及时进行剪除，以保证树干基部清洁、无病虫发生。

3. 涂干

矮化果园，主干易遭受轮纹病、腐烂病等病菌侵害，对树体生长影响很大，造成树势早衰甚至死树毁园。春季高接换头的树，若不采取有效措施，夏季主干极易出现“日烧”现象。对这类果园，夏季进行涂干十分重要。可选用波尔多浆(“硫酸铜＋生石灰＋水”按1∶1～2∶30比例配置)、轮纹终结者等药剂在夏季涂抹树干1～2次，既可有效减轻树干病害，又可防止主干发生“日烧”。

(六)陕西省苹果产业技术体系对秋季撑枝的看法

陕西省苹果产业技术体系认为，秋季撑枝是乔化成龄树结果较多时的一种巩固树形较好的办法。对于乔化成龄树，尤其是30年以上的大树，因坐果过多而下垂的主枝，要设立支柱进行支撑，使主枝延长头角度保持在70°～80°，促进营养向延长头流动，平衡树势、减少冒条。

第五节 花果管理

一、花期授粉

花期采用蜜蜂、壁蜂传粉和人工授粉等方法提高坐果率。盛花前2天采摘授粉树蕾期花朵，取出花药，室内自然条件下晾1～2天，采集花粉，花开当天进行人工点授，点授以中心花为主。授粉时应开一批花授一批，连续授粉2～3次，间隔2～3天。

初花前3～5天开始放壁蜂，每亩地释放壁蜂200～300头。放蜂期间严禁使用有害化学药剂。盛花初期喷0.2%～0.3%硼砂液，促进坐果。遇倒春寒时，在吉林通化金红小苹果初花期喷0.5%浓度的硼砂液可抵抗1～4℃的低温，提高花朵坐果率28.4个百分点，达到56.2%；在硼砂液中同时加入0.5%尿素的坐果率又可提高10个百分点以上。

苹果专用授粉树(品种)具有树体紧凑、成花容易、花量多、开花期长、花粉量大、花粉活力强、与主栽品种授粉亲和力强、花粉直感效应明显等特点。因此，提倡在新建果园中使用苹果专用授粉树(品种)进行授粉。可配套品种有高粉1号、高粉2号、高粉3号、高粉4号、高粉5号等。

二、疏花疏果

(一)人工疏花疏果

不疏花、不疏果的免套袋米奇嘎拉1个花序最多可结5个果(图7-15)，总质量685克，平均137

克，最大的只有 153 克（中心果），其他的都在 135 克左右。

2021 年 8 月下旬至 9 月上旬陕西省千阳县米奇嘎拉免套袋苹果价格，≤150 克（或者横径≤70 毫米）的果实只能当落果处理，0.3 元 / 千克；>150 克（苹果横径 70 毫米以上）的果实，要求三无一净（无伤疤、无虫蛀、无病斑，果面干净），收购价 2 ~ 3 元 / 千克。所以严格疏花疏果很重要；并且对嘎拉来说，必须树势强健，才能结大果、优质果。

图 7–15　未疏花未疏果免套袋的米奇嘎拉结果状

1. 人工疏花

疏花从花序分离期开始，一直持续到初花期。疏花程度根据花量进行，按间隔 15 ~ 20 厘米，选留一个健壮花序，疏除过多、过密的瘦弱花序（图 7–16、图 7–17）。所留花序（正常花序有 5 朵花，也有 4 朵或 6 朵的）仅保留中心花和 1 ~ 2 朵边花。大多数品种疏边花，留中心花。为了防止果太大、果柄太短所引起的采前落果的发生，蜜脆苹果在疏花时尽量选留边花，并多留果，尤其要选留果柄长的边花或幼果（图 7–18、图7–19）。

2. 人工疏果

早疏果节约营养是增大果个的一项技术措施，严格疏果留出预备枝成花是连年丰产的关键。疏果定果应坚持以下原则：

（1）选留中心果、果形端正的果；疏除边果、小果。

（2）留大果，疏小果，幼果大小与果实最终大小的相关性很高，幼果之间大小差一点，到成熟采收时就差很多。所以留大去小是第一原则（图 7–18、图 7–19）。

图 7–16　疏花前

图 7–17　疏花时留大花所在花序

图 7–18　疏果前选大果

图 7–19　疏果后留成单果

(3)留果台副梢强壮的果,疏果台副梢弱小的果,对富士、嘎拉等多数品种而言,果台副梢强壮必是大果。

(4)留下垂果,疏朝天果;留形正果,疏畸形果以及果柄过长过短的果、腋花芽果。

(5)对霜冻果、病虫果、萎缩果、表面受污染或机械损伤的幼果应及早疏除。

疏果在花后一周开始,花后 3 ~ 4 周结束,红富士等大型果按间距 20 ~ 25 厘米,嘎拉等中型果按间距 15 ~ 20 厘米,每花序留一个果,疏除其余的幼果(图 7–20、图 7–21)。定果时每 40 ~ 60 片叶留一个果,留果枝应有 10 片以上叶,疏除背上或背下枝果,留侧生枝上的果,多留中心果。采用以花定果法时,疏花定果时间在花序分离至开花前。保留花经人工授粉,坐果率可达 90% 左右。为了确保坐果率,常根据树势、花芽质量、管理水平、品种特性等,再加 10% ~ 20% 的留花保险系数。也可先定花序,然后疏果、定果。疏花疏果可用专用疏花疏果剪(图 7–22),提高效率。

图 7–20 疏果后(高华供图)

图 7–21 疏果前(高华供图)

3. 陕西省苹果产业技术体系花果管理的主要内容

陕西省苹果产业技术体系认为,对结果期树,花果管理是春季管理最重要的工作。应重点做好保花保果和疏花疏果工作。

图 7–22 宝鸡市农业科学研究院研制的疏花疏果专用剪

(1)保花、保果:其一,缺乏授粉树的果园,应及时补植或高接授粉树,配置比率为 4 ~ 5 ∶ 1。其二,播种油菜作绿肥的果园应在开花前刈割,覆盖树盘,有利于昆虫为苹果授粉。其三,进行花期放蜂(蜜蜂 5 亩 / 箱或壁蜂 100 ~ 150 头 / 亩)。其四,初花至盛花期进行人工授粉,人工点授花朵或液体喷粉(水 10 千克 + 花粉 10 ~ 20 克)或配喷营养液(水 100 千克 + 硼砂 0.3 千克 + 蜂蜜或蔗糖 1 千克 + 尿素 0.1 千克 + 花粉 100 克)。此外,往年霉心病发生重的果园或花期遇雨,在初花期可喷布 4% 农抗 120 水剂 500 倍液,或 10% 多抗霉素可湿性粉剂 1 000 倍液。

(2)疏花。应根据开花前后的天气预报情况,结合树势和花量,确定适宜的疏花时间和方法。正常情况下,疏花宜早不宜晚。可在花蕾露红期开始,先疏花序,按 15 ~ 25 厘米间距(富士等大果型品种 20 ~ 25 厘米,嘎拉等中果型品种 15 ~ 20 厘米)选留花序;在花序分离期,再疏花朵,一般仅保留中心花或 1 朵边花,其余花全部疏除。背上枝、梢头花和腋花芽花,原则上全部疏除。有条件的果园,可进行化学药剂疏花。花期遇到低温霜冻或沙尘天气,最好不要疏花。

(3)疏果。疏果宜于落花后 15 ~ 20 天开始,选留果大、形正、柄长的顶花芽果、中心果、单果,疏除过多的边果、畸形果、偏斜果、小果、腋花果及病虫果。落花后 30 ~ 40 天进行定果,定果要“严”。一般初果期树留果 2 500 ~ 5 000 个 / 亩,盛果期树留果 10 000 ~ 16 000 个 / 亩,多余幼果要及时疏除。

（4）科学定果。陕西省苹果产业技术体系强调科学定果。疏花、疏果完成后，套袋前的定果是调节负载量、提高优果率的重要环节。按照“因树定产、以产定果”的原则，定果时，一定要严格、仔细。以主栽品种‘红富士’为例，盛果期树留果量应控制在 12 000 ~ 15 000 个 / 亩为好，肥水条件好的果园可适当多留，肥水条件差的应适当少留。

受春季花期低温、多雨影响的果园，授粉不良、坐果较差。这类果园，在严格疏除病果、畸形果、霜冻果（也叫“霜环果”，图 7-23 至图 7-27）的基础上，可根据坐果情况灵活定果，以保证一定产量水平。中心果坐果不好的，可选留果形端正、发育正常的边果。但原则上只留单果，尽量不留或少留双果。对于小年树可适当留双果，以确保产量。

对坐果正常的果园，应严格按合理负载量进行定果。要多选留中短果枝上的果、有果台副梢的果、果形端正的下垂果，疏除腋花芽果、弱小果、病虫果和畸形果，尽量少留背上直立果、梢头果等。

（二）化学疏花疏果

现代化集约栽培果园，人工疏花疏果费时费工，正在推广化学疏花疏果技术。化学疏花疏果主要任务是确保中心花坐果并正常生长发育，疏除边花边果，最大限度减少或免除疏花疏果用工。国家苹果产业技术体系试行的化学疏花剂有石硫合剂、“智舒优花”、有机钙制剂、橄榄油等；化学疏果剂有萘乙酸、萘乙酸钠、“智舒优果”、西维因等。

1. 化学疏花

化学疏花使用果农熬制的石硫合剂乳油浓度为

图 7-23　霜环病（四月下旬）

图 7-24　高粉 4 号抗寒（霜冻后仍正常座果，果皮变色，形成粗皮，5 月下旬状）

图 7-25　高粉 4 号霜冻果图之一（六月下旬）

图 7-26　高粉 4 号霜冻果图之二（六月下旬）

图 7-27　华硕霜环（7 月下旬）

0.5～1°B é，或商品用 45%晶体石硫合剂 150～200 倍液喷施；或使用“智舒优花”150～200 倍液喷施；或使用有机钙制剂 150～200 倍液喷施；或使用橄榄油喷施浓度 30～50 克 / 千克。疏花剂在盛花初期（即中心花 75%～85%开放时）喷第 1 遍，盛花期（即整株树 75%的花开放时）喷第 2 遍。寒富、粉红女士等腋花芽多的品种可以在盛花末期（即全树 95%以上花朵开放时）增喷 1 次。

2. 化学疏果

化学疏果使用萘乙酸喷施浓度 10～20 毫克 / 千克；或萘乙酸钠喷施浓度 30～40 毫克 / 千克；或“智舒优果”喷施浓度 400～500 倍液；或西维因喷施浓度 2～2.5 克 / 千克。西维因在盛花后 10 天（中心果直径 0.6 厘米左右）喷第 1 遍，盛花后 20 天（中心果直径 1.0 厘米左右）喷第 2 遍；萘乙酸和萘乙酸钠在盛花后 15 天（中心果直径 0.8 厘米左右）喷第 1 遍，盛花后 25 天喷第 2 遍。“智舒优果”在盛花后 10 天喷第 1 遍，盛花后 20 天喷第 2 遍。

在单独疏花效果不理想的情况下，可采用“化学疏花＋化学疏果”相结合的模式进行。‘红富士’单独化学疏花或者疏果效果不甚理想，应采用化学疏花与化学疏果复合处理。各种化学疏花疏果制剂的喷施时期和适宜浓度与单独疏花或单独疏果时相同。选择雾化性能好的喷雾器，重点对花或幼果部位均匀细致喷雾，喷药量控制在每亩 75～100 千克。商品化学疏花疏果剂，按照产品说明书使用。

喷施疏花疏果剂，适宜在晴天或阴天的天气条件下进行，温度 20～28℃，要求树势强健、花果量较大。花期白天温度连续低于 10℃或高于 30℃时，建议不进行化学疏花。首次应用化学疏花疏果时，要进行小规模试验。苹果不同品种对化学疏花疏果剂的敏感程度不同，嘎拉、金冠、王林、美国八号等品种中心花与边花开放时期间隔较长，较低浓度容易疏除边花，浓度可以适当调低；而富士系品种中心花与边花开放时期间隔较短，应用浓度要适当调高，同时掌握喷施时期。树势较弱时，应适当降低喷施浓度；树势较强时，可适当调高喷施浓度。

没有配置专用授粉树或授粉品种的果园，不宜采用化学疏花。药剂配制时，药液要随配随用，尤其是石硫合剂等钙制剂不能与任何其他农药混喷。在化学疏花疏果以后，根据坐果情况和预期产量，在生理落果后、苹果套袋前，对双果、三果及间距过密果进行人工辅助定果。

三、果实套袋与除袋

（一）纸袋选择与套袋时间

选用抗张、透气与吸水性符合要求的双层纸袋，套袋在谢花后 40～50 天进行，即 10 天内完成，6 月上、中旬之前结束，套袋前 3～4 天果园喷一次杀虫杀菌剂。套袋时先使纸袋撑胀，将幼果套入纸袋中央，防止袋纸贴近果皮产生日灼，然后扎紧袋口。同时，也要避开中午强光时段和雨天。

（二）除袋时间及注意事项

1. 除袋时间

根据成熟时间在采收前 7～20 天除袋（卸袋）。先去除外袋，隔 3～7 个晴天后再除内袋。早熟品种在采收前 7～10 天，中熟品种在采收前 10～15 天，晚熟品种在采收前 15～20 天，选阴天或晴天上午 10 时以前、下午 4 时以后去掉外袋，5～7 天后（最少有 3 个晴天）再去内袋。一天内除袋时间，宜在果面温度较高时进行，阴天则可全天摘除。

红富士、红将军、乔纳金等红色品种，于果实采收前 15～20 天除袋；金冠、王林、瑞雪、维纳斯黄金等黄绿色品种，于果实采收前 5～10 天除袋或于采果后脱袋。双层纸袋先摘外袋，从底部撕开外袋，呈伞形罩于果上，防止日光直射果面，4～5 个晴天后再除去内袋，以防止果面日灼；单层纸袋一次摘除。除袋时要避开早晚低温、中午强光时段和降雨天气。

2. 注意事项

注意“早晨有露时、中午高温时、到了傍晚时”的三个不除袋时期。解袋当天或第 2 天，可喷水溶性钙和硅，如辛菌胺、嘧啶核苷和井冈霉素的复配剂，再加咪鲜胺等保果药物，防止苦痘、裂纹、豆斑、黑点、红点等缺钙和影响果实外观品质降低的症状发生。

（三）陕西省苹果产业技术体系的做法

陕西省苹果产业技术体系强调，随着劳动力短缺和成本上涨，果实套袋已成为果园管理最费时费工的环节，提高套袋果的商品价值就显得十分重要。在严格定果的基础上，应注意以下几点：

1. 选用优质果袋

富士系、嘎拉系等红色品种，应选用优质双层三色纸袋，避免使用低价劣质果袋，以减少果实病害发生和水裂纹。'瑞雪'等黄绿色品种，应选用专用单层纸袋，避免发生果皮褐变。

2. 重视套袋前喷药和补钙

因春季气候影响，苹果幼果期感染病害概率增大，苦痘病、痘斑病等生理性病害也易发生。套袋前1～2天，全园应周到、细致地喷布一次安全高效的杀菌杀虫剂，同时加喷不含激素有效钙含量在10%以上的优质液体钙肥。

3. 适时套袋

因为气候造成幼果发育晚、慢，套袋时间可比正常年份推迟一周左右。对于'瑞雪'新品种，选用专用单层袋生产黄绿色果实，套袋时间应较晚熟'富士'晚3～4周。

4. 规范操作

近年果区普遍存在套袋"用工荒"现象，套袋技术操作不规范的问题十分突出，严重影响套袋果质量。要特别强调，应避免在中午高温或早晚有露水时套袋；其次，套袋时要袋口朝下、袋底朝上，便于热空气由通气孔排出，袋口要扎严，避免雨水、药水和害虫进入袋内。

规模化种植的新品种企业果园和管理水平较高的农户果园，提倡采用免套袋栽培。

四、摘叶转果

免套袋果园，摘叶通常分2次进行，第1次在采前30天左右进行，摘除贴果叶、果台枝基部叶，适当摘除果实周围5～10厘米范围内枝梢基部遮光叶；第2次间隔10天左右，剪除树冠外围多余的梢头枝、冠内徒长枝和密生枝，摘除部分中、长枝下部叶片。摘叶总量不超过全树总叶量的15%，摘叶时保留叶柄。套袋果园，在除袋后3～5天开始，分2～3次适当摘除果实周围的遮光叶片(图7-28)。

图7-28　礼富1号套袋果摘叶促着色

转果一般在第1次摘叶后一周进行。待果实向阳面充分着色后，可将苹果轻转90°～180°，将果实背阴面转向阳面，促进果实均匀着色。

五、铺反光膜

为了增加果实光照，可先在8月中、下旬开始对晚熟品种果园进行夏季修剪，疏除树冠内膛徒长枝、外围竞争枝以及骨干枝背上直立旺梢，疏枝量控制在20%～30%，1～2次完成。

图7-29　礼富1号园铺反光膜

铺反光膜前适当摘叶，使树冠的地面透光率达到30%左右。果实套袋树在完全除袋后3～4天和第1次摘叶后铺反光膜(图7-29)，未套袋果园在果实开始着色和适当摘叶后铺反光膜。果实成熟前半个月在树冠下两侧各铺1米宽的反光膜，促进全树果实尽快上色，充分着色。摘除果袋后，先整平地面，顺着行向在树干两边铺设反光膜，膜外缘与树冠外缘对齐，膜上零星压石块和砖头。

六、分批适期采收

根据果实成熟度、用途和市场需求等因素确定采收适期。成熟期不一致的品种，应分期采收。根据果实发育期、淀粉含量、硬度、可溶性固形物含量、色泽、单果质量及糖酸比等指标来判断成熟度。及时将日灼果、裂果(图 7-30)、畸形果、病虫果、落果等不适于贮藏、销售的果实剔除、收集、处理。分品种、按批次对优质果实进行采收。

生产上最常用的是根据果实发育天数确定果实采收期。从落花期到成熟采收,红富士果实发育期为 130～200 天（从各地选育的红富士优系新品种简介中得知),嘎拉为 110～120 天,金冠、乔纳金为 135～150 天,新红星为 135～155 天,王林为 145～165 天。

图 7-30　米奇嘎拉晚采后裂果

陕西省苹果产业技术体系建议，嘎拉系在可溶性固形物达到 12%以上,去皮硬度≥6.5 千克 / 厘米 ^{2} 时,于 8 月中、下旬分批采收;元帅系果实发育期达到 155～160 天,可溶性固形物达到 11%以上,去皮硬度≥6.5 千克 / 厘米 ^{2} 时,于 9 月中、下旬采收;富士系果实发育期 185～190 天,可溶性固形物达到 14%以上,去皮硬度≥8 千克 / 厘米 ^{2} 时,于 10 月中、下旬采收;长期贮藏的苹果于 10 月中、下旬采收。采收时预分级,采收后及时入库,顺价销售。

采收前 10～15 天停止浇水,有利于增加果实可溶性固形物含量和提高着色。一天内采摘时间以气温较低的早晨较好。具体到一株树,要由下向上、由外向内进行采摘,减少人为损伤枝叶。采摘时用手向上轻托果实,带果柄采下。采收过程中要轻拿轻放,防止机械损伤。采下果实要尽快运至包装场,暂时运不走时,要放在树荫下,防止日晒。

为提高优质果率,应当实行分期采收,一般可分 2～3 次进行。首次主要采收树冠外围及上部果个大、着色好的果实;1 周后再采摘树冠内膛和中下部着色较好的果实,最后采摘留在树上的所有果实。分期采摘时,注意不要碰伤或碰掉留在树上的果实,减少落果损失。

七、防灾减灾

苹果产业自然灾害主要有越冬冻害、晚霜危害、冰雹灾害、鸟害等。

(一)越冬冻害

1. 定义

越冬冻害指在越冬期间(11 月中旬至 2 月下旬),因气温变化幅度大或低于能忍耐的下限而对果树造成的伤害。

2. 主要防控措施

(1)8 月底以后,减少果园水分和速效氮肥供应,控制树体旺长,提高树体营养积累水平,促进枝梢发育充实,增强树体抗性。

(2)落叶前,叶面喷施 5%～8%尿素,促进养分回流和落叶,强制树体提早进入休眠。

(3)入冬以后,提早灌足封冻水,枝干涂白。

(二)霜冻灾害

1. 定义

霜冻灾害指苹果花芽膨大期至幼果期间遭遇晚霜而造成的危害。

2. 主要防控措施

(1)延迟发芽,避开霜冻。早春树干和骨干枝涂白,萌芽后至开花前果园灌水或喷水,延迟萌芽期和花期,规避晚霜危害。

(2)改善果园小气候。根据天气预报和果园实测温度,晚霜来临时及时采取果园灌水、熏烟、鼓风等措施,有效预防或减轻晚霜危害。

(3)喷营养液或化学药剂防霜冻。萌芽期喷 3%～5%尿素 +1%磷酸二氢钾,或在强冷空气来临前喷芸薹素,可以调节细胞膜透性,缓和气温骤降造成的生理障碍,减轻霜冻危害。

(4)灾后补救。花期遭受晚霜危害的果园,要及时叶面喷施 0.3%～0.5%尿素液、0.2%～0.3%硼砂液或其他叶面营养肥，补充树体营养，促进花器官发育和机能恢复，促进开花坐果；进行人工授粉，提高坐果率；推迟定果时间，幼果坐稳后进行一次性定果；霜冻危害严重的果园，应充分利用晚花、边花和腋花芽花坐果，保障结果量。

同时，要加强肥水管理，以增强抗性和恢复树势；加强病虫害综合防治，重点防治金龟子、蚜虫、苹果花腐病、苹果霉心病、苹果黑点病等危害花果的病虫害。

3. 陕西省苹果产业技术体系关于苹果花期低温冻害防控措施

近年我省春季低温冻害发生频繁，已成为影响苹果产量、质量的重要气象灾害。要关注气象部门预测，提早做好预防工作，减少低温冻害发生风险造成的损失。

（1）提早做好预防：要密切关注气温变化，尤其在我省苹果产区由南到北苹果开花期的 3 月中、下旬至 4 月中、下旬，在此期间可能出现的大的气温波动过程，应及时关注霜冻预警信息，提早做好防冻准备。

①采取有效措施，推迟开花，躲避霜冻。在萌芽、开花前，果园可进行灌水 1 ~ 2 次，结合树干涂白，可推迟开花 3 ~ 4 天。

②补充营养，提高树体抗性。结合春季灌溉施用液体有机肥，花前树体喷布富含磷、钾的营养液（0.2% ~ 0.3%）和抗冻剂，可提高花、幼叶等幼嫩组织对低温的抗性。

③做好防冻物资及设备准备，随时启用。应提前准备好熏烟的锯末、麦糠、秸秆、果树枝、生烟剂、防冻液等物资，挖好熏烟增温地坑，安装调试好喷灌、弥雾机等设备。

（2）减轻和缓解低温伤害：低温天气来临时，可采取简便有效的防控措施，缓解冻害影响。

①熏烟增温。果园熏烟主要用于缓解辐射型霜冻。在地表温度降低之前就开始点火熏烟，注意添加物料，延长熏烟时间，使烟雾均匀笼罩在果园上方。延安苹果产区发明的“地坑式”熏烟方法，熏烟持续时间长，增温效果明显，值得推广。

②果园喷水。树上喷水对辐射型霜冻和平流型霜冻均有一定缓解作用。需注意的是，喷水要在温度降到0℃时开始，其间不可间断，一直喷到次日温度回升，否则有可能加重冻害。规模化种植果园，可配置大型弥雾机，通过向全园不间断喷布水雾以减缓冻害。

（3）采取补救措施，减少冻害损失

花期冻害发生后，应积极采取补救措施，以减少损失。

①停止疏花，延后定果。发生冻害的果园，应立即停止疏花，并在幼果坐定后再进行定果。

②人工授粉，提高坐果率。冻害后，果园气温通常较低，不利于蜜蜂昆虫授粉，加之花器官活力下降，导致授粉不良影响坐果。采用 1 ~ 2 次人工辅助授粉措施，可有效提高坐果率。

③及时补肥、灌水，促进树体恢复。冻害后的果园，应及时灌水和叶面喷肥（0.3% ~ 0.5% 尿素、0.2% ~ 0.3% 硼砂或其他叶面肥），增强树体抗性和恢复能力。

④加强病虫害防治。注意金龟子、蚜虫等虫害和花腐病、霉心病、腐烂病等病害的危害，减轻损失。

（三）冰雹灾害

1. 定义

冰雹灾害指由于冰雹袭击对树体、枝、叶、果实造成的危害（图 7–31）。

2. 主要防控措施

（1）在栽培区划基础上，避开在冰雹多发地带选址建园；

（2）果园架设防雹网（图 7–32）。对于已经遭受冰雹灾害的果园，及时喷布杀菌剂，剪除重伤枝梢，并进行叶面喷肥。

白水县农业农村局公布的苹果园雹灾后管理技术要点认为，冰雹是苹果产区常见的一种灾害性天气。进入盛夏，雷雨天气增多，冰雹灾害频繁出现，对苹果生产造成严重影响。为尽快恢复果园生产，减轻果园受损程度，降低果园病虫害发生率，应在雹灾后及时做好以下几点：

①清理残枝落叶，疏除烂果。雹灾后，迅速清理果园内落叶、落果及果袋，剪除被打断的树枝、新梢和一部分表皮与木质部整体脱离的 1 ~ 2 年生枝。对折断的枝梢应从断茬处稍向下短截，保证伤口平滑，主枝、

图 7-31 幼果期果实遭受冰雹伤害

图 7-32 榆林山地苹果防雹网

大辅养枝等背上发生的枝条，按正常剪除去顶端幼嫩部分，促进新梢成熟。对伤疤过多、较重，影响后期发育的果实要坚决摘除，对受伤较轻、伤面 30% 以下的果实可适当保留。但留果量应不超过树体的合理负载，以利于花芽分化，提高花芽质量。

②喷药保护树体，防止病虫害流行。雹灾后，果园湿度大，更有利病菌繁殖传播。树体伤口多，伤口易被病菌侵入。天晴后，应立即喷广谱性杀菌剂或结合叶面喷肥加入杀虫剂，可选用 43% 戊唑醇 3 000 ~ 5 000 倍，或 70% 甲基托布津 800 倍液与磷酸二氢钾和尿素液混喷。受灾较重的果园应间隔 10 ~ 15 天后再喷 1 次，每次喷药时最好再加入 0.3% 磷酸二氢钾溶液，以补充养分，促进伤口愈合，防止病虫侵染。

③增施肥料，恢复树势。遭雹灾果园一般叶片残缺不全，树体光合面积减少，应及时追施一次肥料。一般盛果园亩施二铵 40 千克加硫酸钾 30 千克。对受灾较重果园，根据树势和挂果量，采取树盘开放射浅沟，每亩施入尿素和磷酸二铵 30 ~ 40 千克。对重灾绝收果园，深翻树盘，每亩施入磷酸二铵和硫酸铵 50 ~ 60 千克，促萌芽、抽枝、长叶，恢复树势。

④对主枝和主干较大伤口及时进行清理涂药保护。药剂选用农抗 120、菌必净、菌毒清等进行枝干涂抹，防止腐烂病菌的入侵蔓延。

⑤防止果树二次开花。雹灾可引起果树二次开花，影响第二年开花结果，降低产量。树受冰雹袭击后，可能刺激树二次开花和秋梢速长，为防止树二次开花及秋梢速长，增加树的抗寒力，可喷抑制生长激素，如多效唑、矮壮素等。

⑥严禁环割、环剥。

(四)鸟类灾害

1. 定义

鸟类啄食果实(图 7-33)，不仅直接影响果品的产量和质量，而且使病菌在被啄果实的伤口处大量繁殖，感染正常的果实生病。

2. 主要防控措施

(1)物理法，包括果实套袋、地面铺反光膜、设置防鸟保护网。

(2)驱鸟法，包括人工驱鸟、声音驱鸟、置物驱鸟(“恐怖的眼睛”气球、彩色闪光条以及假人、假鹰天敌模型等)、烟雾和喷水驱鸟。

(3)化学法，在果实上喷洒鸟类不愿啄食或感觉不舒服的生化物质，迫使鸟类到其他地方觅食。氨茴酸甲酯($NH_2C_6H_4CO_2CH_3$)是目前国内外唯一注册可以在众多农作物上使用的化学驱逐剂，由美国生产，商品名为 Bird Shield，在葡萄、樱桃和苹果等树种上有应用。

图 7-33 成熟期果实遭受鸟害

(五)陕西省苹果产业技术体系关于异常天气的应对策略

陕西省苹果产业技术体系强调，近年气候变化异常，夏季高温干旱、冰雹、暴雨、大风等灾害性天气增多，对苹果生产造成的损失很大，应采取积极的防御手段和减灾措施，将灾害降低到最低程度。

1. 夏季高温干旱天气的应对

夏季持续高温干旱，会对套袋果实产生严重不良影响，引起果实发生“日灼”和形成“皮球果”，使果实失去商品价值。同时，还会抑制树体生长，导致树势变弱，引起病虫危害加重。

应对这种极端天气，最有效的措施是想方设法进行果园灌溉，减轻高温与干旱的叠加效应。其次，也可在中午对树体喷水降温，减轻高温伤害。果园株间覆盖、行间生草，改善小气候环境，也是减轻高温干旱伤害的有效办法。

矮化密植果园，必须有配套的灌溉设施或覆盖保墒措施。不然，遭遇高温干旱天气，极易造成果实伤害而带来严重损失。

2. 雹灾的预防与灾后管理

陕西省苹果主产区夏季易遭受冰雹灾害，造成的损失往往很大。除产区政府布设驱雹的火箭或高炮预防外，最积极有效的措施是果园搭建防雹网。当然，建园选址时尽量避开“冰雹带”也很重要。

雹灾发生后，要采取积极的补救措施。一是抓紧清理果园，摘除破伤果及枝叶，促进树体恢复生长；二是及时喷药，防止次生性病虫害的发生蔓延；三是加强肥水管理，结合喷药混喷高效水溶肥，为树体恢复补充营养。

此外，果园遭遇暴雨、大风等灾害性天气，灾后也要及时采取积极的减灾措施，如灾后排涝、清理果园、喷布药剂等。

第六节　病虫害综合防治

从苹果园生态系统自然平衡的原理出发，以农业防治和物理防治为基础，以生物防治为核心，按照病虫害的发生规律和经济阈值，合理运用化学防治措施，达到经济、安全有效地控制病虫为害，要求病虫果率5%以下，果实采收期保叶率80%以上。

苹果主要病害有腐烂病、轮纹病、褐斑病、斑点落叶病、霉心病、锈病、炭疽叶枯病、根腐病及花叶病、锈果病等；主要虫害有金纹细蛾、绣线菊蚜、山楂叶螨、苹小卷叶蛾、桃小食心虫、金龟类、天牛等。

一、农业防治

加强果园土肥水管理，合理密植、整形修剪，注意通风透光，调整果树营养状况。剪除病虫枝、清除枯枝落叶、刮除树干翘裂皮、翻树盘、地面秸秆覆盖，科学施肥、适期灌水、增施有机肥和钾肥，提高苹果树抗性，抑制病虫害发生。

二、生物防治

充分利用寄生性、捕食性天敌昆虫及病原微生物，控制害虫种群密度，将其种群数量控制在为害水平以下。在苹果园内增添天敌食料，设置天敌隐蔽和越冬场所，招引周围天敌。饲养、释放天敌，补充和恢复天敌种群。限制有机合成农药的使用，减少对天敌的伤害。利用苏云金杆菌(BT)防治鳞翅目害虫，利用球孢白僵菌防治天牛，利用性外激素诱杀桃小食心虫、金纹细蛾、苹小卷叶蛾等。

三、物理防治

利用光、热、射线等物理因子或人工、器械来诱杀、捕杀、阻隔苹果有害生物发生的方法。利用热处理杀死种子、苗木和接穗中的病原物，黑光灯诱杀趋光性害虫，果实套袋防止轮纹病菌、食心虫类害虫危害，在树干上捆扎束草、破布、废报纸、集虫板等诱杀枝干越冬害虫、害螨，黑色塑料薄膜覆盖树盘阻止桃小食心虫、金纹细蛾等害虫出土。人工捕杀天牛成虫。入冬前树干涂白兼治枝干病虫害。

四、化学防治

利用化学药剂防治苹果有害生物的方法。化学药剂应为在国家农药管理部门登记的允许在苹果上应用的农药种类。根据病虫害的发生情况使用不同农药。施药器械推荐使用风送式弥雾机。

(一)陕西省苹果产业技术体系春季病虫害防治要点

陕西省苹果产业技术体系认为,苹果主要病虫害多在果园越冬,春季病虫害防控得当,可降低虫口密度和菌源基数,减轻全年防治压力。应重点抓好以下工作。

1.清园

清园是春季果园管理的一项重要内容,直接关系到全年病虫危害程度。冬季未完成清园的,要及时将病虫枝(如白粉病、腐烂病等)和修剪下的枝、落叶、残次果、烂果袋等清理出果园或集中深埋,保证园内清洁,降低病虫害基数。清园后,全园及时喷布一次 3～5°Bé 的石硫合剂。

2.刮治病斑

春季应随时刮除枝干上的腐烂病病斑和轮纹病的病瘤病斑,遇到粗老翘皮也一并刮掉。刮后的病斑,应及时涂药保护,可供涂抹的药剂较多,如 5°Bé 石硫合剂,或 4%农抗 120 水剂 10～30 倍液,或 40%福星乳油 1 000 倍液,或 250g/L 丙环唑乳油 500 倍液,或 1.6%噻霉酮悬浮剂 200 倍液,或 43%戊唑醇悬浮剂 300 倍液,或 5%菌毒清水剂 30 倍液等。病疤刮治后,最好在伤口上面覆裹混有生物菌肥的泥巴。

3.应用生物、物理措施控制害虫发生

(1)应用性诱剂,对金纹细蛾、苹小卷叶蛾、桃小食心虫等害虫进行生物防控。

(2)进行物理诱杀。在果园外围安装杀虫灯,在园内悬挂糖醋液诱盆,可诱杀趋化性害虫。

4.喷布药剂防治

近年我省苹果园早期落叶病、腐烂病、轮纹病、炭疽叶枯病、白粉病、霉心病等病害以及红蜘蛛、蚜虫、食心虫等虫害发生基数较大,要结合当地实际,重点抓好萌芽前后、花期前后和套袋前后的关键防治时期,控制病虫害发生。

(1)在萌芽前后,进行 1～2 次药剂防治。杀菌剂可选择 40%福星乳油 3 000 倍液,或 250 克 / 升丙环唑乳油 500～1 000 倍液, 或 45%代森胺水剂 300～500 倍液。杀虫剂可选择 48%毒死蜱乳油 1 000 倍液,或 95%柴油乳油 50～80 倍液,或 50%硫悬浮剂 30～50 倍液等,可防治山楂叶螨、蚜虫、介壳虫等休眠期害虫。

(2)在展叶开花期,主要防治苹果锈病、白粉病等。可在花序分离期以三唑类内吸治疗剂为主进行全园喷雾, 可选用 15%三唑酮可湿性粉剂 1 000～1 500 倍液, 或 10%苯醚甲环唑水分散粒剂 2 500 倍液,或 40%腈菌唑悬浮剂 3 000～4 000 倍液,或 12.5%烯唑醇可湿性粉剂 1 500～2 500 倍液,或 40%己唑醇悬浮剂 8 000 倍液等。上年霉心病重发果园,如盛花期遇雨可选用多抗霉素或中生菌素生物药剂。

(3)在谢花后 7～10 天,苹果锈病、白粉病、轮纹病、炭疽病、黑点病、霉心病以及斑点落叶病等多种病原菌的分生孢子陆续开始在果园释放,随风雨传播。防治药剂可选用 10%苯醚甲环唑水分散粒剂 3 000 倍液,或 40%己唑醇悬浮剂 8 000 倍液,或 4%农抗 120 水剂 200 倍液等。这一时期也是山楂叶螨和介壳虫的发生为害期,应注意监测,虫口较大时可选择喷施杀虫杀螨剂。

(二)陕西省苹果产业技术体系套袋苹果园套袋前后病虫害防治用药方案

重点防治锈病、苹果黑星病、白粉病、早期落叶病(苹果褐斑病、轮斑病和斑点落叶病三种病的总称)、枝干轮纹病、腐烂病和炭疽叶枯病等病害,以及蚜虫、红蜘蛛、卷叶蛾、金纹细蛾和绿盲蝽等虫害。

1. 套袋前 1～2 天,应周到、细致地喷布一次杀虫杀菌剂。可选用的杀菌剂有 80%络合态代森锰锌可湿性粉剂 800 倍 +30%吡唑醚菌酯悬浮剂 3 000 倍,或 60%唑醚·代森联水分散粒剂 1 500～2 000 倍液。

2. 套袋后,根据降雨情况,每间隔 10～14 天,应喷布一次杀菌剂。可选用的药剂有 430 克 / 升戊唑醇悬浮剂 3 000 倍液,或 25%丙环唑乳油 2 500 倍液。也可喷布 1～2 次 1 : 2.5 : 200 倍波尔多液,间隔期 20 天。

3. 杀黄蚜可选用的药剂有 25%噻虫嗪水分散粒剂 5 000～10 000 倍液,或 240 克 / 升螺虫乙酯悬浮剂 4 000 倍液,或 4%氯虫·高氯氟悬浮剂 3 000 倍,或 3%啶虫脒可湿性粉剂 2 000 倍 +2.5%氟氯氰菊酯水乳剂 3 000 倍液等。杀螨剂可选用 30%腈吡螨酯悬浮剂 3 000 倍液,或 20%哒螨灵可湿性粉剂 3 000 倍液等。

4. 防治金纹细蛾、苹小卷叶蛾和桃小食心虫。树上可悬挂性诱捕器,诱杀其雄成虫,数量为 5 枚 / 亩,悬挂高度 1.5 米左右。

5. 天牛发生严重的果园。6 月中旬后，成虫发生期，可喷洒球孢白僵菌液防治。

第七节 典型果园

一、洛川县永安镇东宫村韩建平果园

据洛川县苹果生产技术推广服务中心农艺师杨艳玲调查，1992 年乔砧建园，面积 4.6 亩，主栽品种为长富 2 号，授粉品种为嘎拉，密度 6 米 × 8 米，2008 年完成第一次间伐，2018 年完成第二次间伐，全园现共有 80 株树(由于间伐，株行距不是很标准)，树龄 28 年。

2020 年套袋 5.8 万只，商品果售价 8 元 / 千克，收入 9 万元，次果售价 4.6 元 / 千克，收入 1.6 万元。合计总收入 10.6 万元，亩均收入 2.3 万元。投入肥料 6 000 元、果袋 8 900 元、农药 1 900 元，合计总投入 1.68 万元。投入产出比 1 : 6.31。

该果园在管理上注重有机肥投入，适当应用水溶肥，合理应用矿物源农药。2018 年秋季亩施羊粪 100 袋，每袋 20 千克，每株施 25 千克，花前施入水溶肥 1 次，到嘎拉摘外袋前 7 月 25—30 日之间再施入水溶肥 1 次，每次用四罐水，每罐加 10 千克水溶肥。春季清园后喷施 5°Bé 石硫合剂 1 次，夏季套袋后喷施倍量式波尔多液 1 ~ 2 次。

二、洛川县旧县镇洛生村田榜银果园

据洛川县苹果生产技术推广服务中心农艺师雷争荣调查，1986 年栽植，面积 5 亩，主栽品种为长富 2 号，授粉品种为嘎拉，密度 3 米 × 4 米。现有 200 株树，远离村庄，靠近沟畔，生态环境较好。

2020 年套袋 5 万只，总产量 12 000 千克，平均单果质量 240 克，80 毫米果比例 90% 以上，商品果 9 500 千克，单价 7.3 元 / 千克，收入 69 350 元，下拣(次果)售价 4.4 元 / 千克，收入 1.1 万元。合计总收入 8万元，平均单果收入 1.6 元。

每年秋季施羊粪 15 米 3(约 1.2 吨)，连续施肥 8 年，开春追复合肥(氮磷钾 15 : 15 : 15)每树 1.5 千克，膨大期追施高氮高钾复合肥每树 2 千克，摘袋后化学药剂清园一次，全年氨基酸涂干 3 次(分别为 3 月、6 月、9 月)。冬季修剪均为自己亲自操作，未找其他人。挂果量每年都控制在 1 万袋 / 亩左右，无大小年。

该果园树冠小、树体紧凑、通风透光好、中短枝多、小枝量大、枝组下垂、叶片厚实、无落叶、果实高桩，单果质量、商品率都高。

三、洛川县交口镇来往村陈敏果园

据洛川县苹果生产技术推广服务中心农艺师李凡林调查，1991 年前建园，面积 2 亩，主栽品种为长富 2 号，授粉品种为嘎拉，树龄 30 余年。

2020 年套袋 5.5 万只，亩产量 5 500 千克，亩收入 3.3 万元。2021 年产量有所减少，套袋 3.5 万只。

该果园主要管理措施：①底肥每株施复合肥 2 千克，有机肥 10 千克。②全年喷施叶面肥。③随时拉枝，保持果树内膛光照良好。④全年坚持 15 天喷药一次，全处喷药次数为 7 次。

四、洛川县土基镇西陈村杨振武果园

据洛川县苹果生产技术推广服务中心高级技师王旭军调查，2000 年建园，面积 3 亩，主栽品种为红富士，授粉品种为嘎拉，果园密度间伐调整 5 米 × 6 米。

2020 年虽然受到花期低温冻害影响，但产量没减，达 4 545 千克 / 亩，比 2019 年的 2 778 千克 / 亩，还是上涨了 1 768 千克 / 亩。2020 年 80 毫米规格苹果占 80%，85 ~ 90 毫米规格苹果占 20%，商品果售价 6.6 元 / 千克，总收入 89 991 元，平均亩收入 29 997 元。肥料、套袋、农药总投入 7 200 元，投入产出比 1 : 12.5。

该果园管理特点：①防灾减灾措施到位。首先是花期防冻。在花期低温来临时，果农户、村委会及时按照县、镇安排，进行连片熏烟防冻，将冻害最大限度降低。其次是人工授粉。自购花粉，及时实施全园人工授粉，在受到轻、中度花期低温冻害后能提高坐果率，保证果形高桩。②科学施肥。连续 5 年实施科学配方施肥，突出有机肥、微生物菌肥及中微量元素肥的综合应用。秋施基肥及时，树体营养水平高，大果

占比高。

五、洛川县槐柏镇杨侯村刘麦泰果园

据洛川县苹果生产技术推广服务中心高级技师吴建红调查，2004 年建园，面积 17 亩，密度 4 米 × 5 米，主栽品种为红富士，授粉品种为嘎拉。

2020 年平均亩产量为 4 500 千克，商品果售价 7.56 元 / 千克。总收入 578 340 元，每亩毛收入 34 020 元；套袋、化肥、水溶肥、有机肥、菌肥、农药等总投资约 78 800 元。投入产出比 1∶7.3。除去投资，亩纯收入达到 29 385 元，将近 3 万元。

该果园管理特点：①为陕西省绿健果业协会托管果园，搭建了防雹网，没有遭受雹灾。②全年病虫害防治 10 次。

六、洛川县朱牛便民服务中心李广田果园

据洛川县苹果生产技术推广服务中心副主任、农艺师王晓东及国家十三五"药肥双减"项目组主任赵峰调查，2004 年建乔化园，面积 2.5 亩，主栽品种为红富士，授粉品种为嘎拉，密度 4 米 × 4 米。

2020 年套袋 3.7 万只，平均亩套袋约 1.48 万只。总产量 1.05 万千克，平均单果质量约 284 克，80 毫米以上商品果占 90%。销售单价 6.5 元 / 千克，总收入约 6.825 万元，每个苹果收入（1 只袋）为 1.84 元。肥料、套袋、农药总支出 1 万元，投入产出比 1∶6.83。

该果园管理特点：①每年秋季施肥，底肥施入量占比大，主要以菌肥、有机肥为主，全年施入量每株树至少 12.5 千克。②随时拉枝，保持内膛光照良好。③注重果园生草，种植长柔毛野豌豆、油菜。④病虫害防治到位，叶片保护良好，保叶率达到 95%，病虫危害率降低。

第八章　矮化中间砧苹果栽培模式

矮化中间砧栽培是现代苹果(矮砧)栽培的重要组成部分，既包括矮化中间砧与普通长枝型苹果品种的组合，又包括矮化中间砧与短枝型苹果品种的组合(即"双矮"栽培模式)。现代苹果产业的区域化规模栽培，要求尽可能实现机械化，在建园立架、苗木栽植、喷药、整形修剪、开沟施肥、灌溉、水肥一体化、除草、割草、疏花疏果、果园环境监控、天气预报、自然灾害预防、苹果采收、无损检测、包装、贮藏等方面都不同程度地采用机械操作，才能充分提高劳动生产率，实现机进人退，达到早果、省工、优质、高效的目标，促进苹果产业转型升级与提质增效。

在陕西省千阳县，矮化中间砧长枝富士苹果示范园第 3 年、第 4 年、第 5 年亩产分别可达到 796 千克、1 596 千克、2 431 千克；嘎拉苹果示范园第 3 年、第 4 年、第 5 年亩产分别可达到 741 千克、1 139 千克、1 754 千克。截至 2021 年 10 月底，陕西省矮化中间砧苹果园面积约有 300 万亩。

矮化中间砧苹果栽培的主要品种有'红富士''嘎拉''蜜脆'以及'瑞阳''瑞雪'等苹果新品种。以'红富士'为主的晚熟苹果品种栽培面积和产量约占我国苹果总面积和总产量的 70%，使我国成为世界上最大的苹果生产国，'红富士'在我国苹果产业独占鳌头是我国苹果人创造的中国特色。陈学森等认为，其中有 3 个方面的原因：一是通过持续多代的芽变选种，'红富士'的生长结果习性、果实着色及风味品质等性状得到有效改良，推动了我国苹果产业的高速发展；二是'红富士'的红色和短枝芽变属表观遗传，其晚熟和耐贮这 2 个性状始终没有改变；三是以优质、晚熟、耐贮'红富士'苹果品种为主的品种结构是保障我国鲜食苹果消费市场周年供应最经济有效的技术途径。

'红富士'苹果已经过了 5 代，分别是：第 1 代富士('元帅'×'国光'杂交育成，着色差)、第 2 代红富士(长富 2 号等)、第 3 代红富士(烟富 1～5 号、天红 1 号等，以烟富 3 号表现最优)、第 4 代红富士(从长富 2 号等品种选育出的红色芽变苹果新品种，如烟富 8 号、烟富 10 号、元富红、延长红、沂水红等)、第 5 代红富士(从长富 2 号等品种选育出的短枝、红色双芽变苹果新品种，如礼富 1 号、烟富 6 号、烟富 7 号、龙富、沂源红、神富 6 号、成纪 1 号、天红 2 号及石富短枝等)。

现代苹果建园必须选用优质大苗，进行宽行密植，以早结果、控制树冠来实行机械化。按照现代苹果栽培模式，提倡单一品种栽植，配置苹果专用授粉树(图 8–1 至图 8–10)。矮化中间砧苹果苗建园有关园地选择与规划、土肥水管理、花果管理、病虫害综合防治等可参照乔化苹果苗建园；其他可参照苹果矮砧集约栽培模式的 5 项核心内容和相关配套措施进行(详见"第九章　矮化自根砧苹果栽培模式")。下面重点叙述

图 8–1　高粉 1 号色泽

图 8–2　高粉 1 号落叶前叶色

图 8-3　高粉 2 号腋花芽结果状

图 8-4　高粉 2 号结果状

图 8-5　高粉 3 号腋花芽结果状

图 8-6　高粉 3 号枝干色泽

图 8-7　高粉 4 号腋花芽结果状

图 8-8　高粉 4 号单芽结果情况

图 8-9　高粉 5 号结果状

图 8-10　高粉 5 号果实熟透后成浆果

矮化中间砧苹果苗木建园时的栽植密度及整形修剪技术。

第一节　栽植密度

宜采用株距 1 ~ 2 米，行距 3.5 ~ 4 米的宽行密植方式。栽植密度参见表 8-1。

表 8-1　不同砧穗组合苹果栽植密度

砧穗组合	山地、丘陵			平地		
	株距（米）	行距（米）	密度（株 / 亩）	株距（米）	行距（米）	密度（株 / 亩）
普通型品种 / 矮化中间砧	1.2 ~ 2	3.5 ~ 4	83 ~ 159	1.5 ~ 2	4	83 ~ 111
短枝型品种 / 矮化中间砧	1 ~ 2	3.5 ~ 4	83 ~ 191	1.2 ~ 2	3.5 ~ 4	83 ~ 159

第二节　整形修剪

一、适宜树形

定植后根据栽植密度和砧穗组合选定适宜树形。以高纺锤形（图 8-11 至图 8-14）、细长纺锤形或自由纺锤形为主。各地常用树形参见表 8-2。

图 8-11　6 年生矮化中间砧长富 2 号高纺锤形树形

图 8-12　7 年生矮化中间砧礼富 1 号高纺锤形树形

图 8-13　5 年生矮化中间砧礼富 1 号结果状

图 8-14　10 年生矮化中间砧礼富 1 号结果状

表 8-2　生产上的常用树形

树形	密度(株/亩)	主要结构特点
自由纺锤形	56～67	树高 3.0～3.5 米,干高 0.7～0.8 米,中心干上螺旋上升着 10～15 个主枝。主枝长度 1.5～2.0 米,分枝角 70°～90°,同向主枝间距不小于 0.5 米
细长纺锤形	67～83	树高 3.0～4.0 米,干高 0.6～0.8 米,冠径 1.5～2.0 米,在中心干上不分层次,均匀分生势力相近的水平、侧生分枝 15～20 个,分枝角 80°～90°
高纺锤形	111～222	树高 3.5～4.0 米,干高 0.7～0.9 米,冠径 1.5～2.0 米,无主枝。围绕中心干螺旋式上升,均匀分生势力相近的下垂、侧生结果枝组 30～40 个或 40～60 个,分枝角 95°～120°(密度过大时可拉枝到 130°)

二、整形修剪

以下按高纺锤形树形的整形修剪进行说明。其他可参照"第九章 矮化自根砧苹果栽培模式"中的苹果矮砧集约栽培模式的相关内容执行。

(一)幼树期(1～3 年生)

1. 休眠期修剪

1～2 年生树中心干延长枝以中短截为主,促发长枝,剪除竞争枝和近地枝梢,保持中心干生长的优势;3 年生对中心干延长枝不短截,对着生在中心干上的侧枝和新梢粗度如果超过着生部位的中心干的粗度 1/3 时就疏除或留桩修剪,以新枝(细枝)换老枝(粗枝)进行更新替换(图 8－15)。着生在中心干上的侧枝和中心干角度应保持 95°以上,侧枝着生的背上枝、延长头竞争枝一律疏除。

图 8–15　留桩修剪效果

2. 生长期修剪

5 月上、中旬,1～2 年生幼树的中心干延长枝长度超过 20 厘米时,选留生长势最强的作为中心干延长枝。对中心干延长枝以下的第 2、3、4 芽枝进行疏除或重短截,重短截时剪留长度为 3～5 厘米。中心干上着生的新梢和侧枝的延长枝超过 20 厘米时,要及时撑开基角(图 8－16)。6 月下旬开始,2～3 年生树于生长季进行拉枝。

图 8–16　牙签撑枝

(二)初果期(4～6 年生)

以疏除徒长枝和密生枝为主,培养以中小结果枝组为主的健壮结果枝组,调节结果量,合理负载。除冬剪外,还应通过刻芽、拉枝等措施,加强生长季促花修剪。

树高控制在行距的 80%～90%以内,树冠控制在 2.4 米以内,对过密的侧枝以及粗度超过 3 厘米的侧枝要进行疏除。每年可疏除 2～3 个大侧枝,每个侧枝上下距离应在 10 厘米左右,并插空螺旋式上升,最后全树应保留大侧枝 30～40 个或 40～60 个(长度大于 30 厘米的大侧枝)。侧枝上直接着生结果枝组。及时疏除背上枝、并生竞争枝。中心干 2.4 米以上着生的新梢,如果生长较旺,一定要采取拉枝、拧枝等办法加以控制,保持与中心干夹角 110°以上。

(三)盛果期(7 年生以后)

控制树冠冠幅,提高中心干干性。树高控制在 3.5～4.0 米。树体大量结果,以缓和树势,提高产量为主。及时去除树体上部过长的大侧枝,每年去除 1～2 个直径超过 3 厘米或直径超过大侧枝着生处中心干直径 1/3 的大侧枝。保持枝条分布上稀下密、外稀内密。行间冠距保持在 1 米以上,株内略有交叉。

随着侧枝结果长粗，应及时更新。结果枝、营养枝和预备枝配套，并轮流转换。更新大侧枝时留 2 厘米斜桩平剪，斜桩位置发出的平生小枝不短截，拉枝下垂或结果后自然下垂。调整好结果部位，控制结果量，防止“大小年”结果现象。树体中心干顶部每年重修剪，以弱枝换头。

第三节　典型果园

一、扶风县召公镇袁兴村郭宽印果园

2009 年 3 月建园，株行距 2.0 米 × 2.7 米，1 亩双矮果园，M26 中间砧长度 20 厘米，礼富 1 号优质大苗（苗木高度 180 厘米以上、粗度 1.2 厘米以上），高纺锤形整形。定植后第 3 年亩产 500 千克，第 7 ~ 10 年稳定在 4 000 千克左右，第 11 年以后亩产 5 000 千克以上。2020 年套袋 42 000 个，每亩出售果品 6 500 千克。2021 年套袋 33 000 左右，平均亩套袋 6 600 只，亩产量 5 000 千克，优质果率 80.0%，售价 3.0 元 / 千克，收入 14 400 元，肥料、套袋、农药支出 2 400 元左右。2021 年投入产出比 1 : 6，所以双矮栽培在扶风低海拔区有优势。

该果园的管理特点为：①全年秋季施肥一次，氮、磷、钾肥配套。②行间不种草，树下不覆膜。③幼树前两年拉枝，之后均不拉枝，以果压枝；幼树主干发主枝时，7 月份最长主枝 60 厘米时，对所有主枝基部转枝代替下拉。④修剪时，对于营养枝，第 1 年不修剪，第 2 年成花后再修剪。⑤主枝中间有背上营养枝（图 8-17、图 8-18），牵制主枝伸长，同时消耗营养，防止营养过剩促生新的徒长枝；行间留出作业带。

图 8-17　双矮栽培模式效果

图 8-18　单果外观表现

二、凤翔县范家寨镇大沙凹村曹儒果园

2011 年 3 月建园，10 亩双矮果园，株行距 3.6 米 × 2 米，M26 中间砧长度 20 厘米，品种为礼富 1 号，高纺锤形整形。栽植后第 3 年开始挂果。2020 年，单株平均挂果 200 个，最高挂果 300 个，亩产 4 000 千克优质果，优果率 90% 以上。横径 85 毫米以上果占 85%、75 ~ 85 毫米果占 15%，85 毫米、90 毫米以上苹果装礼品盒，按精品果卖，90 毫米以上果 9 个 100 元，85 ~ 90 毫米果 12 个 80 元，75 ~ 85 毫米果 7.6 元 / 千克，亩产值 27 000 元，成本 9 000 元，投入产出比 1 : 3。在凤翔县，自 2012 年起，连续 9 年，短枝富士比普通富士收购价高出 1.6 ~ 2.2 元 / 千克。

三、凤翔县范家寨镇大沙凹村宁波果园

2011 年 3 月建园，1 亩双矮果园，株行距 2 米 × 4 米，M26 中间砧长度 25 厘米，品种为礼富 1 号，定植时矮化中间砧露出地面 3 ~ 5 厘米，采用大水漫灌，树形为自由纺锤形。栽植后第 3 年开始挂果。2020年，套袋 20 000 个，商品果售价 6.30 元 / 千克，优果率达 85% 以上，总收入 21 000 元，纸袋、肥料、农药成本 3 000 元，投入产出比 1 : 7。2021 年套袋 20 000 个，其中 75 毫米以上一级果 2 275 千克，4 元 / 千克；75 毫米以下二级果 1 000 千克，1.6 元 / 千克；下捡果 300 千克，1.0 元 / 千克；落果 500 千克，0.2 元 / 千克。总收入 11 500 元，成本 3 000 元，投入产出比 1 : 3.8。2021 年优果率低，仅为 56%，主要原因是由于受到春季低温多雨、夏季高温干旱、秋季多雨寡照等自然天气的影响。

第九章　矮化自根砧苹果栽培模式

现代苹果产业是现代农业的重要组成部分，符合现代农业的特征。现代苹果产业必须走组织化及育种、生产、加工、销售的一体化道路，在新型农业经营主体（专业大户、家庭农场、农民专业合作社、农业产业化龙头企业和其他各类农业社会化服务组织等）培育以及苹果优良品种选育者、果业生产者、多样化的苹果产品加工（包括速冻苹果、馅饼、苹果酒、果冻及膨化苹果等）、商业、金融、信息咨询等有关产业部门协同努力下有机结合，组成互惠互利的利益共同体，培养新农民、推广新技术，推进农业农村创业创新，以农业工业化促进农业产业化，实现现代矮砧苹果产业的集约化、区域化、机械化、标准化。

矮化自根砧苹果栽培是现代苹果产业发展的最新阶段，也符合新时代苹果产业高质量发展的要求。矮化自根砧栽培也是现代苹果（矮砧）栽培的重要组成部分，既包括矮化自根砧与普通长枝型苹果品种的组合，又包括矮化自根砧与短枝型苹果品种的组合（即"双矮"栽培模式）。世界苹果发达国家普遍应用，近十年在我国大面积试验示范和推广，取得重大突破，获批砧木扩繁、苗木生产、果园建立等 5 项国家发明专利和 5 项省部级科技成果奖，形成苹果矮砧集约栽培模式及系列配套技术。

第一节　苹果矮砧集约栽培模式

一、专业术语

（一）苹果矮砧栽培

矮砧栽培分为矮化中间砧栽培和矮化自根砧栽培。狭义讲，矮砧指矮化自根砧；广义讲，矮砧既包括矮化自根砧，又包括矮化中间砧。矮砧集约栽培是世界苹果发展的方向和趋势。

集约是相对粗放而言，集约化经营是以效益(社会效益和经济效益)为根本对经营诸要素重组，实现最小的成本获得最大的投资回报。农民大户、家庭农场、专业合作社、明星企业等新型农业适度规模经营主体的出现就是要搞农业集约栽培。

（二）苹果集约栽培

集约栽培（Intensive culture），就是要充分发挥劳动力、土地、资本、企业家的作用，运用现代科技从事现代果品生产。苹果矮砧集约栽培模式是一种全新的模式，实现了先进理念与新技术的突破。首先是先进理念的突破，高投入，高产出，用工业化手段建立果园，减少劳动力的使用。其次是先进技术的突破，是对苹果树整形修剪理论的突破，是对砧木选育和苗木培育技术的突破。

过去整形修剪理论一直要求每株树上的每个主枝和每个结果枝组的营养生长和生殖生长基本要达到平衡，而新模式采用的高纺锤形树形，提出了整株树营养生长和生殖生长平衡的理念：将大量枝条拉至下垂，培养结果枝组结果；整株树保持一定高度，预留 5%～7%的直立营养枝，以保持树势。新模式采用的矮化砧木 M9-T337 比 M9 更容易成花，使用多分枝优质大苗建园，当年大量开花，第 2 年即可结果。该模式由荷兰发明，世界苹果生产先进国家普遍应用。意大利应用最好，90%以上的果园实现了矮砧（矮化自根砧）栽培，而我国采用矮砧（矮化中间砧和矮化自根砧）栽培的果园不到 20%。

二、苹果矮砧集约栽培模式及产业关键技术研究与示范

（一）获奖情况

"苹果矮砧集约栽培模式及产业关键技术研究与示范"项目 2011 年获陕西省科学技术一等奖，这是西

北农林科技大学苹果栽培团队，引进、消化、吸收国外先进技术，结合国情，取得的一项创新科研成果，当时主要应用矮化中间砧。

为了推广苹果矮砧集约栽培模式，西北农林科技大学苹果试验示范站在陕西省宝鸡市千阳县南寨镇揭牌成立。经过多年的试验示范与推广，苹果矮砧集约栽培模式得到广泛普及与发展，尤其是苹果矮化自根砧栽培在千阳取得了良好的示范效应，这种矮砧苹果栽培模式被称为“千阳模式”，现已推广到甘肃、陕西、河南、河北、山东、辽宁、山西、新疆、云南、贵州、四川、北京、宁夏、江苏、内蒙古等全国十多个省市自治区。

（二）应用情况

2015 年 5 月，在陕西苹果由传统产业向现代产业转变的新节点，大力实施苹果产业转型升级、提质增效工程，进一步巩固和发展陕西苹果的绝对优势，在全省各地布点开始发展矮化自根砧苹果。同年 6 月，陕西省现代果业发展规划（2015—2020 年）发布，指出渭北南部苹果产业带基地县（12 个）包括咸阳市三原、礼泉、乾县、永寿等 4 县，宝鸡市凤县、陈仓、凤翔、岐山、扶风、千阳、陇县、麟游等 8 县区；该区域热量充足、物候期早、水肥充沛、交通便捷，是陕西主要的鲜食加工兼用型苹果生产基地，栽培模式以矮化自根栽培为主，积极示范推广 M9-T337 自根砧栽培；支持千阳县建设 20 万亩矮化苹果、6 000 亩自根砧苗木繁育基地，打造“千阳模式现代苹果矮砧集约化生产示范区”，支持“千阳模式”发展。

渭北北部苹果产业带基地县（18 个）包括咸阳市的旬邑、长武、彬州、淳化等 4 县（市），渭南市的白水、蒲城、合阳、富平、澄城、韩城等 6 县（市），铜川市的印台、宜君、耀州等 3 县（区），延安市的富县、洛川、黄陵、黄龙、宜川等 5 县，该区域光热资源丰富，水肥条件好，交通便利，重点发展富士系、华冠等晚熟、中晚熟鲜食品种，南部区域适当增加嘎拉等中熟品种的比例，栽培模式以乔化和矮化中间砧栽培为主，有灌溉条件地区积极稳步发展矮化自根砧集约栽培模式。

现在，全国苹果主产区都在推广“千阳模式”，陕西、山东、甘肃、河南、河北、山西、辽宁、北京、宁夏、新疆、云南、贵州、四川等省市自治区苹果矮化自根砧集约栽培具有千亩示范园的县市区已达 100 个以上，其中陕西省包括宝鸡市的千阳、扶风、陇县、凤翔、岐山、麟游，咸阳市乾县、彬州、淳化、旬邑、长武、礼泉，渭南市的富平、澄城、蒲城、白水、韩城，延安市的洛川、黄龙、宜川、延川、安塞、宝塔，铜川市的耀州、印台、宜君；山东省包括威海市的荣成，日照市的五莲等；河南省包括三门峡市的灵宝等；山西省包括运城市的吉县等，甘肃省包括平凉市的灵台、崇信，庆阳市的宁县、镇原、正宁、西峰、庆城等；辽宁省包括大连市的瓦房店等；宁夏包括吴忠市的利通等；新疆包括阿克苏地区的阿克苏、阿拉尔等；云南省包括昭通市的昭阳；贵州省包括威宁；四川省包括凉山彝族自治州的越西、盐源等。全国矮化自根砧苹果栽培面积超过 150 万亩，其中陕西省 80 万亩，千阳县 12 万亩，占全省矮化自根砧苹果园面积的 15%。

矮化中间砧果园，第 3 年开花结果，从第 6 年起，亩产稳定在 3 000 ~ 4 000 千克，比乔砧果园早结果 2 ~ 3 年，亩增产 1 000 千克左右；矮化自根砧果园，从建园的第 2 年起，每年产量递增，第 2 ~ 6 年有望达到或超过目标产量 1 000 千克、2 000 千克、3 000 千克、4 000 千克、5 000 千克，盛果期保持在 4 000 ~ 5 000 千克。新型矮砧栽培模式节省劳动力，便于果园种草、喷药等机械化作业，但需要较高的建园成本和适度规模经营。

根据苹果矮砧抗旱、抗寒能力相对较弱、需要土壤肥水条件相对较好的特点，我们认为我国适宜推广区域为：在黄土高原产区（陕西、甘肃、山西、河南）和渤海湾产区（山东、河北、辽宁、北京）土壤比较肥沃、降雨较多或有灌溉条件的地区应用较好，新疆、宁夏、江苏、安徽以及云南、贵州、四川高原等其他产区可参照应用。包括陕西省宝鸡、咸阳、渭南、铜川、延安等地市，甘肃省庆阳、平凉、天水等地市，山西省运城、晋中等地市，河南省三门峡、商丘等地市，山东省烟台、威海、青岛等地市，辽宁省大连、辽阳等地市，河北省石家庄市，北京市以及新疆阿克苏地区，江苏省徐州市，宁夏吴忠市，云南省昭通市，贵州省毕节市，四川省凉山州等。约占全国苹果产区总面积的 60% ~ 70%。

三、核心内容

苹果矮砧集约栽培模式主要包括应用矮化砧木、采用宽行密植、选用大苗建园、设立支架栽培、高纺锤形树形及下垂枝修剪等五个方面，它们相互关联、相互依存、自成系统、缺一不可。“苹果矮砧集约栽培模式”，这“十个字”的核心内容构成一个全新的苹果种植理念，既适合矮化自根砧苹果栽培，又适合矮化中间砧苹果栽培，也适合乔化短枝苹果栽培。

（一）应用矮化砧木

简称“矮化砧木”或“矮砧”（图 9-1 至图 9-4）。各地在选择矮化砧木时，要结合当地气候条件、土壤类型及以往矮砧适应性表现，合理选择适宜当地条件的矮化砧木及砧穗组合。应该对砧木的耐旱性、耐寒性、易成花性等进行全面评价，冬季极端最低气温、早春风寒情况、年降雨量及灌溉条件等是必须考虑的因素。砧穗组合在充分考虑适应性的基础上，树体容易成花、较早结果是重点指标。

选择 M 系砧木年极端最低温度应在 -25 ~ -23℃以内；延安、太原、邢台以北地区，可以选用容易成花的 SH 系砧木；东北寒冷地区可以选用 GM256 与寒富的砧穗组合。通过砧木比较试验，国家苹果产业技术体系提出了陕西、山东、河南、甘肃、河北、山西、辽宁等省（市）不同砧穗组合方案区域化建议方案，见表 9-1 至表 9-7。

（二）采用宽行密植

简称“宽行密植”（图 9-5、图 9-6）。栽植密度由品种长势、砧木长势、土壤肥力及树形和架式诸多因素综合考量来决定。长势强的品种（富士、乔纳金等）或土质条件较好及平地，采用较大的株行距栽植；长势弱的品种（如嘎拉、蜜脆及部分短枝型品种等）或土质条件差及坡地，采用较小的株行距栽植。建议采用大行距、小株距栽植方式，株行距为 1.0 ~ 1.5 米 × 3.0 ~ 4.0 米，每亩栽植 111 ~ 222 株。

1. 矮化中间砧果园

宜采用株行距 1.5 ~ 2 米 × 4 米。红富士“双矮栽培”果园，宜采用株行距 1.0 ~ 1.5 米 × 3.5 ~ 4 米，水肥条件较好的陕西凤翔一带，认为株行距 1.2 米 × 3.5 米最好。千阳苹果试验站也有采用株行距 1.0 米 × 3.5 米建园的，效果也很好。

图 9-1 矮化自根砧 M9-T337 压条繁育圃

图 9-2 M26 矮化中间砧培育

图 9-3 抗寒半矮化自根砧 MM106 压条圃（生长季状态）

图 9-4 抗寒半矮化自根砧 B9 压条圃（落叶前状态）

表 9-1　陕西不同苹果生态区现代矮化苹果砧穗组合选择区域化建议方案(以晚熟品种为例)

生态区带	栽培区域	肥水及气候条件	砧穗组合利用方式及栽培模式
渭北南部苹果带	铜川耀州(含)以南,海拔在 900 米以下地区 包括宝鸡中南部、咸阳南部,渭南南部、铜川南部等 11 个县市(区)	有灌溉条件或肥水条件较好;年均降雨量 600 毫米以上;年极端低温 -23℃以上	M9-T337 等的矮化自根砧或中间砧 + 红富士优系;M26 矮化中间砧或自根砧 + 红富士系短枝型,采用"双矮栽培"
渭北北部苹果带	铜川印台(含)以北洛川(含)以南,海拔 900 ~ 1 100 米地区,包括宝鸡北部、秦岭山区的凤县,咸阳北部、渭南北部、延安南部、铜川北部等 19 个县市(区)	旱地建园,无灌溉条件;年均降雨量 550 ~ 600 毫米;年极端低温 -25℃以上	M26、M9-T337 矮砧栽培模式;乔化红富士系短枝型的"单矮模式";青砧系(青砧 1 号、2 号)或 SH 系(SH1、SH6、SH40)或中砧系(1 号、2 号)或 Y 系(1 号、2 号、3 号)+ 短枝型品种"双矮模式";提倡采用节水灌溉
陕北南部苹果带	延安宝塔(含)以北,海拔 1 100 米以上地区 延安北部及榆林南部等 16 个县市(区)	旱地建园,无灌溉条件;年均降雨量 550 毫米以下;年极端低温 -27℃以上	乔化红富士系短枝型"单矮模式";青砧系或中砧系或 SH 系或 Y 系 + 短枝型苹果的半矮化自根砧或矮化中间砧"双矮模式";采取保水措施

注:旱地建立矮化砧木苹果园应采用旱作栽培措施或灌溉设施,以下表同。提出不同生态区发展的砧木类型和砧穗组合的 3 种矮化栽培模式。提倡应用苹果新品种瑞香红、瑞雪、瑞阳、秦脆、秦蜜,并配置高粉系列苹果专用授粉树新品种

表 9-2　山东建立矮砧富士苹果园矮砧选择区域化建议方案

栽培区域	肥水条件	矮砧利用方式
胶东半岛区 包括烟台、青岛、威海三市全部,含 28 个市(县)	土壤肥沃,有机质含量 1.0% 以上;土壤 pH 6.5 ~ 7.8 之间;灌溉条件良好	主要类型:M9-T337、M9、M7、MM106 利用方式:自根砧
	土壤肥力中等,有机质含量 0.6% ~ 1.0%;土壤 pH 6.5 ~ 7.8 之间;灌溉条件较好	主要类型:M26、SH 优系 利用方式:中间砧
鲁中、南山丘区 包括泰安、淄博、济南、潍坊、莱芜、临沂、日照、枣庄八地(市),含 72 个市(县)	土壤肥沃,有机质含量 1.0% 以上;土壤 pH 6.5 ~ 7.8 之间;灌溉条件良好	主要类型:M9-T337、M9、M7、MM106 利用方式:自根砧
	土壤肥力中等,有机质含量 0.6% ~ 1.0%;土壤 pH 6.5 ~ 7.8 之间;灌溉条件较好	主要类型:M26、SH 优系 利用方式:中间砧
鲁西、南平原区 包括聊城全部、德州大部,以及菏泽、济宁二地(市),含 41 个市(县)	土层深厚,肥力较高;有机质含量 1.1% 以上;雨季地下水位 1.2 米以下;土壤 pH 6.8 ~ 8.0 之间;排、灌条件良好	主要类型:M9-T337、M9、M7 利用方式:自根砧
	土层深厚,肥力中等;有机质含量 0.5% ~ 1.1%;雨季地下水位 1.2 米以下;土壤 pH 6.5 ~ 8.0 之间;排、灌条件良好	主要类型:M26、SH 优系 利用方式:中间砧(建议选用短枝型品种)

表 9-3　河南建立矮砧苹果园矮砧选择及推荐品种区域化建议方案

栽培区域	肥水条件	矮砧利用方式及推荐品种
三门峡海拔在 800 米以下地区 包括灵宝市苏村、阳店、阳平、故县、尹庄等乡镇;陕州区大营、张湾、西张村镇南部;卢氏县范里乡;湖滨区	有灌溉条件或肥水条件较好;年均降雨量 500 毫米以上;年极端低温 -20℃以上	自根砧选择 M9 优系,如 M9-T337、Pajam 1、Pajam 2 等;中间砧选择 M26、M9 等,要求栽植中间砧露出地面 15 厘米以上;品种以富士系、华冠系、新红星为主
灵宝、卢氏、陕州海拔 800 ~ 1 200 米地区 包括寺河、五亩、官道口、寺古洼、西张村北部等	旱地建园无灌溉条件;年均降雨量 600 毫米以上;年极端低温 -20℃以上	主要用中间砧,选择 M26、M9 等,中间砧木栽植深度采用动态管理办法;自根砧做试点;品种以富士系、华冠系、新红星为主
豫东黄河故道地区及中部地区	地下水源丰富;年降雨量 600 毫米以上;年极端低温 -20℃以上	主要用自根砧,如 M9-T337、Pajam 1、Pajam 2 等;由于自根砧短缺,可以考虑用 M26、M9 的中间砧;品种以华硕、华美、华玉、嘎拉等早中熟品种为主

表 9–4　甘肃建立矮砧富士苹果园矮砧选择区域化建议方案

栽培区域	海拔高度与极端低温	品种	肥水条件	矮砧利用方式
陇东黄土高原栽培区（六盘山以东产区）	海拔 1 400 米以下；年极端低温 –22℃以上	短枝富士、嘎拉、秦冠	肥水条件较好或有补灌条件；年均降雨量 500 毫米以上；综合管理水平高	主要用中间砧，适宜发展“M26+ 短枝红富士”“SH 优系 + 短枝红富士”，采用“双矮栽培”；自根砧做试点
	海拔 1 500 米以下；年极端低温 –26℃以上	长富 2 号、嘎拉、秦冠	土壤较肥沃；无灌溉条件；年均降雨量 450 毫米以上；综合管理水平较好	主要用中间砧，适宜发展“M26+ 长富 2 号”“SH 优系 + 长富 2 号”“SH 优系 + 宫藤富士”
陇东南沟壑山地栽培区（六盘山以西产区）	海拔 1 450 米以下；年极端低温 –22℃以上	短枝富士、嘎拉、秦冠	肥水条件较好或有补灌条件；年均降雨量 500 毫米以上；综合管理水平高	主要用中间砧，适宜发展“M26+ 短枝红富士”“SH 优系 + 短枝红富士”，采用“双矮栽培”
	海拔 1 600 米以下，年极端低温 –26℃以上	长富 2 号、嘎拉、秦冠	土壤较肥沃；无灌溉条件；年均降雨量 450 毫米以上；综合管理水平较好	主要用中间砧，适宜发展“M26+ 长富 2 号”“SH 优系 + 长富 2 号”“SH 优系 + 宫藤富士”

表 9–5　河北建立矮砧富士苹果园矮砧选择区域化建议方案

栽培区域	气候特征	矮砧利用方式
大苹果非适宜区（河北省最北部蔚县、张北、围场、沽源等县）	山区小气候，冬季绝对低温频现低于 –26℃	山定子为基砧，GM256 为中间砧，金红等小苹果品种为接穗
北部寒冷地区（涞源、涿鹿、滦平及平泉和承德北部）	浅山丘陵区为主，冬季绝对低温 –26 ~ –23℃	山定子为基砧，GM256 或 SH 优系为中间砧，接穗为寒富、国光、乔纳金、富士等大苹果品种
中部大部分地区（秦皇岛大部分地区、廊坊、保定、沧州、衡水、石家庄和邢台中、北部等）	燕山和太行山浅山丘陵区、环渤海湾区、滨海盐碱区及平原地区，冬季最低温度 –23 ~ –16℃	八棱海棠或山定子为基砧，SH 优系为中间砧；苹果品种可依据市场配置，谨慎选择未经区试的优良品种
南部地区（邢台南部和邯郸大部分地区）	太行山南端山前平原及平原沙地，冬季最低温度 –16℃以上	中间砧栽培以八棱海棠为基砧、M9 优系和 SH 优系中矮化作用较强的类型为中间砧、中早熟品种、短枝型品种为接穗；自根砧栽培做试点

表 9–6　山西建立矮砧富士苹果园矮砧选择区域化建议方案

栽培区域	肥水条件	矮砧利用方式
运城市，海拔 550 米以下地区包括盐湖区、芮城县、临猗县、万荣县、平陆县等 13 县（市）	有灌溉条件或肥水条件较好；年均降雨量 500 毫米以上；年均温 11.5 ~ 13.5℃，年极端低温 –21℃以上	自根砧选择 M9 优系 M9–T337；中间砧选择 M9、M26、SH 优系等
除运城市外，适合苹果生长的地区	有灌溉条件或旱地建园无灌溉条件；年均降雨量 400 毫米以上；年均温 8℃以上，年极端低温 –26℃以上	选择 SH 优系作为中间砧

表 9–7　辽宁建立矮砧苹果园矮砧选择区域化建议方案

栽培区域	肥水条件	矮砧利用方式
大连市的瓦房店市南部乡镇以及金州区、甘井子区、旅顺口区	有灌溉条件或肥水条件较好；年均降雨量 700 毫米以上；年极端低温 –20℃以上	M9、M9–T337、MM106 自根砧；株行距 1 ~ 2 米 × 3.5 ~ 4 米。品种为富士系、嘎拉、乔纳金等
辽阳市、沈阳市、抚顺市、阜新市、本溪市、铁岭市	多数果园有灌溉条件；年均降雨量 500 ~ 700 毫米；年极端低温 –30℃以上	山定子为基砧，GM256 为中间砧；寒富、岳阳红、龙丰等苹果品种为接穗
营口市、锦州市、朝阳市、丹东市、鞍山市南部、大连市东北部、葫芦岛市等	旱地建园有灌溉条件；年均降雨量 400 ~ 800 毫米；年极端低温 –25℃以上	山定子为基砧，GM256、77–34、辽砧 2 号为中间砧；寒富、金冠、岳华、华红等苹果品种为接穗

图 9-5　5 年生矮化自根砧苹果园开花状

图 9-6　5 年生矮化中间砧苹果园开花状

2. 矮化自根砧果园

宜采用株行距 0.8 ~ 1.2 米 × 3.0 ~ 3.5 米，水肥条件较好的陕西千阳一带建园，多采用株行距 1.0 米 × 3.5 米。

(三)选用大苗建园

简称"大苗建园"(图 9-7、图 9-8)。

1. 矮化中间砧苹果苗建园

宜选用 3 年出圃的健壮大苗，且品种、砧木纯正,无检疫性病虫害。健壮大苗标准是:苗木基部品种接口上 10 厘米处干径在 1.2 厘米以上,苗木高度 1.5 米以上;整形带内最好有 6 ~ 9 个有效分枝,长度在 40 ~ 50 厘米,分布均匀;苗木根系健壮,超过 20 厘米侧根 5 条以上,毛细根密集;中间砧长度 20 ~ 30 厘米。栽前修剪根系的受伤部分,不带土的苗木应蘸泥浆或沾生根粉后再栽为宜，栽后苗木高度 80%左右位置处定干。

图 9-7　多分枝矮化自根砧苹果大苗建园

2. 矮化自根砧苹果大苗建园

宜选用在苹果苗木繁育圃生长两年的多分枝苹果大苗，苗木粗度 1.2 厘米以上，苗木高度 1.5 米以上,有 6 ~ 9 个有效分枝,长度 20 ~ 50 厘米;矮砧根砧长度 15 ~ 20 厘米,有直径≥0.2 厘米、长度≥20 厘米的侧根 10 条以上。有冷藏条件的,大苗延后栽植。

图 9-8　当年定植的双主干矮化自根砧富士苹果大苗开花状

矮砧苹果树矮化砧(中间砧或自根砧)的入土深度与树冠大小关系密切,矮化砧全部埋入地下,品种段容易生根,树体生长旺盛,矮化变成乔化。矮化砧全部露出地面,矮化作用强,幼树生长缓慢,中干易歪斜。因此,栽植时要特别注意矮化砧的入土深度,特别注意不能让品种生根,这与建园的成败关系极大。旱地建园栽植时,矮化砧露出地面 3 ~ 5 厘米,即不让品种段生根为宜;水地栽植时露出地面 5 ~ 8 厘米。生长势旺的品种在以上基础上可再多露 2 ~ 3 厘米,生长势弱的品种可再少露 1 ~ 2 厘米。企业建园,长枝富士园砧木露出地面适宜 10 ~ 15 厘米。

(四)设立支架栽培

简称"立架栽培"或"格架栽培"(图 9-9、图 9-10)。利用矮化砧苗木建立的果园,树体易出现偏斜和吹劈现象,须进行立架栽培。一般顺行 10 ~ 15 米间距设立一个镀锌钢管(直径 6 ~ 8 厘米)或水泥桩(10 厘米 × 10 厘米或 10 厘米 × 12 厘米)作为立柱,立柱架材总高度 4.0 米,地下埋 70 ~ 80 厘米,地上立柱高度

图 9-9 设立支架栽培

图 9-10 3 年生矮化自根砧嘎拉苹果园

3.2～3.3 米，在立柱上均匀布设 4 道直径 2.2 毫米的钢丝，最低一道钢丝距离地面 0.4 米，可用于架设滴灌毛细管道，第 2、3、4 道钢丝距离地面分别约为 1.3 米、2.2 米、3.2 米。如果是农民大户建园，面积小，为方便前两年果园管理人员从第 1、2 道钢丝之间穿行进行田间作业，可把第 2、3、4 道钢丝距离地面位置分别调整为 1.6 米、2.4 米、3.2 米。每行两端安装地锚固定立架和拉直钢丝，两端钢管或水泥桩向外倾斜 15° 左右栽置，其他立柱垂直栽置，整园立柱东西、南北分别成行。如需架设防雹网，立柱高度可提高到 5 米，钢管或水泥桩粗度适当加大。

陕西省千阳县推广矮化自根砧苹果建园，水泥立柱高 4 米，间距 10 米，苗木株距 1.0 米，每两个立柱之间均匀定植大苗 10 株，苗木定植后在钢丝上按每个苗木标准位置固定一根竹竿，使立架的钢丝与竹竿成网格状。竹竿粗度（直径）1.0 厘米左右，长度约 3.3 米，按照竹竿高出第 4 道钢丝约 30 厘米的标准，以倒立状把竹竿牢牢固定在四道钢丝上，竹竿呈悬空状，在靠近地面位置不插入土中。定植好的苗木用绑枝机固定在竹竿上。

矮化自根砧果园必须进行立架栽培，矮化中间砧果园如不具备立架条件，可采取临时措施，在每株树旁插一根竹竿做立柱，扶直中干。中干延长头固定在竹干上，要求竹竿直径 1.0 厘米左右、高度 3 米左右，不能太粗，以免影响侧芽萌发。

（五）高纺锤形树形及下垂枝修剪

高纺锤形树形简称“高纺锤树形”（图 9-11、图 9-12）。要求树高 3.0～3.5 米，冠幅 0.8～1.2 米，中心干强壮，少短截，分枝下垂。

树形选择与栽植密度、架式、砧穗组合类型、土肥水条件等有关。土壤比较肥沃、降雨较多或有灌溉条件的地区，宽行密植栽培的可选择应用高纺锤形；在干旱或土壤条件较差地区，砧木矮化性较弱，栽植密度较低，树形可选择自由纺锤形或细长纺锤形等。

1. 矮化中间砧高纺锤形树形整形修剪技术要点

控制树冠冠幅，提高中心干干性。树高 3.5～4.0 米，主干高 0.8 米左右，中干上着生 30 个左右螺旋排

图 9-11 3 年生矮化自根砧富士苹果园

图 9-12 7 年生矮化中间砧礼富 1 号苹果园

列的小枝，结果枝直接着生在小主枝上，小主枝平均长度为1米，与中干的平均夹角为110°，同侧小主枝上下间距为0.25米。中干与同部位的小主枝基部粗度之比3～5∶1。成形后的高纺锤形在春季亩留枝量为6万～8万条，长、中、短枝比例1∶1∶8。

第1年

秋季将中干上的新梢拉至95°～120°，冬剪时侧枝全部保留，不打头，对中干延长头轻短截。

第2～3年

秋季将中干上的新梢拉至95°～120°；冬剪选留生长势中庸、角度大的一年生枝条作小主枝，不打头。每年需要对所有长度25厘米以上侧枝拉到水平以下，防止其发展为强壮的骨干枝，直到树体生长势缓和，并开始大量结果。

第4～5年

树高在3米左右时可以大量结果，如果树势较弱，春季疏除部分花芽，减少挂果量。秋季将中干上的新梢拉至95°～120°，一年生枝上的新梢采用拧梢、拉枝等方法，缓和树势，提高产量。

更新修剪：维持圆柱形的树体对于高纺锤形树保证充分受光、结果和下部树冠获得优质果非常重要。随着树龄增长，保持树形的方法是及时去除树体上部过长的大枝，即每年去除顶部1～2个竞争枝。随着小主枝结果长粗，应及时更新。更新小主枝时应留斜桩，斜桩位置发出的平生小枝不短截，拉枝下垂或结果后自然下垂。

2. 矮化自根砧高纺锤形树形整形修剪技术要点

第1年

栽植时，种植多分枝的大苗（6～9个侧枝），株行距0.9～1.2米×3.3～3.6米。调整嫁接部位距离地面10～15厘米（可根据当地水肥条件适当调整栽植深度）。栽植后，距离地面60厘米以下的侧枝从基部去掉。不对中央领导干、侧枝短截。用斜剪法去掉直径超过其着生部位中央领导干直径2/3的侧枝。新梢7.5～10厘米时，将顶端主梢下的第2、第3侧梢抹掉或连续重摘心以防止竞争。

5月份，利用已安装有3～4根铁丝的可以支撑3米高树的支架以及固定每株苗的竹竿构成的网格结构，在第一轮侧枝之上用永久性树结将中央领导干绑到支架的竹竿上，并留出5厘米直径的空隙，给中央领导干留出增粗的空间。

6月初，将所有超过25厘米的侧枝绑扎拉枝到水平线以下，与中央领导干成110°～130°角。

第2年

休眠期，不要短截中央领导干或侧枝。

新梢10～15厘米时，对去年生长的中央领导干顶部1/4的侧枝摘心，去掉大约5厘米顶芽或顶部4～5片未展开的幼叶。

6月初，手工疏果，每果10厘米间隔，目标留果量为15～20个/树。

6月中旬，再次对去年生长的中央领导干顶部1/4的侧枝摘心。将还在生长的中央领导干主梢用永久性的结绑在支架上。

第3年

休眠期，中央领导干不短截。用斜剪法去掉超过中央领导干直径2/3的过于旺盛的侧枝。

5月末，根据坐果量、树势和天气状况进行化学疏果。然后用手工疏果调整到合适的负载量以保证年年结果和合适的果实大小，目标留果量为50～60个/树。

6月，将还在生长的中央领导干主梢用永久性的结绑在支架上。

8月，轻度夏季修剪以促进树冠内光照分布和果实着色。10月底，树高可达到立架高度或3.0～3.5米。

第4年

休眠期，中央领导干不短截。用斜剪法去掉超过中央领导干直径2/3的过于旺盛的侧枝。

5月末，先化学疏果再手工疏果，将负载量调整到保证年年结果、果实大小合适的水平，目标留果量为

100～120 个 / 树。

6 月，将还在生长的中央领导干主梢用永久性的结绑在支架上。

8 月，轻度夏季修剪以促进树冠内光照分布和果实着色。

第 5～20 年（成龄的树的修剪）

休眠期通过将中央领导干回缩到结果侧枝，将树高控制在 3～3.5 米；每年用斜剪法去除至少 2 个直径大于中央领导干直径 2/3 的侧枝；回缩树冠基部侧枝以方便机械运行和保持果实质量；疏除树冠上部 60 厘米内直径大于 2.5 厘米的任何侧枝。

5 月末，先化学疏果再手工疏果，将负载量调整到保证年年结果，果实大小合适的水平，目标留果量为 100～120 个 / 树。

8 月，轻度夏季修剪以促进树冠内光照分布，保持金字塔状的树形。

四、配套措施

苹果矮砧集约栽培模式的应用，除以上 5 项核心技术外，同时还包括一系列辅助配套措施。

（一）苹果专用授粉树

1. 国际趋势

意大利、法国、荷兰等欧洲国家，矮砧苹果栽培的一个新特点是单一品种栽培，应用专用授粉树进行授粉，栽培品种与授粉品种比例为 12：1。

专用授粉树不占用苹果品种空间，除在每行的地头栽植 1 株外，每个立架栽培的立柱（木桩或水泥桩）旁加 1 棵苹果专用授粉树。

2. 国内做法

我国目前栽植苹果专用授分树的方法有两种，一种是按一定比例栽植于行中，与主栽品种占用同样的空间，专用授粉品种周围为主栽品种，呈“菱形”分布（图 9-13）；一种是专用授粉树不占空间，加在水泥桩旁（图 9-14），专用授粉树按主栽品种数量的 10% 进行配置。

苹果是异化授粉果树，自花结实率低，生产中常采用多个栽培品种混栽建园来提高坐果率，这种模式存在很多问题，诸如修剪、土肥水管理、病虫害防治、果实采收的不同等增加了果品生产费用。苹果为异花授粉，苹果的花在开放前一天、开花当天及次日柱头分泌黏液最多，是最好授粉时机。至第三日黏液减少，柱头开始变褐色，失去授粉能力。一旦有适宜品种的花粉粒落到柱头上后，花粉粒即开始萌发，形成花粉管伸入胚珠完成受精过程。受精后，子房及周围的花托组织即进行生长、形成果实。

观赏海棠（*Malus* sp.）与苹果同属于蔷薇科苹果属，作为苹果的专用授粉品种栽植，管理方法简单。应用苹果专用授粉树是苹果省力化生产的一个环节，是苹果生产国际化趋势之一。观赏海棠不仅有较高的观赏性，有些还可作为特色果品生产，花粉量大，花粉活力强，花期长，与苹果亲和力好，这对实现苹果单一品种建园、推动苹果产业发展具有重要的生产实际意义。

2018—2019 年我们团队在杨凌示范区完成区试，系统记载了苹果专用授粉树与主栽品种的花期，寻找最合适的专用授粉品种。观察结果表明，高粉 1 号（图 9-15 至图 9-17）、高粉 2 号（图 9-18 至图 9-20）高粉3 号（图 9-21 至图 9-23）、高粉 4 号（图 9-24 至图 9-26）、高粉 5 号（图 9-27 至图 9-29）、乙女（图 9-30）、黄金海棠（图 9-31）等可作为富士系、嘎拉系以及三倍体苹果（如乔纳金、王林等）等的专用授粉树。苹果专用授粉树与主栽品种的物候期如表 9-8 所示。

图 9-13 专用授粉树配置——等距菱形式

图 9-14　专用授粉树配置——水泥桩旁式

图 9-15　高粉 1 号开花状

图 9-16　高粉 1 号蕾期

图 9-17　高粉 1 号结果状

图 9-18　高粉 2 号初花期

图 9-19　高粉 2 号当年栽植当年结果

图 9-20　高粉 2 号

图 9-21　高粉 3 号盛花期

图 9-22　高粉 3 号花蕾(红)与花朵(白)色泽比较

图 9-23　高粉 3 号着色期

图 9-24　高粉 4 号开花状

图 9-25　高粉 4 号 M9-T337 矮化自根砧苗花芽特多

图 9-26　高粉 4 号初花期

图 9-27　高粉 5 号开花状

图 9-28　高粉 5 号花蕾与花瓣色泽比较

图 9-29　高粉 5 号结果状

表 9-8 苹果专用授粉品种与苹果主栽品种物候期对比表(杨凌示范区)

序号	品种	初花期(月.日)	盛花期(月.日)	终花期(月.日)	花期(天)	成熟期(月.日)	备注
1	高粉 1 号	4.07	4.12	4.18	11	7.20	比富士初花期稍早,可做特色果品应用
2	高粉 2 号	4.04	4.09	4.17	13	8.28	可做特色果品应用
3	高粉 3 号	4.02	4.06	4.15	13	9.22	比富士花期早
4	高粉 4 号	4.12	4.16	4.20	8	10.11	与富士盛花期一致,花期集中
5	高粉 5 号	4.12	4.18	4.24	12	9.25	与富士盛花期一致
6	乙女(阿尔卑斯少女)	4.07	4.16	4.21	14	9.13	可做特色果品食用
7	道格	4.04	4.08	4.17	13	9.26	比富士盛花期早
8	满天星	4.03	4.10	4.16	13	9.26	比富士盛花期稍早
9	锦绣(北美海棠)	4.07	4.14	4.19	12	9.19	与富士盛花期一致
10	黄金海棠	4.12	4.18	4.22	10	8.14	金黄色,观赏效果好
11	无病毒乔纳金	4.11	4.14	4.18	7	9.20	又叫红王子,色好、产量高,但不耐贮藏
12	无病毒金冠	4.11	4.14	4.19	8	8.25	特色品种受清睐
13	无病毒米奇嘎拉	4.13	4.15	4.21	8	8.20	果硬度大,耐贮
14	无病毒 KIKU8 富士	4.13	4.15	4.20	7	10.20	条红富士
15	无病毒澳洲青苹	4.12	4.15	4.20	8	9.18	矮化自根砧 M9-T337 表现好
16	长富 2 号	4.12	4.15	4.20	8	10.22	超市常年供应
17	丽嘎拉	4.11	4.13	4.19	8	8.14	成熟期比米奇嘎拉早,但硬度小
18	爵士	4.09	4.14	4.17	8	10.2	果硬,春节食用最好
19	蜜脆	4.11	4.14	4.18	7	9.1	采前落果是缺陷
20	无病毒蜜脆	4.12	4.15	4.19	7	9.2	蜜脆易感病毒
21	礼富 1 号	4.12	4.15	4.19	7	10.16	陕西凤翔、乾县、印台表现优秀
22	粉红女士	4.11	4.14	4.20	9	11.2	可免套袋栽培

高粉 2 号海棠早实性最强,可做盆景用。高粉 4 号是较好的苹果专用授粉树,果实还可做特色果品食用,观赏期长,可到 11 月底,12 月中旬仍不落。苹果专用授粉品种高粉 5 号最易成花(即花芽数最多)。苹果专用授粉树品种开花结果特性如表 9-9 所示。

表 9-9 苹果专用授粉树品种开花结果特性(千阳 5 年生乔化树)

序号	品种名称	平均单果质量(克)	最大单果质量(克)	单株产量(千克)	最高株产(千克)	花序坐果数幅度(个)	花序平均坐果数(个)	平均单株花朵数(个)	平均单株花芽数(个)
1	高粉 1 号	13.5	25.2	17.5	20	1 ~ 5	3.1	1 296	418
2	高粉 4 号	8.0	13.6	12.5	20.8	3 ~ 10	4.2	1 563	372
3	高粉 5 号	1.2	1.6	7	10.5	5 ~ 9	6.1	5 833	956
4	道格	2.3	3.3	5.2	7.8	2 ~ 6	4.9	2 261	461
5	满天星	2.3	2.5	16.5	18.9	3 ~ 7	4.9	7 174	1 464
6	锦绣(北美海棠)	2.8	4.0	3.1	4.2	3 ~ 6	4.1	1 107	270

(二)加强土壤管理

包括提倡果园农作物秸秆、树盘黑色农膜或园艺地布覆盖保墒防草;果园生草(图 9-32、图 9-33)或自然生草(图 9-34 至图 9-36);增施(深施)有机肥等土壤管理技术。

图 9-30　乙女果实

图 9-31　黄金海棠果实

图 9-32　果园生草——白三叶

图 9-33　果园生草——早熟禾

图 9-34　自然生草——低草

图 9-35　自然生草割草前后对比

图 9-36　自然生草割后

黄土高原苹果园需水关键期，采用果园黑色地膜、园艺地布、生草覆盖等保墒技术，促进水分高效利用，防止树盘杂草丛生。

陕西省苹果产业技术体系认为，黄土高原地区春季少雨干旱，秋季降雨频繁集中。果园覆盖可将秋季雨水贮存起来供果树在春季使用，有效解决苹果园春旱问题。

1. 秸秆覆盖

将玉米秆、麦秆或者杂草等均匀覆盖在果园行间和树盘下，厚度为 10 ~ 20 厘米，达到减少土壤水分蒸发，增加土壤有机质，缩小地温变幅，增加土壤透气性的作用。

2. 地膜覆盖

秋季覆膜一般在 9 月下旬至施完基肥后，可显著延缓地温下降，抗旱保湿，延长根系活动时间，明显增加果树的新根数量，提高基肥的利用效果，促进微生物活动，增加土壤有效养分，有利于果树后期的养分积累。

3. 果园生草

果园生草可以覆盖保墒，连年生草可以明显改善土壤物理条件，提高土壤肥力。通过生草提高土壤有机碳各组分的含量及繁殖天敌，在果园树盘种香菜趋避地下鼠害，种土豆趋避叶螨。

4. 深施有机肥

通过土壤施用生物有机肥，深度 30 厘米，结合枝干涂抹生物菌剂，有效控制了腐烂病、根腐病；结合使用硅钙镁钾肥，防治果实裂纹病，减少化学农药使用量。

（三）应用节水灌溉或水肥一体化技术

示范推广无病毒苗木，节约肥水。推广水肥一体化技术，减少大水漫灌，预防氮肥淋失。

据美国康奈尔大学研究表明，在不同生长季节出现缺水 2 周的现象会导致蜜脆苹果发生苦痘病，其中最易遭受水分胁迫的时期是 5 月份开花期和花后的一段时期以及 7 月份。而水分精准管理可以保证根系对土壤中钙的稳定吸收，从而降低苦痘病发生。滴灌可以达到增加果实大小、促进幼树生长和产量提高及降低苦痘病的发生等三个重要效果。

图 9–37　果园中型弥雾机

（四）预防各种自然灾害的发生

果园设置防雹网、防鸟网等设施；建造熏烟设施、安装微喷设施预防晚霜冻害；有条件的地方可设置防冰雹炮弹发射机。

（五）推广病虫害综合防控技术

推广诱虫袋、粘虫板以及沼液沼渣利用等物理、生物防控技术，年减少喷药次数 1 ~ 2 次。推广果园弥雾机代替喷雾器（图 9–37、图 9–38），减少农药使用量可达 50% 以上。

图 9–38　果园大型弥雾机

五、高纺锤形整形修剪的主要方法

（一）整形修剪概念

苹果树的修剪是广义的修剪，既包括整形，又包括修剪。整形与修剪相结合称为果树整形修剪，两者密切相关、互为依存。整形依靠修剪才能达到目的，只有在合理整形的基础上，实施修剪才能充分发挥作用。

（二）主要方法

苹果整形修剪主要方法包括：拉枝、疏枝、缩剪、缓放、刻芽、转枝、抑顶促萌、摘心和摘心去叶等。

1.拉枝

拉枝就是人为地改变枝条的生长角度和分布方向的一种整形修剪方法。拉枝对培养树体骨架结构、合理枝条空间分布、改善光照通风条件、改变枝条极性、调整枝条势力、促进或抑制枝条生长、萌发以及调整果树生长与结果矛盾等都具有非常重要的作用。

拉枝作为果园管理的重要手段，一年四季均可进行，而以秋季拉枝最好，原因是秋季正是养分回流期，及时开张角度，养分容易积存在枝条中，使芽体更饱满，可促进提早成花。同春季拉枝相比，背上不会萌发强旺枝。秋季枝条柔软，也容易拉开。

（1）拉枝角度

要依据海拔高度拉枝，海拔越高，树体长势越弱，拉枝角度要小。一般海拔 800 米以下的应拉枝为 120° ~ 130°，海拔 800 ~ 1 000 米的应拉到 110° ~ 120°，海拔 1 000 米以上可拉到 100°。水地、旱地拉枝有所不同，土壤瘠薄、肥水条件较差的地区，拉枝角度就要小些，可采用斜向上的角度，不要拉成负角度。水利条件好的拉枝角度应大一些。树势不同拉枝角度不同。对于枝条基角较小、势力较强、延伸较长的枝，则要拉得大一些，一般拉成负角度。双矮短枝型树拉得小一点。衰弱树不能拉枝，应加强肥水等管理返旺后再拉枝。

陕西省苹果产业技术体系认为，8—9月在秋梢生长期进行拉枝，达到控梢、促花的目的。拉枝角度根据树形、密度、土壤肥力而定。乔化幼树永久性主枝拉至90°，辅养枝（长度在80～100厘米以上）拉至90°以上，侧生枝拉下垂。矮化树将所有枝条拉至120°以上。

（2）拉枝方法

拉枝前用手轻轻活动枝条是关键，在拉枝开角时，往往会把枝折伤或从树杈处拉劈。如果在开角前能先活动枝的基部，就可有效地防止这一现象发生。

对枝条茎粗3厘米以下的枝用左手握住枝杈处，右手握住枝基部，渐用力向左、右扭70°～90°角，将枝条基部扭伤，再向上、向下弯曲几次。也可通过转枝，将枝条拉向侧面或斜下。一手握住枝条的基部，一手握住枝条的梢部，活动几次后，将枝条转动180°，枝头向下，固定即可。

（3）注意事项

注意拉枝材料要抗风化能力强，要能维持3个月以上。要严防拉绳嵌入枝条木质部之中。系绳时，最好系活套或使用挂钩。用较细的铁丝或绳拉枝时，要加护垫。地下固定要牢固，防止因浇水或下雨使拉绳反弹。

2.疏枝

又称疏剪，是指把1年生枝或多年生枝从基部疏除的修剪方法。其方法多用于冬剪，春、夏、秋剪时也有应用。疏枝可以改善树冠内光照状况及附近枝的营养状况。疏枝后，对伤口上方（前方）具有抑制作用，对伤口下方（后方）的枝条具有促进作用。就整株而言，若上部疏枝较多，顶端优势就会向下部枝条转移，从而增强下部枝条的生长势；相反，如果下部疏枝较多，则会增强上部枝条的生长势。同时，由于疏枝减少了枝叶量，有助于缓和母枝加粗生长。

（1）对象

病虫枝、过密枝、重叠枝、交叉枝、并生枝、衰弱枝、竞争枝、无用徒长枝、无用萌蘖、位置过低的主枝、完成使命的牵制枝、严重影响光照的枝组以及一些需要更新的枝条。另外还有一些在树形当中影响单轴延伸的较大分枝也需要疏除。

（2）时间

疏枝时间分生长季节和休眠季节。春季可疏除一些无用萌蘖。从采果后到落叶前的这段时间疏枝，由于树冠叶片齐全，树冠的通风透光情况最易掌握，不易出现疏漏。

（3）注意事项

疏枝时应注意剪口倾斜20°～30°，并将剪口削光。一般情况下，避免对口伤疏枝和连续疏枝，这样会对树体或枝条削弱严重。疏枝后的空间可用拉枝、刻芽等方法补上。

陕西省苹果产业技术体系认为，对内膛徒长枝彻底疏除，对背上直立枝、过旺枝要视空间予以疏剪，以改善树体通风透光条件，提高花芽质量。对于幼树的壮旺枝进行修剪，促发二次副梢，促使多成花、早丰产，有利于培养枝组、控制树冠。

秋季树体管理主要包括拉枝、摘心、疏枝等内容，可有效控制秋梢生长，促进营养积累，改善树体通风透光，促进花芽分化和果实成熟上色。

3.缩剪

又称回缩修剪，即剪去多年生（两年及以上年）枝的一部分。缩剪比短截的局部促进作用更强，有助于养分向基部转移。成龄树冬剪时通常应用。缩剪用于培养枝组时缩短枝组的“轴”长度，使枝组紧凑。缩剪也用于骨干枝开张角度，或改变骨干枝的延伸方向。而短截，主要剪去一年生枝的一部分，常用于矮化中间砧尤其是双矮苹果苗在定植时对中央领导干的修剪，用于强壮中央领导干，培养高纺锤形树形。

（1）对象

树头、主枝延长头、过密的骨架枝，需要分步疏除的大枝；冗长的枝组，体积过大的枝组，密度过大的枝组，枝轴过长的枝组；衰老树，衰弱的枝组。

(2)缩剪方法

回缩是树冠控制和枝组更新复壮的最基本方法之一,是密闭园改造的常用方法。

树头的回缩。矮砧果园一般不进行落头,但如果树头过旺,造成管理不便时可适当落头,强头换弱头,大头换小头。

主枝的回缩。主枝的回缩分为以下几种情况:主枝过长,行间或株间交接,需要回缩。主枝严重衰弱,需要更新复壮。主枝角度太小或太大,需要开张角度或抬高角度。

衰老树、衰弱的枝组的回缩。主要是减少生长点,集中营养,恢复树势和枝势,一般采用抬高角度的方法,衰老树回缩到背上有良好分枝处。

4.缓放

又称长放、甩放,即对一年生的枝条,尤其是营养枝,保留不剪称为缓放。这是矮砧果园最主要的整形修剪方法。

(1)作用

具有缓和新梢长势和减少成枝力。这是由于长放后树体或枝条上所保留的枝芽量多,在生长季节如春季树液流动后,营养分散尤其是在春季拉枝的基础上,顶端优势减弱,下部枝梢或芽萌发的比例增大,而且相比之下所抽生长枝的数量减少。

促进成花。特别是在春梢停长期,树冠自身的营养能力增强,即能够最大限度地满足花芽分化对营养物质的迫切需要,所以枝条长放对于幼树提早成花,尤其是早果丰产具有非常重要的作用。

加快树干和枝条增粗。由于长放枝条叶面积总量最大,树体或枝干的增粗较快。

在红富士下垂枝结果的管理方法当中,采用连年缓放的方法可培养下垂的单轴结果枝组。

(2)操作要点和注意事项

旺枝长放还容易导致枝条后部光秃带现象严重,特别是在主枝或中干延长头上连续长放,不仅会造成全树衰弱,而且会严重影响幼树早期的迅速扩冠。这样做虽然早见果,但不见丰产。

旺枝缓放以后采取综合调整措施才能控制树势,促进花芽形成。在长放以后要随着树体的开花结果,还必须密切关注其体积大小、花芽留量和长势等,随时进行适当的收缩并最终培养成良好的结果枝组。

5.刻芽

刻芽又称目伤,根据所刻的位置不同,所起的作用也不相同,在芽前刻时,具有促进芽萌发的作用,在芽后刻时具有抑制芽萌发的作用。

芽前刻指在芽上方 0.2 ~ 0.5 厘米处用刀横刻皮层的修剪方法,也可以用钢锯条在此位置拉几次,工效很高。以促进所刻芽的萌发力、成枝力,促发短枝。

刻芽常用于幼树,以促进枝条萌芽成枝,特别是出短枝,早成花、早结果;也可用于骨干枝的延长枝,以克服光腿枝,特别是可以定向发枝;对于长的发育枝,可以连续刻芽,或间隔刻芽,以更多、更均匀地诱发短枝。生产中刻芽配合点抽枝宝进行,效果更好。在国外,也有在芽上方 1.5 厘米处刻芽,所发枝条,生长量小,不用拉枝就可结果,减少果园用工量。

(1)刻芽的时间

以萌芽前后为宜,刻芽早,出长枝;刻芽晚,出短枝多。刻芽过早,容易发生枝条失水抽干,刻芽过晚,芽已经萌发,达不到目的。为了促发较大的侧生枝或解决多年生枝干光秃问题,应在苹果树萌芽前 20 ~ 30 天进行;若为了促发中短枝,应在萌芽前 7 天至萌芽初期进行。

(2)刻芽方法

春季刻芽时凡需要刻的背上芽,一律在芽后 0.2 ~ 0.5 厘米处用钢锯横刻一刀,深达木质部。这样背上就不会冒长条了。

两侧和背后芽在芽前 0.2 ~ 0.5 厘米处刻。如果不希望所发枝条太长,可在芽前 1 ~ 1.5 厘米处刻芽。

6.转枝

又称扭梢、转枝造伤,就是将一年生或多年生枝条的某个部位转动一定的角度,使木质部和韧皮部受伤而不折断，达到改变枝条生长的方位、改变芽向、人为造伤的一种手法，其作用是阻挡营养正常交流，增加积累，缓势成花，调节光照，是一种控制树势的调节方法。一般适用旺枝，配合摘心去叶，对抑顶促萌有着非常明显的效果。

(1)转枝技术的应用与技巧

拉枝转枝。若是当年生枝条比较容易，只要一手紧握基部，另一手向内向上推再转，使该枝转 180° 后拉至大于 90° 的所需角度，背上变背下，背下变背上，再拴绳固定。若是多年生无伤痕粗而壮的枝条，就需要用同样的方式二人合力推转，过粗过壮和有伤痕的枝条，就要采取连几锯法来解决。

基角开张中前部上翘枝条的转枝。这类枝条已变壮，技术要领不能只从弯处开始转，而应从弯处向枝条后方退 10～20 厘米，并一手握紧此处，另一手向上向内推折至弯状，然后才能稍用力地将此处转动，等听到响声不要怕，继续用力转至发生小裂纹为止，然后外面的手先不要松劲，里面的手移至转和未转的交接处握紧，另一只手继续向前换位折弯转枝，以此类推，连续几处直至梢部。最后松手让其自行反转，该枝条就会自然回位下垂，若个别枝条松手后未达所求，可轻微搭手反转便可自然成形。

这样处理后该枝条不会再次上翘，不但能稳定成花，而且只要力度合适，转枝处的光秃带还可发出新的枝芽。应注意的是这类枝条的转枝时间应在发芽前(3 月份)和第 1 次春梢停长期(5 月中、下旬至 6 月上旬)，使之成花、控冠双见效。

背上枝转枝。发芽前弱枝不动，旺枝可分道轻转，根据手感定力度，软转 180° ，并配之以抑顶促萌，15 厘米以下的枝中间转一下，再长点的多转几下，转后任其生长。5 月中旬至 6 月上旬再与环切手法紧密配合。

(2)转枝法要注意以下几点

一年生枝条。每隔 5～6 个芽转一下，转时左手拇指在背上，右手拇指在背下，双手握紧，然后左手向内拧转 90° ，右手向外转 90° 。

二年左右生枝。转枝时要在强弱交接处转，也就是在弱枝段的最前边和强枝段的紧后边转。

对背上新生梢较旺且数量较多的应及时转枝(梢)，背下转成背上，背上转成背下，以缓解背上旺势。对此类枝，要随时发现随时转枝。

7.抑顶促萌

抑顶促萌就是控制顶端生长，增加枝条积累，有利于培养壮枝及形成花芽，时间需在发芽前。具体操作方法是枝条 5～15 厘米长的枝掰掉顶芽。15 厘米以上的枝掰掉顶芽后，隔 5～6 芽再转一下枝。枝条可多处转。寒冷地区怕冻伤，枝条可在刚发芽前进行。

(1)生产中容易出现的问题

时间太晚。有些人在新梢萌发后才进行，剪掉部分春梢。剪掉春梢，减少了叶片数量，光合作用减少了，大量浪费有机营养。剪掉春梢后，后部芽发出后，叶片少又小，叶功能差，整个树的光合作用差，营养减少，树势弱，易导致病虫害的发生。扰乱树形和树势，使树势更加衰弱或形成虚旺，浪费人力和财力。

方法错误。有一些果农因没有掌握抑顶促萌的正确方法，在发芽前进行抑顶促萌时，不是掰掉顶芽，而是掰掉一段枝条，这种做法是错误的。掰掉一段枝条，就等于是短截，结果出现三叉枝，没有达到抑顶促萌的效果，还浪费营养，扰乱树形，破坏枝势平衡。对较长的旺枝，抑顶促萌后没有配合转枝，影响了效果，顶芽周围的芽萌发后没有及时停长；有些虽然也转枝了，但由于没有根据枝条角度、树势及肥水等因素在枝条的基部转枝，也没有达到理想的效果。

(2)旺枝抑顶促萌的方法

在整树旺的情况下，甩放不动，大顶芽一年下来能延长 30 厘米以上，超过 30 厘米长的枝条，大都不能形成花芽，特别是枝位在背上的，容易长的更长，不但不成花，反而还遮光。因此，对此类枝在萌芽前掰掉大顶芽，减缓顶芽优势，它就长得不那么长了。

8.摘心和摘心去叶

(1)摘心

摘心是指摘掉新梢嫩尖的一种夏季管理方法。一般在 5—6 月对旺梢连续摘心 3～4 次，可以控制旺长、培养枝组、促进成花。还可以在6月份当延长梢长到50～60厘米时摘心，可以促发二次枝，有利于增加枝条级次，扩大树冠。

苹果幼树采用摘心处理，效果明显，方法简单，容易做到，不需要较高的枝艺。但摘心必须掌握适宜的时机，否则，效果不理想。摘心过早，萌发的二次枝梢会继续旺长，起不到真正的抑制生长作用；摘心过晚，又不利于促发较多的二次枝。实践中，应根据不同树龄，不同生长势，不同管理条件及气候特点等，确定适当的摘心时间，必要时可采取多次摘心。对过旺树来说，多次摘心常常效果更佳。

陕西省苹果产业技术体系认为，8月上旬开始对当年未停长的新梢摘心，分段转枝，控制秋梢生长，促进积累营养，提高枝芽成熟度，避免冬季抽条。

(2)摘心去叶

摘心去叶有别于传统的摘心，传统的摘心的目的是多样的，既有调节树枝势的作用，也有整形方面的作用。而摘心去叶的目的很单纯，就是调节枝条势力，促使当年成花。

摘心去叶对象是当年生不能正常停长的旺长的新梢。其原理是掐去生长点，再去掉几片嫩叶，减少赤霉素含量，达到控制新梢生长，增加营养积累的目的。对于一些过旺的枝条，摘心去叶的同时，还要配合转枝、拉枝等其他一些调势措施，方能达到当年成花的目的。

摘心去叶时间。摘心去叶时间性很强，是在每次生理停长前进行。即5月中、下旬，7月中、下旬。所谓生理停长时是依顶端嫩叶来判断的，当二片嫩叶接近平行时即为生理停长前。还要依据当地物候期自身停长期来判断。

摘心去叶对象。估计不停长的当年生枝条，即当年生不停长的旺枝。

摘心去叶方法。摘掉应停长而不停长的新梢嫩尖，再去掉上部嫩黄的4～5片小叶，缓解顶端优势。去叶时要注意留叶柄。此项工作是在旺树生长期迫使部分顶芽成花的辅助措施。15厘米以下的枝条，摘去枝梢3～5片叶留叶柄，超过15厘米的枝条隔5～6芽后转枝造伤，转枝后摘去枝梢3～5片叶留叶柄。当年生旺枝从基部转枝下垂，再进行摘心去叶。

第二节　矮化自根砧苹果大苗建园技术规范

一、园地选择

(一)气候条件

年平均气温8～12℃，6—8月平均气温为19～23℃，年均日照时数2 350～2 520小时，年均降雨量490～660毫米，6—8月降水为全年降水的50%，或有灌溉条件。

(二)环境条件

在确定的优势区域，远离污染源，临近水源、交通和管理方便，土壤、大气、水质均符合无公害、绿色苹果生产技术要求的地块。

(三)土壤条件

土壤肥沃，有机质含量在1.0%以上。土层厚度2米以上，活土层在60厘米以上。地下水位在2米以下。土壤pH(酸碱度)为5.7～8.5。土壤类型为沙壤土或沙黏土的平地。

(四)海拔高度

适宜海拔800～1 500米。

二、果园设计

(一)园地划区

大面积果园可划分为大区和小区，小面积果园只划小区。大区一般依据地形或主干道路、行政区划等来划分，小区则以路和立地条件划分。塬地果园大区以100亩左右为宜，小区以30亩左右为好。

(二)道路配置

果园道路一般由干路、支路、小路组成。干路贯穿果园内外，接通公路干线，是大区间的界限，一般以两车道为宜，宽 8～10 米；支路为生产路，连接干路与各个生产小区，一般为单车道，宽约 6 米；小路为小区田间作业道，一般以相邻两户的边界行间加宽而成，宽约 5 米。园内道路占地不宜超过果园面积的 3%～5%。

（三）防护林建设

大规模建自根砧苹果园最好设防护林，防护林一般为防风林。防风林应乔灌结合，配置在迎风面，且与主风向垂直。防风林树种应选择适宜当地条件，发芽早、生长快、与苹果树没有共同病虫害、不相互传染的乡土乔木树种，栽植位置应与果树保持一定距离。

（四）立架设计

根据地形选择行向，行向一般为南北行，采光好、不日灼，行向两头至少 3～4 米道路（如果面积超过 50 亩，需要大型机械，可留 5～6 米）。

立架布局一般为：10 米 × 3.5 米，即行距 3.5 米，柱间距 10 米，每亩栽植 19 根。立架行向与果树行向一致，立架株距与果树株距方向一致。柱高度 4 米，粗度 10 厘米 × 10 厘米，内置 4 根直径 4 毫米的冷拔丝，柱入土 70 厘米，露地 3.3 米，纵横对齐，每行两端水泥柱向外倾斜 15° ，用地锚、拉线、包箍固定。水泥柱上拉四道钢丝，分别距地面 0.4 米、1.6 米、2.4 米、3.2 米，在第 1 道钢丝上按 1 米株距用油漆标记作为苗木栽植点，然后将滴灌管挂在第 1 道钢丝上，以备栽后及时灌水。

三、苗木标准

（一）砧木

一般为 M9–T337 自根砧，该砧木易繁殖、矮化性好，易成花。

（二）品种

早熟及早中熟品种选择嘎拉优系、华硕等；中熟及中晚熟品种选择蜜脆、秦阳、红盖露、玉华早富等；晚熟品种选择瑞雪、瑞香红、岩富 10 号、长富 2 号、烟富 3 号等优系富士。低海拔地区以早中熟品种为主，高海拔地区以晚熟品种为主。也可根据市场需要选择国内、国际苹果新品种。

（三）苗木

必须选择符合国家苗木质量标准的大苗。苗木大小一致，嫁接口上部 10 厘米处品种干径 1.2 厘米以上，苗木高度 1.5 米以上，整形带内有 6～10 个分枝，长度为 40～50 厘米，生长充实，分布均匀。主根健壮，侧根 5 条以上，长度超过 20 厘米，毛细根密集。树皮新鲜光滑，无失水、无机械损伤、苗木成熟度好，不带检疫性病虫害。

四、规范栽植

（一）栽植时间

栽植时间一般分春秋两季，秋季栽植需要防寒，由于自根砧大苗带分枝，防寒措施有难度，以春季栽植为好。栽植时间以早春土壤解冻后地温在 5℃以上时进行，一般为 3 月中旬至下旬，如果苗木有冷藏条件可以延迟至 4 月下旬。

（二）栽植准备

在苗木栽植前 1～2 天将定植穴准备到位，按行距 3.5 米，株距 1 米，确定定植穴，直径为 30 厘米，深度为30 厘米。挖定植穴应垂直下挖，穴壁要平滑，上下口径大小要一致，以保证苗木根系的正常延展。在穴内施入敌虫克（每亩 300 克）+ 磷肥 + 商品有机肥各 500 克（农家有机肥 10 千克左右）与土混匀。

（三）苗木处理

苗木处理在遮阴下操作。

1. 清水浸泡。苗木分品种放在浸泡坑清水中浸泡 24～48 小时，若苗木远距离运输可适当延长，以吸饱水分。

2. 严格分级。定植前对苗木分级，把相同高度的苗木栽在同一行内。

3. 适当修剪。适当回缩受伤和过长的根系，剪除嫁接口的干桩及苗干整形带以下的分枝。

4. 苗木消毒。把经过浸泡的苗木根系浸入 70% 的甲基托布津 800 倍液或 50% 的多菌灵 800 倍液 + 生根粉（按说明用量）蘸根 5 秒钟后即可栽植。

（四）授粉配置

根据苗木数量搭配比例，一般间隔 2～4 行主栽品种栽 1 行授粉品种，有条件的可每隔 9 个主栽品种栽一株专用授粉树，一般为水泥柱第 1 株，保证良好授粉。

（五）标准定植

放入苗木，调整方向，左右对齐。然后填入表土，边回填土边轻提苗，使苗木根系与土壤充分接触，把握好栽植深度，浇水、土沉实，定植坑填满土后苹果品种嫁接口距地面 8～10 厘米（因品种不同而不同）。

（六）及时灌水

为了保证成活率，在栽后 4 小时内浇透定植水（20～30 千克 / 株），渗透根系周围土壤，然后覆土保墒。要随时监测土壤水分状况决定灌水，保持土壤湿润，保证成活率达到 95% 以上。

（七）起垄覆盖

灌水后顺树行两侧起垄，垄内低外高，在垄上覆 80 厘米地膜或地布，中间留空隙 10 厘米左右，以便水分下渗。

（八）背干扶苗

在靠近苗木根际处插竹竿，入土 30 厘米，地上露 3.2 米以上。入土部分蘸沥青防腐，然后用绑扎物把竹竿固定在钢丝上，再把苗干固定在竹竿上，扶直苗干，使其端直生长。

（九）栽后管理

苗木定植后，分枝尽量保留，修剪量要少，对分枝粗度超过同部位中心干粗度 1 / 2 的要留 1 厘米短桩疏除，并对伤口涂封剪油。延长头不要短截。对离地面 80 厘米以上的芽，每隔 3 个芽刻 1 芽或涂抹发枝素，促发分枝。待花序分离期疏除全树花序，4 月份喷施“吡虫啉 + 粉锈宁”防蚜虫、锈病，5 月上旬喷布易保或大生 M-45 等药剂预防早期落叶病。苗木栽植后一个月对其成活率进行调查，分析调查结果，总结栽植经验。

这样建立的果园，第 4 年即可丰产，第 6 年亩产可达 4 000～5 000 千克（图 9-39 至图 9-46）。

图 9-39　1 年生矮化自根砧富士苹果生长状

图 9-40　2 年生矮化自根砧富士苹果结果状

图 9-41　3 年生矮化自根砧富士苹果结果状

图 9-42　4 年生矮化自根砧富士苹果结果状

图 9-43　4 年生矮化自根砧瑞阳苹果结果状

图 9-44　4 年生矮化自根砧瑞雪苹果结果状

图 9-45　5 年生矮化自根砧富士苹果结果状

图 9-46　6 年生矮化自根砧富士苹果结果状

第三节　旱地矮化自根砧苹果苗木建园技术

在陕西省千阳县、韩城市，旱地，无灌溉条件，年降雨量 560 毫米左右；利用多分枝大苗建园，株行距 1 米 × 3.5 米，亩栽 191 株，两年生果园园貌整齐，开始结果，平均单株结果 8 个，单株产量 1.72 千克，亩产 325 千克。树体达到如下指标：树高 3.53 米，品种嫁接口以上 10 厘米处粗度 3.97 厘米，中央领导干上着生 10 厘米以上侧枝 31 个。2020 年西北农林科技大学成立了旱区苹果产业技术标准创新团队（图 9-47），总结形成了旱地矮化自根砧苹果建园技术要点六条，供参考。

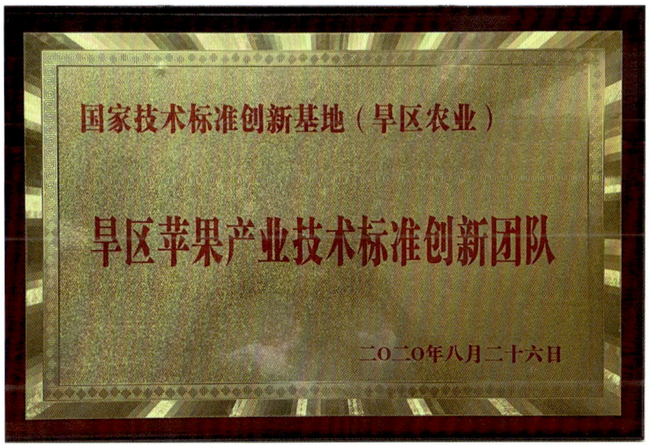

图 9-47　国家技术标准创新基地（旱区农业）

一、挖大坑，浇足水

栽植前挖大坑，60 厘米见方；栽植后浇足水，每棵树苗 30 千克以上。

二、不起垄，平畦栽植

不起垄，平畦栽植，既有利于调整砧木高度，又便于田间耕作与行间生草。

三、砧木高度调整

栽植时砧木露出地面 5 ~ 10 厘米，不能太多。

四、树盘收集雨水

栽植后通行修整树盘（整形带），外侧略高，内侧（树干与土壤接触处）略低，高差 5 ~ 7 厘米，充分收集雨水。

五、防草保墒

树盘地面通行覆盖 80 ~ 100 厘米或者稍宽黑色园艺地布，防止树下杂草丛生并有利于树盘保墒。

六、防止水分蒸发

覆盖黑色园艺地布时，树行两侧地布合缝时缝隙要合严实，防止水分蒸发。

第四节　一年生矮化自根砧蜜脆苹果苗木建园管理技术

蜜脆苹果，生产上栽培的有两种类型，条红果和片红果，育苗采集接穗时要予以区分。一年生矮化自根砧蜜脆苹果苗建园管理技术要点如下。

一、定植当年

（一）苗木规格与栽植时间

采用 M9-T337 矮化自根砧苹果苗木，高度≥1.5 米，粗度≥1.2 厘米，侧根≥10 条，分枝数≥3 个。在陕西千阳为 3 月 15 日以后栽植最好。

（二）栽植密度与步骤

密度以株距 1 米，行距 3 ~ 3.5 米为宜。

果园规划好后，先按每 10 米栽一个水泥桩，架设好 4 道钢丝，从下到上平均每 80 厘米布置 1 道，第 1 道距地面 40 厘米，第 2 道距地面 160 厘米，第 3 道距地面 240 厘米，第 4 道距地面 320 厘米。按照栽树位置，在钢丝上绑竹竿，竹竿位置、数量与树的定植位置、数量一致，竹竿根部朝上，顶端朝下，竹竿超出第 4 道钢丝 20 厘米固定在各道钢丝上，最下部竹竿不插入土壤，处于悬空状态，处于距离地面 30 厘米的位置。竹竿、钢丝构成方格网状结构，十分牢固，便于以后绑缚树干。

南北行向栽植，钢丝在水泥桩的东边，钢丝上将来绑缚滴灌毛细管，滴灌管与钢丝在水泥桩的同一方向，树栽在钢丝的西边。东西行栽植时，钢丝在水泥桩的南边，钢丝上将来绑缚滴灌毛细管，滴灌管与钢丝在水泥桩的同一方向，树栽在钢丝的北边。以后生长过程中，把树干交叉钢丝向上绑缚在竹竿上，随着树干增粗，果树稳定性较好。

以高纺锤形为目标树形管理。砧木露出地面 3 ~ 5 厘米，太长则树势弱，且易生萌蘖（图 9-48 至图 9-51）。定植后浇足水，15 ~ 30 千克 / 株。

（三）整形修剪

1. 不定干、不去分枝

苗木定植后一般不定干、不去分枝，分枝也不短截。去掉直立枝（与中心干夹角≤30° 的枝条）；去掉枝干比≥1/2 的枝条（即去掉直径超过主干一半的侧枝），平剪或斜剪，留 1 ~ 2 厘米桩修剪，剪后涂剪锯口保

图 9-48　蜜脆砧木露 5 厘米生长状

图 9-49　一年生蜜脆园

护剂，防失水，促进伤口愈合。对苗木挖掘、贮藏、运输过程中损伤的枝条，短截至饱满芽处。对于分枝极少（1～3个）的苗木或枝干比严重失调的分枝苗有时采用“抹光干”的措施。

2. 拉枝

定植后拉枝，把长度≥25厘米的枝条，全部拉下垂，与中心干成110°～130°角，拉枝时间为栽树后1个月开始至2个月结束。

定植当年新梢拉枝，时间为8月中旬至9月上旬，在枝条长度≥60厘米时进行，拉枝角度110°～130°，枝条长度越大，拉枝角度也要越大。

图9-50 自根砧蜜脆露砧太高——生长弱

图9-51 自根砧蜜脆露砧太高——易生萌蘖

3. 冬季修剪

冬剪时，中央领导干（树头）一般不短截，采取长放的办法。对于树头被病虫或其他危害时，在饱满芽处短截，促发强壮的中央领导干。剪除1～3个枝干比≥1/2的侧枝，平剪或斜剪，留1～2厘米桩修剪，剪后涂剪锯口保护剂，防失水，促进伤口愈合。

对于分枝极少（1～3个）的苗木或枝干比严重失调的分枝苗有时继续采用“抹光干”的措施。对于只有1个强壮侧枝的留桩斜剪去除。对于不影响中干粗度或中干高度优势明显的侧枝，只有当枝干比≥2/3时，才剪除侧枝。在预留侧枝时，要分布均匀，保持树体平衡，如两个侧枝时，左右各1个，但不能对生，上下保持一定距离。

（四）建园目标

一年生矮化自根砧蜜脆苹果苗木，定植当年即可开花，每株树应有花序5～10个，若水肥充足，可让每树结果1～3个。第1年底树体高度应达到2～2.8米，粗度（嫁接口以上30厘米处树干直径）1.6～2.0厘米。

（五）注意事项

对于栽植时栽植过深或过浅的树，要进行砧木高度的调节，刨开砧木或向砧木埋土，保持砧木露出地面3～5厘米。

第1年底树体高度应达到2～2.8米，粗度（嫁接口以上30厘米处树干直径）1.6～2.0厘米。

二、定植后第2年

定植当年，1年生矮化自根砧蜜脆苹果树生长量较大，成花容易，可形成一定量的花芽。第2年春，每株树应有花序20～30个，正常水肥条件下，可让每树结果5～10个。

（一）春季拉枝与修剪

休眠期拉枝，在树液流动后至发芽前进行，拉枝时间为3月中旬至4月上旬，对长度≥25厘米的枝条，全部拉下垂，与中心干成110°～130°角。

对于中心干顶部发出的竞争枝，在10厘米时摘心或进行重短截修剪，只留4个叶片。

（二）夏季拉枝与修剪

拉枝时间为8月中旬至9月上旬，在枝条长度≥60厘米时进行，拉枝角度110°～130°，枝条长度越大，拉枝角度也要越大。对于中心干顶部的竞争枝在枝条长度≥25厘米拉下垂，成130°角。

9月上旬，剪去拉枝后枝条基部长成的背上枝，采用不留桩疏除办法。对于中心干顶部的竞争枝要留桩疏除。

（三）冬季修剪

中央领导干（树头）一般不短截，侧枝也不短截，采取长放的办法。对于树头被病虫或其他危害时，在饱满芽处短截，促发强壮的中央领导干。

去掉直立枝（与中心干夹角≤30° 的枝条）；剪除 1～3 个枝干比≥1/2 的侧枝，平剪或斜剪，留 1～2 厘米桩修剪，剪后涂剪锯口保护剂，防失水，促进伤口愈合。对于个别分枝极少（1～3 个）或长势极弱或枝干比严重失调的树，有时还要继续采用“抹光干”的措施。

第 2 年底树体高度应达到 3～3.5 米，粗度（嫁接口以上 30 厘米处树干直径）3～3.5 厘米。

第五节　典型果园

一、宝鸡晨曦农民专业合作社现代矮化苹果示范园

宝鸡晨曦农民专业合作社（简称“晨曦”）致力于矮化自根砧苹果省力化栽培。2021 年早春，在凤翔县南指挥镇西村建成苹果园 238 亩。园区充分利用苹果矮化自根砧 M9-T337 的优势，弱化营养生长，强化生殖生长；水肥保障，做到当年建园，次年结果，三年丰产。种植‘红斯尼克’‘九月奇迹’‘阿珍富士’‘瑞香红’。管理目标全程机械化，按照苹果生产成本 2 元 / 千克计算，年产值 200 万元以上，纯利润 80 万元以上。

“晨曦”最大优势在于低成本运作。

①水肥一体化极大降低化肥使用量。幼树期使用水溶肥 40 千克 /（亩·年），按照 12 000 元 / 吨计算，成本 500 元 /（亩·年）。行间种植高羊茅、黑麦草为主，刈割 5～6 次 / 年，覆盖树盘，补充有机质。比普通果园肥料成本降低 70%～80%。建园春节后进行，宜早勿晚。在不降雨的情况下，从春季至秋季，滴灌用水 2 米^3/ 亩，2 天 1 次，生长季 3—9 月份用水约 200 米^3/（亩·年）。

②用工数量降低到极致。园区除绑缚、修剪和采收外，均实现机械化作业。238 亩果园，专人操作机械设备。配备进口避障式除草机，2 天全园株间机械除草；配备行间割草机，1 天全园行间刈割作业；配备进口喷药迷雾机，6～7 小时完成一次植保作业，植保农药使用量是周边果园的 50%；采用化学疏花疏果。园区用工费用不超过 300 元 /（亩·年）。

③生产阳光苹果，全园不套袋。免套袋节约至少 2 200 元 /（亩·年）。园区苹果生产成本比普通果园降低 60%以上。预计 2022 年，平均亩产超过 1 吨，产值超过 100 万元。其中瑞香红 40 亩，由于栽植时苗木规格小，属于等外苗，所以亩产超过 0.5 吨，产值超过 20 万元。“晨曦”下一步目标是引进机器人采收，实现全程机械化。

二、洛川县永乡镇阿寺村李治浩果园

据洛川县苹果生产技术推广服务中心农艺师杨艳玲调查，2018 年矮化自根砧苹果大苗建园（千阳华圣苗木），面积 3 亩，砧木为 M9-T337，主栽品种为阿珍红富士，授粉品种为嘎拉系施娜克，密度 1.5 米 × 4 米，2019 年零星挂果。

2020 年套袋 6 000 只，商品果通过网上销售，每箱 24 头，售价 118 元，总收入 15 000 元。2019 年秋季施商品有机肥投入 1 300 元，农药、套袋等投入 500 元，总投入 1 800 元。投入产出比 1∶8.33。

果园主要特点：①集中统一管理。作为 2017 年规划建设的苹果矮砧集约栽培模式密植园，统一技术，统一管理，统一防治病虫害，采取生物、物理方法病虫害防治措施。②注重有机肥投入。作为老果区，新建幼园施用羊粪或者商品有机肥，进行土壤重茬障碍处理。树盘覆盖黑色园艺地布，行间豆菜轮作，提高土壤有机质，为生产优质苹果奠定了基础。③实施果游结合。作为陕北苹果的发源地，阿寺村也是洛川县创建的美丽乡村典型村之一。通过发掘苹果文化，加大宣传推介，阿寺村成为网红村。2020 年苹果统货收购价由 8 元 / 千克，上涨到 13 元 / 千克，果园经济效益提高 30%～50%。

三、洛川县凤栖街道办桥西村孟晓宏果园

据洛川县苹果生产技术推广服务中心高级技师张建生调查，2017年矮化自根砧苹果大苗建园（千阳海升苗木），丰产园面积30亩，砧木为M9-T337，主栽品种为烟富10号，授粉品种为嘎拉系米奇拉，密度1.1米×3.8米。

2020年，苹果亩产2 000千克，其中80毫米果1 000千克、85毫米果750千克、75毫米果250千克。由于受冻害影响，产量受损，每亩套袋约8 000只，共套袋25万只，苹果入库6万千克，出库价9.2元/千克（有自己的专营店，有固定的销售渠道），亩收入1.84万元。

果园主要特点：①高纺锤形，有30个以上分枝。②果园秋施基肥选用根果良品有机肥，每亩1 000千克，春夏两季追施水溶肥3～4次。③喷施商用花粉，提高坐果率。④果园行间种植绿肥，改良土壤、防止水土流失、控制杂草生长，调节果园小气候。

第十章　苹果品种选择

现代矮砧苹果发展的"千阳模式",表现在"新型主体推进、矮砧技术支撑、标准品牌创新、田间大学培训、产业融合发展",已成为苹果产业转型升级的典范。在苹果苗木繁育方面选用优良无病毒矮化自根砧、无病毒苹果良种;在苹果栽培模式方面选用适合集约栽培,结果早,产量高,品质优,集规模化、机械化、标准化于一体。"千阳模式"在全国广泛应用,要求苹果品种易成花,可推广化学疏花疏果代替人工疏花疏果,易着色,可推广果实管理的免套袋栽培代替人工套袋栽培,树体小、立体结果,便于机械作业,极大地节省果园人工成本。

第一节　苹果品种选择的依据

苹果商品生产果园是以生产优质果品投放市场,为社会消费服务并取得高效益为目的,因而建苹果采穗圃、育苗、建园时选择适宜品种非常重要。苹果优良品种是现代矮砧苹果苗木繁育体系中接穗的主要来源,也是苗木繁育体系的重要组成部分。选用优良品种,实行矮(矮化)、密(密植)、早(早结果、早丰产)的栽培方式,这是现代化果品生产的趋势,也是提高果品基地经济效益和社会效益的重要环节。

广义来讲,现代矮砧(矮化)苹果既包括矮化自根砧苹果和矮化中间砧苹果,又包括乔砧短枝型苹果。现代优良品种必须具有"好吃、好看、好管、好贮藏、好销售"这"五好"特点,同时要具有生长健壮,抗逆性强、无大的病虫害以及早果、丰产等综合性状。

选用的品种必须适应当地气候和土壤条件,优质品种并不是栽到哪里都可以产出优质的果品,而是具有一定的适应范围,超出了这个范围,就不可能再表现出优良的性状。甲地性状表现优良,在乙地不一定优良。因此,选择的品种必须是在当地表现出优良性状的品种。此外所选品种必须在市场销售中具有竞争力,并能在较长时间内占领一定的市场。对某个品种质量优劣的评价,单靠书本上的评价、生产者个人的感觉或好坏来评价是不够的,还必须接受市场和消费者的检验。栽植后苹果树可有 15 ~ 60 年经济寿命。

第二节　苹果品种的划分

苹果品种的划分有以下几种情况:

(1)栽培苹果(*Malus domestica* Borkh.)按果实发育期即落花期到果实成熟的天数,分为极早熟(特早熟)、早熟、中熟、中晚熟和晚熟五类(表 10–1),相邻两类之间有交叉。

(2)按成熟时果实的颜色划分为黄色品种、绿色品种和红色品种。黄色品种如王林、金冠、瑞雪、维纳斯黄金等。绿色品种如澳洲青苹、印度等。红色品种如富士系、元帅系等品种,富士系品种按着色类型又分为片红型(Ⅰ型,如礼富 1 号、烟富 6 号、红将军等)和条红型(Ⅱ型,如长富 2 号、2001 富士、晋富 2 号等)两种。

(3)按果实大小(平均单果质量)划分为九类,即极小(小于 25 克)、很小(25.1 ~ 50 克)、小(50.1 ~ 80 克)、较小(80.1 ~ 110 克)、中(110.1 ~ 150 克)、较大(150.1 ~ 180 克)、大(180.1 ~ 200 克)、很大(200.1 ~ 250 克)和极大(大于 250 克)。

表 10-1 苹果品种按果实发育期分类表

序号	分类	果实发育期(天)	成熟期
1	极早熟(特早熟)	< 90	6 月中旬至 7 月上旬
2	早熟	90 ~ 119	7 月中旬至 8 月上旬
3	中熟	120 ~ 149	8 月中旬至 9 月上旬
4	中晚熟	150 ~ 179	9 月中旬至 10 月上旬
5	晚熟	≥180	10 月中旬至 11 月上旬

(4)按品种染色体数目划分为二倍体、三倍体、四倍体品种,苹果绝大部分品种都属于二倍体,三倍体品种有乔纳金、北斗、陆奥等,四倍以上染色体的品种极为罕见,如天星为红富士的四倍体芽变。

(5)按起源划分为富士系、元帅系、嘎拉系、乔纳金系、金冠系等。

(6)按植株形态特征划分为普通型和短枝型品种。生产上应用的短枝型品种有富士系的礼泉 1 号、烟富 6 号、成纪 1 号等,元帅系的新红星、天汪 1 号、俄矮 2 号、首红、阿斯等,金冠系的金矮生等。

以下列出的苹果品种是生产上广泛栽植的优良品种或新品种,供生产者选择。

第三节 极早熟与早熟品种

一、国内选育品种

1.泰山早霞

'泰山早霞'是从苹果种子繁殖的砧木苗中选育出的极早熟苹果新品种。由山东农业大学作物生物学国家重点实验室、聊城市果树站合作选育而成,2007 年通过山东省科学技术厅组织的成果鉴定并定名。

果实宽圆锥形,平均单果质量 138.0 克,果实着鲜红彩条,果面光洁,果肉白色,肉质细嫩,味美清香。可溶性固形物含量 12.80%,可滴定酸含量 0.60%。在山东泰安地区 4 月中旬开花,6 月 25 日前后果实成熟,果实发育期 70 ~ 75 天,比'萌''藤牧 1 号'早熟 10 ~ 15 天。具有腋花芽结果能力,综合经济性状优于'藤牧 1 号''萌''辽伏''贝拉'等早熟苹果品种。定植后 3 年结果,7 年产量达 31 968 千克 / 公顷。该品种具有童期短、早果性强、成熟极早、病虫极少、果实不需套袋等特点,可作为极早熟苹果品种在生产中试栽、推广。

2.藤牧 1 号

'藤牧 1 号'又名'南部魁',原产美国,由美国伊利诺斯大学等三所院校根据抗黑星病苹果育种计划联合育成。山东省牟平县农业局 1986 年从日本引进,经山东省果树研究所、牟平区农业 局合作,多点区试,1998 年 4 月通过山东省农作物品种委员会审定、定名,并列为"山东省果树良种产业化工程"重点推广品种。

果实扁圆形,平均单果质量 160.0 克。果面光滑,底色黄绿,果面着粉红色条纹,外形整齐美观。果肉黄白色,肉质细,汁液多,风味酸甜,有芳香,可溶性固形物含量 11.4%,品质中上等,果实在室温下可贮放 7 ~ 10 天。北京地区 4 月上旬萌芽,4 月下旬开花,7 月下旬果实成熟。山东泰安 4 月 14 日初花,4 月 18 日至 4 月 21 日为盛花期。果实 7 月初开始着色,7 月 20 日成熟。陕西渭北南部地区 6 月下旬成熟。果实发育期 90 天左右。树势强健,枝条萌芽力强,成枝力中等,腋花芽多。苗木定植后 2 ~ 3 年即开始结果,以短果枝结果为主,坐果率高,栽培时应注意疏花疏果以增加单果重。

3.早香玉

'早香玉'是从'红玉'的芽变中选出的特早熟苹果新品种。由聊城大学生物系、山东省平邑县果树局合作选育而成,1998 年通过山东省科委组织的专家技术鉴定并定名。

果实扁圆形,平均单果质量 135.0 克,最大单果质量 218.0 克。底色金黄,全面着鲜艳红色,有光泽。果肉淡黄色，质地松脆、汁多、甜酸适口，香味浓。可溶性固形物含量13.8%，可溶性糖含量10.4%，可滴定酸含量0.60%，VC含量5.23毫克/100克，果肉硬度7.53千克/厘米²，总体性状优于同期或近于同期成熟的'辽伏''贝拉''早捷'等早熟品种。较耐贮运，室温下可贮存15～20天。鲁中南地区芽萌动期为3月28日至4月2日，初花4月15—20日，盛花4月20—24日，果实成熟期6月27日至7月6日，落叶期为11月中旬。该品种品质优，丰产，抗蚜虫危害，适宜我国苹果生态区栽培，6年生以上园产量可保持在27 000千克/公顷以上。

4.秦阳

'秦阳'是从皇家嘎拉自然杂交实生苗中选出的早熟苹果新品种。由西北农林科技大学园艺学院选育而成，2005年5月通过陕西省果树品种审定委员会审定并定名。

果实近圆形，平均单果质量198.0克，最大单果质量245.0克，果形端正，高桩。果实底色黄绿，着鲜红色条纹，色泽艳丽。果肉黄白色，肉质细脆，汁中多，风味酸甜，有香气。可溶性固形物含量12.2%，品质上等。该品种果个大，早果丰产。7月下旬成熟，较'藤牧1号'晚熟1周左右，货架期较短，在常温可存放10～15天。适宜陕西渭北及同类地区栽植。已成为自主选育的陕西省早熟苹果主栽优良品种。

5.早红

'早红'是从意大利引进的'嘎拉'自然杂交种中选育出的一个早中熟优良品种，原名'意大利早红'，为意大利品种。由中国农业科学院郑州果树研究所、郑州市农林科学研究所合作选育而成，2006年通过河南省林木品种审定委员会审定并定名，2018年9月通过农业农村部非主要农作物品种登记。

果实近圆锥形，平均单果质量223.0克，纵径6.9厘米，横径7.6厘米，果形指数0.9，果实横径7.5厘米以上的达80%以上；果皮底色绿黄，全面或多半面鲜红色，果面光洁、有光泽；肉质细、松脆、汁多，风味酸甜适度、有香气，品质上等。可溶性固形物含量12.8%，果肉硬度为7.10千克/厘米²。在河南郑州地区果实7月下旬着色，8月上旬成熟，介于'嘎拉'与'美国八号'之间，比'嘎拉'早熟5～7天，比'美国八号'晚熟7天左右。冷藏条件下，可贮藏30天左右。该品种生长势强，易形成短果枝，早果、丰产，可在嘎拉品种适栽区栽培。

6.早翠绿

'早翠绿'是以'辽伏'为母本，'岱绿'为父本杂交育成的早熟苹果新品种。由山东省果树研究所、淄博市林业局、济南市历下区姚家镇林业站合作选育而成，2002年7月通过山东省科学技术厅组织的科技成果鉴定并定名，2018年12月通过农业农村部非主要农作物品种登记。

果实圆形或圆锥形，平均单果质量151.3克，最大单果质量204.0克，果形指数0.93。果面光洁，果皮绿色。果肉乳白色或淡黄色，致密而脆，汁液多，酸甜适口，具有浓郁芳香味，品质佳。可溶性固形物含量14.2%，总糖含量12.6%，总酸含量0.24%，果肉硬度8.59千克/厘米²。在室温下可贮藏15天。幼树生长较旺，随着树龄增大，树势渐缓和。萌芽率82.55%，成枝力2～3个，以短果枝结果为主，腋花芽形成能力强。在山东鲁中地区3月下旬萌动，4月中旬开花，7月中、下旬果实成熟，果实发育期100天。该品种早果、丰产、较耐贮藏。10年生园产量可达43.2吨/公顷。

7.绿帅

'绿帅'是从'金冠'实生后代中选育出的中早熟苹果新品种。由辽宁省果树科学研究所选育而成，2003年12月通过辽宁省农作物品种审定委员会登记并定名。

'金冠(Golden Delicious)'，又名黄香蕉、黄元帅、金帅，原产美国，是苹果中的著名品种。在辽宁、贵州、宁夏、江苏等地栽培较多。'金冠'属中晚熟品种。果实长圆形，平均单果质量180.0克，成熟果表面金黄，有红晕，光泽鲜亮，肉质细密，汁液丰满，味道浓香，甜酸爽口。果实发育期140天，9月中、下旬成熟，易生果锈；充分成熟后也不落果，晚采果实果肉淡黄色，生食风味极佳。果实可贮至次年2～3月，但环境湿度低时果皮易皱，贮藏后会发绵。

'绿帅'为中早熟品种。果实短圆锥形，平均单果质量245.0克，最大单果质量470.0克，果形端正，果形指数0.85。果实底色淡绿至黄绿，果皮薄、脆。果心小，果肉白至黄白，质地松脆，肉质中粗，果汁多，风味甜酸、爽口、清香，品质上。可溶性固形物含量12.8%，总糖含量10.9%，总酸含量0.34%，糖酸比32，VC含量

3.90 毫克 /100 克，果肉硬度 8.10 千克 / 厘米 ^{2}。果实 8 月上旬成熟，果实发育期 95 天，比‘藤牧 1 号’晚 15 天上市，室温可存放 15 天。较抗苹果树腐烂病、粗皮病。

8.南部魁

‘南部魁’系由美国引入的耐湿热、早熟优质苹果新品种。由四川农业大学林学园艺学院、重庆永川市南方苹果研究所合作，经多年品比和多点区试选育而成，2004 年 12 月通过四川省农作物审定委员会审定并定名。

果实近圆形，平均单果质量 167.3 克，最大单果质量 290 克。果皮底色绿黄，着鲜红断续条纹至全面浓红色覆断续红条纹；果面光洁无锈，被厚果粉，色泽艳丽。果肉黄白至乳白色、细脆、多汁，酸甜适度，富香气；可溶性固形物含量 11.5%，总糖含量 9.68%，总酸含量 0.31%，花青苷含量65.3 毫克 /100 克。在南方亚热带生境下，幼树以长果枝、超长果枝（长度大于 30 厘米）、多（2～4 次）次果枝和腋花芽果枝结果为主，长果枝和超长果枝分别占总果枝数的 17.2% 和 60.7%，为早实、丰产的主要果枝类型；成年树以短、中、长果枝结果。3 月下旬初花期，幼果 4 月上旬开始膨大，果实 5 月下旬至 6 月上旬开始着色，分期成熟。该品种早果丰产，2 年生幼树株产可达 1.68 千克，盛果期产量可达 37.5 吨 / 公顷以上。适应性和抗逆性强，可密植，是适宜四川和南方亚热带湿热、少日照生态区栽培的苹果新品种。

9.华美

‘华美’是以‘嘎拉’为母本，‘华帅’为父本杂交培育而成的早熟苹果品种。由中国农业科学院郑州果树研究所、郑州市农林科学研究所合作选育而成，2005 年通过河南省林木品种审定委员会审定并定名，2018 年 9 月通过农业农村部非主要农作物品种登记。

果实短圆锥形，平均单果质量 235.0 克。底色淡黄，果面着鲜红色。肉质中细、松脆，汁液中多，风味酸甜适口，品质优。可溶性固形物含量 12.6%，可滴定酸含量 0.26%，果肉硬度 9.60 千克 / 厘米 ^{2}。在河南郑州地区果实 8 月初成熟，采后室温可贮 15 天。该品种生长势强，早果、丰产，可在嘎拉品种适栽区栽培。

10.金蕾 1 号

‘金蕾 1 号’是以‘金冠’为母本、‘舞乐’为父本杂交育成的芭蕾苹果新品种。由中国农业大学农学与生物技术学院选育而成，2006 年 9 月通过教育部组织的成果鉴定并定名。

果实短圆锥形，平均单果质量 180.0 克。果皮绿色，光滑，果皮薄。果肉细、脆，汁液多，风味浓。成熟即可食用，室温(25℃)贮藏 7 天后，鲜食品质更佳。可溶性固形物含量 12.50%，可滴定酸含量 0.29%，果肉硬度 8.50 千克 / 厘米 ^{2}。在北京地区，3 月下旬花芽膨大，4 月上旬萌芽，4 月上、中旬开花，果实 7 月中、下旬成熟，果实发育期 105 天左右，11 月中、下旬开始落叶，年营养生长期约 280 天。树体为矮化柱型，适于密植，具有早熟、丰产、优质等特点，可在苹果适宜生态区域栽培。

11.金蕾 2 号

‘金蕾 2 号’是以‘金冠’为母本、‘舞乐’为父本杂交育成的芭蕾苹果新品种。由中国农业大学农学与生物技术学院选育而成，2006 年 9 月通过教育部组织的成果鉴定并定名。

果实长圆锥形，平均单果质量 180.0 克，果形端正，果形指数 0.85。果皮绿色，光滑无锈，果皮薄。果肉细、脆，汁液多，风味浓。可溶性固形物含量 13.00%，可滴定酸含量 0.30%，果肉硬度 8.50 千克 / 厘米 ^{2}。在北京 7 月下旬至 8 月上旬成熟。其他特性同‘金蕾 1 号’。

12.云早红

‘云早红’是以‘富丽’为母本、‘元帅’为父本杂交育成的苹果新品种。由云南省农业科学院园艺作物研究所选育而成，1996 年通过云南省有关专家鉴定，2001 年定名。

果实圆锥形，平均单果质量 250.0 克，果面着鲜红色条纹，果肉绿白色，酸甜可口，品质上等。可溶性固形物含量 12.4%。在云南昆明海拔 1 900 米的地区，2 月下旬花芽膨大，3 月中旬初花，7 月上旬果实成熟，室温下可贮藏 20 天左右，果实发育期约 110 天，11 月中、下旬开始落叶，年营养生长期约 280 天。

13.象牙黄

‘象牙黄’是 1964 年以‘金红’苹果为母本、‘蛟河 1 号’苹果为父本杂交培育而成的早熟、抗寒、果大、质优的苹果新品种。由吉林省农业科学院果树研究所选育而成，1996 年 3 月通过农业部验收，同年 6 月通过吉林省农作物品种审定委员会审定并定名。

果实近圆形，平均单果质量 120.0 克，最大 133.5 克，果个均匀整齐。果皮底色黄绿，向阳面微呈红晕，充分成熟时全果面呈象牙黄色，外观美丽。果肉白黄色，肉质脆，果汁多，风味酸甜味浓，微有香气，品质中上。可溶性固形物含 12.0%，可溶性糖 8.13%，可滴定酸 0.94%，VC 含量 4.92 毫克 /100 克。

在吉林省公主岭，4 月中、下旬叶芽、花芽膨大，5 月中旬盛花期，7 月末至 8 月初果实成熟。花朵坐果率 21%，花序坐果率 39%，需配置授粉树。

14.七月鲜

‘七月鲜’是以‘佚名大苹果’为母本、‘铃铛果’为父本杂交而成的抗寒早熟鲜食与加工兼用苹果新品种。由辽宁省果树科学研究所、黑龙江省牡丹江农科所合作选育而成。2006 年通过辽宁省非农作物品种备案并定名。

果实卵圆形，平均单果质量 50.7 克。颜色鲜艳，果面光滑，富光泽，外观美。可溶性固形物含量 13.9%，可溶性糖含量 10.94%，可滴定酸含量 1.22%，VC 含量 18.75 毫克 / 100 克，果肉硬度 10.99 千克 / 厘米 ^{2}。果肉黄白色，肉质中粗、脆，汁液多，风味酸甜，有香气，品质中上。2007 年在黑龙江、吉林、内蒙古、辽宁等地栽培约有 2.4 万公顷，年产量 20 多万吨，产值 3.29 亿元。

15.富红早嘎

‘富红早嘎’属‘嘎拉’早熟芽变苹果新品种。由西北农林科技大学、陕西省富平县流曲苹果研究会合作选育而成，2006 年 12 月通过陕西省果树品种审定委员会审定并定名。

果实圆锥形，平均单果质量 195.4 克，果形端正；易着色，艳红美观；果肉细、汁多，风味甜酸适口。可溶性固形物含量 12.5%，可溶性糖含量 11.7%，可滴定酸含量 0.28%，果肉硬度 8.5 千克 / 厘米 ^{2}。果实采收后在常温可贮 30 天左右；易成花，结果早，果台枝连续结果能力强，丰产。比‘嘎拉’早熟 20 天左右，果实商品性好。

二、引进品种

1.信浓红

图 10–1　信浓红

日本长野县果树试验场 1983 年用津轻与维斯塔贝拉杂交选育的早熟品种，于 1997 年命名为信浓红，1999 年引入我国(图 10–1)。果实 7 月中旬开始着色，7 月底成熟，比 ' 藤牧 1 号 '' 萌 ' 略晚。平均单果质量 220.0 克，最大单果质量 300.0 克。果实长圆、端正，无棱。底色黄绿，皮色鲜红，具条纹，艳丽。果锈少或无。果梗长。果肉黄白，硬度、紧密度中等，多汁，可溶性固形物含量 12.8%，可滴定酸含量 0.47%，酸甜适口。常温可贮存 10 天左右，冷藏条件下可贮 30 天。无自花结实能力，与富士、津轻、王林等可相互授粉。未发现生理落果现象。

2. 红艳

‘红艳’是从美国康乃尔大学引进的特早熟苹果新品种。在辽宁农业职业技术学院试种，表现为成熟最早，风味佳，丰产性好。

果实圆形，平均单果质量 220.0 克，最大单果质量 300.0 克，端正，高桩。果面全面着鲜红色，漂亮美观。果肉白色，肉质细脆，多汁，甜酸适口，香气浓郁。可溶性固形物含量 12.4%，可溶性糖含量 9.39%，可滴定酸含量 0.71%，VC 含量 8.58 毫克 /100 克，果肉硬度 8.60 千克 / 厘米 ^{2}。采后常温下可贮存 10 ~ 15 天。在辽宁辽南地区花芽萌动期 4 月 20 日，花期 4 月末 ~ 5 月初，6 月下旬果实着色，7 月 5 日果实完全成熟，果实发育期 60 ~ 65 天，落叶期比当地品种早 10 ~ 15 天。该品种抗寒性极强，在沈阳新民 2009 年冬季极端严寒条件下未受冻害，而抗寒品种‘寒富’花芽受冻、苗木冻死严重。

3. 红露

‘红露’为韩国国家园艺研究所用“早艳”与“金矮生”杂交育成的苹果新品种。

果实圆锥形，红色至深红色，高桩、五棱突出。属短枝型品种，中大型果，平均单果质量 211.5 克，最大单果质量 350.0 克。果肉黄白色，果心小。在云南昭通，8 月上旬成熟，可溶性固形物含量 14.8%。该品种品质好，具有果个大、色艳、耐贮运、抗逆性强等特点，作为早熟苹果品种推广栽培。

第四节　中熟与中晚熟品种

一、国内选育品种

1. 红盖露

‘红盖露(Red Curtain)’为美国华盛顿州 Wally Gale 于 1994 年在其皇家嘎拉果园中发现的浓红色早熟苹果芽变新品种（图 10-2）。2001 年引入陕西，经西北农林科技大学园艺学院多点区试，2006 年 12 月通过陕西省果树品种审定委员会审定并定名。

图 10-2　红盖露

果实圆锥形，果形高桩，果个均匀，平均单果质量 190.0 克，最大 250.0 克；果皮光滑有光泽，有蜡质，果实底色黄绿，果面着浓红色，条纹红，成熟后果面全红，色泽艳丽，果面无锈斑，着色早，7 月上旬着色，是嘎拉系中着色最早，色泽最浓的品种。果肉黄白色，甜酸可口，质地脆而硬，汁液多，有香气。可溶性固形物含量为 14.6%，在陕西渭北成熟期为 8 月上旬，成熟期一致，无采前落果现象。果实耐贮藏，常温下可放 1 个月果实不发绵，普通冷库可贮藏 4 个月。极易成花和结果，丰产，单产高于皇家嘎拉。

2. 蜜脆

‘蜜脆(Honey Crispy)’是美国明尼苏达大学园艺系以‘Macoun’与‘Honeygold’杂交培育而成的中熟苹果新品种。2001 年引入陕西，经西北农林科技大学园艺学院多点区试，2006 年 12 月通过陕西省果树品种审定委员会审定并定名。2015 年春，无病毒矮化自根砧蜜脆果园在陕西千阳苹果基地建成。

美国新品种，曾是美国市场上果实售价最高的苹果品种，也是国内果园收购价最高的苹果品种之一（图 10-3、图 10-4）。果实圆锥形，果实特大，平均单果质量 330.0 克，最大单果质量 500.0 克；果点小、密，果皮薄，光滑有光泽，有蜡质，果实底色黄色，果面着鲜红色，条纹红，成熟后果面全红，色泽艳丽；果肉乳白色，果心小，微酸，甜酸可口，有蜂蜜味，质地极脆但不硬，汁液特多，香气浓郁，口感特别好。在陕西渭北果实成熟期为 8 月底至 9 月上旬。果实极耐贮藏，常温下可放 3 个月，普通冷库可贮藏 7 ~ 8 个月，贮后风味

图 10-3　条红蜜脆

图 10-4　片红蜜脆

更好。抗旱抗寒性强，但不耐瘠薄，抗病抗虫性强，但果实易缺钙，贮藏期易发生苦痘病。该品种树势中庸，树姿开张，叶肥厚，不平展。萌芽率高，成枝力中等。枝条粗短，中短枝比例高，秋梢很少，生长量小。以中短果枝结果为主，壮枝易成花芽，成花均匀，丰产，单产高于新红星，连续结果能力强。

3.早生富士类

早生富士是一类苹果品种的总称，他们成熟期比富士早，为富士的芽变，主要包括：九月奇迹（图10–5）、弥贵、弘前富士（玉华早富）、昂林、红将军（红王将）、凉香等。

‘玉华早富’（图 10–6）是从日本‘青富 13’（‘弘前富士’）中选育的中熟富士品种。由陕西省果树良种苗木繁育中心选育而成，2005 年 5 月通过陕西省果树品种审定委员会审定，起源于陕西省铜川市，借当地玉华宫避暑山庄之名，定名为‘玉华早富’。截至 2019 年底，‘玉华早富’在陕西的栽植面积达到 65 万亩。果实圆形或近圆形，平均单果质量 330.0 克，最大单果质量 500.0 克以上，果型高桩，果形指数 0.88。果皮薄韧，有蜡质，底色黄绿或淡黄，着条纹状鲜红色，果面光洁，无锈。果肉黄白色，肉质致密、细脆，果汁多，有香味，果心小，品质上等。可溶性固形物含量 14.8%，可溶性糖含量 12.90%，可滴定酸含量 0.36%，VC 含量 6.50 毫克 /100 克，果肉硬度 8.80 千克 / 厘米 ^{2}。9 月上、中旬成熟，比‘红将军’早熟 15 天。较耐贮运，常温下可贮藏至春节；冷藏条件下，可贮存至翌年 4 月份。该品种树体生长旺盛健壮，大小年结果不明显，丰产稳产，优果率好于长枝富士。

图 10–5　九月奇迹

‘红将军’为早生富士苹果的着色系芽变品种。果实近圆形，果形指数 0.86，平均单果质量 307.2 克，最大单果质量 426.0 克，果实 8 月上旬开始着色，9 月上旬迅速着色。果面底色绿，表面鲜红，片红。可溶性固形物含量 13.1%，果肉黄白色，多而甜。在威海地区采收期 9 月下旬，耐藏性比富士苹果略差。生长势强，萌芽力中等，成枝力高，幼树易抽生 2 次枝，腋花芽多，较易形成花芽，脱毒 M26 矮化中间砧 3 年生树平均单株产量 10.5 千克，折合亩产量 997.4 千克，丰产。

图 10–6　玉华早富

‘凉香’（图 10–7）为 1997 年日本选育的中熟苹果新品种。果实圆形或长圆形，平均单果质量 199.5 克，果型高桩，果形指数 0.85。果皮底色黄绿或淡黄，着片状鲜红色。果肉黄白色，肉质细脆，汁多，有香味，品质上等。可溶性固形物含量 13.5%，果肉硬度7.90 千克 / 厘米 ^{2}。在山西中部地区，4 月上旬发芽；4 月 20 日前后开花，花期 4 ~ 6 天，果实 8 月 31 至 9 月 5 日成熟，果实发育期 133 ~ 140 天。山西省农业科学院果树研究所发现有条纹红果实芽变单株‘新凉香’，高接果园和幼树果园第 5 年亩产量分别可达 2 800 千克和 1 500 千克。

图 10–7　凉香

4. 天汪 1 号

‘天汪 1 号’是从‘红星’的芽变中选育出的苹果短枝型新品种。由天水市果树研究所选育而成，2003

年通过国家林业局林木品种审定委员会审定并定名。

果实圆锥形,平均单果质量 210.0 克,最大单果质量 415.0 克,五棱突起,果形端正,果形指数 0.90 ~ 0.98。果面底色黄绿,全面鲜红至浓红色,片红。果肉黄白,略带绿色,肉质细而致密,汁多味香甜;可溶性固形物含量 13.0%,可滴定酸含量 0.26%。在天水地区 4 月 18 ~ 24 日初花,与'新红星'同期开放。8 月中、下旬果实全面着色,9 月中旬成熟,果实发育期 148 天,比'新红星''好矮生'早 5 ~ 10 天。栽植后第 3 年开花株率达 83.9%,产量 1 180.4 千克 / 公顷,盛果期可达 17 267.1 ~ 46 695.7 千克 / 公顷。树势强健,丰产,稳产无明显大小年现象,尤其在山地的适应性好于新红星等元帅系短枝型品种,2005 年 11 月天水果区栽培面积已达 12 000 公顷。

5.红锦富

'红锦富'是从 12 年生'长富 2 号'苹果园选出的早熟芽变新品种。由山西省农业科学院果树研究所选育而成,2004 年 9 月通过山西省科学技术厅组织的成果鉴定并定名,2006 年获山西省科技进步二等奖。

果实短圆锥形,平均单果质量 182.0 克,果形指数 0.91,果皮底色黄绿,条红,着色面大于 70%。果点圆形,较密。果肉乳黄,肉质较粗,汁液多,风味酸甜,有香气,品质上等。萌芽率高,成枝力中等。与'长富 2 号'相比,自花结果率高,果枝连续结果能力强。果实可溶性固形物含量 15.0%,总糖含量 12.5%,可滴定酸含量 0.29%,果肉硬度 9.80 千克 / 厘米 ^{2}。常温下放置一周无皱皮现象。与'长富 2 号'相比果实成熟期提前约 45 天,栽培区域纬度向北延伸 1° 左右。

6.秦艳

'秦艳'是以'天王红'(元帅系短枝型品种)为母本,'秦冠'为父本杂交育成的中晚熟苹果新品种。由西北农林科技大学园艺学院选育而成,2000 年 1 月通过陕西省农作物品种审定委员会审定并定名。

果实圆锥形,平均单果质量 242.0 克,最大单果质量 305.0 克,果形指数 0.85。果皮底色黄绿,全面着浓红色。果肉黄白色,细脆,汁多,风味甜酸适度,香味浓,品质佳。可溶性固形物含量 14.4%,总糖含量 11.10%,总酸含量 0.47%,果肉硬度 6.50 千克 / 厘米 ^{2},在室温下可贮藏 50 ~ 60 天。树势中庸健壮,早果,丰产,5 年生树产量 41.1 吨 / 公顷。

在陕西渭北南部地区 3 月下旬萌芽,4 月上旬至中旬开花,9 月中、下旬果实成熟,果实发育期 150 ~ 160 天。

7.昌红

'昌红'为红富士'岩富 10 号'早熟芽变新品种。由河北省农林科学院昌黎果树研究所选育而成,2002 年 11 月通过河北省林木品种审定委员会审定并定名。

果实近圆形,平均单果质量 287.0 克,果形指数 0.88。果皮底色黄色,全面浓红色(片红)。果肉金黄色,肉质细脆多汁,风味甜酸爽口。可溶性固形物含量 17.5%,总酸含量 0.38%,果肉硬度 8.00 千克 / 厘米 ^{2},在普通冷库中贮藏 180 天烂果率 2%以下,品质明显优于其他红富士。在河北昌黎地区 4 月 26 日盛花,8 月 26 日果实开始着色,比其他红富士早 35 天,9 月下旬到 10 月下旬均可采收。盛果期园平均单产宜控制在 37 500 ~ 45 000 千克 / 公顷。该品种具有成熟早(昌黎 9 月 25 日)、适采期长(昌黎 40 天)、果实着色度好(着色程度 85%以上)、着色适宜的温度范围广(比红富士宽 10℃)、品质优、耐贮运、经济效益高等优点。

8.华金

'华金'是以'金矮生'为母本,'好矮生'为父本进行有性杂交,培育出的中晚熟、淡黄绿色苹果新品种。由中国农业科学院果树研究所选育而成,2003 年 9 月通过辽宁省种子管理局组织的专家鉴定、登记并定名。

果实阔圆锥形,平均单果质量 250.0 克,果形端正。果皮淡绿黄色,果面光滑无锈。果肉乳白色,肉质细而松脆,汁液多,风味甜酸,有香气,品质上等。可溶性固形物含量 14.4%,总糖含量 12.23%,可滴定酸含量 0.35%,VC 含量 5.50 毫克 /100 克,果肉硬度 8.10 千克 / 厘米 ^{2}。果实较耐贮藏,贮藏期间无皱皮。采前落果轻,丰产稳产性强。在辽宁兴城地区 4 月上、中旬萌芽,5 月上旬开花,9 月下旬果实成熟,11 月上、中旬落叶,果实发育期约 140 天,抗寒、抗病能力较强。

9.红香脆

‘红香脆’是从新西兰皇家园艺研究所引进的‘嘎拉’×‘华丽’后代驯化株系中选出的中晚熟短枝型苹果新品种。由西北农林科技大学园艺学院、陕西省凤翔县园艺站合作选育而成，2004 年通过陕西省果树品种审定委员会审定并定名。

果实圆柱形，平均单果质量 228.0 克，最大单果质量 350.0 克，高桩，果形指数 0.93。果实底色黄绿，全面着色为鲜红色，果面光洁，色泽艳丽，有轻微果锈。果肉黄色，香味极浓，可溶性固形物含量 14.4%，果肉硬度 7.97 千克 / 厘米 ^{2}。在陕西渭北地区 4 月 15 日为盛花期，较‘嘎拉’花期晚 2～3 天，果实 9 月上旬开始上色，约 1 周达到全红，9 月中旬果实成熟。果实发育期 130 天左右，落叶期 11 月中、下旬。果实耐贮藏，常温下可贮4～5 个月。

10.华兴

‘华兴’是利用‘金冠’为母本，‘惠’为父本杂交选育而成的中晚熟、红色苹果新品种。由中国农业科学院果树研究所选育而成，2007 年通过辽宁省非主要农作物品种备案办公室备案并定名。

果实长圆形或圆锥形，平均单果质量 236.0 克。底色黄绿，果面鲜红色及浓红条纹，光洁，外观漂亮。果肉松脆，汁液多，风味酸甜适口，有香气，品质上等。可溶性固形物含量 14.0%，可溶性糖含量 10.10%，可滴定酸含量 0.50%，果肉硬度 8.10 千克 / 厘米 ^{2}。在辽宁兴城果实 9 月下旬成熟，果实较耐贮藏。抗寒性较强，对苹果斑点落叶病、轮纹病有较强的抗性。早果、丰产。

11.华丽

‘华丽’是以‘金冠’为母本，‘惠’为父本杂交育成的中晚熟、红色苹果新品种。由中国农业科学院果树研究所于 1976 年杂交，2007 年 9 月通过辽宁省种子管理局组织有关专家备案鉴定与定名。

果实长圆锥形，高桩。平均单果质量 236.0 克，最大单果质量 400.0 克。果皮底色黄绿色，果面鲜红色，有浓红色条纹；果面光洁，果粉较少，果点稀而小，外观艳丽。果肉淡黄色，肉质细、脆，汁液中多，酸甜适口，有浓郁香气，品质上。可溶性固形物含量 14.0%，可滴定酸含量 0.50%，果肉硬度 8.10 千克 / 厘米 ^{2}，果实较耐贮藏。

该品种早果性好，苗木定植后 3 年开花，4 年生平均每亩产量 330.0 千克，5 年生平均每亩产量 880.0 千克，盛果期每亩产量达 2 500 千克以上。在辽宁兴城 4 月上、中旬萌芽，4 月下旬至 5 月上旬开花，9 月下旬果实成熟，11 月上、中旬落叶，果实发育期 140 天左右，年营养生长期 210 天。抗寒性较强，较抗苹果果实轮纹病和枝干轮纹病。

12.鸡心果

‘鸡心果’又称‘锦绣海棠’‘塞外红苹果’‘香妃果’（图 10–8），为内蒙古自治区通辽市寒地小苹果新品种。

果实圆锥形，似鸡心，平均单果质量 50.0 克左右，大果可达 80.0 克。果皮全红、艳丽，果肉细腻，风味香甜、独特。在内蒙通辽 8 月下旬至 9 月上旬果实成熟，成熟后在树上可挂果 30 天以上。在陕西咸阳、宝鸡、延安、榆林等地区，8 月上旬至 9 月上旬果实成熟，常温下可贮藏 1 个月不发绵，冷库可贮藏至翌年 2 月，贮期 6～7 个月。该品种既可鲜食，又可较长时间观赏，植株抗寒力强，是北方寒地采摘观光的优良苹果品种。花期较早，对开花早的苹果品种，又是一个良好的授粉品种。该品种乔化、矮化栽培均可。在陕北特别适宜乔化栽培，可不套袋、不疏果，耐粗放管理，结果早、产量高、效益好。

图 10–8 鸡心果

13.短枝华冠

‘短枝华冠’是从‘华冠’中选出的短枝型芽变苹果新品种。由中国农业科学院郑州果树研究所、河南金柳园艺公司、郑州市管城区林业工作站合作选育而成，2003 年通过河南省林木品种审定委员会审定并定名。

果实短圆锥形到近圆形，平均单果质量 237.0 克，均匀整齐；果皮底色绿黄，果面着鲜红色；果肉淡黄色，肉质细、脆而多汁，风味酸甜适口，品质优良，耐贮藏。可溶性固形物含量 14.7%，可滴定酸含量 0.21%，VC 含量 4.53 毫克 /100 克。树体紧凑，短枝性状好；早果性好、坐果率高，丰产。在河南郑州地区 9 月下旬成熟，三门峡地区 10 月上旬成熟。

14.绯霞

‘绯霞’是以‘红玉’作母本，‘丹霞’为父本杂交育成的苹果新品种。由山西省农业科学院果树研究所选育而成，2004 年 10 月通过山西省农作物品种审定委员会审定并定名。

果实短圆锥形，平均单果质量 185.0 克，最大单果质量 229.0 克。底色淡黄，充分成熟时全面着鲜红色条纹，色彩艳丽，果面光洁。果肉乳黄色，肉质细、汁液多、香味浓、口感脆，果实耐贮运。在山西晋中地区 10 月上旬成熟。果实外观、色泽、风味、口感等方面优于生产上主栽品种红富士，极具发展前景。

15.西施红

‘西施红’是青岛市农业科学研究院从‘长富 2 号’生产园发现的早熟单株变异苹果新品种。

果实近圆形，平均单果质量 292.8 克，整齐端正。底色黄，果面着鲜红色，着色面积 90% 以上，颜色明显优于‘长富 2 号’。果肉黄白色，肉质细、脆、汁液多，酸甜适口，风味浓郁，有清香，品质上等。可溶性固形物含量 13.5%，可滴定酸含量 0.29%，果肉硬度 13.40 千克 / 厘米 ^{2}。采收后，室温下可贮藏 30 天。成熟后晚采，果肉不易发绵。在山东青岛地区 9 月下旬成熟，果实发育期 150 ~ 160 天，成熟期比‘长富 2 号’早 2 ~ 3 周左右；11 月上旬落叶，年营养生长期 250 ~ 260 天。

16.龙红

‘龙红’是以‘铃铛’为母本、‘富士’为父本杂交育成的抗寒苹果新品种。由黑龙江省牡丹江市农业科学研究所选育而成。2002 年通过黑龙江省农作物品种审定委员会审定并定名。

果实圆锥形，平均单果重 75.0 克，阳面鲜红色，果肉细腻、松脆、酸甜，抗寒性强。在黑龙江省牡丹江市，4 月中旬萌芽，5 月中旬开花，新梢 7 月中旬停止生长，果实 7 月末开始着色，8 月下旬果实成熟，成熟期比金红早，10 月中、下旬落叶。

17.新苹 4 号

‘新苹 4 号’是 1978 年以‘金冠’为母本、‘新光(国光 × 花红)’为父本杂交育成的苹果新品种。由新疆奎屯农七师农业科学研究所选育而成。1999 年 12 月通过新疆农作物品种审定委员会审定并定名。

果实圆锥形，平均纵径 7.09 厘米，平均横径 7.64 厘米。平均单果质量 210.0 克，最大质量 312.0 克，整齐。果实底色绿黄，果面鲜红霞覆断条纹，外观颇美丽，果面光洁，无棱起，蜡质多，果粉中；果点小、疏、平、白色；果梗长 2.83 厘米，梗洼狭深，萼片宿存，萼洼深而中广。果皮中厚而脆，果心小，果肉浅黄色，肉质松脆，中粗，汁液中多，酸甜适度，品质上等。可溶性固形物含量 14.7%，可溶性糖含量 10.10%，可滴定酸含量 0.36%，VC 含量 3.20 毫克 / 100 克，果实在土窖内可贮藏 30 ~ 40 天。最佳食用期 9 月下旬，为中秋和国庆节之佳品。经多年观察与各地试栽，表现抗寒性强，植株可耐 –35.3℃低温，果实大，鲜红色，优质，丰产，适应性广。

18.忻州红

‘忻州红’亲本为‘花红’×‘红星’，为抗寒优质苹果新品种。由山西省忻州市果业工作站、岢岚县果树站合作选育而成。1991 年通过山西省忻州地区科学技术委员会组织的成果鉴定并定名。

果实扁圆形，平均单果质量 110.0 克，最大单果质量 130.0 克。成熟果面底色黄绿色，上覆浓红色条纹，外观好，果面光滑，有光泽。果点稀且小，圆形。果梗长 2.3 ~ 3.0 厘米，梗洼狭、深，萼洼浅、广，萼片宿存、分离。果心小，果肉黄白色或黄绿色，肉质细脆，汁液多，微香，酸甜适口，品质中上等至上等。可溶性固形物含量 14.0%，果肉硬度 11.72 千克 / 厘米 ^{2}。

在山西省岢岚县，该品种 4 月中、下旬萌芽，5 月上旬初花，5 月上、中旬盛花，5 月中旬终花，9 月中旬果实成熟，果实发育期 110 天，10 月下旬落叶，年营养生长期 185 ~ 193 天。

19.金富

‘金富’是从‘金冠’实生苗中选出的优质、耐贮苹果新品种。由甘肃省农业科学院果树研究所选育而成，1996 年通过甘肃省农作物品种审定委员会审定并定名。

果实圆锥形，平均单果质量 203.5 克，最大单果质量 510.0 克，果形指数 0.88；底色黄，阳面具红晕，光滑，无锈；果肉淡黄色，质细、硬脆、汁多，香味浓。可溶性固形物 13.8%，可溶性糖含量 11.43%，可滴定酸含量 0.38%，VC 含量 25.0 毫克 /100 克，带皮硬度 12.9 千克 / 厘米 ^{2}。在室温下可贮至翌年 4 月，不皱皮。耐贮藏，果实在地下式窖贮藏到翌年 4 月下旬，果面光滑，肉脆汁多，香甜可口，果肉硬度达 6.50 千克 / 厘米 ^{2}；丰产、抗寒、抗旱、抗病、适应性强。

在兰州榆中县，3 月底至 4 月初花芽萌动，5 月上旬初花，9 月底至 10 月上旬果实采收，11 月上旬落叶。果实发育期 145 天左右，年营养生长期约 210 天。在甘肃天水地区，3 月底至 4 月初花芽萌动，4 月下旬初花，10 月上、中旬果实采收，11 月上旬落叶，果实发育期 155 ~ 165 天，年营养生长期 230 ~ 240 天。

20.丰富 1 号

‘丰富 1 号’是从‘富士’中选出的早熟芽变苹果新品种。由江苏省丰县农林局选育而成，2001 年通过江苏省农作物品种审定委员会审定并定名。

果实长圆形，平均单果质量 270.0 克，最大单果质量 390.0 克，果形指数 0.87。果实底色黄白色，着色早，8 月中旬开始着红色，呈红晕，色泽艳丽，果面光洁，果点小且色淡。果肉黄白色，肉质细、脆，汁液多，有香气，风味比原品种浓。可溶性固形物含量 14.8%，可滴定酸含量 0.34%，果肉硬度 9.90 千克 / 厘米 ^{2}。

在江苏省丰县，3 月中旬萌芽，4 月上、中旬开花，6 月初新梢停止生长，8 月中旬果实开始着色，着色期明显早于富士，10 月初成熟，成熟期比对照提早 20 ~ 30 天，11 月中、下旬落叶。

21.苏富

‘苏富’是‘弘前富士’的大果红色质优芽变新品种。由江苏省徐州市果树研究所、丰县种子公司合作选育而成，2007 年 9 月通过江苏省农林厅品种鉴定并定名。

果实近圆形，平均单果质量 326.0 克，最大单果质量 489.0 克，果实全面着片状鲜红色；果皮较厚，果肉白色，肉质致密、细脆，汁液多，有香味，风味甜酸适口，品质好，平均每个果实种子 6.1 粒。可溶性固形物含量14.8%，可溶性糖含量 9.48%，可滴定酸含量 0.31%，VC 含量 4.35 毫克 /100 克，果肉硬度 9.80 千克 / 厘米 ^{2}。室温可贮藏 2 个月。在江苏丰县，萌芽期 3 月 20 日，初花期 4 月 9 日，盛花期 4 月 12 日，终花期 4 月 18 日。新梢第 1 次停长期 6 月 10 日，果实 8 月 18 日开始着色，9 月上旬成熟，果实发育期 150 天，最适鲜食期为 9 月 20 日至 10 月 20 日，为优质中晚熟品种。落叶期 12 月 8 日，年营养生长期 260 天。

二、引进品种

1.美国 8 号

美国品种，系由嘎拉杂交后代中选出的苹果中早熟新品种，1984 年引入中国农科院郑州果树研究所（图 10–9）。果实近圆形，大型果，果个整齐，无偏斜果。平均单果质量 240 克，最大果质量 310 克；果面光洁，无果锈，果皮底色乳黄，全面覆盖鲜红色霞彩，十分艳丽。在陕西关中地区在 7 月下旬至 8 月上旬成熟，在河南商丘地区 8 月上、中旬成熟。此品种有腋花芽结果习性，高接后当年形成花芽，第 2 年可结果，此后以短果枝结果为主，花序坐果率为 85%，花朵坐果率为 18%，全树坐果较均匀。

图 10–9　美国 8 号

2.嘎拉

新西兰品种，已成为国内主栽品种。成熟期在 7 月下旬至 8 月上旬。有腋花芽结果习性，高接后当年形成花芽，第2年可结果。果实近圆形或圆锥形，平均单果质量170.0克。果实底色黄白，上覆红色条纹或桃红色晕，果面光洁，果实中等大。肉质较细，汁稍多，风味酸甜。品质较上等。从嘎拉中选育出皇家嘎拉、丽嘎拉（图10–10）、太平洋嘎拉、米奇嘎拉、巴克艾、密谢拉、南方脆等优系。其中‘米奇嘎拉’‘巴克艾’为无病毒优良品种，在陕西千阳M9–T337矮化自根砧建园表现很好，果实硬度大，可溶性固形物高，着色好，耐贮藏，海升、华圣等企业规模化果园实行无袋栽培，果品销售顺畅。

图10–10　丽嘎拉

‘米奇嘎拉（Mitchi–Gala）’又称‘米奇拉’‘米谢拉’（图10–11）。2012年5月、2014年4月分别由陕西海升果业股份有限公司、陕西华圣果业有限公司从意大利引进批量无病毒矮化自根砧苹果多分枝大苗种植并进行苗木推广。2019年4月，由陕西超越农业有限公司获得农业农村部非主要农作物品种登记证书。果实短圆锥形或圆形，平均单果质量177.5克，最大单果质量300.0克，果形端正，果个均匀。底色黄绿，着深红色，片红或条红；果肉白或淡黄色，口感好，脆甜多汁。可溶性固形物含量15.4，比丽嘎拉高1.8个百分点，果肉硬度9.34千克/厘米^2，比丽嘎拉高2.68千克/厘米^2，品质极上。在陕西千阳8月中旬果实成熟，果实发育期110天左右。成熟后不落果，晚采可延迟到9月上旬。耐贮，冷库可贮藏2个月以上。该品种在海升公司果园，已全面实现化学疏花疏果与‘无袋栽培’。2015年，“中国人民抗日战争暨世界反法西斯战争胜利70周年”纪念活动（“9.3”抗战胜利70周年大阅兵）期间，外交部礼宾司将陕西海升果业股份有限公司生产的精选苹果‘米奇拉’300箱作为“有特色的陕西省特产”赠送外国领导人。

图10–11　米奇嘎啦

‘巴克艾’是帝国嘎拉的枝变，由美国选育。2015年5月陕西宝鸡华圣果业有限责任公司从意大利引进批量无病毒矮化自根砧苹果多分枝大苗种植并进行苗木推广（图10–12）。果实短圆锥形，平均单果质量180.0克，最大单果质量280.0克，果形端正，果个均匀。果面深红色或具条纹，平滑且具蜡质，外观品质极佳；果肉白或淡黄色，口感好，脆甜多汁，货架期长。硬度好，耐贮，在同一采收期，比普通嘎拉高1～2千克/厘米^2，冷库可贮藏2个月；可溶性固形物含量高，比普通嘎拉高出1%～2%，内在品质更好。在陕西千阳3月中旬萌芽，4月初进入花序分离期，4月中旬进入盛花期，8月上旬果实成熟，果实发育期105天左右。不套袋栽培果实着色更早更快，采收前着色面达90%以上，相比于普通嘎拉，色泽更艳丽，具有极强的市场竞争力。该品种结果早，定植当年即有少量挂果，定植第2年亩产800千克。4～5年即可进入盛产期，亩产量可达5 000千克以上。

图10–12　巴克艾

‘南方脆（Southern Crisp）’是新西兰品种，用‘嘎拉’与‘华丽’杂交培育而成，原代号GS 330。1995年推出，同年引入陕西。果实近圆锥形，平均单果质量170.0克，果形指数0.85；全红，鲜艳，上色较嘎拉早，风味极浓。可溶性固形物含量13.0%，果肉硬度8.30千克/厘米^2，比皇家嘎拉（可溶性固形物含量

11.6%、果肉硬度 7.10 千克 / 厘米 ²)都大,耐贮性好,货架期长。在陕西洛川,8 月下旬果实成熟,与皇家嘎拉基本同期。在山东临沂,3 月下旬萌芽,4 月 20 日左右盛花,7 月下旬开始着色,8 月中旬成熟,比嘎啦晚熟 3 ~ 5 天,11 月上旬开始落叶。

'红斯尼克'为新西兰苹果新品种,2017 年 4 月从欧洲引入千阳。果实圆锥形,平均单果质量 175.6 克,大小整齐。果面底色黄绿,盖色鲜红,属片红着色类型。果肉淡黄色,细腻、硬脆,汁液多,香气浓,酸甜适度,品质上等。可溶性固形物含量 15.0%,可溶性糖含量 13.6%,可滴定酸含量 0.29%,果肉硬度 8.90 千克 / 厘米 ²。在陕西千阳,果实 7 月中下旬成熟,比其他嘎拉系品种均早。该品种树势强健,易成花,丰产,果实不需要套袋;高抗炭疽叶枯病、黑星病;耐贮运,挂果期长,可延迟采收至 8 月中下旬,果肉不易发绵,但梗部易裂口。

3.新红星

'新红星'是元帅系苹果的代表品种。元帅系又名红香蕉、红元帅,原产美国。1881 年发现,1895 年推广。市场上把着色好、高桩、五棱突出的果实称为"蛇果"(Red Delicious)。元帅系苹果已推广了五代:①元帅;②红星(着色系芽变);③新红星(短枝型芽变);④首红(着色期提早,颜色更浓,短枝性状更明显);⑤瓦里短枝、俄矮 2 号(着色状况和短枝性状进一步提高)。新红星苹果果实圆锥形,高桩,果形指数为 0.9,五棱明显突出,果形端正,果面浓红色,色泽艳丽。果肉黄白色,肉质细,质脆,多汁,甜酸适口,香气浓郁,品质上乘。平均单果质量 200.0 克,最大单果质量 350.0 克以上。9 月中旬成熟。可溶性固形物含量 15.0 %,可溶性糖含量 12.50%,可滴定酸含量 0.25%,VC 含量 5.98 毫克 /100 克,果肉硬度 4.71 千克 / 厘米 2,不耐贮运。新红星为元师系红色苹果的代表,由此选出'天汪 1 号''首红''红矮生''好矮生''阿斯''俄矮 2 号(图 10–13)'等,在甘肃省栽培面积最大,称天水"花牛苹果",主要分布于天水市秦州区、麦积区、清水县、甘谷县、秦安县等地,为中国国家地理标志产品。2017 年,天水市麦积区花牛苹果种植面积达 41.2 万亩,产量 45 万吨,产值 13.4 亿元,苹果收入已占全区农民人均纯收入的 36%左右,成为天水市果品的主导产业。

图 10–13　俄矮 2 号

"你家乡天水的苹果好吃!"1965 年秋,天水地区天水县廿十里铺乡花牛寨(今天水市麦积区花牛镇花牛村)果农精心挑选出两箱刚刚采摘的苹果给毛主席寄去,表达对毛主席的敬仰,主席品尝后,非常喜爱,并在家中用天水苹果招待时任甘肃省省长的天水籍著名人士邓宝珊时如此称赞道。天水市"花牛苹果"自 1965 年出口香港,与美国蛇果可以媲美。

4.中秋王

'中秋王'是'红富士'和'新红星'杂交培育而成的中晚熟苹果新品种(图 10–14)。

果实高圆锥形,平均单果质量 415.0 克(横径 10.2 厘米,纵径 10.1 厘米),最大单果质量 625.0 克(横径 11.9 厘米,纵径 11.2 厘米),高桩,五棱明显,果形指数 0.99。果实底色黄色,全面着鲜红色至浓红色,片红;果肉黄白色,质地细,口感松脆,汁液多,酸甜适口,有芳香味;可溶性固形物含量 12.5%,果肉硬度 6.88 千克 / 厘米 ²。在甘肃庆阳西峰 9 月中、下旬成熟。常温下可贮藏 1 个月,冷库可保存 5 个月。

图 10–14　中秋王

该品种果形漂亮，外观兼具‘新红星’和‘红富士’苹果的优点，色泽鲜艳，内在品质超过新红星苹果，接近红富士苹果，是中秋、国庆佳节上市较理想的品种。抗病，抗寒性强。在河北内丘，果实可溶性固形物含量14.4%，可溶性糖含量13.40%，可滴定酸含0.23%，淀粉含量0.18%，果肉硬度7.52千克/厘米^2。在陕西凤翔也有少量栽培。

5.乙女

‘乙女’的母本为‘红玉’，父本不祥。系1979年辽宁省果树科学研究所率先从日本引进的小苹果品种，又名‘阿尔卑斯少女’（图10–15）。

果实圆形或长圆形，平均单果质量47.5克，最大单果质量65.0克，果形指数0.9；全面着红色。果肉黄白色，酥脆，汁液多，风味酸甜适口，微香，品质上等。可溶性固形物含量14.8%，可溶性糖含量12.80%，可溶性酸含量0.38%，果肉硬度7.70千克/厘米^2。果实种子数7~9粒，干种子百粒重2.93克。在辽宁熊岳地区4月上、中旬萌芽，4月末5月初开花。果实8月下旬开始着色，9月下旬至10月上旬成熟，果实发育期150天左右。11月初落叶，年营养生长期200天。在陕西千阳9月中旬成熟。树冠小，腋花芽结果。抗寒性与金冠相当。对轮纹病和斑点落叶病抗性较强。果实着色期40天，适于园林、庭院观赏，采摘果园及盆栽。可在1月平均气温–11℃线以南地区栽植。

图10–15　乙女

在陕西省千阳县西北农林科技大学苹果试验示范站，2021年9月测定8年生丰产树，自然圆头形，高2.95米，冠径东西2.20米、南北1.80米，嫁接口30厘米高度干粗9厘米，单株采收实际产量达到27.9千克，结果1 220个，平均单果质量23克，大果37克。花序结果1~3个居多，个别为4个，平均2个。单果或多果的中心果大多数果柄基部呈膨大特征。

6.金丽

‘金丽（GoldPink）’，是1981年由意大利博洛尼亚大学以‘新红星’与‘金冠’为亲本育成的黄色、短枝型苹果新品种。

果实圆锥形，平均单果质量为220.0克，果形指数1.07，五棱明显，整齐度较高，优果率可达98%。底色为淡黄色，近成熟时可着1/4粉红晕，果面较光滑，无果锈。果肉乳白色，肉质较细而脆，多汁，风味甜酸，有金冠的香气。可溶性固形物含量13.8%，可滴定酸含量4.50%，果肉硬度6.75千克/厘米^2。该品种易管理，丰产、稳产，定植后第3年单株产量可达7~19千克（M9作砧木）。气调贮藏，可贮藏4~6个月。

7.宇宙脆

‘宇宙脆（Cosmic Crisp）’是由‘Enterprise（企业帝国）’×‘蜜脆（Honeycrisp）’于1997年杂交选育成的中晚熟苹果新品种，原代号WA38。由美国华盛顿州立大学果树研究与推广中心选育，2017年在华盛顿开始试种100万株，该州每个种植商都可以种植此品种。2018年后在全美推广。首批商业化种植的‘宇宙脆’苹果2020年秋上市。

果实大，类似‘富士’，比‘嘎拉’大，圆锥形，平均横径8.4厘米，纵径7.9厘米，果形指数0.94。单果质量290.0克，最大单果质量350.0克以上，味甜，多汁，脆爽，果肉硬度大，极耐储运，储存1年后风味和口感不变，树势强健。皮孔众多，小，圆，光滑。果面光滑，大红色。花梗长，平均25.7毫米；渐尖，梗洼平均深度2.3厘米。花萼直立，聚拢。每个心室平均有2个种子。果肉硬度8.73千克/厘米^2，可溶性固形物含量14.4%，可滴定酸含量0.60%。在美国华盛顿，盛花期比富士晚1~2天，为4月底；9月底至10月初果实成熟，与‘新红星（Red Delicious）’相当，比嘎拉晚4周，比富士早3周。该品种果点明显，似宇宙中的繁星，所以命名为‘宇宙脆’。

近年美国国内苹果市场饱和，以出口为导向的苹果发展日益增加，从品种培育开始就以满足亚洲人特别是中国人的口味为目的，以出口世界第一大市场为目标，不断开拓中国市场。未来10年，美国‘宇宙脆’种植和产量大幅度增加，而且果实主要用于出口。

8.秋天荣耀

‘秋天荣耀(Automn Glory)’，由‘富士’与‘金帅’杂交而成，2011年由美国华盛顿首次推出。大型果，果皮黄色有红色条纹，靓丽。味甜，含酸量极少，口感酥脆多汁。耐储存，可以贮至第2年春季。除鲜食外，还适合做苹果酱、苹果布丁和沙拉。含有大量的膳食纤维、果胶以及VC、钾、硼等元素，是追求健康和美容瘦身人群的最爱。

9. 土岐

该品种原产日本青森县，由‘富士’与‘王林’杂交而成，又称“水蜜桃苹果”。

果实大，平均单果质量200.0克，最大单果质量260.0克；圆锥状，底色深绿色，成熟后果面黄色，光亮；硬度11.50千克 / 厘米 ^{2}，可溶性固形物含量15.0%，香味浓郁，果肉细嫩多汁，继承了王林的香气以及富士的鲜甜味。在青森9月上旬成熟。较抗炭疽病，不易生果锈，不裂果。

第五节　晚熟品种

一、主栽品种或新品种

1.长富2号

日本长野县从富士中选出的着色系(图10–16)。果实圆形，有的稍偏斜，平均单果质量220.0克，最大单果质量300.0克以上。果面有红色条纹，也有覆盖约1/3红色霞彩。风味较甜，酸味少，但不够浓郁。在陕西千阳，可溶性固形物含量16%，可溶性糖含量14.5%，含酸量0.28%，VC含量5.20毫克 /100克，果肉硬度7.61千克 / 厘米2。品质上等。10月中下旬成熟。耐贮运。陕西省富士乔化果园一半以上栽培品种为长富2号。新栽植果园选用长富2号苹果品种时，建议应用无病毒苗木。

图10–16　长富2号

2008—2020年，从长富2号中通过芽变选种选育出至少23个着色好的红富士苹果新品种，其中片红普通型有‘延长红’‘沂水红’‘美乐’‘响富’‘烟富1号’‘烟富2号’‘烟富3号’‘烟富4号’‘烟富5号’‘鑫园红’‘虹烟富’‘蠡烟富’‘冀红’‘硕红’等；条红普通型有‘众成3号’‘蓬园红’‘烟富111’‘虹烟富2111’等；片红短枝型有‘龙富’‘新红1号’等；条红短枝型有‘神富6号’‘石富短枝’等；中晚熟芽变有‘烟农早富’等。

从不明确母本的红富士中选育的片红普通型红富士新品种有‘响红’等，条红短枝型有‘沂源红’等，中熟芽变有‘早富1号’‘黔选2号’等，中晚熟芽变有‘首富3号’等。

另外，还从秋富1号中选育的片红短枝型红富士新品种有‘秋富红’‘烟富7号’等，片红普通型有‘烟富9号’等。

图10–17　岩富10号

2.岩富10号

日本品种，系‘国光’与‘元帅’杂交而成(图

10–17）。此品系是目前认为着色较好的品种。在陕西、山东临沂一带栽培，表现较好，较丰产。果实近圆形，平均单果质量 200.0 克，最大单果质量 400.0 克以上。果面光滑明亮，红色鲜艳，着色面 80% 以上，为片状红色。可溶性固形物含量 16.0%，果实硬度 8.9 千克 / 厘米 ^{2}。品质上等。10 月中旬果实成熟，耐贮藏。早果性、丰产性均与长富 2 号相似。

图 10–18　烟富 6 号

3.惠民短富

此品种为富士的短枝型变异，系 1988 年由山东省惠民县果树站选育而成的短枝红富士苹果品种。果实圆形或扁圆形，平均单果重 200.0 克，约 1/2 果面覆盖红色，呈片红霞彩。果肉脆而稍粗，较普通富士品质稍逊。含可溶性固形物 14%，10 月下旬成熟。果实的贮性与普通富士相似。结果较早，丰产性较好，坐果率较高。短果枝较多，发枝力较低，抽生 1～2 个长枝。山东从中选出‘烟富 6 号’（图 10–18）。

图 10–19　礼富 1 号

4.礼富 1 号

又名‘礼泉短富’，即‘礼泉短枝富士’（图 10–19）。系礼泉县林业站、园艺站选育的红富士苹果芽变新品种（原代号礼富 1 号），是 1985 年在礼泉县东庄乡刘家村苹果园发现的‘富士 I 系’株变。该果园于 1980 年春栽植从日本引入的 M26/ 圆叶海棠砧木。1981 年春，从日本引入‘富士 I 系’接穗 1 根，共嫁接 4 株，每株留单芽。其中 1 株经 1983—1985 年连续 3 年观察，表现树体矮小，树冠紧凑，短枝性状明显，选为优株。1986 年起，先后在陕西省礼泉县、兴平县、乾县及甘肃省、河南省进行株系稳定性鉴定。1995 年 12 月通过新品种预审，1996 年 1 月通过陕西省农作物品种审定委员会审定并定名。

果实短圆锥形，果形指数 0.88，果个大而整齐，平均单果质量 272.0 克，最大单果质量 700.0 克。底色黄绿色，97.3% 的果实全面鲜红—浓红，片状着色。果面洁净，果皮光滑，有光泽，蜡质层厚，无锈斑。果点圆形，灰白色，中等大、稀。梗洼深、广，果梗中长；萼洼深广，萼片直立，半开张。果肉黄白色，肉质细脆，去皮硬度 9.6 千克 / 厘米 ^{2}，汁多，甜酸适口，有香气，品质 极上。可溶性固形物含量 17.4%，可溶性糖含量 13.20%，总酸含量 0.45%，VC 含量 19.80 毫克 /100 克。10 月中旬成熟。果实贮藏性与富士相似，外观比长富 2 号好，但风味不如长富 2 号，可通过肥水管理提高内在品质。在各地着色较好，果个大、丰产，果面可覆盖 3/4 的霞彩，可生产全红果。生长习性与其他短枝型富士相类似。在陕西省凤翔县、扶风县、乾县、铜川市耀州区采用矮化中间砧“双矮栽培”表现良好，已形成产业。未来集约化栽培时，有望实现“无袋栽培”或“免套袋栽植”。

5.王林

原产日本，由金冠与印度杂交培育而成，1952 年命名，1978 年引入我国，为三倍体苹果品种。树势强健，易形成腋花芽，丰产、稳产。果面黄绿色，果肉黄色，硬度中等，果汁多，具独特芳香，甜酸适度，风味良好，品质上等，是颇受欢迎的绿色品种，通称“林中之王”。10 月中上旬成熟，为优良的晚熟耐贮品种，贮后果皮不皱缩。

6.粉红女士

‘粉红女士（Pink Lady）’，原名 Cripps Pink，由澳大利亚园艺研究所 John Cripps 于 1973 年用‘威廉女士（Lady Walliams）’与‘金冠（Golden Delicious）’杂交选育而成的晚熟苹果新品种，注册商品名称为“粉红佳人（Pink Lady）”。1995 年由澳大利亚引入陕西，经西北农林科技大学园艺学院多点试栽，2004 年 1 月通过陕西省果树品种审定委员会审定并定名。

‘粉红女士’属极晚熟品种(图 10–20)。树势强，树姿较开张，树冠圆头形，干性中强。果实近圆柱形，平均单果质量 200.0 克，最大单果质量 306.0 克，果形端正，高桩，果形指数 0.94。果实底色绿黄，着全面粉红色或鲜红色，色泽艳丽，果面洁净，无果锈。果肉乳白色，脆硬，汁中多，有香气，酸甜适口，酸度较大。可溶性固形物含量 16.7%，总糖含量 12.34%，可滴定酸含量 0.65%，VC 含量 8.46 毫克 /100 克，果肉硬度 9.16 千克 / 厘米 ^{2}。极耐贮藏，室温可贮藏至翌年 4—5 月。该品种萌芽率高，成枝力强，幼树以长果枝和腋花芽结果为主，成龄树长、中、短枝和腋花芽均可结果。陕西渭北地区 3 月下旬萌芽，4 月上旬开花，10 月下旬至 11 月上旬果实成熟，果实发育期 200 天左右，12 月上、中旬落叶。抗病、抗虫性强，高抗褐斑病，抗白粉病，较抗金纹细蛾。

图 10–20　粉红女士

7.秦冠

1957 年，陕西省果树研究所以丰产优质的金冠作母本，以结果早、极丰产、抗性强的鸡冠作父本进行有性杂交，收获杂交种子 1 000 多粒，第 2 年春季营养钵育苗，3 年生定植时进行选株，编号 11–55，俗称“幺五”。1963 年结果后发现该单系晚熟、优质、耐贮。1966 年以实生单株参加全国苹果品种区域试验，1967 年全省苹果鉴评会上，正式定名为‘秦冠’。1988 年，秦冠苹果品种被评为国家发明二等奖。这是我国果树界获奖等级最高的第一个国家发明奖苹果品种优良品种。

属晚熟品种。‘秦冠’苹果树势强健，树冠高大，树姿开张。树皮光滑，多年生枝暗红褐色，一年生枝褐色，节间长，皮孔大而密、椭圆形，茸毛少。成熟果大，平均单果质量 230.0 克，最大单果质量 600 克以上，短圆锥形，颜色暗红，在海拔 900 米冷凉地区果实全面鲜红，果皮较厚。果实 10 月中、下旬。经后熟，果肉细脆、汁多、味甜、风味芳香。可溶性固形物含量 16.5%，可溶性糖含量 13.03%，含酸量 0.19%，VC 含量 2.31 毫克 /100 克，果肉硬度 7.94 千克 / 厘米 ^{2}，品质优于金冠及国光。既有金冠清脆香甜的优点，又有鸡冠色红耐贮的特点，是苹果类贮藏时间最长的水果，在冷凉条件下可贮藏到翌年 5 月。

该品种适应性极强，具有耐寒、耐旱、易管理、好保存等特点，乔化、矮化栽培均可做到连年丰产，保持亩产5 000 千克以上，鼎盛时期礼泉县种植的 20 多万亩苹果几乎全是秦冠，全国秦冠苹果面积在 300 万亩以上。但由于秦冠苹果果肉没有红富士、瑞阳、瑞雪等新品种细脆、耐贮，市场需求受到挤压，价格走低，效益低下，自 2010 年以后逐渐被取代，2017 年礼泉县北部秦冠种植面积已减少到了 8 万亩左右，仍存在着果品难销的局面，所以一定要进行品种调整，并根据市场需求进行多元化、个性化的发展。目前，秦冠只能在生产条件较好的地方少量栽培，或作为授粉品种，如甘肃省庄浪县。秦冠可作为育种亲本，培育苹果优良新品种。

8.寒富

‘寒富’属晚熟品种，是沈阳农业大学与内蒙古自治区宁城县巴林果园 1978 年用‘东光’作母本、‘富士’作父本，通过杂交育种选育而成的苹果优良耐寒品种，1998 年通过辽宁省品种审定并定名，1999 年被国家科技部列入全国重点开发推广项目。采用抗寒砧木，该品种的栽培区域可扩大到年平均气温 7℃左右、1 月平均气温 –12℃左右、极端最低气温 –30℃左右、无霜期 150 天左右的地区，高寒地区小气候条件较好的黑龙江东宁、内蒙古赤峰、新疆伊犁等地也有引种试栽成功的范例。

‘寒富’苹果个大，平均单果质量 250.0 克，全面着红色，果肉淡黄，酥脆多汁，含糖量、含酸量、糖酸比值及 VC 含量均高于富士，甜酸味浓有香气。果实成熟期比富士早 20 多天，有利于树体恢复和果园管理。果实比富士耐贮藏，土窖贮藏至翌年 6 月仍风味不变。

树体抗寒能力强，在 1 月份平均气温 –12.5℃地区可安全越冬；抗腐烂病、干腐烂、轮纹病(粗皮病)，不易被红蜘蛛、蚜虫为害。幼树生长势较强，树冠紧凑，以短果枝结果为主。3 年生开始结果，丰产性明显，无隔年结果现象；5～6 年进入盛果期，管理好的果园，果实产量可达 60～75 吨 / 公顷。2010 年‘寒富’系列苹果新品种已在“三北”地区十多个省、市、区栽培面积超过 5.3 万公顷。其中，辽宁中北部已超过 3.3 万公顷。

‘寒富’苹果的育成，把优质大苹果的适宜栽植范围向北推移了 200 千米。但是，在沈阳乃至铁岭等地区仍不能安全越冬。沈阳农业大学园艺学院依据“在小苹果树上高接大苹果可以提高抗寒性”的实践经验，试用“以山定子为基砧，GM 256 为中间砧，再在中间砧上嫁接具有明显矮生性状的寒富接穗”苗木建园的“双矮栽培模式”，效果较好。

9.国光

‘国光’苹果是原产于美国弗吉尼亚州的苹果栽培种，1600 年发现偶然实生苗，1700 年进行培育用于栽培，1872 年传入日本，1905 年传入我国。1980 年，北京的‘国光’苹果栽培已占苹果总面积的 50%～60%。直到‘红富士’品种引进后，‘国光’的栽培面积才逐年减少。河北省主要分布在承德县、平泉县、宽城县等地区，其因适应性强、产量高、口感好而久负盛名，被统称为“承德国光”。2010 年 9 月，“承德国光”苹果被国家质检总局审定为中华人民共和国国家地理标志保护产品。辽宁省葫芦岛市连山区、山东省日照市五莲县也有批量栽培的‘国光’苹果。

‘国光’属晚熟品种，果个中等，平均单果质量 150.0 克，最大单果质量 240.0 克，果实为扁圆形，大小整齐，底色黄绿，果面条纹红色。果肉白或淡黄色，肉质脆，较细，汁多，味酸甜。10 月中旬成熟。适应性、抗逆性强。但结果晚，味道偏酸，果实较小、果实着色欠佳。经过贮存后才酸甜适度，但有裂果现象。该品种只能作为古老品种少量保存栽培。

10.天红 1 号

‘天红 1 号’是‘长富 2 号’的浓红型株变苹果新品种。由河北农业大学园艺学院选育而成，2003 年通过河北省科学技术厅组织的专家鉴定，2005 年通过河北省林木品种审定委员会审定并定名。

果实圆形或近圆形，平均单果质量 250.0 克，果形指数 0.90，果形端正。果实着色好，果面光洁。果实肉质细脆，香气浓郁，可溶性固形物含量 16.0%。花芽形成容易，连续结果能力强，丰产稳产。中长果枝易成花结果，结果后易下垂，形成悬垂结果状，果形端正度提高。

11.天红 2 号

‘天红 2 号’为‘红富士’苹果的短枝型单株变异新品种。由河北农业大学园艺学院选育而成，2003 年通过河北省科学技术厅的成果鉴定，2005 年通过河北省林木品种审定委员会审定并定名。

果实圆形或近圆形，平均单果质量 260.0 克以上，果形指数 0.90，果形端正，克服了某些短枝型富士苹果果实偏扁的缺点。果面光洁，色相条片红，着色优良。果实香味浓，可溶性固形物含量 15.1%。具有成花极易、连续结果能力强等特点。

12.金钟

‘金钟’是由‘白龙’的自然实生后代中选育出的晚熟苹果新品种。由河北省农林科学院石家庄果树研究所选育而成，2006 年 12 月通过河北省林木品种审定委员会审定并定名。

果实近圆形，平均单果质量 239.8 克，果形端正，果形指数 0.94。果面光洁，黄绿色，肉质细脆，多汁，酸甜适口，有芳香气味，可溶性固形物含量 14.3%。抗病性、丰产性、耐贮性均优于‘白龙’。常温下可贮藏至翌年 2 月。该品种极易成花，结果初期以中、短果枝结果为主，有腋花芽结果习性。成年树以短果枝结果为主，占总结果母枝的 62.49%，果台副梢有较强的连续结果能力，翌年结果比例占 46%。

13.国红

‘国红’是由‘国光’和‘红星’杂交 F1 代再与‘红星’回交选育出的晚熟苹果新品种。由河北省石家庄果树研究所选育而成，1998 年通过河北省林木品种审定委员会审定并定名。

果实圆锥形，平均单果质量 257.0 克，最大单果质量 420.0 克。果面浓红，向阳面呈紫红色。肉质致密多汁，清脆爽口，风味香甜，果心小。可溶性固形物含量 15.6%，VC 含量 8.30 毫克 /100 克，果肉硬度 8.60 千

克 / 厘米 ^{2}。室温可贮至翌年 2 月，冷藏可贮至翌年 5 月。果实 7 月下旬开始着色，9 月下旬达全红，成熟期为 10 月下旬，适宜采收期为 9 月下旬至 10 月下旬，长达 1 个月。该品种有腋花芽结果习性，连续结果能力强，果台副梢连续结果率为 66.7%，全年生长期 244 天。弥补了黄淮海平原晚熟苹果品种着色差、风味淡的缺陷。定植后 3 年见果，5 年丰产，一般产量 30 吨 / 公顷。

14.华富

'华富'是采用单倍体育种技术，由'富士'苹果花药培养在国际上首次培育出的高品质晚熟苹果新品种。由中国农业科学院果树研究所选育而成，2004 年 4 月通过辽宁省农作物品种审定委员会审定并定名。

果实近圆形，平均单果质量 236.5 克，果形指数 0.86。果皮底色淡黄，盖色红色有条纹。果肉黄色、硬脆中细、汁液多，风味酸甜适度，有淡香，品质上等或极上等。可溶性固形物含量 16.9%，可溶性糖含量 13.00%，果肉硬度 9.58 千克 / 厘米 ^{2}。在辽宁兴城地区 4 月初萌芽，5 月初开花，9 月中、下旬果实开始着色，10 月下旬果实成熟，果实发育期 157 天，12 月上、中旬落叶。果实耐贮藏，可冷藏 7 个月。结果树枝干粗皮病发病较轻。

15.望山红

'望山红'是从'长富 2 号'选出的早熟型芽变苹果新品种。由辽宁省果树科学研究所选育而成，2004 年 10 月通过辽宁省种子管理局现场验收，2005 年通过辽宁省农村经济委员会备案并定名。

果实近圆形，平均单果质量 260.0 克，果形指数 0.87。果面底色黄绿，着鲜红色条纹，光滑无锈。果肉淡黄色，肉质中粗、松脆，风味酸甜、爽口，果汁多，微香，品质上等。可溶性固形物含量 15.3%，总糖含量 12.10%，可滴定酸含量 0.38%，果肉硬度 9.20 千克 / 厘米 ^{2}。果实 10 月上、中旬成熟。通过孢粉学、同工酶谱鉴定和果实重要指标的动态调查证明，'望山红'花粉纹饰与'长富 2 号'存在显著差异。果实上色早，全红，成熟期比'长富 2 号'提前 15 天，贮藏性与'长富 2 号'相近。

16.成纪 1 号

'成纪 1 号'是从甘肃省静宁县李店镇刘晋村一'长富 2 号'果园中选出的短枝型枝变苹果新品种。由甘肃省静宁县园艺站选育而成，2006 年 11 月通过甘肃省林木品种审定委员会审定并定名。

果实圆形，平均单果质量 245.0 克，果形指数 0.90，而对照'长富 2 号'果形指数为 0.85。果面鲜红色，片红；果肉白色，肉质致密脆，硬度比长富 2 号大，汁液多，可溶性固形物含量 16.0%，高于'长富 2 号'风味品质好。在甘肃静宁 10 月中旬果实成熟，与'长富 2 号'同期。果实极耐贮藏，简易贮藏条件下可贮藏 120 天。该品种新梢生长量小，节间短，萌芽率高，成枝力弱，与'长富 2 号'正好相反；盛果期平均亩产 2 194 千克；产量收益明显高于'长富 2 号'。

该品种树体总生长量小，树冠紧凑，适宜乔砧密植栽培。栽植行株距以 4 米 × 2 ~ 3 米为宜，现代苹果栽培时可采用宽行密植新模式，行距扩大到 5 ~ 6 米，株距缩小到 2 米，适应合作社、家庭农场、公司苹果生产的适度规模经营方式，满足果园全程机械化的应用条件，实现省力化栽培技术的推广。树形采用纺锤形或细长纺锤形。幼树采取"一年定干，二年重剪，三年以拉代剪，四年成形挂果，五年丰产"的栽培技术，即苗木栽植后第 1 年春于地面上 1 米处定干；第 2 年春对发出的枝条留 3 ~ 5 个芽进行重短截，促发长条作为主枝培养；第 3 年春对长度 1 米以上的主枝全部拉枝开张成 80° ~ 90° ，并采取长放（不短截）的修剪手法，对树体中心干延长头则采取轻短截的修剪手法，剪去 1/5 ~ 1/4，并在其上每隔 20 厘米不同方位刻芽培养主枝；第 4 年树高达到 3 米左右，第 1 层主枝开始结果；第 5 年平均株产 20 千克，每亩产量 1 250 ~ 1 500 千克。夏季修剪时抹除竞争枝、背上枝，短截斜生枝，促发短果枝；冬季修剪以疏枝为主，调整树体结构，保持合理枝量。

17.晋富 2 号

'晋富 2 号'为'宫腾富士'的条红芽变苹果新品种。由山西省农业科学院现代农业研究中心、山西省农业科学院果树研究所合作选育而成，2007 年通过山西省林木品种审定委员会审定并定名。

果实近圆形，平均单果质量 228.0 克，果型端正，果形指数 0.85，着色面积 92.65%，条红果率 100%，而母本‘宫腾富士’果面以条红着色为主，兼有不同程度片红。可溶性固形物含量 15.7%。在山西中部地区 4 月上旬花芽萌动，4 月 16 ~ 23 日开花，花期 5 ~ 6 天，与母本树基本相同。新梢开始生长期在 5 月上旬，6 月下旬基本停长。果实 9 月上旬开始着色，10 月中、下旬成熟，成熟期与母本树相同，10 月底进入落叶期。可作为山西省及我国西部同类地区富士系标准化生产的条红型优良品种。

18.晋富 3 号

‘晋富 3 号’是从‘长富 2 号’中选育出的浓红型芽变苹果新品种。由山西省农业科学院果树研究所、山西省农业科学院现代农业研究中心合作选育而成，2007 年通过山西省林木品种审定委员会审定并定名。

果实圆柱形，平均单果质量 233.2 克，果形端正。果面全面浓红，鲜亮；果肉黄白，风味香甜适口。可溶性固形物 15.3%，总糖含量 14.91%，糖酸比为 52：1，果肉硬度 8.33 千克 / 厘米 ^{2}，品质上等，耐贮藏。在山西晋中地区果实 9 月下旬开始着色，10 月中、下旬成熟。结果稳定，丰产性好。可在我国黄土高原地区推广应用。

19.维纳斯黄金

‘维纳斯黄金（Harlikar）’为日本前岩手大学农学部教授横田清氏用‘金帅’自然杂交种子播种选育的苹果新品种。2010 年由日本果树专家熊谷先生引入山东省威海市果树茶叶工作站。在日本作为礼品果比‘富士’价格高数倍，很受欢迎。注册名 HARLIKAR，意为‘时间和距离上比较遥远’，有未来和希望之意。与‘富士’搭配，两个颜色品种组合作为赠品极受欢迎，是苹果界的“维纳斯”，故命名为“维纳斯黄金”。

果实长圆形，与金帅相似，平均单果质量 247.0 克，果形指数为 0.94。无袋栽培果实阳光面浅红，套袋果实金黄色，套袋果实比不套袋果实大。果肉黄色，果肉硬，果汁多，无酸味，甜味浓，有特殊芳香气味，品质好。可溶性固形物含量 15.1%，果肉硬度 7.60 千克 / 厘米 ^{2}，采收期与富士大致相同。10 月中旬后达到可食采摘期，11 月上旬采收风味浓郁。自然贮藏 3 个月以上，冷风库贮藏与富士相同。在山东威海地区，3 月中、下旬萌芽，初花期 4 月中旬，盛花期 4 月下旬，4 月末至 5 月初进入谢花期，5 月末果实进入快速膨大期，10 月下旬至 11 月上、中旬果实进入成熟期。该品种早果性极强，应控制负载量，注意疏花疏果，加强肥水管理，提高树势；建议进行套袋栽培，注意防控斑点落叶病、褐斑病。

20.天富 1 号

‘天富 1 号’是从‘福岛富士’中选育的片红型芽变苹果新品种。由甘肃省天水市果树研究所选育而成，2007 年通过甘肃省林木良种审定委员会审定并定名。

果实近圆形或短圆锥形，平均单果质量 444.5 克，最大单果质量 553.5 克（横径 11.89 厘米，纵径 10.20 厘米），果形指数 0.86；果皮底色黄绿，盖色全面鲜红，色相为片红，着色度 100%，全红果率 90% 以上（‘福岛富士’色相为条红，着色度仅为 60% ~ 70%）；果肉乳白色，肉质细脆、致密，汁液多，风味酸甜适口；可溶性固形物含量 15.0%，可滴定酸含量 0.59%，品质上等，耐贮藏。在甘肃天水地区果实 10 月中旬成熟。盛果期树以短果枝和腋花芽结果为主，长、中、短果枝和腋花芽分别占 14.49%、10.89%、21.38%、53.26%，花序坐果率 89.50%，花朵坐果率 34.60%，平均每个果台坐果 1.74 个。4 年生乔化园栽植株行距为 3 米 × 4 米，亩产 1 281.5 千克。在甘肃兰州、天水、平凉、庆阳等地大面积推广，2009 年栽培面积达 45 万亩以上，成为陇东南地区苹果晚熟主栽品种之一。

21.灵宝短富 1 号

‘灵宝短富 1 号’是从‘长富 2 号’中选育的短枝型苹果新品种。选自灵宝市焦村镇罗家村李文斌苹果园，由河南省灵宝市园艺局选育而成，2003 年通过河南省林木良种审定委员会审定并定名。

果实圆形，平均单果质量 307 克，果形指数 0.86；果皮底色淡黄，着鲜红或暗红条纹，果点圆形，较稀疏。果皮薄，果肉黄白色，肉质致密，细脆，汁液多，味甜，酸味少，稍有香气，品质极佳。可溶性固形物含量 15.8%，比‘长富 2 号’高 1.8 个百分点。在常温条件下，果实可贮藏 120 天左右，贮藏后芳香味浓，果肉硬度为 8.10 千克 / 厘米 ^{2}，比‘长富 2 号’高 0.4 千克 / 厘米 ^{2}。该品种树冠紧凑，树枝直立，一年生枝条节间短，仅 1.13 厘米，为短枝型条红晚熟‘红富士’类型。在河南灵宝地区，3 月下旬萌芽，4 月上旬始花，4 月中旬终花，果实 10 月中、下旬成熟，11 月下旬落叶。

22.海珠短富1号

‘海珠短富1号’为‘长富2号’的抗寒性短枝芽变新品种。由山西省晋中市果树技术服务中心选育而成，2001年3月通过山西省农作物品种审定委员会认定并定名。

果实圆形或近圆形，平均单果质量325.0克，大小整齐，果形指数0.90。底色为黄白色，被有鲜红色条纹，在疏果摘叶的情况下，全红果率达100%，色泽艳丽；果面光滑，无果锈，果点中大。果肉黄白色，肉质细脆，汁液多，酸甜适度，有香气，品质好。可溶性固形物含量18.0%，可溶性糖含量14.48%，可滴定酸含量0.45%，果肉硬度9.24千克/厘米^2。在低温条件下，果实可贮藏18个月。

在山西省晋中市4月上旬萌芽，4月下旬盛花，10月中、下旬果实成熟，11月中、下旬落叶。

二、零星栽培品种

1.凯蜜欧

美国新品种，果实圆锥形，高桩，果形指数0.96，果实大，横径80～85毫米，平均单果质量300.0克；果点小、稀，果皮薄，果实底色黄绿色，果面着鲜红色，条纹红，成熟后果面全红，色泽艳丽；果肉黄色，味甜，质地脆，汁液多，香气浓郁，口感极好。可溶性固形物含量为15.0%。在陕西渭北果实成熟期为10月上旬，比富士早15天左右。果实极耐贮藏，常温下可放2～3个月品质不变，普通冷库可贮藏6个月以上。抗性和适应性强，耐瘠薄，易管理。抗病抗虫性强，是目前苹果品种中最抗病虫害的品种之一。

2.福布拉斯

‘福布拉斯（Fubrax）’为意大利品种（图10–21），是意大利人Thomas Braun从一棵自然发生变异的Kiku 8树中选育的红色苹果新品系，具有优质、早果、丰产、抗病性强等特点，适合延安以北高寒地区栽培。该品种为无病毒优良品种，在“千阳模式”矮化自根砧栽培中表现突出。2019年，宝鸡华圣果业有限公司40亩5年生果园，平均亩产5.1吨。

图10–21　福布拉斯

果实近圆形，平均单果质量273.0克，最大单果质量546.0克，果形指数0.84；果面底色黄绿，90%覆盖深红宝石色，片红着色。果皮薄脆，果肉浅黄色，肉质中脆，汁液多，风味酸甜，品质上等。可溶性固形物含量16.0%，果肉硬度7.90千克/厘米^2。定植后，当年可以大量开花，第 2 年产量可达19 000千克/公顷。使用苹果专用授粉树授粉，顶花芽花序坐果率98%。在陕西千阳10月中、下旬成熟。

3.富士1号

‘富士1号’为意大利无病毒优良品种，在“千阳模式”矮化自根砧栽培中表现突出。

果实近圆形，果形指数0.82，平均单果质量261.0克，最大单果质量506.7克。果面底色黄绿，套袋果全面着片状鲜红色，美观漂亮；果肉乳白色，肉质中细，多汁，风味酸甜，香味浓郁，品质上等。可溶性固形物含量16.4%，果肉硬度8.30千克/厘米^2。定植当年即可大量开花，第2年亩产可达1 200千克；使用苹果专用授粉树授粉，坐果率高，花序平均坐果率97.4%，每花序坐果4～5个；长、中、短枝均可结果，以短果枝结果为主。在陕西千阳10月中、下旬成熟。

4.爱妃

又叫‘伊美(Envy)’，为新西兰俱乐部品种。果实近圆形，大型果，平均单果质量215.0克，最大单果质量420.0克。着色类型为条红，果面红色或暗红色，果肉致密，硬度大，脆，酸甜适口；多汁，可溶性固形物含量16.5%，品质极佳。树势稳健，树姿较开张，干性中强，易成花，连续结果能力强，丰产。

在陕西省白水县，10月上、中旬果实成熟。授粉树可选用富士系、嘎啦系及苹果专用授粉树。

5.爵士

又叫‘千香脆’，为新西兰俱乐部品种。果实近圆形或圆柱形，中型果，平均单果质量166.2克(横径7.1

厘米，纵径 6.5 厘米），最大单果质量 248.0 克（横径 8.3 厘米，纵径 7.1 厘米）。着色类型为片红，果面鲜红色或红色，果肉致密，硬度大，脆，香味浓，酸甜适口（套袋果味甜，未套袋果味酸）；多汁，可溶性固形物含量 14.8%，贮藏后达 17.8%，品质极佳。树势中等，树姿较直立，腋花芽多，易成花，发枝少，较丰产。

在陕西省千阳县，9 月底至 10 月初果实成熟。授粉树可选用富士系、嘎啦系及苹果专用授粉树。

第六节 加工品种

一、世界经典品种

1. 澳洲青苹

'澳洲青苹（Granny Smith）'原产于澳大利亚，因其果皮青绿，故称'青苹'，为世界著名的绿色品种（图 10-22），是澳大利亚、新西兰及欧美各国榨取高酸度浓缩苹果果汁的重要加工品种。1974 年引入我国。2012 年春，从欧洲引入 M9-T337 矮化自根砧澳洲青苹优质苹果大苗在陕西栽培。果皮光滑、翠绿色、脆硬，酸度大，极耐贮藏，生长旺盛，早果性强，很丰产、易管理，是理想的加工和鲜食兼用品种。果实扁圆形或近圆形，顶部稍窄，平均单果质量 210.0 克，最大单果质量 240.0 克，果面光滑，全部为翠绿色，梗洼处色较深，有的果实阳面稍有红褐色晕；果肉绿白色，质较粗，松脆，果汁多，味酸，甜少，可溶性固形物含量 13.5%，品质中上等。但枝条硬，拉枝困难。幼树发育慢，丰产性较差。该品种嫁接在矮化自根砧 M9-T337 上，结果无大小年现象，连年丰产，生理落果轻，成熟一致，9 月中、下旬成熟采收，采前不落果，在陕西省千阳县表现良好。

图 10-22 澳洲青苹

2.布瑞本

'布瑞本（Braeburm）'，为新西兰品种，为一自然杂交实生苗。丰产性特强、果味偏酸、果个大，曾为目前新西兰栽培和出口最多的品种，占新西兰苹果总产的 32%。英国和德国的消费者特别欢迎，但因其苦痘病严重，果肉易于沙化，发展区域有限。中国于 20 世纪 80 年代初已经引入。经中国农业科学院郑州果树研究所试栽，果实成熟期比富士早 2 周。果实中等大小，平均单果质量 170.0 克。多为卵圆形。果面底色黄绿色，1/2～2/3 果面被有暗红彩色和深色条纹。果肉淡黄色，肉质较硬脆，汁多，味甜酸而浓。品质中上或上等。冷藏条件下，贮藏期长。唯货架寿命稍差，2～3 周后肉质即行沙化，汁少，品质大降。

二、一般品种

1.邦扎

'邦扎'为日本品种，系'红玉'的实生种。树势壮旺，腋花芽比例高，早实性强，9 月下旬成熟，稳产，极丰产。抗病性强，无红玉斑点病。果实中大，扁圆，平均单果质量 175.0 克，果面光亮，着红色条纹。果肉黄白色，硬脆，风味似红玉，酸甜适口，耐贮藏，鲜食，酸度较大。

2.瑞林

'瑞林（Judeline）'是从法国引进的苹果加工品种中选育出来的优良制汁品种（图 10-23）。由山东农业大学园艺科学与工程学院选育而成，2004 年通

图 10-23 瑞林

过山东省林业厅新品种认定并定名。

果实长圆锥形，平均单果质量 174.0 克，果形指数 0.91。果面光洁鲜亮，底色黄绿色，盖色鲜红，有断续细条纹及白色稀疏果点。果肉乳白色，质地酥脆多汁，风味酸甜，略有香气。制汁品质优良，亦可鲜食。出汁率 70%～75%。果汁可溶性固形物含量 13.4%，可溶性糖含量 11.40%，可滴定酸含量 0.50%，果汁密度 1.045～1.06 克 / 厘米^{3}，多酚含量 0.67 克 / 升，不易氧化褐变。早实性极强，丰产稳产，无大小年，生态适应性强，是山岭瘠薄地适宜的优良加工品种。高抗黑星病和白粉病，粗放管理下树干轮纹病发生较重，斑点落叶病较轻。在山东泰安 3 月上、中旬萌芽，4 月上旬初花，4 月中旬终花，7 月上旬果实开始着色，进入 8 月可以采摘加工，9 月上、中旬果实成熟可鲜食。果实耐贮运。

3.红科普

荷兰主栽苹果品种。果个大，平均单果质量 260.0 克。果实圆锥形，黄绿色底，阳面淡红或浓红色。果梗短粗。果肉乳白色，肉质松脆，汁液多，可溶性固形物含量 15.2%，可滴定酸含量 1.20%，VC 含量 17.00 毫克 /100 克，出汁率 75%。耐贮存。三倍体，树势健旺，树冠较开张，短枝性状明显，以短果枝和腋花芽结果为主。9 月底10 月初成熟。抗逆性强，丰产性极强，病虫害少，管理方便，适栽区域广泛。

4.乔瑞娜

‘乔瑞娜(Gorana)’是以‘普利玛(Prima)’和‘库珀 4(Cooper 4)’为亲本，由保加利亚农业研究所选育而成的优良鲜食加工兼用抗病苹果新品种。1994 年杂交，2010 年通过保加利亚国家审定并定名。

果实近圆形，平均单果质量 255.0 克，果形指数 0.83；底色绿色，着片状浓红色，着色面积达 80%；果面光滑，蜡质中厚，果点小，中密，外观漂亮；果肉白色，肉质细脆多汁，鲜食加工兼用。可溶性固形物含量 14.7%，可滴定酸含量 0.68%，VC 含量 4.84 毫克 /100 克，果肉硬度 7.80 千克 / 厘米^{2}，出汁率 70.6%；果实五心室，心室不开放，8 粒种子，种子褐色。在山东烟台地区 9 月下旬果实成熟，常温条件下贮藏期 20～30 天；冷藏条件下，可贮藏 3 个月左右，果实香气浓郁，风味更佳。

第七节　2008 年以来全国选育的苹果新品种

怎样全面认识和定义品种，小麦育种领域的科学巨匠、小麦育种学界的一代宗师、我国第一个获得“全国劳动模范”荣誉的知识分子、中国科学院首批学部委员（院士）、西北农林科技大学赵洪璋教授给出了这样的答案：“品种是在一定的自然、耕作、栽培和经济综合条件下形成的优良栽培群体，强调品种时间性、地区性和适应性三个特性。”他认为：“没有万古长青的品种，也没有盖世的品种。育种家要不断学习、不断前进。”

我国有丰富的苹果种质资源，在全国建有 5 个有关苹果的种质资源圃，包括国家苹果种质资源圃（辽宁兴城）、国家果树种质寒地果树圃（吉林公主岭）、国家果树种质新疆名特优果树及砧木圃（新疆轮台）、国家果树种质云南特有果树及砧木圃（云南昆明）和国家苹果种质资源圃（陕西延安），截至 2021 年 10 月底，收集、保存了苹果属植物超过 24 个种的 3 000 余份资源，这些资源为培育苹果新品种提供了保障。

根据相关资料报道及不完全统计，2008—2021 年全国苹果教学、科研、推广等单位通过实生选种、芽变选种、杂交育种及引进选优等方法共选育苹果新品种 148 个，主要选育单位包括西北农林科技大学园艺学院、山东农业大学园艺科学与工程学院、青岛农业大学园艺学院、山东省果树研究所、中国农业科学院郑州果树研究所、中国农业科学院果树研究所、辽宁省果树科学研究所、河北省农林科学院昌黎果树研究所、河北省农林科学院石家庄果树研究所等 10 个省(自治区)的 51 个大学、科研院所、行政事业单位、企业和个人(表 10–2)。

全国 2008—2021 年选育的苹果新品种 148 个，正在生产上试栽与推广应用并发挥作用，下面简要介绍其主要性状。

表 10-2　全国 2008—2021 年选育的苹果新品种统计表

地区	序号	育种单位	数量(个)	品种序号
陕西	1	西北农林科技大学园艺学院	12	瑞阳、瑞雪、瑞香红、秦月、秦韵、秦红、纳春、秦蜜、秦脆、延长红、金世纪、秋红嘎拉
山东	2	山东农业大学园艺科学与工程学院	6	龙富、福红、满红、美红、山农红、幸红
	3	青岛农业大学园艺学院	11	福丽、黛红、彩虹 1 号、福艳、赛金、瑞红、双阳红、祥红、鲁加 2 号、鲁加 4 号、福九红
	4	山东省果树研究所	5	鲁丽、泰山嘎拉、秋口红、沂水红、泰红
	5	烟台市农业科学研究院果树分院	11	烟富 3 号、美乐、艾山红、烟香玉、烟脆 1 号、烟脆 2 号、2001 富士、甘红、芝阳红、烟农早富、太平洋玫瑰
	6	烟台市果茶工作站 （山东烟富农业科技有限公司）	9	烟富 1 号、烟富 2 号、烟富 4 号、烟富 5 号、烟富 6 号、烟富 9 号、烟富 10 号、烟嘎 1 号、烟嘎 2 号
	7	烟台现代果业科学研究院	4	烟富 8 号、神富 2 号、神富 3 号、神富 6 号
	8	烟台栖霞市映山红苗木专业合作社	4	虹烟富、虹烟富 2111、虹烟富 6 号短枝、鑫烟富
	9	烟台蓬莱鑫园工贸有限公司	3	鑫早富、鑫园红、蓬园红
	10	烟台市蓬莱区果业技术推广中心	2	八仙早富、玖艳香
	11	烟台蓬莱市果树工作总站	2	烟富 7 号、元富红
	12	烟台蓬莱市农益苗木专业合作社	2	鑫蓬仙红、霞光 1 号
	13	烟台大山果业开发有限公司	2	响富、响红
	14	烟台大为农业科技有限公司	2	众成 1 号、众成 3 号
	15	烟台莱州市果树站	2	首富 3 号、太红嘎拉
	16	烟台市松立农业科技有限公司	1	烟富 111
	17	烟台市博士达有机果品专业合作社	1	博士达 1 号
	18	烟台招远市果业总站	1	金都红
	19	烟台招远市秦富种植专业合作社	1	鲁招 1 号
	20	淄博市沂源县农业局	1	沂源红
	21	淄博市桓台县林业局	1	夏佳
	22	青岛市农业科学研究院	1	青研红
山西	23	山西省农业科学院果树研究所	2	六月红、晋霞
	24	山西省农业科学院现代农业研究中心	1	晋富 4 号
	25	山西省农业科学院生物技术研究中心	1	赤霞
河南	26	中国农业科学院郑州果树研究所	8	华丹、华硕、锦秀红、华玉、华冠、华星、华瑞、华佳
	27	河南省商丘市农林科学院	1	国庆红
甘肃	28	甘肃省天水市果树研究所	2	新首红、超红星
	29	甘肃省静宁县果树研究所	1	静宁 1 号
辽宁	30	中国农业科学院果树研究所	9	华艳、华妃、华蜜、华庆、华苹、华月、华脆、华红、华红 2 号
	31	辽宁省果树科学研究所	9	岳艳、岳冠、望香红、岳华、秋富红、岳苹、岳丰、岳阳红、丽嘎拉
	32	辽宁农业职业技术学院	1	金苹
	33	田屯林(个人)	1	山苹

续表

地区	序号	育种单位	数量(个)	品种序号
河北	34	河北省农林科学院昌黎果树研究所	4	苹锦、苹光、苹艳、苹帅
	35	河北省农林科学院石家庄果树研究所	5	晋州红、冀苹1号、冀苹3号、冀红、石富短枝
	36	河北省林业科学研究院	2	红光2号、红光3号
	37	河北科技师范学院园艺科技学院	1	硕红
新疆	38	新疆林业科学院	1	早富1号
	39	新疆林业科学院园林绿化研究所	1	冰心 1 号
	40	新疆农业大学林学与园艺学院	1	新红1号
云南	41	云南省农业科学院园艺作物研究所	2	昭富1号、昭富2号
江苏	42	南京农业大学园艺学院	1	苏帅
	43	徐州市果树研究所	1	丰帅
宁夏	44	宁夏农林科学院园艺研究所	1	宁金富
安徽	45	安徽省砀山县园艺场	1	佳冠
贵州	46	贵州省果树科学研究所	1	黔选2号
黑龙江	47	黑龙江省农业科学院牡丹江分院	2	龙丰、龙帅
	48	黑龙江省农业科学院园艺分院	1	秋露
	49	黑龙江省农业科学院浆果研究所	1	紫香
	50	黑龙江省齐齐哈尔市园艺研究所	1	齐早红
吉林	51	吉林省农业科学院果树研究所	1	红凤
合计			148	

注:表中地区以2019年苹果总产量由高到低、育种单位以第1选育单位杂交育种或芽变育选种新品种数量由多到少顺序进行排序

一、陕西省选育的苹果新品种(12个)

1.瑞阳

‘瑞阳’是以‘秦冠’×‘富士’为亲本,由西北农林科技大学选育而成的红色、晚熟苹果新品种(图10-24)。2004年杂交,2015年3月通过陕西省果树品种审定委员会审定并定名。2019年3月29日通过国家林业和草原局林木品种审定委员会审定,林木良种证(审定)良种编号“国S-SV-MD-009-2018”,成为“国审”品种,适宜推广生态区域为“陕西、山西、甘肃等苹果适宜栽植区域”。

图10-24 瑞阳

果实圆锥形或短圆锥形,平均单果质量282.3克,最大单果质量510.0克;果形端正,果型指数0.84。底色黄绿,全面着鲜红色,果面光洁,果点小;肉质细脆,多汁,味甜,具香气,品质优。可溶性固形物含量16.5%,总糖含量14.00%,可滴定酸含量0.33%,VC含量8.80毫克/100克,果肉硬度7.21千克/厘米^2。耐贮运,常温下可存放5个月,冷库可贮10个月。在陕西渭北地区3月中、下旬萌芽,4月上旬开花,果实9月开始着色,10月中旬成熟,果实发

育期 185 天左右，11 月中、下旬落叶。

该品种萌芽率高，成枝力较强，易形成短枝。2 年生枝萌芽率 68.3%，成枝率 56.9%。幼树以长果枝和腋花芽结果为主，成年树以中短果枝结果为主。连续结果能力强，果台副梢可连续 3 年结果。易成花、结果早，丰产性强，与‘秦冠’相近；用 M26 自根砧优质苗建园，定植第 2 年即可结果，第 3 年产量达 12.8 吨 / 公顷。果实成熟期较一致，无采前落果现象。抗病性较强，抗早期落叶病能力接近‘秦冠’。大果型，可实行‘无（免）套袋栽培’；果肉细脆、味浓、口感好，品质接近‘富士’；抗病性强、优于‘富士’。果实综合性状明显优于‘秦冠’，为知识产权保护品种，生产推广应用前景广阔。适宜陕西渭北、陕北南部及同类生态区推广，在海拔 900 米以上，随海拔升高表现越好，矮化、乔化栽培均可早果、丰产。

2.瑞雪

‘瑞雪’是以‘秦富 1 号’×‘粉红女士’（‘秦富 1 号’为‘长富 2 号’的短枝型芽变品系，‘粉红女士’的亲本为‘金冠’和‘威廉女士’）为亲本，由西北农林科技大学选育而成的黄色、晚熟短枝型苹果新品种（图 10-25）。2002 年杂交，2015 年 1 月通过陕西省果树品种审定委员会审定并定名。2019 年 3 月 29 日通过国家林业和草原局林木品种审定委员会审定，林木良种证（审定）良种编号‘国 S-SV-MD-010-2018’，成为‘国审’品种，适宜推广生态区域为‘陕西、山西、甘肃等苹果适宜栽植区域’。

图 10-25 瑞雪

果实圆柱形，果皮黄绿色，套袋果金黄色，果面光洁，果点小，有蜡质，无锈，外观优于金冠和王林；果肉黄白色，硬脆，肉质细脆，酸甜适口，汁液多，风味浓；平均单果质量 296.0 克，最大单果质量 339.0 克；果形高桩，果形指数 0.90。可溶性固形物含量 16.0%，总糖含量 12.10%，可滴定酸含量 0.30%，VC 含量 6.82 毫克 /100 克，果肉硬度 8.84 千克 / 厘米 ^{2}，品质上等（极佳）。在陕西渭北地区（东经 109.60°，北纬 35.18°）3 月下旬萌芽，4 月中、下旬开花，10 月中、下旬果实成熟，成熟期较瑞阳晚一周左右，较‘金冠’晚熟 20 天，较‘王林’晚熟 10 天，果实发育期 180 天左右，成熟期较一致，无采前落果现象。落叶期 11 月中、下旬。树势中庸偏旺，萌芽率高，成枝力中等，具短枝性状。乔化或矮化栽培均可，矮化砧可选用 M26、M9-T337、B9 等。矮化自根砧或中间砧密植‘双矮栽培’，株行距可采用 1.0 ~ 2.0 米 × 3.5 ~ 4.0 米；乔化栽培，株行距可采用 3 米 × 4 米。抗逆性、抗病性均较强。与主栽品种‘富士’相比，抗白粉病，较抗褐斑病等叶部病害。抗旱、抗寒能力较强。在常温条件下保鲜袋内可贮藏 5 个月，冷藏 8 个月。该品种适应性强，在我国苹果主产区均可栽培，在海拔 500 米以上表现优良。易形成短枝，易成花，自然坐果率高，早果、丰产性强，栽后第 2 年开花结果，盛果期每亩按 3 000 ~ 5 000 千克产量留果，生产上可按 20 ~ 25 厘米选留一个中心果，套袋栽培时成熟前可不解除果袋，直接采收，也可分步骤解除外袋、内袋后，在晴天让未着色的果实进行两天日光浴，再采收，以减少贮藏时果面损伤的发生。生产中，‘瑞雪’苹果套袋果表皮易发生褐变问题，多从果实梗洼或果肩部位开始，严重时扩展到果实表面多部位，可用单层白色专用育果纸袋预防。‘瑞雪’苹果为知识产权保护品种，生产推广应用前景广阔。

3.瑞香红

‘瑞香红’是以‘秦富 1 号’×‘粉红女士’为亲本，由西北农林科技大学·旱区作物逆境生物学国家重点实验室·陕西省工程技术研究中心、陕西省白水县园艺站合作选育而成的晚熟红色苹果新品种（图 10-26、图 10-27）。2002 年杂交，2020 年 1 月通过陕西省林木品种审定委员会审定并定名，2021 年 6 月，获得农业农村部植物新品种保护，证书编号 CAN20191003427。8 月，通过国家林业和草原局林木品种审定委员会审定，林木良种证（审定）良种编号‘国 S-SV-MD-010-2021’，成为‘国审’品种。适宜推广生态区域为‘陕西、山西、甘肃等苹果适宜栽植区域’。至此，“三瑞”苹果成为新时代“三秦”苹果“福瑞”中华的代名词，是最

图 10-26　瑞香红

图 10-27　瑞香红标本

具影响力和发展力的一组优良品种。该品种苗木繁育专利权由陕西木美土里有限公司千阳基地以 1 100 万元获得。

果实长圆柱形，大小中等、整齐，果形端正、高桩，平均单果质量 197.3 克，果形指数 0.97。果面光洁，鲜红色，易着色，可无袋栽培；果肉细脆，酸甜适口，香味浓郁，品质佳。可溶性固形物含量 16.3%，可滴定酸含量 0.29%，VC 含量 5.53 毫克 /100 克，果肉硬度 8.24 千克 / 厘米 ^{2}。在渭北中部地区，3 月中旬萌芽，4 月上旬开花，10 月下旬果实成熟，果实发育期 185 天。果实商品率高，可达 90% 以上，极耐贮藏。产量 45 ~ 60 吨 / 公顷。对白粉病、褐斑病具有较强抗性。在低海拔地区也可生产全红果，从梗洼到萼洼均可着红色。

4.秦月

'秦月' 是以 '秦富 1 号' × '嘎拉' 为亲本，由西北农林科技大学选育而成的中熟苹果新品种（图 10-28、图 10-29）。2002 年杂交，2017 年 12 月通过陕西省果业局组织的专家鉴定并定名，2018 年 12 月通过农业农村部非主要农作物品种登记。

果实圆形或长圆锥形，平均单果质量 185.0 克，果形指数 0.88，大小均匀，果个与嘎拉苹果接近，底色绿，着全面鲜红色，光泽艳丽；果肉黄白色，肉质细，极脆，汁液多，风味甜酸，具香味，酸甜适口。可溶性固形物含量 14.6%，总糖含量 12.20%，可滴定酸含量 0.37%，VC 含量 4.56 毫克 /100 克，果肉硬度 7.25 千克 / 厘米 ^{2}，品质上等。耐贮藏，果实采收后，在常温下保鲜袋内贮藏 1 个月，果实新鲜，失水率为 3.5%，果肉硬度为 5.98 千克 / 厘米 ^{2}，可溶性固形物含量 14.3%，可滴定酸含量 0.34%。树体生长强弱平衡，树冠较紧凑，容易形成花芽，新建矮化苹果园和高接苹果树第 2 年开始结果，第 4 年丰产，在肥水条件较好的情况下，盛果期平均亩产可达 2 500 千克。在陕西渭北中部地区，3 月中、下旬萌芽，4 月中旬开花，7 月下旬果实开始着色，8 月下旬果实成熟，成熟期比金世纪晚 10 天，果实发育期 130 天左右。11 月中、下旬落叶，全生育期 240 天左右。在渭北北部地区成熟期推迟到 9 月上、中旬成熟，采收后刚赶上中秋节和国庆节，具有较好的价位。该品种填补了陕西苹果中熟空白，是一个优良的中熟苹果新品种。

图 10-28　秦月（王雷存供图）

图 10-29　秦月结果状（王雷存供图）

适应性广，抵抗力强，常见的早期落叶病、腐烂病、白粉病及虫害均较轻；抗开花期冻害，坐果率高。‘秦月’的问世将为满足陕西苹果产业更新换代和需求增添新的选项。

5.秦韵

‘秦韵’是以‘秦富1号’×‘皇家嘎拉’为亲本，由西北农林科技大学选育而成的中晚熟苹果新品种（图10-30、图10-31）。2002年杂交，2020年12月通过农业农村部非主要农作物品种登记。

图10-30 秦韵（高华供图）

果实短圆锥形，平均单果质量174.5克，果形端正，果形指数0.85。红色，果面光洁、细腻，果皮薄，果点小，果个整齐，外观艳丽；果肉黄色、细脆、多汁，风味酸甜、香气较浓，品质极佳。可溶性固形物含量15.7%，可滴定酸含量0.36%，果肉硬度7.56千克/厘米^2，极耐贮藏。

图10-31 秦韵结果状（高华供图）

在陕西白水9月中、下旬果实成熟，果实发育期155天，无采前落果现象。矮砧或乔砧栽培均易丰产，可选用纺锤形树形。授粉品种选择‘嘎啦系’‘瑞阳’‘瑞雪’等苹果新品种，也可选择‘秋实’‘高粉1号’‘高粉2号’‘高粉3号’‘高粉4号’‘高粉5号’等苹果专用授粉树新品种。

6.秦红

‘秦红’是以‘威赛克(Wijcik)’×‘嘎拉(Gala)’为亲本，由西北农林科技大学选育而成的中晚熟鲜食加工兼用苹果新品种（图10-32）。1991年杂交，2011年1月通过陕西省果树品种审定委员会审定并定名。

图10-32 秦红（高华供图）

果实长圆锥形，平均单果质量265.0克，最大单果质量350.0克，果形指数0.95。果实暗红色，套袋果粉红色，条红，果面光洁无锈。果肉黄白色，肉质松脆、稍粗，汁液多，香味淡，风味甜酸。可溶性固形物含量14.6%，可滴定酸含量0.63%，VC含量65.60毫克/100克，果肉硬度8.30千克/厘米^2。可溶性固形物含量、可滴定酸含量、VC含量、果肉硬度均比‘乔纳金’‘富士’高；可滴定酸含量与‘粉红女士’持平，其他三项均不及‘粉红女士’。果实出汁率81.80%，比‘乔纳金’‘富士’‘粉红女士’分别高5.5、7.8、8.7个百分点，果汁香气比‘乔纳金’‘粉红女士’淡，与‘富士’持平。‘秦红’苹果汁呈浅黄色，果汁密度比这3个品种大，为1.0707千克/升；果汁不易褐变，稳定性好，品质优良。果实较耐贮藏，冷藏条件下可贮藏5～6个月。在陕西省渭北南部，3月下旬萌芽，4月上、中旬开花，9月初果实开始着色，9月上、中旬果实成熟，果实发育期150天左右，落叶期11月中、下旬。该品种丰产稳产，5年生园亩产2 261.6千克，没有采前落果现象。

7.纳春

‘纳春’是从美国引进的鲜食加工苹果新品种。由西北农林科技大学、陕西省洛川县果树研究所合作引进选育而成，2010年1月通过陕西省农作物品种审定委员会审定并定名。

果实长圆锥形，平均单果质量 246.0 克，最大单果质量 386.0 克；果实鲜红色，果梗短；果肉黄白色或浅黄色，松脆，汁液多，有香味，风味酸甜，鲜食品质上等；可溶性固形物含量 15.2%，可溶性糖含量 11.23%，可滴定酸含量 0.62%，VC 含量 6.93 毫克 /100 克，果肉硬度 8.86 千克 / 厘米 ^{2}；出汁率 81.50%，果汁淡黄色，有芳香味。果汁密度 1 068 ~ 1 073 克 / 升。在陕西省渭北南部，3 月下旬萌芽，4 月上旬开花。在渭北中北部，4 月上旬萌芽，4 月中旬开花，9 月中、下旬果实成熟，成熟期比'嘎拉'晚 1 个多月、比'澳洲青苹'早 1 周，果实发育期 173 天，属中晚熟品种，落叶期 11 月下旬。

8.秦蜜

'秦蜜'是以'秦冠'为母本，'蜜脆'为父本杂交选育的中晚熟苹果新品种(图 10–33)。由西北农林科技大学选育而成，2016 年 12 月通过陕西省果树品种审定委员会审定并定名。

果实圆锥形，高桩，平均单果质量 230.0 克，最大单果质量 353.0 克，果形指数 0.85。果面光滑，底色淡黄，着红条纹，成熟后全红。果肉黄色，酸甜可口，香气浓，汁液中等。可溶性固形物含量 14.9%，总糖含量 12.20%，可滴定酸含量 0.40%，VC 含量 15.97 毫克 /100 克，果肉硬度 8.42 千克 / 厘米 ^{2}。在陕西洛川 3 月下旬萌芽，4 月上旬现蕾，4 月中、下旬开花，9 月初果实开始着色，9 月下旬成熟，果实发育期 160 天左右，无采前落果现象。11 月中旬落叶，全生育期 240 天左右。果实耐贮藏，0 ~ 2℃可贮藏 6 个月以上。早果性强，丰产性似秦冠，稳产，可不套袋栽培，抗旱，抗寒，对苹果褐斑病有一定抗病性。

图 10–33　秦蜜

9.秦脆

'秦脆'是以'长富 2 号'为母本，'蜜脆'为父本杂交选育的中晚熟苹果新品种(图 10–34)。由西北农林科技大学选育而成，2016 年 12 月通过陕西省果树品种审定委员会审定并定名。

果实圆柱形，平均单果质量 268.0 克，最大单果质量可达 680.0 克，果形指数 0.84；果面光洁，果点小，套袋果着条纹红，不套袋果着深红色，成熟后全红，色泽鲜艳；果肉淡黄色，甜微酸，有香味，质地脆，汁液多，常温贮藏 2 周后食用口感更好。可溶性固形物含量 14.8%，总糖含量 12.60%，可滴定酸含量 0.26%，VC 含量 19.58 毫克 /100 克，果肉硬度 6.70 千克 / 厘米 ^{2}，品质上。在陕西洛川 3 月下旬萌芽，4 月上、中旬现蕾，4 月中、下旬开花，9 月初果实开始着色，10 月上旬果实成熟，果实发育期 170 天左右，无采前落果现象。11 月中旬落叶，全生育期 240 天左右。果实极耐贮藏，常温下可放 3 个月，0 ~ 2℃可贮藏 8 个月以上，贮后风味更好。该品种抗褐斑病能力强，早果性强，丰产性较好，第 4 年产量达到 2.43 吨 / 公顷。盛果期每公顷留果量为 27 万个左右。提高果园有机质含量、增施微量元素肥以及幼果期注意叶面喷施钙肥，均可有效减轻苦痘病的发生。

图 10–34　秦脆

10.延长红

'延长红'是从'长富 2 号'中选育的片红型芽变苹果新品种。由西北农林科技大学、延安市果业管理局、延长县果业局合作选育而成，系 2003 年在陕西省延长县七里村镇管村'长富 2 号'苹果园发现的果实片红型变异枝，2014 年 3 月通过陕西省果树品种审定委员会审定并定名。

果实近圆形，高桩，平均单果质量 225.0 克。果面光滑，果皮底色黄色，全面浓红色(片红)，果肉黄色，肉质细，致密，汁液多，风味酸甜，具香气。果实耐贮藏，贮藏后可溶性固形物含量 17.0%。常温下可放 4 个月，冷库可贮藏6～8个月。自然萌芽力中等，平均萌芽力为28.6%，自然发枝力较强，成枝率为39.4%，定植第3年开始结果，幼树以长果枝结果为主，成年树以短果枝结果为主，次年结果比例达19%，坐果率较高，自花结实率较低，较丰产；采前落果现象轻。抗病虫能力较强，较抗早期落叶病和腐烂病。在陕西延安地区4月上旬萌芽，4月中、下旬开花，10月上旬果实开始着色，10月中旬成熟，果实发育期175天左右，落叶期11月中、下旬。

11.金世纪

'金世纪'是从'皇家嘎拉'中选育的浓红型芽变苹果新品种。由西北农林科技大学选育而成，2009年6月通过陕西省果树品种审定委员会审定并定名。

果实近圆形，平均单果质量210.0克，高桩，果形指数0.90；果面底色黄色，全面着鲜红色（片红），色泽艳丽。果肉黄白色，肉质中细、致密，石细胞少，汁液多，风味酸甜，具香气，品质佳。可溶性固形物含量14.2%，可滴定酸含量0.24%，VC含量2.98毫克/100克。在渭北苹果产区4月上旬萌芽，4月中、下旬开花，7月中旬果实开始着色，7月末至8月初果实成熟，果实发育期105天左右，落叶期11月中、下旬。果实较耐贮藏，常温下可放1个月，冷库（2～4℃）可贮藏4～6个月。结果早，丰产。幼龄树以长果枝和腋花芽结果为主，成年树以短果枝和腋花芽结果为主，果台副梢抽生及连续结果能力为50%，坐果率高，自花结实率较高；无采前落果现象，成熟后1个月几乎不落果。抗病、抗虫性强，高抗褐斑病，抗白粉病，较抗早期落叶病和腐烂病，虫害较少。

12.秋红嘎拉

'秋红嘎拉'是1997年在陕西蒲城县发现的嘎拉中晚熟优良芽变苹果新品种。由西北农林科技大学选育而成，2008年4月通过陕西省果树品种审定委员会审定并定名。

树姿直立，树势中庸。枝条脆、硬。树体生长健壮，萌芽率高，成枝率强，枝条粗壮，中短枝比例较高，具有一定的短枝型性状。果台枝连续结果能力强，无大小年现象。果实圆锥形，平均单果质量212.6克，果实大小均匀一致，商品率极高。果实着色鲜艳浓红，带片红，底色蜡黄，外观甚美。可溶性固形物含量16.2%，品质极佳。果实耐贮运，常温下可放2～3个月。9月10日左右果实成熟，若延迟采收色泽更红，且没有采前落果现象。抗病性强，果实不易发生烂果病，较抗早期落叶病和白粉病，苹果锈病发生轻，对叶螨、金纹细蛾抗性较强。该品种综合性状超过同期的'新世界'苹果，是供应双节的理想品种。

二、山东省选育的苹果新品种（72个）

1.龙富

'龙富'是从'长富2号'中选育的短枝型芽变苹果新品种。由山东农业大学作物生物学国家重点实验室、园艺科学与工程学院、山东省龙口市果树研究所合作选育而成，2012年12月通过山东省农作物品种审定委员会审定并定名。

树冠比'长富2号'紧凑，一年生枝条平均节间长度2.0厘米，新梢长度42.7厘米，萌芽率68.6%，均介于'长富2号'和'烟富6号'之间，不会因旺长而造成果园郁闭；果实近圆形或长圆形，平均单果质量222.3克，最大单果质量262.6克，果形指数0.87，果实整齐度高，着色速度快，脱袋7～9天着全红色，优质果率90%以上；果肉白色，肉质细嫩，香味浓郁，品质优。可溶性固形物含量16.1%，可溶性糖含量11.67%，可滴定酸含量0.39%，糖酸比30.43，果肉硬度9.20千克/厘米^2，含有丁酸乙酯等6种特征香气物质。10月中旬成熟。具有成花容易、早果性强、丰产性与稳产性好及连续结果能力强的特点；盛果期树平均株产98千克，折合产量108.8吨/公顷，抗性与'长富2号'相近。

2.福红

'福红'是从'红富士'×苹果高类黄酮含量优异种质CSR6R6杂种后代选育出的高类黄酮红肉苹果新品种。其中CSR6R6为基因型R6R6，叶、花、果、果肉均为深红色的苹果新品系'紫红1号'。'福红'由山东农业大学、作物生物学国家重点实验室选育而成，2018年11月通过山东省林木品种审定委员会审定并定名。

多年生枝红褐色，一年生发育枝红褐色，幼叶紫红色，成熟叶红绿色；每花序由4～5朵花组成，花紫红色，单瓣离生，花丝深红色，花药黄色。果实近圆形，平均单果质量171.9克，果形指数0.83。果皮底色黄绿，着色类型片红，着色程度 100%，全果面鲜红色，果面光洁、亮。果肉红色，肉质细脆，酸甜可口。可溶性固形物含量 13.7%，果肉硬度 11.60 千克 / 厘米 ^{2}，类黄酮含量 1 100 毫克 /100 克。外观、营养及鲜食品质优良。在山东冠县 4 月上旬开花，9 月下旬果实成熟，果实发育期 170 天左右，第 3 年产量达到 28.34 吨 / 公顷。该品种适应性广，抗早期落叶病、白粉病及果实黑红点病等；喜光，短枝性状明显，合理密植，无须套袋。

3.满红

‘满红’是从‘嘎拉’× 苹果高类黄酮含量优异种质 CSR6R6 杂种后代中选育出的加工型高类黄酮红肉苹果新品种。由山东农业大学、作物生物学国家重点实验室选育而成，2018 年 11 月通过山东省林木品种审定委员会审定并定名。大多数栽培苹果品种果肉中花青苷含量低且极不稳定，红肉苹果果肉呈红色，富含花青苷，是一种潜在的功能果品。

‘满红’多年生枝红褐色，一年生发育枝红褐色，幼叶紫红色，成熟叶红绿色；每花序 4 ~ 5 朵花，花紫红色，单瓣离生，花冠直径 4.6 ~ 6.2 厘米，花瓣卵形，花丝深红，花药黄。果实近圆形，平均单果质量 78.2 克，果形指数 0.9；底色黄绿，着色类型片红，全果面鲜红色，果面光洁、亮。全果肉鲜红色，肉质酥脆，酸味略重，可溶性固形物含量 12.6%，可滴定酸含量 0.40%，VC 含量 4.90 毫克 /100 克，果肉硬度 12.10 千克 / 厘米 ^{2}，类黄酮含量 1 390 毫克 /100 克，外观、营养及加工品质优良，可用于高类黄酮苹果酒、汁的加工。在山东冠县 4 月上旬开花，9 月上旬果实成熟，果实发育期 160 天，第 3 年产量 29.06 吨 / 公顷。该品种适应性广，抗早期落叶病、白粉病及果实黑红点病等；喜光，短枝性状明显，合理密植，无须套袋。

4.美红

‘美红’是从‘嘎拉’× 苹果高类黄酮含量优异种质 CSR6R6 的后代中选育出的高类黄酮红肉苹果新品种。由山东农业大学、作物生物学国家重点实验室选育而成，2018 年 11 月通过山东省林木品种审定委员会审定并定名。

一年生发育枝紫红色，节间长 1.7 ~ 3.0 厘米，幼叶紫红色，成熟叶红绿色；花紫红色，单瓣离生，每花序 4 ~ 5 朵花，花瓣卵形，花丝深红色，花药黄色。果实近圆形，平均单果质量 89.6 克，果形指数 0.82；底色黄绿，着色类型片红，全果面鲜红色，果面光洁、亮，有蜡质和果粉。全果肉鲜红色，肉质酥脆，酸甜适口。可溶性固形物含量 12.5%，可滴定酸含量 0.40%，VC 含量 3.60 毫克 /100 克，果肉硬度 9.90 千克 / 厘米 ^{2}，类黄酮 1 126 毫克 /100 克，外观、营养及鲜食品质优良。在山东冠县 4 月上旬开花，8 月下旬果实成熟，果实发育期 140 天左右。树势强，长、中、短枝均能结果，有连续结果能力，丰产性强，第 3 年产量 29.35 吨 / 公顷。该品种喜光，短枝性状明显，应合理密植，充分利用光能，无须套袋。

5.山农红

‘山农红’是从‘国光’中选育的芽变苹果新品种。由山东农业大学、作物生物学国家重点实验室、山东省五莲果树研究所合作选育而成，2012 年通过了山东省农业厅组织的测产验收，2013 年 11 月通过山东省农作物品种审定委员会审定并定名。

果实扁圆形，平均单果质量 182.9 克，最大单果质量 260.0 克；果面光滑，底色黄绿，充分着色时全果面鲜红色，着色指数明显高于‘国光’；果肉黄白色，质地细密而脆，果汁中多，酸甜适口，风味与‘国光’相近。可溶性固形物含量 14.5%，味浓，有芳香，品质上等。在山东牟平 10 月中、下旬成熟，果实发育期 180 天左右。盛果期产量 118.8 吨 / 公顷，抗性与‘国光’相近。

6.幸红

‘幸红’是从‘嘎拉’×‘红脆 1 号’的后代中选育出的苹果新品种。由山东农业大学园艺科学与工程学院、作物生物学国家重点实验室合作选育而成，2019 年 12 月通过山东省林木品种审定委员会审定并定名。

果实近圆形，高桩，果形指数 0.90，平均单果质量 149.3 克。果面着红色，光亮，可免套袋。果肉略带粉红色，肉质细脆。可溶性固形物含量 13.6%，可滴定酸含量 0.33%，类黄酮含量 64 毫克 /100 克，花青苷含量 10.32 毫克 / 千克，果肉硬度 10.9 千克 / 厘米 ^{2}，酸甜适口，外观、营养、鲜食及贮运品质优良。树势强，长、中、短枝均能结果，有连续结果能力。果实发育期 140 天左右，早果性、丰产性强。

7.福丽

‘福丽’是以‘特拉蒙’(柱型苹果品种)为母本、‘富士’为父本杂交选育的晚熟苹果新品种。由青岛农业大学、青岛市园艺植物遗传改良与育种重点实验室、山东省果茶技术推广站合作选育而成,2014 年 11 月,通过山东省省级苹果品种审定专家现场测产鉴评,2015 年 12 月通过山东省农作物品种审定委员会审定并定名,2016 年获得农业部植物新品种权证书,2018 年 11 月由青岛农业大学、农法自然(上海)农业科技有限公司获得农业农村部非主要农作物品种登记证书。

果实近圆形,平均单果质量 239.8 克,果形指数 0.86;果面光洁,底色黄绿,未套袋果实全面着浓红色;汁液中多,风味甘甜,香气浓郁。可溶性固形物含量 16.7%,可滴定酸含量 0.28%,果肉硬度 9.50 千克 / 厘米^2,品质佳。极耐储藏,室温贮藏 2 个月不发绵。在山东青岛地区 4 月上旬萌芽,4 月下旬开花,10 月中旬成熟。果实发育期 165 天左右。高抗炭疽性叶枯病,对轮纹病、早期落叶病和腐烂病抗性较强。该品种可无袋栽培。

8.黛红

‘黛红’是以‘贵妃’为母本、‘王林’为父本杂交选出的鲜食加工兼用红肉苹果新品种。由青岛农业大学、青岛市园艺植物遗传改良与育种重点实验室合作选育而成,2016 年 12 月以‘红肉 1 号’名称申请农业部植物新品种权,2017 年 5 月申请更名为‘黛红’,2019 年 5 月获得农业农村部植物新品种权证书。

果实近圆形,平均单果质量 234.0 克。果皮绿色,阳面略有红晕。果肉红色,脆,汁液多,甜酸可口。可溶性固形物含量 15.4%,可滴定酸含量 0.56%,花青苷含量 0.268 毫克 / 克,果肉硬度 9.00 千克 / 厘米^2。在山东青岛地区 4 月初萌芽,4 月中旬开花,9 月下旬成熟。果实发育期 150 天。3 年生树平均产量 18.24 吨 / 公顷。

9.彩虹 1 号

‘彩虹 1 号’是以‘礼泉短富’为母本、‘金冠’为父本杂交选育成的中熟苹果新品种(图 10–35、图 10–36)。由青岛农业大学选育而成,2015 年 12 月通过山东省农作物品种审定委员会审定并定名。

果实近圆形,平均单果质量 260.0 克,果形指数 0.84;果面光洁无锈、美观,底色黄色,全面着鲜红色;果柄较粗短;果点小,平整,近圆形;果肉黄白色,质地细,口感松脆,汁液多,味酸甜,有浓郁的芳香味;套袋果实可溶性固形物含量 14.6%,果肉硬度 10.20 千克 / 厘米^2,品质上等。在陕西关中地区 9 月中旬成熟,在山东胶东地区 9 月中、下旬成熟,果实发育期 140 天左右。树体萌芽率高,成枝力强,成花容易,短枝结果为主,连续结果能力强,丰产稳产,高抗炭疽菌叶枯病。在适宜‘富士’苹果种植的区域均可推广。

图 10–35 彩虹 1 号结果状(王彩虹供图)

图 10–36 彩虹 1 号(王彩虹供图)

10.福艳

‘福艳’是以‘特拉蒙’为母本、‘富士’为父本杂交选育的中晚熟苹果新品种。由青岛农业大学选育而成,2018 年 11 月通过农业农村部非主要农作物品种登记。

果实近圆形,平均单果质量 249.9 克,果形指数 0.86;果面光洁、果面鲜红色;汁液多,味甜,风味浓;可溶性固形物含量 14.3%,可滴定酸含量 0.21%,果肉硬度 7.00 千克 / 厘米^2;山东青岛地区 10 月初成熟，亩产可达 4 582.2 千克，比对照富士增产 10.7%，耐储藏。该品种适应性较强，对苹果早期落叶病、炭疽菌叶枯病等常见病害有较强抗性。

11.赛金

‘赛金’是以‘富士’为母本、‘特拉蒙’为父本杂交选育的中晚熟苹果新品种。由青岛农业大学选育而成，2018 年 11 月通过农业农村部非主要农作物品种登记。

果实近圆形，平均单果质量 196.8 克，果形指数 0.85；果面黄绿色，汁液中多，风味甘甜，香气浓郁；可溶性固形物含量 13.7%，可滴定酸含量 0.35%，果肉硬度 9.30 千克 / 厘米 ^{2}。山东青岛地区 9 月中旬成熟。属鲜食、加工兼用品种，出汁率 66.9%。果实及树体抗病性好，高抗炭疽叶枯病、轮纹病、早期落叶病、腐烂病。树体耐寒性和耐旱性均较强。亩产可达 4 054.5 千克，比对照金冠增产 15.6%。

12.瑞红

‘瑞红’是以‘特拉蒙’为母本、嘎拉 + 福斯塔夫 + 新世界’为父本杂交选育的早熟苹果新品种。由青岛农业大学选育而成，2018 年 11 月通过农业农村部非主要农作物品种登记。

果实近圆形，平均单果质量 150.0 克，果形指数 0.85；果面光洁，全面着红色；肉质松脆，汁液多，风味浓，有香气。可溶性固形物含量 13.7%，可滴定酸含量 0.19%，果肉硬度 8.30 千克 / 厘米 ^{2}。山东青岛地区 8 月上旬成熟。该品种生理落果轻，无采前落果现象。亩产可达 4 667.4 千克，比对照嘎拉增产 16.2%。叶片不抗炭疽性叶枯病，6—8 月注意喷 2 ~ 3 次吡唑醚菌酯进行防治。

13.双阳红

‘双阳红’是以‘特拉蒙’为母本、‘嘎拉 + 福斯塔夫 + 新世界’为父本杂交选育的中熟苹果新品种。由青岛农业大学选育而成，2018 年 11 月通过农业农村部非主要农作物品种登记。

果实近圆形，平均单果质量 153.2 克，果形指数 0.86；果面光滑有棱起，果面红色；肉质松脆，汁液多，风味浓；可溶性固形物含量 13.9%，可滴定酸含量 0.20%，果肉硬度 9.30 千克 / 厘米 ^{2}。在青岛地区 9 月上旬成熟，果实发育期 130 天左右，生理落果轻，无采前落果，产量高，亩产可达 4 721.3 千克，比对照嘎拉增产 17.5%。

14.祥红

‘祥红’是以‘特拉蒙’为母本、‘嘎拉 + 福斯塔夫 + 新世界’为父本杂交选育的中熟苹果新品种。由青岛农业大学选育而成，2018 年 11 月通过农业农村部非主要农作物品种登记。

果实近圆形，平均单果质量 148.4 克，果形指数 0.83；果面光洁，红色；果肉黄白色，脆，酸甜爽口，汁液多，有香气，风味浓；可溶性固形物含量 14.7%，可滴定酸含量 0.20%，果肉硬度 7.17 千克 / 厘米 ^{2}。在山东青岛地区 9 月上旬成熟，果实发育期 130 天左右。

15.鲁加 2 号

‘鲁加 2 号’是以‘特拉蒙’为母本、‘富士’为父本杂交选育的加工专用苹果新品种。由青岛农业大学选育而成，2018 年 11 月通过农业农村部非主要农作物品种登记。

果实近圆形，平均单果质量 140.0 克，最大单果质量 160.0 克；果色淡红；果肉黄白色，肉质松而稍粗，汁液多，风味浓酸，可溶性固形物含量 12.0%，可滴定酸含量 0.71%，pH 为 3.31，果肉硬度 9.10 千克 / 厘米 ^{2}。果实原汁酸度 0.45%，浓缩汁酸度 3.20%。出汁率 75.2%，是较好的制汁品种。8 月 25 日果实成熟。

16.鲁加 4 号

‘鲁加 4 号’是以‘特拉蒙’为母本、‘新红星’为父本杂交选育的加工专用苹果新品种。由青岛农业大学选育而成，2018 年 11 月通过农业农村部非主要农作物品种登记。

果实扁圆形，平均单果质量 190.5 克，果形指数 0.74；深红色，条红型，果面光洁，果点稀疏；可溶性固形物含量 12.0%，总糖含量 9.10%，果肉硬度 9.65 千克 / 厘米 ^{2}；风味酸，果实原汁酸度 0.71%，浓缩汁酸度 5.10%。为较好的制汁品种。

17.福九红

“福九红”是以‘新世界’为母本、‘粉红女士’为父本杂交选育的中熟苹果新品种。由青岛农业大学选育而成，2019 年通过山东省林木品种审定委员会审定并定名，2020 年获得国家植物新品种权和国家非主要农作物品种登记。

果实近圆柱形，平均单果质量 231.8 克，果形指数 0.90；果面光洁，不套袋栽培鲜红色；果肉黄白色，中等脆，甜酸，汁液中等，风味好；可溶性固形物含量 13.4%，可滴定酸含量 0.25%，果肉硬度 8.90 千克 / 厘米^2。在陕西千阳 9 月上旬成熟，果实发育期约 135 天，比玉华早富早熟 1 周。易成花，丰产性好，挂果期长，不落果，高抗叶枯病和早期落叶病，成为千阳县优先发展的五个苹果新品种（'瑞香红''瑞雪''九月奇迹''福九红''红斯尼克'）之一。

18.鲁丽

'鲁丽'是以'藤牧 1 号'为母本、'皇家嘎拉'为父本杂交培育的早熟苹果新品种。由山东省果树研究所选育而成，2000 年杂交，2017 年 2 月通过山东省林木品种审定委员会审定并定名。

果实圆锥形，平均单果质量 215.6 克，果形指数 0.95，大小整齐。果面底色黄绿，盖色鲜红，属片红着色类型，光洁无锈，有蜡质，无果粉。果肉淡黄色，细腻、硬脆，汁液多，香气浓，酸甜适度，品质上。可溶性固形物含量 14.5%，可溶性糖含量 13.10%，可滴定酸含量 0.30%，果肉硬度 9.20 千克 / 厘米^2。在山东泰安地区，果实 7 月中、下旬成熟，比'美国八号''皇家嘎拉'早熟 10 天。该品种树势中庸，易成花，丰产，果实不需要套袋；高抗炭疽叶枯病、黑星病；耐贮运，挂果期长，可延迟采收至 8 月中、下旬，果肉不易沙化。

19.泰山嘎拉

'泰山嘎拉'属'皇家嘎拉'大果红色芽变新品种。由山东省果树研究所选育而成，2010 年 9 月通过山东省农作物品种审定委员会审定并定名，2018 年 12 月通过农业农村部非主要农作物品种登记。

果实圆锥形，平均单果质量 212.8 克，果形指数 0.84，大小整齐一致。果面底色黄绿，盖色鲜红，全面着片红色。果面光滑，果皮稍厚，有蜡质，无果粉。果点稍大、中疏、平。果梗长，中粗，梗洼深广、锈量少。果心小，果肉淡黄色，肉质细、硬脆，汁液多，甜酸适度，有香气，品质上。可溶性固形物含量 15.0%，可溶性糖含量 13.80%，可滴定酸含量 0.39%，VC 含量 2.75 毫克 /100 克，果肉硬度为 7.20 千克 / 厘米^2。在山东泰安地区芽萌动期 3 月下旬，初花期 4 月 8 日，盛花期 4 月 10 日，末花期 4 月 16 日，新梢旺长期在 4 月下旬，8 月初果实开始着色，比'皇家嘎拉'早，8 月 10 日左右果实成熟，与'皇家嘎拉'基本相同，11 月中旬落叶。该品种为早熟品种，早果性和丰产性好，抗性强，综合评价优于'皇家嘎拉'，平均单果质量、果肉硬度和可溶性固形物含量分别高出'皇家嘎拉'9%、10%和 2 个百分点。

20.秋口红

'秋口红'是由自然实生苗选出的早中熟苹果新品种。由山东省果树研究所选育而成，2009 年 12 月通过山东省林木品种审定委员会审定并定名。

果实圆形或扁圆形，平均单果质量 180.1 克。果面全面着鲜红色，有条纹，底色黄绿，果面被较厚的蜡质，果粉多，果点中密。果心中大，扁圆形，果皮厚韧。果肉淡黄色，肉质较细，汁液较多，风味甜酸适口。可溶性固形物含量 14.9%，总糖含量 11.52%，可滴定酸含量 0.44%，果肉硬度 8.99 千克 / 厘米^2。在山东省海阳，8 月上旬果实成熟，果实发育期 120 天左右。成熟果实常温下可存放 20 天左右。该品种结果早、丰产、耐瘠薄、抗病强、适应性广，是优良的中早熟品种。

21.沂水红

'沂水红'是从'长富 2 号'中选育的浓红型芽变苹果新品种。由山东省果树研究所、沂水县果茶服务中心、沂水县诸葛镇果茶站合作选育而成，2012 年 12 月通过山东省林木品种审定委员会审定并定名，2018 年 12 月通过农业农村部非主要农作物品种登记。

果实圆形，平均单果质量 249.1 克，果形指数 0.82，浓红色，片红。果肉黄白色，肉质细、硬脆，汁液多，甜酸适度，香气浓，品质上等。可溶性固形物含量 16.0%，可溶性糖含量 13.50%，可滴定酸含量 0.61%，VC 含量 1.95 毫克 /100 克，果肉硬度 8.8 千克 / 厘米^2，果实耐贮性与'长富 2 号'相同。在山东省沂水县，萌芽期4 月初，初花期 4 月 15 日，盛花期 4 月 17 日，末花期 4 月 24 日，果实开始着色比'长富 2 号'早 10 天，果实 10 月 20 日左右成熟，比'长富 2 号'早熟 7 ~ 10 天，11 月中旬落叶。

22.泰红

‘泰红’是从‘乔纳金’中选育的红色芽变苹果新品种。由山东省果树研究所选育而成，2018 年 12 月通过农业农村部非主要农作物品种登记并定名。

果实圆锥形，平均单果质量 286.8 克；果面底色绿黄，盖色深橙红，片红，着色程度在 90% 以上，果面光滑，果皮稍厚，有蜡质，无果粉；果肉黄白色，肉质细、硬脆，汁液多，甜酸适度，香气浓；可溶性固形物含量 15.7%，可滴定酸含量 0.40%，可溶性糖 13.60%，果肉硬度 7.50 千克 / 厘米 ^{2}。9 月 20 日左右果实成熟，较耐贮藏，冷藏条件下可贮放 6 个月以上。

23.烟富 3 号

‘烟富 3 号’是从‘长富 2 号’中选育的浓红色芽变苹果新品种。由烟台市农业科学研究院、烟台市果茶工作站合作选育而成，2018 年 4 月通过农业农村部非主要农作物品种登记并定名。

果实圆形或长圆形，平均单果质量 280.0 克，果形周正，易着色，浓红艳丽，片红，全红果比例 78% ~ 80%；果肉淡黄色，致密甜脆，可溶性固形物含量 15.1%，可滴定酸含量 0.13%，果肉硬度 9.05 千克 / 厘米 ^{2}，风味佳。抗枝干轮纹病、腐烂病和斑点落叶病能力中等，抗寒、抗旱能力中等。

24.美乐

‘美乐’是从‘长富 2 号’中选育的浓红色芽变苹果新品种。由烟台市农业科学研究院、烟台大学合作选育而成，2014 年 12 月通过山东省农作物品种审定委员会审定并定名，2018 年 4 月通过农业农村部非主要农作物品种登记。

果实长圆形，平均单果质量 267.8 克，果形指数 0.88；果皮底色黄绿，全面着鲜红色；果面光滑无锈；果点小，平均密度为 5.1 个 / 厘米 ^{2}；果肉乳黄色，细脆多汁，风味酸甜。可溶性固形物含量 14.5%，可滴定酸含量 0.12%，果肉硬度 8.40 千克 / 厘米 ^{2}，品质优良。枝条成枝力强，萌芽率 72%，高接树第 2 年开始少量结果，第 3 年即大量结果，坐果率高，丰产性能好；以腋花芽和短果枝结果为主，高接第 3 年，长、中、短枝比例为 19 : 16 : 65，盛果期平均产量 57 ~ 60 吨 / 公顷。无采前落果现象。在山东烟台 4 月 25—27 日盛花，10 月中旬果实成熟，果实发育期 180 天左右。在烟台，推行起垄栽培、行间生草、果实套袋等栽培技术，果实成熟前10 ~ 15 天摘袋果实着色最佳，该品系果实上色较‘长富 2 号’快 15 天左右。嫁接亲和性好。果实耐贮藏性和‘长富 2 号’等品种无差异。

25.艾山红

‘艾山红’是从‘岩富 10 号’中选育的条纹红芽变苹果新品种。由烟台市农业科学研究院、栖霞市苏家店镇后泊子村合作选育而成，2019 年 10 月通过农业农村部非主要农作物品种登记并定名。

果实长圆形，平均单果质量 274.8 克，果形指数 0.87；果皮底色黄绿，着全面鲜红色条纹，蜡质厚，果面光滑洁净，萼洼及酮部无锈；果肉乳黄色，肉质细脆，风味酸甜，汁液多，香气浓郁，可溶性固形物含量 15.2%，可滴定酸含量 0.12%，果实硬度 9.80 千克 / 厘米 ^{2}；鲜食品质好。

该品种与‘岩富 10 号’（片红着色）相比，果实着色快、颜色鲜艳、条纹均匀、果面光滑；与‘2001 富士’相比，上色后的条纹较宽，上色更为均匀。成枝力强，高接树第 2 年开始少量结果，第 3 年即大量结果，无采前落果现象；抗枝干轮纹病、腐烂病和斑点落叶病能力以及主要物候期、果实耐贮藏性与‘岩富 10 号’‘2001 富士’等品种无差异，在烟台及周边地区 10 月中旬果实成熟。

26.烟香玉

‘烟香玉’是从‘红露’（韩国国家园艺研究所用‘早艳’与‘金矮生’杂交育成的早熟红色苹果品种）的自然实生植株中选育的中熟黄色苹果新品种。由烟台市农业科学研究院选育而成，2019 年 10 月通过农业农村部非主要农作物品种登记并定名。

树势中强，树姿开张。果实长圆柱形，平均单果质量 120.2 克，高桩，表面光滑，有蜡质，果点中大、密，果实颜色为黄色；果肉浅黄色，硬脆、肉质细腻，耐贮藏，自然条件可贮藏 2 个月。9 月中上旬果实成熟，无采前落果现象。可溶性固形物含量 15.5%，可滴定酸含量 0.32%，VC 含量 2.53 毫克 /100 克，果肉硬度 9.20 千克 / 厘米 ^{2}。高抗轮纹病、斑点落叶病、炭疽叶枯病。抗旱、抗寒能力中等。

27.烟脆 1 号

‘烟脆 1 号’是由‘粉红女士’×‘天星’杂交育成的鲜食、加工兼用型苹果新品种。由烟台市农业科学研究院选育而成，2019 年 10 月通过农业农村部非主要农作物品种登记并定名。

果实长圆锥形，平均单果质量 234.2 克，高桩，果形指数 0.95；表面光滑，底色黄绿，盖色片状鲜红色，着色面达 95% 以上；果肉黄白色，脆、多汁，肉质细腻，酸甜适口，有香味，出汁率为 58.5%；可溶性固形物含量 14.5%，可溶性总糖含量 11.30%，可滴定酸含量 0.90%，VC 含量 4.53 毫克 /100 克，果肉硬度 9.2 千克 / 厘米 ^{2}。自然条件贮藏至第 2 年 3 月；加工苹果脆片产出率 12.76%，脆片乳黄色，脆度大、酸甜适中，还原糖含量 58.23 毫克 /100 克，粗纤维含量 4.65 克 /100 克，粗蛋白含量 3.18 克 /100 克，粗脂肪含量为 0.36 克 /100 克。属极易着色品种，可以进行无套袋栽培，提高果实的口感品质。对轮纹病、腐烂病的抗性优于‘红富士’，多年生树上尚未见轮纹病瘤和腐烂病疤；对苹果斑点落叶病、褐斑病的抗性较强，高抗炭疽叶枯病，抗寒、抗旱能力中等。

28.烟脆 2 号

‘烟脆 2 号’是由‘烟富 6 号’×‘红玉’杂交育成的鲜食、加工兼用型苹果新品种。由烟台市农业科学研究院选育而成，2019 年 10 月通过农业农村部非主要农作物品种登记并定名。

幼树生长势强健，树姿较直立，干性中强；果实近圆形，平均单果质量 252.6 克，高桩，果形指数 0.89；果面底色黄绿，盖色鲜红色，果面光亮洁净无锈，全红果比例达 90%。果肉乳黄色，肉质硬，细腻，酸甜适口，无渣，出汁率为 64.2%。可溶性固形物含量 14.9%，可滴定酸含量 0.82%，总糖含量 11.8%，VC 含量 5.89 毫克 /100 克，果肉硬度 8.80 千克 / 厘米 ^{2}。果实耐贮性好，自然条件下贮存至翌年 5 月。苹果成熟鲜果，加工脆片，脆片乳黄色，产出率 13.75%，膨化度 14.68%，还原糖含量 42.40 毫克 /100 克，粗纤维含量 7.92 克 /100 克，粗蛋白含量 3.18 克 /100 克，粗脂肪含量为 0.40 克 /100 克。属极易着色品种，可以进行无套袋栽培，提高果实的口感品质。高抗苹果轮纹病、腐烂病和炭疽叶枯病，抗寒、抗旱能力中等。

29. 2001 富士

‘2001 富士’是从日本引进的苹果新品种。由烟台市农业科学研究院于 2018 年 6 月获得农业农村部非主要农作物品种登记证书。

果实圆形或近圆形，平均单果质量 268.0 克，果形指数 0.89，端正高桩；底色金黄，果面鲜红色，条红着色，色泽艳丽；果肉淡黄，可溶性固形物含量 15.2%，可滴定酸含量 0.13%，果肉硬度 10.80 千克 / 厘米 ^{2}，肉质清脆可口。10 月中、下旬果实成熟，果实发育期 180 天左右。抗枝干轮纹病、腐烂病和斑点落叶病能力中等，抗寒、抗旱能力中等。

30.甘红

‘甘红’是从韩国园艺研究所引进的中晚熟苹果新品种，亲本为‘早艳’×‘金矮生’。由烟台市农业科学研究院于 2018 年 6 月获得农业农村部非主要农作物品种登记证书。

果实长圆形，平均单果质量 270.0 克，高桩；红色；可溶性固形物含量 14.5%，可滴定酸含量 0.19%，果肉脆甜爽口，果肉硬度 9.00 千克 / 厘米 ^{2}。抗病性较强，在药物防治措施相同的情况下，对枝干轮纹病和轮纹烂果病的抗性显著优于‘红将军’，连续多年果实调查，尚未见轮纹病烂果。9 月底至 10 月初果实成熟。

31.芝阳红

‘芝阳红’是从‘新世界’选育的中晚熟短枝型芽变苹果新品种。由烟台市农业科学研究院于 2018 年 12 月通过农业农村部非主要农作物品种登记。

果实近圆形，平均单果质量 292.8 克，整齐端正，果形指数 0.8；底色黄绿色，果面着浓红色，着色面积 90% 以上；果肉黄白色，肉质细，脆；汁液多，风味酸甜适口，浓郁清香，可溶性固形物含量 13.5%，可滴定酸含量0.29%，果肉硬度 10.40 千克 / 厘米 ^{2}；9 月底至 10 月上旬果实成熟，成熟后适当晚采，果肉不易发绵。室温下可贮藏 60 天，冷藏可至翌年 2 月。该品种高抗枝干轮纹病和腐烂病，中抗斑点落叶病和炭疽叶枯病，抗寒、抗旱能力中等；为极易着色品种，可以进行无套袋栽培，提高果实的口感品质。

32.烟农早富

‘烟农早富’是从‘长富2号’选育的中晚熟芽变苹果新品种。由烟台市农业科学研究院于2018年12月通过农业农村部非主要农作物品种登记。

属早熟富士系品种。果实近圆形，平均单果质量261.5克，果形指数0.89；底色黄绿，果面全面着条纹状红色，着色面积达85%；果肉黄白色，肉质松脆，口感甜酸多汁，香气浓郁，可溶性固形物含量13.8%，可滴定酸含量0.13%，果肉硬度8.80千克/厘米^2。9月中旬果实成熟。该品种高抗炭疽叶枯病，中抗腐烂病、斑点落叶病和枝干轮纹病，抗旱、抗寒能力中等。

33.太平洋玫瑰

‘太平洋玫瑰(Pacific Rose)’是新西兰国家园艺研究所用‘嘎拉(Gala)’×‘华丽(Splendour)’杂交育成的中晚熟苹果新品种，果实品质优良，外观漂亮，曾被列为“21世纪世界五大品种之一”。2000年由山东省烟台市农业科学院果树科学研究所引进，2010年通过山东省林木良种审定并定名、推广。

果实圆形，平均单果质量230.2克，果形指数0.82，比‘红将军’略小。果皮薄，果面光亮，蜡质厚；不套袋时果面呈深玫瑰红色，果点略大；套袋果刚摘袋时，果面着粉红色，后期呈独特的玫瑰红色，十分艳丽美观，内膛果也着色良好；果实花萼闭合，萼洼中阔、中深，梗洼中深、中阔。果肉乳白色，肉质细腻、质脆。可溶性固形物含量14.8%，果肉硬度为8.80千克/厘米^2，均高于红将军。果实耐贮性强，冷藏条件下贮藏至翌年4月，果肉硬度仍可达7.00千克/厘米^2，果皮未见皱缩失水现象。无采前落果现象。

在山东烟台地区，花芽萌动期4月6—8日，盛花期4月25—27日，果实9月下旬成熟，较‘红将军’晚熟3~5天。‘红将军’花芽萌动期4月5—8日，盛花期4月24—27日，9月中旬果实成熟。

34.烟富1号

‘烟富1号’是从‘长富2号’中选育的红色芽变苹果新品种。由烟台市果茶工作站选育而成，2018年11月由山东烟富农业科技有限公司获得农业农村部非主要农作物品种登记证书并定名。

果实圆形或近长圆形，平均单果质量318.0克，果形指数0.90；树冠上下内外着色均好，片红，全红果比例86%~90%；着色指数95.8%~97.0%，色泽鲜红，光泽靓丽；果肉淡黄色，肉质清脆，汁液多，风味酸甜可口。耐贮藏。可溶性固形物含量16.3%，可滴定酸含量0.12%，果肉硬度8.90千克/厘米^2。较抗白粉病、抗早期落叶病。

35.烟富2号

‘烟富2号’是从‘长富2号’中选育的红色芽变苹果新品种。由烟台市果茶工作站选育而成，2018年11月由山东烟富农业科技有限公司获得农业农村部非主要农作物品种登记证书并定名。

果实圆形或近长圆形，平均单果质量277.0克，果形指数0.87；树冠上下内外着色均好，片红，全红果比例74%~76%，着色指数93.6%~94.8%，色泽浓红艳丽，光泽美观；果肉淡黄色，肉质爽脆，汁液多，风味香甜。可溶性固形物含量15.2%，可滴定酸含量0.15%，果肉硬度8.80千克/厘米^2。对轮纹病抗性较差，较抗白粉病、早期落叶病。

36.烟富4号

‘烟富4号’是从‘长富2号’中选育的红色芽变苹果新品种。由烟台市果茶工作站选育而成，2018年11月由山东烟富农业科技有限公司获得农业农村部非主要农作物品种登记证书并定名。果实性状与‘烟富2号’基本相似。

37.烟富5号

‘烟富5号’是从‘长富2号’中选育的红色芽变苹果新品种。由烟台市果茶工作站选育而成，2018年11月由山东烟富农业科技有限公司获得农业农村部非主要农作物品种登记证书并定名。果实性状与‘烟富2号’基本相似。

38.烟富6号

‘烟富6号’是从‘惠民短富’中选育的红色芽变短枝型苹果新品种。由烟台市果茶工作站选育而成，2018年11月由山东烟富农业科技有限公司获得农业农村部非主要农作物品种登记证书并定名。

以短枝结果为主，有腋花芽结果的习性。结果期早，一般第3年开始结果，短枝连续结果能力较强，可抽生1～2个果台副梢，果台平均坐果3.2个，花序自然坐果率较高。萌芽率为52.4%，短枝率为70.6%，易成花。果实圆锥形，平均单果质量311.0克，果型指数0.89；色泽艳丽，富光泽，片红、着色好，全红果比例达86%，平均着色指数97.2%，果皮中厚，果面光滑，星点稀小；果肉淡黄色、多汁，肉质细脆、酸甜可口；可溶性固形物含量15.2%，可滴定酸含量0.15%，果肉硬度9.80千克/厘米^2；果实发育期170～180天。

39.烟富9号

‘烟富9号’是从‘秋富1号’中选育的红色芽变苹果新品种。由烟台市果茶工作站选育而成，2018年12月由山东烟富农业科技有限公司获得农业农村部非主要农作物品种登记证书并定名。

果实近圆形或长圆形，平均单果质量262.0克，果形指数0.90；片红着色，全面浓红；果肉淡黄色，肉质致密、细脆，果汁丰富；可溶性固形物含量15.0%，可滴定酸含量0.15%，果肉硬度7.50千克/厘米^2。10月底果实成熟。该品种腋花芽结果习性明显，更容易成花。

40.烟富10号

‘烟富10号’是从‘烟富3号’中选育的红色芽变苹果新品种。由烟台市果茶工作站、蓬莱市果树工作总站、蓬莱市刘家沟镇木基杨家村合作选育而成，2012年12月通过山东省农作物品种审定委员会审定并定名，2018年9月由山东烟富农业科技有限公司获得农业农村部非主要农作物品种登记证书。

果实长圆形，平均单果质量326.0克，高桩端正，果形指数0.90。果面浓红色，片红、艳丽。果肉淡黄色，肉质致密、细脆，汁液丰富。可溶性固形物含量15.0%，果肉硬度9.10千克/厘米^2。在山东烟台地区3月底至4月初萌芽，初花期4月27日至5月1日，盛花期5月2—7日。10月下旬果实成熟，果实发育期170～180天，11月中旬落叶。

41.烟嘎1号

‘烟嘎1号’系‘新嘎拉’的鲜红型着色芽变苹果新品种。由山东省烟台市果树工作站选育而成，1998年通过山东省农作物品种审定委员会审定并定名。

果实近圆形或卵圆形，平均单果质量228.0克以上，果形指数0.85以上，大小均匀。底色黄白，着鲜红色霞，有深红色断续条纹，8月中旬开始着色，着色快，色泽艳丽，全红果率高，着色指数大；果面光滑洁净，外观质量优于‘新嘎拉’。果肉乳黄色，肉质致密，细脆爽口，汁液多，味甜微酸，品质好。可溶性固形物含量13.9%，果肉硬度6.90千克/厘米^2，内在品质接近‘新嘎拉’。

42.烟嘎2号

‘烟嘎2号’系‘新嘎拉’的鲜红型着色芽变苹果新品种。由山东省烟台市果树工作站选育而成，1998年通过山东省农作物品种审定委员会审定并定名。

果实近圆形或卵圆形，平均单果质量218.0克，果形指数0.86以上，大小均匀。底色黄白，初着色时为条红色，正常成熟后全面鲜红色，着色期比‘新嘎拉’早6～7天，着色快，树冠下部和内膛苹果也能较好着色，全红果率高，着色指数大，外观质量明显优于‘新嘎拉’。果肉乳黄色，肉质致密，细脆，汁液多，甜酸适口，品质上等。可溶性固形物含量14.4%，果肉硬度约6.79千克/厘米^2。

在山东省烟台市，‘烟嘎1号’和‘烟嘎2号’物候期与‘新嘎拉’基本相同。2个新品种3月底至4月初萌芽，4月下旬盛花，花期1周，果实于8月中旬开始着色，‘烟嘎2号’苹果开始着色期比‘烟嘎1号’和‘新嘎拉’早6～7天，9月上旬果实成熟，11月中旬落叶。果实发育期110～120天，年营养生长期约230天。

43.烟富8号

‘烟富8号’是从‘烟富3号’中选育的红色芽变苹果新品种。由烟台现代果业科学研究所选育而成，2013年11月通过山东省农作物品种审定委员会审定并定名，2017年12月通过农业部非主要农作物品种登记。

果实近圆形，平均单果质量315.0克，高桩，果形指数0.90。片红着色，全面浓红，着色早，着色快。果肉黄色，可溶性固形物含量14.0%，可滴定酸含量0.14%，硬度9.20千克/厘米^2。内在、外观品质均优，在山东烟台地区10月下旬果实成熟。

44.神富 2 号

‘神富 2 号’是从‘烟富 3 号’中选育的浓红色芽变苹果新品种。由烟台现代果业科学研究院选育而成，2017 年 12 月通过农业部非主要农作物品种登记并定名。

果实长圆形，平均单果质量 310.0 克，高桩端正，果形指数 0.87；果皮着色全面浓红，色相为片红、艳丽；果面光滑，果点稀小，梗锈很轻，果粉多；果肉淡黄色，肉质紧密，香甜，可溶性固形物含量 14.1%，可滴定酸含量 0.16%，果肉硬度 8.70 千克 / 厘米 ^{2}；10 月下旬成熟。该品种成花容易，坐果率高，丰产性好。连续结果能力较强，大小年现象轻。

45.神富 3 号

‘神富 3 号’是从‘2001 富士’中选育的红色芽变苹果新品种。由烟台现代果业科学研究院选育而成，2017 年 12 月通过农业部非主要农作物品种登记并定名。

果实长圆形，平均单果质量 310.0 克，高桩，果形指数 0.89；果皮红色，呈宽条纹状着色，色泽鲜艳；果面光滑细嫩，表光好，果皮较薄；果肉淡黄色，肉质甜脆，可溶性固形物含量 14.5%，可滴定酸含量 0.16%，果肉硬度 8.50 千克 / 厘米 ^{2}；10 月下旬成熟。该品种花芽大而饱满，丰产性好。

46.神富 6 号

‘神富 6 号’是从‘长富 2 号’中选育的红色短枝芽变苹果新品种。由烟台现代果业科学研究院选育而成，2017 年 2 月通过山东省林木品种审定委员会审定并定名，同年 12 月通过农业部非主要农作物品种登记。

该品种在当地无须刻芽，不用拉枝、环剥，容易抽枝、成花及丰产，故称‘懒富’。树势强健，短枝性状明显，平均节间长度 2.1 厘米，萌芽率高，成枝力强，易成花。果实长圆形，平均单果质量 268.1 克，果形指数 0.9，可溶性固形物含量 15.2%，果肉硬度 8.50 千克 / 厘米 ^{2}，易着色，色泽艳丽，富光泽，初着色条红，着色好，且长时间保持鲜艳光泽，果面光滑，果点稀小。果肉淡黄色，风味佳，在山东烟台地区 10 月下旬成熟。5 年生树进入盛果期，7 年生树平均产量 4 615 千克 / 亩，是适宜密植的短枝型优良品种。

47.虹烟富

‘虹烟富’是从‘长富 2 号’中选育的红色芽变苹果新品种。由栖霞市映山红苗木专业合作社选育而成，2018 年 12 月通过农业农村部非主要农作物品种登记并定名。

果实圆形或长圆形，平均单果质量 266.0 克，果形端正；片红着色略带条纹，全红果比例 86% 以上；果肉乳白色略黄，肉质爽脆，汁液多；可溶性固形物含量 15.5%，可滴定酸含量 0.19%，果肉硬度 11.20 千克 / 厘米 ^{2}。10 月下旬果实成熟。

48.虹烟富 2111

‘虹烟富 2111’是从‘长富 2 号’中选育的红色芽变苹果新品种。由栖霞市映山红苗木专业合作社选育而成，2018 年 12 月通过农业农村部非主要农作物品种登记并定名。

果实圆形或长圆形，平均单果质量 261.0 克，果形端正；条红着色，全红果比例 90% 以上；果肉乳白色略黄，肉质爽脆，汁液多，风味香甜；可溶性固形物含量 15.8%，可滴定酸含量 0.20%，果肉硬度 11.60 千克 / 厘米 ^{2}。10 月下旬果实成熟。

49.虹富短枝 6 号

‘虹富短枝 6 号’是从‘惠民短枝富士’中选育的红色芽变苹果新品种。由栖霞市映山红苗木专业合作社选育而成，2018 年 12 月通过农业农村部非主要农作物品种登记并定名。

果实圆形或长圆形，平均单果质量 268.0 克，果形端正；色泽浓红艳丽，树冠上下、内外着色均好，片红略带条纹，全红果比例 86%，套纸袋的果实摘袋后 5 ~ 7 天即达满红；果肉乳白色略黄，肉质爽脆，汁液多，风味香甜；可溶性固形物含量 15.6%，可滴定酸含量 0.21%，果肉硬度 10.30 千克 / 厘米 ^{2}。10 月下旬成熟。该品种短枝性状明显，结果早，树势开张。

50.鑫烟富

‘鑫烟富’（‘鑫’古同‘馨 xīn’）是从‘长富 2 号’中选育的红色芽变苹果新品种。由栖霞市映山红苗木专业合作社选育而成，2018 年 12 月通过农业农村部非主要农作物品种登记并定名。果实性状与‘虹烟富’

基本相似。

51.鑫早富

‘鑫早富’是从‘红将军’中选育的早熟富士芽变苹果新品种。由蓬莱鑫园工贸有限公司选育而成，2018年11月通过农业农村部非主要农作物品种登记并定名。

果实近长圆形，平均单果质量291.0克，高桩，果形指数0.88；色泽艳丽，富光泽，片红，着色好，全红果比例达90%以上；套袋果脱袋后上色快；果肉浅黄色，爽脆多汁，味甜微酸；可溶性固形物含量13.9%，可滴定酸含量0.21%，果肉硬度9.20千克/厘米^2。9月上、中旬果实成熟，果实发育期145～150天。对轮纹病抗性较差，较抗炭疽病、早期落叶病。

52.鑫园红

‘鑫园红’是从‘长富2号’中选育的红色芽变苹果新品种。由蓬莱鑫园工贸有限公司选育而成，2018年11月通过农业农村部非主要农作物品种登记并定名。

果实长圆形，平均单果质量295.0克，最大单果质量700.0克，高桩，果形指数0.90；色泽艳丽，富有光泽，片红，着色均匀，树冠上、下、里、外全红果比例达到95%以上，摘袋后3天着色面达80%以上，在树上挂果时间长，色泽不退、不老；果肉浅黄色，肉质细脆、汁多，味甜微酸；可溶性固形物含量15.7%，可滴定酸含量0.17%，果肉硬度9.10千克/厘米^2。10月中、下旬果实成熟，果实发育期180天左右。较抗白粉病和早期落叶病，枝干轮纹病、腐烂病发病较轻。

53.蓬园红

‘蓬园红’是从‘长富2号’中选育的红色芽变苹果新品种。由蓬莱鑫园工贸有限公司选育而成，2018年11月通过农业农村部非主要农作物品种登记并定名。

果实近长圆形，平均单果质量280.0克，高桩；条红果，条纹纯正，鲜艳、清晰光滑，颜色不老，不发黄，皮薄但蜡质层厚，密被果粉，抗日灼，不铺反光膜，摘袋后3天上色，着色快，萼洼、梗洼条纹全红；果肉浅黄色，味甜微酸；可溶性固形物含量15.6%，可滴定酸含量0.16%，果肉硬度9.00千克/厘米^2，果实发育期180天左右。抗病性较强。未发现黄叶病、花叶病等，枝干轮纹病较轻。

54.八仙早富

‘八仙早富’是‘红将军’双芽变苹果新品种。由烟台市蓬莱区果业技术推广中心、青岛市即墨区果茶花卉技术指导站等单位合作选育而成。2019年通过了专家鉴定，2020年通过山东省林木品种审定委员会审定并定名。

果实长圆形，果形指数0.87；平均单果质量283.0克；果面光滑，全面着红色，片红。果肉黄白色，细脆多汁，可溶性固形物含量15.6%，果肉硬度8.50千克/厘米^2，品质上。在山东烟台地区，果实9月中、下旬成熟，果实发育期145～150天。萌芽率高，成枝率低，枝条节间短，节间平均长度1.9厘米，是‘红将军’的73%。对授粉品种无严格要求，可采用苹果专用授粉树‘高粉1号’至‘高粉5号’系列。

55.玖艳香

‘玖艳香’是‘红将军’的片红型芽变中熟苹果新品种。由烟台市蓬莱区果业技术推广中心、青岛市园林和林业局、烟台沃森农业科技有限公司等单位合作选育而成，2020年通过山东省林木品种审定委员会审定并定名。

果实长圆形，平均单果质量288.0克，果形指数0.87。果面光洁，片红，全红果比率95%，开始着色与上满色时间比‘红将军’早3～5天。果肉淡黄色，肉质细脆，汁液多，可溶性固形物含量14.0%，VC含量0.562毫克/100克，果肉硬度8.40千克/厘米^2。

在山东省蓬莱地区，4月初萌芽，初花期4月19—24日，盛花期4月24—30日，花期为10～12天；4月底至6月中旬为春梢生长期，7月上旬至8月上旬为秋梢生长期；9月中、下旬果实成熟，果实发育期140天左右；12月上旬落叶。

56.烟富7号

‘烟富7号’是从‘秋富1号’中选育的短枝型株变苹果新品种。由蓬莱市果树工作总站选育而成，2014

年 12 月通过山东省农作物品种审定委员会审定并定名，2018 年 9 月由山东烟富农业科技有限公司获得农业农村部非主要农作物品种登记证书。

果实长圆形，平均单果质量 265.0 克，果形指数 0.89；底色淡绿，果面光洁，浓红色，片红着色；果肉淡黄色，爽脆多汁，味甜微酸，风味佳，可溶性固形物含量 14.7%，可滴定酸含量 0.15%，果肉硬度 8.78 千克 / 厘米 ^{2}，品质上乘。苹果枝干轮纹病和苹果苦痘病发病轻。在山东省烟台蓬莱市，10 月下旬果实成熟，果实发育期 170 ~ 180 天。该品种枝条节间短，萌芽率高，成枝力弱，具有明显的短枝性状，建园第 5 年平均亩产 3 562 千克。

57.元富红

‘元富红’是从‘烟富 3 号’中选育的大果高桩红色芽变苹果新品种。由蓬莱市果树工作总站、蓬莱市农业技术推广站合作选育而成，2015 年通过有关专家鉴定，2016 年 12 月通过山东省农作物品种审定委员会审定并定名，2018 年 9 月由蓬莱市元峰果业专业合作社获得农业农村部非主要农作物品种登记证书。

果实长圆形，平均单果质量 267.0 克；果形端正，果形指数 0.91；果面光洁，色泽艳丽，色相片红，着宝石红色，全红果比率在 98% 以上，上色特别快，且长时间保持艳丽；果肉淡黄色，爽脆多汁，酸甜爽口，可溶性固形物含量 15.6%，可滴定酸含量 0.15%，果实硬度 8.50 千克 / 厘米 ^{2}，品质上。在山东省烟台蓬莱市，物候期与‘烟富 3 号’一致，3 月底至 4 月初萌芽，初花期 4 月 19—21 日，盛花期 4 月 22 日至 5 月 1 日，10 月下旬果实成熟，果实发育期 170 天左右，11 月底落叶。

‘元富红’最大特点是上色快，套袋果脱袋后，晴天 2 天就可以上满色，5 天就可以达到上市要求的色泽，且长时间保持艳丽；‘烟富 3’上色慢，晴天需 5 天才可上满色，10 天才能达到上市要求的色泽。

58.鑫蓬仙红

‘鑫蓬仙红’是从‘烟富 3 号’中选育的红色芽变苹果新品种。由蓬莱市农益苗木专业合作社选育而成，2018 年 11 月通过农业农村部非主要农作物品种登记并定名。

果实长圆形，平均单果质量 290.0 克，高桩、端正，果形指数 0.91；色泽鲜艳、粉红色，全红果率达 100%，摘袋后 4 ~ 6 天可上足色；果肉淡黄色，品质好、味甜、微酸、脆爽多汁；可溶性固形物含量 15.6%，可滴定酸含量 0.15%，果肉硬度 8.20 千克 / 厘米 ^{2}。10 月下旬果实成熟，果实发育期 170 天左右，11 月底落叶。

59.霞光 1 号

‘霞光 1 号’是从‘2001 富士’中选育的红色芽变苹果新品种。由蓬莱市农益苗木专业合作社选育而成，2018 年 11 月通过农业农村部非主要农作物品种登记并定名。

果实长圆形，平均单果质量 292.0 克，高桩、端正，果型指数 0.92；色泽鲜艳，蜡质层厚，条红，条纹清晰，条红果比例达 98% 以上，摘袋后 5 ~ 7 天可采摘；果肉淡黄色，爽脆多汁；可溶性固形物含量 15.4%，可滴定酸含量 0.15%，果肉硬度 8.20 千克 / 厘米 ^{2}，果味微酸。10 月下旬果实成熟，果实发育期为 170 天左右，11 月底开始落叶。

60.响富

‘响富’是从‘长富 2 号’中选育的红色芽变苹果新品种。由烟台大山果业开发有限公司、烟台果树工作站、龙口市农业技术推广中心合作选育而成，2015 年 10 月经过省级专家验收并定名，2017 年 12 月通过农业部非主要农作物品种登记。

果实近圆形或长圆形，平均单果质量 300.0 克左右，最大单果质量 520.0 克，果个均匀，高桩，果形指数 0.88。果面底色黄绿色，盖色为红色，片红型着色。果肉乳黄色，风味芳香浓，脆甜多汁。可溶性固形物含量 16.0%，可滴定酸含量 0.17%，果肉硬度 7.80 千克 / 厘米 ^{2}。萌芽期、初花期均与‘烟富 3 号’‘长富 2 号’同期，且早、中、晚期脱袋全红果率均能达到 90% 以上。在山东蓬莱，花芽萌动期 3 月 13 日，萌芽期 3 月 28 日，初花期4 月 25 日，盛花期 4 月 27 日，10 月中旬果实成熟，果实生长期 180 天，12 月中、下旬落叶。以短果枝结果为主，有腋花芽结果习性，易丰产高产。

61.响红

‘响红’是从‘富士’中选育的片红型着色芽变苹果新品种。由烟台大山果业开发有限公司选育而成，2019 年 6 月通过农业农村部非主要农作物品种登记并定名。

树势健壮，树姿开张，易成花，以中短枝结果为主，有腋花芽结果习性，坐果率高。一年生枝平均节间长度 2.45 厘米。果实长圆锥形，平均单果质量 250.0 克，果型指数 0.97，大小均匀，整齐度高，萼洼、梗洼中深；着色速度快，脱袋 2 ~ 3 天后全面着色，6 ~ 7 天即可采收；只需轻度摘叶转果，不套袋、不铺反光膜均全红，果柄全红；色型为满红（片红）型着色，没有条纹着色特征，色泽艳丽，固色稳定，霜降后脱袋 6 ~ 8 天即可采收，可采收期长，脱袋 20 天色泽不老，果粉中等，蜡质层厚；果肉乳黄色，肉质细脆，多汁香甜。可溶性固形物含量 15.4%，可滴定酸含量 0.15%，果肉硬度 8.80 千克 / 厘米 ^{2}。10 月中、下旬成熟期，可采收期 10 月上旬至 11 月上旬，果实发育期 160 ~ 180 天。对炭疽叶枯病、红点病、褐点病有较强抗性，对霉心病抗性同‘烟富 3 号’‘长富 2 号’。抗日灼、抗果锈，抗裂口、水裂纹能力强，无采前落果和生理落果现象。比‘烟富 3 号’增产约 10%。

62.众成 1 号

‘众成 1 号’是‘烟富 3 号’的芽变苹果新品种。由烟台大为农业科技有限公司选育而成，2018 年 8 月通过农业农村部非主要农作物品种登记。

果实长圆形，平均单果质量 307.0 克，高桩端正，果形指数 0.90；着色全面、片红、艳丽，果面光滑，果粉厚，越擦越亮，果点小，梗锈轻；果肉淡黄色，肉质紧密，口味香甜，可溶性固形物含量 14.7%，可滴定酸含量 0.18%，果肉硬度 8.90 千克 / 厘米 ^{2}。易成花，坐果率高，丰产性好。10 月中、下旬果实成熟，果实发育期 170 天左右。

63.众成 3 号

‘众成 3 号’是‘长富 2 号’的芽变苹果新品种。由烟台大为农业科技有限公司选育而成，2018 年 8 月通过农业农村部非主要农作物品种登记。

果实长圆形，平均单果质量 287.0 克，高桩端正，果形指数 0.89；着色全面、呈条纹红、艳丽，果面光洁，果皮薄；果肉淡黄色，肉质细脆，口味香甜，可溶性固形物含量 14.3%，可滴定酸含量 0.17%，果肉硬度 8.40 千克 / 厘米 ^{2}。以中短枝结果为主，易成花，坐果率高。10 月下旬果实成熟，果实发育期 170 天左右。

64.首富 3 号

‘首富 3 号’是从‘条红富士系’中选育的中熟片红芽变苹果新品种。由山东省莱州市果树站、莱州市小草沟园艺场合作选育而成，2011 年 9 月通过山东省科技厅组织的专家鉴定并定名。

果实近圆形，平均单果质量 287.0 克，果形端正，高桩；果面全面着鲜红色，色泽艳丽；果肉乳黄色，肉质致密，汁多肉脆，甜味浓，甘甜适口。可溶性固形物含量 14.8%，果肉硬度 8.00 千克 / 厘米 ^{2}；耐贮运，早果性强，无采前落果现象。属于富士系，在山东莱州，9 月中旬成熟，果实发育期 150 ~ 155 天。

65.太红嘎拉

‘太红嘎拉’是从‘太平洋嘎拉’中选育的着色芽变苹果新品种。由山东省莱州市果树站、莱州市小草沟园艺场合作选育而成，2009 年 8 月通过山东省科技厅组织的专家鉴定并定名。

果实长圆锥形，平均单果质量 200.0 克左右，果形指数 0.90 以上。浓红色，有不明显暗红色条纹，树冠内膛苹果也能较好着色，全红果率 80% 以上。果肉淡黄色，肉质硬脆，汁液多，风味浓，酸甜适口，口感好。可溶性固形物含量 13.9%，果肉硬度 8.79 千克 / 厘米 ^{2}，耐贮运。在山东莱州地区，果实 8 月中旬成熟。

66.烟富 111

‘烟富 111’是从‘长富 2 号’中选育的红色芽变苹果新品种。由烟台市松立农业科技有限公司选育而成，2018 年 12 月通过农业农村部非主要农作物品种登记并定名。

果实长圆形，平均单果质量 280.0 克，最大单果质量 600.0 克，果形指数 0.93；条红着色，着色稳定，不褪色，色泽艳丽；着色速度快，脱袋当天就可着色，3 ~ 4 天全面着色，5 ~ 7 天即可采收，蜡质层厚，优质果率 90%；果肉黄色，肉质细，口感脆甜；可溶性固形物含量 15.3%，可滴定酸含量 0.15%，果肉硬度 9.00 千克 /

厘米^2。成熟期10月初，可采收至11月下旬，不落果，果实发育期160～190天。

67.博士达1号

‘博士达1号’是从‘烟富3号’中选育的红色芽变苹果新品种。由烟台市博士达有机果品专业合作社选育而成，2019年5月通过农业农村部非主要农作物品种登记并定名。

果实圆形或近圆形，平均单果质量252.0克，最大单果质量520.0克，高桩，端正，果形指数0.91；果面光洁，光洁度指数92.2%，平滑、有光泽，蜡质多，果粉少，无锈，底色黄白，盖色鲜红，片红，色彩艳丽，着色面积95%以上；果肉黄色，爽脆多汁，酸甜爽口，有浓郁的芳香味；可溶性固形物含量15.7%，可滴定酸含量0.31%，果肉硬度9.80千克/厘米^2。

68.金都红

‘金都红’是‘皇家嘎拉’浓红色芽变苹果新品种。由山东省招远市果业总站、招远市玲珑镇鲁各庄村合作选育而成，2012年12月通过山东省农作物品种审定委员会审定并定名。

果实近圆形，平均单果质量195.4克，最大单果质量256.0克，浓红色，色相为片红，着色指数76.20%；果肉乳白色，肉质细、脆，香气较浓，风味酸甜，品质佳；可溶性固形物含量12.0%，果肉硬度7.40千克/厘米^2，货架期30天；在山东省招远市，果实8月中、下旬成熟。

69.鲁招1号

‘鲁招1号’是从‘烟富3号’中选育的红色芽变苹果新品种。由招远市秦富种植专业合作社选育而成，2019年9月通过农业农村部非主要农作物品种登记。

树冠中大，树势中庸偏旺，干性较强，枝条粗壮，树姿半开张。果实长圆形，平均单果质量256.0克，果形指数0.86；果面光滑，果点稀小，着色全面浓红果比例达85%，色相片红、艳丽，特别是内膛和下裙基本全红。果肉淡黄色，肉质致密、细脆，汁液丰富，可溶性固形物含量15.6%，可滴定酸含量0.65%，果肉硬度8.50千克/厘米^2。10月下旬果实成熟，果实发育期185天左右。对氮比较敏感，较抗炭疽病、早期落叶病和轮纹病。亩产量可达4 362千克，比对照烟富3号增产6%。

70.沂源红

‘沂源红’是从‘红富士’中选育的短枝型红色芽变苹果新品种。由山东省沂源县农业局、沂源县鲁村镇农技站、沂源县果树中心合作选育而成，2012年10月通过山东省省级技术成果鉴定并定名，可作为优良短枝条红富士在山东省苹果产区推广。

果实长圆形，平均单果质量335.2克，果形指数0.89，果面条红，全条红果比例85%以上。果肉黄白色，细脆多汁，可溶性固形物含量15.7%，果实硬度8.65千克/厘米^2，风味香甜，综合性状优良。在沂源县4月初萌芽，盛花期4月中旬。10月下旬果实成熟，果实发育期185天，属晚熟品种。早果丰产，5年生乔砧短枝亩产可达2 307.6千克。2008年，“沂源苹果”获得国家农业部农产品原产地地理标志保护登记，被确定为专供北京奥运核心区的唯一苹果，荣获北京奥运会组委会“奥运推荐果品”一等奖，被中国果品流通协会授予“中华名果”称号。2009年，被国家工商总局批准注册地理标志证明商标。2010年，被确定为上海世博会接待专用果。

71.夏佳

‘夏佳’是‘北之幸（津轻×祝光）’株变早熟苹果新品种。由山东省桓台县林业局、文登市张家产镇农业技术综合服务中心、东阿县林业局合作选育而成，2011年12月通过山东省林木品种审定委员会审定。

果实圆形，平均单果质量184.0克，最大单果质量270.2克。果实阳面红色，色相为片红；果肉白色，肉质细、脆，爽口，风味甜，品质上等；可溶性固形物含量12.8%。在山东省桓台县，3月下旬萌芽，4月上旬初花，4月上、中旬盛花，7月上旬果实成熟，果实发育期90～95天，成熟期略早于‘北之幸’，为早熟品种，11月上旬落叶。

72.青研红

‘青研红’是‘富士’与‘秋红’杂交育成的中晚熟苹果新品种。由青岛市农业科学研究院、青岛市农业委员会合作选育而成，2012年12月通过山东省农作物品种审定委员会审定并定名。

果实圆形，平均单果质量 257.1 克，最大单果质量 508.0 克；果实鲜红色，色相条红；果肉乳黄色，肉质细、脆，汁液多，香味浓郁，风味酸甜适度，品质极上等。可溶性固形物含量 15.2%，可溶性糖含量 12.80%，可滴定酸含量 0.28%，VC 含量 7.58 毫克 /100 克，果肉硬度 7.98 千克 / 厘米 ^{2}，室温条件下可贮藏 30 天。

在山东省青岛市，3 月底萌芽，4 月中旬初花期，4 月下旬盛花期，5 月上旬终花期，与‘红将军’‘秋红嘎拉’等品种基本相同。9 月下旬至 10 月上旬果实成熟，果实发育期 163 ~ 166 天，11 月中旬落叶，年营养生长期 225 天左右。

三、山西省选育的苹果新品种(4 个)

1.六月红

‘六月红’是由‘Arkasas Black’ × ‘Summer Apple’杂交育成的早熟苹果新品种。由山西省农业科学院果树研究所、果树种质创制和利用山西省重点实验室、山西省农业科学院现代农业研究中心合作选育而成，2017 年 12 月通过山西省林木品种审定委员会审定并定名。

果实近圆形，平均单果质量 148.0 克；果形端正，果形指数 0.80。果面光洁，浓红，底色黄绿；果肉白色，酸甜适口，有淡香味，品质上等。可溶性固形物含量 12.5%，总糖含量 9.55%，总酸含量 0.93%，果肉硬度 8.30 千克 / 厘米 ^{2}。在山西晋中地区 6 月下旬果实成熟，果实发育期 72 ~ 76 天，与‘泰山早霞’成熟期相近，比‘华瑞’‘冀苹 1 号’提早 30 天左右。具有易成花，早果丰产等特点，盛果期产量 36.8 ~ 39.0 吨 / 公顷。综合经济性状优于‘泰山早霞’‘藤牧 1 号’等早熟品种。抗寒性强，较抗苹果树腐烂病和早期落叶病。

2.晋霞

‘晋霞’是以‘富士’ × ‘津轻’杂交育成的中熟苹果新品种。由山西省农业科学院果树研究所选育而成，2009 年 9 月通过山西省林木品种审定委员会审定并定名。

果实近圆形，平均单果质量 230.0 克，最大单果质量 280.5 克，果形指数 0.91。底色淡黄色，果面光洁、艳丽，披鲜红色条纹；果皮较薄，果肉黄白色，肉质细，松脆，汁液多，甜酸适口，有香气，品质上等。可溶性固形物含量为 13.7%，果肉硬度 7.20 千克 / 厘米 ^{2}。在山西晋中地区，3 月 20 日左右花芽开始萌动，4 月 10 日始花，9 月上、中旬果实成熟，11 月下旬落叶。树势较强，开张，萌芽率高，成枝力中等；果苔枝连续结果能力强；采前落果轻，稳产、丰产。较抗白粉病、轮纹病和腐烂病等。

3.晋富 4 号

‘晋富 4 号’是从‘晋富 1 号’芽变中选育的中晚熟苹果新品种，‘晋富 1 号’是富士系早熟芽变品种。‘晋富 4 号’由山西省农业科学院现代农业研究中心、山西省果业工作总站、山西省农业科学院果树研究所合作选育而成，2017 年 4 月通过山西省林木品种审定委员会审定并定名，2021 年成为山西省农业生产主推品种。

果实近圆形，平均单果质量 240.5 克，果形较端正，果形指数 0.91；果面光洁，底色浅黄绿，表色浓红；果肉黄白色，汁多，酸甜适口，有淡香味，品质优良。可溶性固形物含量 14.9%，总糖含量 13.53%，总酸含量 0.34%，果肉硬度 8.91 千克 / 厘米 ^{2}。在山西太原地区 9 月中、下旬果实成熟，果实发育期 150 ~ 155 天，与‘新红星’相近，比‘红将军’‘玉华早富’和‘晋富 1 号’晚熟 5 ~ 7 天，且无采前落果现象。具有易成花，丰产稳产等特点，盛果期产量 46.58 ~ 48.62 吨 / 公顷。

4.赤霞

‘赤霞’是由‘千秋’ × ‘津轻’杂交育成的中熟苹果新品种。由山西省农业科学院生物技术研究中心选育而成，2019 年 6 月通过农业农村部非主要农作物品种登记并定名。

树势中庸；枝条中粗、节间短、腋花芽多。果实扁圆形，平均单果质量 246.0 克；果面底色黄绿、盖色浓红，条纹不明显，全红，果面易着色，呈紫红色；梗洼处稍有果锈，果点大、中多；无裂果；果梗较短、粗；果心中大。果肉浅黄色，中脆；果味中甜，有香味，果汁多，种子数多；可溶性固形物含量 15.5%，可滴定酸含量 0.25%，总糖含量 7.85%，还原糖含量 3.06%，VC 含量 12.5 毫克 /100 克，果肉硬度 5.10 千克 / 厘米 ^{2}。对早期落叶病、腐烂病抗性较强，抗旱性和抗寒性较强。亩产可达 5 220 千克，比对照嘎拉减产 6.7%。在山西长治地区3 月下旬萌芽，4 月上、中旬开花，9 月上旬成熟，成熟期有少量落果。

四、河南省选育的苹果新品种(9 个)

1.华丹

‘华丹’是以‘美八’与‘麦艳’杂交育成的早熟苹果新品种。由中国农业科学院郑州果树研究所选育而成,2014 年 3 月通过河南省林木品种审定委员会审定并定名,2018 年 9 月通过农业农村部非主要农作物品种登记。

果实近圆形,高桩,平均单果质量 160.0 克;果实底色黄白,果面着鲜红色。果肉白色,肉质中细、松脆,风味酸甜,品质优良或中上。可溶性固形物含量 12.3%,可滴定酸含量 0.49%,果肉硬度 6.30 千克 / 厘米 ^{2}。在河南郑州地区 4 月初开花,4 月 2—5 日盛花,花期 5 ~ 6 天;果实 6 月下旬上色、7 月初成熟,果实发育期 80 ~ 85 天,成熟期比‘藤木 1 号’早 5 ~ 7 天、比‘嘎拉’早 35 ~ 40 天。郑州地区果实 7 月初成熟,果实发育期80 ~ 85 天。盛果期产量可达 45.0 吨 / 公顷。田间表现抗苹果枝干轮纹病和腐烂病,适宜在‘嘎拉’苹果种植区发展。

2.华硕

图 10–37　华硕

‘华硕’是以‘美国八号’为母本,‘华冠’为父本杂交选育的早熟苹果新品种(图 10–37)。由中国农业科学院郑州果树研究所选育而成,2009 年通过河南省林木品种审定委员会审定并定名。2018 年 9 月通过农业农村部非主要农作物品种登记。

果实近圆形,果实大,平均单果质量 232.0 克,最大单果质量 500.0 克以上,果形指数 0.90,高桩。底色绿黄,果面着鲜红色,片红,着色面积达 70%,个别果面可达全红。果面蜡质多,有光泽,无锈。果粉少,果点中、稀,灰白色。果梗中长,平均 2.4 厘米,粗。梗洼深、广,萼片宿存,直立,半开张。萼洼广,陡、中深,有不明显的突起。果肉绿白色,肉质中细、松脆,汁液多,酸甜适口,风味浓郁,有芳香,品质上等。可溶性固形物含量13.1%,可滴定酸含量 0.34%,果肉硬度 10.10 千克 / 厘米 ^{2}。在河南郑州地区 3 月 7—10 日萌动,4 月初开花,盛花期为 4 月 3—7 日,花期为 5 ~ 6 天。果实 7 月下旬着色,8 月初成熟,果实发育期 110 天左右,成熟期比‘美国八号’晚 3 ~ 5 天,比嘎拉早 7 ~ 10 天。11 月上旬落叶,年营养生长期 250 ~ 260 天。果实在室温下可贮藏 20 天以上,冷藏条件下可贮藏 2 个月。该品种树势强,树姿半开张,属普通类型品种,具有较好的早果性和丰产性,5 年生园亩产 2 450 千克;属大果形品种,幼树极易形成腋花芽,栽培中必须严格疏花蔬果;做精品、礼品果生产时,必须分期采收。

3.锦秀红

‘锦秀红’是从‘华冠’中选育的早熟浓红色芽变苹果新品种。由中国农业科学院郑州果树研究所选育而成,2009 年通过河南省林木品种审定委员会审定并定名,2018 年 9 月通过农业农村部非主要农作物品种登记。

果实近圆锥形,平均单果质量 205.0 克。果皮底色绿黄,果面全面着鲜红色。果肉淡黄色,肉质细,脆而多汁,风味酸甜适宜。可溶性固形物含量 13.3%,总糖含量 11.67%,可滴定酸含量 0.29%,VC 含量 5.14 毫克/100 克,果肉硬度 8.10 千克 / 厘米 ^{2}。品质上等,耐贮藏。早果性好,坐果率高,丰产。在河南豫西地区果实8 月下旬开始着色,9 月中旬成熟,属中晚熟品种,比‘华冠’早 15 天左右。

4.华玉

‘华玉’是以‘藤牧 1 号’为母本,‘嘎拉’为父本杂交育成的早熟苹果新品种。由中国农业科学院郑州果树研究所选育而成,2008 年通过河南省林木品种审定委员会审定并定名,2018 年 9 月通过农业农村部非主要农作物品种登记。

果实近圆形,平均单果质量 196.0 克,果形指数 0.90,果个整齐,高桩。底色绿黄,果面着鲜红色条纹,着色面积60%以上。果面平滑、蜡质多、有光泽、无锈,果粉中多;果点中、稀、灰白色;果梗中短,粗,平均长度 1.7 厘米；梗洼深，广；萼片宿存、直立、闭合；萼洼广、缓、中深；果肉黄白色，肉质细、脆，汁液多，风味酸甜适口，具清香，品质上等。可溶性固形物含量 15.0%，总糖含量 13.46%，可滴定酸含量 0.29%，果肉硬度 9.80 千克 / 厘米^2。在河南郑州地区 3 月 7—10 日萌动；4 月初开花，盛花期 4 月 2—5 日，花期 5 ~ 6 天；果实 7 月中旬上色、7 月下旬成熟，果实发育期 110 ~ 120 天，成熟期比‘藤牧 1 号’晚 2 ~ 3 周、比‘嘎拉’早 2 周左右；11 月上旬落叶，年营养生长期 250 ~ 260 天。果实在室温下可贮藏 10 ~ 15 天。

5.华冠

‘华冠’是以‘金冠’为母本，‘富士’为父本杂交育成的中熟苹果新品种。由中国农业科学院郑州果树研究所选育而成，2018 年 9 月通过农业农村部非主要农作物品种登记并定名。

果实近圆锥形，平均单果质量 180.0 克。底色金黄，微带绿色基调，多 1/2 或 2/3 果面红色，有的带有红色条纹，充分着色后可为全面红色。果肉黄色，肉质致密，脆而多汁，酸甜适口，有香味。可溶性固形物 15.4%，可滴定酸含量 0.26%，果肉硬度 6.90 千克 / 厘米^2。果实室温下可贮藏至次年 4 月。河南郑州地区 3 月上、中旬花芽萌动，4 月中旬开花，9 月上、中旬果实成熟，果实发育期 150 天左右，11 月上旬落叶，年营养生长期 250 ~ 260 天。较抗苹果斑点落叶病，对白粉病和苹果炭疽叶枯病敏感。

6.华星

‘华星’是以‘藤木一号’为母本，‘嘎拉’为父本杂交育成的早熟苹果新品种。由中国农业科学院郑州果树研究所选育而成，2018 年 9 月通过农业农村部非主要农作物品种登记并定名。

果实近圆形，平均单果质量 164.0 克。底色黄白，果面着鲜红色，着色面积 70% 以上。果面平滑、蜡质多、有光泽，果实室温下可贮藏 10 ~ 15 天。可溶性固形物含量 13.4%，可滴定酸含量 0.28%，果肉硬度 8.50 千克 / 厘米^2，酸甜适口，有芳香。河南郑州地区 3 月上、中旬花芽萌动，4 月初开花，7 月下旬果实成熟，果实发育期 110 天左右，11 月上旬落叶，年营养生长期 250 ~ 260 天。该品种较抗苹果炭疽叶枯病。

7.华瑞

‘华瑞’是以‘美八’为母本，‘华冠’为父本杂交育成的早熟苹果新品种。由中国农业科学院郑州果树研究所选育而成，2018 年 9 月通过农业农村部非主要农作物品种登记并定名。

果实扁圆形到近圆形，平均单果质量 208.0 克。底色绿黄，果面着鲜红色，着色面积达 70%。果实室温下可贮藏 20 天左右，冷藏条件下可贮藏 2 ~ 3 个月。可溶性固形物含量 13.2%，可滴定酸含量 0.29%，果肉硬度 9.70 千克 / 厘米^2，酸甜适口，香味浓。在河南郑州地区 3 月上、中旬花芽萌动，4 月初开花，7 月中、下旬果实成熟，果实发育期 100 ~ 110 天左右，11 月上旬落叶，年营养生长期 250 ~ 260 天。该品种较抗苹果斑点落叶病、白粉病、枝干轮纹病。

8.华佳

‘华佳’是以‘美八’为母本，‘麦艳’为父本杂交育成的早熟苹果新品种。由中国农业科学院郑州果树研究所选育而成，2018 年 9 月通过农业农村部非主要农作物品种登记并定名。

果实近圆形，平均单果质量 192.0 克。底色绿白，果面着鲜红色，着色面积 60% 以上。果实室温下可贮藏 5 ~ 7 天，可溶性固形物含量 12.2%，可滴定酸含量 0.44%，果肉硬度 6.60 千克 / 厘米^2，风味酸甜。河南郑州地区 3 月上、中旬花芽萌动，4 月初开花，7 月上旬果实成熟，果实发育期 80 天左右，11 月上旬落叶，年营养生长期 250 ~ 260 天。该品种高抗或中抗苹果枝干轮纹病和腐烂病，易感白粉病。

9.国庆红

‘国庆红’是从‘弘前富士’中选育的个大、色艳、成熟稍早的中晚熟苹果新品种。由商丘市农林科学院、国家苹果产业技术体系商丘综合试验站合作选育而成，2016 年 12 月通过河南省林木品种审定委员会审定并定名，2018 年 9 月通过农业农村部非主要农作物品种登记。

果实近圆形略扁，平均单果质量 328.0 克，最大单果质量 512.0 克，端正，果形指数 0.86。底色黄绿色，初熟时呈鲜红色、片红，成熟时深红色，自然着色超过 80%，完熟时个别果实可达全红。果面洁净无果锈，蜡质厚，手触有油腻感。果梗长 1.80 厘米，较短，中粗。梗洼浅、中广，萼洼浅、宽，萼片宿存，顶部有明显 5 棱突起。果心中大，每个果实平均有 6 粒种子，种子较大，卵圆形，种子长 1.0 厘米、宽 0.5 厘米，褐色。果肉黄白色，肉质细脆，汁液丰富，有香味，酸甜可口，风味佳，品质上等。可溶性固形物含量 15.5%，总糖含量 12.4%，可滴定酸含量 0.54%，VC 含量 5.88 毫克 /100 克，果肉硬度 8.60 千克 / 厘米 ^{2}。耐储性好，常温下贮存 3 个月，不沙化。在河南商丘地区虞城县，3 月 21—25 日花芽萌动，4 月 10 日左右开花，4 月 12—15 日盛花期，4 月 18 日左右末花期。果实 9 月上旬开始着色，9 月下旬成熟，果实发育期为 165 天左右，12 月上旬落叶。该品种抗逆性强，对苹果炭疽、叶枯病免疫，高抗苹果轮纹病，可在豫东黄河故道地区及气候条件相近的地区推广发展。

五、甘肃省选育的苹果新品种（3 个）

1.新首红

‘新首红’是‘首红’的全红型芽变苹果新品种。由甘肃省天水市果树研究所选育而成，2011 年通过甘肃省林木良种审定委员会审定并定名。

果实圆锥形，平均单果质量 236.3 克，最大单果质量 437.5 克；全面鲜红色，色相条红，果顶五棱突起明显；果肉乳白色，肉质细、松脆，汁液多，香气浓，风味酸甜，品质上等；可溶性固形物含量 13.4%，可滴定酸含量 0.29%，果肉硬度 6.98 千克 / 厘米 ^{2}。

在甘肃省天水市，3 月上、中旬花芽萌动，3 月中旬至 4 月上旬叶芽萌动，4 月中旬盛花，6 月中、下旬果实开始着色，8 月下旬充分着色，9 月中旬成熟，11 月上、中旬落叶。‘新首红’果实开始着色期、成熟期比‘首红’早 3 ~ 5 天。

2.超红星

‘超红星’是‘红星’的浓红型芽变苹果新品种。由甘肃省天水市果树研究所选育而成。2011 年通过甘肃省林木良种审定委员会审定并定名。

果实圆锥形，果顶五棱突起明显，果形指数 0.93；平均单果质量 243.5 克，最大单果质量 452.3 克；果实浓红色，色相片红；果肉黄白色，肉质细、松脆，汁液多，香气浓，风味酸甜可口，品质上等；可溶性固形物含量 12.9%，可滴定酸含量 0.28%，果肉硬度 7.40 千克 / 厘米 ^{2}。

在甘肃省天水市，2009 年 3 月下旬花芽、叶芽萌动，4 月中旬盛花，6 月 19 日前后新梢停止生长，果实 6 月中旬开始着色，9 月中旬成熟，11 月中旬开始落叶。‘超红星’开始着色期、果实成熟期比‘红星’早 2 ~ 5 天。

3.静宁 1 号

‘静宁 1 号’是‘秦冠’苹果的中短枝型芽变新品种。由甘肃省静宁县果树研究所、甘肃省经济作物技术推广站合作选育而成，2013 年 12 月通过甘肃省林木良种审定委员会认定并定名。

属晚熟品种，中短枝型芽变（节间长 3.10 厘米，秦冠为 3.40 厘米）。果实圆形（秦冠为短圆锥形），纵径 7.80 厘米，横径 8.50 厘米，果形指数 0.92。平均单果质量 278.0 克，最大单果质量 318.8 克。果实全面着鲜红色，色相为片红，着色早、快，着色指数 0.95 以上。果皮光滑，有光泽；果点稀、小，果柄短。果皮厚，果心较小。果肉白色，肉质致密，汁液中多，风味甜，芳香浓郁，品质上等。可溶性固形物含量 13.9%（秦冠为 14.8%），果肉硬度 9.63 千克 / 厘米 ^{2}。果实耐贮藏，常温下可贮藏 100 天左右。在甘肃省静宁县海拔 1 750 米、年平均气温 8.1℃条件下，4 月上旬萌芽，4 月中、下旬开花，不套袋的静宁 1 号 8 月中、下旬果实开始着色，着色期比秦冠早 7 ~ 10 天，10 月中旬果实成熟，11 月上旬落叶，果实发育期 175 天左右，静宁 1 号物候期与对照品种秦冠基本上是同期。对苹果白粉病、苹果斑点落叶病高抗（感病指数均为 4.50），苹果水心病发病率极轻（病果率 1.00% ~ 2.00%），抗性均比秦冠强。树干粗壮、枝条节间短、果柄短，较抗旱，叶片肥大厚实，不易被红蜘蛛、蚜虫为害。

在年平均气温 7.5℃以上、海拔 1 850 米以下、年降水量 450 毫米以上的山台地、塬地均可轻简化栽培。山区还可应用铺沙、覆膜、覆草等旱作覆盖保肥节水技术。该品种树冠紧凑，枝条角度较开张，萌芽率高，成枝力弱，易成花结果、管理省力化，丰产性能好，果个大、果形正，色泽艳丽、外观美、经济性状优良，优质果率高，抗逆性强。树体总生长量小，适宜矮砧和乔砧密植栽培，树形以纺锤形或细长纺锤形为主。

六、辽宁省选育的苹果新品种(20个)

1.华艳

‘华艳’是从‘红玉’实生树中选出的中晚熟苹果新品种。由中国农业科学院果树研究所·农业农村部作物基因资源与种质创制辽宁观测试验站选育而成,2021年通过农业农村部非主要农作物品种登记并定名。

果实圆锥形,平均单果质量235.0克,果形指数0.83。果面较光滑,果点中、密,浓红色,片红型。果肉淡黄色,肉质细脆,汁液中,酸甜适度。可溶性固形物含量12.8%,可滴定酸含量0.32%,果肉硬度7.12千克/厘米^2。无采前落果现象,抗苹果树腐烂病和斑点落叶病。

在辽宁省兴城市,3月底4月初萌芽,5月初始花,5月4—6日盛花,花期持续7~8天,9月中、下旬果实成熟,果实发育期140天左右,为中晚熟品种,11月上旬落叶。

2.华妃

‘华妃’是以‘金冠’为母本、‘华富’为父本杂交育成的晚熟苹果新品种。由中国农业科学院果树研究所选育而成,2020年通过农业农村部非主要农作物品种登记并定名。

果实近圆形,平均单果质量为181.0克,果形指数0.86。果面光洁,无果锈、果棱、蜡质和果粉,着鲜红色,外观极佳,套袋栽培不除袋,果皮较薄,果肉淡黄色,肉质细脆,汁液多,香甜爽口,有清香味,品质极上。可溶性固形物含量15.0%,可溶性糖含量12.30%,可滴定酸含量0.32%,VC含量11.12毫克/100克,果肉硬度7.00千克/厘米^2。在辽宁省兴城地区,4月上旬萌芽,5月4日左右初花期,5月7日前后盛花期,果实成熟期10月下旬。果实发育期为170天左右。枝条抗寒性中等,与‘金冠’相近;抗枝干轮纹病能力优于‘金冠’。早果性与丰产性良好。6年生高接树单株产量为35千克。果实可在冷库条件下贮藏4~5个月。适应性强,适宜在‘金冠’种植区栽植。

3.华蜜

‘华蜜’是以‘金冠’为母本、‘华富’为父本杂交育出的晚熟苹果新品种。由中国农业科学院果树研究所选育而成。2020年通过农业农村部登记并定名。

果实圆锥形,平均单果质量220.0克,果形指数1.10;果面平滑,果点中大、密度中,底色黄绿色,盖色鲜红色,光照良好条件下可全面着色。果肉淡黄色,肉质松脆,多汁,酸甜适度,品质上等。可溶性固形物含量17.5%,可溶性糖含量13.10%,可滴定酸含量0.41%,VC含量8.32毫克/100克,果肉硬度7.50千克/厘米^2,在冷库中可贮藏至翌年4月。在辽宁省兴城地区,4月8日萌芽,5月1日初花,5月6日盛花,5月11日开始落花,10月20日果实成熟,11月上旬落叶。

4.华庆

‘华庆’是以‘金冠’与‘华富’杂交选育而成的中晚熟苹果新品种。由中国农业科学院果树研究所选育而成,2017年12月获农业部非主要农作物品种登记证书并定名。

果实扁圆形,平均单果质量223.0克,最大单果质量300.0克,果形指数0.80;果皮鲜红色,片红,全面着色;果面较光滑;果点较大;果肉较细,淡黄色,肉质松脆多汁。可溶性固形物含量15.5%,总糖含量12.10%,可滴定酸含量0.51%,果肉硬度7.40千克/厘米^2;口感香甜,有香味,品质上等。在辽宁兴城地区,4月初花芽萌动,5月初开花,花期约10天,8月中旬果实开始着色,9月下旬成熟,果实发育期140天左右。年营养生长期210天左右。与亲本‘金冠’‘华富’相比,植株斑点落叶病、褐斑病都较轻,抗枝干轮纹病能力强于‘金冠’品种。抗寒抗病性较强。

5.华苹

‘华苹’是以‘金冠’与‘惠’杂交育成的优良中晚熟苹果新品种。由中国农业科学院果树研究所、农业部园艺作物种质资源利用重点实验室合作选育而成,2014年3月通过辽宁省非主要农作物品种备案办公室备案并定名,2019年10月通过农业农村部非主要农作物品种登记。

果实长圆形,平均单果质量177.0克,果形指数0.98。果皮底色黄绿,全面鲜红色,果皮薄;果面光滑,蜡质层较厚,果点小而疏,外观美丽。果肉黄白色,肉质松脆,汁液多,风味酸甜、微香,品质极佳。可溶性固形物含量 12.8%，可溶性糖含量 9.60%，可滴定酸含量 0.64%，VC 含量 5.60 毫克 /100 克，果肉硬度 7.10 千克 / 厘米^2。在辽宁辽西地区 4 月上、中旬萌芽，5 月上旬开花，9 月下旬果实成熟，果实发育期 140 天左右，属中晚熟品种。抗苹果枝干轮纹病能力明显强于对照品种富士、新红星。抗寒性比新嘎拉强，其临界低温为–35 ~ –30℃。适宜在‘金冠’种植区发展。

6.华月

‘华月’是以‘金冠’为母本，‘华富’为父本杂交育成的晚熟苹果新品种。由农业部果树种质资源利用重点开放实验室、中国农业科学院果树研究所合作选育而成，2010 年 3 月通过辽宁省非主要农作物品种备案办公室备案并定名，2019 年 10 月通过农业农村部非主要农作物品种登记。

果实圆柱形，果形指数 0.92，平均单果质量 230.0 克，最大单果质量 300.0 克；果皮黄绿色，完熟后黄色，阳面带红晕，平滑光洁，无果锈；果肉黄白色，松脆中细，汁液多，具有‘富士’苹果风味。可溶性固形物含量 14.6%，果肉硬度 7.03 千克 / 厘米^2。耐贮藏，贮藏过程中不用保鲜袋，在冷库中可贮至翌年 3、4 月份仍保持风味不变，且不易出现皱皮。在辽宁兴城地区，4 月上、中旬萌芽，5 月 1 日花序分离，5 月上旬开花，10 月下旬果实完全成熟，11 月上、中旬树体开始落叶，年营养生长期 210 天左右。抗寒，高抗苹果早期落叶病、果实轮纹病。

7.华脆

‘华脆’是以‘金冠’为母本，‘惠’为父本杂交选育而成的晚熟、红色、鲜食加工兼用苹果新品种。由农业部果树种质资源利用重点开发实验室、中国农业科学院果树研究所合作选育而成，2010 年通过辽宁省非主要农作物品种备案办公室备案并定名。

果实长圆形或圆锥形，平均单果质量 200.0 克，果实底色黄绿，果面鲜红色及浓红条纹；果面光洁，外观漂亮；果肉黄白色、松脆，汁液多，风味甜酸，有香气；可溶性固形物含量 12.8%，可溶性糖含量 10.10%，可滴定酸含量 0.70%，VC 含量 14.76 毫克 /100 克，果肉硬度 8.10 千克 / 厘米^2，品质中上；果实较耐贮藏，出汁率 68.0%，果汁褐变轻。华脆萌芽期及花期较其母本金冠晚 2 天左右，在辽宁兴城 4 月上、中旬萌芽，4 月下旬至 5 月上旬开花；10 月中旬果实成熟，11 月上、中旬落叶，果实发育期 155 天左右，年营养生长期 210 天。该品种抗寒性较强，对苹果斑点落叶病、轮纹病有较强的抗性。

8.华红

‘华红’是以‘金冠’为母本，‘惠’为父本杂交育成的晚熟苹果新品种。由中国农业科学院果树研究所选育而成，2019 年 10 月通过农业农村部非主要农作物品种登记并定名，2021 年成为辽宁省农业优良推介品种。

果实长圆形，平均单果质量 250.0 克，高桩；果皮底色黄绿，被鲜红色彩霞或全面鲜红色，具不明显条纹；果面光滑，蜡质较厚，果点小；果肉淡黄色，肉质松脆，汁液多，风味酸甜适度，有香气。可溶性固形物含量15.5%，可滴定酸含量 0.48%，VC 含量 8.97 毫克 /100 克，果肉硬度 6.70 千克 / 厘米^2。在辽宁兴城 8 月中旬开始着色，在 10 月上旬果实成熟，采前不易落果，果实发育期 150 天左右。树体抗寒性强，抗枝干轮纹病能力强。

9.华红 2 号

‘华红 2 号’是从‘华红’中选出的芽变苹果新品种。由中国农业科学院果树研究所选育而成，2020 年通过农业农村部非主要农作物品种登记并定名。

果实圆锥形，平均单果质量 320.0 克，果形指数 0.92，果点小；果面底色黄绿色，盖色鲜红色，光照良好条件下，可全面着红色。果肉淡黄色，肉质松脆多汁，酸甜适度。可溶性固形物含量 15.3%，果肉硬度 6.80 千克 / 厘米^2。果实冷库可贮藏 5 个月。在辽宁省兴城地区，4 月上旬花芽开始萌动，5 月 4 日初花，5 月 7 日盛花，5 月 12 日终花，10 月中旬果实成熟，果实发育期 155 天左右，11 月上旬落叶。

10.岳艳

‘岳艳’是由‘寒富’×‘珊夏’杂交育成的中熟苹果新品种。由辽宁省果树科学研究所选育而成，2014 年 3 月通过辽宁省非主要农作物品种备案办公室备案并定名，2021 年成为辽宁省农业优良推介品种。

果实长圆锥形，平均单果质量 240.0 克，最大单果质量 309.0 克，果形指数 0.89，每果实含种子 8～10 粒，果形端正；果面不套袋鲜粉红色，光洁艳丽；果肉黄白色，肉质细脆、汁液多、风味酸甜、有香气。可溶性固形物含量 13.4%，总糖含量 11.50%，可滴定酸含量 0.42%，果肉硬度 8.20 千克 / 厘米 ^{2}，品质上等。在辽宁熊岳地区（东经 122° 09′ 、北纬 40° 10′ ）4 月中旬花芽萌动，5 月初盛花，花期持续 5～7 天，8 月中旬开始着色，9 月上旬果实成熟，与‘嘎拉’成熟期相近，果实发育期 125 天左右，为中熟品种，11 月上旬落叶，年营养生长期 200 天左右。室温可存放 20 天左右，冷藏可贮至翌年 3 月。树势强健，萌芽率高，成枝力强。幼树以腋花芽和短果枝结果为主。‘岳艳’有一定自花结实能力，花朵坐果率 11.3%，花序坐果率 22.5%，推测这种特性可能来自母本‘寒富’。利用苹果自交不亲和 S 等位基因特异性 PCR 技术，鉴定‘岳艳’的 S 基因型为S1S7，与‘富士’‘嘎拉’‘首红’‘金冠’‘岳阳红’‘岳华’及‘寒富’等可相互授粉。该品种早果、丰产，乔化栽后2 年见果，5 年生树平均产量 30 000 千克 / 公顷。抗寒性较强，顶芽抗寒性强于‘寒富’，较抗枝干轮纹病。适宜在辽宁省营口市大石桥以南及相似气候区发展。

11. 岳冠

‘岳冠’是由‘寒富’×‘岳帅’杂交育成的晚熟苹果新品种。由辽宁省果树科学研究所选育而成，2014 年 3 月通过辽宁省非主要农作物品种备案办公室备案并定名，2021 年成为辽宁省农业优良推介品种。

果实近圆形，平均单果质量 225.0 克，最大单果质量 480.0 克，果形指数 0.86，每果实含种子 8 粒；果皮底色黄绿，全面着鲜红色，果面光滑，蜡质少，果肉黄白色，肉质紧密，风味甜，微香。可溶性固形物含量 15.4%，总糖含量 12.60%，可滴定酸含量 0.39%，VC 含量 4.38 毫克 /100 克，果肉硬度 9.80 千克 / 厘米 ^{2}，品质上等。果实发育期 165 天，在辽宁熊岳地区 10 月中、下旬成熟；每花序 5 朵花，萌芽率 62.3%，成枝力中等。适应性和抗性较强，易栽培。果实恒温贮藏可到翌年 5 月初。适合在辽宁省营口市大石桥和凌海以南及气候条件相似地区栽培，早果性及丰产性较好，矮化中间砧树第 3 年开花结果，4 年生矮化中间砧树平均产量 19 335 千克 / 公顷。

12. 望香红

‘望香红’是在大连市瓦房店市赵屯富士与红星混栽苹果园中发现的优质晚熟苹果新品种，起源不详。由辽宁省果树科学研究所选育而成，2012 年通过辽宁省非主要农作物品种备案办公室备案并定名。

果实短圆锥形，平均单果质量 240.0 克，最大单果质量 320.0 克；果面鲜红色，全红，顶部有棱起；果皮薄，果肉黄白色，肉质松脆、较细，汁液中多，香气浓郁，风味甜，品质上等；可溶性固形物含量 14.1%，可滴定酸含量 0.32%，VC 含量 5.53 毫克 /100 克，果肉硬度 8.80 千克 / 厘米 ^{2}；冷藏可贮至翌年 4 月末。在辽宁省瓦房店市，4 月上旬萌芽，4 月末至 5 月初开花，10 月中旬果实成熟，10 月底至 11 月初落叶，年营养生长期 210 天。

13. 岳华

‘岳华’是以‘寒富’为母本，‘岳帅’为父本人工杂交育成的晚熟苹果新品种。由辽宁省果树科学研究所选育而成，2012 年通过辽宁省非主要农作物品种备案并定名。

果实长圆形，平均单果质量 215.0 克，最大单果质量 325.0 克，果形指数 0.94，果形端正。果实底色黄绿，全面着鲜红色，条红；果肉黄白色，肉质松脆，中粗，汁液多，风味酸甜，微香，品质上等。可溶性固形物含量 15.5%，可滴定酸含量 0.37%，果肉硬度 11.90 千克 / 厘米 ^{2}。在辽宁熊岳地区 4 月中旬花芽萌动，5 月初盛花，10 月中旬果实成熟，果实发育期 160 天左右。耐贮藏，常温可贮至翌年 3 月。抗寒性较强，1 年生枝条半致死温度在 –35℃左右，顶芽冻害率低于‘寒富’。较抗枝干轮纹病，1 年生枝病级为 1 级，发病率 5.6%，病情指数 1.4；主干病级为 2 级，发病率 17.7%，病情指数 4.4，属抗病品种。

14. 秋富红

‘秋富红’是从‘红富士’（‘秋富 1 号’）中选育的晚熟短枝型芽变苹果新品种。由辽宁省果树科学研究所选育而成，2010 年 10 月通过辽宁省非主要农作物品种备案办公室备案并定名。

果实近圆形，平均单果质量 280.0 克，最大单果质量 447.5 克，果形指数 0.86；果面底色黄绿，全面浓红色，片红着色，着色指数高达 0.98；果皮光滑，蜡质和果粉较多，果点中大较稀；果肉黄白色，肉质致密，脆而多汁，甜酸适口，有芳香。可溶性固形物含量 15.2%，可滴定酸含量 0.47%，VC 含量 2.56 毫克 /100 克，果肉硬度10.80 千克 / 厘米^{2},花青苷总吸收度为每平方米 12 597,品质上等。在辽宁熊岳地区 4 月上旬萌芽,4 月下旬初花,5 月初盛花,10 月中、下旬成熟果实,果实发育期 170 天左右,11 月中旬落叶,年营养生长期 230 天。耐贮藏,恒温贮藏可到翌年 5 月。该品种具有树冠矮小、紧凑,枝条萌芽率及短枝率高,节间短,叶片大而肥厚,果个大,果色浓红,外观美、风味浓、品质优,贮藏性、早果性、丰产性、抗逆性较强等特点。适宜在辽宁省 1 月份平均气温 -10℃以南的富士苹果产区栽植。在我国富士苹果产区具有广阔的发展前景。

15.岳苹

‘岳苹’是以‘寒富’×‘岳帅’杂交育成的晚熟苹果新品种。由辽宁省果树科学研究所选育而成,2009 年通过辽宁省非主要农作物品种备案办公室备案并定名。

果实圆锥形,平均单果质量 295.0 克,最大单果质量 545.0 克,果形指数 0.86,果形端正。底色黄绿,全面着鲜红色,条纹红,果面光滑。果肉黄白色,肉质松脆、中粗,汁液多,风味酸甜微香。果点较密,果皮较厚,蜡质均匀。可溶性固形物含量 15.3%,可溶性糖含量 12.49%,可滴定酸含量 0.22%,VC 含量 5.20 毫克 /100 克,果肉硬度 11.20 千克 / 厘米^{2}。在辽宁熊岳地区 4 月上旬花芽萌动,4 月下旬初花,4 月末盛花,5 月初终花,9 月中旬开始着色,10 月中旬果实成熟,果实发育期 165 天左右,11 月上旬落叶,年营养生长期 220 天。果实较耐贮藏,可冷藏至翌年 3 月。成枝力强,短枝少,连续结果能力中等,有腋花芽结果习性,采前不落果。S 基因型为 S1S2,自花结实率低,生产上需要配置授粉树。抗寒性较强,在熊岳地区经过 13 年田间观察,未发生明显冻害,生长结果正常,一年生枝半致死温度 -35℃左右。未发现有苹果白粉病;苹果腐烂病、早期落叶病发病亦较轻。田间苹果轮纹病菌接种鉴定表明,一年生枝感病病级为 0.3,主干感病病级为 1 级,属抗病品种。

16.岳丰

‘岳丰’是以‘东光’×‘富士’杂交育成的晚熟、加工鲜食兼用苹果新品种。由辽宁省果树科学研究所选育而成,2009 年通过辽宁省非主要农作物品种备案办公室备案并定名。

果实近圆形,平均单果质量 230.0 克,最大单果质量 345.0 克,果形指数 0.85。果实底色黄绿,全面着鲜红色条纹。果肉淡黄色,肉质松脆、中粗,汁液多,风味酸甜,微香,无异味。可溶性固形物含量 15.6%,总糖含量 12.98%,可滴定酸含量 0.90%,VC 含量 15.97 毫克 /100 克,果肉硬度 11.30 千克 / 厘米^{2}。在辽宁熊岳地区 4 月上旬萌芽,4 月末至 5 月初盛花,5 月上、中旬叶幕出现且新梢开始生长,6 月中旬第 2 次生理落果,6 月中、下旬开始花芽分化,9 月中旬果实开始着色,10 月中旬果实成熟,果实发育期 160 天左右,11 月上、中旬落叶,全生育期 210 天左右。

一榨、二榨的总出汁率为 90%,超滤后色度值 93%、透光度 99.8%、浊度 0.182NTU。浓缩后色度值 80%、透光度 99.0%、浊度 0.827NTU;总酸 3.16%。浓缩汁棕黄色,澄清透明,稀释至可溶性固形物含量 11.5%,果汁仍具有香气而无异味。

176.岳阳红

‘岳阳红’是以‘富士’×‘东光’杂交育成的中晚熟苹果新品种。由辽宁省果树科学研究所选育而成,2009 年通过辽宁省非主要农作物品种备案办公室备案并定名,2021 年成为辽宁省农业优良推介品种。

果实近圆形,平均单果质量 205.0 克,最大单果质量 245.0 克,果个较整齐,果形指数 0.85,果形端正。果皮底色黄绿,全面着鲜红色,色泽艳丽。果肉淡黄色,肉质松脆、中粗,汁液多,风味甜酸爽口,微香,无异味。可溶性固形物含量 15.2%,总糖含量 12.52%,可滴定酸含量 0.50%,VC 含量 5.35 毫克 /100 克,果肉硬度 10.10 千克 / 厘米^{2}。具有外观美,风味浓,品质优及早果性、丰产性强等特点。在辽宁熊岳地区 4 月上旬萌芽,4 月末至 5 月初开花,5 月上、中旬叶幕出现且新梢开始生长,6 月中旬第 2 次生理落果,6 月中、下旬开始花芽分化,9 月上旬果实开始着色,9 月下旬果实成熟,10 月底至 11 月初树体完全落叶,果实发育期 145 天,年营养生长期 210 天。

18.丽嘎拉

‘丽嘎拉’是‘嘎拉(Gala)’片红大果型芽变苹果新品种。由辽宁省果树科学研究所、大连市甘井子区小辛寨子村引进选育,2012 年 10 月通过辽宁省非主要农作物品种备案并定名。

果实长圆锥形，平均单果质量 258.2 克，最大单果质量 349.0 克；果面鲜红色，色相为片红，着色指数 0.82；果皮平滑，果粉多；果肉淡黄色，肉质硬脆、粗，汁液中多，风味酸甜，有芳香味，品质上等；可溶性固形物含量 12.2%，可滴定酸含量 0.35%，VC 含量 1.77 毫克 /100 克，果肉硬度 9.02 千克 / 厘米 ^{2}。在辽宁省营口市，4 月中旬花芽萌动，4 月末至 5 月初开花，8 月中旬果实开始着色，9 月初成熟，果实发育期 120 天，11 月初落叶，年营养生长期 210 天。

19.金苹

‘金苹’是 1992 年以抗寒苹果品种‘金红’作母本、以苹果品种‘宁酥’作父本杂交选育成的抗寒苹果新品种。由辽宁农业职业技术学院选育而成。2011 年 9 月通过辽宁省种子管理局组织的品种鉴定并定名。

果实圆柱形，平均单果质量 110.0 克，最大单果质量 150.0 克；果实金黄色，阳面有红晕；果肉淡黄色，肉质脆，汁液中等，风味酸甜，微有香气，品质上等；可溶性固形物含量 16.3%，可滴定酸含量 0.28%，果肉硬度 10.22 千克 / 厘米 ^{2}，室温条件下贮藏 90 天。在辽宁省铁岭市，果实 9 月中旬成熟。

20.山苹

‘山苹’是从‘山定子’的变异株中选育的晚熟小苹果新品种。2019 年 6 月通过农业农村部非主要农作物品种登记并定名。

果实扁圆形，平均单果质量 138.0 克，果形指数 0.77；底色浅绿色，盖色红色。有香气，初采收时较酸硬，贮藏两个月后底色变黄色，酸甜适度，果肉细腻适于食用，可贮藏到次年 4 月初。可溶性固形物含量 13.2%，可滴定酸含量 1.18%。10 月上、中旬果实成熟，10 月下旬落叶。抗寒性强，耐阴性强。亩产可达2 350 千克，与对照品种‘寒富’相当。可采用‘山定子 +GM256+ 山苹’栽植模式。适宜在辽宁沈阳地区及开源、朝阳、绥中、凌源、北票等县市春季栽植。

七、河北省选育的苹果新品种（12 个）

1.苹锦

‘苹锦’是以‘岩富 10’×‘坂田津轻’杂交育成的中晚熟苹果新品种。由河北省农林科学院昌黎果树研究所选育而成，2013 年 9 月通过河北省林木品种审定委员会现场检测并定名，同年 12 月通过审定。

果实圆锥形，果个均匀，平均单果质量 255.0 克，果形指数 0.85，底色淡黄，盖色条红；着色程度近 90%。果肉浅黄色，口感松脆，质细，香气较浓，果汁多，酸甜适口；可溶性固形物含量 15.0%，可滴定酸含量 0.29%，果肉硬度 7.50 千克 / 厘米 ^{2}，品质好。正常管理条件下 3 年开始结果，6 年进入盛果期，果台枝具较强连续结果能力，在河北昌黎，4 月 5 日左右萌芽，4 月 26 日初花，4 月 28 日至 5 月 3 日盛花，果实发育期约 140 天，9 月 10—20 日果实采收，成熟期比‘苹艳’早 10 天左右，与‘苹光’相当。具有外观美，风味浓，品质优，早果，极易丰产，抗病性较强，适应性强，耐瘠薄等特点。抗性与‘苹艳’‘苹光’相当，通过枝条田间接种轮纹病菌和叶片离体接种褐斑病菌初步确定对早期落叶病、轮纹病具较强的抗性。

2.苹光

‘苹光’是以‘富士’×‘红津轻’杂交育成的中晚熟优良苹果新品种。由河北省农林科学院昌黎果树研究所选育而成，2013 年 12 月通过河北省林木品种审定委员会审定并定名。

果实圆锥形至长圆锥形，端正，大小整齐，平均单果质量 212.0 克，果形指数 0.88；果面底色淡黄色，盖浓红色条纹，果实易着色，着色程度近 100%，光洁亮丽，蜡质明显；果肉黄白色或浅黄色，质细，硬脆，果汁多，香气浓，甜酸适口；采后果肉硬度 8.40 千克 / 厘米 ^{2}，可溶固形物含量 15.5%，可滴定酸含量 0.48%。在河北昌黎地区 4 月初萌芽，4 月 28 日为初花期，4 月 30 日至 5 月 5 日为盛花期，果实发育期 145 天左右，熟前不落果，成熟期一致，9 月下旬采收。品质优，较耐贮藏，丰产，抗病，5 年生树实测株产 25.5 千克，折合产量 31 747.5 千克 / 公顷。树体抗轮纹病及早期落叶病。对不同类型土壤条件和气候条件，适应性强，耐瘠薄。

3.苹艳

‘苹艳’是以‘岩富 10’×‘红津轻’杂交育成的中晚熟苹果新品种。由河北省农林科学院昌黎果树研究所选育而成，2009 年 12 月通过河北省林木品种审定委员会审定并定名。

果实近圆形，大小整齐，平均单果质量 172.1 克，果形指数 0.84；果皮底色黄绿，着鲜红色，有明显条纹，色泽艳丽，果面光洁。果肉浅黄色，质细，松脆，果汁多，有香气，酸甜适口；可溶性固形物含量 15.8%，果肉硬度 8.50 千克 / 厘米^2，品质佳。在河北昌黎地区 4 月初萌芽，4 月 26—30 日为盛花期，果实发育期 150 天左右，熟前不落果，成熟期一致，9 月下旬采收。具有外观美，风味浓，品质优，早果，丰产，抗病性强，耐瘠薄等特点。

4.苹帅

‘苹帅’是以‘向阳红’×‘胜利’杂交育成的中晚熟优良苹果新品种。由河北省农林科学院昌黎果树研究所选育而成，2009 年 12 月通过河北省科技成果转化中心组织专家技术鉴定和河北省林木品种审定委员会审定并定名。

果实近圆形，平均单果质量 203.2 克，大小整齐，果形指数 0.84，果形端正。果实易着色，不套袋果实完全着浓红色，蜡质明显。果肉黄白色或浅黄色，质细，硬脆，果汁多，香气浓，甜酸适口。可溶性固形物含量 14.6%，果肉硬度 8.70 千克 / 厘米^2，品质上。进入结果期早，一般 3 年结果，初结果树，中、长果枝占 15%，短果枝占 85%，盛果期短果枝比率逐年增高；果台副梢 1 ~ 2 个，短果枝连续结果能力较强。在河北昌黎地区 4 月初萌芽，4 月 24 日初花期，4 月 26—30 日为盛花期；果实发育期 150 天左右，熟前不落果，成熟期一致。9 月下旬采收。适宜无袋栽培，树体和果实抗轮纹病、早期落叶病，耐瘠薄，适应性强。注意合理负载，及时疏花疏果，每花序留单果，产量控制在 37 500 ~ 45 000 千克 / 公顷。

5.晋州红

‘晋州红’是‘玫瑰红’苹果的短枝型芽变新品种。‘玫瑰红’为元帅系苹果的短枝型芽变，产于闻名遐迩的玫瑰之乡山东省平阴县而得名。‘晋州红’ 由河北省农林科学院石家庄果树研究所选育而成，2019 年 1 月通过河北省林木品种审定委员会审定并定名。

果实圆锥形，平均单果质量 256.3 克，最大单果质量 320.4 克。果面光洁，全着浓红色，五棱突出，果柄红色。果肉乳白色，肉质细脆多汁，风味酸甜适口。可溶性固形物含量 12.8%，果肉硬度 8.60 千克 / 厘米^2。在河北石家庄地区 3 月下旬花芽萌动，4 月下旬盛花，9 月中、下旬果实成熟。果实发育期 135 ~ 140 天，落果轻，成熟后不采摘可在树上挂果至 10 月中旬。冷藏条件（2 ~ 4℃）下果实贮存至国庆节后仍保持原品质。抗病，丰产，无大小年，6 ~ 8 年生树产量可达 45.0 吨 / 公顷。

6.冀苹 1 号

‘冀苹 1 号’是以‘藤牧 1 号’为母本，通过自然授粉杂交选育的早熟苹果新品种。由河北省农林科学院石家庄果树研究所选育而成，2013 年 12 月通过河北省林木品种审定委员会审定并定名。

果实圆锥形，果平均单果质量 146.8 克，最大单果质量 217.5 克，果形端正，果形指数 0.81。果面洁净，底色绿黄，被鲜红色条纹。果肉乳黄色，肉质细脆多汁，风味酸甜适口，芳香浓郁，品质上等。可溶性固形物含量 14.9%，果肉硬度 11.10 千克 / 厘米^2。在河北石家庄地区 3 月下旬花芽萌动，4 月下旬盛花，7 月下旬果实成熟，成熟度一致，采前落果极轻。果实发育期 90 ~ 100 天。耐贮藏，常温可贮藏 3 个月，冷库（2 ~ 4℃）中可贮至翌年 3 月。萌芽率高，成枝力强。生长前期以中果枝结果为主，盛果期后以短果枝结果为主，连续丰产能力强，果台副梢连续结果近 50%。丰产性和抗病性强。高接后第 3 年产量 19.7 吨 / 公顷。定植后 3 年结果，4 ~ 5 年丰产，产量可达 37.5 吨 / 公顷。坐果率较高，果实在树体分布均匀，不易出现大小年且有利于疏花疏果。果实不需套袋，易着色，采前 1 周摘叶转果，着色更佳。较抗轮纹病和炭疽病，果实轮纹病、炭疽病平均发病率 3.31%，病情指数为 0.741，属抗病品种。

7.冀苹 3 号

‘冀苹 3 号’是从‘藤牧 1 号’的自然实生后代中选出的早熟苹果新品种。由河北省农林科学院石家庄果树研究所选育而成，2016 年 12 月通过河北省林木品种审定委员会审定并定名。

果实近圆形，果形端正，平均单果质量 235.7 克；果面光洁，底色黄绿，被鲜红色条纹；果肉乳白色，肉质细脆、多汁，风味酸甜适口，具香气；果肉硬度 9.87 千克 / 厘米^2，可溶性固形物含量 14.0%；综合品质上等。树姿开张，树势中庸。果实成熟期 7 月下旬，成熟期一致，抗病性和丰产性强，易栽培。

在河北省石家庄地区，3 月下旬花芽萌动，4 月 14 日始花，4 月 18—26 日为盛花期，7 月下旬成熟，果实成熟度一致，果实发育期 95 天左右，为早熟品种，无采前落果。11 月上旬落叶，年营养生长期 240 天左右。

8.冀红

‘冀红’是从‘长富 2 号’中选育的浓红型芽变苹果新品种。由河北省农林科学院石家庄果树研究所、河北省农林科学院合作选育而成，2013 年 12 月通过河北省林木品种审定委员会审定并定名，2019 年成为河北省农业生产主推品种。

果实近圆形，平均单果质量 234.0 克，最大单果质量 500.0 克，果形端正，果形指数 0.89；果面光滑，底色黄白，着色浓红，片红，着色指数 95%；肉质松脆，汁液较多，酸甜适口。可溶性固形物含量 16.0%，果肉硬度 10.60 千克 / 厘米 ^{2}。不套袋条件下果实着色良好，果面洁净。在河北中部平原及西部太行山区，4 月中旬开花，10 月底果实成熟，果实发育期 180 天，为晚熟品种，11 月下旬落叶，果实耐贮藏。

9.石富短枝

‘石富短枝’是从‘长富 2 号’营养系变异中选育的苹果新品种。由河北省农林科学院石家庄果树研究所、河北工程大学、石家庄农业学校合作选育而成，2008 年 12 月通过河北省科学技术厅成果鉴定，2009 年 12 月通过河北省林木品种审定委员会审定并定名。

该品种短枝性状明显，节间长度 1.6 厘米。果实近圆形，平均单果质量 305.0 克，果形端正，果形指数 0.90；果梗长 2.3 厘米，萼洼窄、深，萼片宿存；果面光滑，底色淡黄，着红色条纹，着色指数 0.82；果肉黄白，肉质松脆，汁液较多，残渣少，酸甜适口。可溶性固形物含量 14.2%，果肉硬度 8.30 千克 / 厘米 ^{2}，品质上等。在河北石家庄地区，3 月中、下旬花芽萌动，4 月中旬初花，花期 10 ~ 15 天，5 月初幼果出现，5 月上、中旬新梢第 1 次停止生长，10 月底、11 月初果实成熟；早果，丰产，稳产，定植第 3 年见果，次年产量达 7 500 千克 / 公顷，6 年生进入丰产期，平均产量 44 175 千克 / 公顷；较抗枝干轮纹病。

10.红光 2 号

‘红光 2 号’是从‘国光’中选出的全红型芽变苹果新品种。由河北省林业科学研究院、河北省林木良种工程技术中心等单位合作选育而成，2014 年 12 月通过河北省林木品种审定委员会审定并定名。

果实扁圆形，平均单果质量 138.1 克，最大单果质量 245.0 克，果形指数，果面光滑，深红色，着色指数 0.95，片红。果肉黄白色，肉质紧密，汁液多风味偏酸，香味浓，品质上等。可溶性固形物含量 17.0%，可滴定酸含量 0.73%，果肉硬度 10.50 千克 / 厘米 ^{2}。在河北省张家口怀来（115.52° E、40.4° N）10 月中、下旬果实成熟。果实发育期 170 天，花序花朵数 5.5 个，拉枝刻芽处理后萌芽率 78.2%，成枝力极强。以八棱海棠为砧木，抗寒、抗旱、耐盐碱，植株树体健壮。适合在河北省张家口、承德及同类地区栽培。

11.红光 3 号

‘红光 3 号’是从‘国光’中选育的芽变苹果新品种。由河北省林业科学研究院、河北省林木良种工程技术中心合作选育而成，2014 年 12 月通过河北省林木品种审定委员会审定并定名。

幼树生长势强，植株生长健壮，枝条粗壮，8 年生干周 38 厘米，新梢长可达 1 米以上。果实扁圆形，平均单果质量 120.0 克，最大单果质量 220.0 克；果面光洁，着条红，着色度 85%，果点小；可溶性固形物含量 17.9%，可滴定酸含量 0.93%，口感酸甜适口。8 年生树产量 22.5 吨 / 公顷。采用拉枝刻芽处理萌芽率 81.5%，3 年生开始结果。以中长果枝结果为主，结果枝呈“蒜瓣子”状，坐果率高，无采前落果。在河北张家口市怀来县，承德市承德县、宽城县 4 月初萌芽，4 月下旬开花，9 月底至 10 月初果实成熟。适应性强，抗逆性好。

12.硕红

‘硕红’是从‘长富 2 号’中选育的浓红型优良芽变苹果新品种。由河北科技师范学院、秦皇岛市海港区林业局、秦皇岛市绿色农业发展中心合作选育而成，2013 年 11 月通过河北省秦皇岛市科技局组织的项目验收并定名。

果实近圆形，平均单果质量 272.0 克，果形端正，片红果，全面着浓红色；果肉乳白色、脆、汁多，甜酸适度，风味好；可溶性固形物含量 13.6%，果实硬度 7.02 千克 / 厘米 ^{2}。在河北省秦皇岛地区，果实 10 月下旬成熟，果实发育期 160 天。物候期与原品种‘长富 2 号’一致。在河北秦皇岛地区，4 月中旬萌芽，5 月上旬开花，花期 5～7 天，果实 10 月下旬成熟，果实发育期 160 天，11 月下旬开始落叶。

八、新疆维吾尔自治区选育的苹果新品种(3 个)

1.早富 1 号

‘早富 1 号’是从‘富士’中选育的早熟芽变苹果新品种。由新疆林业科学院选育而成，2014 年 11 月通过新疆维吾尔自治区林木良种审定委员会审定并定名。

果实短圆锥形，平均单果质量 173.0 克，最大单果质量 210.0 克，果形指数 0.80，风味酸甜适口。可溶性固形物含量 15.1%，总酸含量 0.26%，果肉硬度 7.17 千克 / 厘米 ^{2}，果肉酥脆。结果早，丰产，不落果。在新疆阿克苏市、温宿县、阿拉尔市、巩留县、伊宁市等地区，其性状稳定，比‘长富 2 号’早熟 55 天，比‘早富士’早熟 45 天，比‘嘎拉’晚熟 3～5 天。果实耐贮藏，常温下可放 30 天，冷库可贮存 5～6 个月。在新疆阿克苏地区 4 月 6 日花芽萌动，4 月 26 日盛花，8 月 22—24 日果实成熟，果实发育期 145 天左右。萌芽率较强，成枝力中等。幼树以腋花芽和长果枝结果为主，盛果期以腋花芽和短果枝结果为主，连续结果能力较强，采前落果轻。定植后 2 年结果，开花株率达 67%，结果率达 51%，高接第 4 年开花株率 100%，产量 27 897 千克 / 公顷，第 5 年产量 35 918 千克 / 公顷。抗低温能力强，抗寒性优于‘烟富’‘秋富’。有较强的抗病性，尤其抗苦痘病。

2.冰心 1 号

‘冰心 1 号’是从‘黄太平’中选育的鲜红芽变加工型小苹果新品种。由新疆林业科学院园林绿化研究所、新疆林业科学院经济林研究所合作选育而成，2014 年 11 月通过新疆维吾尔自治区林木良种审定委员会审定并定名。

‘黄太平’是一个原产于苏联的早熟小苹果品种，从中选育出的‘冰心 1 号’果实大、味酸、产量高，2013 年已在新疆吉木萨尔县栽培 3 000 亩，用作加工果干、果汁的主要原料。‘冰心 1 号’果实扁圆形，平均单果质量 38.8 克，鲜红色。果肉淡黄色，肉质松脆，汁液多，味甜酸，充分成熟后出现冰糖心。高酸，总酸含量 1.61%(‘黄太平’‘澳洲青苹’总酸含量分别为 1.26%、0.66%)，可溶性固形物含量 14.0%，果肉硬度 13.30 千克 / 厘米 ^{2}，VC 含量 4.04 毫克 /100 克，出汁率 75.5%。在新疆南疆地区(阿克苏地区)7 月下旬至 8 月初果实成熟，在北疆地区(塔城地区、吉木萨尔县、呼图壁县)8 月中、下旬果实成熟。该品种早果性和丰产性好，抗性强，果实耐贮运。

3.新红 1 号

‘新红 1 号’是在新疆阿克苏市红旗坡农场二分场发现的苹果品种‘长富 2 号’短枝型芽变新品种。由新疆农业大学、阿克苏市红旗坡农场合作选育而成，2009 年 1 月通过新疆维吾尔自治区林木良种审定委员会认定并定名。

果实圆锥形或近圆形，果形指数 0.94，平均单果质量 251.9 克，最大单果质量 519.6 克，果实片状鲜红色，果肉黄白色，肉质细、松脆，汁液中多，风味甜酸适口，品质上等；可溶性固形物含量 16.2%，可溶性糖含量 13.60%，可滴定酸含量 0.25%，果肉硬度 11.60 千克 / 厘米 ^{2}，耐贮性、物候期与原品种‘长富 2 号’相同。在新疆阿克苏市红旗坡，4 月上旬萌芽，初花期 4 月 14 日，盛花期 4 月 15 日，花期持续约 7 天，10 月 15 日左右果实成熟，果实发育期 170 天左右，11 月中旬落叶，年营养生长期 210 天左右。

九、云南省选育的苹果新品种(2 个)

1.昭富 1 号

‘昭富 1 号’是由‘玉华’富士芽变选育的高原苹果早熟新品种。由云南省农业科学院园艺作物研究所·国家苹果产业技术体系昭通综合试验站、昭通市农业局水果技术推广站等单位合作选育而成，2013 年通过云南省非主要农作物新品种鉴定并定名。

果实短圆至近圆形，果形指数 0.81，平均单果质量 230.0 克；果面鲜红，条纹全红，果皮有蜡质光亮，果粉中等;果肉黄白色,肉质细、松脆,汁多,酸甜适度,风味浓郁。可溶性固形物含量 15.0%,果肉硬度 7.60 千克 / 厘米 ^{2}。在云南昭通 8 月中旬果实成熟,比'玉华'富士提前 10 ~ 15 天上市。15℃常温可存放 35 天左右。生长势强,适应性和抗性较强,易栽培,平均产量 59 235 千克 / 公顷。

2.昭富 2 号

'昭富 2 号'是'红盖露'的早熟芽变苹果新品种。由云南省农业科学院园艺作物研究所·国家苹果产业技术体系昭通综合试验站、昭通市农业局水果技术推广站、昭通绿健果蔬有限公司合作选育而成,2013 年通过云南省非主要农作物新品种登记并定名。

果实短圆形至近圆形,平均单果质量 200.0 克,最大单果质量 260.0 克,果形指数 0.83;果实鲜红色,色相条纹;果肉白色,肉质细、松脆,汁液多,有淡香,风味酸甜;可溶性固形物含量 14.5%,果肉硬度 8.20 千克 / 厘米 ^{2}。

在云南省昭通市,3 月上旬花芽、叶芽萌动,3 月中旬初花,3 月下旬盛花,4 月上旬终花,花期持续 15 天左右,7 月上、中旬果实成熟,果实发育期约 120 天,11 月中旬落叶。'昭富 2 号'花芽萌动期、花期、果实成熟期均比对照品种'红盖露'早。

十、江苏省选育的苹果新品种(2 个)

1.苏帅

'苏帅'是以'印度'为母本,'金帅(金冠)'为父本杂交育成的苹果新品种。由南京农业大学选育而成,2011 年 11 月通过江苏省农作物品种审定委员会审定并定名。

植株生长健壮,树冠紧凑,枝条粗壮。果实圆锥形,平均单果质量 241.0 克,最大单果质量 400.0 克,果皮光洁,底色黄绿色,成熟后金黄色,果皮光滑无锈,果点小。在江苏黄河故道地区,花芽萌动期 3 月中旬,始花期 4 月上旬,盛花期 4 月 12—16 日,成熟期 9 月中旬,果实发育期 155 天左右,落叶期 11 月下旬,全生育期约 250 天。嫁接在 M7 中间砧上,7 年生树产量 45 吨 / 公顷。对炭疽病、轮纹病和早期落叶病抗性强,不裂果。

2.丰帅

'丰帅'是从'金冠'芽变中选育的苹果新品种。由江苏省徐州市果树研究所、辽宁省果树科学研究所合作选育而成,2011 年通过江苏省果茶花品种审定委员会审定并定名。

果实长圆锥形,平均单果质量 196.0 克,最大单果质量 307.0 克,果形指数 0.94。果面黄绿色,光洁,果锈极少,果锈指数 1.55。果肉黄白色,肉质松脆、细腻,汁液多,风味甜酸,品质上等。可溶性固形物含量 11.5%,可滴定酸含量 0.49%,果肉硬度 10.10 千克 / 厘米 ^{2}。室温条件下可贮藏 2 周。在江苏丰县,果实 9 月中旬成熟。

十一、宁夏回族自治区选育的苹果新品种(1 个)

1.宁金富

'宁金富'是以'金冠'作母本、'富士'作父本杂交育成的晚熟耐贮苹果新品种。由宁夏农林科学院园艺研究所、宁夏灵武园艺试验场合作选育而成。2008 年 5 月通过宁夏回族自治区林木品种审定委员会审定并定名。

果实卵圆形;平均单果质量 200.0 克,最大单果质量 300.0 克;浓红色,色相为条纹;果肉乳黄色,肉质细、紧、脆,汁液多,有香气,酸甜味浓;可溶性固形物含量 16.1%,可溶性糖含量 12.33%,可滴定酸含量 0.79%,果肉硬度 10.76 千克 / 厘米 ^{2},比'富士'大;在半地下式果窖贮藏至来年 5 月,果实风味品质好于对照品种红富士;抗寒性比富士强。在宁夏银川市,4 月上、中旬花芽萌动,花期比'红富士''金冠'晚,5 月上旬盛花,果实成熟期 10 月 10 日左右,比'红富士'早 10 天,比'金冠'晚熟约 20 天。

十二、安徽省选育的苹果新品种(1 个)

1.佳冠

'佳冠'为'金冠'芽变苹果新品种。由安徽省砀山县园艺场、砀山县良梨镇农村经济技术工作站、安徽农业大学合作选育而成,2015 年 12 月通过安徽省园艺学会园艺作物品种认定委员会审定并定名。

果实长圆锥形，平均单果质量 211.4 克，果形指数 0.88。果梗长，梗洼较深；果面光洁，果锈极少，蜡质少，有果粉；果点大小中等、稀疏、淡褐色、凸起、无晕圈。果实黄绿色，果皮薄，果心小。果肉黄白色，肉质松脆、细腻，汁液多，风味甜酸，有浓郁香气，品质上等。可溶性固形物含量 15.8%，可溶性糖含量 13.53%，可滴定酸含量 0.44%，VC 含量 1.10 毫克 /100 克。果实较耐贮运，在室温条件下可贮藏 15 天。在安徽省砀山县，3 月上旬花芽萌动，4 月上、中旬初花，4 月中旬盛花，9 月下旬果实成熟，比'金冠'晚 7 ~ 10 天，果实发育期 150 天左右，12 月上旬落叶。抗枝干轮纹病和腐烂病。适宜在黄河故道地区、黄河以北地区及'金冠'种植区种植。

十三、贵州省选育的苹果新品种(1 个)

黔选 2 号

'黔选 2 号'系'红富士'早熟变异苹果新品种。由贵州省果树科学研究所、贵州省威宁县农业局、贵州省果树蔬菜工作站合作选育而成，2011 年 6 月通过贵州省农作物品种审定委员会审定并定名。

果实近圆形，平均单果质量 185.0 克，果形指数 0.85。果面鲜红艳丽，果肉黄白色，肉质细而松脆，汁液多，风味酸甜，香味浓，品质上等。可溶性固形物含量 14.4%，可滴定酸含量 0.25%，VC 含量 2.19 毫克 / 100 克，果肉硬度 10.80 千克 / 厘米 ^{2}。在贵州威宁，3 月上旬开始萌芽，3 月中、下旬盛花，7 月中、下旬果实开始着色，8 月中旬可全面着色，8 月下旬果实成熟，果实发育期 145 天左右，成熟期比母本及'长富 2 号'早 25 ~ 30 天，但耐贮性不及母本和'长富 2 号'。落叶期 10 月下旬至 11 月中旬，全生育期 240 天左右。该品种树势强健，早果性好、着果率高，较丰产，抗性综合表现较好。

十四、黑龙江省选育的苹果新品种(3 个)

1.龙丰

'龙丰'是以'金红'为母本、'白龙'为父本杂交育成的晚熟小苹果新品种。由黑龙江省农业科学院、国家苹果产业技术体系东北寒地综合试验站合作选育而成，1970 年杂交，1990 年 3 月通过黑龙江省农作物品种审定委员会审定并定名，2016 年 5 月通过了国家林业局林木品种审定委员会审定，成为黑龙江省第一个通过国审的果树品种。

果实扁圆形，平均单果质量 40.0 克，最大单果质量 99.0 克。果皮紫红色，有果粉，果点白色较大，皮薄，有蜡质光泽，果肉淡黄色，部分有红丝，鲜食酸甜适度，储藏后更加甘甜，品质优良。可溶性固形物含量 14.2%，可溶性糖含量 13.12%，可滴定酸含量 1.05%，VC 含量 14.7 毫克 /100 克，果肉硬度 10.27 千克 / 厘米 ^{2}。在黑龙江牡丹江地区，9 月中旬果实成熟，'龙丰'属晚熟品种。在内蒙古兴安盟地区，4 月末至 5 月初萌动，5 月中、下旬开花，9 月下旬果实成熟，鲜食可贮至春节，冻藏可贮至第 2 年 3 月，10 月中、下旬落叶。该品种抗花腐病、抗寒，果实硬度大、耐贮，丰产稳产，市场走俏，宜加工糖水罐头等。'龙丰'苹果已推广到北京、山东、吉林、辽宁、内蒙古等苹果栽培区，总面积超过 10 万公顷，其中在黑龙江省达 4.8 万公顷。

2.龙帅

'龙帅'是以'寒富'为母本、'金红'为父本杂交育成的中熟小苹果新品种。由黑龙江省农业科学院、东宁市果树蔬菜管理总站合作选育而成，2016 年 5 月通过黑龙江省农作物品种审定委员会登记并定名。

果实卵圆形，平均单果质量 119.0 克，最大单果质量 185.0 克，底色淡黄，全面着红色，条红，果面较光滑。果肉淡黄色，质地细而松脆，汁液中等，风味酸甜适度，香气浓。可溶性固形物含量 13.9%，总糖含量 12.75%，可滴定酸含量 0.56%，VC 含量 12.82 毫克 /100 克，果肉硬度 9.90 千克 / 厘米 ^{2}。内外品质均上等。适于黑龙江省东南部和吉林省大部分地区栽培。在黑龙江东南部，正常年份 4 月末、5 月初花芽萌动，5 月 5 日叶芽萌动，5 月 7 日初花期，5 月 10 日盛花期，花期最长可持续 18 天，9 月 10—15 日果实成熟，果实发育期 117 天，10 月末落叶。抗寒力强于'寒富''新帅'，比'金红'稍弱。

在黑龙江、吉林、辽宁北部、内蒙古东部栽培的苹果，大部分是大果型苹果与抗寒海棠类杂交后代，单果质量 50 ~ 100 克，俗称"小苹果"，其酸甜爽口，深受人们喜爱，一些品种酸度大，富含 VC，适于浓缩果汁加工。'龙帅'即为"小苹果"类型品种。

3.秋露

‘秋露’是以‘大秋’作母本、‘露香’作父本杂交育成的抗寒、耐贮苹果新品种。由黑龙江省农业科学院园艺分院选育而成。2009 年 3 月通过黑龙江省农作物品种审定委员会审定并定名。

果实扁圆形，平均单果质量 50.6 克，最大单果质量 88.0 克；果皮紫红色，贮后转为粉红色；果肉黄白色，肉质硬脆，汁液多，甜酸适度，品质好；可溶性固形物含量 16.5%，可溶性糖含量 12.79%，可滴定酸含量 0.85%，VC 含量 24.13 毫克 /100 克；耐贮，窖藏可贮 5 个月，抗寒性与‘金红’基本相同；在黑龙江省哈尔滨市，4 月 26 日萌芽，5 月 5—8 日始花期，5 月 10 日盛花期，8 月 20 日果实开始着色，果实 9 月下旬成熟，果实成熟期比对照品种‘金红’晚 17 天，10 月下旬落叶。

4.紫香

‘紫香’是以‘红海棠’为母本，‘赤阳’为父本人工杂交育成的抗寒苹果新品种。由黑龙江省农业科学院选育而成，2012 年 2 月通过黑龙江省农作物品种审定委员会审定并定名。

果实短圆锥形，平均单果质量 45.0 克，最大单果质量 74.0 克；果面底色浅黄，阳面浓红色，外观美；果肉乳白色，细脆多汁，风味酸甜适口，芳香味浓，品质极佳。可溶性固形物含量 12.7%，可溶性糖含量 11.94%，可滴定酸含量 0.46%，VC 含量 3.70 毫克 /100 克，较耐贮藏和运输。在黑龙江省东南部地区 4 月下旬花芽萌动，5 月下旬开花，5 月末终花期，8 月下旬至 9 月初果实成熟，果实发育期近 90 天，10 月中旬开始落叶。属中熟品种，丰产，稳产。定植后 3 年结果，次年产量达 6 000 千克 / 公顷，6 年生树进入丰产期，株产 20 ~ 25 千克，平均产量 16 365 千克 / 公顷。10 年生株产 30 千克以上。植株抗逆性和适应性较强，对苹果黑星病和褐斑病有较强的抗性。

5.齐早红

‘齐早红’是以‘祝光’作母本、‘花红’作父本杂交育成的抗寒早熟苹果新品种。由黑龙江省齐齐哈尔市园艺研究所选育而成。2010 年 3 月通过黑龙江省农作物品种审定委员会审定并定名。

又叫‘早太平’。果实圆形，平均单果质量 30.7 克，最大单果质量 43.5 克，果实阳面鲜红色；果肉黄白色，汁液中多，有香味，口感好，品质中上等；可溶性固形物含量 12.0%，可溶性糖含量 11.18%，可滴定酸含量 0.17%，VC 含量 10.13 毫克 /100 克。果实为夏季伏果，采摘后即可鲜食。极抗寒，可耐 –40℃低温。在黑龙江省齐齐哈尔市，4 月下旬至 5 月初发芽，5 月中旬开花，花期比‘黄太平’晚 1 ~ 2 天，果实着色快，采前 3 ~ 5 天着色，果实 7 月下旬成熟，比对照品种‘黄太平’(8 月中、下旬)提早 15 ~ 20 天成熟，10 月中旬开始落叶，11 月上旬叶片落完。

十五、吉林省选育的苹果新品种(1 个)

红凤

‘红凤’是 1962 年以‘红宝’作母本、‘凤凰卵’作父本杂交育成的抗寒早熟苹果新品种。由吉林省农业科学院果树研究所选育而成。2010 年 1 月通过吉林省农作物品种审定委员会审定并定名。

果实扁圆形，平均单果质量 126.0 克，最大单果质量 145.0 克；果皮黄绿色，有艳红霞或红色条纹；果肉白色，肉质细、脆，汁液多，风味甜，品质上等；可溶性固形物含量 15.8%，可溶性糖含量 10.87%，可滴定酸含量 0.68%，VC 含量 23.41 毫克 /100 克。在吉林省公主岭市，4 月 20 日左右萌芽，5 月上旬开花。果实成熟期 8 月 10—15 日，比对照品种‘金红’(9 月 5 日)、早红(8 月 17 日)早；果实发育期 93 天左右，对照品种‘金红’‘早红’分别为 115 天、99 天。10 月底落叶。抗寒、抗苹果树腐烂病能力强。

第十一章　苹果主要病虫害综合防治

果树病虫害防治对树体生长、果品产量及品质影响很大，是果园与苗圃管理中最重要的生产环节之一。苹果病虫害的防治必须根据田间病虫周年发生实际，突出重点，分类防治；养树重于病虫防治，因为树势弱是病虫害侵染的主要方向；在农业、物理或生物防治措施的基础上，结合化学防治才能收到良好的防治效果。

第一节　主要病害综合防治

一、立枯病　病原菌 *Rhizoctonia solani* Kuhn

1.发病症状

主要危害幼苗茎基部或地下根部，初为椭圆形或不规则暗褐色病斑，病苗早期白天萎蔫，夜间恢复，病部逐渐凹陷、溢缩，有的渐变为黑褐色，当病斑扩大绕茎一周时，最后干枯死亡，但不倒伏。轻病株仅见褐色凹陷病斑而不枯死，与猝倒病不同。猝倒病常发生在幼苗出土后、真叶尚未展开前，产生絮状白霉、倒伏过程较快，主要危害苗基部和茎部。

2.发病原因及规律

立枯病又称"死苗"，主要由立枯丝核菌(学名 *Rhizoctonia solani* Kuhn，英文名 Sheath Blight)，属半知菌亚门真菌侵染引起。病菌以菌丝和菌核在土壤或寄主病残体上越冬，腐生性较强，可在土壤中存活 2 ~ 3 年。混有病残体的未腐熟的堆肥，以及在其他寄主植物上越冬的菌丝体和菌核，均可成为病菌的初侵染源。病菌通过雨水、流水、沾有带菌土壤的农具以及带菌的堆肥传播，从幼苗茎基部或根部伤口侵入，也可穿透寄主表皮直接侵入。病菌发育适温 20 ~ 24℃。刚出土的果树实生砧幼苗及大苗均可能受害，多在幼苗期发生。阴雨多湿、土壤过黏、排水不良的低洼地、重茬地发病重。播种过密、间苗不及时、温度过高幼苗徒长时发病重。光照不足，光合作用差，植株抗病能力弱，也易发病。

3.防治方法

①恶霉灵 1 200 ~ 1 500 倍液进行苗床消毒。②恶霉灵 600 ~ 800 倍液农药拌种。③出苗后，防止高温高湿条件出现，低洼积水地及时排水。④实生砧出苗后 10 ~ 15 天左右，真叶出现时，防治立枯病和猝倒病，喷洒恶霉灵 1 200 ~ 1 500 倍液或 36% 甲基硫菌灵悬浮剂 500 倍液或 80% 多菌灵可湿性粉剂 1 500 倍液。

二、苹果白粉病　病原菌 *Podosphaera leucotricha* (EII.et Ev.) Salm.

苹果白粉病(Apple powdery mildew)在我国苹果产区发生普遍。除为害苹果外，还为害沙果、海棠和山定子等，对山定子实生苗、小苹果类的海棠和苹果中的红玉、国光等品种为害重。

1.发病症状

白粉病在苗圃主要为害实生嫩苗，也为害大树芽、梢、嫩叶、花及幼果。病部满布白粉是此病的主要特征(图 11–1、图 11–2)。幼苗被害，叶片及嫩茎上产生灰白色斑块，发病严重时叶片萎缩、卷曲、变褐、枯死，后期病部长出密集的小黑点。大树被害，芽干瘪尖瘦，春季发芽晚，节间短，病叶狭长，质硬而脆，叶缘上卷，直立不伸展，新梢满覆白粉。生长期健叶被害则凹凸不平，叶绿素浓淡不匀，病叶皱缩扭曲，甚至枯死。花芽被害则花变形、花瓣狭长、萎缩。幼果被害，果顶产生白粉斑，后形成锈斑。

2.防治方法

萌芽期喷 3°B é 石硫合剂。发病初期喷 15% 三唑酮 1 000 ~ 1 500 倍液或 70% 甲基硫菌灵(甲基托布

图 11-1　M9 白粉病病株

图 11-2　八棱海棠白粉病病株

布津)1 000 倍液,发病重时,连喷两次 25%粉锈宁 1 500 倍。

三、苹果锈病　病原菌 *Gymnosporangium yamadae* Miyabe

苹果锈病又叫苹果赤星病,俗称"羊胡子"。该病近年来在苹果上发生普遍,且呈逐年上升趋势。2021 年苹果锈病、苹果黑星病、白粉病、早期落叶病以及枝干轮纹病、腐烂病等在主产区均发生较重,炭疽叶枯病有可能在嘎拉等品种上暴发,病害防治任务艰巨。

1.发病症状

该病在苗圃主要为害叶片、严重时也危害新梢(图 11-3 至图 11-6)。侵染初期,在叶片正面出现橘红色、油亮的小圆点,随着病斑逐渐扩大,中央颜色变深、外围变浅为黄色圆斑,发病 1 ~ 2 周后,病斑中间出现黑色小粒点,即病菌孢子器。后期病斑变厚变硬,叶子背面长出土黄色的丛生毛状物即锈孢子器,群众称为"羊胡子",严重时落叶。

图 11-3　锈病初期症状

图 11-4　锈病的锈孢子器

图 11-5　海棠新梢感染锈病断枝状(1)

图 11-6　锈病断枝状(2)

2.发病原因及规律

苹果锈病病菌是一种转主寄生菌，以菌丝体在针叶型桧柏类枝上的菌瘿里或桧柏体表的锈孢子上越冬。翌年春，菌瘿产生的冬孢子角，在 6～20℃时萌发形成孢子。孢子随风传播落到果树上，有效传播距离为 1.5～5 千米。孢子萌发后直接从叶片表皮或气孔侵入，侵染后形成性孢子及锈孢子进行为害。秋季，锈孢子成熟后，随风传播到针叶型桧柏上，危害桧柏等寄生的小枝并形成菌瘿越冬。该病害的发生与寄主的多少、距离和气候条件有关。随着园林绿化事业的发展，针叶型观赏类桧柏成为北方城市，乡村各单位及私宅庭院绿化苗木的最佳选择，得到了广泛的栽培，但也为苹果锈病的菌丝体越冬提供了“广泛良好”的转主寄生条件。

3.防治方法

（1）禁止在苹果主产区或主栽地区周围 10 千米范围内种植柏树，禁止设置松柏树苗的育苗圃。道路两旁、公园、墓地、庭院等场所可采用非柏科类树种作绿化树。这是控制苹果锈病的根本措施。

（2）喷药防治苹果锈病应在苹果萌芽后的 60 天内进行（在陕西千阳，5 月中旬锈病初发病症状出现）。对于周围有柏树，每年发病严重的苹果园，自苹果展叶期开始，每隔 10～15 天喷布一次杀菌剂，连喷 2～3 次，以保护叶片不受锈病菌侵染；或者在有大范围降水前喷布一次杀菌剂，防止锈病菌在降雨过程中侵染。

（3）如果锈病菌侵入苹果叶片，应在 5 天内喷施内吸性杀菌剂，这样才能有效控制入侵病菌扩展与发病，喷药时期越早防治效果越好。喷药治疗应严格掌握用药的时间，用药时间可根据以下方法确定：

A.苹果萌芽时，如果出现连续降雨，应在降雨后的 5 天内喷施内吸性杀菌剂；

B.在冬孢子角大量萌发时，即“柏树开花”时有连续降雨，应在“柏树开花”后的 5 天内喷施内吸性杀菌剂；

C.在苹果叶片刚开始发病，即出现针尖大小的红点时，立即喷施内吸性杀菌剂。

D.冬春应检查菌瘿及时剪除，集中销毁。

（4）喷药防治：4 月中、下旬雨后苗圃地连续喷药 2～3 次，喷药间隔 7 天，特别是在有雨时，必须喷药。选用药剂：40%腈菌唑 3 000 倍液、25%戊唑醇水乳剂 2 500 倍液、30%己唑醇悬浮剂 5 000 倍、30%苯醚甲环唑悬浮剂 5 000 倍、20%三唑铜(粉锈灵)可湿性粉剂 1 000～1 500 倍液或 50%甲基硫菌灵(甲基托布津)可湿性粉剂 600～800 倍液，也可用波尔多液（1∶2∶200～240）。

四、苹果褐斑病 病原菌 *Marssonina mali*（P.Henn）Ito

苹果褐斑病是苹果早期落叶病的一种，除为害苹果外，还为害沙果、海棠、山定子等。

1.发病症状

该病主要危害叶片，也可侵染果实和叶柄。一般树冠下部和内膛的叶片、果实最先发病。发病初期，叶片出现黑褐色小疱疹或针芒状暗褐色病斑，边缘不整齐，病健界限不清晰，后期病叶变黄脱落，但病斑周围仍然保持绿色，病斑表面有黑褐色的针芒状纹线和蝇粪样黑点。最典型的症状是“绿缘褐斑”，叶片黄色，病斑褐色，边缘绿色，典型症状多于 5—7 月，天气干旱时出现。叶片受害表现为以下 3 种类型的病斑：

（1）同心轮纹型。叶正面病斑圆形，褐色，初发生时为黄褐色小点，后直径扩大为 1～2.5 厘米；病斑中心为暗褐色，四周黄色，病斑边缘仍保持有绿色晕圈；后期病斑表面产生许多小黑点，呈同心轮纹状排列。

（2）针芒型。病斑成针芒状向外扩展，边缘不规则，暗褐色或深褐色，上散生小黑点；病斑小，数量多，常遍布整个叶片；后期叶片逐渐变黄，病部周围及背部仍保持绿褐色。

（3）混合大斑型。病斑较大，暗褐色，病斑中部呈同心轮纹状，边缘呈放射状向外扩展。叶柄感病后，产生黑褐色长圆形病斑，常常导致叶片枯死。

2.发病规律

苹果褐斑病是一种真菌引起的病害，病菌随病叶在地面越冬，次年 4—5 月进行初侵染。病菌随雨水传播，降雨是导致褐斑病流行的主要原因。春暖后产生分生孢子、子囊孢子，这些孢子在温度 23℃和相对湿度 95%以上的适宜条件中才能萌芽，从叶片背面侵入，主要侵染叶龄 20 天以上的叶片。病菌潜育期，最长 31～45 天（5 月），最短 3 天（8 月下旬），7 月上旬至 8 月上旬为 6～14 天。从时间上讲，多表现为“七(月)

病、八（月）落（叶）、九（月）泛滥”，所以应注意预防为主，防治结合。

3.防治方法

（1）加强果园肥水管理，提高抗病能力。

（2）加大夏季修剪力度，务必做到果园通风透光，改变褐斑病发生侵染的适生环境。

（3）土质黏重或地下水位高的苗圃、果园，要注意排水，及时疏松土壤及清除杂草。

（4）化学防治。发病以前有效的防病药剂有：70%丙森锌可湿性粉剂 600～800 倍液，代森锰锌可湿性粉剂 800 倍液，80%超微多菌灵可湿性粉剂 1 000 倍液等。发病初期改用内吸治疗剂：43%戊唑醇悬浮剂 3 000 倍液，也可选用 40%氟硅唑乳油 8 000 倍液、60%腈菌唑＋代森锰锌可湿性粉剂 600 倍液、40%腈菌唑可湿性粉剂 8 000 倍液、10%多抗霉素可湿性粉剂 1 000～1 500 倍液、70%丙森锌可湿性粉剂 600～800 倍液、50%异菌脲可湿性粉剂 1 000～1 500 倍液等。

五、苹果斑点落叶病　病原菌 *Alternaria mali* Roberts

苹果斑点落叶病是一种流行历史较短、为害严重的早期落叶病。不仅为害叶片，而且对果实为害也相当严重。

1.发病症状

在叶片上主要侵染 20 天以内的幼叶。嫩叶受害时，产生褐色圆形小斑点，严重受害时叶片会焦枯，有的成扭曲形，这与褐斑病的侵害为害形成明显区别。果实受害形成圆形褐色斑点，病斑周围有红色晕圈，为害局限果面，果肉受害极少。近几年套袋苹果受害较重，直接影响苹果产量和质量。

2.发病规律

斑点落叶病以病菌在病叶和病枝上越冬，翌年苹果展叶时产生病菌发病，随风雨传染，花期就有蔓延，渭北南部地区 4 月中下叶片出现病斑，5 月中、下旬滋生较快，6 月上、中旬侵染春梢叶，8 月中、下旬至 9 月上旬侵染秋梢嫩叶。由此可见，该病在一年中有两次发病高峰，即春梢生长期和秋梢生长期。叶片老化后，病菌为害梢部和取袋后的果实。密植度大、管理差、营养水平低或有缺素症的果树受害重。

3.防治方法

农业防治。加强果园土肥水管理，合理留枝留果，提高树势，增强树体抗性，减少病虫害的发生。

化学防治。在春梢和秋梢嫩叶期分别喷 70%代森锰锌 600～800 倍液（如大生、普德金、保加新、高生、邦佳威等），或异菌脲（如扑海因），进行幼叶保护，以防染病。叶片病斑出现时，喷多抗霉素 1 500 倍液，以控制病菌扩大发生，然后再喷波尔多液、代森锰锌等进行保护。

六、苹果花叶病　Apple Mosaic Virus

主要危害叶片，病叶上出现大小不等、形状不定、边缘清晰的鲜黄色病斑，病重的树上叶片变色、坏死、扭曲、皱缩，有时还可导致早期落叶（图 11–7、图 11　8）。

1.发病症状

苹果花叶病是由病毒引起的一种叶片失绿症状，田间表现容易与缺铁引起的黄叶病混淆。苹果花叶病

图 11–7　花叶病单叶病症

图 11–8　花叶病全树病症

主要表现在叶片上，形成各种类型的鲜黄色或白色病斑，因病情轻重不同症状变化较大，大致有 5 种类型：

(1)斑驳型。花叶病中出现最早最普遍的一种症状类型，叶片上的病斑形状不规则，大小不一，呈鲜黄色，边缘清晰，有时数个病斑融合在一起成为大斑块。

(2)花叶型。病斑不规则，病叶上出现大块的深绿色或浅绿色病斑，边缘不清晰。

(3)条斑型。病叶的叶脉失绿黄化，并延及附近的叶肉组织，有时仅主脉和支脉发生黄化，其他部分为绿色；有时主脉、支脉、小脉都呈现较窄的黄化，使整个叶呈网纹状。

(4)环斑型。在叶片上出现鲜黄色环状或近环状斑纹，环状斑纹内仍为绿色，圆形或椭圆形，发生最晚。

(5)镶边型。病叶的边缘发生黄化，在叶边缘形成一条很窄的黄色镶边，病叶的其他部分完全正常。

在自然条件下，各种类型的症状多在同一病树上混合发生。感病树体生长缓慢，病树提早落叶，果实味淡，产量降低，不耐贮藏。

2.发病规律

苹果花叶病是由植物病毒侵染引起的。苹果树感染花叶病毒后，全树都带有病毒，并不断增殖，终生危害，此病主要靠嫁接传染。病害的潜育期为 3 ~ 27 个月，长短与嫁接时期及试材大小有关。也有可能通过修剪、用种子繁殖的砧木苗、苹果蚜虫等方式传毒。病树早春萌芽不久即出现病叶，4—5 月发展迅速，其后减慢；7—8 月病害基本停止发展。病树抽发秋梢后，症状又重新发展，10 月急剧减缓。

3.防治方法

(1)选用无病毒苗木或接穗：建园时选用无病毒苗木。嫁接苗木，接穗从无病毒树上剪取，砧木选用无病毒营养系繁殖的乔化或矮化砧木苗，或选用种子繁殖的实生苗，避免使用根蘖苗，尤其是病株的根蘖苗。高接换头(图 11-9 至图 11-12)时，尽量在无病毒苹果采穗圃采集接穗，不要在生产果园采集接穗。

(2)拔除病株。对丧失结果能力的重病树、未结果的幼病树或苗圃中发现的砧木苗及成品苗，应及时刨除，并对土壤进行消毒，以防病毒传播到周围树上。

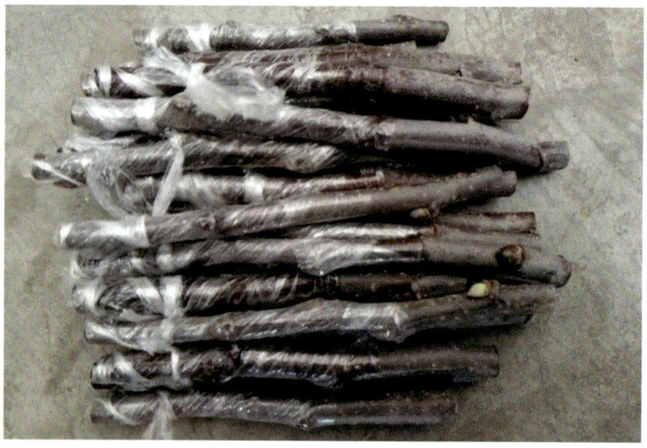

图 11-9　无病毒礼富 1 号 4 芽枝接接穗准备

图 11-10　4 芽枝接接穗单个状

图 11-11　9 年生无病毒苹果园多头高接无病毒礼富 1 号

图 11-12　9 年生无病毒苹果园多头高接无病毒礼富 1 号(枝拉下垂)

③加强树体管理。对已结果的病株要加强土肥水管理，多施有机肥，以增强树势、提高抗病能力，发芽后喷 2 ~ 3 次 4%嘧啶核苷（农抗 120）200 ~ 300 倍液，以减轻为害程度。苗圃、果园管理中，要避免剪、锯等工具在使用过程中传毒，并及时防治蚜虫等传毒昆虫。

④药剂防治。发病初期可喷洒盐酸吗啉胍·乙酸铜或 1.5%植病灵乳剂 1 000 倍液，每 10 ~ 15 天喷一次，连喷 2 ~ 3 次。

七、苹果锈果病 病原：苹果锈果类病毒（Apple Scar Skin Viroid）

苹果锈果病又叫花脸病，在我国主要苹果产区都有发生，大部分地区发病株率虽不高，但由于病株的果实小而畸形，表面生有锈斑，硬度大，风味变劣，失去食用价值，轻病果不耐贮藏，为害甚大。一些地方推行高接换种后，因采接穗不慎而引起大量发病，几乎全园毁灭，应引起足够重视。现有栽培品种多数感病，沙果、海棠等也易染病。

1.发病症状

该病主要为害果实，果实症状有以下 3 种类型：

（1）锈果型。病果由萼部放射出 5 条茶褐色的木栓化锈斑。横剖果实可见 5 条纵斑之间有许多不规则的横纹或块状锈斑。此种症状开始发生于落花后 1 个月左右的幼果，先从果顶出现淡绿色水渍状斑块，沿果面向果梗扩展，约经 20 ~ 30 天即发展成 5 条纵纹。重病果有时锈斑部位开裂，形成凹凸不平的畸形果。有时果面无明显锈斑，但有很多深入果肉的纵裂纹，这种病果易萎缩脱落。不同苹果品种果实病症如图 11-13 至图 11-17 所示。

（2）花脸型。着色后病果果面分布有很多近圆形、黄绿色斑块，果实成熟后表现为红绿相间的斑块，呈花脸状。不同苹果品种果实病症如图 11-18 至图 11-21 所示。

（3）锈果—花脸型。病果着色前多于果顶部发生明显的锈斑，或于果面散生零星锈斑。着色后在未发生锈斑部位或在锈斑周围出现不着色的斑块，果面红绿相间，呈现锈果—花脸的复合症状。

图 11-13 爵士锈果型病果（1）

图 11-14 爵士锈果型病果（2）

图 11-15 金冠锈果型病果

图 11-16 长富 2 号锈果型病果

图 11-17　长富 2 号锈果型病果开裂

图 11-18　短枝富士花脸型病果

图 11-19　红肉苹果花脸型病果

图 11-20　华硕花脸型病果

图 11-21　蜜脆花脸型病果

另外，某些品种的苗木也表现明显症状。病苗症状有以下 2 种类型：

①弯叶及苗干锈斑。国光、鸡冠等品种表现这一症状。国光病苗生长到 30～50 厘米高时，7 月中旬后，苗中部以上叶片基部向背面反卷，在中脉处急剧皱缩，叶片卷成弧形或圆弧形，叶柄往往断裂，易落叶。8 月中旬后，病苗干的中上部有不规则的褐色木栓化锈斑。锈斑表面粗糙、龟裂、韧皮部有黑色坏死点或坏死条纹。严重时病部表皮干枯、翘起，致韧皮部裸露。

②苗干坏死斑。此类症状仅见于老品种青香蕉病苗，病苗叶片无明显症状，8 月中旬后，苗干中上部及芽的周围发生 2～5 毫米稍突起、略呈圆形的斑块，初为暗褐色，后转灰褐色，中央部位往往开裂，形成稍凹陷的小溃疡。严重时在干上形成粗皮。剖视病皮层，在溃疡下的韧皮部有坏死的黑色条纹。苗干上显现与国光病苗相似的木栓化锈斑。

2.发病规律

苹果锈果病的病原是一种“类病毒”。采用聚丙烯酰胺凝胶电脉法检测不同症状类型的病果及病树皮，可以检测到致病的“类病毒”低分子量环状 RNA，经过提纯、回接，可以让健株染病，表现出典型的症状。

嫁接传播、根接传染(即病株与健株根部接触传染)是锈果病的传播途径。嫁接接种潜育期为 3～27 个月。病株的种子、花粉或汁液均不传病。梨树是其潜在寄主，较普遍地带毒，但不显现症状。梨和苹果混栽时，苹果树的染病率较高，且病树多接近梨树。较耐病的品种有黄魁、金冠等，中度感病品种有倭锦、印度、红魁、富士等，高感品种为青香蕉、红星、国光、元帅、秦冠等。

田间病株可见到 2 种类型。一种是在结果当年果实显现症状，全株果实畸形、龟裂、病情严重，新梢在结果前即出现明显的弯叶和锈皮等症状，这种情况在果园中多零星分布。这是苗木带毒引起的，多系从病树上采接穗繁殖苗木所致，或用病树根蘖苗作砧木所致。另一种是在结果后数年乃至数十年显现症状，在发病当年，仅个别枝条上的果实表现症状，多为轻病果，或全株各枝条在初期虽有发病，但病果零星，症状较轻。这种病树在发病后 2 ~ 3 年由局部扩展至全树。病株陆续蔓延，有小范围集中的趋势，这显然不是由苗木带毒传播的，可能还存在其他传毒途径。

3.防治方法

(1)培育无病毒苗木，建立无病毒果园。

(2)禁止在病树上采集繁殖材料，尽可能用实生苗作砧木。若用无性系砧木，必须经过严格检验，确认不带该类病毒方可使用。

(3)在苗圃加强巡查，发现病苗立即拔除销毁。

(4)伐除病株后要刨净病树根，以防根接传毒。

(5)建立新果园时避免苹果和梨混栽。

八、苹果根癌　病原菌 *Agrobacterium tumefaciens* (Smith et Towns.) Conn.

苹果根癌是一种为害根部的细菌病害，发生严重时造成果树生长衰弱，甚至死亡，导致园貌不整齐。该病也会为害苗木，包括矮化自根砧苹果苗木和矮化中间砧苹果苗木的根部(图 11-22)。

1.发病症状

主要危害根颈部位，也可在根的其他部位发生。病树和病苗地上部生长衰弱，叶片小、薄、色淡，枝条生长量较小，甚至死枝、死树。初期为灰白色瘤状物，后逐渐变黄褐色至暗褐色，表皮粗糙，内部松软。随着树体增大，瘤状物不断增大，形成大小不一的褐色木质肿瘤。一般在 2 ~ 3 年生苗根上，大者直径可达 5 ~ 6 厘米。

图 11-22　根癌苗症状

2.发病规律

根癌病原细菌存在于土壤中。细菌由伤口侵入苗木，伤口包括嫁接口、机械伤口和虫害伤口。细菌侵入以后刺激附近细胞增大，形成肿瘤。自病菌入侵到表现症状一般需 2 ~ 3 个月。根癌细菌适宜酸碱度为 pH 5.7 ~ 9.2，微酸性至微碱性土壤容易发病，酸性土壤不易于发病。

3.防治方法

(1)苗圃地要倒茬，不要在老圃地连作，更不要在老园内育苗。在碱性土壤育苗，要增施有机肥，降低土壤酸碱度。

(2)苗木出圃、购置时严格检查，发现病苗立即淘汰，绝不出售、使用带根癌的苗木。

(3)加强地下害虫防治，减少根部伤口，减少细菌侵染的机会。

(4)苗木定植前，用抗根癌菌剂(K84 菌悬浮液)处理。

九、苹果黑星病　病原菌 *Venturia inaequalis* (Cooke) Wint.

苹果黑星病又称疮痂病，是欧美各国普遍发生的一种重要病害，在我国目前分布还不很普遍。近年来，苹果黑星病在我国部分果区隐退多年后又开始发生，局部地区有日趋严重的趋势。此病主要为害叶片和果实，还可为害花、芽和嫩梢，尤其是果实受害损失很大(图 11-23 至图 11-25)。2018 年该病被列入陕西省农业植物检疫性有害生物名单。

1.发病症状

苹果黑星病病原为子囊菌门苹果黑星菌。叶片上病斑多先从叶片正面发生。病原菌从侵入点放射状扩

图 11-23　黑星病初病叶

图 11-24　黑星病中期病叶

图 11-25　黑星病后期病叶

展，形成病斑。叶片正面病斑初为淡黄绿色，色泽逐渐变深，后变为黑色，圆形或近圆形，或放射状，叶片上有大量灰黑色霉层，直径 3～6 毫米或更大，病斑周围有明显的边缘，老叶上尤甚。幼叶病斑多表面粗糙呈羽毛状，成叶病斑边缘明显不整齐，有时表生白色棉絮状物。病斑多由叶片正面向上突起，其背面形成环状凹入，呈泡斑状，有时病斑脱落穿孔。叶背面侵染形成的病斑略成圆形，表生黑褐色霉状物，叶片正面对应部位褪绿、枯死。侵染较晚的，仅在叶片背面产生黑色多角形病斑。发病后期叶片上病斑可互相汇合，严重的多数病斑连在一起，病部干枯破裂，占据大部分叶面，叶片小而厚，呈扭曲、卷曲状，进而干枯并早期落叶。在叶柄和主叶脉上的病斑黑色，较小，小点状、梭形或长条形，往往导致叶片变黄脱落。

发病花瓣褪色，萼片上生灰色病斑，但常被萼片绒毛覆盖，不易察觉。花梗上病斑还可环切花梗，造成落花。

果实从幼果至成熟期均可被侵染，果面病斑初为淡黄绿色，圆形，后期褐色或黑色，星状斑点，很小、微凸，表面有绒状霉层，即绒毛菌丝体。随着果实膨大，病斑逐渐扩大并凹陷，表层木栓化，边缘硬化龟裂，有不规则细小裂纹，整体疮痂状。病果开裂、畸形。在秋季被侵染的果实，病面密生黑色或褐色小点，不表现典型症状，但在贮藏期病斑逐渐扩大。

在苗木、接穗等繁殖材料上，1 年生枝条被侵染，常发生在离枝端大于 10 厘米的部位，病斑较小，枝条长大后，病斑消失，但在一些感病的品种上，病斑并不消失，使病枝呈泡肿状。另外，芽鳞内也有越季存活的菌丝体或分生孢子。

2.发病规律

苹果黑星病菌以有性世代的子囊壳在病叶上越冬，第 2 年春季子囊壳内的子囊孢子成熟，随风雨传播，成为当年的初侵染源。引起寄主发病，在病组织上形成分生孢子梗及分生孢子，并连续进行再侵染，使病情加重，其中从花蕾开放到落花期是最易受害的时期。高湿度和较高的温度是病害流行所要求的环境条件，6—7 月是发病的盛期。栽培品种红富士、嘎拉、粉红女士、瑞雪、澳洲青苹易感病，秦冠、蜜脆较抗病。该病通过苗木、接穗的长途调运而远距离传播，病果也有传病的可能。

3.防治方法

（1）不要从病区调运苗木、接穗及其他繁殖材料，以及苹果等仁果类果品。

（2）非病区发现病株立即销毁，并严禁向外输出接穗、苗木及果品。

（3）彻底清扫落叶，集中深埋。春季苹果树芽萌动时对地面和树体喷 5% 尿素液，铲除越冬菌源。

(4)无公害食品果园,开花前、落花后交替喷布以下药剂:43%戊唑醇悬浮剂 3 000 ~ 4 000 倍液,10%苯醚甲环唑水分散颗粒剂 2 000 ~ 2 500 倍液,40%氟硅唑乳油 8 000 倍液,12.5%烯唑醇可湿性粉剂 2 000 倍液,40%腈菌唑可湿性粉剂 6 000 倍液等。绿色食品果园,开花前、落花后喷 50%异菌脲可湿性粉剂 1 000 倍液。有机食品果园,套袋前喷 10%多抗霉素可湿性粉剂 1 000 ~ 1 500 倍液。

(5)有条件的地方进行果实套袋。

4.陕西省苹果产业技术体系春季苹果黑星病及秋季病虫害防治要点

(1)春季苹果黑星病防治要点

陕西省苹果产业技术体系认为 4 月底至 5 月份是苹果黑星病防治的关键时期。年度发病重的果园,6—7 月可连续喷药 2 ~ 3 次,药剂可选用吡唑醚菌酯、氟唑菌酰羟胺(氟唑菌酰羟胺为新型广谱杀菌剂,对叶斑病(如褐斑病、黑斑病和黑星病等)和白粉病提供卓越防效,高效防治多种难以防治病害,如赤霉病、灰霉病、菌核病和靶斑病等。

①休眠期彻底清除果园内落叶及病伤落果,摘除树上僵果,集中烧毁或深埋。

②花蕾开绽期喷药,选择 70%代森联水分散粒剂 800 倍液,或 12.5%烯唑醇可湿性粉剂 1 500 ~ 2 500 倍液,或 30%氟菌唑可湿性粉剂 2 000 倍液喷雾。

③花后喷药,可选择 20%硅唑·咪鲜胺水乳剂 1 000 ~ 1 500 倍液,或 60%吡唑·代森联水分散粒剂 1 000 ~ 2 000 倍液,或 10%苯醚甲环唑水分散粒剂 3 000 倍液,或 40%腈菌唑悬浮剂 6 000 倍液,或 30%氟菌·醚菌酯可湿性粉剂 2 000 ~ 3 000 倍液,或 40%咪鲜胺水乳剂 1 000 ~ 1 500 倍液。

④套袋后用药,可用 12%苯甲·氟唑菌酰胺悬浮剂 1 500 ~ 2 000 倍液,或 20%硅唑·咪鲜胺水乳剂 1 000 ~ 1 500 倍液,或 30%醚菌酯可湿性粉剂 2 000 ~ 3 000 倍液,或 30%氟菌·醚菌酯可湿性粉剂 2 000 ~ 3 000 倍液,或 40%氟硅唑乳油 5 000 倍液,或 70%代森联水分散粒剂 800 倍液,或 10%苯醚甲环唑水分散粒剂 2 500 倍液。

(2)秋季病虫害防治要点

陕西省苹果产业技术体系认为,秋季多雨年份,苹果褐斑病、斑点落叶病、炭疽叶枯病、黑星病、白粉病、黑点病、金纹细蛾、旋纹潜叶蛾等叶部和果实病虫害高发,个别管理粗放的果园还会发生腐烂病和大青叶蝉,造成对苹果枝干的危害。如果不及时防治,会造成叶片、枝干受损,叶片脱落,以及烂果病发生。

①叶部病害控制。秋季多雨会助长叶部病害的发生和蔓延,采用药剂防治时,要注重搭配耐雨水冲刷药剂的使用。可选择必备或可杀得 3000 与三唑类内吸杀菌剂混用,如:80%必备可溶性粉 500 倍液(或46%可杀得 3000 水分散粒剂 1 000 倍液)+430 克 / 升戊唑醇悬浮剂 2 500 倍液(或 250 克 / 升丙环唑乳油 2 000 倍液,或 40%腈菌唑悬浮剂 4 000 ~ 5 000 倍液,或 22.5%啶氧菌酯悬浮剂 1 500 倍液等)。必备为波尔多液工业化产品,可杀得 3000 有效成分为氢氧化铜,两个药品均为中性,可以与其他杀菌剂混用,还具有良好的耐雨水冲刷性能。

②枝干病害防控。8 月份应刮除主干老翘皮和轮纹病瘤,再涂刷药剂。涂刷药剂可选择 250 克 / 升丙环唑乳油 500 ~ 800 倍液,或 430 克 / 升戊唑醇悬浮剂 500 ~ 800 倍液,或 40%氟硅唑乳油 1 000 ~ 2 000 倍液。

③果实病害防控。果实撕去内袋后,要及时喷药保护,防止斑点落叶病菌侵染果实,同时还可防治潜伏在果实浅层的炭疽病菌和轮纹病菌,防止入库前后出现烂果。药剂可选择 10%苯醚甲环唑水分散粒剂 2 500 ~ 3 000 倍液,或 10%多抗霉素可湿性粉剂 600 倍液,或 50%甲基硫菌灵悬浮剂 800 倍液。

5.国家苹果产业技术研发中心提出的苹果黑星病周年防治方案

该方案主要针对上年苹果黑星病严重发生、当地春季雨水较多或者果园湿度较大有利于黑星病分生孢子初侵染的果园。对于往年发生较轻,当地春季干旱及果园湿度不大的果园(夜晚树体上没有明显结露),建议加强开花前到落花期田间黑星病监测,在田间发现零星病株时开始第一次喷药,采用内吸剂结合保护剂方法,间隔 10 ~ 15 天喷药 1 次,具体用药参考表 11-1 所列药剂。害虫防治可以根据害虫种类混配相应的杀虫剂或杀螨剂。

表 11–1 苹果黑星病防治历

防治时期	措施	防治对象
1.清园（休眠期）	(1)在树体萌动前，进行一次彻底清园。利用人工清扫或背负式吹风机尽可能清除地面上的落叶及病伤落果，摘除树上僵果；(2)全园喷施石硫合剂，包括地面上的落叶、残枝等	苹果黑星病、褐斑病、斑点落叶病
2.花簇期	80%代森锰锌 600 倍液 +43%氟菌·肟菌酯悬浮剂 2 000 倍液	苹果黑星病、锈病、白粉病
3.花瓣凋落期（4 月底）	80%代森锰锌可湿性粉剂 600 倍液 +43%氟菌·肟菌酯悬浮剂 2 000 倍液	苹果黑星病、锈病、白粉病
4.幼果期（5 月上旬）	80%克菌丹可湿性粉剂 600 倍液 +70%甲基硫菌灵可湿性粉剂 1 000 倍液	加多抗霉素防治霉心病；离花瓣凋落期喷药不要超过 7 天
5.套袋前	80%代森锰锌可湿性粉剂 600 倍液 +70%甲基硫菌灵可湿性粉剂 1 000 倍液	苹果黑星病、黑点病、果锈、炭疽病、轮纹病等
6.果实膨大期（6 月 20 日左右）	43%戊唑醇 2 500 倍液 +80%波尔多液 500 倍液	防治苹果黑星病、早期落叶病。套袋后无降雨或无黑星病、褐斑病发生，推迟到套袋后第三周用药
7.果实膨大期（7 月中旬）	40%氟硅唑 8 000 倍液 +30%唑醚戊唑醇悬浮剂 2 500 倍液	防治苹果黑星病、早期落叶病。如果其间干旱无雨或没有黑星病发生，间隔延长到 20 天
8.果实膨大期（8 月上、中旬）	25%丙环唑乳油 2 000 倍液 +80%波尔多液 500 倍液	防治苹果黑星病、早期落叶病。如果其间干旱无雨或没有黑星病发生，间隔延长到 20 天
9.果实膨大期（8 月底）	30%唑醚戊唑醇悬浮剂 2 500 倍液 +10%多抗霉素可湿性粉剂 1 000 倍液	防治苹果黑星病、早期落叶病。如果其间干旱无雨或没有黑星病发生，间隔延长到 20 天
10.落叶处理	地面喷施 3%尿素 1 次	

该方案强调苹果黑星病发生与气候关系密切，特别是春季降雨或高湿是病害流行的关键气象因素。2021 年春季低温多雨，全国各地苹果黑星病发病率较高。苹果黑星病菌以菌丝在苹果树的溃疡枝及落叶残体中越冬，开春黑星病菌随着气流和雨水传播，感染时间主要在花蕾开放和花瓣脱落期。因此，做好果园卫生，减少初侵染来源及降低开花前后的病原侵染是防治苹果黑星病的关键。

十、苹果套袋果实黑点病 病原菌 *Ttrichothecium roseum* Lk.ex Fr.

苹果套袋果实黑点病是推广果实套袋后出现的一种病害，个别年份部分地区发生非常严重，造成很大损失。

1.发病症状

套袋苹果发病初期，果实萼洼周围出现针尖大小的小黑点，后逐渐扩大，直径可达 5 毫米左右，病斑中心有病组织渗出，风干后呈白色泡沫状。严重时，数个病斑相连聚合成大病斑，梗洼周围及果顶胴部也可见众多病斑。

2.发病规律

该病由粉红聚端孢菌和粉红单端孢菌所致，是自然界常见的腐生真菌，在果实不套袋的情况下，多雨潮湿的环境中，树冠下部或郁闭的内膛也偶见为害苹果，出现上述相似的症状，或大片粉红色圆形或近圆形霉层，叫作果实红粉病。该病菌可以腐生在苹果花器残体如萼片、花柱、花药等部位。套袋后条件合适就增殖，侵染果实萼洼等部位。气候条件是决定因素，尤其是套袋后至摘袋前的气候至关重要，这段时间持续干旱或风调雨顺，没有较长时间降雨，或雨后气温不高，空气湿度不大，此病一般不会发生，即使发病也不会严重，相反则会严重流行。链格孢菌侵染产生红点病。这两种病在用药不科学或喷不到位的区域经常发生。另外个别果园梨圆蚧为害出现红点，缺钙果树发生红点，绿盲蝽、康氏粉蚧受害果，也发生各种斑点。

3.防治方法

农业防治。果园种白三叶草既能提高土壤有机质，又能调节园内水分、肥力、温湿度。使用土壤调理剂、生物菌肥和生草覆草改良土壤，促使根系平衡吸收营养。进行配方施肥，控氮，稳磷，补钾，增加中、微量元素，地下施硅钙镁钾肥，叶面喷有机钾、锐诺 EDTA 钙、高能红钾等。

幼果期用药做到“六要三不”，套袋前要用细孔喷头喷雾；各种农药要二次稀释；喷雾器压力要足；雾化要细；喷头要朝上，果叶都均匀着药；喷头离幼果 30 厘米以上。药剂不用铜制剂、福美系列和硫黄等复配类型；尽量不用乳油农药；不用劣质的可湿性粉剂；不用柴油、机油混配乳油等杀虫剂；避免使用含有重金属的微量元素肥料，必要时选用螯合态微量元素肥料（如斯德考普）。

正确选择套袋前药剂、套袋前三次药，根据本果园病虫情况正确选择保护剂、治疗剂、杀螨剂、杀虫剂、钙肥，既要把各种病虫严格控制，又要减少用药品种，实践中发现药剂品种组合越多，对幼果面影响越大。

十一、苹果树腐烂病 病原菌 *Valsa mali* Miyabe et Yamada

苹果树腐烂病是我国苹果产区最严重的一种枝干病害，造成局部枝干坏死，甚至全树死亡，是苹果树丰产、稳产、延续寿命的大敌。除为害苹果外，还为害沙果、林檎、海棠、山定子等。日本、朝鲜等东亚国家也有此病。

1.发病症状

苹果树腐烂病为害枝干，病部树皮腐烂，表现为溃疡型和枝枯型。

（1）溃疡型。冬春季节病部起初呈红褐色，椭圆形或长圆形，微隆起，组织松软糟烂，水浸状湿腐，按之即下陷，有时溢出红褐色汁液，有酒糟气味，烂透树皮进入木质部，引起表层变色。其后病部表面出现小疣状突起，突破表皮，露出黑色小颗粒，空气潮湿时从中涌出金黄色、卷曲的丝状物。发病后期，病部失水干缩、下陷，病、健组织交界处易裂开。

（2）枝枯型。春季发病的小枝，病部不隆起，不呈湿腐状，蔓延迅速。病枝很快失水枯死，后期布满黑色针尖大的点粒。

2.发病规律

苹果树腐烂病病菌是一种寄生性较弱的病原真菌，它能从苹果树表面的伤口侵入，在死亡后的皮层组织中定殖后分泌毒素，杀死周围的活细胞，进而在衰弱组织中蔓延和扩散。所以病害的发生、发展与是否有伤口及寄主的生理活动状态强弱密切相关。

病菌能乘虚而入的伤口包括冻伤、修剪伤口、机械伤口和虫伤等。在冬季寒冷的地区，冻伤是病害流行的主导因素。冬季较温暖的地区，日灼伤和丫杈冻伤是病菌入侵的重要部位，所以防止日灼和冻害十分重要。果园管理粗放、树势衰弱会导致病害流行，劳动力缺乏、疏于管理或管理水平下降、经济效益下滑的果园，要特别警惕腐烂病发病高峰的威胁。

苹果树腐烂病在树体上的周年变化应该从夏季说起。结果大树于夏季在主干、主枝和中央领导干基部、骨干枝的丫杈部位、小枝基部、隐芽四周及伤疤四周部位的树皮内产生新周皮，周皮以外的组织由于营养和水分供应受阻，逐渐失去活力，变为黄色、褐色，以至干枯死亡，形成所谓的“落皮层”。夏秋季节苹果树处于生长旺盛期，不利于病菌的扩张，但“落皮层”却为病菌的侵染和扩张提供了良好的“平台”。由于病菌的侵染，夏秋季“落皮层”上陆续出现表面溃疡。入冬以前多数表面溃疡蔓延不深，多局限在树皮表层，但在弱树、弱枝上能扩展较深，甚至烂透树皮。晚秋、初冬时节，病菌穿越周皮向内扩展，突破几个点，再逐渐扩展成较大的病疤。入冬以后，病疤扩展，数量增多。开春后，随着气温回升，病疤迅速扩大，对树体的影响也越来越严重。春末，苹果树进入生长期，生活力恢复，病菌的活动也随之逐渐减缓，发病盛期结束。这样，苹果树腐烂病从夏季在新形成的“落皮层”上出现表面溃疡开始，初冬至第 2 年早春苹果树休眠期进入发病盛期，到春末苹果树进入生长期，病害发展逐渐减缓，可视为 1 个发病周期，1 轮发病过程跨越 2 个年度。

苹果树腐烂病菌具有潜伏侵染的特点。所谓“潜伏侵染”，就是病菌可以在生长健壮但有局部坏死组织的树上定殖，但不立即发病，呈潜伏带菌状态，一旦树势衰弱，抗病力减退，病菌即可迅速扩张，导致发病。

苹果树腐烂病的另一外特点是，树皮烂透后，病菌可进入木质部表层，病皮下的木质部可以带菌，这是病疤刮治后容易重犯的主要原因之一，也增加了彻底控制的难度。

苹果树腐烂病的流行与树体营养状况有密切关系，凡能导致树势衰弱的因素均可诱致腐烂病的发生。如立地条件恶劣，或土壤管理差而造成根系发育不良；施肥不足或肥分比例失调；干旱或水涝；结果过多或大小年现象突出；因病虫为害造成的早期落叶；修剪不当或造成伤口过多、过大，且未加以药剂保护等。

不利的外界环境是发病的诱因。冻害可导致病害流行，冬季枝干日灼也可引起发病。

苹果品种间抗病性差异不明显。相对而言，密植小冠树比稀植大冠树发病较轻，这是由于密植园单株负载量较小，树体营养状况较好，有利于抵御病菌侵染。

综上所述，苹果树腐烂病的发生与树势衰弱有密切关系，病菌有潜伏侵染、木质部带菌的特点，而且又是一种跨年度发生的枝干病害，所以防治难度较大，必须认真对待。

3.防治方法

参照国家苹果产业技术研发中心病虫害防控研究室2014年制定的《苹果树腐烂病防治技术规程》进行综合防治：

（1）修剪防病

①根据各地情况，在不误农时前提下，改冬剪为春剪，避开寒冬对修剪伤口造成的冻害；

②在阳光明媚的天气修剪，避开潮湿（雾、雪、雨）天气；

③对较大剪口和锯口一定要进行药剂保护，可涂甲硫萘乙酸或腐殖酸铜。

（2）喷药防病

①苹果树发芽前，预防腐烂病效果显著，并可与常规休眠期喷雾结合，兼治干腐病、轮纹病、炭疽病等重要病害，发芽前（3月）和落叶后（11月）喷杀菌剂，药剂可选用代森胺水剂或树安康，或43%戊唑醇悬浮剂1 000倍液；

②生长季（6月和9月）结合对叶部病害的防治，在降雨前后对树干均匀喷药2～3次，药剂可选用抑霉唑、噻霉酮、戊唑醇、苯醚甲环唑、树安康或丙环唑；6—7月树皮“落皮层”形成初期，是预防夏秋季和冬春季发病的关键时期，可与病疤涂药预防病疤重犯结合进行；落叶前主干和大枝基部轻刮皮，然后涂抹43%戊唑醇300倍液加等量的“伴宝”（使药液黏稠，易于附在病部的制剂）调制成黏稠的糊状物，秋季落叶以前，杀死树皮死组织上定殖的病菌，预防发生新病。

（3）病斑刮治

①无论任何季节，只要见到病斑就要进行刮治，越早越好；

②将病斑刮净后，对患处涂抹甲硫萘乙酸或腐殖酸铜。病斑刮面要大于患处，边缘要平滑，稍微直立，利于伤口的愈合。也可以在秋冬季刮除病疤后，涂3～5°Bé的石硫合剂消毒。

（4）壮树防病

①提倡秋季施有机肥，亩施腐熟有机肥3～4米^3，结合使用有机菌肥每株1～2千克；

②合理负载，控制结果量；

③对易发生冻害的地区，提倡冬季对树干及主枝向阳面以及因腐烂病造成的裸露疮面涂白或涂商用涂干剂。

（5）桥接壮树

患腐烂病的苹果树，经刮除病皮后，树干上往往残缺不全，影响养分运输。桥接能代替病疤残缺的树皮，进行养分运输，以利恢复树势，夺取高产。

十二、根腐病

苹果根腐病是圆斑根腐病、根朽病、白绢病、紫纹羽、白纹羽等一类侵染性病害的统称，防治难度大，蔓延速度快。土壤板结透气性差，高湿高温发病快，地形低洼潮湿的黄土地发病多（料礓石土壤发病少）。另外，土壤中缺镁、铜等元素，也常使果树根部腐烂。主要防治技术如下：

加强地下管理，合理科学施肥，增肥地力，创造适宜根系生存的环境，实践证明，株施 2～4 千克木美土里或硅钙镁钾肥对根腐病防治有特效。

严重发生时，用高锰酸钾 1 000 倍液浇果园，可控制根腐病为害。另外，用金力士 2 000～3 000 倍液，或菌毒消 100～200 倍液，或“9281”300～400 倍液 + 生根剂混合液灌根也有良好的防治作用。

十三、苹果、梨枝干轮纹病

病原菌 *Botryosphaeria berengeriana* de Not.f.sp.*piricola*（Nose）Koganezawa et Sakuma

轮纹病又称“粗皮病”，是危害果实和枝干的重要病害之一，常造成产量低、果实品质下降（图 11-26 至图 11-28）。

1.发病症状

苹果、梨轮纹病菌多从皮孔侵入枝干，初期出现水渍状、暗褐色小斑点，逐渐扩大形成圆形或近圆形、褐色瘤状物，直径从几毫米到 1 厘米左右。病斑质地坚硬，中心突出。随后病斑凹陷，颜色变深，第 2 年出现黑色小点粒。随着愈伤组织的形成，病斑边缘龟裂，病、健组织交界处有 1 圈环沟，病部翘起、剥落。病部多局限在树皮表层，也可深达木质部。枝干严重染病时表面粗糙，结果少或不结果或大小年明显，甚至枯死。

2.发病规律

苹果、梨轮纹病菌多从树皮皮孔侵入。陕西中部发病高峰期在 4—6 月新梢旺盛生长期，侵入后发病较快；新梢停止生长后，由于寄主皮层组织抗扩展能力增强，病菌侵入后发病较慢，可以潜伏侵染状态存在，当具备发病条件时才导致发病。系真菌引起的病害，病菌主要在受害部位或剪锯下来的病枝上越冬。病菌通过雨水传播，虽然果实是在接近成熟时开始发病，但是，病菌通常是在幼果时期侵入。

3.防治方法

（1）加强栽培管理，增施有机肥；适时进行节水灌溉；果园实行生草制，既能增加土壤有机质含量，又能蓄水保墒，调节水分供应，提高树体抗病力。

（2）清除病原。刮除枝干病瘤和粗翘皮，并把所有病残体及剪下来的病枝带出果园烧毁或深埋。全树进行药剂消毒，可选择喷施 25% 丙环唑 6 000 倍液、多菌灵悬乳剂 400～600 倍液，45% 的代森铵 400 倍液。

（3）套袋防护。进行果实套袋，可有效预防果实发生病害。

（4）药剂防治。如果不套袋，苹果谢花后 7～10 天，（春季雨水偏少时，可适当推后到 5 月下旬）开始至果实成熟前半月，根据各地的降雨情况，视病害的

图 11-26 轮纹病树干不光滑

图 11-27 轮纹病树结果少

图 11-28 矮化中间砧感染轮纹病

发生情况喷施 4 ~ 10 次杀菌剂。前期(6 月中旬以前)以有机杀菌剂为主,后期以波尔多液为主。生长期可选用的药剂:甲基硫菌灵、丽致、甲基托布津、多菌灵、三唑类杀菌剂(如苯醚甲环唑、氟硅唑)、代森锰锌、波尔多液。或于 6—7 月和落叶以前轻刮主干和大枝基部树皮,刮后涂抹 43% 戊唑醇 300 倍液。

十四、苹果霉心病

病原菌 由多种真菌复合侵染所致,主要是:细交链孢菌(*Alternaria mali* Roberts)、粉红聚端孢菌(*Trichothecium roseum* LK.ex Fr.)、盘端多毛孢菌(*Neobarchaya* sp.)、镰刀菌(*Fusarum monliforme* Sheld)和头孢霉菌(*Cephalosporium* sp.)。

苹果霉心病又称霉腐病、心腐病,在元帅系、富士等品种上发生严重,主要在贮运期为害。近年来在富士苹果上危害越来越严重。

1.发病症状

霉心病表现为心室霉变和果心腐烂两种类型,在采收期主要为心室霉变;条件适宜时,贮运期发展为果心腐烂。发病初期在萼筒和心室之间出现淡褐色、不连续的点状或条状小斑,逐渐向心室蔓延,使心室壁变为黑褐色,心室内出现灰色、黑色、粉红色等霉状物。进而突破心室引起果心部分果肉腐烂,最后发展为全果腐烂。果肉食之味苦。严重被害果在幼果期容易早落。

病果在成熟前果面发黄,着色较早,颜色较暗,严重时变为五棱形,棱部与 5 个种室部位对应,此类果实易出现采前落果。

2.发病规律

病原菌在果园里生长季节广泛存在,经气流传播,通过萼筒至心室的开口进入果心。苹果树开花时,上述真菌在花器的柱头、花丝及萼片等组织上定殖,随着果实的发育过程,通过萼筒至心室的开口进入果心,引起心室霉变或果心腐烂。

落花以后 2 周病菌从柱头进入心室;从幼果至果实成熟,病菌可随时侵入。

适宜该病流行的气候条件是:冬季较暖、春季潮湿,而且春季阴湿天气延续时间较长,尤其是苹果开花期遇低温、多雨。

地处低洼潮湿的果园、树冠郁闭的果园、管理粗放树势衰弱的果园发病较重。

该病的发生与果实的结构有密切关系。凡果实的心室开放、与萼筒直接相通,或由于萼筒与心室之间组织疏松,易变褐枯死,从而为病菌入侵提供通道者为感病品种,如元帅系品种、北斗等。凡心室与萼筒之间有紧密的绿色组织者为不感病品种,如秦冠、国光等。红富士属于较易感的品种。大型果较小型果发病重,中心果比边果发病率高。

贮藏期间的发病与库温和气体成分有密切关系,库温在 0℃左右时不利发病,高于 9℃开始发病,10℃以上心腐迅速蔓延。土窑洞贮藏在贮果初期温度不易控制,所以苹果较易发病。气调库内低 O_2、高 CO_2 的环境可以抑制发病。

3.防治方法

防治苹果霉心病必须采用生长期预防和贮运期控制病害相结合的策略,具体措施如下:

(1)栽培措施。增施有机肥、磷钾肥和钙肥,使树势生长中庸;改善通风透光条件;结合冬剪,集中处理残枝落叶和病果,树干喷施 3 ~ 5°Bé 石硫合剂。

(2)药剂防治。一般在苹果开花前喷 1 次杀菌剂(如甲基硫菌灵)、益微制剂等;重病园,在盛花期多喷 1 次;谢花后 7 ~ 10 天喷 1 次杀菌剂(如农抗 120、多抗霉素、异菌脲等)。花期低温多雨年份,在花序伸出期、初花期(5% 花朵开放)及盛花期(70% 花朵开放)分别喷 1 次 70% 丙森锌可湿性粉剂 800 倍液或 50% 异菌脲可湿性粉剂 1 500 倍液或 10% 多抗霉素可湿性粉剂 1 000 倍液。在药液中加入药液量 0.1% 的餐具洗涤剂,以增加药液的附着力。

(3)低温贮藏。苹果采收后,放到 15℃以下库内预贮,然后放入机械冷库、气调冷库中贮藏。贮藏期间控制库温不超过 1℃,相对湿度控制在 90% 以下,避免入库果实病害蔓延。土窑洞贮藏时,入窑 40 天控制窑温 10℃左右或 10℃以下。

第二节　主要虫害综合防治

一、苹果小卷叶蛾　学名 *Adoxophyes orana* Fisher von Roelerstamm

苹果小卷叶蛾，俗名舔皮虫，果农称“小卷”“串皮虫”，对苹果、桃、李等果树的果实及叶片为害极严重。

1. 生活习性

陕西关中平原地区一年发生 3～4 代，以 2 龄幼虫在果树的剪锯口、环剥伤口、裂缝、翘皮下结白色茧越冬，第 2 年富士花露红时出蛰爬行为害。冬代成虫发生在 5 月中、下旬到 6 月上、中旬，第 1 代成虫 7 月上、中旬至 8 月上、中旬出现。第 2 代成虫 8 月中、下旬至 9 月中、下旬，第 3 代幼虫 10 月中、下旬开始越冬。成虫产卵于叶面、果面的光滑处，干旱不利于产卵。

2. 防治方法

（1）人工防治：秋季主干绑草或包瓦楞纸板诱集幼虫。冬春刮老翘皮消灭越冬幼虫。果树生长季节捏“虫苞”，利用糖醋液诱杀。

（2）药剂防治：早春冬眠幼虫出蛰前，果树老剪锯口，环剥口及病虫等伤疤处用 80% 敌敌畏 100 倍液刷涂，消灭越冬幼虫效果显著。富士苹果花露红期，及时喷“甲氰菊酯＋阿维菌素”或脲类杀虫剂。在各代成虫和卵期，喷“氯氰菊酯＋脲类（如杀铃脲，灭幼脲等）”杀虫剂。多年实践证明，幼虫猖獗为害时用“40% 毒死蜱＋甲维盐或阿维菌素”进行防治，效果较好。

二、顶梢卷叶蛾　学名 *Spilonota lechriaspis* Meyrick

主要危害顶梢嫩叶，幼虫吐丝将其缀成团，并利用叶背绒毛做成致密的虫袋，藏于其中（图 11–29、图 11–30）。被害叶苞冬季不落，十分明显。有时还为害花蕾、花和幼果。剥开被害叶苞，在致密的虫袋内可见白色的幼虫，头部色深，红褐色至黑色。为害苗木顶梢后，形成多头苗。

1. 生活习性

该虫在陕西中部 1 年发生 3 代，渭北地区 1 年 2 代。以 2～3 龄幼虫在被害梢的虫苞内越冬。苹果树发芽时越冬幼虫开始出蛰，转害新芽。陕西中部 5 月上、中旬幼虫老熟，陆续化蛹，越冬代成虫发生期在 5 月下旬至 6 月下旬，产卵于枝条中部叶片上，单粒散产，卵期 4～5 天，幼虫孵出后继续为害顶梢嫩叶。当年第 1 代成虫期在 6 月下旬至 7 月下旬，第 2 代成虫在 7 月下旬至 8 月下旬出现，9 月下旬以后幼虫开始越冬。成虫在黄昏时开始活动，有弱趋光性。

2. 防治方法

（1）诱杀成虫。利用成虫趋性，在成虫发生期挂糖醋罐（糖 5 份、醋 20 份、酒 5 份、水 80 份），每 15～20 米挂 1 个，或用诱虫灯、性激素诱捕器等诱杀成虫。

（2）树上喷药防治。防治苹果小卷叶蛾时可得到兼治。重点防治越冬代和第 1 代幼虫，根据测报，在该虫

图 11–29　顶梢卷叶蛾幼虫

图 11–30　顶梢卷叶蛾危害状

越冬代出蛰盛期和以后各代卵孵化盛期至幼虫卷叶以前，喷 20%氰戊菊酯（速灭杀丁）乳油 2 000～3 000 倍液，或 2.5%溴氰菊酯（敌杀死）浮油 2 000 倍液，或 25%高效氟氯氰菊酯乳油 1 000～1 500 倍液。幼虫为害初期尚未卷叶时，使用 0.06%茴蒿素 400～500 倍液，或 1%苦皮藤素乳油 1 000～1 500 倍液等植物源杀虫剂喷雾防治。在初龄幼虫盛发期使用氟苯脲（伏虫脲、农梦特）属几丁质合成抑制剂，用 5%乳油稀释 1 000～2 000 倍液喷雾，防治潜叶蛾、卷叶蛾、尺蛾、枯叶蛾、舟蛾、毒蛾、刺蛾等幼虫；氟苯脲对鳞翅目害虫毒性强，表现在虫卵孵化、幼虫蜕皮、成虫羽化受阻而发挥杀虫效果，特别是幼龄时效果好，对蚜虫、叶蝉等刺吸口器害虫无效。

（3）人工摘除各代幼虫虫苞。

三、刺蛾类

刺蛾俗称“洋辣子”，是果园和苗圃里的一类常见害虫。寄主植物广泛，为害多种林木和果树。主要种类有 5 种：

（1）黄刺蛾 *Cnidocampa flavescens*（Walker）；

（2）褐边绿刺蛾（青刺蛾）*Latoia consocia*（Walker）；

（3）中华绿刺蛾（棕边青刺蛾）*Latoia sinica*（Moore）；

（4）梨刺蛾 *Narosoideus flavidorsalis*（Staudinger）；

（5）扁刺蛾 *Thosea sinensis*（Walker）。

现以黄刺蛾为例，简介如下。

黄刺蛾幼虫黄绿色，背面有紫褐色斑，色泽鲜艳，咬食叶片，形成大的缺刻；身体上有毒刺，触及人皮肤会导致痛痒难忍、红肿。

1. 生活习性

黄刺蛾在陕西、河南等地 1 年发生 2 代，东北、华北 1 年发生 1 代。以老熟幼虫在枝条上结水处理雀蛋形茧越冬。6 月陆续化蛹，6 月中旬至 7 月中旬发生越冬代成虫。第 1 代幼虫为害期在 6 月下旬至 8 月，第 1 代成虫期在 7 月下旬至 8 月下旬；第 2 代幼虫为害期在 8、9 月。以后陆续老熟，结茧越冬。

成虫有趋光性，在梨树上多产卵于叶背，苹果上只见于叶面。卵多排列成块，几粒或几十粒在一起，也有单产的，卵期 7～10 天。初孵幼虫群集在叶背取食，将叶肉吃成筛网状，稍大后分散，食量骤增，常吃尽叶片，仅留叶柄。

黄刺蛾等 5 种刺蛾的形态和生活史见表 11-2。

2. 防治方法

（1）结合修剪，剪除树上的越冬茧，集中在纱笼内放在果园让寄生蜂羽化后继续繁殖。深翻园地，将表

表 11-2　5 种刺蛾的形态和生活史

虫名	成虫	幼虫	茧	世代	越冬部位
黄刺蛾	体长 13～16 毫米，前翅基部黄色，外缘褐色，从顶角向后缘有 2 条斜线	黄绿色，背面有紫褐色哑铃斑（图 11-31）	雀蛋形，灰白色，有褐色纹（图 11-32）	1～2 代	幼虫在枝条上结茧
褐边绿刺蛾	体长约 16 毫米，翅基棕色，外缘有黄色，其上有棕色点	黄色，前胸背有 2 个黑斑，中胸至第 8 腹节背面各有 4 个瘤突，丛生黄色刚毛，腹末有 4 簇蓝黑毛丛	雀蛋形，暗褐色	1 代	幼虫在土内或树干上结茧
中华绿刺蛾	体长约 12 毫米，前翅绿色，翅基灰褐色，中室下缘呈角形突出，外缘灰褐色	淡黄白色，中后胸及第 1、第 7 至第 9 腹节背面各有 1 对黄色柱状枝刺，体背有浅色花纹	椭圆球形，扁平，淡褐色	1 代	幼虫在树干基部或枝杈结茧
梨刺蛾	体长 14～16 毫米，前翅基部后缘黄褐色，其余为暗褐色	深绿色，后背和第 1、7、8 腹节背面各有 1 对大型枝刺，其他腹节有小突起	椭圆球形，暗褐色	1 代	幼虫在土内结茧
扁刺蛾	体长 13～18 毫米，前翅淡褐色，自前缘近翅尖至后缘中央有 1 条褐色斜纹，内侧有 1 个褐点，或不明显	淡绿色，龟壳状，背中线淡白色，边缘有长刺毛（图 11-33、图 11-34）	椭圆球形，暗褐色	1 代	幼虫在土内结茧

图 11-31　黄刺蛾幼虫

图 11-32　黄刺蛾茧

图 11-33　扁刺蛾幼虫

图 11-34　扁刺蛾幼虫危害状

层的越冬茧埋入深层。

(2)成虫具有一定的趋光性,可在其羽化盛期设置黑光灯诱杀成虫。

(3)低龄幼虫有群集危害的特点,及时摘除受害叶片集中消灭。

(4)在发生严重时于幼虫为害初期喷 2.5% 溴氰菊酯乳油 2 000 倍液。

四、舟形毛虫　学名 *Phalera flavescens* (Bremer et grey)

舟形毛虫又称苹果舟蛾、苹掌舟蛾、苹果天社蛾,是苹果、梨树年生长后期的一种常见食叶害虫。分布广,食性杂。还危害桃、杏、樱桃、海棠、楸子、沙果等。由 1 个卵块孵化的幼虫群集在叶背上为害,叶片上表皮和叶肉被吃光,仅剩网眼状下表皮。由于食料不足,幼虫稍大后即分散为害,相对集中于 1 个枝条,严重时可把该枝条的叶片吃光,仅剩叶柄。幼虫紫褐色,静止时头、尾上翘,形似船。幼树受害全树叶片常被吃光,对树的生长发育影响很大(图 11-35 至图 11-38)。

图 11-35　舟形毛虫群聚食叶

图 11-36　舟形毛虫老熟幼虫

图 11-37　舟形毛虫整枝危害状

图 11-38　舟形毛虫整树危害状

1. 生活习性

该虫 1 年发生 1 代，以蛹在土内越冬。陕西中部 6 月上旬始见成虫，渭北果区 6 月中旬始见成虫，盛期在 7 月，末期到 8 月中旬。卵期约 7 天，8—9 月为幼虫为害盛期，10 月中、下旬老熟幼虫沿树干下爬或吐丝坠落入土化蛹。

成虫有趋光性，白天静伏于隐蔽处，夜间活动。幼虫受惊吐丝下垂。

2. 防治方法

（1）利用幼龄幼虫群居习性，及时摘除被害虫叶，踩死尚未分散的幼虫。利用幼虫受惊坠落的习性，振落、踩踏杀灭。

（2）秋末深翻树盘范围的土壤，将越冬蛹暴露于地表冻死。

（3）因成虫具强烈的趋光性，在 7、8 月成虫羽化期设置黑光灯诱杀成虫。

（4）低龄幼虫期喷 1 000 倍 20% 灭幼脲悬浮剂。绿色、有机食品果园，在幼虫为害初期，喷 0.06% 茴蒿素 400 ~ 500 倍液，或 1% 苦皮藤素乳油 1 000 ~ 1 500 倍液等植物源杀虫剂喷雾防治。

五、桃小食心虫 学名 *Carposina sasakii* Matsumura

桃小食心虫果农称“桃小”，又叫桃蛀果蛾。在苹果、梨、桃、杏、李、枣年年发生，因为禁用了高毒高残留农药，土壤药剂处理不够重视，树上用药时期不准确等，使“桃小”虫果率有上升趋势。

1. 生活习性

在陕西 1 年发生 1 ~ 2 代，以老熟幼虫在土壤中做扁圆形“冬茧”越冬。越冬幼虫开始出土时间陕西中部为 5 月上、中旬前后，渭北和延安地区在 5 月中、下旬，分别在 5 月下旬至 6 月上旬以后进行连续出土时期。出土始期的早晚和出土盛期集中程度与当年 5—6 月该地区雨量多少和降雨的频率有关。5—6 月干旱少雨年份，出土始期推迟，出土不集中，越冬代出土期可长达 80 天以上。出土的不集中会导致此后各虫期推迟，以致出现世代重叠现象。反之，出土始期提前，出土集中，越冬代出土期缩短到 2 个月左右，甚至更短。越冬幼虫破茧出土后，在地面上爬行一两天，然后在土块、石块或杂草根颈附近结纺锤形“夏茧”，并在其中化蛹，蛹期 13 ~ 14 天，自幼虫出土到成虫羽化需 18 ~ 20 天。陕西中部 5 月中、下旬越冬代成虫开始羽化，渭北地区则在 5 月下旬至 6 月初。但每年均有早晚差异，其中主导因素仍是降雨，雨量适宜、土壤湿润，成虫的羽化则顺利，出现的时间也会较早。

在麦收期间开始出现越冬代成虫，盛期在 6 月中、下旬。成虫白天藏在叶背等隐蔽处，还有杂草中、土石块下等，夜间活动并交尾。成虫有弱趋光性，对蓝色光敏感。对糖醋液等饵物则无趋性，雄蛾对合成性激素反应敏感。成虫多将卵产于果实萼洼部位，少量产在梗洼和叶片上。始见卵的时间，陕西中部在 5 月底至 6 月初，渭北和延安地区在 6 月上旬末至中旬，卵期 7 天左右。初孵幼虫从果实胴部蛀入果实，被害果表面出现针头大小的蛀果孔，孔外出现泪珠状汁液，干后呈白色蜡状物。幼虫在果实内危害，造成纵横弯曲的虫道。虫粪留在果内，果实呈豆沙馅状，失去食用价值。幼虫在果内蛀食 20 余天后老熟，由里向外咬一火柴棍粗的脱果纪脱出。从 7 月上、中旬开始，即有幼虫开始脱果，脱果盛期的早晚与幼虫出土的早迟及整齐度有关。幼果被害后，生长发育不良,形成果面凹凸不平的“猴头果”。脱果早的幼虫在土表做夏茧化蛹,7 月中、下旬开始出现第 1 代成虫,产卵后造成第 2 次为害。脱果晚的幼虫(陕西中部大约以 7 月 20 日前后为界限)入土做冬茧越冬。第 2 代幼虫在果实采收前大部分脱果,少部分可随果实进入堆果场、果库,甚至在消费者食用时也会发现。

2. 防治方法

防治分为地面防治和蛀果前树上防治。(1)预测预报和地面防治:果园悬挂性诱剂,既能诱成虫,又能测报。5 月上旬药剂处理树盘土壤。每亩用 50%辛硫磷或 40%毒死蜱 250 ~ 500 克,加 1 倍水,拌土 25 千克的毒土,撒入树盘,浅锄后耙平,封闭土壤。

(2)根据测报或查卵决定用药。成虫产卵期的 6 月上、中旬,第 1 代幼虫的 7 月下旬至 8 月上旬为树上防治关键时期,喷布药剂有毒死蜱、灭幼脲、阿维菌素、氯氰菊酯等。

六、朝鲜球坚蚧 学名 *Didesmococcus koreanus* Borchs

朝鲜球坚蚧,果农称“疙瘩蚧”,是一种常见的介壳虫,除为害苹果、梨外,更多见于为害桃、李、杏等核果类果树。

1. 生活习性

1 年发生 1 代,以 2 龄若虫在小枝条上越冬。3 月上、中旬出蛰,下旬开始为害,4 月中、下旬成虫体背膨大成球形,排泄大量黏液,果农疏果套袋操作时,头发和衣服被黏液污染,此时正是全年为害高峰期。

2. 防治方法

(1)果树发芽前用 6 ~ 8°B é 石硫合剂或 30%机油石硫合剂微乳剂 400 ~ 600 倍全园喷雾防治,全枝梢顶部必须喷到位。

(2)苹果芽体刚露绿时,采用 40%杀扑磷 1 000 倍 + 柔水通 4 000 倍混合液进行喷雾防治。

(3)在 5 月中、下旬至 6 月防治一代初孵若虫,为最佳防治期,药剂有啶虫脒、吡虫啉、毒死蜱等。采果后喷杀扑磷、毒死蜱杀灭越冬前 2 龄若虫。

七、叶螨类

危害苹果主要有山楂叶螨(学名 *Tetranychus viennensis* Zacher)、苹果全爪螨(学名 *Panonychus ulmi* Koch)和二斑叶螨(学名 *Tetranychus urticae* Koch)。其中苹果全爪螨在东北、胶东半岛和西北浅山果园和山楂叶螨混合发生,二斑叶螨则是近年来蔓延的新害螨。

山楂叶螨的成螨越冬型鲜红色,夏型枣红色,体枣状椭圆形。以成螨在树皮下、干基土缝中越冬,花芽膨大期出蛰,落花后出蛰结束,主要在叶背面为害,被害处叶正面出现黄褐色斑点,螨多时出现结网,严重时叶片枯焦。苹果全爪螨的越冬卵、夏卵均为红色,圆形,上有一柄,洋葱头形。雌成螨主要在叶正面为害,苹果全爪螨为害的叶片失绿,变成绿灰色,远处看和银叶病为害类似,若螨多在叶背面,不出现结网,一般不出现提前落叶。山楂叶螨和苹果全爪螨果农又称红蜘蛛。二斑叶螨的成螨越冬型橘红色,夏型污白色,体两侧各有明显的褐色斑一个。二斑叶螨果农称“白黄蜘蛛”,寄生食性广,近年来繁殖快而代数多,活动范围小,抗药性强,容易在种群内加速繁殖。

苹果全爪螨雌成螨体长约 0.45 毫米,宽 0.29 毫米左右。体圆形,红色,取食后变为深红色。背部显著隆起。背毛 26 根,着生于粗大的黄白色毛瘤上,背毛粗壮,向后延伸。足 4 对,黄白色;各足爪间突具坚爪,镰刀形;其腹基侧具 3 对针状毛。雄螨体长 0.30 毫米左右。初蜕皮时为浅橘红色,取食后呈深橘红色。体尾端较尖。刚毛的数目与排列同雌成螨。卵葱头形。顶部中央具一短柄。夏卵橘红色,冬卵深红色。

1. 生活习性

山楂叶螨,一年发生 3 ~ 6 代,成螨于果树翘粗皮、土缝、果实萼洼、梗洼等处隐藏。翌春气温 10℃以上出蛰,富士苹果蕾期为出蛰盛期,花期为冬螨产卵盛期。至 7 月以前各代发生比较整齐,7 月以后世代重叠,进入发生为害高峰,10 月成螨越冬。

二斑叶螨,每年发生 7 ~ 15 代,成螨在果树翘裂皮、伤口以及杂草、根际土块中越冬。翌年果树萌芽时,日均温 10℃以上开始出蛰。地面越冬的个体,先在阔叶杂草取食繁殖,两性生殖,不交尾也可产卵,逐步上树为害,6 月中旬至 7 月中旬是为害盛期,连阴雨天气有下降趋势,后期干旱再度猖獗,9 月下旬向杂草转移，10 月陆续越冬。喜群采叶背主脉附近吐丝结网于网下为害。喜高温干旱，温度在 25 ~ 31℃，相对湿度 35% ~ 55%时繁殖是为害高峰。

苹果全爪螨，一年发生 6 ~ 9 代，以卵在短果枝果台和二年生以上的枝条的粗糙处越冬，越冬卵的孵化期与苹果的物候期及气温有较稳定的相关性，一般在日平均气温 12.3 ~ 14.7℃开始孵化，苹果花蕾膨大时，气温达 14.5℃进入孵化盛期，越冬卵孵化十分集中，所以越冬代成虫的发生也极为整齐。第一代夏卵在苹果盛花期始见，花后一周大部分孵化，此后同一世代各虫态并存而且世代重叠。7—8 月进入为害盛期，8 月下旬至 9 月上旬出现冬卵，9 月中、下旬进入高峰，幼螨、若螨、雄螨多在叶背取食活动，雌螨多在叶面活动为害，无吐丝拉网习性，既能两性生殖，也能孤雌生殖，完成 1 代平均为 10 ~ 14 天。每雌产卵量取决于不同的世代，越冬代每雌产卵 67.4 粒，日均产卵 4.5 粒。第 5 代则产 11.2 粒，日均产卵 1.9 粒，夏卵多产在叶背主脉附近和近叶柄处以及叶面主脉凹陷处。天敌与山楂叶螨相似。

2. 防治方法

（1）早春清园、秋季树干绑草环或包绑纸板诱集越冬螨。

（2）萌芽开绽期喷 0.5° Bé 石硫合剂或 30%机油石硫合剂微乳剂 400 ~ 600 倍液。

实践证明，花序分离期、套袋前或夏收前用药很关键，这三次药加入螨涕 1500 倍或 1.8%阿维菌素乳油 3 000 ~ 4 000 倍 + 柔水通 3 000 ~ 4 000 倍液，只要认真喷雾，完全可以控制叶螨的发生。

二斑叶螨在套袋后大发生时用“三唑锡 + 阿维菌素”；山楂叶螨发生时用“哒螨灵 + 阿维菌素”；苹果全爪螨可用“哒螨·吡虫啉 + 阿维菌素”。

八、梨眼天牛 学名 *Bacchisa fortunei*（Thomson）

梨眼天牛幼虫蛀食枝干和枝条木质部，被害处树皮破裂，虫道外积满木渣和虫粪，受害枝易折断（图 11-39、图 11-40）。果园离村庄、公路、水渠、沟边等近距离处受害极重，管理粗放的苹果园、海棠园最易受危害，许多果农认为难防、毁树的果园逐年增加。

1. 生活习性

两年发生一代，以 4 龄以上幼虫越冬，翌春 3 月开始活动，4 月中旬幼虫老熟化蛹。5 月出现成虫，以食叶柄、叶脉、嫩叶来补充营养，交配产卵，成虫用上颚把树皮咬成“三”形痕，然后产卵于表皮中。孵化后幼虫取食为害，逐步蛀入木质部，但早、晚有爬出洞口取食的习性。

2. 防治方法

（1）冬季修剪时，结合修剪要求，剪除被害枝段，并集中烧毁。

（2）受害重或杂树附近的果园，在 5 月（成虫期）喷 40%毒死蜱乳油 600 ~ 800 倍，或 2.5%溴氰菊酯（敌杀死）乳油 2 000 倍，或“80%敌敌畏 1 000倍液 +2.5%溴氰菊酯乳油 2 000 倍液，连用二次，可取得显著效果。

（3）幼虫蛀入木质内，用注射针管向虫道注入 10 倍敌敌畏或 20 倍毒死蜱、辛硫磷等药液均可。

九、金纹细蛾 学名 *Lithocolletis ringoniella* Matsura

金纹细蛾是苹果园常见的一种潜叶害虫，分布很广，还为害梨、桃、李、樱桃、海棠等。幼虫潜入叶

图 11-39 天牛幼虫蛀孔与虫粪

图 11-40 天牛幼虫蛀食状

片上下表皮之间取食，使下表皮与叶肉分离、皱缩，上表皮拱起，叶肉被吃成筛孔状，外观呈泡囊状，严重时引起落叶。

1. 生活习性

金纹细蛾每年发生 5～6 代，以蛹在落叶内越冬，苹果发芽时开始羽化，卵产在嫩叶背面，幼虫孵化后直接蛀入表皮下取食叶肉，叶背表皮翘起成白膜状。随幼虫长大，叶正面出现针眼网状斑，虫斑处皱缩。

2. 防治方法

（1）清除虫源。秋季彻底清除落叶，消灭越冬蛹。

（2）喷药防治。在麦收前平均百叶有活虫斑一个时，用性诱剂测报成虫羽化高峰，可喷洒灭幼脲胶悬剂或杀铃脲乳油，麦收后调查平均百叶活虫斑达 3～5 个时，用药同前。如果需要防治红蜘蛛时，可改用灭幼脲和哒螨灵复配的可湿性粉剂（如蛾螨灵），使用昆虫生长调节剂类药剂防治金纹细蛾，注意要在成虫产卵前喷药，才能取得良好效果。

3. 陕西省苹果产业技术体系关于叶部害虫的防治方法

陕西省苹果产业技术体系认为，叶部害虫的控制根据悬挂性诱芯与否进行分类防治。前期悬挂金纹细蛾性诱芯、卷叶蛾性诱芯的果园，可将诱芯继续保留至 9 月底。没有悬挂性诱芯的果园，可根据虫情选择 240 克 / 升的螺虫乙酯悬浮剂 4 000 倍液，或 4% 氯虫·高氯氟悬浮剂 3 000 倍液，或 1.8% 阿维菌素乳油3 000～4 000 倍液进行防治。主干可绑缚诱虫袋，诱集下树越冬的山楂红蜘蛛和苹小卷叶蛾等。

注意保护天敌。金纹细蛾有 8 种寄生蜂，还有蜘蛛等天敌，果园尽量不使用广谱性农药，特别是菊酯类农药对金纹细蛾天敌杀伤严重，喷药时可用选择性农药。

十、苹果绵蚜 学名 *Eriosoma lanigerum* Hausm

苹果绵蚜曾经是一种全国性检疫性有害生物。从 2009 年 6 月 4 日开始，其不再是检疫对象。近年自东向西蔓延很快。

1. 生活习性

一年发生 10～20 代，多以 1、2 龄若虫在树皮缝、剪锯口，根颈部越冬。春季树液流动后开始为害，5、6 月份进入为害高峰期，枝干、新梢均可受害。然后到 9 月中旬以后出现第 2 个为害高峰。成、若虫集中在剪锯口，新梢叶柄基部和根部为害，绵蚜聚集处分泌白色棉花状蜡丝，被害部肿胀成瘤状，严重削弱树势。

2. 防治方法

（1）加强检疫。禁止从疫区调运苗木，从疫区运出的接穗必须严格进行药物处理，可用 40% 毒死蜱乳油 600～800 倍或 10% 吡虫啉可湿性粉剂 5 000 倍液浸泡 5 分钟。

（2）药物防治。花前仔细检查树干、大枝，发现绵蚜虫斑，用 40% 毒死蜱乳油 300 倍液涂抹，花后用 40% 毒死蜱乳油 2 000 倍液，或 50% 二溴磷乳油 2 000 倍液喷雾。因苹果绵蚜体表覆有绒毛，药液难以黏着，故建议每次配药时一定要加入水质优化剂柔水通 3 000～4 000 倍。

（3）保护天敌。可引进日光蜂消灭苹果绵蚜，注意保护自然天敌瓢虫、草蛉等。

十一、绣线菊蚜 学名 *Aphis citricola* Vander Goot

绣线菊蚜又叫苹果蚜、苹果黄芽，俗称“腻虫”“油汉”。为害新梢和嫩叶（图 11-41、图 11-42），被害叶片向下方弯曲或稍横卷，密布黄绿色的蚜虫和白色的脱皮，严重时影响新梢生长，叶片早落。

图 11-41　绣线菊蚜嫩叶聚集状

1. 生活习性

一年发生 10 多代，以卵在枝条裂缝、蚜苞附近越冬。苹果树发芽时，卵孵化，经 20 天左右孵化结束，5—6 月春梢抽发期为害最为严重，6—7 月出现有翅蚜，扩散为害，10—11 月产生有性蚜，交尾后产卵越冬。

2. 防治方法

(1)沼液防治:沼液是人、畜粪便及农作物秸秆、杂草等各种有机物经厌氧发酵后的液体残余物。沼液作为厌氧发酵残余物的液态部分，不仅含有丰富的氮、磷、铜、锌、锰等大量营养元素,而且还含有17种氨基酸活性酶,其中,所含的乙酸、丁酸、丙酸、乳酸菌、芽孢杆菌、维生素B、植物激素中的赤霉素、吲哚乙酸,以及较高含量的氨、铵盐和一些抗生素等成分是沼液抗病防虫的主要因素。另外,沼液中产生的乙烯、脱落酸等物质会激发作物抗逆性反应,再加上沼液本身的营养作用,使得作物植株强壮,从而极大提高对病虫害的抵御能力和水平。因此,沼液被称为无污染、无残留、无抗药性的“生物农药”,广泛应用到有机果品的生产全过程,是现代苹果产业病虫害生物防治的主要措施之一。在蚜虫发生高峰期,将沼液放置2~3天后,两层纱布过滤,滤出清液,直接喷雾防治蚜虫。要求每隔10天喷1次,连喷2~3次;气温25℃以下时,可全天喷雾,25℃以上时,下午5点后进行喷雾。若加入1∶1 000~1∶2 000的吡虫啉或1∶1 000~1∶3 000的灭扫利,杀虫效果更加显著,持效可达30天以上。

图11-42 绣线菊蚜危害状

(2)防治苹果黄蚜的关键时期是结合萌芽前清园喷布融蚧800倍+柔水通4 000倍混合液,铲除越冬的虫卵;其次5—6月是黄蚜发生高峰期,喷药防治可选喷宝贵15 000~20 000倍液或虫螨克星、吡虫啉3 000~4000倍液、安棉特2 000~3 000倍液、楠宝8 000~10 000倍液等。

十二、苹果瘤蚜 学名 *Myzus malisuctus* Matsumura

苹果瘤蚜为害苹果、梨、海棠等。苹果被害叶片向背面纵卷成筒状,叶片正面皱缩,叶色发红以至干枯;枝条节间短,并逐渐干枯,影响枝条的生长和花芽的形成。

1. 生活习性

1年发生10多代,以卵在当年生枝条的芽缝里、芽腋基部及剪锯口等部位越冬。苹果树发芽时孵化,比绣线菊蚜稍早。5月下旬至6月中旬发生有翅蚜,迁飞扩散为害,苹果秋梢也会被害,出现纵卷害状。10月下旬产生有性蚜,交尾、产卵越冬。

2. 防治方法

(1)用鲜辣椒或干红辣椒50克,加水30到50克,煮半小时左右,用其滤液喷洒受害植物有特效。

(2)喷洒5%吡虫啉2 000~3 000倍液或20%灭多威乳油1 500倍液或3%啶虫脒乳油2 000倍液。

(3)结合一般生物防治方法如保护瓢虫,草蛉等天敌。

十三、大青叶蝉 学名 *Tettigella viridis* Linnaeus

雌虫把产卵器刺入植物的叶鞘或茎部组织里产卵,进行危害。叶蝉一年繁殖4~5代,给农业造成很大灾害。

1. 生活习性

以成虫在苹果、侧柏或杂草丛中越冬。若虫或成虫用嘴刺吸汁液,使叶片出现淡白色斑点,危害严重时斑点呈斑块状,或刺伤表皮,使枝条叶片枯萎。成、若虫均善走能跳,成虫且可飞动离迁。若虫取食倾向于原位不动,成虫性活跃,大多具有趋光习性。

2. 防治方法

(1)冬季清除苗圃内的落叶、杂草,减少越冬虫源。

(2)为了预防幼树危害,可于10月上旬前在幼树主干、主枝上涂白,防止大青叶蝉产卵。涂白剂配方参考附录部分附表2之11月技术要点。

(3)果园内不要间作蔬菜、玉米、苜蓿等作物,以免为该虫提供完整的寄主链。

(4)利用黑光灯诱杀成虫。

（5）对树干危害严重的树体，在萌芽期主干喷、涂200～300倍辛硫磷、毒死蜱等杀虫剂。对种草或杂草较多的幼园，在10月下旬给树体和杂草喷布2.5%的溴氰菊酯可湿性粉剂2 000倍液，或90%敌百虫原液800倍液，或毒死蜱2 000倍液，0.5%藜芦碱可湿性粉剂600～800倍液。

（6）陕西省苹果产业技术体系认为，秋季幼园应进行害虫防治。幼树在秋季普遍会遭受大青叶蝉的危害，引起枝条枯死，影响幼树生长和整形。可选择48%氯氟·毒死蜱乳油1 500倍液，或4%氯虫·高氯氟悬浮剂3 000倍液进行防治。

十四、金龟类

金龟俗称金龟子，或称金龟甲，是为害果树的一类重要害虫，种类多，分布广，食性杂。成虫为害果树的芽、花、叶，有些种类还啃食果实；幼虫称蛴螬，取食幼苗的根、茎的地下部分，对苗木影响很大，甚至造成幼苗枯萎死亡（图11-43至图11-46）。所以金龟子是果树生产的大敌。

成虫交配后10～15天产卵，产在松软湿润的土壤内，每头雌虫可产卵100粒左右。蛴螬年生代数因种、因地而异。这是一类生活史较长的昆虫，一般1年1代，或2～3年1代，长者5～6年1代。如大黑鳃金龟两年1代，暗黑鳃金龟、铜绿丽金龟一年1代，小云斑鳃金龟在青海4年1代，大栗鳃金龟在四川甘孜地区则需5～6年1代。蛴螬共3龄，1、2龄期较短，第3龄期最长。

1. 生活习性

金龟的成虫体形多为卵圆形或长卵圆形。前翅为鞘翅，不完全盖住腹部，触角鳃叶状，前足开掘式。成虫入土产卵，卵椭圆形，乳白色。幼虫头多为黄褐色，胸、腹部乳白色，向腹面弯曲成"C"字形。蛴螬始终在地下活动，有假死和负趋光性，最适宜高有机质的环境，对未腐熟的粪肥有趋向性，先以腐殖质为食，后食苗木、果树的根、茎。蛴螬一般1～2年1代，幼虫和成虫在土中越冬，白天藏在土中，晚上8～9时进行取食等活动。蛴螬的活动主要是随季节而变化，当10厘米土温达5℃时开始上升土表，土温在17℃以上，蛴螬开始活动，日平均气温在20℃左右时，为害最盛。23℃以上则往深土中移动，盛夏地温太高，蛴螬的活动量

图11-43　金龟幼虫蛴螬

图11-44　金龟幼虫蛴螬危害海棠幼苗

图11-45　金龟成虫危害叶片状

图11-46　金龟成虫危害花蕾状

稍减，中秋前后土温下降到其活动适宜范围时，再移向土壤上层，又是一个为害高峰。当日均气温低于12℃时，蛴螬的活动下移，随着气温不断降低，蛴螬在地下水位以上冻土层以下冬眠。在风雨过后天气转好时，常常会出现成虫的高发期。为害苹果的主要种类、生活习性如表 11–3。

2. 防治方法

（1）利用一些种类的趋光性，用黑光灯、火堆及糖醋液诱杀成虫；有条件的苗圃可用太阳能杀虫灯诱杀，减少金龟子成虫及幼虫（蛴螬）的发生数量。

（2）利用一些种类的假死性，在清晨或傍晚振落、捕杀；在果园休闲地带种植向日葵，在开花至成熟季节用刀片划破向日葵盘面背面，流出汁液，吸引金龟子成虫，清晨捕杀。

（3）在金龟成虫发生前，在园地耕翻整平后，对地面喷洒辛硫磷微胶囊 200 倍液，喷后浅耙，毒杀出土成虫或白天潜伏于土中的金龟。

（4）对于为害果树芽和叶种类，可于发生初期喷 2.5% 溴氰菊酯 2 500 倍液；对于为害果树花的种类，可于花蕾期或初花期的中午 11 时至下午 2 时气温高时喷 2.5% 溴氰菊酯 2 500 倍液，或于花蕾期或初花期喷石灰过量式波尔多液（1∶1.5∶200），对金龟为害有驱避作用。

（5）为防治金龟幼虫及其他地下害虫为害，不施用未腐熟的有机肥（鸡粪、牛粪、羊粪等），合理施用化肥，腐殖酸铵、氨化过磷酸钙等释放的氨气对蛴螬等地下害虫有驱避作用，可减轻危害。苗圃地实生砧播种前或营养系砧木栽植前应用杀虫剂处理土壤，可喷撒 1.5% 辛硫磷颗粒剂，每亩用药 5 千克；或 50% 辛硫磷颗粒剂 2 500 克加细土 25 ~ 50 千克充分混合处理土壤，撒后浅耙表土。苗圃地冬灌，也可有效减少土壤中蛴螬的发生数量。

（6）苗圃出苗后遭蛴螬为害时，每亩地用 0.5 千克 50% 辛硫磷乳油加水 500 ~ 600 千克灌根。

表 11–3　为害苹果的主要金龟种类及生活习性

种类	学名	世代	越冬	成虫发生期	习性
苹毛丽金龟	*Proagopertha lucidula* Faldermann	1 代	成虫在土中	3—4 月	成虫先为害柳、杨、榆树的嫩芽，再为害果树的花蕾和花，早晨至午后 3 时左右活动最盛
铜绿丽金龟	*Anomala corpulenta* Motsch	1 代	幼虫在土中	5 月下旬至 8 月	成虫特别喜欢吃梨叶，也为害苹果，晚间取食，白天静伏，有假死性和趋光性
斑喙丽金龟	*Adoretus tenuimaculatus* Waterh	1 ~ 2 代	幼虫在土中	5 月下旬至 8 月下旬	成虫以食叶为主，被害叶片呈锯齿状孔洞，傍晚至黎明取食
中华弧丽金龟（四纹丽金龟）	*Popillia quadriguttata* (F.)	1 代	幼虫在土中	5—9 月，6 月为盛期	成虫食叶，也可食花，有假死性，无趋光性
黑绒金龟（黑玛绒金龟）	*Maladera orientalis* (Motsch.)	1 代	成虫在土中	3 月下旬至 6 月中旬	成虫先为害杨、柳、榆树的嫩芽，后食果树花蕾，温度低时白天为害，温度高时傍晚或夜间为害，飞翔力强，严重时遮天蔽日，有趋光性
阔胫赤绒金龟（阔胫玛绒金龟）	*Maladera verticalis* Fairmaire	1 代	成虫在土中	3 月下旬至 6 月中旬	与上种混合发生，成虫趋光性较强，有假死性
小青花金龟	*Oxycetonia jncunda* Faldermann	1 代	成虫在土中	4—6 月	成虫食花为主，6 月上、中旬入土产卵，有假死性和趋光性
白星花金龟	*Potosia* (Liocola) *brexitarsis* (Lewis)	1 代	幼虫在土中	5—9 月	成虫以钻食果实为主，有假死性，对糖醋液趋性强
东北大黑鳃金龟	*Holotrichia diomphalia* Bates	1 ~ 2 年 1 代	成虫或幼虫在土中	5—9 月	成虫食叶，有趋光性
暗黑鳃金龟	*Holotrichia parallela* Motschulsky	1 代	幼虫在土中	6 月中旬至 9 月	与上种混合发生，成虫食叶，有趋光性；幼虫为害苗木的根部和地下茎
棕色鳃金龟	*Holotrichia* (E) *titanis* Reitter	2 年 1 代	成虫或幼虫在土中	3—5 月	成虫取食榆、槐的嫩叶，主要以幼虫为害苗木和果树根，有趋光性
黑鳃皱金龟	*Trematodes tenebrioides* (Pallas)	1 代	成虫在土中	4—5 月	同上

(7)成虫为害期喷含量为100亿个芽孢/毫升的苏云金杆菌(Bt)乳剂500~800倍液。在陕西千阳县,7月上旬苹果园金龟子成虫危害严重时,叶面喷雾40%毒死蜱乳油1 000倍液、30%阿维菌素2 000倍液,防治效果很好。

(8)绿僵菌400~500倍液以及白僵菌等病原真菌生物制剂对金龟的幼虫蛴螬有较好的防治效果,可用于苗圃的蛴螬防治,适量加入增效剂能提高防效;也可利用白僵菌、茶色食虫虻、金龟子黑土蜂等进行生物防治。如用中国农业科学院生产的白僵菌孢子粉拌适量的泥炭,在苗圃地育苗前均匀施入土壤,使蛴螬感染白僵病致死,死去的蛴螬又是白僵菌的寄主。这样白僵菌在土壤里的密度越来越大,蛴螬越来越难生存,虫口密度就会越来越小;每亩的成本费仅200元左右。

十五、苹果小吉丁虫 学名 *Agrilus mali* Matsumara

苹果小吉丁虫在我国分布于辽宁、吉林、黑龙江、河北、北京、山西、山东、河南、湖北、甘肃、宁夏、陕西等地。陕西的留坝、凤县、太白、宝鸡、铜川、志丹等地有此虫为害。寄主植物有苹果、沙果、海棠、楸子等苹果属植物,是苹果树的一种重要的枝干害虫,防治不及时往往导致成园毁灭,近年有些果区有受害程度加重的趋势。2018年该虫被列入陕西省农业植物检疫性有害生物名单。

1. 田间诊断

幼虫蛀食部位的树皮流出琥珀色胶液,干涸后呈白色,被害皮层凹陷、干裂,形成坏死伤疤,严重时遍体鳞伤。揭开被害部位树皮,可见大量弯弯曲曲、较细的扁平虫道,并散布许多细粒虫粪,可找见1头或多头乳白色、扁平、前胸节宽大、此后各节较窄、形似钥匙状的小幼虫。

2. 形态特征

成虫体长7~9毫米,宽约2毫米,体暗褐色,有金属光泽,翅鞘有紫红色反光,头部密布刻点和金黄色茸毛,前胸宽度大于长度,翅鞘均匀密布刻点,后足胫节外缘1排强硬的刺。卵椭圆形,长约1毫米。老熟幼虫体长16~22毫米,乳白色,前胸背面和腹面各有1条骨化中纹,腹末有1对骨化尾铗。蛹6~8毫米,初为乳白色,渐变为黄白色,近羽化时黑褐色。

3. 发生规律

该虫在黑龙江哈尔滨和山西3年发生2代,有的需2年完成1代,河北、辽宁、陕西凤县、甘肃陇南及天水1年发生1代。在陕西凤县山地果园主要以老熟幼虫(个别以蛹)在木质部越冬,5月下旬至6月下旬为成虫羽化盛期,少数可延续到9月上旬;在海拔较低的川道地区,大部分个体以幼龄幼虫在皮层内越冬,第2年春季幼虫继续为害,5月中旬开始化蛹,5月下旬开始羽化,羽化盛期在6月下旬至7月下旬。成虫交尾后在主干阳面粗皮缝中、芽两侧和小枝基部产卵,卵期8~13天,幼虫孵化后蛀入表皮下为害,11月开始越冬。

成虫寿命20~30天,羽化后需要取食叶片进行补充营养,有假死性,中午飞翔交尾。

4. 防治方法

(1)冬季和早春刮树皮,刮掉藏在浅层树皮内的小幼虫。

(2)及时锯掉被害枝,砍除被害死树并烧毁。

(3)春季苹果树发芽前及秋季落叶时,用敌敌畏煤油液(1:20)涂抹树皮流出胶液的被害部位,可以杀死皮层内的幼虫。

(4)成虫发生期间喷80%敌敌畏乳油1 500~2 000倍液,除杀成虫外也可杀死初孵幼虫。

(5)加强检疫。禁止从疫区调运苗木,从疫区运出的接穗必须严格进行药物处理,可用40%毒死蜱乳油600~800倍液或10%吡虫啉可湿性粉剂5 000倍液浸泡5分钟。

十六、金缘吉丁虫 学名 *Lampra limbata* Gebler

金缘吉丁虫分布于全国各个梨和苹果产区,寄主植物除梨、苹果外还有沙果、花红、桃、杏等,是这些果树的重要枝干害虫。

1. 田间诊断

幼虫蛀入树干表层内纵横串食,幼树被害虫道部位皮层凹陷、变黑,大树被害虫道外表不明显,但由于树体输导组织被破坏,树势衰弱,枝条枯死,甚至整株死亡。揭开被害部位树皮,可见大量弯弯曲曲、扁平虫道，并散布许多细粒虫粪，可找见1头或多头乳白色、扁平、前胸节宽大、此后各节较窄、形似钥匙状的幼虫。

2. 形态特征

成虫体长约15毫米，虫体绿色，有金属光泽，前胸背板上有5条蓝黑色纵纹，翅鞘上也有几条断续的蓝黑色纵纹。卵卵圆形。幼虫老熟时长约36毫米，乳白色，体扁平，头小，褐色、前胸宽大，背板黄白色，中间有"人"字形凹纹。蛹长18毫米，由乳白色，变为黄褐色。

3. 发生规律

该虫在陕西渭北梨区3年完成1代，每年均以幼虫越冬。第1年多以体长10～15毫米的小幼虫在外皮层越冬；第2年多以20毫米以上的幼虫在开成层越冬；第3年以老熟幼虫潜入木质部越冬。第4年4月中、下旬化蛹，蛹期15～30多天，4月下旬虽有成虫羽化，但由于气温低而不飞出、5月上旬田间开始见成虫，羽化盛期在5月中、下旬，6月中旬结束。

成虫喜欢在晴天中午气温高时活动，早晚或阴天静伏于叶上，受惊假死落地。成虫寿命20多天，每头雌虫可产卵20～40粒，卵产于树皮裂缝中，在日平均气温25.5℃时，卵期平均12天。

树势衰弱的树受害重，梨比苹果受害重，巴梨、日本梨受害较重。梨树高接换种后由于枝干裸露，日光直射会诱引成虫产卵，造成严重为害。

4. 防治方法

(1)加强管理，增强树势，是控制该虫为害的根本措施。

(2)冬季和早春刮树皮，可刮除浅层树皮内的小幼虫。及时锯除、烧毁被害死枝、死树。

(3)成虫发生期(5月上旬至6月中旬)，清晨振落、捕杀成虫。

(4)用敌敌畏煤油液(1∶20)涂抹幼虫为害部位。

(5)成虫发生期喷90%敌百虫800倍液2～3次。

十七、桑天牛 学名 *Apriona germari* (Hope)

桑天牛又称"粒肩天牛"，是近山果园的一种常见枝干害虫。寄主植物包括苹果、梨、柑橘、杏、桃等多种果树和林木。近年部分果区受害程度呈上升趋势。

1. 田间诊断

幼虫在枝干木质部内蛀食成隧道，枝干上隔一定距离有一圆形排粪孔，有时还可见到孔口有黄白色粒状虫粪。可根据地面虫粪找见树上相应位置的排粪孔。被害植株生长衰弱，枝条易被风折，严重时枝条枯死。

2. 形态特征

成虫体长36～46毫米，褐色，密被黄褐色细毛，触角鞭状，前胸背板有不规则的横皱纹，翅鞘黄褐色，基部有黑色瘤状突起，肩角有一黑色刺突。卵长约6毫米，椭圆形，微弯曲。幼虫老熟时长约70毫米，前胸背板隐约可见凹陷的"小"字形纹。蛹乳白色，长约50毫米。

3. 发生规律

我国中部果区2年(跨3年)完成1代，以幼虫在枝干内隧道中越冬。幼虫经过2个冬季后，第3年6—7月成虫羽化，啃食枝干皮层、叶片和嫩芽补充营养。成虫羽化后10～15天交尾、产卵，卵多产于3、4年生枝杈附近，产卵时先将枝条咬成"Ⅲ"形伤口，然后将卵产于中间1道伤口内，每处产卵1～5粒，卵期平均12.7天。幼虫孵出后蛀入枝条内，先向上蛀食10毫米左右，再调转头沿木质部向下蛀食，逐渐深入枝干髓部，幼虫在隧道内，每隔一定距离向外咬1个圆形排粪孔，第1年5～7个，第2年10～14个，第3年14～17个，排粪孔自上而下逐渐增大，孔间距离也逐渐加长。果树生长期间，虫体在最下排粪孔的下方，果树休眠期间，由于虫道底部有积水，虫体多在最下排粪孔的上方。虫体上方常塞有木屑。

4. 防治方法

(1)在成虫发生期捕杀成虫，并检查枝干上的产卵伤口，及时挖出卵和小幼虫。

(2)根据落地虫粪，追踪排粪孔，掏出新排粪孔内的虫粪、木屑，塞入蘸有辛硫磷、溴氰菊酯、敌敌畏乳油的棉球，然后用泥封住所有排粪孔。

附　录

附录一

非主要农作物品种登记办法

中华人民共和国农业部令

2017 年第 1 号

《非主要农作物品种登记办法》已经农业部 2017 年第 4 次常务会议审议通过，现予公布，自 2017 年 5 月 1 日起施行。

部长　韩长赋

2017 年 3 月 30 日

第一章　总　则

第一条　为了规范非主要农作物品种管理，科学、公正、及时地登记非主要农作物品种，根据《中华人民共和国种子法》(以下简称《种子法》)，制定本办法。

第二条　在中华人民共和国境内的非主要农作物品种登记，适用本办法。

法律、行政法规和农业部规章对非主要农作物品种管理另有规定的，依照其规定。

第三条　本办法所称非主要农作物，是指稻、小麦、玉米、棉花、大豆五种主要农作物以外的其他农作物。

第四条　列入非主要农作物登记目录的品种，在推广前应当登记。

应当登记的农作物品种未经登记的，不得发布广告、推广，不得以登记品种的名义销售。

第五条　农业部主管全国非主要农作物品种登记工作，制定、调整非主要农作物登记目录和品种登记指南，建立全国非主要农作物品种登记信息平台(以下简称品种登记平台)，具体工作由全国农业技术推广服务中心承担。

第六条　省级人民政府农业主管部门负责品种登记的具体实施和监督管理，受理品种登记申请，对申请者提交的申请文件进行书面审查。

省级以上人民政府农业主管部门应当采取有效措施，加强对已登记品种的监督检查，履行好对申请者和品种测试、试验机构的监管责任，保证消费安全和用种安全。

第七条　申请者申请品种登记，应当对申请文件和种子样品的合法性、真实性负责，保证可追溯，接受监督检查。给种子使用者和其他种子生产经营者造成损失的，依法承担赔偿责任。

第二章　申请、受理与审查

第八条　品种登记申请实行属地管理。1 个品种只需要在 1 个省份申请登记。

第九条　2 个以上申请者分别就同 1 个品种申请品种登记的，优先受理最先提出的申请；同时申请的，优先受理该品种育种者的申请。

第十条 申请者应当在品种登记平台上实名注册，可以通过品种登记平台提出登记申请，也可以向住所地的省级人民政府农业主管部门提出书面登记申请。

第十一条 在中国境内没有经常居所或者营业场所的境外机构、个人在境内申请品种登记的，应当委托具有法人资格的境内种子企业代理。

第十二条 申请登记的品种应当具备下列条件：

（一）人工选育或发现并经过改良；

（二）具备特异性、一致性、稳定性；

（三）具有符合《农业植物品种命名规定》的品种名称。

申请登记具有植物新品种权的品种，还应当经过品种权人的书面同意。

第十三条 对新培育的品种，申请者应当按照品种登记指南的要求提交以下材料：

（一）申请表；

（二）品种特性、育种过程等的说明材料；

（三）特异性、一致性、稳定性测试报告；

（四）种子、植株及果实等实物彩色照片；

（五）品种权人的书面同意材料；

（六）品种和申请材料合法性、真实性承诺书。

第十四条 本办法实施前已审定或者已销售种植的品种，申请者可以按照品种登记指南的要求，提交申请表、品种生产销售应用情况或者品种特异性、一致性、稳定性说明材料，申请品种登记。

第十五条 省级人民政府农业主管部门对申请者提交的材料，应当根据下列情况分别作出处理：

（一）申请品种不需要品种登记的，即时告知申请者不予受理；

（二）申请材料存在错误的，允许申请者当场更正；

（三）申请材料不齐全或者不符合法定形式的，应当当场或者在 5 个工作日内一次告知申请者需要补正的全部内容，逾期不告知的，自收到申请材料之日起即为受理；

（四）申请材料齐全、符合法定形式，或者申请者按照要求提交全部补正材料的，予以受理。

第十六条 省级人民政府农业主管部门自受理品种登记申请之日起 20 个工作日内，对申请者提交的申请材料进行书面审查，符合要求的，将审查意见报农业部，并通知申请者提交种子样品。经审查不符合要求的，书面通知申请者并说明理由。

申请者应当在接到通知后按照品种登记指南要求提交种子样品；未按要求提供的，视为撤回申请。

第十七条 省级人民政府农业主管部门在 20 个工作日内不能作出审查决定的，经本部门负责人批准，可以延长 10 个工作日，并将延长期限理由告知申请者。

第三章　登记与公告

第十八条 农业部自收到省级人民政府农业主管部门的审查意见之日起 20 个工作日内进行复核。对符合规定并按规定提交种子样品的，予以登记，颁发登记证书；不予登记的，书面通知申请者并说明理由。

第十九条 登记证书内容包括：登记编号、作物种类、品种名称、申请者、育种者、品种来源、适宜种植区域及季节等。

第二十条 农业部将品种登记信息进行公告，公告内容包括：登记编号、作物种类、品种名称、申请者、育种者、品种来源、特征特性、品质、抗性、产量、栽培技术要点、适宜种植区域及季节等。

登记编号格式为：GPD+ 作物种类 +（年号）+2 位数字的省份代号 +4 位数字顺序号。

第二十一条 登记证书载明的品种名称为该品种的通用名称，禁止在生产、销售、推广过程中擅自更改。

第二十二条 已登记品种，申请者要求变更登记内容的，应当向原受理的省级人民政府农业主管部门提出变更申请，并提交相关证明材料。

原受理的省级人民政府农业主管部门对申请者提交的材料进行书面审查，符合要求的，报农业部予以变更并公告，不再提交种子样品。

第四章 监督管理

第二十三条 农业部推进品种登记平台建设，逐步实行网上办理登记申请与受理，在统一的政府信息发布平台上发布品种登记、变更、撤销、监督管理等信息。

第二十四条 农业部对省级人民政府农业主管部门开展品种登记工作情况进行监督检查，及时纠正违法行为，责令限期改正，对有关责任人员依法给予处分。

第二十五条 省级人民政府农业主管部门发现已登记品种存在申请文件、种子样品不实，或者已登记品种出现不可克服的严重缺陷等情形的，应当向农业部提出撤销该品种登记的意见。

农业部撤销品种登记的，应当公告，停止推广；对于登记品种申请文件、种子样品不实的，按照规定将申请者的违法信息记入社会诚信档案，向社会公布。

第二十六条 申请者在申请品种登记过程中有欺骗、贿赂等不正当行为的，3 年内不受理其申请。

第二十七条 品种测试、试验机构伪造测试、试验数据或者出具虚假证明的，省级人民政府农业主管部门应当依照《种子法》第七十二条规定，责令改正，对单位处 5 万元以上 10 万元以下罚款，对直接负责的主管人员和其他直接责任人员处 1 万元以上 5 万元以下罚款；有违法所得的，并处没收违法所得；给种子使用者和其他种子生产经营者造成损失的，与种子生产经营者承担连带责任。情节严重的，依法取消品种测试、试验资格。

第二十八条 有下列行为之一的，由县级以上人民政府农业主管部门依照《种子法》第七十八条规定，责令停止违法行为，没收违法所得和种子，并处 2 万元以上 20 万元以下罚款：

（一）对应当登记未经登记的农作物品种进行推广，或者以登记品种的名义进行销售的；

（二）对已撤销登记的农作物品种进行推广，或者以登记品种的名义进行销售的。

第二十九条 品种登记工作人员应当忠于职守，公正廉洁，对在登记过程中获知的申请者的商业秘密负有保密义务，不得擅自对外提供登记品种的种子样品或者谋取非法利益。不依法履行职责，弄虚作假、徇私舞弊的，依法给予处分；自处分决定作出之日起 5 年内不得从事品种登记工作。

第五章 附 则

第三十条 品种适应性、抗性鉴定以及特异性、一致性、稳定性测试，申请者可以自行开展，也可以委托其他机构开展。

第三十一条 本办法自 2017 年 5 月 1 日起施行。

附录二

苹果园与苗圃禁止使用的农药

1. 国家已禁止在农业上使用的44种高毒农药

六六六、滴滴涕、毒杀芬、二溴氯丙烷、杀虫脒、二溴乙烷、除草醚、艾氏剂、狄氏剂、汞制剂、砷、铅类、敌枯双、氟乙酰胺、甘氟、毒鼠强、氟乙酸钠、毒鼠硅、甲胺磷、对硫磷（1605）、甲基对硫磷（甲基1605）、久效磷、磷胺、苯线磷、地虫硫磷、甲基硫环磷、磷化钙、磷化镁、磷化锌、硫线磷、蝇毒磷、治螟磷、特丁硫磷、氯磺隆、胺苯磺隆单剂产品、胺苯磺隆复配制剂产品、甲磺隆单剂产品、甲磺隆复配制剂产品、福美胂、福美甲胂、百草枯、三氯杀螨醇、硫丹产品、溴甲烷产品。

另外，农业农村部公告，自2022年9月1日起，撤销甲拌磷、甲基异柳磷、水胺硫磷、灭线磷原药及制剂产品的农药登记，禁止生产。已合法生产的产品在质量保证期内可以销售和使用，自2024年9月1日起禁止销售和使用。

2. 限用农药原药毒性

剧毒：涕灭威（神农丹、铁灭克）。

高毒：甲拌磷（3911）、甲基异柳磷、克百威（呋喃丹）、灭多威、氧乐果、水胺硫磷、内吸磷（1059）、硫环磷、氯唑磷、灭线磷、杀扑磷。

中等毒：氰戊菊酯、氟虫腈、毒死蜱、三唑磷。

低毒：丁酰肼（比久）。

3. 限制使用的农药（附表1）

附表1 限制使用的农药

中文通用名	禁止使用范围
甲拌磷（3911）、甲基异柳磷、内吸磷（1059）、克百威（呋喃丹）、涕灭威（神农丹、铁灭克）、灭线磷、硫环磷、氯唑磷	蔬菜、果树、茶叶、中草药材
水胺硫磷	柑橘树
灭多威	柑橘树、苹果树、茶树、十字花科蔬菜
氧乐果	甘蓝、柑橘树
氰戊菊酯	茶树
杀扑磷	柑橘树
丁酰肼（比久）	花生
氟虫腈	除卫生用、玉米等部分旱田种子包衣剂外的其他用途
溴甲烷、氯化苦	登记使用范围和施用方法变更为土壤熏蒸，撤销除土壤熏蒸外的其他登记
毒死蜱、三唑磷	自2016年12月31日起，禁止在蔬菜上使用
2,4-滴丁酯	不再受理、批准2,4-滴丁酯(包括原药、母药、单剂、复配制剂，下同)的田间试验和登记申请；不再受理、批准2,4-滴丁酯境内使用的续展登记申请；保留原药生产企业2,4-滴丁酯产品的境外使用登记，原药生产企业可在续展登记时申请将现有登记变更为仅供出口境外使用登记
氟苯虫酰胺	自2018年10月1日起，禁止氟苯虫酰胺在水稻作物上使用
克百威、甲拌磷、甲基异柳磷	自2018年10月1日起，禁止克百威、甲拌磷、甲基异柳磷在甘蔗作物上使用
磷化铝	应当采用内外双层包装。外包装应具有良好密闭性，防水防潮防气体外泄。自2018年10月1日起，禁止销售、使用其他包装的磷化铝产品
乙酰甲胺磷、丁硫克百威、乐果	自2019年7月1日起，禁止乙酰甲胺磷、丁硫克百威、乐果在蔬菜、瓜果、茶叶、菌类和中草药材作物上使用

附录三

陕西省千阳县苹果园与苗圃周年管理历

陕西省千阳县苹果园与苗圃周年管理历见附表 2。

附表 2　千阳县苹果园与苗圃周年管理历

物候期	月份(节气)	管理内容	技术要点
休眠期	1 月 (小寒、大寒)	整形修剪 病虫防治	1.按照高纺锤形、细长纺锤形等树形整形修剪;2.处理剪锯口;剪除病虫枝;秋末捆绑的诱虫带或草束,严冬适时解除集中烧毁,消灭害虫;果树主干、主枝丫杈及老翘皮、裂缝伤口是害虫的越冬场所并潜藏病菌,刮粗皮减少病虫基数;清洁果园病虫枝、干枯枝、落叶、烂果、杂草等,集中烧毁或深埋;树干涂白;土壤封冻前深翻园地,刨松树盘,把害虫翻到地面冻死或被鸟类食掉;果园冬灌;幼树预防"抽条";3.检修喷药器械,准备农药、化肥;4.矮化自根砧压条圃砧木收获、销售、贮藏与嫁接。
休眠期 萌芽期	2 月 (立春、雨水)	整形修剪 清洁果园 病虫防治	1.苹果品种处于萌芽期,延续 1 月份的管理工作;2.结合修剪采集苹果、砧木、专用授粉树品种接穗,沙藏或保湿低温保存;3.2 月底开始各类苹果苗木嫁接、补接,培育乔化苹果苗、乔化苹果专用授粉树品种苗、矮化中间砧苹果苗、矮化自根砧苹果苗等;4.2 月底至 3 月上旬开始播种已催芽"露白"的苹果实生砧种子,冬前覆盖农膜播种的实生砧种子已出土,农膜放风"练苗";5.乔化苹果专用授粉树苗木、乔化苹果苗、矮化中间砧苹果苗、矮化自根砧苹果苗等起苗、贮藏与销售;6.下旬前,苹果专用授粉树海棠品种萌芽前,喷 3～5° Bé 石硫合剂清园;7.矮化自根砧压条圃砧木收获、销售、贮藏与嫁接;8.苹果乔化砧、矮化中间砧、矮化自根砧或苹果芽苗等栽植育苗。
萌芽期 显蕾期 展叶期	3 月 (惊蛰、春分)	刻芽拉枝 高接换种 病虫防治 合理施肥 节水灌溉 覆膜覆地布	1.促发长枝在 3 月上旬刻芽,促发短枝在 3 月中旬刻芽;按照高纺锤形、细长纺锤形等树形要求,在树液流动、枝条柔软、开花坐果前,易于拉枝的关键时间,及时正确拉枝;拉枝角度 90°～130°;新栽树根据苗木质量按既定树形要求整形修剪;2.结合改形,采用劈接、皮下接(三主枝靠接)、舌接、带木质芽接等方法,将不适应市场的品种高接为新优品种,或补接授粉品种,或补接苹果专用授粉树,推荐高粉 1 号、2 号、3 号、4 号、5 号等;3.花前复剪,减少消耗;4.继续检查、刮治腐烂病疤;5.春季清园喷药;发芽前杀菌剂选用石硫合剂、戊唑醇或氟硅唑,杀虫剂用毒死蜱等;6.秋季未施基肥的果园,按秋季标准施肥;春季追肥在 3 月下旬至 4 月初进行,每生产 50 千克果追施纯氮 150～200 克;7.施肥后灌水覆膜、覆园艺地布,防草保墒;8.矮化自根砧压条圃砧木收获、销售、贮藏与嫁接;9.苹果乔化砧、矮化中间砧、矮化自根砧砧木苗或苹果芽苗等栽植与嫁接、补接育苗。
显蕾期 花序分离期 开花期 新梢旺长期 坐果期	4 月 (清明、谷雨)	花前复剪 花期防冻 促进坐果 合理留果 病虫防治 高接换种 果园种草	1.抹芽,抹除背上、剪锯口等不需要成枝处的萌芽,减少树体养分的无效消耗;按 1:(3～4)花叶枝比或 16～20 厘米选留一健壮花序距离疏蕾,花序分离期至开花期再保留中心花或 1～2 个发育好的侧花,将多余的侧花和腋花序全部疏除;2.预防晚霜冻。可采用提前树盘灌水、树干涂白、树冠喷布 1%石灰水、树盘覆盖有机物等,推迟果树花期,避开晚霜。也可根据天气预报,降温当晚 12 时前、后在果园四周或行间堆燃树叶、柴禾、麦糠或燃放化学烟雾剂,熏烟增温化霜防冻;3.初花期,结合疏花,收集花粉,进行人工授粉。提倡果园放蜂,新建果园配备苹果专用授粉树;未疏花蕾的果园;及时疏花;面积大劳动力少的果园,可试用化学疏果技术;4.间隔 15～25 厘米留一个花序,每花序保留 1～2 个发育好的花蕾。易发生霜冻和座果率低的品种不宜大量疏花;5.对新栽树,当延长头达到 15 厘米左右,及时把其下 2～3 个竞争枝疏除或扭下垂;6.以防治霉心病为主,同时防治白粉病、锈病、褐斑病、轮纹病、斑点落叶病等,杀菌剂选用农抗 120 或多抗霉素等;虫害主要有卷叶蛾、潜叶蛾、蚜虫、叶螨、星毛虫等,杀虫剂选用吡虫啉、高效氯氰菊酯等;7.积极推广和组织病虫害联合防治,果园使用诱虫灯、迷向丝、粘虫板、诱虫净或糖醋液诱杀金龟子等;8.高接换种,选用品质好、易管理,适销对路的苹果品种;9.实施循环经济,提倡果园种草,4 月中、下旬播种白花三叶草、早熟禾、黑麦草等;10.加强水肥管理,中耕除草,培育乔化砧、乔化砧苹果苗、矮化中间砧苹果苗、矮化自根砧苹果苗。

续表

幼果发育期 新梢旺长期	5月 (立夏、小满)	疏果定果 夏季修剪 补钙防病 病虫防治 果园种草 树盘覆草 覆草保墒 选择果袋	1.花后30天内完成定果,优质丰产果园每亩留果量15 000~20 000个;2.5月中、下旬,分枝角度小的果园要进行强拉枝开张角度,综合运用摘心、扭梢、抹芽、疏枝等夏剪措施,清除无用枝,减少养分的无效消耗;3.套袋前1~2天,根据病虫测报结果合理用药,建议用药方案:"杀虫(螨)剂+杀菌剂+优质钙肥+农用水质优化剂"。杀虫剂重点防治食心虫、蚜虫、金纹细蛾、潜叶蛾、卷叶蛾、叶螨等,杀菌剂主要防治早期落叶病(褐斑病、轮斑病、斑点落叶病等)、白粉病、炭疽病、轮纹病、锈病等;4.行间生草,株间覆盖。黑色地膜或园艺地布覆盖树盘,减少锄草用工;5.红色苹果品种选择外黄内黑的双层双色袋,或外层袋外表面为木浆纸本色、内表面为黑色,内层袋为红色或黑色的双层三色袋;6. 有些果实发育快的地区,5月下旬开始进行果实套袋。适时套袋,一般在谢花后30~45天开始,半月内结束;选择晴天上午9点至下午5点之间进行,不要在中午高温(30℃以上)和早晨有露水、阴雨天进行;要保证果袋撑圆,果实悬空,袋角透气张开,袋口扎紧;7.各类苹果苗木(含砧木)5—7月生长量最大,占苗木总生长量的81%,必须满足水肥供应,加强中耕除草、病虫防治工作。
新梢封顶期 幼果发育期 花芽分化期 6月落果期	6月 (芒种、夏至)	果实套袋 夏季修剪 补钙防病 及时追肥 行间覆草 病虫防治	1.综合运用摘心、扭梢、抹芽、疏枝等措施继续进行夏季修剪;2.继续进行果实套袋,争取在10~15天内套完果袋;3.叶面喷施钾肥和钙肥,促进花芽分化和幼果发育;4.追施以速效肥为主,突出钾肥和氮肥,辅助磷肥,充实顶芽,促进花芽分化;5.生草果园及时割草覆盖树盘;6.重点防治轮纹病、斑点落叶病、褐斑病、腐烂病、锈病以及山楂叶螨、二斑叶螨、绣线菊蚜(黄蚜)、金纹细蛾、旋纹潜叶蛾、桃小食心虫等。
花芽分化盛期 秋梢开始生长期 果实开始快速膨大期	7月 (小暑、大暑)	夏季修剪 人工促花 病虫防治 覆盖降温 刈割压青 果实采收 中耕除草	1.对幼树,中央领导干上枝条新梢长度60厘米左右时按树形要求拉枝;综合运用摘心、扭梢、抹芽、疏枝等夏剪措施继续进行夏剪;2.重点防治褐斑病、斑点落叶病、轮纹病、炭疽病、圆斑根腐病、锈病以及各类蚜虫、叶螨、舟形毛虫、卷叶蛾、潜叶蛾、蟒象等;3.生草果园草长至20厘米以上时及时刈割,覆盖树盘;4.适当提前采收、分期采收早、中熟品种;5.苗圃地,加强水分供应,确保大苗生产所需的水分;提倡节水灌溉,水肥一体化;适时进行中耕除草。
花芽分化期 果实膨大期 秋梢生长期 果实着色成熟期	8月 (立秋、处暑)	行间生草 病虫防治 摘叶转果 果实采收 中耕除草 秋季修剪	1.计划生草果园,利用雨季及雨后一周内阴天,在雨前及时播种,出苗快,成活率高;已生草果园,草高生长至20~30厘米时及时刈割,或割草覆盖树盘;2.果园夏秋季防治的主要病虫害有褐斑病、斑点落叶病、圆斑根腐病以及红蜘蛛、卷叶蛾、潜叶蛾、苹果绵蚜、金龟子、舟形毛虫等;苗圃8月以后重点防治黄刺蛾、舟形毛虫、金龟子和早期落叶病;3.采收前5~7天,摘除果实周围的"贴果叶"和距果15厘米左右的"遮光叶",增加果实的着色面积,提高果实商品率;4.分期采收早、中熟品种;5.苗圃地,加强水分供应,确保大苗生产所需的水分;提倡节水灌溉,水肥一体化;适时进行中耕除草;6.各类苹果苗木育苗嫁接及其管理:接穗采集、嫁接、检查成活率、补接;7.8月下旬至9月份,果园秋季修剪,疏除背上直立枝条,促进通风透光,提高果实色泽;幼树强拉枝培养高纺锤形、细长纺锤形等树形。
果实着色成熟期 秋梢停长期根系第3次生长期	9月 (白露、秋分)	秋季修剪 行间生草 (割草覆盖) 病虫防治 果实除袋 摘叶转果 铺反光膜 分期采收 秋施基肥	1.继续秋季修剪,进行幼树强拉枝;新建矮化自根砧苹果园或2~4年生苹果园,本月是拉枝的重点,拉枝110° ~130° ,培养高纺锤形树形;2.进入秋季,应及时施肥后行间种草,可选用鼠毛草、白花三叶草等,也可种油菜压青;3.主要防治苹果腐烂病、褐斑病和金纹细蛾、苹果绵蚜等;4.秋季主干束草或果箱瓦楞纸隔板,收集害虫;5.适时分期采收9月上旬前后成熟的中熟苹果品种;6.晚熟品种红富士苹果套袋园,在9月下旬开始摘除外袋,隔4~5天再摘除内袋;苹果贴字或图案,生产"文化"苹果;7.晚熟品种采前10~15天剪除果实周围遮光的直立新梢叶片,并树下铺反光膜;8.从9月下旬起开始秋施基肥;9.各类苹果苗木嫁接与补接。
秋梢停长期 果实着色成熟期	10月 (寒露、霜降)	铺反光膜 摘叶转果 果实采收 果品贮藏 秋施基肥 病虫防治	1.根据天气和采收要求,进行摘叶、铺反光膜、转果,并分期分批适时采收,提高果品质量;2.10月下旬开始,采收晚熟品种,及时预冷,最好在24小时内进入低温贮藏库;3.秋季是果树根系的第3次生长高峰,根系生长量最大,吸收能力最强;伤根易愈合;土壤墒情好,温度适中,有利于肥料的转化吸收和贮藏利用。成龄园亩施优质有机肥3 000千克作为基肥,或商品有机肥1 000千克,N、P、K总含量45%的复合肥100千克;4.防治苹果腐烂病、大青叶蝉危害。

续表

落叶期	11 月 （立冬、小雪）	清洁果园 病虫防治 主干涂白 冬季灌溉 幼树栽植 果实分级 入库贮藏	1.清除园内病虫枝、烂果、落叶，刮除树干粗皮，捆绑草把或瓦楞纸板诱集越冬害虫，集中深埋或烧毁，减少潜叶蛾、螨类、卷叶蛾等在枝干、粗皮裂纹中以蛹、卵或幼虫越冬；11 月中下旬，结合刮树皮，将苹果枝干病害（轮纹病、腐烂病、干腐病）病斑或病瘤刮除后涂药；2.主干涂白，涂白剂配制比例为：水 30 千克、生石灰 10 千克、食盐 2 千克、动植物油 0.25 千克、26° Bé 石硫合剂原液 1.5 千克；3.未施基肥的果园要及早施肥；4.有灌溉条件的果园，封冻前应在树盘灌 1 次透水；5.苹果大苗或 1 ~ 3 年生幼树，可带土球就近移栽、补栽，去除大枝，剪口进行保护；6.未采收的果实，争取在 11 月上旬结束采收；7.矮化自根砧压条圃喷 8% ~ 10%的尿素水，促进砧木落叶，以利于 12 月份砧木收获、贮藏。所有采收的苹果严格分级、入库贮藏。
落叶期	12 月 （大雪、冬至）	清洁果园 整形修剪 主干涂白 病虫防治 冬季灌溉 调查总结	1.清除园内病虫枝、烂果、落叶，集中深埋或烧毁；2.确定合理树形，根据砧穗组合、栽培模式等整形修剪，密闭园改形修剪，调节树势与负载，修剪后伤口保护；结合修剪采集苹果品种、砧木、专用授粉树品种接穗，或采集采穗圃接穗，沙藏或保湿低温保存；3.未主干涂白的果园继续主干涂白；4.刮治老翘皮、刮治腐烂病、检查防治蛀干害虫；可喷布 1 次 3 ~ 5° Bé 石硫合剂进行清园；5.未施基肥的果园要及早施肥；6.封冻前灌 1 次透水；7.矮化自根砧压条圃砧木收获、销售、贮藏与嫁接；8.采集育苗种子，选择矮化中间砧苗、自根砧苗，选购优良苹果品种、苹果专用授粉树品种接穗，准备春季嫁接育苗；9.苹果乔化砧、矮化中间砧、矮化自根砧砧木或苹果芽苗等栽植育苗；10.苹果砧木种子不经过沙藏，直接播种培育实生砧苗；11.参加果树管理技术培训，组织交流参观，调查果园长势和成花情况，核算成本和效益，认真总结经验教训，为制定来年生产计划提供科学依据。

附录四

苹果苗木国家、行业及部分地方、企业标准目录

苹果苗木国家、行业及部分地方、企业标准目录见附表 3。

附表 3　苹果苗木国家、行业及部分地方、企业标准目录

序号	标准号码	标准名称	发布		实施日期
			部门	日期	
1	NY/T 328－1997	苹果无病毒苗木繁育规程 Propagation rules of virus-free seedling of apple	中华人民共和国农业部	1997-12-19	1998-05-01
2	NY/T 403－2000	脱毒苹果母本树及苗木病毒检测技术规程 Rules for virus detection of virus-tree mother and seedling apples	中华人民共和国农业部	2000-09-22	2000-12-01
3	GB 9847－2003	苹果苗木 Apple nursery plants	中华人民共和国国家质量监督检验检疫总局	2003-06-02	2003-11-01
4	SN/T 1585－2005	进出境苹果属种苗检疫规程 Rules for the quarantine of seedling of *Malus* Mill for entry-exit	中华人民共和国国家质量监督检验检疫总局	2005-05-20	2005-12-01
5	NY 329－2006	苹果无病毒母本树和苗木 Virus-tree mother tree and seedling of apple	中华人民共和国农业部	2006-07-10	2006-10-01
6	NY/T 1085－2006	苹果苗木繁育技术规程 Technical specification for propagation of apple seedling	中华人民共和国农业部	2006-07-10	2006-10-01
7	NY/T 1318－2007	农作物种质资源鉴定技术规程苹果 Technical Code for Evaluating germplasm Resources Apple(*Malus* Mill.)	中华人民共和国农业部	2007-04-17	2007-07-01
8	GB/T 12943－2007	苹果无病毒母本树和苗木检疫规程 Plant quarantine rules for virus-tree mother tree and seedling of apple	中华人民共和国国家质量监督检验检疫总局 中国国家标准化管理委员会	2007-10-16	2008-04-01
9	GB 8370－2009	苹果苗木产地检疫规程 Quarantine protocols for apple seedlings in producing areas	中华人民共和国国家质量监督检验检疫总局 中国国家标准化管理委员会	2009-04-27	2009-10-01
10	GB 15569－2009	农业植物调运检疫规程 Quarantine protocols for the movement of agricultural plants and plant products	中华人民共和国国家质量监督检验检疫总局 中国国家标准化管理委员会	2009-04-27	2009-10-01
11	SN/T 2342-2009	苹果茎沟病毒检疫鉴定方法 Quarantine identification of apple stem grooving virus	中华人民共和国国家质量监督检验检疫总局	2009-07-07	2010-01-16
12	GB／T 28097-2011	苹果黑星病菌检疫鉴定方法 Detection and identification of *Venturia inaequalis* (Cooke) Wint.	中华人民共和国国家质量监督检验检疫总局 中国国家标准化管理委员会	2011-12-30	2012-06-01
13	GB／T 28074-2011	苹果蠹蛾检疫鉴定方法 Detection and identification of *Cydia Pomonella* (L.)	中华人民共和国国家质量监督检验检疫总局 中国国家标准化管理委员会	2011-12-30	2012-06-01
14	DB37/T 1629-2020	苹果苗木繁育技术规范 Technical specification for apple tree propagation	山东省市场监督管理局	2020-09-30	2020-10-30
15	TB61/QYPG 1-2020	千阳苹果矮化自根砧苗木质量等级要求 Quality grade requirements of Qianyang apple dwarfing self-rooted rootstock	千阳县西农苹果试验示范技术协会	2020-06-16	2020-07-01

附录五

苹果栽培国家、行业及部分地方标准目录

苹果栽培国家、行业及部分地方标准目录见附表 4。

附表 4 苹果栽培国家、行业及部分地方标准目录

序号	标准代号	标准名称	发布		实施日期
			部门	日期	
1	NY/T 1082-2006	黄土高原苹果生产技术规程 Technique regulation of apple production in loess plateau area	中华人民共和国农业部	2006-07-10	2006-10-01
2	NY/T 1084-2006	红富士苹果生产技术规程 Regulations of production technique on Red Fuji apples	中华人民共和国农业部	2006-07-10	2006-10-01
3	NY/T 1086-2006	苹果采摘技术规范 Technical specification for apple harvesting	中华人民共和国农业部	2006-07-10	2006-10-01
4	NY/T 1505-2007	水果套袋技术规程 苹果 Rules of bagging for fruit producing Apple	中华人民共和国农业部	2007-12-18	2008-03-01
5	SN/T 2077-2008	进出境苹果检疫规程 Rules for the quarantine of importing and exporting fresh apples	中华人民共和国国家质量监督检验检疫总局	2008-04-29	2008-11-01
6	GB/T 10651-2008	鲜苹果 Fresh Apple	中华人民共和国国家质量监督检验检疫总局 中国国家标准化管理委员会	2008-05-04	2008-10-01
7	GB/T 8559-2008	苹果冷藏技术 Cold storage for apple	中华人民共和国国家质量监督检验检疫总局 中国国家标准化管理委员会	2008-08-07	2008-12-01
8	NY/T 1793-2009	苹果等级规格 Standard for grades of apples	中华人民共和国农业部	2009-12-22	2010-02-01
9	NY/T1841-2010	苹果中可溶性固形物、可滴定酸无损伤快速测定近红外光谱法 Non-destructive determination of soluble solid and titratable acidity in apple fruit by NIR	中华人民共和国农业部	2010-05-20	2010-09-01
10	NY/T 2029-2011	农作物优异种质资源评价规范 苹果 Evaluating standards for elite and rare germplasm resources.Apple (Malus Mill.)	中华人民共和国农业部	2011-09-01	2011-12-01
11	NY/T 2136-2012	标准果园建设规范 苹果 Technical regulation for construction of apple standard orchard	中华人民共和国农业部	2012-02-21	2012-05-01
12	NY/T 2281-2012	苹果病毒检测技术规范 Protocol for the detection of apple viruses	中华人民共和国农业部	2012-12-24	2013-03-01
13	NY/T 441-2013	苹果生产技术规程 Technical code for producing apples	中华人民共和国农业部	2013-05-20	2013-08-01

续表

14	NY/T 2305-2013	苹果高接换种技术规范 Technical specification of apple tree top grafting	中华人民共和国农业部	2013-05-20	2013-08-01
15	NY/T 2316-2013	苹果品质指标评价规范 Evaluation specification for quality indexes of apple	中华人民共和国农业部	2013-05-20	2013-08-01
16	NY/T 2424—2013	植物新品种特异性、一致性和稳定性测试指南 苹果 Guidelines for the conduct of tests for distinctness, uniformity and stability— Apple (*Malus domestica* Borkh.)	中华人民共和国农业部	2013-09-10	2014-01-01
17	NY/T 2384-2013	苹果主要病虫害防治技术规程 Code of practice for main apple diseases and pests	中华人民共和国农业部	2013-09-10	2014-01-01
18	NY/T 2684-2015	苹果树腐烂病防治技术规程 Code of practice for apple valsa canker control	中华人民共和国农业部	2015-02-09	2015-05-01
19	NY/T 983-2015	苹果采收与贮运技术规范 Technological specification for harvest, storage and transportation of apples	中华人民共和国农业部	2015-05-21	2015-08-01
20	NY/T 3684—2020	矮砧苹果栽培技术规程 Technical regulations of cultivation for apple with dwarfing rootstocks	中华人民共和国农业农村部	2020-08-26	2021-01-01
21	NY/T 3704-2020	果园有机肥施用技术指南 Technical guide for application of organic fertilizer in orchard	中华人民共和国农业农村部	2020-08-26	2021-01-01
22	DB11/T 28-2020	苹果矮砧栽培技术规程 Techniques regulations for apple cultivation with dwarfing rootstock	北京市市场监督管理局	2020-12-24	2021-04-01
23	DB13/T 1405-2011	有机苹果生产技术规程 Technical regulations for organic apple production	河北省质量技术监督局	2011-05-10	2011-05-20

附录六

石硫合剂的熬制与使用方法

石硫合剂(lime sulphur),能通过渗透和侵蚀病菌和害虫体壁杀死病虫及虫卵,是一种广谱杀菌、杀螨、杀虫的无机硫制剂,可防治白粉病、锈病、炭疽病、褐斑病、黑星病及螨类、介壳虫类等多种病虫害。保护、防治病害为主,对人、畜毒性中等。

石硫合剂是由生石灰、硫黄加水熬制而成的,三者最佳的比例是 1∶2∶10。熬制时,必须用生铁锅,使用铜锅或铝锅则会影响药效。

1.石硫合剂的熬制方法

①称量优质生石灰放入锅内,加入少量水使石灰缓慢消解(分裂,激石灰);

②加适量水,将石灰与水用小木棍搅匀,然后加热烧开后,滤出石灰渣子(滤渣子);

③把事先用少量热水调制好的硫黄糊自锅边慢慢倒入石灰锅中,同时进行搅拌,并记下水位线(记标线);

④加热熬煮,沸腾时开始计时(保持沸腾 40~60 分钟),熬煮中损失的水分要用热水补充,在停火前 15 分钟加足。

⑤当锅中溶液呈深红棕色、渣子呈蓝绿色时,则可停止加热。

⑥冷却过滤或沉淀后,清液即为石硫合剂母(原)液。

2.石硫合剂使用注意事项

①使用时,根据植物的种类、病虫害对象、气候条件、使用时期等不同确定药液浓度;

②使用前,必须用波美比重计测量原液浓度° B é (波美度) ,根据所需浓度计算出稀释的加水量;

③加水量(原液的加水重量倍数)的计算公式:

加水量 =[原液浓度(波美度)÷ 稀释液浓度(使用液波美度)]－1;

或者加水重量倍数 =(原液波美度 / 使用液波美度)－1。

例如,石硫合剂原液浓度为 20° Bé ,需要稀释成 5° Bé 在树体休眠期使用,这时就要加 3 倍的水量进行稀释。如取 10 升原液浓度为 20° Bé 的石硫合剂,加水 30 升,即可配制成 5° Bé 的石硫合剂。

详细加水重量倍数可参照石硫合剂容量倍数稀释表(附表 5)进行查阅使用。

④石硫合剂不宜在果树生长季节气温过高(> 30℃)时使用,不能与波尔多液等碱性药剂或机油乳剂、松脂合剂、铜制剂混用,否则会发生药害;

⑤喷洒波尔多液后间隔 15~30 天再喷洒石硫合剂,或喷洒石硫合剂后,间隔 15~30 天喷洒波尔多液。

附表 5　石硫合剂容量倍数稀释换算表

原液浓度（°Bé）	需要浓度（°Bé）									
	5	4	3	2	1	0.5	0.4	0.3	0.2	0.1
	需要稀释倍数									
15	2.0	2.75	4.00	6.5	14.0	29.0	36.5	49.0	74.0	149.0
16	2.2	3.00	4.33	7.0	15.0	31.0	39.0	52.3	79.0	159.0
17	2.4	3.25	4.66	7.5	16.0	33.0	41.5	55.6	84.0	169.0
18	2.6	3.50	5.00	8.0	17.0	35.0	44.0	59.0	89.0	179.0
19	2.8	3.75	5.33	8.5	18.0	37.0	46.5	62.3	94.0	189.0
20	3.0	4.00	5.66	9.0	19.0	39.0	49.0	65.6	99.0	199.0
21	3.2	4.25	6.00	9.5	20.0	41.0	51.5	69.0	104.0	209.0
22	3.4	4.50	6.33	10.0	21.0	43.0	54.0	72.3	109.0	219.0
23	3.6	4.75	6.66	10.5	22.0	45.0	56.5	75.6	114.0	229.0
24	3.8	5.00	7.00	11.0	23.0	47.0	59.0	79.0	119.0	239.0
25	4.0	5.25	7.33	11.5	24.0	49.0	61.5	82.3	124.0	249.0
26	4.2	5.50	7.66	12.0	25.0	51.0	64.0	85.6	129.0	259.0
27	4.4	5.75	8.00	12.5	26.0	53.0	65.5	89.0	134.0	269.0
28	4.6	6.00	8.33	13.0	27.0	55.0	69.0	92.3	139.0	279.0
29	4.8	6.25	8.66	13.5	28.0	57.0	71.5	95.6	144.0	289.0
30	5.0	6.50	9.00	14.0	29.0	59.0	74.0	99.0	149.0	299.0

附录七

波尔多液的配制与使用方法

波尔多液是无机铜素杀菌剂，其有效成分的化学组成是 $CuSO_4 \cdot xCu(OH)_2 \cdot yCa(OH)_2 \cdot zH_2O$，是由硫酸铜、熟石灰和水配制成的天蓝色胶状悬浊液。一般呈碱性，有良好的黏附性能，但久放物理性状会被破坏，宜现配现用或制成失水波尔多粉，使用时再兑水混合。

波尔多液为保护性杀菌剂，通过释放可溶性铜离子而抑制病原菌孢子萌发或菌丝生长。化学原理是熟石灰与硫酸铜起化学反应，生成碱式硫酸铜，具有很强的杀菌能力。作用是有效地阻止孢子萌发、病菌侵染，并能促使叶色浓绿、生长健壮，提高树体抗病能力。该制剂具有杀菌谱广、持效期长、病菌不会产生抗性、对人和畜低毒等特点，是应用历史最长的一种杀菌剂。

生产上常用的波尔多液比例有 4 种：等量式（硫酸铜：生石灰 =1：1）、倍量式（1：2）、半量式（1：0.5）和多量式（1：3 ~ 5）。用水量一般为 160 ~ 240 倍（苹果的倍量式一般选用 200 倍加水量）。

1.波尔多液的配制方法

①生石灰消解（制备熟石灰、无渣石灰水）

将生石灰砸成小块（核桃大小），平摊在耐高温的容器内，按 10% 的水溶解生石灰。消解生石灰时，先用少量水将生石灰缓慢分裂，然后给生石灰中加水搅成糊状，不断加水将生石灰制成石灰水，再用棉布袋过滤去渣，制成无渣石灰水。

②硫酸铜水配置

石灰浆配好后，再将硫酸铜用 90% 温水溶解。溶解硫酸铜时，可在容器内放些小石子，搅动温水溶解硫酸铜，石子会跟着水一起旋转，这样硫酸铜就在石子的碰撞摩擦作用下，很快溶解制成硫酸铜水。

③混配

将配置好的硫酸铜水缓慢倒入配置好的石灰水中，边倒边搅拌，使硫酸铜水与石灰水充分混匀，即可制成天蓝色的波尔多液，随即使用。

2.注意事项

①波尔多液要现配现用，不可放置时间太长，24 小时后会发生质变，不宜使用；

②波尔多液是植物保护剂，要在作物发病前或发病初期喷施。在早晨露水未干或潮湿阴雨天气，或晴天温度超过 30℃以上的中午，应避免使用波尔多液，否则易发生药害；

③波尔多液为碱性液，不能与酸性农药混用，否则易使农药分解失效；

④制成的波尔多液不能加水二次稀释，否则容易产生药害导致果锈产生；

⑤根据不同果树特点选用不同比例使用。一般而言，葡萄选用半量式，苹果选用倍量式，柿子、梨选用多量式，桃、李、杏等核果类果树等选用等量式波尔多液，使用时间和浓度，应通过小面积试验后，再大面积推广使用；

⑤波尔多液中的硫酸铜有剧毒，如误食波尔多液，应大量食用鸡蛋清。

3.氢氧化钙保存方法

计算每年大约用生石灰（块状）的数量，一次性将生石灰：水按 1：3 的比例，全部化开变成膏状的熟石灰，即氢氧化钙，妥善密闭保存起来，供每次打药随取随用。其保存方法如下：

根据全年喷几个剂量的波尔多液（0.5 千克硫酸铜：1 千克生石灰：100 千克水为一个剂量），选择一个适当容量的坛或缸，将生石灰放入容器中，再倒入 3 倍的水，使其消解成氢氧化钙（成为膏状），消解后在其上用少量水（水高约 2 ~ 3 厘米）覆盖，以防封闭不严而失水，最后用双层塑料布蒙好扎紧即可。

每次喷农药时，每配一剂波尔多液需从容器中取出4千克氢氧化钙(相当于1千克熟石灰粉)，再用水稀释成50千克氢氧化钙溶液，最后将50千克硫酸铜水(用0.5千克硫酸铜按上述方法配好)倒入氢氧化钙溶液中，边倒边搅拌，波尔多液即配成(按"稀铜浓灰"的要求配置更好)。

4.防治对象

防治苹果早期落叶病、炭疽病、轮纹病，可于苹果落花后开始喷石灰倍量式波尔多液200~240倍液，半月喷1次，并和其他杀菌剂交替使用，共喷3~4次。防治苹果烂果病(轮纹病、炭疽病)，可在往年出现病果前10~15天喷石灰倍量式或多量式波尔多液200倍液，每15~20天喷1次，连喷3~4次，采果前25天停用。防治苹果霉心病，应在苹果显蕾期开始喷石灰倍量式波尔多液200倍液。防治苹果、梨锈病，可在苹果园周围的桧柏上，喷石灰等量式波尔多液160倍液。防治葡萄黑痘病、炭疽病、霜霉病，可喷石灰半量式波尔多液160倍液，每12~15天喷1次，共喷2~4次。进入雨季之后，使用波尔多液防治葡萄病害效果好。

附录八

苹果病虫害防治常用的化学药剂

苹果病虫害防治常用的化学药剂见附表6。

附表6 苹果病虫害防治常用的化学药剂

病虫害种类	防治药剂
苹果腐烂病	丙环唑、吡唑醚菌酯、苯醚甲环唑、戊唑醇、代森锌、噻霉酮、丙唑多菌灵、腐殖硫酸铜、氟硅唑、抑霉唑、甲硫·萘乙酸(患处涂抹)、腐殖酸·铜(患处涂抹)、代森铵、丁香菌酯、甲基硫菌灵、硫黄脂膏、络氨铜、辛菌胺醋酸盐
苹果轮纹病	丙环唑、吡唑醚菌酯、戊唑醇、代森锌、噻霉酮、丙唑多菌灵、甲硫腈菌唑、氟硅唑、克菌戊唑醇、唑醚代森联、二氰蒽醌、二氰吡唑酯、二氰肟菌酯、克菌丹、甲硫氟硅唑、代森铵、代森联、代森锰锌、多菌灵、甲基硫菌灵、甲硫·福美双、甲硫·菌酯、喹啉铜、噻菌灵、戊唑·多菌灵、氧化亚铜、乙铝·多菌灵
苹果斑点落叶病	苯醚甲环唑、多抗霉素、戊唑醇、唑醚·森联、肟菌戊唑醇、苯甲代森联、醚菌酯、吡唑醚菌酯、丙森醚菌酯、烯肟氟环唑、苯甲多抗、戊唑异菌脲、金抗己唑醇、宁南霉素、戊唑噻霉酮、百菌清、丙森锌、代森联、代森锰锌、代森锌、多菌灵、己唑醇、腈菌唑、烯唑醇、异菌脲
苹果炭疽病	唑醚·森联、二氰吡唑酯、吡唑咪鲜胺、苯醚甲硫、咪鲜胺、溴菌腈、代森锰锌、甲硫锰锌、咪鲜抑霉唑、硅唑咪鲜胺、烯肟氟环唑、代森联、多菌灵、戊唑醇、戊唑·多菌灵、抑霉唑
苹果褐斑病	波尔多液、戊唑醇、丙环唑、肟菌酯、吡唑醚菌酯、二氰戊唑醇、丙森醚菌酯、唑醚戊唑醇、唑醚丙环唑、丙森锌、戊唑丙森锌、丙森己唑醇、氟硅唑、醚菌氟环唑、烯肟氟环唑、戊唑噻霉酮、多菌灵、代锰·戊唑醇、异菌脲
苹果白粉病	吡唑醚菌酯、醚菌酯、腈菌唑、己唑醇、唑醚戊唑醇、嘧啶核苷类抗生素、烯肟氟环唑、硫黄、石硫合剂、甲基硫菌灵、苯醚·甲硫灵
苹果锈病	苯醚甲环唑、氟硅唑、戊唑醇、三唑酮、腈菌唑、丙环唑、多菌灵、己唑醇、甲基硫菌灵、波尔多液
苹果黑星病	氟硅唑、醚菌酯、吡唑醚菌酯、苯醚甲环唑、烯唑醇、锰锌烯唑醇、唑醚氟硅唑、烯肟氟环唑
苹果霉心病	多抗霉素、异菌脲、嘧啶核苷类抗生素、噻霉酮、丙森锌、宁南霉素、代森锰锌、甲基硫菌灵、硫黄、多菌灵
苹果花叶病	香菇多糖、寡糖·链蛋白、低聚糖素、吗胍乙酸铜、烷醇硫酸铜、盐酸吗啉胍、宁南霉素、葡聚烯糖、混脂硫酸铜、毒氟磷
苹果根腐病	丙环唑、福美双、代森铵、硫酸铜、二氯异氰尿酸钠、宁南霉素、多福
苹果炭疽叶枯病	波尔多液、吡唑醚菌酯、咪鲜胺、吡唑·咪鲜胺、唑醚·代森联、戊唑·噻霉酮、肟菌戊唑醇
金纹细蛾	灭幼脲、氯虫苯甲酰胺、蛾螨灵、除虫脲、阿维·灭幼脲、杀铃脲、虫螨腈、阿维氯苯酰、BT乳剂、灭脲·吡虫啉、高氟氯氰菊酯
绣线菊蚜	啶虫脒、噻虫嗪、吡虫啉、哒螨·吡虫啉、氟啶虫酰胺、吡虫·矿物油、噻虫·高氯氟、阿维·啶虫脒、沼液
桃小食心虫	灭幼脲、氯虫苯啶虫脒、氯氰菊酯、高效氯氰菊酯、高氟氯氰菊酯、甲氧虫酰肼、氯虫·高氯氟、阿维菌素、毒死蜱、BT乳剂、金龟子绿僵菌、苏云金杆菌、乙酰甲胺磷、溴氰菊酯
苹果小卷叶蛾	BT乳剂、氯虫·高氯氟、甲维除虫脲、甲氨基阿维菌素苯甲酸盐、灭幼脲、氯虫苯甲酰胺、甲氧虫酰肼、虱螨脲、溴氰菊酯
山楂叶螨	哒螨灵、螺螨酯、三唑锡、唑螨酯、阿维菌素、四螨·哒螨灵、阿维·哒螨灵、四螨嗪、噻螨酮、阿维·四螨嗪、浏阳霉素、阿维·辛硫磷、哒螨·吡虫啉、石硫合剂
二斑叶螨	三唑锡、唑螨酯、噻螨酮、阿维菌素、浏阳霉素
苹果全爪螨	阿维菌素、阿维·哒螨灵、阿维·丁醚脲、阿维·甲氰、阿维·四螨嗪、哒螨·吡虫啉、苦参碱、矿物油、石硫合剂、甲维·三唑锡

续表

旋纹潜叶蛾	氟虫脲、除虫脲、氟啶脲、阿维·氯苯酰、阿维·灭幼脲
梨小食心虫	除虫脲、甲氨基阿维菌素苯甲酸盐、氯虫苯甲酰胺、氯虫·高氯氟
天牛	球孢白僵菌、磷化铝、辛硫磷(蛀孔注射)、毒死蜱
金龟类	金龟子绿僵菌、吡虫啉、甲维·毒死蜱、毒死蜱、阿维菌素
蛴螬、金针虫	辛硫磷
蝼蛄	敌百虫
地老虎	氰戊菊酯
刺蛾类	溴氰菊酯
蜗牛	四聚乙醛

附录九

全国农业植物检疫性有害生物名单、应施检疫的植物及植物产品名单及陕西省农业植物检疫性有害生物补充名单

根据《植物检疫条例》的有关规定和全国农业植物有害生物普查结果，农业部组织制定了新的《全国农业植物检疫性有害生物名单》(附表 7) 和《应施检疫的植物及植物产品名单》(附表 8)，于 2009 年 6 月 4 日通过农业部第 1216 号公告发布施行。2006 年 3 月 2 日农业部发布的《全国农业植物检疫性有害生物名单》同时废止。

陕西省农业厅 2018 年 1 月 17 日发布新修订的《陕西省农业植物检疫性有害生物补充名单》(附表 9)。2010 年发布的《陕西省农业植物检疫性有害生物补充名单》同时废止。

附表 7 全国农业植物检疫性有害生物名单

序号	有害生物	学名
昆虫		
1	菜豆象	*Acanthoscelidesobtectus*(Say)
2	蜜柑大实蝇	*Bactrocera tsuneonis*(Miyake)
3	四纹豆象	*Callosobruchus maculates*(Fabricius)
4	苹果蠹蛾	*Cydia pomonella*(Linnaeus)
5	葡萄根瘤蚜	*Daktulosphaira vitifoliae* Fitch
6	美国白蛾	*Hyphantria cunea*(Drury)
7	马铃薯甲虫	*Leptinotarsa decemlineata*(Say)
8	稻水象甲	*Lissorhoptrus oryzophilus* Kuschel
9	红火蚁	*Solenopsis invicta* Buren
线虫		
10	腐烂茎线虫	*Ditylenchus destructor* Thorne
11	香蕉穿孔线虫	*Radopholus destructor* Thorne
细菌		
12	瓜类果斑病菌	*Acidovorax avenae subsp.citrulli*(Schaad et al.)Willems et al.
13	柑橘黄龙病菌	*Candidatus liberobacter asiaticum* Jagoueix et al.
14	番茄溃疡病菌	*Clavibacter michiganensis subsp.michiganensis*(Smith)Davisetal.
15	十字花科黑斑病菌	*Pseudomonas syringae pv.maculicola*(McCulloch)Youngetal.
16	柑橘溃疡病菌	*Xanthomonas axonopodis pv.citri*(Hasse)Vauterin et al.
17	水稻细菌性条斑病菌	*Xanthomonas oryzae pv.oryzicola*(Fangetal.)Swings et al.

续表

真菌		
18	黄瓜黑星病菌	*Cladosporium cucumerinum* Ellis & Arthur
19	香蕉镰刀菌枯萎病菌4号小种	*Fusarium oxysporum f.sp.cubense*(Smith)Snyder & Hansen Race 4
20	玉蜀黍霜指霉菌	*Peronosclerospora maydis*(Racib.)C.G.Shaw
21	大豆疫霉病菌	*Phytophthora sojae* Kaufmann & Gerdemann
22	内生集壶菌	*Synchytrium endobioticum*(Schilb.)Percival
23	苜蓿黄萎病菌	*Verticillium albo-atrum* Reinke & Berthold
病毒		
24	李属坏死环斑病毒	*Prunus necrotic ringspot ilarvirus*
25	烟草环斑病毒	*Tobacco ringspot nepovirus*
26	黄瓜绿斑驳花叶病毒	*Cucumber Green* Mottle Mosaic Virus
杂草		
27	毒麦	*Lolium temulentum* L.
28	列当属	*Orobanche* spp.
29	假高粱	*Sorghum halepense*(L.)Pers.

附表8　应施检疫的植物及植物产品名单

序号	植物名称	植物产品名称
1	稻、麦、玉米、高粱、豆类、薯类等作物	种子、块根、块茎及其他繁殖材料和来源于发生疫情的县级行政区域的上述植物产品
2	棉、麻、烟、茶、桑、花生、向日葵、芝麻、油菜、甘蔗、甜菜等作物	种子、种苗及其他繁殖材料和来源于发生疫情的县级行政区域的上述植物产品
3	西瓜、甜瓜、香瓜、哈密瓜、葡萄、苹果、梨、桃、李、杏、梅、沙果、山楂、柿、柑、橘、橙、柚、猕猴桃、柠檬、荔枝、枇杷、龙眼、香蕉、菠萝、杧果、咖啡、可可、腰果、番石榴、胡椒等作物	种子、苗木、接穗、砧木、试管苗及其他繁殖材料和来源于发生疫情的县级行政区域的上述植物产品
4	花卉	种子、种苗、球茎、鳞茎等繁殖材料及切花、盆景花卉
5	蔬菜作物	种子、种苗和来源于发生疫情的县级行政区域的蔬菜产品
6	中药材	种苗和来源于发生疫情的县级行政区域的中药材产品
7	牧草、草坪草、绿肥	种子、种苗和来源于发生疫情的县级行政区域的上述植物产品
8	食用菌	种子、细胞繁殖体和来源于发生疫情的县级行政区域的上述植物产品
9	麦麸、麦秆、稻草、芦苇等	可能受检疫性有害生物污染的植物产品及包装材料

附表 9　陕西省农业植物检疫性有害生物补充名单

序号	有害生物	学名
昆虫		
1	苹果小吉丁虫	*Agrilus mali* Mats.
2	柑橘小实蝇	*Dacus* (Bactrocera) *dorsalis* (Hendel)
3	葡萄花翅小卷蛾	*Lobesia botrana* (Denis et Chiffermuller)
真菌		
4	苹果黑星病菌	*Venturia inaequalis* (Cooke) Winter
5	玉米干腐病菌	*Diplodia zeae* (schw.) Lev.
6	小麦腥黑穗病菌	*Tilletia caries* (DC.) TUl.(网腥) *Tilletia foetida* (Wallr.) Liro (光腥)

附录十

陕西省二类农作物病虫害名录

根据《农作物病虫害防治条例》有关规定，为加强农作物病虫害分类管理，在农业农村部公布的一类病虫害基础上，2021 年 3 月 5 日陕西省农业农村厅公开征集社会意见，组织制定了《陕西省二类农作物病虫害名录》，公布如下：

一、虫害

1. 小麦吸浆虫 *Sitodiplosis mosellana* (Géhin)

2. 小麦红蜘蛛(麦圆红蜘蛛 *Penthaleus major* (Duges)，麦长腿红蜘蛛 *Petrobialatens* (Müller))

3. 小麦地下害虫（暗黑鳃金龟 *Holotrichia parallela* Motschulsky，沟金针虫 *Pleonomus canaliculatus* Faldermann）

4. 玉米螟 *Ostrinia furnacalis* (Guenée)

5. 果树叶螨（山楂叶螨 *Tetranychus viennensis* Zacher、苹果全爪螨 *Panonychus ulmi* Koch、二斑叶螨 *Tetranychus urticae* Koch）

6. 棉铃虫 *Helicoverpa armigera* Hübner

二、病害

7. 小麦白粉病 *Blumeria graminis* (DC.) Speer f.sp.tritici

8. 小麦茎基腐病 *Fusarium pseudograminearum*

9. 玉米大斑病 *Exserohilum turcicum* (Pass.) Leonard et Suggs［Setosphaeria turcica (Luttrell) Leonard et Suggs］

10. 苹果树腐烂病 *Valsa mali* Miyabe et Yamada

11. 苹果褐斑病 *Marssonina mali* (P.Henn) Ito

三、草害

12. 麦田杂草（节节麦 *Aegilops tauschii Coss.*、播娘蒿 *Descuminia sophia* (L.) *webb*. Ex Prantl）

附录十一

中华人民共和国种子法

2000年7月8日第九届全国人民代表大会常务委员会第十六次会议通过。2004年、2013年、2015年和2021年先后四次进行了修正(订),自2022年3月1日起施行。

目 录

第一章 总 则

第一条 为了保护和合理利用种质资源,规范品种选育、种子生产经营和管理行为,加强种业科学技术研究,鼓励育种创新,保护植物新品种权,维护种子生产经营者、使用者的合法权益,提高种子质量,发展现代种业,保障国家粮食安全,促进农业和林业的发展,制定本法。

第二条 在中华人民共和国境内从事品种选育、种子生产经营和管理等活动,适用本法。

本法所称种子,是指农作物和林木的种植材料或者繁殖材料,包括籽粒、果实、根、茎、苗、芽、叶、花等。

第三条 国务院农业农村、林业草原主管部门分别主管全国农作物种子和林木种子工作;县级以上地方人民政府农业农村、林业草原主管部门分别主管本行政区域内农作物种子和林木种子工作。

各级人民政府及其有关部门应当采取措施,加强种子执法和监督,依法惩处侵害农民权益的种子违法行为。

第四条 国家扶持种质资源保护工作和选育、生产、更新、推广使用良种,鼓励品种选育和种子生产经营相结合,奖励在种质资源保护工作和良种选育、推广等工作中成绩显著的单位和个人。

第五条 省级以上人民政府应当根据科教兴农方针和农业、林业发展的需要制定种业发展规划并组织实施。

第六条 省级以上人民政府建立种子储备制度,主要用于发生灾害时的生产需要及余缺调剂,保障农业和林业生产安全。对储备的种子应当定期检验和更新。种子储备的具体办法由国务院规定。

第七条 转基因植物品种的选育、试验、审定和推广应当进行安全性评价,并采取严格的安全控制措施。国务院农业农村、林业草原主管部门应当加强跟踪监管并及时公告有关转基因植物品种审定和推广的信息。具体办法由国务院规定。

第二章　种质资源保护

第八条　国家依法保护种质资源，任何单位和个人不得侵占和破坏种质资源。

禁止采集或者采伐国家重点保护的天然种质资源。因科研等特殊情况需要采集或者采伐的，应当经国务院或者省、自治区、直辖市人民政府的农业农村、林业草原主管部门批准。

第九条　国家有计划地普查、收集、整理、鉴定、登记、保存、交流和利用种质资源，重点收集珍稀、濒危、特有资源和特色地方品种，定期公布可供利用的种质资源目录。具体办法由国务院农业农村、林业草原主管部门规定。

第十条　国务院农业农村、林业草原主管部门应当建立种质资源库、种质资源保护区或者种质资源保护地。省、自治区、直辖市人民政府农业农村、林业草原主管部门可以根据需要建立种质资源库、种质资源保护区、种质资源保护地。种质资源库、种质资源保护区、种质资源保护地的种质资源属公共资源，依法开放利用。

占用种质资源库、种质资源保护区或者种质资源保护地的，需经原设立机关同意。

第十一条　国家对种质资源享有主权。任何单位和个人向境外提供种质资源，或者与境外机构、个人开展合作研究利用种质资源的，应当报国务院农业农村、林业草原主管部门批准，并同时提交国家共享惠益的方案。国务院农业农村、林业草原主管部门可以委托省、自治区、直辖市人民政府农业农村、林业草原主管部门接收申请材料。国务院农业农村、林业草原主管部门应当将批准情况通报国务院生态环境主管部门。

从境外引进种质资源的，依照国务院农业农村、林业草原主管部门的有关规定办理。

第三章　品种选育、审定与登记

第十二条　国家支持科研院所及高等院校重点开展育种的基础性、前沿性和应用技术研究以及生物育种技术研究，支持常规作物、主要造林树种育种和无性繁殖材料选育等公益性研究。

国家鼓励种子企业充分利用公益性研究成果，培育具有自主知识产权的优良品种；鼓励种子企业与科研院所及高等院校构建技术研发平台，开展主要粮食作物、重要经济作物育种攻关，建立以市场为导向、利益共享、风险共担的产学研相结合的种业技术创新体系。

国家加强种业科技创新能力建设，促进种业科技成果转化，维护种业科技人员的合法权益。

第十三条　由财政资金支持形成的育种发明专利权和植物新品种权，除涉及国家安全、国家利益和重大社会公共利益的外，授权项目承担者依法取得。

由财政资金支持为主形成的育种成果的转让、许可等应当依法公开进行，禁止私自交易。

第十四条　单位和个人因林业草原主管部门为选育林木良种建立测定林、试验林、优树收集区、基因库等而减少经济收入的，批准建立的林业草原主管部门应当按照国家有关规定给予经济补偿。

第十五条　国家对主要农作物和主要林木实行品种审定制度。主要农作物品种和主要林木品种在推广前应当通过国家级或者省级审定。由省、自治区、直辖市人民政府林业草原主管部门确定的主要林木品种实行省级审定。

申请审定的品种应当符合特异性、一致性、稳定性要求。

主要农作物品种和主要林木品种的审定办法由国务院农业农村、林业草原主管部门规定。审定办法应当体现公正、公开、科学、效率的原则，有利于产量、品质、抗性等的提高与协调，有利于适应市场和生活消费需要的品种的推广。在制定、修改审定办法时，应当充分听取育种者、种子使用者、生产经营者和相关行业代表意见。

第十六条　国务院和省、自治区、直辖市人民政府的农业农村、林业草原主管部门分别设立由专业人员组成的农作物品种和林木品种审定委员会。品种审定委员会承担主要农作物品种和主要林木品种的审定工作，建立包括申请文件、品种审定试验数据、种子样品、审定意见和审定结论等内容的审定档案，保证可追溯。在审定通过的品种依法公布的相关信息中应当包括审定意见情况，接受监督。

品种审定实行回避制度。品种审定委员会委员、工作人员及相关测试、试验人员应当忠于职守，公正廉洁。对单位和个人举报或者监督检查发现的上述人员的违法行为，省级以上人民政府农业农村、林业草原主管部门和有关机关应当及时依法处理。

第十七条 实行选育生产经营相结合，符合国务院农业农村、林业草原主管部门规定条件的种子企业，对其自主研发的主要农作物品种、主要林木品种可以按照审定办法自行完成试验，达到审定标准的，品种审定委员会应当颁发审定证书。种子企业对试验数据的真实性负责，保证可追溯，接受省级以上人民政府农业农村、林业草原主管部门和社会的监督。

第十八条 审定未通过的农作物品种和林木品种，申请人有异议的，可以向原审定委员会或者国家级审定委员会申请复审。

第十九条 通过国家级审定的农作物品种和林木良种由国务院农业农村、林业草原主管部门公告，可以在全国适宜的生态区域推广。通过省级审定的农作物品种和林木良种由省、自治区、直辖市人民政府农业农村、林业草原主管部门公告，可以在本行政区域内适宜的生态区域推广；其他省、自治区、直辖市属于同一适宜生态区的地域引种农作物品种、林木良种的，引种者应当将引种的品种和区域报所在省、自治区、直辖市人民政府农业农村、林业草原主管部门备案。

引种本地区没有自然分布的林木品种，应当按照国家引种标准通过试验。

第二十条 省、自治区、直辖市人民政府农业农村、林业草原主管部门应当完善品种选育、审定工作的区域协作机制，促进优良品种的选育和推广。

第二十一条 审定通过的农作物品种和林木良种出现不可克服的严重缺陷等情形不宜继续推广、销售的，经原审定委员会审核确认后，撤销审定，由原公告部门发布公告，停止推广、销售。

第二十二条 国家对部分非主要农作物实行品种登记制度。列入非主要农作物登记目录的品种在推广前应当登记。

实行品种登记的农作物范围应当严格控制，并根据保护生物多样性、保证消费安全和用种安全的原则确定。登记目录由国务院农业农村主管部门制定和调整。

申请者申请品种登记应当向省、自治区、直辖市人民政府农业农村主管部门提交申请文件和种子样品，并对其真实性负责，保证可追溯，接受监督检查。申请文件包括品种的种类、名称、来源、特性、育种过程以及特异性、一致性、稳定性测试报告等。

省、自治区、直辖市人民政府农业农村主管部门自受理品种登记申请之日起二十个工作日内，对申请者提交的申请文件进行书面审查，符合要求的，报国务院农业农村主管部门予以登记公告。

对已登记品种存在申请文件、种子样品不实的，由国务院农业农村主管部门撤销该品种登记，并将该申请者的违法信息记入社会诚信档案，向社会公布；给种子使用者和其他种子生产经营者造成损失的，依法承担赔偿责任。

对已登记品种出现不可克服的严重缺陷等情形的，由国务院农业农村主管部门撤销登记，并发布公告，停止推广。

非主要农作物品种登记办法由国务院农业农村主管部门规定。

第二十三条 应当审定的农作物品种未经审定的，不得发布广告、推广、销售。

应当审定的林木品种未经审定通过的，不得作为良种推广、销售，但生产确需使用的，应当经林木品种审定委员会认定。

应当登记的农作物品种未经登记的，不得发布广告、推广，不得以登记品种的名义销售。

第二十四条 在中国境内没有经常居所或者营业场所的境外机构、个人在境内申请品种审定或者登记的，应当委托具有法人资格的境内种子企业代理。

第四章　新品种保护

第二十五条　国家实行植物新品种保护制度。对国家植物品种保护名录内经过人工选育或者发现的野生植物加以改良，具备新颖性、特异性、一致性、稳定性和适当命名的植物品种，由国务院农业农村、林业草原主管部门授予植物新品种权，保护植物新品种权所有人的合法权益。植物新品种权的内容和归属、授予条件、申请和受理、审查与批准，以及期限、终止和无效等依照本法、有关法律和行政法规规定执行。

国家鼓励和支持种业科技创新、植物新品种培育及成果转化。取得植物新品种权的品种得到推广应用的，育种者依法获得相应的经济利益。

第二十六条　一个植物新品种只能授予一项植物新品种权。两个以上的申请人分别就同一个品种申请植物新品种权的，植物新品种权授予最先申请的人；同时申请的，植物新品种权授予最先完成该品种育种的人。

对违反法律，危害社会公共利益、生态环境的植物新品种，不授予植物新品种权。

第二十七条　授予植物新品种权的植物新品种名称，应当与相同或者相近的植物属或者种中已知品种的名称相区别。该名称经授权后即为该植物新品种的通用名称。

下列名称不得用于授权品种的命名：

（一）仅以数字表示的；

（二）违反社会公德的；

（三）对植物新品种的特征、特性或者育种者身份等容易引起误解的。

同一植物品种在申请新品种保护、品种审定、品种登记、推广、销售时只能使用同一个名称。生产推广、销售的种子应当与申请植物新品种保护、品种审定、品种登记时提供的样品相符。

第二十八条　植物新品种权所有人对其授权品种享有排他的独占权。植物新品种权所有人可以将植物新品种权许可他人实施，并按照合同约定收取许可使用费；许可使用费可以采取固定价款、从推广收益中提成等方式收取。

任何单位或者个人未经植物新品种权所有人许可，不得生产、繁殖和为繁殖而进行处理、许诺销售、销售、进口、出口以及为实施上述行为储存该授权品种的繁殖材料，不得为商业目的将该授权品种的繁殖材料重复使用于生产另一品种的繁殖材料。本法、有关法律、行政法规另有规定的除外。

实施前款规定的行为，涉及由未经许可使用授权品种的繁殖材料而获得的收获材料的，应当得到植物新品种权所有人的许可；但是，植物新品种权所有人对繁殖材料已有合理机会行使其权利的除外。

对实质性派生品种实施第二款、第三款规定行为的，应当征得原始品种的植物新品种权所有人的同意。

实质性派生品种制度的实施步骤和办法由国务院规定。

第二十九条　在下列情况下使用授权品种的，可以不经植物新品种权所有人许可，不向其支付使用费，但不得侵犯植物新品种权所有人依照本法、有关法律、行政法规享有的其他权利：

（一）利用授权品种进行育种及其他科研活动；

（二）农民自繁自用授权品种的繁殖材料。

第三十条　为了国家利益或者社会公共利益，国务院农业农村、林业草原主管部门可以作出实施植物新品种权强制许可的决定，并予以登记和公告。

取得实施强制许可的单位或者个人不享有独占的实施权，并且无权允许他人实施。

第五章　种子生产经营

第三十一条　从事种子进出口业务的种子生产经营许可证，由国务院农业农村、林业草原主管部门核发。国务院农业农村、林业草原主管部门可以委托省、自治区、直辖市人民政府农业农村、林业草原主管部门接收申请材料。

从事主要农作物杂交种子及其亲本种子、林木良种繁殖材料生产经营的，以及符合国务院农业农村主管部门规定条件的实行选育生产经营相结合的农作物种子企业的种子生产经营许可证，由省、自治区、直辖市人民政府农业农村、林业草原主管部门核发。

前两款规定以外的其他种子的生产经营许可证，由生产经营者所在地县级以上地方人民政府农业农村、林业草原主管部门核发。

只从事非主要农作物种子和非主要林木种子生产的，不需要办理种子生产经营许可证。

第三十二条 申请取得种子生产经营许可证的，应当具有与种子生产经营相适应的生产经营设施、设备及专业技术人员，以及法规和国务院农业农村、林业草原主管部门规定的其他条件。

从事种子生产的，还应当同时具有繁殖种子的隔离和培育条件，具有无检疫性有害生物的种子生产地点或者县级以上人民政府林业草原主管部门确定的采种林。

申请领取具有植物新品种权的种子生产经营许可证的，应当征得植物新品种权所有人的书面同意。

第三十三条 种子生产经营许可证应当载明生产经营者名称、地址、法定代表人、生产种子的品种、地点和种子经营的范围、有效期限、有效区域等事项。

前款事项发生变更的，应当自变更之日起三十日内，向原核发许可证机关申请变更登记。

除本法另有规定外，禁止任何单位和个人无种子生产经营许可证或者违反种子生产经营许可证的规定生产、经营种子。禁止伪造、变造、买卖、租借种子生产经营许可证。

第三十四条 种子生产应当执行种子生产技术规程和种子检验、检疫规程，保证种子符合净度、纯度、发芽率等质量要求和检疫要求。

县级以上人民政府农业农村、林业草原主管部门应当指导、支持种子生产经营者采用先进的种子生产技术，改进生产工艺，提高种子质量。

第三十五条 在林木种子生产基地内采集种子的，由种子生产基地的经营者组织进行，采集种子应当按照国家有关标准进行。

禁止抢采掠青、损坏母树，禁止在劣质林内、劣质母树上采集种子。

第三十六条 种子生产经营者应当建立和保存包括种子来源、产地、数量、质量、销售去向、销售日期和有关责任人员等内容的生产经营档案，保证可追溯。种子生产经营档案的具体载明事项，种子生产经营档案及种子样品的保存期限由国务院农业农村、林业草原主管部门规定。

第三十七条 农民个人自繁自用的常规种子有剩余的，可以在当地集贸市场上出售、串换，不需要办理种子生产经营许可证。

第三十八条 种子生产经营许可证的有效区域由发证机关在其管辖范围内确定。种子生产经营者在种子生产经营许可证载明的有效区域设立分支机构的，专门经营不再分装的包装种子的，或者受具有种子生产经营许可证的种子生产经营者以书面委托生产、代销其种子的，不需要办理种子生产经营许可证，但应当向当地农业农村、林业草原主管部门备案。

实行选育生产经营相结合，符合国务院农业农村、林业草原主管部门规定条件的种子企业的生产经营许可证的有效区域为全国。

第三十九条 销售的种子应当加工、分级、包装。但是不能加工、包装的除外。

大包装或者进口种子可以分装；实行分装的，应当标注分装单位，并对种子质量负责。

第四十条 销售的种子应当符合国家或者行业标准，附有标签和使用说明。标签和使用说明标注的内容应当与销售的种子相符。种子生产经营者对标注内容的真实性和种子质量负责。

标签应当标注种子类别、品种名称、品种审定或者登记编号、品种适宜种植区域及季节、生产经营者及注册地、质量指标、检疫证明编号、种子生产经营许可证编号和信息代码，以及国务院农业农村、林业草原主管部门规定的其他事项。

销售授权品种种子的，应当标注品种权号。

销售进口种子的，应当附有进口审批文号和中文标签。

销售转基因植物品种种子的，必须用明显的文字标注，并应当提示使用时的安全控制措施。

种子生产经营者应当遵守有关法律、法规的规定，诚实守信，向种子使用者提供种子生产者信息、种子的主要性状、主要栽培措施、适应性等使用条件的说明、风险提示与有关咨询服务，不得作虚假或者引人误解的宣传。

任何单位和个人不得非法干预种子生产经营者的生产经营自主权。

第四十一条 种子广告的内容应当符合本法和有关广告的法律、法规的规定，主要性状描述等应当与审定、登记公告一致。

第四十二条 运输或者邮寄种子应当依照有关法律、行政法规的规定进行检疫。

第四十三条 种子使用者有权按照自己的意愿购买种子，任何单位和个人不得非法干预。

第四十四条 国家对推广使用林木良种造林给予扶持。国家投资或者国家投资为主的造林项目和国有林业单位造林，应当根据林业草原主管部门制定的计划使用林木良种。

第四十五条 种子使用者因种子质量问题或者因种子的标签和使用说明标注的内容不真实，遭受损失的，种子使用者可以向出售种子的经营者要求赔偿，也可以向种子生产者或者其他经营者要求赔偿。赔偿额包括购种价款、可得利益损失和其他损失。属于种子生产者或者其他经营者责任的，出售种子的经营者赔偿后，有权向种子生产者或者其他经营者追偿；属于出售种子的经营者责任的，种子生产者或者其他经营者赔偿后，有权向出售种子的经营者追偿。

第六章 种子监督管理

第四十六条 农业农村、林业草原主管部门应当加强对种子质量的监督检查。种子质量管理办法、行业标准和检验方法，由国务院农业农村、林业草原主管部门制定。

农业农村、林业草原主管部门可以采用国家规定的快速检测方法对生产经营的种子品种进行检测，检测结果可以作为行政处罚依据。被检查人对检测结果有异议的，可以申请复检，复检不得采用同一检测方法。因检测结果错误给当事人造成损失的，依法承担赔偿责任。

第四十七条 农业农村、林业草原主管部门可以委托种子质量检验机构对种子质量进行检验。

承担种子质量检验的机构应当具备相应的检测条件、能力，并经省级以上人民政府有关主管部门考核合格。

种子质量检验机构应当配备种子检验员。种子检验员应当具有中专以上有关专业学历，具备相应的种子检验技术能力和水平。

第四十八条 禁止生产经营假、劣种子。农业农村、林业草原主管部门和有关部门依法打击生产经营假、劣种子的违法行为，保护农民合法权益，维护公平竞争的市场秩序。

下列种子为假种子：

（一）以非种子冒充种子或者以此种品种种子冒充其他品种种子的；

（二）种子种类、品种与标签标注的内容不符或者没有标签的。

下列种子为劣种子：

（一）质量低于国家规定标准的；

（二）质量低于标签标注指标的；

（三）带有国家规定的检疫性有害生物的。

第四十九条 农业农村、林业草原主管部门是种子行政执法机关。种子执法人员依法执行公务时应当出示行政执法证件。农业农村、林业草原主管部门依法履行种子监督检查职责时，有权采取下列措施：

（一）进入生产经营场所进行现场检查；

（二）对种子进行取样测试、试验或者检验；

（三）查阅、复制有关合同、票据、账簿、生产经营档案及其他有关资料；

（四）查封、扣押有证据证明违法生产经营的种子，以及用于违法生产经营的工具、设备及运输工具等；

（五）查封违法从事种子生产经营活动的场所。

农业农村、林业草原主管部门依照本法规定行使职权，当事人应当协助、配合，不得拒绝、阻挠。

农业农村、林业草原主管部门所属的综合执法机构或者受其委托的种子管理机构，可以开展种子执法相关工作。

第五十条 种子生产经营者依法自愿成立种子行业协会，加强行业自律管理，维护成员合法权益，为成员和行业发展提供信息交流、技术培训、信用建设、市场营销和咨询等服务。

第五十一条 种子生产经营者可自愿向具有资质的认证机构申请种子质量认证。经认证合格的，可以在包装上使用认证标识。

第五十二条 由于不可抗力原因，为生产需要必须使用低于国家或者地方规定标准的农作物种子的，应当经用种地县级以上地方人民政府批准。

第五十三条 从事品种选育和种子生产经营以及管理的单位和个人应当遵守有关植物检疫法律、行政法规的规定，防止植物危险性病、虫、杂草及其他有害生物的传播和蔓延。

禁止任何单位和个人在种子生产基地从事检疫性有害生物接种试验。

第五十四条 省级以上人民政府农业农村、林业草原主管部门应当在统一的政府信息发布平台上发布品种审定、品种登记、新品种保护、种子生产经营许可、监督管理等信息。

国务院农业农村、林业草原主管部门建立植物品种标准样品库，为种子监督管理提供依据。

第五十五条 农业农村、林业草原主管部门及其工作人员，不得参与和从事种子生产经营活动。

第七章 种子进出口和对外合作

第五十六条 进口种子和出口种子必须实施检疫，防止植物危险性病、虫、杂草及其他有害生物传入境内和传出境外，具体检疫工作按照有关植物进出境检疫法律、行政法规的规定执行。

第五十七条 从事种子进出口业务的，应当具备种子生产经营许可证；其中，从事农作物种子进出口业务的，还应当按照国家有关规定取得种子进出口许可。

从境外引进农作物、林木种子的审定权限，农作物种子的进口审批办法，引进转基因植物品种的管理办法，由国务院规定。

第五十八条 进口种子的质量，应当达到国家标准或者行业标准。没有国家标准或者行业标准的，可以按照合同约定的标准执行。

第五十九条 为境外制种进口种子的，可以不受本法第五十八条第一款的限制，但应当具有对外制种合同，进口的种子只能用于制种，其产品不得在境内销售。

从境外引进农作物或者林木试验用种，应当隔离栽培，收获物也不得作为种子销售。

第六十条 禁止进出口假、劣种子以及属于国家规定不得进出口的种子。

第六十一条 国家建立种业国家安全审查机制。境外机构、个人投资、并购境内种子企业，或者与境内科研院所、种子企业开展技术合作，从事品种研发、种子生产经营的审批管理依照有关法律、行政法规的规定执行。

第八章 扶持措施

第六十二条 国家加大对种业发展的支持。对品种选育、生产、示范推广、种质资源保护、种子储备以及制种大县给予扶持。

国家鼓励推广使用高效、安全制种采种技术和先进适用的制种采种机械，将先进适用的制种采种机械纳入农机具购置补贴范围。

国家积极引导社会资金投资种业。

第六十三条 国家加强种业公益性基础设施建设，保障育种科研设施用地合理需求。

对优势种子繁育基地内的耕地，划入永久基本农田。优势种子繁育基地由国务院农业农村主管部门商所在省、自治区、直辖市人民政府确定。

第六十四条 对从事农作物和林木品种选育、生产的种子企业，按照国家有关规定给予扶持。

第六十五条 国家鼓励和引导金融机构为种子生产经营和收储提供信贷支持。

第六十六条 国家支持保险机构开展种子生产保险。省级以上人民政府可以采取保险费补贴等措施，支持发展种业生产保险。

第六十七条 国家鼓励科研院所及高等院校与种子企业开展育种科技人员交流，支持本单位的科技人员到种子企业从事育种成果转化活动；鼓励育种科研人才创新创业。

第六十八条 国务院农业农村、林业草原主管部门和异地繁育种子所在地的省、自治区、直辖市人民政府应当加强对异地繁育种子工作的管理和协调，交通运输部门应当优先保证种子的运输。

第九章　法律责任

第六十九条 农业农村、林业草原主管部门不依法作出行政许可决定，发现违法行为或者接到对违法行为的举报不予查处，或者有其他未依照本法规定履行职责的行为的，由本级人民政府或者上级人民政府有关部门责令改正，对负有责任的主管人员和其他直接责任人员依法给予处分。

违反本法第五十五条规定，农业农村、林业草原主管部门工作人员从事种子生产经营活动的，依法给予处分。

第七十条 违反本法第十六条规定，品种审定委员会委员和工作人员不依法履行职责，弄虚作假、徇私舞弊的，依法给予处分；自处分决定作出之日起五年内不得从事品种审定工作。

第七十一条 品种测试、试验和种子质量检验机构伪造测试、试验、检验数据或者出具虚假证明的，由县级以上人民政府农业农村、林业草原主管部门责令改正，对单位处五万元以上十万元以下罚款，对直接负责的主管人员和其他直接责任人员处一万元以上五万元以下罚款；有违法所得的，并处没收违法所得；给种子使用者和其他种子生产经营者造成损失的，与种子生产经营者承担连带责任；情节严重的，由省级以上人民政府有关主管部门取消种子质量检验资格。

第七十二条 违反本法第二十八条规定，有侵犯植物新品种权行为的，由当事人协商解决，不愿协商或者协商不成的，植物新品种权所有人或者利害关系人可以请求县级以上人民政府农业农村、林业草原主管部门进行处理，也可以直接向人民法院提起诉讼。

县级以上人民政府农业农村、林业草原主管部门，根据当事人自愿的原则，对侵犯植物新品种权所造成的损害赔偿可以进行调解。调解达成协议的，当事人应当履行；当事人不履行协议或者调解未达成协议的，植物新品种权所有人或者利害关系人可以依法向人民法院提起诉讼。

侵犯植物新品种权的赔偿数额按照权利人因被侵权所受到的实际损失确定；实际损失难以确定的，可以按照侵权人因侵权所获得的利益确定。权利人的损失或者侵权人获得的利益难以确定的，可以参照该植物新品种权许可使用费的倍数合理确定。故意侵犯植物新品种权，情节严重的，可以在按照上述方法确定数额的一倍以上五倍以下确定赔偿数额。

权利人的损失、侵权人获得的利益和植物新品种权许可使用费均难以确定的，人民法院可以根据植物新品种权的类型、侵权行为的性质和情节等因素，确定给予五百万元以下的赔偿。

赔偿数额应当包括权利人为制止侵权行为所支付的合理开支。

县级以上人民政府农业农村、林业草原主管部门处理侵犯植物新品种权案件时，为了维护社会公共利益，责令侵权人停止侵权行为，没收违法所得和种子；货值金额不足五万元的，并处一万元以上二十五万元以下罚款;货值金额五万元以上的,并处货值金额五倍以上十倍以下罚款。

假冒授权品种的,由县级以上人民政府农业农村、林业草原主管部门责令停止假冒行为,没收违法所得和种子;货值金额不足五万元的,并处一万元以上二十五万元以下罚款;货值金额五万元以上的,并处货值金额五倍以上十倍以下罚款。

第七十三条 当事人就植物新品种的申请权和植物新品种权的权属发生争议的,可以向人民法院提起诉讼。

第七十四条 违反本法第四十八条规定,生产经营假种子的,由县级以上人民政府农业农村、林业草原主管部门责令停止生产经营,没收违法所得和种子,吊销种子生产经营许可证;违法生产经营的货值金额不足二万元的,并处二万元以上二十万元以下罚款;货值金额二万元以上的,并处货值金额十倍以上二十倍以下罚款。

因生产经营假种子犯罪被判处有期徒刑以上刑罚的,种子企业或者其他单位的法定代表人、直接负责的主管人员自刑罚执行完毕之日起五年内不得担任种子企业的法定代表人、高级管理人员。

第七十五条 违反本法第四十八条规定,生产经营劣种子的,由县级以上人民政府农业农村、林业草原主管部门责令停止生产经营,没收违法所得和种子;违法生产经营的货值金额不足二万元的,并处一万元以上十万元以下罚款;货值金额二万元以上的,并处货值金额五倍以上十倍以下罚款;情节严重的,吊销种子生产经营许可证。

因生产经营劣种子犯罪被判处有期徒刑以上刑罚的,种子企业或者其他单位的法定代表人、直接负责的主管人员自刑罚执行完毕之日起五年内不得担任种子企业的法定代表人、高级管理人员。

第七十六条 违反本法第三十二条、第三十三条、第三十四条规定,有下列行为之一的,由县级以上人民政府农业农村、林业草原主管部门责令改正,没收违法所得和种子;违法生产经营的货值金额不足一万元的,并处三千元以上三万元以下罚款;货值金额一万元以上的,并处货值金额三倍以上五倍以下罚款;可以吊销种子生产经营许可证:

(一)未取得种子生产经营许可证生产经营种子的;

(二)以欺骗、贿赂等不正当手段取得种子生产经营许可证的;

(三)未按照种子生产经营许可证的规定生产经营种子的;

(四)伪造、变造、买卖、租借种子生产经营许可证的;

(五)不再具有繁殖种子的隔离和培育条件,或者不再具有无检疫性有害生物的种子生产地点或者县级以上人民政府林业草原主管部门确定的采种林,继续从事种子生产的;

(六)未执行种子检验、检疫规程生产种子的。

被吊销种子生产经营许可证的单位,其法定代表人、直接负责的主管人员自处罚决定作出之日起五年内不得担任种子企业的法定代表人、高级管理人员。

第七十七条 违反本法第二十一条、第二十二条、第二十三条规定,有下列行为之一的,由县级以上人民政府农业农村、林业草原主管部门责令停止违法行为,没收违法所得和种子,并处二万元以上二十万元以下罚款:

(一)对应当审定未经审定的农作物品种进行推广、销售的;

(二)作为良种推广、销售应当审定未经审定的林木品种的;

(三)推广、销售应当停止推广、销售的农作物品种或者林木良种的;

(四)对应当登记未经登记的农作物品种进行推广,或者以登记品种的名义进行销售的;

(五)对已撤销登记的农作物品种进行推广,或者以登记品种的名义进行销售的。

违反本法第二十三条、第四十一条规定,对应当审定未经审定或者应当登记未经登记的农作物品种发布广告,或者广告中有关品种的主要性状描述的内容与审定、登记公告不一致的,依照《中华人民共和国广告法》的有关规定追究法律责任。

第七十八条 违反本法第五十七条、第五十九条、第六十条规定,有下列行为之一的,由县级以上人民政府农业农村、林业草原主管部门责令改正,没收违法所得和种子;违法生产经营的货值金额不足一万元的,并处三千元以上三万元以下罚款;货值金额一万元以上的,并处货值金额三倍以上五倍以下罚款;情节严重的,吊销种子生产经营许可证:

(一)未经许可进出口种子的;

(二)为境外制种的种子在境内销售的;

(三)从境外引进农作物或者林木种子进行引种试验的收获物作为种子在境内销售的;

(四)进出口假、劣种子或者属于国家规定不得进出口的种子的。

第七十九条 违反本法第三十六条、第三十八条、第三十九条、第四十条规定,有下列行为之一的,由县级以上人民政府农业农村、林业草原主管部门责令改正,处二千元以上二万元以下罚款:

(一)销售的种子应当包装而没有包装的;

(二)销售的种子没有使用说明或者标签内容不符合规定的;

(三)涂改标签的;

(四)未按规定建立、保存种子生产经营档案的;

(五)种子生产经营者在异地设立分支机构、专门经营不再分装的包装种子或者受委托生产、代销种子,未按规定备案的。

第八十条 违反本法第八条规定,侵占、破坏种质资源,私自采集或者采伐国家重点保护的天然种质资源的,由县级以上人民政府农业农村、林业草原主管部门责令停止违法行为,没收种质资源和违法所得,并处五千元以上五万元以下罚款;造成损失的,依法承担赔偿责任。

第八十一条 违反本法第十一条规定,向境外提供或者从境外引进种质资源,或者与境外机构、个人开展合作研究利用种质资源的,由国务院或者省、自治区、直辖市人民政府的农业农村、林业草原主管部门没收种质资源和违法所得,并处二万元以上二十万元以下罚款。

未取得农业农村、林业草原主管部门的批准文件携带、运输种质资源出境的,海关应当将该种质资源扣留,并移送省、自治区、直辖市人民政府农业农村、林业草原主管部门处理。

第八十二条 违反本法第三十五条规定,抢采掠青、损坏母树或者在劣质林内、劣质母树上采种的,由县级以上人民政府林业草原主管部门责令停止采种行为,没收所采种子,并处所采种子货值金额二倍以上五倍以下罚款。

第八十三条 违反本法第十七条规定,种子企业有造假行为的,由省级以上人民政府农业农村、林业草原主管部门处一百万元以上五百万元以下罚款;不得再依照本法第十七条的规定申请品种审定;给种子使用者和其他种子生产经营者造成损失的,依法承担赔偿责任。

第八十四条 违反本法第四十四条规定,未根据林业草原主管部门制定的计划使用林木良种的,由同级人民政府林业草原主管部门责令限期改正;逾期未改正的,处三千元以上三万元以下罚款。

第八十五条 违反本法第五十三条规定,在种子生产基地进行检疫性有害生物接种试验的,由县级以上人民政府农业农村、林业草原主管部门责令停止试验,处五千元以上五万元以下罚款。

第八十六条 违反本法第四十九条规定,拒绝、阻挠农业农村、林业草原主管部门依法实施监督检查的,处二千元以上五万元以下罚款,可以责令停产停业整顿;构成违反治安管理行为的,由公安机关依法给予治安管理处罚。

第八十七条 违反本法第十三条规定,私自交易育种成果,给本单位造成经济损失的,依法承担赔偿责任。

第八十八条 违反本法第四十三条规定,强迫种子使用者违背自己的意愿购买、使用种子,给使用者造成损失的,应当承担赔偿责任。

第八十九条 违反本法规定,构成犯罪的,依法追究刑事责任。

第十章 附 则

第九十条 本法下列用语的含义是:

(一)种质资源是指选育植物新品种的基础材料,包括各种植物的栽培种、野生种的繁殖材料以及利用上述繁殖材料人工创造的各种植物的遗传材料。

(二)品种是指经过人工选育或者发现并经过改良,形态特征和生物学特性一致,遗传性状相对稳定的植物群体。

(三)主要农作物是指稻、小麦、玉米、棉花、大豆。

(四)主要林木由国务院林业草原主管部门确定并公布;省、自治区、直辖市人民政府林业草原主管部门可以在国务院林业草原主管部门确定的主要林木之外确定其他八种以下的主要林木。

(五)林木良种是指通过审定的主要林木品种,在一定的区域内,其产量、适应性、抗性等方面明显优于当前主栽材料的繁殖材料和种植材料。

(六)新颖性是指申请植物新品种权的品种在申请日前,经申请权人自行或者同意销售、推广其种子,在中国境内未超过一年;在境外,木本或者藤本植物未超过六年,其他植物未超过四年。

本法施行后新列入国家植物品种保护名录的植物的属或者种,从名录公布之日起一年内提出植物新品种权申请的,在境内销售、推广该品种种子未超过四年的,具备新颖性。

除销售、推广行为丧失新颖性外,下列情形视为已丧失新颖性:

1. 品种经省、自治区、直辖市人民政府农业农村、林业草原主管部门依据播种面积确认已经形成事实扩散的;

2. 农作物品种已审定或者登记两年以上未申请植物新品种权的。

(七)特异性是指一个植物品种有一个以上性状明显区别于已知品种。

(八)一致性是指一个植物品种的特性除可预期的自然变异外,群体内个体间相关的特征或者特性表现一致。

(九)稳定性是指一个植物品种经过反复繁殖后或者在特定繁殖周期结束时,其主要性状保持不变。

(十)实质性派生品种是指由原始品种实质性派生,或者由该原始品种的实质性派生品种派生出来的品种,与原始品种有明显区别,并且除派生引起的性状差异外,在表达由原始品种基因型或者基因型组合产生的基本性状方面与原始品种相同。

(十一)已知品种是指已受理申请或者已通过品种审定、品种登记、新品种保护,或者已经销售、推广的植物品种。

(十二)标签是指印制、粘贴、固定或者附着在种子、种子包装物表面的特定图案及文字说明。

第九十一条 国家加强中药材种质资源保护,支持开展中药材育种科学技术研究。

草种、烟草种、中药材种、食用菌菌种的种质资源管理和选育、生产经营、管理等活动,参照本法执行。

第九十二条 本法自 2022 年 3 月 1 日起施行。

主要参考文献

[1] 冯建忠，鄢新民，王献革，等.苹果新品种'国红'[J].园艺学报，2001，28(4)：374
[2] 赵政阳，王雷存，高华，等.中晚熟苹果新品种'秦艳'[J].园艺学报，2002，29(3)：292
[3] 杨建明，李林光，周先迅，等.早熟苹果新品种'早翠绿'[J].园艺学报，2003，30(4)：496
[4] 孟庆杰，王光全，李强.特早熟苹果新品种'早香玉'[J].园艺学报，2003，30(5)：632
[5] 程存刚，丛佩华，满书铎，等.苹果新品种'华金'[J].园艺学报，2004，31(6)：829
[6] 赵永波，董文成，付友.苹果新品种'昌红'[J].园艺学报，2004，31(6)：830
[7] 伊凯，李喜森，刘志，等.苹果矮化砧木'辽砧 2 号' [J].园艺学报，2004，31(6)：831
[8] 伊凯，张敏，刘志，等.苹果新品种 '绿帅 '[J].园艺学报，2005，32 (1) : 171
[9] 杨振英，薛光荣，苏佳明，等.'富士'花药培养选育出苹果新品种 '华富 '[J].园艺学报，2005，32 (1) :172
[10] 高华，赵政阳，鲁玉妙，等.晚熟苹果新品种'粉红女士'[J].园艺学报，2005，32 (2) : 365
[11] 伊凯，刘志，王冬梅，等.苹果新品种'望山红'[J].园艺学报，2005，32 (4) : 753
[12] 李丙智，张林森，栾东珍，等.苹果新品种'红香脆'[J].园艺学报，2005，32 (6) : 1155
[13] 张光伦，廖明安，吕秀兰，等.适宜亚热带栽培的早熟苹果新品种 '南部魁 '[J] .园艺学报，2005，32 (6) : 1156
[14] 张维民，任宏涛.苹果新品种'天汪 1 号 '[J].园艺学报，2006，33 (2) : 453
[15] 宋烨，翟衡，姚玉新，等.制汁苹果品种'瑞林'[J].园艺学报，2007，34 (1) : 257
[16] 田建保，孙俊杰，程恩明，等.苹果新品种'红锦富'[J].园艺学报，2007，34(5)：1329
[17] 冯建忠，鄢新民，王献革，等.晚熟苹果新品种 '金钟 '[J].园艺学报，2007 ，34 (6):1589
[18] 邵建柱，徐继忠，马宝焜，等.苹果新品种 '天红 1 号 '[J].园艺学报，2007 ，34 (6) :1590
[19] 邵建柱，徐继忠，马宝焜，等.苹果短枝型新品种'天红 2 号'[J].园艺学报，2008，35(1)：147
[20] 陈学森,辛培刚,张太岩，等.极早熟苹果新品种'泰山早霞'[J].园艺学报，2008，35(1)：148
[21] 刘志，王冬梅，伊凯，等.中晚熟苹果新品种'岳阳红 '[J].园艺学报，2009，36 (10) : 1545–1546
[22] 石海强，杜纪壮，秦立者，等.苹果新品种'石富短枝'[J].园艺学报，2010，37(4):669–670
[23] 杨凤秋，陈东玫，赵永波，等.中晚熟苹果新品种'苹艳'[J].园艺学报，2010，37(6)：1015–1016
[24] 王冬梅，刘志，伊 凯，等.加工鲜食兼用苹果新品种'岳丰'[J].园艺学报，2010，37(7)：1185–1186
[25] 刘志，王冬梅，伊凯，等.晚熟苹果新品种'岳苹'[J].园艺学报，2010，37(10)：1695–1696
[26] 陈东玫，杨凤秋，赵永波，等.苹果新品种'苹帅'[J].园艺学报，2010，37(10)：1697–1698
[27] 杨振英，康国栋，丛佩华，等.黄色苹果新品种'华月'[J].园艺学报，2010，37(11)：1877–1878
[28] 姜林，于福顺，张翠玲，等.苹果矮化砧木新品种'青矮 1 号'[J].园艺学报，2012，39(1)：191–192
[29] 姜林，张翠玲，邵永春，等.苹果半矮化砧木新品种'青矮 3 号'[J].园艺学报，2012，39(6)：1201–1202
[30] 安贵阳，杜志辉，郁俊谊，等.中熟苹果新品种'金世纪'[J].园艺学报，2012，39(8)：1603–1604
[31] 盛炳成，渠慎春.苹果新品种'苏帅'[J].园艺学报，2012，39(10)：2075–2076
[32] 刘文东，王丽冬，刘延杰,等.抗寒苹果新品种'紫香'[J].园艺学报，2012，39(10)：2077–2078
[33] 姜林，邵永春，张翠玲，等.苹果半矮化砧木新品种'青矮 2 号'[J].园艺学报，2013，40(1)：183–185
[34] 史锋厚，沈永宝.观赏海棠新品种'红缨'[J].园艺学报，2013，40(2)：401–402
[35] 沙广利，郝玉金，宫象晖，等.苹果无融合生殖砧木'青砧 1 号'[J].园艺学报，2013，40(7)：1407–1408
[36] 陈学森，王恩琪，毛志泉，等.短枝型苹果新品种'龙富'[J].园艺学报，2013，40(9)：1851–1852
[37] 王冬梅，刘志，伊凯，等.晚熟苹果新品种'岳华'[J].园艺学报，2013，40(10)：2079–2080

[38] 宋婷婷，田佶，姚允聪，等.观赏海棠新品种‘缨络’[J].园艺学报，2014，41(5)：1045–1046
[39] 冀晓昊，毛志泉，陈学森，等.晚熟苹果新品种‘山农红’[J].园艺学报，2014，41(7)：1503–1504
[40] 张利义，康国栋，张彩霞，等.中晚熟苹果新品种‘华苹’[J].园艺学报，2014，41(8)：1739–1740
[41] 秦立者，杜纪壮，石海强，等.苹果新品种‘冀红’[J].园艺学报，2014，41(9)：1935–1936
[42] 宋婷婷，张杰，姚允聪，等.观赏海棠新品种‘缱绻’[J].园艺学报，2015，42 (2)：401–402
[43] 安贵阳，路树国，王森.苹果新品种‘延长红’[J].园艺学报，2015，42 (3)：591–592
[44] 吕德国，杜国栋，秦嗣军，等.观赏海棠新品种‘凤凰’[J].园艺学报，2015，42 (4)：805–806
[45] 陈东玫，杨凤秋，赵永波等.苹果新品种‘苹光’[J].园艺学报，2015，42 (5)：1003–1004
[46] 王雷存，赵政阳，高华，等.晚熟苹果新品种‘瑞阳’[J].园艺学报，2015，42 (10)：2083–2084
[47] 王献革，郝婕，冯建忠，等.早熟苹果新品种‘冀苹 1 号’[J].园艺学报，2015，42 (10)：2085–2086
[48] 杨凤秋，陈东玫，赵同生，等.中晚熟苹果新品种‘苹锦’[J].园艺学报，2015，42 (S2)：2807–2808
[49] 于祎飞，刘俊，李敬川，等.苹果新品种‘红光 3 号’[J].园艺学报，2015，42 (S2)：2809–2810
[50] 姜中武，宋来庆，赵玲玲，等.富士苹果芽变新品种‘美乐’[J].园艺学报，2015，42 (S2)：2811–2812.
[51] 张玉刚，赵瑞雪，戴洪义，等.苹果新品种‘福丽’[J].园艺学报，2016，43 (S2)：2681–2682
[52] 于文全，郭金洪，顾广军，等.苹果新品种‘龙帅’[J].园艺学报，2017，44 (1)：193–194
[53] 李翠英，马锋旺，符轩畅，等.中晚熟苹果新品种‘秦蜜’[J].园艺学报，2018，45 (3)：599–600
[54] 赵蕾，刘珩，张东亚，等.苹果新品种‘早富 1 号’[J].园艺学报，2018，45(7)：1415–1416
[55] 张瑞萍，阎振立，张恒涛，等.早熟苹果新品种‘华丹’[J].园艺学报，2018，45(8)：1621–1622
[56] 王强，丛佩华.中晚熟苹果新品种‘华庆’[J].园艺学报，2018，45(9)：1857–1858
[57] 田义轲，王彩虹.苹果新品种‘彩虹 1 号’[J].园艺学报，2018，45(S2)：2697–2698
[58] 李全，孙俊宝，牛自勉，等.早熟苹果新品种‘六月红’[J].园艺学报，2018，45(S2)：2699–2700
[59] 王楠，杨官显，陈学森，等.高类黄酮苹果新品种‘福红’[J].园艺学报，2018，45(S2)：2701–2702
[60] 王楠，岳璇璇，陈学森，等.加工型高类黄酮苹果新品种‘满红’[J].园艺学报，2018，45(S2)：2703–2704
[61] 王楠，刘文军，陈学森，等.高类黄酮苹果新品种‘美红’[J].园艺学报，2018，45(S2)：2705–2706.
[62] 张天柱，魏平，朱元娣，等.观赏型芭蕾苹果新品种‘芭蕾玉棠’[J].园艺学报，2018，45(S2)：2809–2810
[63] 胡丁猛，韩友吉，许景伟，等.观赏海棠新品种‘昌辉’[J].园艺学报，2018，45(S2)：2811–2812
[64] 胡丁猛，韩友吉，许景伟，等.晚花期观赏海棠新品种‘昌红’[J].园艺学报，2018，45(S2)：2813–2814
[65] 张丽珍，牛伟，蒙秋霞，等.观赏海棠新品种‘红粉海棠’[J].园艺学报，2018，45(S2)：2815–2816
[66] 张丽珍，牛伟，蒙秋霞，等.观赏海棠新品种‘玫珍海棠’[J].园艺学报，2018，45(S2)：2817–2818
[67] 邹养军，马锋旺，符轩畅，等.晚熟苹果新品种‘秦脆’[J].园艺学报，2019，46(5)：1011–1012
[68] 李学营，郝婕，索相敏，等.苹果新品种‘晋州红’[J].园艺学报，2019，46 (S2)：2727–2728
[69] 孙晓红，柏素花，张玉刚，等.红肉苹果新品种‘黛红’[J].园艺学报，2019，46 (S2)：2729–2730
[70] 牛自勉，蔚露，廉国武，等.中晚熟苹果新品种‘晋富 4 号’[J].园艺学报，2019，46 (S2)：2731–2732
[71] 张学英，李中勇，徐继忠，等.苹果矮化砧木新品种‘冀砧 1 号’[J].园艺学报，2020，47(1)：195–196
[72] 王少敏，高华君，张骁兵.套袋对红富士苹果色素及糖、酸含量的影响[J].园艺学报，2002，29(3)：263–265
[73] 邓丰产，马锋旺.苹果矮化自根砧嫁接苗繁育技术研究[J].园艺学报，2012，39(7)：1353–1358
[74] 余俊，王忆，韩振海，等.金冠 / 中砧 1 号苹果树耐低铁胁迫的评价[J].园艺学报，2015，42 (4)：769–777
[75] 葛顺峰，朱占玲，姜远茂，等. 中国苹果化肥减量增效技术途径与展望 [J]. 园艺学报，2017，44 (9)：1681–1692
[76] 马小龙，杨伟伟，张东，等.双主干并棒树形对矮化自根砧苹果幼树生长和结果的影响[J].园艺学报，2020，47(3)：541–550
[77] 韩振海，王忆，张新忠，等.苹果砧木新品种中砧 1 号[J].农业生物技术学报，2013，21(7)：879–882
[78] 孙晓红，刘源霞，戴洪义，等.红肉苹果果实发育过程中花青苷含量变化及其合成相关基因表达分析[J].

植物生理学报,2017,53(8):1507-1514
[79] 夏静,章镇,吕东,等.套袋对苹果发育过程中果皮色素及果肉糖含量的影响[J].西北植物学报,2010,30(8): 1675-1680
[80] 郭梦月,党美乐,赵政阳,等.苹果新品种'瑞阳'果实主要特性研究[J].西北植物学报,2017,37(12):2460-2466
[81] 王海波,李林光,陈学森,等.中早熟苹果品种果实的风味物质和风味品质[J].中国农业科学,2010,43(11):2300-2306
[82] 聂继云,李志霞,刘传德,等.苹果农药残留风险评估[J].中国农业科学,2014,47(18):3655-3667
[83] 刘玉莲,车飞,赵政阳,等.苹果着色期花青苷和糖组分含量变化及关联性[J].食品科学,2013,34(17):47-52
[84] 过国南,阎振立,张顺妮,等.苹果新品种'短枝华冠'选育[J].果树学报,2004,21(5):499-500
[85] 田建保,程恩明,孙俊杰,等.杂交苹果新品种'绯霞'的选育[J].果树学报,2005,22(1):87-88
[86] 高彦,肖宝祥,白海霞,等.苹果新品种玉华早富的选育[J].果树学报,2005,22(5):589-590
[87] 张顺妮,阎振立,过国南,等.苹果新品种华美的选育[J].果树学报,2006,23(4):646-647
[88] 高华,赵政阳,鲁玉妙,等.苹果新品种秦阳的选育[J].果树学报,2006,23(5):779-780
[89] 阎振立,张顺妮,过国南,等.苹果新品种早红的选育[J].果树学报,2007,24(2):248-249
[90] 程存刚,康国栋,丛佩华,等.苹果新品种华兴的选育[J].果树学报,2008,25(5):774-775
[91] 阎振立,张恒涛,过国南,等.苹果新品种华玉的选育[J].果树学报,2009,26(4): 585-586
[92] 阎振立,张恒涛,过国南,等.苹果新品种华硕的选育[J].果树学报,2010,27(4): 655-656
[93] 阎振立,张恒涛,过国南,等.中晚熟苹果新品种'锦秀红'[J].果树学报,2010,37(9):1531-1532
[94] 康国栋,程存刚,丛佩华,等.苹果新品种华脆的选育[J].果树学报,2011,28(1): 182-183
[95] 姜中武,李元军,于青,等.苹果抗轮纹病新砧木'烟砧一号'的选育[J].果树学报 2011,28(2): 363-364
[96] 孙俊杰,续海红,田建保,等.苹果新品种晋霞的选育[J].果树学报,2011,28(4):727-728
[97] 徐贵轩,温树英,何明莉,等.苹果新品种秋富红的选育[J].果树学报,2012,29(1): 143-144
[98] 李林光,杨建明,李慧峰,等.苹果新品种泰山嘎拉的选育[J].果树学报,2012,29(1): 145-146
[99] 杨廷桢,高敬东,田歌,等.苹果早果矮化砧木'Y-1'的选育[J].果树学报,2013,30(6): 1083-1085
[100] 杨廷桢,高敬东,王骞,等.苹果属观赏新品种'红满堂'的选育[J].果树学报,2015,32(4): 727-729
[101] 杨廷桢,高敬东,王骞,等.观赏海棠新品种'硕果海棠'的选育[J].果树学报,2015,32(5): 985-987
[102] 高华,赵政阳,王雷存,等.苹果新品种'瑞雪'的选育[J].果树学报,2016,33(3):374-377
[103] 杨廷桢,王骞,弓桂花,等.苹果早果矮化砧木新品种'Y-2'的选育[J].果树学报,2016,33(12):1584-1587
[104] 杨廷桢,蔡华成,高敬东,等.苹果砧木新品种'Y-3'的选育[J].果树学报,2017,34(2):245-248
[105] 吕天星,王冬梅,刘志,等.晚熟苹果新品种'岳冠'的选育[J].果树学报,2016,33(10):1321-1323
[106] 王冬梅,伊凯,刘志,等.中熟苹果新品种'岳艳'的选育[J].果树学报,2017,34(4):515-518
[107] 赵宗方,谢嘉宝,吴桂法,等.富士苹果果皮花青素发育的相关因素分析[J].果树学报,1992,9(3): 134-137
[108] 张元慧,关军锋,杨建民,等.李果实发育过程中果皮色素、糖和总酚含量及多酚氧化酶活性的变化[J].果树学报,2004,21(1):17-20
[109] 陈学森,韩明玉,苏桂林,等.当今世界苹果产业发展趋势及我国苹果产业优质高效发展意见[J].果树学报,2010,27(4): 598-604
[110] 梁成林, 赵玲玲, 宋来庆, 等. 几种苹果实生砧木种子传毒潜力检测 [J]. 果树学报,2014,31(6):1164-1169
[111] 李高潮,张庆伟,韩明玉,等.陕西省苹果苗木质量现状调查与分析[J].西北农林科技大学学报(自然科学版),2011(8):158-164

[112] 宋晓敏,李高潮,张庆伟,等.山东省苹果苗木质量调查与分析[J].西北农林科技大学学报(自然科学版),2013(02):94-100
[113] 高琛稀,刘航空,韩明玉,等.矮化自根砧苹果苗木生长动态及其根系分布特征[J].西北农林科技大学学报(自然科学版),2016,44(5):170-176
[114] 孙淑敏,霍强强,李高潮,等.不同植物生长调节剂对苹果苗木分枝及生长特性的影响[J].西北农林科技大学学报(自然科学版),2018,46(5):125-130
[115] 张宝娟,马娟娟,张东,等.渭北地区不同砧穗组合富士苹果幼树树体易成形性及早果性研究[J].西北农业学报,2017,26(3):405-411
[116] 田聪颖,肖海峰.美国浓缩苹果汁进口需求及中国的出口策略选择[J].华中农业大学学报(社会科学版),2017,134(2):46-53
[117] 伊凯,刘志,王冬梅,等.鲜食与观赏苹果新品种乙女引种与鉴定研究[J].北方园艺,2007(11) :45-48
[118] 赵丹,潘亚菲,齐国辉,等.苹果新品种'中秋王'生物学特性研究[J].北方园艺,2015(08):32-35
[119] 里程辉, 刘志, 王宏, 等. 我国苹果的产业现状分析及节本增效关键技术 [J]. 北方园艺 2016(03):174-177
[120] 孙淑敏,李高潮,檀鸣,等.短截和普洛马林处理对不同砧木类型苹果苗木分枝特性的影响[J].北方园艺,2016(11):15-18
[121] 霍强强,李高潮,曹珊,等.不同砧穗组合对苹果生长、品质及产量的影响[J].北方园艺,2017(10):25-31
[122] 董辉,李莉,范婧芳,等.日光温室草莓半促成栽培技术[J].北方园艺,2017(18):89-92
[123] 王晨,房经贵,王涛,等.果树果实中的糖代谢[J].浙江农业学报,2009,21(5): 529-534
[124] 韩秀梅,吴亚维,向青云,等.苹果新品种"黔选 2 号"的特性及栽培技术[J].中国南方果树,2016,45(1):141-142,146
[125] 王俊峰,李高潮,李丙智,等.矮化砧 M9-T337 富士苹果在陕甘地区生长及结果情况[J].中国南方果树,2016,45(2):126-129
[126] 郭长城.抗苹果花腐病新秀'龙丰'苹果[J].中国林副特产,1997(11):51
[127] 白教育,李学冲,王惠敏,等.红富士苹果芽变新品种—礼泉短富 [J].中国果树,1997(2):10-11
[128] 隋从义,杨建明,周广芳,等.早中熟苹果新品系'秋口红'[J].中国果树,1997(3):15,25
[129] 王国华,张国华.苹果新品种云早红的选育[J].中国果树,2003(1):1-2
[130] 刘项荣,马亚丽,于海洲,等.苹果短枝型芽变品种灵宝短富 1 号的选育[J].中国果树,2004(5):4-5
[131] 张文,朱元娣,李光晨,等.芭蕾苹果新品种金蕾 1 号和金蕾 2 号的选育[J].中国果树,2007 (1):1-3
[132] 李建明,王娟.苹果短枝型新品种成纪 1 号的选育[J].中国果树,2007(3):1-3
[133] 康国栋.苹果新品种华丽通过备案鉴定[J].中国果树,2007(6):57
[134] 王慎喜,张守江.苹果晚熟新品种天富 1 号的选育[J].中国果树,2009(2):10-12
[135] 陈桂玉,焦世德,宋永果,等.苹果新品种太红嘎拉的选育[J].中国果树,2010(1):13-15
[136] 高华,王雷存,赵政阳,等.苹果中晚熟新品种秦红的选育[J].中国果树,2011(6):1-3
[137] 杨丽媛,师忠轩,徐秀丽,等.金冠苹果芽变新品种丰帅的选育[J].中国果树,2012(2):1-3
[138] 王雷存,安贵阳,赵政阳,等.苹果中早熟新品种金世纪的选育[J].中国果树,2012(3):4-6
[139] 李文胜,李疆,李玉中,等.苹果短枝型芽变新品种新红 1 号的选育[J].中国果树,2012(5):5-6
[140] 刘国成 ,吕德国.寒富苹果的品种特性及配套特色栽培技术[J].中国果树,2013(1):46-49
[141] 李林光,张彦欣,王海波,等.苹果芽变新品种沂水红的选育[J].中国果树,2014(1):3-5
[142] 李粤渤,张冰冰,宋宏伟,等.苹果抗寒矮化砧木新品种'ZM - 2000'的选育[J].中国果树,2016(3):55-56
[143] 陈学森,毛志泉,沈向,等.我国苹果产业节本增效关键技术 I :易着色功能型苹果新品种培育及无袋化栽培技术[J].中国果树,2017(1):1-5

[144] 陈学森，毛志泉，姜远茂，等.我国苹果产业节本增效关键技术Ⅱ：现代宽行高干省力高效栽培模式创建技术[J].中国果树，2017(2):1–4
[145] 姜远茂，葛顺峰，毛志泉，等.我国苹果产业节本增效关键技术Ⅳ：苹果高效平衡施肥技术[J].中国果树，2017(4):1–4，13
[146] 毛志泉，尹承苗，陈学森，等.我国苹果产业节本增效关键技术Ⅴ：苹果连作障碍防控技术[J].中国果树，2017(5):1–4，14
[147] 张振芳，李保华，练森，等.我国苹果产业节本增效关键技术Ⅵ：苹果病虫害节本增效防控的原则与技术[J].中国果树，2017(6):1–7
[148] 卢明艳，刘珩，张东亚，等.苹果加工型新品种'冰心 1 号'的选育[J].中国果树，2018(1):82–84
[149] 黄永业，季兴禄，李强，等.苹果芽变新品种'元富红'的选育[J].中国果树，2018 (2):47–49
[150] 刘建珍，肖啸，范文祥，等.'红富士'苹果芽变新品种'硕红'的选育[J].中国果树，2018(4):76，87
[151] 王金政，薛晓敏，王贵平，等.苹果现代矮砧集约栽培花果管理综合配套技术[J].中国果树，2019(1):8–10，15
[152] 陈学森，王楠，张宗营，等.我国果树产业新旧动能转换之我见Ⅰ：果树产业新旧动能转换的卡脖子问题及其解决途径 [J].中国果树，2019(2):1–4
[153] 陈学森，王楠，张宗营，等.我国果树产业新旧动能转换之我见Ⅱ：以优质、晚熟、耐贮品种为主的品种结构助力我国苹果和梨产业高效发展 [J].中国果树，2019(3):1–4
[154] 陈学森，毛志泉，王楠，等.我国果树产业新旧动能转换之我见Ⅲ：三位一体的中国式苹果宽行高干省力高效栽培法推动我国苹果产业转型升级，助力乡村振兴[J].中国果树，2019(4):1–3
[155] 陈学森，毛志泉，王楠，等.我国果树产业新旧动能转换之我见Ⅳ：服务乡村振兴，果树资源与育种研究必须坚持理论与技术创新并重及良种良法配套[J].中国果树，2019(6):1–5
[156] 陈学森，毛志泉，王志刚，等.持续多代芽变选种及其芽变机理揭开'红富士'在我国苹果产业独占鳌头的谜底[J].中国果树，2020(3):1–5
[157] 刘元勤，王作江，李升恩，等.苹果早熟优良品种 – 信农红[J].中国果菜，2004 (1):38
[158] 孙燕霞，宋来庆，赵玲玲，等.条纹富士芽变新品种—艾山红的选育 [J].中国果菜，2020 (1):72–74
[159] 刘恩贺.惠民短枝红富士[J].中国种业，1994(11):55
[160] 石游，陈淑英，丛桂芝，等.早熟苹果品种红盖露在伊犁河谷的引种研究[J].经济林研究，2017，35(4):207–210
[161] 付润民.苹果新品种秦冠的发明 [J].陕西农业科学，1989 (4):38
[162] 岳伟，麻珊珊，李高潮，等.自根砧苹果大苗建园技术[J].陕西农业科学，2015，61(12):110–112
[163] 岳伟，曹珊，李高潮，等.疏枝强度对高纺锤形苹果幼树生长的影响[J].陕西农业科学，2016，62(03):28–30
[164] 岳伟，孙树林，李高潮，等.影响自根砧苹果大苗成活率的因素及应对措施[J].陕西农业科学，2016，62(06):61，82
[165] 岳伟，曹珊，李高潮，等.国内外苗木质量对苹果幼树生长的影响[J].陕西农业科学，2016，62(08):65–66，111
[166] 杨世忠，王家喜，李岩，等.苹果新品种 – 藤牧 1 号[J].山东农业科学，1999 (2):47–48
[167] 牛自勉，高慧卿，孙俊宝，等.晋富 2 号苹果新品种选育[J].山西农业科学，2010，38(10):15–17
[168] 郭长城.黑龙江省农业科学院龙丰苹果成为黑龙江省首个国审果树品种[J].黑龙江农业科学，2016，(11):161
[169] 董铁，刘兴禄，孙文泰，等.4 个短枝型富士苹果新品种在静宁县的表现[J].甘肃农业科技，2019，(12):4–7
[170] 张林森，李丙智，黄东赖.中晚熟苹果良种—秋红嘎拉[J].西北园艺，2003，(4):35

[171] 郭学军，王小军，马锋旺.苹果新品种蜜脆生长习性与栽培要点[J].西北园艺，2009 (6)：25–26
[172] 陈桂玉，焦世德，孙世英，等.苹果新品种首富 3 号选育及栽培要点[J].西北园艺，2012(2)：31–32
[173] 王雷存，赵政阳，高华，等.黄色苹果新品种瑞雪主要性状与栽培要点[J].西北园艺，2016(10)：37–38
[174] 白海霞，王飞，贾少武，等.蜜脆苹果在陕西的性状表现及栽培要点[J].西北园艺，2016(12)：33–34
[175] 崔凯，张长庆.嘎拉系苹果新品种巴克艾[J].西北园艺，2017 (2)：35–37
[176] 岳伟，李晶晶，李高潮，等.富士 1 号在陕西千阳的引种表现及栽培要点[J].西北园艺，2017 (4)：35–36
[177] 王海波，杨建民，李慧峰，等.'秋口红'苹果的性状及栽培技术要点[J].落叶果树，2013，45(4)：25–26
[178] 东明学，任明英，宋城亮，等.'沂源红'苹果的性状表现及栽培技术要点[J].落叶果树，2013，45(5)：34–35
[179] 麻珊珊，沈晨晨，李高潮，等.喷施植物生长调节剂对苹果矮化自根砧嫁接苗促分枝和生长的效果[J].落叶果树，2015，47(5)：10–12
[180] 王厚臣，张洪胜，史作安，等.'烟富 8 号'和'神富 6 号'苹果新品种的选育及栽培技术要点[J].落叶果树，2018，50(3)：39–40
[181] 陈学森，王志刚. 苹果和梨新品种优质高效育种和生产技术研究与应用—推动水果产业新旧动能转换，助力乡村振兴[J].落叶果树，2018，50(4)：01–04
[182] 唐岩，姜中武，宋来庆，等.优良早熟苹果新品种—信浓红[J].烟台果树，2010，112(4)：20
[183] 宫象晖，沙广利，刘炳禄，等.苹果新品种西施红[J].烟台果树，2012，118(2)：26
[184] 东明学，宋志奎，李传未，等.'沂源红'苹果生物学特性观察及其栽培技术要点[J].烟台果树，2013，121(1)：20–21
[185] 单玉佐，田利光，徐月华，等.苹果新品种烟富 10(烟富 0)的选育[J].烟台果树，2013，124(4)：22 – 23
[186] 唐岩，Atanas Blagov，姜中武，等.优良鲜食加工兼用抗病苹果新品种乔瑞娜[J].烟台果树，2014，126(2)：16–17
[187] 王树波，王林军，王兆顺，等.苹果新品种维纳斯黄金引种试栽研究[J].烟台果树，2015，131(3)：20
[188] 林成欣，姜召涛，吕亮晓.响富苹果新品种简介[J].烟台果树，2016，136(4)：18–19
[189] 花蕾，张立功.苹果园金龟子的防治[J].山西果树，1996(1)：34–35
[190] 牛自勉，孙俊保.新凉香苹果新品种选育[J].山西果树，2008(2)：8–9
[191] 孙俊宝，牛自勉，刘丽，等.晋富 3 号苹果新品种的选育[J].山西果树，2012(1)：5，31
[192] 林成欣，姜召涛，吕亮晓.响富全红苹果栽培表现及栽培技术要点[J].山西果树，2016 (2)：27–28
[193] 孙昂，赵红亮，曹依静，等.'新红星''蜜脆''美八'在商丘地区的表现[J].山西果树，2017(2)：27–29
[194] 岳伟，李晶晶，李高潮，等.福布拉斯苹果在千阳地区的引种表现及栽培技术要点[J].山西果树，2017(3)：17–18，21
[195] 张朝红，赵同生，陈东玫，等.意大利短枝型苹果新品种金丽介绍[J].河北果树，2014(3)：36
[196] 张春波，唐世勇，姜永峰，等.'龙丰'苹果在阜新地区试栽表现[J].北方果树，2019(3)：54–55
[197] 赵政阳，高华，王雷存.晚熟苹果新品种—瑞阳、瑞雪[J].科学种养，2017 (3)：56–57
[198] 岳伟，张长庆，李高潮，等.意大利自根砧苹果树体简化管理模式[J].果树实用技术与信息，2016(8)：41–42
[199] 刘利民，孔德静，孙共明，等.中熟苹果新品种'国庆红'的选育[J].农业科技通讯，2017(9)：286–289
[200] 孙全喜，郭北平，杜志辉.粉红女士苹果优质高效栽培技术[J].现代农业科技，2013(23)：118–120
[201] 任苓.龙丰苹果在兴安盟地区引种表现及建园栽培技术要点[J].林业科技情报，2018，50(4)：34–36
[202] 郭永刚.抗寒苹果矮化砧 GM256 的栽培技术[J].北京农业，1994(1)：29
[203] 张顺妮，闫振立.果大质优苹果新品种意大利早红[J].北京农业，2004(2)：24–25
[204] 刘慧纯，蒋锦标，徐毅.特早熟苹果新品种'红艳'[J].北京农业，2012，(11)：1
[205] 董志源，蔡云辉，阿茹娜，等.金红(123)苹果嫁接育苗技术[J].北京农业，2015(2)：26–27
[206] 李怀玉，李家福.寒富苹果的育成及双矮高接栽培模式的创建[J].园艺与种苗，2011(2)：1–6

[207] 林淑芳.抗寒苹果矮化砧 GM256 简介[J].农村天地，2002 (8)：30
[208] 彭海宽，薛海峰，池东.苹果新品种鸡心果及其栽培技术[J].现代农业，2017(10)：10-11
[209] 邹养军，马锋旺，符轩畅，等.蜜脆苹果的主要特性及栽培中应注意的几个问题[J].果农之友，2009 (7)：11
[210] 左效强.'沂源红'品牌苹果创财富效应[J].果农之友，2014(12)：38
[211] 张长庆，史继东.自根砧苹果苗木贮藏技术[J].果农之友，2016(5)：5
[212] 李丙智，韩明玉，李高潮.千阳矮砧苹果[M].杨凌：西北农林科技大学出版社，2013
[213] 张立功，李丙智，王玉华，等.绿色苹果周年管理图解[M].西安：陕西出版集团 陕西科学技术出版社，2012
[214] 谌有光，梁耀琦，孙秀芹.无公害绿色有机苹果梨病虫害防治[M].西安：陕西科学技术出版社，2011
[215] 张玉星.果树栽培学各论(北方本)(第三版)[M].北京：中国农业出版社，2014
[216] 张玉星.果树栽培学总论(第四版)[M].北京：中国农业出版社，2014
[217] 束怀瑞.苹果标准化生产技术原理与参数[M].山东：山东科学技术出版社，2015
[218] 李高潮，曹珊，朱新华.矮化自根砧苹果苗木繁育技术图解[M].杨凌：西北农林科技大学出版社，2017
[219]《中国农业年鉴》编辑部.中国农业年鉴 2012[M].北京：中国农业出版社，2013
[220]《中国农业年鉴》编辑部.中国农业年鉴 2013[M].北京：中国农业出版社，2014
[221]《中国农业年鉴》编辑部.中国农业年鉴 2014[M].北京：中国农业出版社，2015
[222]《中国农业年鉴》编辑部.中国农业年鉴 2015[M].北京：中国农业出版社，2016
[223]《中国农业年鉴》编辑部.中国农业年鉴 2016[M].北京：中国农业出版社，2017
[224]《中国农业年鉴》编辑部.中国农业年鉴 2017[M].北京：中国农业出版社，2018
[225]《中国农业年鉴》编辑部.中国农业年鉴 2018[M].北京：中国农业出版社，2019
[226]《中国农业年鉴》编辑部.中国农业年鉴 2019[M].北京：中国农业出版社，2020
[227]《中国农业年鉴》编辑部.中国农业年鉴 2020[M].北京：中国农业出版社，2021
[228] 陕西省统计局.2005 年陕西省果业发展统计公报[M].陕西：陕西省统计局，2006
[229] 国家统计局.中国统计年鉴 2019[M].北京：中国统计出版社，2019
[230] 国家统计局.中国统计年鉴 2020[M].北京：中国统计出版社，2020
[231] 国家统计局.中国统计年鉴 2021[M].北京：中国统计出版社，2021
[232] 陕西省统计局.2009 年陕西省果业发展统计公报[M].陕西：陕西省统计局，2010
[233] 陕西省统计局.2010 年陕西省果业发展统计公报[M].陕西：陕西省统计局，2011
[234] 陕西省统计局.2011 年陕西省果业发展统计公报[M].陕西：陕西省统计局，2012
[235] 陕西省统计局.2012 年陕西省果业发展统计公报[M].陕西：陕西省统计局，2013
[236] 陕西省统计局.2013 年陕西省果业发展统计公报[M].陕西：陕西省统计局，2014
[237] 陕西省统计局.2014 年陕西省果业发展统计公报[M].陕西：陕西省统计局，2015
[238] 陕西省统计局.2015 年陕西省果业发展统计公报[M].陕西：陕西省统计局，2016
[239] 陕西省统计局.2016 年陕西省果业发展统计公报[M].陕西：陕西省统计局，2017
[240] 陕西省统计局.2017 年陕西省果业发展统计公报[M].陕西：陕西省统计局，2018
[241] 陕西省统计局.2018 年陕西省果业生产情况概览[M].陕西：陕西省统计局，2019
[242] 陕西省统计局.2019 年陕西省果业发展统计概览[M].陕西：陕西省统计局，2020
[243] 陕西省统计局.2020 年陕西省果业发展统计概览[M].陕西：陕西省统计局，2021
[244] 陕西省果业管理局，农业部规划设计研究院.陕西省现代果业发展规划(2015-2020 年)[M].陕西：陕西省果业管理局，2015
[245] 李高潮，韩明玉，李丙智，等. ZL201410363710.0 一种繁殖苹果乔化无性系圆叶海棠自根砧苗的方法[P].北京：国家知识产权局，2016

[246] 李高潮，韩明玉，李丙智，等. ZL201410098525.3 一种单行栽植快速繁育苹果矮化自根砧苗的方法[P].北京：国家知识产权局，2016
[247] 李高潮，韩明玉，李丙智，等. ZL201410428045.9 一种一年生多分枝矮化自根砧苹果苗的培育方法[P].北京：国家知识产权局，2016
[248] 李丙智，韩明玉，李高潮，等. ZL201410686689.8 一种 Y 字垂柳形苹果树树形及其修剪方法[P].北京：国家知识产权局，2016
[249] 李丙智，韩明玉，李高潮，等. ZL201410705585.7 一种苹果矮化砧建园方法[P].北京：国家知识产权局，2017
[250] 李丙智，张建新，李永焘，等.DB61/T 1047.1-2016 苹果矮化砧苗木[S].陕西：陕西省质量技术监督局，2016
[251] 李丙智，葛武鹏，张建新，等.DB61/T 1047.2-2016 苹果矮化砧苗木建园技术规范[S].陕西：陕西省质量技术监督局，2016
[252] 高华，刘振中，袁仲玉，等.DB61/T 1047.3-2016 矮砧苹果整形修剪技术规程[S].陕西：陕西省质量技术监督局，2016
[253] 赵政阳，梁俊，郭云忠，等.DB61/T 1047.4-2016 矮化砧苹果栽培技术规范[S].陕西：陕西省质量技术监督局，2016
[254] 国家统计局农村社会经济调查司.中国农村统计年鉴 2020[M].北京：中国统计出版社，2020
[255] 王大江，Bus Vincent G M，王昆，等.美国苹果砧木育种历史、现状及其商业化砧木特性[J].中国果树，2018(6):107-110，113
[256] 管镇家.金红苹果花期喷硼提高坐果[J].中国果树 1982(3):24
[257] 李建明，李国梁，李元武，等.苹果中短枝型芽变新品种静宁 1 号的选育 [J].中国果树 2014(4):10-12
[258] 尹涛，邵永春，宫象晖，等.日本盛冈系苹果砧木的特征及应用[J].落叶果树，2008(1):56-57
[259] 张朝红，宋庆丰.加拿大苹果抗寒砧木新系列介绍[J]河北果树，2014(1):37
[260] 杨克钦.抗寒和丰产的苹果砧木在波兰的应用[J].黑龙江园艺，1984(4):19，40-46
[261] 杨克钦.加拿大安大略园艺试验站的苹果砧木试验[J].《黑龙江园艺》1986(1):31-32